『十二五』國家重點圖書出版規劃項目

二〇一一—二〇二〇年國家古籍整理出版規劃項目

國家古籍整理出版專項經費資助項目

中國古農書集粹

王思明——主編

鳳凰出版社

ISBN 978-7-5506-4062-7

圖書在版編目（ＣＩＰ）數據

救荒活民補遺書、荒政叢書、荒政輯要、救荒簡易書/
(宋) 董煟等撰. -- 南京 : 鳳凰出版社, 2024.5
(中國古農書集粹 / 王思明主編)
ISBN 978-7-5506-4062-7

Ⅰ. ①救… Ⅱ. ①董… Ⅲ. ①農學－中國－古代
Ⅳ. ①S-092.2

中國國家版本館CIP數據核字(2024)第042539號

書　　名	救荒活民補遺書 等
著　　者	(宋)董煟 等
主　　編	王思明
責任編輯	王　劍
裝幀設計	姜　嵩
責任監製	程明嬌
出版發行	鳳凰出版社(原江蘇古籍出版社) 發行部電話025-83223462
出版社地址	江蘇省南京市中央路165號,郵編:210009
印　　刷	常州市金壇古籍印刷廠有限公司 江蘇省金壇市晨風路186號,郵編:213200
開　　本	889毫米×1194毫米　1/16
印　　張	31.75
版　　次	2024年5月第1版
印　　次	2024年5月第1次印刷
標準書號	ISBN 978-7-5506-4062-7
定　　價	320.00圓

(本書凡印裝錯誤可向承印廠調换,電話:0519-82338389)

《中國古農書集粹》編委會

主　編

王思明

副主編

惠富平　熊帝兵

編　委

沈志忠　盧　勇　丁曉蕾　夏如兵　陳少華　何紅中

劉馨秋　李昕升　劉啓振　朱鎖玲　何彦超

序

中國是世界農業的重要起源地之一，農耕文化有着上萬年的歷史，在農業方面的發明創造舉世矚目。中國幾千年的傳統文明本質上就是農業文明。農業是國民經濟中不可替代的重要的物質生産部門，在傳統社會中一直是支柱産業。農業的自然再生産與經濟再生産曾奠定了中華文明的物質基礎。在漫長的歷史進程中，中華農業文明孕育出南方水田農業文化與北方旱作農業文化、漢民族與其他少數民族農業文化等不同的發展模式。無論是哪種模式，都是人與環境協調發展的路徑選擇。中國之所以能够在十九世紀以前的一兩千年中，長期保持着世界領先的地位，就在於中國農民能够根據不斷變化的人口狀況以及自然、經濟環境作出正確的判斷和明智的選擇。

中國農業文化遺産十分豐富，包括思想、技術、生産方式以及農業遺存等。在傳統農業生産過程中，形成了以尊重自然、順應自然，天、地、人『三才』協調發展的農學指導思想；形成了以種植業爲主，種植業和養殖業相互依存、相互促進的多樣化經營格局；凸顯了『寧可少好，不可多惡』的農業經營策略和精耕細作的技術特點；蘊含了『地可使肥，又可使棘』『地力常新壯』的辯證土壤耕作理論；總結了輪作復種、間作套種和多熟種植的技術經驗；形成了北方旱地保墒栽培與南方合理管水用水相結合的農業生産模式。與世界其他國家或民族的傳統農業以及現代農學相比，中國傳統農業自身的特色明顯，既有成熟的農學理論，又有獨特的技術體系。

世代相傳的農業生産智慧與技術精華，經過一代又一代農學家的總結提高，涌現了數量龐大、種類繁多的農書。《中國農業古籍目錄》收錄存目農書十七大類，二千零八十四種。閔宗殿等學者在此基礎上又根據江蘇、浙江、安徽、江西、福建、四川、臺灣、上海等省市的地方志，整理出明清時期二百三十六種『新書目』。[二] 隨着時間的推移和學者的進一步深入研究，還將會有不少沉睡在古籍中的農書被不斷地揭示出來。作爲中華農業文明的重要載體，這些古農書總結了不同歷史時期中國農業經營理念和傳統農業科技的精華，是人類寶貴的文化財富。

中國古代農書豐富多彩、源遠流長，反映了中國農業科學技術的起源、發展、演變與轉型的歷史進程與發展規律，折射出中華農業文明發展的曲折而漫長的發展歷程。這些農書中包含了豐富的農業實用技術、農業經濟智慧、農村社會發展思想等，覆蓋了農、林、牧、漁、副等諸多方面，廣泛涉及傳統社會中農業生産、農村社會、農民生活等主要領域，還記述了許許多多關於生物學、土壤學、氣候學、地理學、水利工程等自然科學原理。存世豐富的中國古農書，不僅指導了我國古代農業生産與農村社會的發展，也包含了許多當今經濟社會發展中所迫切需要解決的問題——生態保護、可持續發展、農村建設、鄉村振興等思想和理念。

作爲中國傳統農業智慧的結晶，中國古農書通過各種途徑傳播到世界各地，對世界農業文明産生了深遠影響，例如《齊民要術》在唐代已傳入日本。被譽爲『宋本中之冠』的北宋天聖年間崇文院本《齊民要術》被日本視爲『國寶』，珍藏在京都博物館。而以《齊民要術》爲对象的研究被稱爲日本『賈學』。江户時代的宮崎安貞曾依照《農政全書》的體系、格局，撰寫了適合日本國情的《農業全書》十

[二] 閔宗殿《明清農書待訪錄》，《中國科技史料》二〇〇三年第四期。

卷，成爲日本近世時期最有代表性、最系統、水準最高的農書，被稱爲『人世間一日不可或缺之書』。據不完全統計，受《農政全書》或《農業全書》影響的日本農書達四十六部之多。〔一〕中國古農書直接或間接地推動了當時整個日本農業技術的發展，提升了農業生產力。

朝鮮在新羅時期就可能已經引進了《齊民要術》。〔二〕高麗宣宗八年（一〇九一）李資義出使中國，宋哲宗（一〇八六—一一〇〇）要求他在高麗覆刊的書籍目録裏有《氾勝之書》。高麗後期的一三四九年與一三七二年，曾兩次刊印《元朝正本農桑輯要》。朝鮮太宗年間（一三六七—一四二二），學者從《農桑輯要》中抄録養蠶部分，譯成《養蠶經驗撮要》，摘取《農桑輯要》中穀和麻的部分譯成吏讀，並以此爲底本刊印了《農書輯要》。朝鮮的《閒情録》以《陶朱公致富奇書》爲基礎出版，《農政會要》則主要引自《授時通考》。《農家集成》《農事直説》以及姜希孟的《四時纂要》主要根據王禎《農書》等多部中國古農書編成。據不完全統計，目前韓國各文教單位收藏中國農業古籍四十種，〔三〕包括《齊民要術》《農政全書》《授時通考》《御製耕織圖》《江南催耕課稻編》《廣群芳譜》《農桑輯要》等。

中國古農書還通過絲綢之路傳播至歐洲各國。《農政全書》至遲在十八世紀傳入歐洲，一七三五年法國杜赫德（Jean-Baptiste Du Halde）主編的《中華帝國及華屬韃靼全志》卷二摘譯了《農政全書》卷三十一至卷三十九的《蠶桑》部分。至遲在十九世紀末，《齊民要術》已傳到歐洲。達爾文的《物種起源》和《動物和植物在家養下的變異》援引《中國紀要》中的有關事例佐證其進化論，達爾文在談到人

〔一〕韓興勇《〈農政全書〉在近世日本的影響和傳播——中日農書的比較研究》，《農業考古》二〇〇三年第一期。

〔二〕〔韓〕崔德卿《韓國的農書與農業技術——以朝鮮時代的農書和農法爲中心》，《中國農史》二〇〇一年第四期。

〔三〕王華夫《韓國收藏中國農業古籍概況》，《農業考古》二〇一〇年第一期。

工選擇時説：『如果以爲這種原理是近代的發現，就未免與事實相差太遠。……在一部古代的中國百科全書中，已有關於選擇原理的明確記述。』〔一〕而《中國紀要》中有關家畜人工選擇的内容主要來自《齊民要術》。〔二〕中國古農書間接地爲生物進化論提供了科學依據。英國著名學者李約瑟（Joseph Needham）編著的《中國科學技術史》第六卷『生物學與農學』分册以《齊民要術》爲重要材料，説它『即使在世界範圍内也是卓越的、傑出的、系統完整的農業科學理論與實踐的巨著』。〔三〕

世界上許多國家都收藏有中國古農書，如大英博物館、巴黎國家圖書館、柏林圖書館、聖彼得堡（列寧格勒）圖書館、美國國會圖書館、哈佛大學燕京圖書館、日本内閣文庫、東洋文庫等，大多珍藏有《齊民要術》《茶經》《農桑輯要》《農書》《農政全書》《授時通考》《花鏡》《植物名實圖考》等早期刻本。不少中國著名古農書還被翻譯成外文出版，如《齊民要術》有日文譯本（缺第十章），《天工開物》與《茶經》有英、日譯本，《農政全書》《授時通考》《群芳譜》的個别章節已被譯成英、法、俄等文字，《元亨療馬集》有德、法文節譯本。法蘭西學院的斯坦尼斯拉斯·儒蓮（一七九九—一八七三）翻譯的法文版《蠶桑輯要》廣爲流行，並被譯成英、德、意、俄等多種文字。顯然，中國古農書已經是全世界人民的共同財富，也是世界了解中國的重要媒介之一。

近代以來，有不少學者在古農書的搜求與整理出版方面做了大量工作。晚清務農會於光緒二十三年（一八九七）鉛印《農學叢刻》，但是收書的規模不大，僅刊古農書二十三種。一九二〇年，金陵大學在

〔一〕［英］達爾文《物種起源》，謝蘊貞譯。科學出版社，一九七二年，第二十四—二十五頁。

〔二〕《中國紀要》即十八世紀在歐洲廣爲流行的全面介紹中國的法文著作《北京耶穌會士關於中國人歷史、科學、技術、風俗、習慣等紀要》。一七八〇年出版的第五卷介紹了《齊民要術》，一七八六年出版的第十一卷介紹了《齊民要術》中的養羊技術。

〔三〕轉引自繆啓愉《試論傳統農業與農業現代化》，《傳統文化與現代化》一九九三年第一期。

全國率先建立了農業歷史文獻的專門研究機構，在萬國鼎先生的引領下，開始了系統收集和整理中國古代農業歷史文獻的研究工作，着手編纂《先農集成》，從浩如煙海的農業古籍文獻資料中，搜集整理了三千七百多萬字的農史資料，後被分類輯成《中國農史資料》四百五十六册，是巨大的開創性工作。

民國期間，影印興起之初，《齊民要術》、王禎《農書》、《農政全書》等代表性古農學著作均有石印本或影印本。一九四九年以後，爲了保存農書珍籍，曾影印了一批國内孤本或海外回流的古農書珍本，如中華書局上海編輯所分别在《中國古代科技圖錄叢編》和《中國古代版畫叢刊》的總名下，影印了《天工開物》（崇禎十年本）、《便民圖纂》（萬曆本）、《救荒本草》（嘉靖四年本）、《授衣廣訓》（嘉慶原刻本）等。上海圖書館影印了元刻大字本《農桑輯要》（孤本）。一九八二年至一九八三年，農業出版社以《中國農學珍本叢書》之名，先後影印了《全芳備祖》（日藏宋刻本），《金薯傳習錄、種薯譜合刊》（前者刊本僅存福建圖書館，後者朝鮮徐有榘以漢文編寫，内存徐光啓《甘薯蔬》全文），以及《新刻注釋馬牛駝經大全集》（孤本）等。

古農書的輯佚、校勘、注釋等整理成果顯著。萬國鼎、石聲漢先生都曾對《四民月令》《氾勝之書》等進行了輯佚、整理與深入研究。到二十世紀末，具有代表性的古農書基本得到了整理，如夏緯瑛的《管子地員篇校釋》和《呂氏春秋上農等四篇校釋》，石聲漢的《齊民要術今釋》《農桑輯要校注》《農政全書校注》等，繆啓愉的《齊民要術校釋》和《四時纂要》，王毓瑚的《農桑衣食撮要》，馬宗申的《授時通考校注》等。特别是農業出版社自二十世紀五十年代一直持續到八十年代末的《中國農書叢刊》，先後出版古農書整理著作五十餘部，涉及範圍廣泛，既包括綜合性農書，也收錄不少畜牧、蠶桑、水利等專業性農書。此外，中華書局、上海古籍出版社等也有相應的古農書整理著作出版。

一些有識之士還致力於古農書的編目工作。一九二四年，金陵大學毛邕、萬國鼎編著了最早的農書簡目《中國農書目錄彙編》，存佚兼收，薈萃七十餘種古農書。但因受時代和技術手段的限制，規模較小。一九四九年以後，古農書的編目、典藏等得以系統進行。一九五七年，王毓瑚的《中國農學書錄》出版（一九六四年增訂），含英咀華，精心考辨，共收農書五百多種。一九五九年，北京圖書館據全國二十五個圖書館的古農書書目彙編成《中國古農書聯合目錄》，收錄古農書及相關整理研究著作六百餘種。一九九〇年，中國農業歷史學會和中國農業博物館據各農史單位和各大圖書館所藏農書彙編成《農業古籍聯合目錄》，收書較此前更加豐富。二〇〇三年，張芳、王思明的《中國農業古籍目錄》收錄了古農書存目二千零八十四種。經過幾代人的艱辛努力，中國古農書的規模已基本摸清。上述基礎性工作爲古農書的搜求、彙集、出版奠定了堅實的基礎。

目前，以各種形式出版的中國古農書的數量和種類已經不少，具有代表性的重要農書還被反復出版。但是，仍有不少農書尚存於各館藏單位，一些孤本、珍本急待搶救出版。部分大型叢書已經注意到古農書的彙集與影印，《續修四庫全書》『子部農家類』收錄農書六十七部，《中國科學技術典籍通匯》『農學卷』影印農書四十三種。相對於存量巨大的古代農書而言，上述影印規模還十分有限。可喜的是，在鳳凰出版社和中華農業文明研究院的共同努力下，《中國古農書集粹》被列入《二〇一一—二〇二〇年國家古籍整理出版規劃》。本《集粹》是一個涉及目錄、版本、館藏、出版的系統工程，工作於二〇一二年啓動，經過近八年的醞釀與準備，影印出版在即。《集粹》原計劃收錄農書一百七十七部，後根據時代的變化以及各農書的自身價值情況，幾易其稿，最終決定收錄代表性農書一百五十二部。《中國古農書集粹》填補了目前中國農業文獻集成方面的空白。本《集粹》所收錄的農書，歷史跨度時間長，從先秦早期的《夏小正》一直至清代末期的《撫郡農産考略》，既展現了中國古農書的萌芽、形成、發展、成熟、定型與轉型的完整過程，也反映了中華農業文明的發展進程。明清時期是中國傳統農業發展的巔峰，它繼承了中國傳統農業中許多好的東西並將其發展到極致，而這一階段的農書恰是本《集粹》收録的重點。本《集粹》還具有專業性强的特點。古農書屬大宗科技文獻，而非傳統意義的歷史文獻，本《集粹》更側重於與古代農業密切相關的技術史料的收録。本《集粹》所收農書覆蓋面廣，涵蓋了綜合性農書、時令占候、農田水利、農具、土壤耕作、大田作物、園藝作物、竹木茶、植物保護、畜牧獸醫、蠶桑、水産、食品加工、物産、農政農經、救荒賑災等諸多領域。收書規模也爲目前中國農業古籍集成之最。

《中國古農書集粹》彙集了中國古代農業科技精華，是研究中國古代農業科技的重要資料。同時，中國古農書也廣泛記載了豐富的鄉村社會狀況、多彩的民間習俗、真實的物質與文化生活，反映了中國古代農民的宗教信仰與道德觀念，體現了科技語境下的鄉村景觀。不僅是科學技術史研究不可或缺的第一手資料，還是研究傳統鄉村社會的重要依據，對歷史學、社會學、人類學、哲學、經濟學、政治學及其他社會科學都具有重要參考價值。古農書是傳統文化的重要載體，是繼承和發揚優秀農業文化遺産的主要文獻依憑，對我們認識和理解中國農業、農村、農民的發展歷程，乃至整個社會經濟與文化的歷史脉絡都具有十分重要的意義。本《集粹》不僅可以加深我們對中國農業文化、本質和規律的認識，還可以鑒古知今，把握國情，爲今天的經濟與社會發展政策的制定提供歷史智慧。

本《集粹》的出版，可以加强對中國古農書的利用與研究，加深對農業與農村現代化歷史進程的必然性和艱巨性的認識。祖先們千百年耕種這片土地所積累起來的知識和經驗，對於如今人們利用這片土地仍具有指導和借鑒作用，對今天我國農業與農村存在問題的解決也不無裨益。現代農學雖然提供了一些『普適』的原理，但這些原理要發揮作用，仍要與這個地區特殊的自然環境相適應。而且現代農學原理並不否定傳統知識和經驗的作用，也不能完全代替它們。中國這片土地孕育了有中國特色的傳統農業，積累了有自己特色的知識和經驗，有利於建立有中國特色的現代農業科技體系。人類文明是世界各個民族共同創造的，人類文明未來的發展當然要繼承各個民族已經創造的成果。中國傳統的農業知識必將對人類未來農業乃至社會的發展作出貢獻。

王思明

二〇一九年二月

目錄

救荒活民補遺書

（宋）董　煟　撰
（元）張光大　增
（明）朱熊　補遺

《救荒活民補遺書》三卷，（宋）董煟撰，（元）張光大增，（明）朱熊補遺。董煟（？——一二一七），字季興，德興（今屬江西）人，南宋紹熙四年（一一九三）進士。曾任新昌尉、應城令、郢州文學等官。後知里安（今屬浙江），據書前自序，作者自幼便立志減輕貧苦農民水旱霜蝗之苦，『值歲饑，立救荒策，以賑流民』，總結歷代救荒賑災政策之利弊得失，撰成此書。

全書三卷，附《拾遺》。上卷考古證今，論述較詳。中卷條陳救荒之策，備述救荒之具體辦法。包括常平、義倉、勸分、禁遏糴、不抑價、檢旱、減租、貸種、恤農、遣使、馳禁、鬻爵、度僧、治盜、捕蝗、和糴、存恤流民、勸種二麥、通融有無、借貸内庫、預講救荒之政、救荒仙方等細目。在『捕蝗』部分，作者一再强調『蝗蝻則有捕瘞之法。凡可以用力者，豈可坐視而不救耶』，批評宿命論者無所作爲的遁詞。記述了世界上最早的治蟲法規，即北宋熙寧八年（一〇七五）頒佈的『熙寧詔』和南宋淳熙九年（一一八二）頒佈的『淳熙敕』，並總結了當時行之有效的七條捕蝗法。下卷爲救荒雜説，備述本朝名臣賢士可資鑒戒的救荒議論。《拾遺》部分包括前代除蝗條令、捕蝗法、賑濟法等。

該書的版本主要有《墨海金壺》《珠叢别録》《叢書集成初編》本。今據明萬曆四十年刻本影印。

（惠富平）

救荒活民補遺書序

歷代荒政散見於經史傳記未易遍觀而盡識况於行乎近世董煟嘗紬簡冊撮其機要輯爲救荒活民一書板行于世覽者便之然歲月既久不無殘闕比年江陰朱維吉因煟所輯重加考訂而益以
國朝勤恤民隱詔令與凡爲善陰隲諸書所載前人捄振民饑良法美意謂之補遺由是歷代救荒之政制度條目莫不畢具可舉而行其用心斯亦勤矣書成携至京師求予序之予謂維吉布衣之士坐誦書史慨然思當世之務托於此書以自見志有在焉蓋朱氏世有及人之功至維吉孝行尤篤嘗刲股啖母以愈其疾又嘗出粟助官賑貸鄉里因以爲親祈天永命於是鄉民賴以存活而二親享其壽康
朝廷嘉乃孝義而旌表其門既榮耀矣維吉方且夙夜感激思報
聖恩故復爲是書冀少裨政治之萬一仁人君子有志及民

者誠置一帙講之於平居無事之時施之於倉卒應變之際殆見歲有凶荒而民無菜色豈非爲政之當務哉嗚呼使維吉得位行道舉而措之其及人之功又何如耶庸序其槪引諸卷端

正統七年六月初吉

國子司業郡人趙琬序

救荒活民書補遺序

孟子謂人皆有不忍人之心惟聖人合體此心故其所行無非不忍人之政觀於

聖朝救荒之舉有足徵矣江陰朱熊維吉嘗出穀數千石以助有司賑饑蒙

朝廷賜璽書旌其義矣既而慨其所出以助賑者不廣復取宋從政郎董煟所纂述救荒活民書補其遺逸鋟梓以行於世冀有以助行不忍人之政者萬一其又非所謂上有好者下必有甚焉者歟嘗觀

七八月之間旱油然作雲沛然下雨人知蒙澤潤扵天矣而不知雲山川之氣所蒸雨溪澗之水所升輸小以成大也出泰華之産發江海之藏人知受惠利扵地矣而不知泰華江海由扵涓埃之積資

約以成博也朱氏欲有助扵行不忍人之政其猶山川溪澗之輸扵天涓埃之資扵地者乎况是書有古昔聖賢暨

我

國家仁民之意載諸訓典者在惡得不足以弘其所濟耶矧

典牧者用之惟其宜耳維吉有孝行是稱扵鄉其所以惓惓扵義者孰非是心之推間以書補遺求余序故爲之書

正統八年十一月甲寅翰林學士奉議大夫兼修

國史兼

經筵官廬陵陳循序

救荒活民補遺書序

救荒活民補遺書者江陰朱維吉氏所輯也宋嘉泰中從政郎董煟有志於恵民慮夫凶歲或有不遂其生者乃取歷代救荒之政賢士大夫議論施設之方爲書三卷上之朝廷而頒於中外其用心仁矣有元張光大又取當時救災䘏民之事編萃而附益之其心猶煟之心也至今二百餘年矣維吉得而觀之曰是書也民命之所繫也其可以弗傳乃爲正其訛補其缺而去其繁文又以本朝

列聖所下詔勑有關於荒政者及採爲善陰隲所載前代捄荒獲吉之人續之間以己意爲之論斷名曰救荒活民補遺書請於父善慶甫鋟梓以傳四方欲使天下長民之吏仁民之君子一遇凶年得舉而措之庶幾斯民無一不得其所維吉之心何其厚於仁如此哉朱氏江陰故家而維吉[illegible]叡孝再刲股肉以愈母疾士大夫歌咏之

聖天子篤意養民慮有水旱之災詔諸有司豫爲備維吉念父有德善而未沾一命卽出穀四千石以歸有司助賑貧蒐假寵以爲

親榮

朝廷降勑旌其孝

勑旌其孝義復其家維吉初以孝聞而繼以義顯乎茲其能進於善皆爲文以張之今觀是書而又知其仁維吉之善果能進進不已哉君子之於仁也施必自近始然於遠者或遺焉其心非不欲及遠也勢有所不逮也故必思所以繼之茍有以繼之則仁之施溥矣維吉之恵施於鄉而未能及於天下故繼之以是書使是書也傳之於無窮則維吉之恵之及於人者豈有窮哉故爲序之使傳焉

正統八年十一月朔日資善大夫吏部尚書兼

經筵官前

國史總裁泰和王直序

救荒活民補遺書卷上

江陰文林朱維吉補遺重編

河間府知府楡社常在重刊

帝曰棄黎民阻饑汝后稷播時百穀禹曰洪水滔天浩浩懷山襄陵下民昏墊予乘四載隨山刊木暨益奏庶鮮食予決九川距四海濬畎澮距川暨稷播奏庶艱食鮮食懋遷有無化居烝民乃粒萬邦作乂

董氏曰唐虞之時國用尚簡上之人取於

民者甚少凡山澤之利盡在於民故當阻饑之際特使通融有無而已今世民困財竭則通融有無須上之人有以爲之然規模淺陋者猶滯於一隅殊失唐虞懋遷之意

孟子曰天下之生久矣一治一亂當堯之時天下猶未平洪水橫流氾濫於天下草木暢茂禽獸繁殖五穀不登禽獸偪人獸蹄鳥跡之道交於中國堯獨憂之舉舜而敷治焉舜使益掌火

益烈山澤而焚之禽獸逃匿禹疏九河瀹濟漯
決汝漢排淮泗然後中國可得而食也當是時
也禹八年於外三過其門而不入后稷教民稼
穡樹藝五穀五穀熟而民人育

補遺曰天之災異無時無之雖唐虞三代
之君或不免焉而所以不至於大害者以
其主明臣哲而能預備故也蠢蠢烝黎甘
於汨溺不有在上者化之使得其養生之
道奚能免於困篤哉禹之功大矣微禹吾
其魚乎稷之功茂矣微稷吾其獸乎雖然

向非孟軻氏而表章之則後世又何得而
悉其功烈之盛歟所以後聖之有功於前
聖也如是後之繼聖者可不念哉

管子曰天以時爲權地以財爲權人以力爲權
君以令爲權失天之權則人地之權亡湯七年
旱禹九年水民之無糧賣子者湯以莊山之金
鑄幣而贖民之無糧賣子者禹以歷山之金鑄
幣而贖民之無糧賣子者故天權失人地之權
皆失也大紀曰伊尹言於王發莊山之金鑄幣
通有無於四方以賑之民是以不困

補遺曰天地之寶藏唯聖人爲能發之聖
人發之而不私之特其衡而變通之以待
夫民之厄困也所以煎山煮海而不爲貪
刲禽華獸而不爲暴胼手豕足而不爲詹
者何與民利其利也禹湯二聖鑄莊歷之
金作幣以便民而民亦因以濟九潦九旱
吠犬驚雲鳴蛙集竈而民無隱雷菜色之
憂此非聖人之能事乎管氏此言豈無據

哉故曰仁者以財發身

湯旱而禱曰政不節歟使民疾歟何以不雨而
至斯極也宮室崇歟婦謁盛歟何以不雨而至
斯極也苞苴行歟讒夫昌歟何以不雨而至斯
極也

董氏曰公孫弘以湯之旱爲桀之餘烈遂
有以啓武帝之玩心大抵天變如父母之
震怒爲人子者知其雖非在已之過亦當

恐懼敬事以得父母之歡心成湯聖人乎時豈有此六事然必一一以為言者所以見其敬天之至也況未至成湯者可不自責哉

大司徒以荒政十有二聚萬民一曰散利二曰薄征三曰緩刑四曰弛力五曰舍禁六曰去幾（關市不幾也）七曰眚禮（凶荒殺禮）八曰殺哀九曰蕃樂（蕃讀為藩藩謂閉藏樂器而不作）十曰多昏十有一曰索鬼神（求廢祀而修之也）十有二曰除盜賊

董氏曰周禮救荒以散利薄征居其首今之郡縣專促辦財賦而諱言災傷州縣之官有抑民告訴者檢視之官有不敢保明分數者非不識古人活民之意顧亦迫於諸司之征催有所不暇計慮耳然以生民社稷為念者忍無策以處之

大荒大札則令邦國移民通財舍禁弛力薄征緩刑

董氏曰謹按注云大荒大凶年也大札大

疾疫也移民者辟災就賤也其有守不可移者則輸之粟梁王移民移粟之舉正得周禮救荒之遺意而孟子不取者非不取夫此也特譏其平居無事不能行仁政徒知罪歲而已耳

遺人掌邦之委積以待施惠鄉里之委積以恤艱阨門關之委積以養老孤郊里之委積以待賓客野鄙之委積以待羈旅縣都之委積以待凶荒

董氏曰今之義倉誠得遺人委積之遺意然散貯於鄉里郊野縣都之間故所及者均遍比年義倉專輸之州縣一有凶歉村落不能遍及矣今有仁人在上安保其無復倣此意而行之者乎

國無九年之蓄曰不足無六年之蓄曰急無三年之蓄曰國非其國也三年耕必有一年之食九年耕必有三年之食以三十年之通雖有凶旱水溢民無菜色然後天子食日舉以樂

董氏曰古稱九年之蓄者蓋率土臣民通爲之計固非獨豐廪庾而已後代失典籍備慮之意忘先王子愛之心所蓄糧儲唯計廪庾而不知國富民貧其禍尤速今州縣有常平倉義倉朝廷諸路又有封樁米斛至於大軍倉豐儲倉州倉縣倉皆不與焉但賦斂繁重民間實無所蓄耳然官之所蓄又各有司存而不敢發馴致積爲埃塵盍亦講求古人凶年通財之義乎

月令季春之月天子布德行惠命有司發倉廪賜貧窮振乏絶

董氏曰古人賑給多在季春之月蓋蠶麥未發正宜行惠非特饑荒之時方行賑濟而已

宣王承厲王之烈内有撥亂之志遇烖而懼側身脩行欲銷去之詩曰天降喪亂饑饉薦臻靡神不舉靡愛斯牲又曰靡人不周無不能止

董氏曰靡神不舉靡愛斯牲説者謂慰安人心然山川禱祠從古有之亦見古人憂畏之切至於靡人不周無不能止自非當時有寬恵及民安能如是

隱公六年京師來告饑公爲之請糴於宋衛齊鄭禮也莊公二十八年冬饑臧孫辰告糴于齊禮也

董氏曰春秋之時諸侯竊地專封然同盟之國猶有救患分災之義未嘗遏糴也今之郡縣不知本原但各私其民致嚴爲出境之禁回視春秋列國爲有愧矣

僖公十三年冬晉荐饑使乞糴于秦百里奚曰天災流行國家代有救災恤鄰道也行道有福秦於是輸粟于晉自雍及絳相繼命之曰汎舟之役僖公十四年秦饑乞糴于晉晉人不與僖公十五年晉侯及秦伯戰于韓獲晉侯傳云晉饑秦輸之粟秦饑晉閉之糴故秦伯伐晉

董氏曰春秋於諸侯無書侯之例而經書曰侯罪侯賊絶之也春秋之世王道不絶

如綫一閉糴而聖人誅之宋朝列聖視民如傷屢降詔旨不許諸路遏糴坐以違制而邇來官司各專其民輒違上意此皆講求未至耳

僖公二十一年夏大旱欲焚巫尫臧文仲曰非旱備也脩城郭貶食省用務穡勸分有無相濟此其務也

董氏曰有無相濟真救荒之良法今州縣各私其民官司各私其職莫肯通融異縣貯儲不恤鄰邑哀哉

李悝爲魏文侯作平糴之法曰糴甚貴傷民甚賤傷農民傷則離散農傷則國貧故甚賤與甚貴其傷一也善爲國者使民無傷而農益勸故大熟則上糴三而舍一（計民食終歲長四百石官糴一百石）中熟糴二下熟糴一使民適足價平而正小饑則發小熟之斂中饑則發中熟之斂大饑則發大熟之斂而糶之故雖遇饑饉水旱糴不貴而民不散取有餘而補不足行之魏國國以富強

董氏曰今之和糴其弊在於籍數定價且不能視上中下熟故民不樂與官爲市㝡爲患者吏胥爲姦交納之際必有誅求稍不滿欲量折監陪之患紛然而起故糴買之官不得不低價滿量豪奪於民以逃曠責是其爲糴也烏得謂之和哉至於已糴之後又不能以新易陳故積而不散化爲埃塵而民間之米愈少也漢食貨志曰吏良而令行故民賴其利焉誠哉是言

葵丘之會五命曰無曲防無遏糴

董氏曰趙岐注云無曲防無曲意設防禁也無遏糴無止穀不通鄰國也然必當時已有遏糴之患故齊桓因諸侯之會而預戒之

國語魯饑臧文仲言於莊公曰夫爲四鄰之援結諸侯之信重之以昏姻申之以盟誓固國之艱急是爲鑄名器藏寶財固民之殄病是待今國病矣君盍以名器請糴于齊於是以鬯圭玉

器如齊告糴曰不腆先君之敝器敢告滯積以
救敝邑

董氏曰饑荒之年古今雖圭璧皆不
敢惜猶以請糴今常平義倉本備饑荒內
帑之積軍旅之外本支凶年若吝而不發
誠未考古耳

管仲相桓公通輕重之權曰歲有凶穰故穀有
貴賤民有餘則輕之故人君斂之以輕民不足
則重之故人君散之以重使萬室之邑有萬鍾

之藏千室之邑有千鍾之藏故大賈蓄家不得
豪奪吾民矣

董氏曰李悝之平糴壽昌之常平其源蓋
祖於此今之和糴者務其小利以爲功殊
忘斂散所以爲民之意

春秋之時鄭饑未及麥民病子皮餼國人粟戶
一鍾是以得鄭國之民故罕氏世掌國政以爲
上卿宋饑司城子罕出公粟以貸使大夫皆貸
司城氏貸而不書宋無饑人晉叔向聞之曰鄭
之罕宋之樂二者其皆得國乎

董氏曰子皮子罕爲二國之卿固與宰天
下者大相遠不知其惠之所及者能幾而
天之祐善罕氏遂世掌國政於鄭樂氏遂
有後於宋蓋亦傳所謂天烖流行國家代
有行道有福理必然耶

哀公問於有若曰年饑用不足如之何對曰盍
徹乎曰二吾猶不足如之何其徹也曰百姓足
君孰與不足百姓不足君孰與足

董氏曰聖賢救荒大抵以寬征薄賦爲先

書曰民惟邦本本固邦寧

梁惠王曰寡人之於國也盡心焉耳矣河內凶
則移其民於河東移其粟於河內河東凶亦然
察鄰國之政無如寡人之用心者鄰國之民不
加少寡人之民不加多何也孟子迺以王政告
之曰今狗彘食人食而不知檢塗有餓莩而不
知發人死則曰非我也歲也王無罪歲斯天下
之民至焉

董氏曰人君平居無事横征暴斂不能使民養生喪死而無憾一遇水旱雖移民移粟孟子以爲不知本

漢興接秦之敝諸侯並起民失業作而大饑饉米石五千人相食死者過半高祖乃令饑民就食蜀漢文帝後元六年大旱蝗弛山澤發倉庾以濟民

董氏曰宣帝本始三年旱後漢章帝元年旱並免民租稅漢家救荒大抵厚下

景帝後元二年以歲不登禁內郡食馬粟沒入之史記本紀令內郡不得食馬粟徒隸衣七緵布止馬舂爲歲不登禁天下食不造歲省列侯遣之國

董氏曰謹按曲禮歲凶年穀不登君膳不祭肺馬不食穀馳道不除祭事不縣大夫不食粱士飲酒不樂玉藻曰年不順成君衣布搢本關梁不租山澤列而不賦土工不興大夫不得造車馬穀梁曰大侵之禮君食不兼味臺榭不塗鬼神禱而不祀古人救荒之政凡可以利及於民者靡不畢舉景帝所行皆得古人救荒之遺法所以與文帝並稱爲賢君歟

鼂錯曰人情一日不再食則饑終歲不製衣則寒腹饑不得食膚寒不得衣雖慈母不能保其子君安能以有其民哉明主知其然故務農桑薄賦斂廣畜積以實倉廩備水旱故民可得而有也夫珠玉金銀饑不可食寒不可衣故明君貴五穀而賤金玉

董氏曰陸贄嘗謂國家救荒所當者財用所得者人心今錯謂腹饑不得食雖慈母不能保其子人君安能以有其民此意惟贄得之

錯建言令募天下入粟縣官得以拜爵除罪又言入粟郡縣足支一歲以上特赦勿收民租如此則德澤加於萬民若遭水旱民不困乏其後上郡以西旱復脩賣爵令

董氏曰國家賑濟之賞非不明白五千石承節郎進士廸功郎四千石承信郎進士補上州文學助教州縣行之無法出粟之後所費不一故民有不願就者焉

武帝元鼎元年詔曰今京師雖未為豐年山林池澤之饒與民共之今水潦移於江南迫隆冬至朕懼其饑寒不活方下巴蜀之粟致之江陵遣博士等分行諭告所抵無令重困吏民有賑饑民免其厄者具舉以聞

董氏曰江南水潦下巴蜀之粟致之江陵其通融有無不滯於一隅與近來州縣配抑認米賑糴有間矣是時師旅宮室百役並興而憂民之心其切如此武帝所以異於秦皇也

元封元年旱上令官求雨卜式言縣官當食租衣稅而已今弘羊令吏坐視列肆販物求利亨弘羊天乃雨

董氏曰桑弘羊領大司農作平準之法于京師令遠方之物如異時商賈所轉販者為賦盡籠天下之貨物貴則賣之賤則買之使萬物不得騰踊民不益賦而天下用饒當時議者猶欲亨之謂奪民之利傷和氣也今民利無遺矣而聚斂之臣黙思弘羊可亨之語可不寒心哉

元封四年關東流民二百萬口無名數者四十萬公卿議欲徙流民於邊丞相石慶上書乞骸骨上詔報切責之

董氏曰流民移徙誠當安集勞來乃欲徙之於邊固非良策又乃切責宰相武皇政荒之術踈矣宋朝富弼青州賑救流民規畫過於漢家遠甚

武帝時河內失火延燒千餘家上使汲黯往視之還報曰家人失火屋比延燒不足憂臣過河南貧人傷水旱萬餘家或父子相食臣謹以便宜持節發河南倉粟以賑貧民臣請歸節伏矯制之罪上賢而釋之

董氏曰古者社稷之臣其識見施爲與俗
吏固不同也黯時爲謁者而能矯制以活
生靈今之太守號曰牧民一遇水旱牽掣
顧望不敢專決視黯當內媿矣
西漢昭帝始元元年三月遣使者振貸貧民無
種食者秋八月詔曰往年災害多今年蠶麥傷
所振貸種食勿收責毋令民出今年田租
補遺曰王者之養民猶乳母之於嬰兒也
饑則哺之飽則怡之不令其有顛癎之擾

蚤蝨蚊蚋不得干其膚動靜之間務獲彼
情方爲慈愛若饑而不乳患而不恤是豈
爲毋者之意哉保民若昭帝可謂近之矣
觀其一語一事英睿之氣象自別使天假
之以年其政又豈居文景之下乎
宣帝五鳳四年豐穰穀石至五錢耿壽昌建言
令邊郡皆築倉以穀賤時增價而糴以利農穀
貴時減價而糶以利民名曰常平倉民甚便之
董氏曰漢之常平止立於北邊李唐之世

亦不及於江淮以南本朝常平之法遍天
下蓋非漢唐之所能及也
元帝即位大水齊地饑民多餓死諸儒多言鹽
鐵官常平倉可罷毋以民爭利上從其議皆罷
董氏曰鹽鐵可罷而常平不可罷但釐革
其弊可耳今乃遽罷之過矣元帝之失豈
特優柔無斷歟
王莽時南方枯旱使民煮木爲酪酪不可食重
爲煩擾又令饑民摇息莊食之流民入關者數

十萬人置養贍院以稟之吏盜其稟饑死十七
八
董氏曰木豈可煮以爲酪莽之規模如此
其即日敗亡也宜哉
後漢建武六年春詔曰往歲旱蝗蟲爲災人用
困乏其令郡國有穀者稟給求與二年詔五穀
不登其令郡國種蕪菁以助人食
董氏曰饑年食蕨根煮野菜拾橡子採聖
米凡可以度命之計者隨所在而爲之無

遺法要是上之人當有以通融之使下無
遏糴抑價閉糶之患斯爲上也

永元五年遣使者分行三十餘郡貧民開倉賑給六年詔流民所過郡國皆稟之永初二年遣光祿大夫樊準呂倉分行冀兖二州稟貸流民

董氏曰近歲温台衢婺流民過淮甸者接踵於道衝冒風雪扶老携幼狼狽者不可勝言而爲政者不聞其留意者不過張榜河渡勸抑使還豈知業已破蕩歸無自安

之路矣回視所過郡國皆廩之者寧不愧哉

東漢桓帝永壽三年春京師或上言民之貧困以貨雜錢薄宜改鑄大錢事下四府群僚及太學能言之事議之太學生劉陶上議曰當今之憂不在於貨在乎民饑竊見比年已來良苗盡於蝗螟之口杼軸空於公私之求民所患者豈謂錢貨之厚薄銖兩之輕重哉就使當今沙礫化爲南金瓦石變爲和玉使百姓渴無所飲饑無所食雖羲皇之純德唐虞之文明猶不能以保蕭墻之內也蓋民可百年無貨不可一朝有饑故食爲至急也議者不達農殖之本多言鑄治之便蓋萬人鑄之一人奪之猶不能給況今一人鑄之則萬人奪之乎雖以陰陽爲炭萬物爲銅役不食之民使不饑之士猶不能足無猒之求也

補遺曰爲臣當知事君之大體與當時之急務隨其勢而施張之庶不困於民而後

朝廷之事可行去錢者饑不可食寒不可衣特天子行權之具耳上之威令果行焉雖沙礫可使翅於珠玉桒楮可使肩於錦綺片紙隻字飛馳於天下而無凝滯今苟不行彼金節玉璽旁午於市而人有不暇顧況銖兩之銅乎民饑矣猶剜其肌民寒矣猶剝其膚肌膚痛切雖愛子不戀於慈母尚何望其守君臣之義哉昔梁武末年江東饑荒民有懷金玉而餓死者錢何恃

劉陶爲白面書生識鑒至此當時袞袞肉食者聞之不有感於中乎

東漢獻帝興平元年四月至七月不雨穀一斛直錢五十萬長安中人相食帝令侍御史侯汶出大倉米豆爲貧人作糜餓死者如故帝疑稟賦不實取米豆各五升於御前作糜得二盆乃杖汶五十於是悉得全濟

補遺曰人主雖不可以察察爲明至於決大疑恤大患則不可不明也昔昭帝辨霍光之忠質帝識梁冀之桀明帝頓弘農吏之流言此皆天質卓異識鑒高遠英銳之風凜凜使人悚息於千萬里之外何其明也獻帝繼作聰察未聞踐阼以來卽能諳識事體裁決機務屏出憸詐亦可謂明矣彼汶者特非養民之大憝乎托以拯民視死者不啻草芥略不爲之動容此輩尚可使之乘帶立朝贊襄鴻化哉適發姦隱杖之廷闕千載之下快人心目倚歟

魏黃初二年冀州大蝗歲饑使尚書杜畿持節開倉廩以賑之

五年冀州饑遣使者開倉廩賑之

六年春遣使者巡行沛郡問民間疾苦貧者賑貸之

孫權赤烏三年民饑詔遣使開倉廩賑貧者

晉武帝泰始二年青徐兖州水遣使賑恤

董氏曰人主身居九重毎患下情不能上達故遣使若孫權曹操立國之初禮儀簡略故使者所過無煩擾宋朝諸路置使一有水旱而諸司悉以上聞矣此其所以過於前代

西晉武帝咸寧四年秋七月螟傷稼詔問主者何佐百姓度支尚書杜預上疏以爲今者水災東南尤劇宜勅兖豫等諸州留漢氏舊陂繕以蓄水餘皆決瀝令饑者盡得魚菜螺蜯之饒此目下日給之益也水去之後須於之田畝收數鍾此又明年之益也典牧種牛有四萬五千餘

頭不供耕駕至有老不穿鼻者可分以給民使
及春耕種穀登之後責其租稅此又數年以後
之益也帝從之民賴其利
補遺曰治災同乎治疾先要察夫脉之弦
緩然後加之以扶導之功則自愈矣及此
未有不顛蹶者當陽侯爲一代偉人鑒識
宏遠不言則已言必有濟於事良哉
東晉烈宗太元四年三月詔以疆埸多虞年穀
不登其供御所須事從儉約九親供給衆官廩

俸權可減半凡諸役費自非軍國事要皆宜停
省
補遺曰嘗聞司馬温公論青苗錢有曰天
下之財有數不在官則在民譬如雨澤夏
澇則秋旱春澇則夏旱亦有其數耳旨哉
斯言足爲後世裒斂者戒夫財之在民者
公家有須一朝可得在官者則恐不然民
有菜色而能散財賙恤者一代幾人若孝
武亦可謂善保其位者矣使當時不下此

詔必有流離死亡者枕骸遍野誰其與我
趨事乎頃焉却敵淝水幾復神州未必無
所感也凡養民者先足其食而後可以教
之禮義教之禮義既明臣死君子死父者
尋常之事也惜乎未能緝熙耳
東晉孝宗永和元年慕容皝以牛假貧民使佃
苑中稅其什之八自有牛者稅其七記室參軍
封裕上書諫以爲古者什一而稅天下之中正
也降及魏晉仁政衰薄假官田官牛者不過稅

其什六自有牛者中分之猶不取其七八也自
永嘉以來海內蕩析武宣王綏之以德華夷之
民萬里輻輳襁負而歸之者若赤子之歸父母
是以戶口十倍於舊無田者什有三四及殿下
繼統南摧彊趙東兼高句麗北取宇文拓地三
千里增民十萬戶是宜悉罷苑囿以賦新民無
牛者官賜之牛不當更收重稅也且以殿下之
民用殿下之牛牛非陛下之有將何在哉如此
戎旗南指之日民誰不簞食壺漿以迎王師

不虞誰與處矣川瀆溝渠有廢塞者皆應通利旱則灌漑潦則疏泄一夫不耕或受其饑况游食數萬何以得家給人足乎

補遺曰三代之制夏后氏五十而貢殷人七十而助周人百畝而徹其實皆什一也什五而稅一量吏祿度官用以賦於民而山川園池市肆租稅之入自天子以至封君湯沐邑皆各爲私奉養不領於天子之經費漕轉關東粟以給中都官歲不過數

十萬石此漢制之大綱也有田則有租有家則有調有身則有庸租出穀庸出絹調出繒纊布麻每丁租二石絹二疋綿三兩茲以外不得橫歛此唐制之大略也雜三代漢唐而攷之雖輕重之有差大抵不甚許刻或有司侵漁百姓荼毒大本終固者祖宗憲度存耳祖宗憲度存是祖宗恒産其位也况利澤之入人而能遽忍忘乎慕容然乃欲以牛假貧民使佃苑中之地十

稅其入彼但知牛爲官牛地爲官地特不知民爲官民耳蓋當時南北瓜裂兵戈擾攘封狼長噬豈復爲民念哉封裕之言猶以一勺水以止乎百沸之湯厥後摧兵四境國日富強裕之力也

宋文帝二十一年魏太子課民稼穡使無牛者借人牛以耕種而爲之芸田以償之凡耕種二十二畝而芸七畝大略以是爲率使民各標姓名於田首以知其勤惰禁飲酒遊戲者於是墾

田大增

補遺曰物之不齊物之情也民之貧富不翅者亦然苟能以其所有易其所無則何事之不濟哉大抵佚者人之常情勞者人人之所不樂苟非明哲之君循循而善誘之使遂其給養之道人誰各食其力哉魏太子知此他日拓地千里國用充足宜矣

然宋侯景作亂江南連年旱蝗江揚尤甚百姓

流亡相與入山谷江湖采草根木葉蓌芡而食之所在皆盡死者蔽路富室無食皆鳥面鵠形衣羅綺懷金玉俯伏牀帷待命聽終千里絕煙人迹罕見白骨聚如丘隴

董氏曰春秋之時戰爭相尋秦晉之饑猶且乞糴梁末旱蝗土宇雖狹盗賊雖起然百里之地猶足以相賙諸侯況據大江之南乎時宇文泰在魏方講行府兵有惠養黎元之志儻走一介齋寶玉以告滯積仍乞讓送彼以生民爲念其忍坐視而弗救乎惜也梁之君臣昏庸不知出此至使百姓轉死乎溝壑其至衣綺羅懷金玉以待盡悲夫

隋文帝開皇三年置常平倉石粟藏九年米藏五年下濕之地粟藏五年米藏三年皆著于令

董氏曰今之常平義倉多藏米而少藏粟至積久不發化爲埃塵非但支移之弊而已近有臣僚奏請慮其法太重而上下蔽掌虛文爲害乞令州縣各具見在常平錢米實數申提舉司差官般量檢點自今日以後不許他用而盡救其前日支移之罪庶幾緩急之際不至有悞其說似可行也

大業七年煬帝謀討高麗發民夫運米積於瀘懷二鎮耕稼失時田疇多荒饑饉荐臻穀價踊貴米斗直錢數百所運米或麤惡令民糴以償之重以官吏侵漁百姓困窮財力俱竭安居則不勝凍餒剽掠則猶得延生於是始相聚爲群盗

董氏曰自古盗賊之起未嘗不始於饑饉上之人不惜財用知所以賑救之則庶幾少安不然鮮有不殃及社稷者況夫軍旅之後必有凶年煬帝不知固本且輕舉妄動以至於亡有天下者可以爲鑑

十四年煬帝幸江都郡縣競刻剝以充貢獻外爲盗賊所掠內爲郡縣所賦生計無遺加之饑饉無食始採樹皮木葉或擣藁爲末或煮土爲

食之然官廩猶充物吏皆畏法莫敢賑救

董氏曰張官置吏本以爲民今吏皆畏法莫敢賑救是必上之人諱聞荒歉也以荒歉爲諱者其禍至此然天子者民之父母也子既饑餓父母其忍坐視乎今民至採樹皮擣藁末以充饑腸而上猶不知可勝嘆哉

隋末河南山東大水饑殍滿野死者數萬人徐世勣言於李密曰天下大亂本爲饑饉今更得黎陽倉大事濟矣密遣世勣襲破黎陽開倉恣民就食

董氏曰爲人上者平居暇日其所貯積正爲斯民饑饉計爾不知發廩賑恤乃至英雄散之以沽譽迹其禍患可不鑑歟然嘗觀密開洛口倉散米無防守取之者隨意多少或離倉之後力不能致委棄衢路自倉城至郭門米厚數寸爲車馬所輾踐群盜來就食者幷家屬近百萬口無甕盎織荊筐淘米洛水兩岸十里之間望之如白沙密喜謂賈閏甫曰此可謂足食矣噫食也者民所賴以爲命而輕棄若此使密得志豈生靈之福歟

隋末馬邑太守王仁恭不能賑施劉武周欲謀作亂宣言曰今百姓饑饉僵尸滿道王府君閉倉不賑恤豈爲民父母之意衆皆憤怒武周稱疾臥家豪傑候問武周椎牛縱酒因大言曰壯士豈能坐待溝壑倉粟爛積誰能與我共取之豪傑皆許諾未幾以計斬仁恭郡中無敢動者開倉賑貧民境内屬城皆下之

董氏曰饑饉而不發廩往往姦雄多假此號召百姓以倡亂臣觀義寧元年左翊衛郭子和坐事徙榆林會郡中大饑子和潛結敢死士十八人執郡丞王才數以不恤百姓之罪斬之開倉賑施此雖盜賊之行不足汙齒頰然亦足以爲不留意賑卹者之戒

矣近世救荒有司鄙吝不敢擅發常平之粟至於豐儲廣惠等倉又往往乏不支動化爲埃塵諒未悉太宗之意

關中旱饑民多賣子以接衣食詔出御府金帛爲贖之歸其父母詔以去歲霖雨今茲旱蝗赦天下其略曰若使百姓豐稔天下又安移災朕身以存萬國是所願也甘心無吝會所在有雨民大悅

董氏曰王者以得民爲本凡此舉動皆足以得民之歡心太宗眞至治不世出之主哉

畿內有蝗上入苑中見蝗掇數枚祝之曰民以穀爲命而汝食之寧食吾之肺肝舉手欲食之左右諫曰惡物或成疾上曰朕爲民受災何疾之避遂吞之是歲蝗不爲災

董氏曰太宗誠心愛民觀其朕爲民受災何疾之避之語其愛民之心眞切如此宜其一念感通蝗不能爲害也

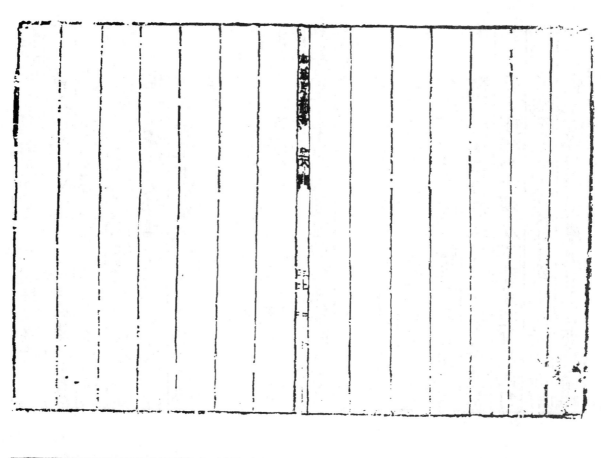

太宗置義倉常平倉以備凶荒高宗以後稍假義倉以給他費至神龍中略盡玄宗即位復置之其後第五琦請天下常平倉皆置庫以畜本錢德宗時趙贊又言自軍興常平倉廢垂三十年凶荒潰散餧死相食不可勝紀陛下即位京城所京置常平雖頻少雨澤米不騰貴可推而廣之德宗納其言

董氏曰常平和糴救荒實政然嘗觀憲宗即位之初有司以歲豐熟請畿內和糴當時府縣配戶督限有稽違則迫蹙鞭撻甚於稅賦號爲和糴其實害民今之和糴者可不鑑懲此弊乎

儀鳳間王方翼爲肅州刺史蝗獨不至方翼境而鄰郡民或餧死皆重繭走方翼治下乃出私錢作水磑簿其直以濟饑瘵葩舍數十百楹居之全活甚衆芝產其地

董氏曰流民至當爲法以處之富弼令樵採打魚之類地主不得侵問主是也但一時未免侵擾莫若脩堤岸浚河興水利公私兩便不然官司出錢和買民間蘆場或柴篠山近縣郭市井去處縱流民樵採官復置場買之非惟流民得自食其力雪寒平價出賣亦可濟應細民

唐高宗顯慶元年夏四月上謂侍臣曰朕思養人之道未得其要公等爲朕陳之來濟對曰昔齊桓公出遊見老而饑寒者命賜之食老人曰願賜一國之饑者賜之衣曰願賜一國之寒者公曰寡人之廩府安足以周一國之饑寒老人曰君不奪農時則國人皆有餘食矣不奪蠶要則國人皆有餘衣矣故人君之養人在省其征役而已今山東役丁歲別數萬役之則人上取庸則人大費臣願陛下量公家所須外餘免之

補遺曰耆舊者一鄉之表率縣令之表率太守者一郡之表率諸侯之表率天子者天下之表率故曰

不令而從其要在於節用愛人使民以時苟不奪其時則衣食自有餘矣何待解衣衣而推食食乎昔高宗問群臣面米濟以是爲對可謂救時之霖雨矣

天寶十三年水旱相繼關中大饑楊國忠惡京兆尹李峴不附己以災沴歸咎於峴貶長沙太守上憂雨傷稼國忠取禾之善者獻之曰雨雖多不害稼也上以爲然扶風太守房琯言所部水災國忠使御史推之是歲天下無敢言災者高力士侍側上曰淫雨不已卿可盡言對曰自陛下以權假宰相賞罰無章陰陽失度臣何敢言上默然

董氏曰自古姦臣固位惟欲諂事人主不樂聞四方水旱盜賊之警故多爲擁遏之計不知稔成禍基非國之福孟子曰入則無法家拂士出則無敵國外患者國恒亡是欲使人主常懷恐懼也況水旱不恤民心日離國忠不學無術何足以知之

唐代宗廣德二年春不雨米斗千錢夏四月丁丑命御史大夫王翊充諸道稅錢使河東道租庸鹽鐵使裴諝入奏事上問榷酤之利歲入幾何諝久之不對上復問之對曰臣自河東來所過見菽粟未種農夫愁怨臣以爲陛下見臣必

先問人之疾苦乃責臣以營利臣是以未敢對也上謝之拜左司郎中

補遺曰榷酤之利上古無之雖有征商之說未見其形焉關市譏而不征正謂此也自後漢武肆奢庫廩空竭始有横斂後世因而仍之太宗慟懲隋弊立租庸調法實萬世之良規也

代宗因春不雨命官而行榷酤之利雖善裴諝之言而事

代宗廣德中歲大饑復家百口不自振議鬻昭應墅宰相王縉欲得之使其弟紘說曰以君之才宜在左右胡不以墅奉丞相取右職復曰鬻先人之墅以濟孀孤若何用美官使門內寒且餧乎縉憾之由是坐廢數歲改同州刺史歲歉有京畿觀察使儲粟復發之以貸民爲有司劾治詔削停刺史或弔之復曰苟利於人胡責之辭其後拜兵部尚書

董氏曰官職自有定分以巧得之不若拙而見稱於後世蕭復以墅奉宰相豈不立取富貴不發觀察使儲粟豈至削停刺史然一時齟齬其後亦爲兵部尚書豈非官職自有定分雖巧何益也後之賑濟者但當誠心爲民可行即行一已利害非所當計

大曆二年秋霖損稼渭南令劉藻曲附縣境苗獨不損上曰霖雨溥博豈渭南獨無更命御史朱敖視之損三千餘頃上歎曰縣令字民之官不損猶應言損乃不仁如是乎貶藻南浦尉

董氏曰代宗斯言眞得人君之體然今之縣令孰無愛民之心顧惟一有荒歉縣道固難支梧矣而上司責令賑救供給紛然費擾不一又有使者不測巡按吏輩誅求小不滿意則妄生事端由是月椿月解愈難辦集今須上官先灼見此弊上下同心勤恤民隱可也

唐德宗時尚書李許曰去歲京師不稔移民就豐旣廢營生困而後達又於國體實有虧損爲若豫儲倉粟安而給之豈不愈於驅督老弱餬口千里之外哉宜析州郡常調九分之二京師度支歲用之餘各立官司年豐糴粟積之於倉儉則加私之二糶之於人如此民必力田以取官絹積財以收官粟年登則常積歲凶則直給數年之中穀積而人足雖災不爲害矣

補遺曰常平之設實益吾民惜乎歷代不

能行或行之而不能盡昔梁惠王語孟子
移民移粟當時不免受其譏何哉以其不
知所本也李訢斯言呂實爲確論彼劉晏於
江淮勞亦至矣奈何一旦以流言貶忠州
竟殺之噫中興之功業卒不能復振於前
良有以也

貞元九年鹽鐵使張滂奏去歲水災減稅用度
不足請稅茶以足之自明年以往稅茶之錢令
所在別貯俟有水旱以代民田稅自是歲收茶
稅錢四十萬緡未嘗以救水旱
董氏曰張滂初請稅茶本欲別置其錢俟
有水旱代民田租其建議非不善德宗收
稅之後已不能行故當時陸贄亦謂歲收
五十萬緡未嘗以救水旱比年榷貨務上
言茶鹽抄錢歲額一千萬緡今每遇水旱
合亦推原稅茶之本意少捐數十萬緡以
濟之可乎
貞元十四年旱民請蠲租京兆尹韓皐慮府帑
已空奏不敢實其後事聞於上貶撫州司馬
董氏曰旱傷所當賑恤儻不蠲租則催科
日逼而民必思亂其禍有不可測者韓皐
之貶也宜哉
唐憲宗元和四年三月上以久旱欲降德音翰
林學士李絳白居易上言以爲欲令實惠及人

無如減其租稅又言宮人驅使之餘其數猶廣
事宜省費物貴徇情又請禁諸道橫斂以充進
奉又言嶺南黔中福建風俗多掠良人賣爲奴
婢乞嚴禁止閏月己酉制降天下繫囚蠲租稅
出宮人絕進奉禁掠賣皆如二人之請己未雨
絳表賀曰乃知憂先於事故能無憂事至而憂
無救於事
補遺曰夫言者禍福之樞機不可不慎也
吉凶悔吝應乎閫闈苟言之不濟於事求

若不言之爲愈也其要在於從容剴切務
合榘度屬不涉介溫不至諂䜛䜛然而後
能收輔導之功若李絳白居易之事憲宗
也臨事決機吐納詳盡入君之耳動爲生
民之福天意亦爲之轉斡又豈非言之適
當歟

元和間南方旱饑遣使賑恤將行憲宗戒之曰
朕宮中用帛一匹皆計其數惟賑恤百姓則不
計所費卿輩當體此意

董氏曰洪範云天子作民父母以爲天下
王謂之作民父母當以斯民爲念憲宗云
惟賑恤百姓則不計所費非惟識人君之
體正與洪範父母之意合

憲宗元和七年上謂宰相曰卿輩屢言淮南去
歲水旱近有御史自彼還言不至爲災李絳對
曰御史欲爲姦諛以悅上意耳上曰國以人爲
本民間有災當急救之豈可復疑即命速蠲其
租

董氏曰陸贄論江淮水旱有云流俗多徇
諂諛揣所悅意則侈其言度其惡聞卽小
其事斯言正與李絳合

懿宗時淮北大水征賦不能辦人人思亂及龐
勛反附者六七萬人自關東至海大旱冬蔬皆
盡貧者以蓬子爲麵槐葉爲齏乾符中大水山
東饑中官田令孜爲神策中尉怙權用事督賦
益急王仙芝黃巢等起天下遂亂公私困竭昭
宗在鳳翔爲兵所圍城中人相食父食其子天
子食粥六宮及宗室多餓死而唐祚遂亡

董氏曰當太宗時元年饑二年蝗三年大
水上憂勤而撫之至四年而米斗四五錢
觀此則知廣明之亂雖起於饑荒之餘亦
上之人無憂民之念耳蓋天下非有水旱
之可憂而無水旱之備者爲可懼

咸通十年陝民訟旱觀察使崔蕘指庭樹曰此
尚有葉何旱之有杖之民怒作亂逐蕘

董氏曰水旱災傷而不知以民爲念其禍

必至於此書曰臣爲上爲德爲下爲民若
堯者失其所以爲民之義矣安知輔上之
德哉
同光三年大水兩河流徙莊宗與后畋遊是時
大雪軍士寒凍宰相請出庫物以給軍后不許
宰相論於延英后居屏間屬耳因取粧奩及皇
子滿喜置帝前曰諸侯所貢給賜已盡宮中惟
有此耳請鬻以給軍及趙在禮亂始出庫物以
賚之軍士負而詬曰吾妻子已餓死得此何爲

上曰適得魏王報平蜀得金銀五十萬盡給爾
等對曰與之太晚得之亦不感恩
董氏曰嘗攷周人財用之制有內府以受
其藏有職內以受其用宜可以縱一人之
欲然天子無私藏王后無侈用者以冢宰
制財用之權故歲荒民乏則或薄征或散
利皆可以通融其有無天子歛其財特以
爲天下之用而吾身無與焉自漢人以私
藏歸之少府專供上用後世因之爲私行

於是民雖告病而上不知恤海內旣貧而
人主獨富凡內庫所蓄欲損尺帛斗粟以
及民而重如丘山蓋流弊之極有如莊宗
者可以鑑歟
唐盧坦爲宣歙觀察使到郡歲饑穀價日增或
請抑之坦曰所部土狹穀少仰四方之來者若
價賤穀不復來益困矣旣而商米輻湊市估遂
平民賴以生
董氏曰不抑價則商米來此不易之論昧

者反之壯意正欲沽譽不知絕市無告糴
之所適以召變而起謗也坦有定見如此
哉
南楚新聞孫儒之亂米斗四十千將金玉換易
僅得一撮一合謂之通腸米言饑人不可食他
物惟虀餰米飲以稍通腸胃
董煟曰昔唐兵圍洛陽城中乏食民食草
根木葉皆盡相與澄浮泥投米屑作餅食
之皆病身腫脚弱死者相枕倚蓋久饑腸

胃嗜寒乍飽多死惟米飲可以通腸嘗記
乾道間江西大饑民有食白膳上築殺者
時帥出勸農饑民入狀借錢販糶度荒帥
判云紛紛黨議立三朝五十餘年債未消
野老不知當日事尚將片紙覓青苗當時
若責上戶領錢往他處收買維斛循環糶
糶以救饑民未必若是也惜哉
宋太祖臨御之初遣使諸州賑貸分詣城南賜
饑民粥曹州饑運京師米以賑之開寶八年江

南李煜平捷至群臣稱賀太祖泣曰宇縣分割
民受其禍攻城之際必有橫罹鋒刃者實可哀
也命出米十萬賑恤之
補遺曰仁哉王者之用心於民也兢兢夕
惕一夫不得其所必思有以濟之不使其
有嗟怨之聲愁戚之態也彼天下之人將
熙熙然鈞陶於春風和氣之中然後為治
耳當五季之襄戈戟雲擾蛇蟠虎踞者比
比皆是不有真聖人出伐其罪而弔其民
何以見天意循環乎雖然一命之士苟存
心於愛物於人尚有所濟況君臨率土者
哉宜其善始令終子孫享有天祿垂三百
年至今與聖主明王配抑盛德之所致也
宋朝建隆元年遣戶部郎中沈倫使吳越歸奏
揚泗饑民多死郡中軍儲尚有餘萬斛可貸於
民至秋復收新粟有司沮倫曰今以軍儲賑饑
民遂若荐饑無所收取孰任其咎上以難倫倫
曰國家以廩粟濟民自當召和氣而致豐稔豈

復有水旱耶帝即命發廩貸民
董氏曰聖主所為其英謀睿斷自有出人
意表者敬觀太祖　不惑群議發軍儲
以救民饑真得通融有無以陳易新之術
乾德元年夏四月詔諸州長吏視民田旱甚者
則蠲其租不俟報
董氏曰歲之災變旱傷至易曉也歷時不
雨孰不知旱旱則命長吏上聞而蠲其租
何必俟報也今州縣或遇災傷而文

災此外更無長策若只巡門俵米攔街散
粥終無救於饑饉若俵散之利所及者狹
不如出糶之利所及者廣也觀此則知蘇
軾所行真得祖宗之遺意但當推行村落
尤爲盡善盡美
仁宗嘗謂頃者江南歲饑貸民種糧數千萬斛
且屢經倚閣而轉運督責不已民貧不能自償
昨遣使安撫始以事聞不爾則民間之弊無由
上達其悉蠲

董氏曰李沆爲相每奏對嘗以四方水旱
盜賊爲言范仲淹爲江淮宣撫使見民間
以蝗蟲和野菜煮食即日取以奏御乞宣
示六宮非特下情常上達亦誠相業所當
爲也
天禧元年四月濮州侯日成上言本州富民儲
蓄斛斗不少近來不住增其價直乞差使臣與
通判點檢逐戶數目量留一年支費外依祥符
八年秋時每斛上收錢十五文省盡令出糶以

濟貧民　前後勑旨勸誘出糶餘遇不得行
慮擾民也
董氏曰富民有米不欲糶錢官司迫之愈
見藏匿須當有術以出之其術謂何臣於
勸分抑價篇論之詳矣然則祖宗不從日
成之言其識大體
天聖七年閏二月詔河北轉運司契丹流民其
令分送唐鄧襄汝州以閒田處之仍令所過人
日給米二升初河北轉運司言契丹歲大饑民

流過界河上謂輔臣曰雖境外之民皆是朕之
赤子也可賑救之故降是詔
董氏曰境外之民一遇饑歉流徙過界仁
皇尚且賑救之聖度廣大如此况同路同
郡之民爲守令者可不加意乎
天聖七年六月河北大水壞澶州浮橋七月命
三司刑部郎中鍾離瑾爲河北安撫使仍詔瑾
所至發官廩以賑貧乏其被溺之家見存三口
者給錢二千不及者半之溺死而不能收斂者

慶曆七年以旱避正殿詔中外臣寮指陳當世切務又下詔曰咎自朕致民實何愆與其降咎於人不若降災於朕辛丑祈雨炎日却蓋不御是歲江東大饑運使楊紘發義倉以賑之吏欲取旨紘謂吏曰國家置義倉本慮凶歲今須旨而發人將殍死上聞而褒之

董氏曰楊逸爲光州刺史荒歉連歲以倉粟賑給有司難之逸曰國以人爲本人以食爲命以此獲戾乃所甘心韓韶爲嬴長他縣流民入界韶聞之乃開倉賑救主藏者爭之韶曰長活溝壑之民以此獲罪又何歎祖宗每遇水旱憂懼如此令紘不俟取旨而發義倉誠得二子之用心

仁宗每見天下有奏災傷州郡必加存恤嘉祐中河北蝗澇時霸州文水縣不依編勑告示災傷百姓狀訴及本州不以時差官檢視轉運以爲言上曰朝廷之政寄於郡縣郡縣之政寄於守令守宰之官最爲親民民無災傷尚當存撫況有災傷而不爲受理豈有心於恤民乎主簿趙師錫罰銅九斤司戶晁舜之録事參軍周約判官馮諡洛罰銅八斤通判王嘉錫罰銅七斤知縣雷守臣衝替主謂左右曰所以必行罰者欲使天下官吏知朝廷恤民之意

董氏曰相宗之時州縣災傷不時差官檢踏雖主簿司戶至微之官姓名亦徹于上至勞聖斷責罰可見下情無壅聖主留意饑民如是也

熙寧間上以久旱憂見容色每輔臣進見未嘗不嗟嘆懇恤盡罷侍甲方由等事以謂愛地力亦荒政急務宜即施行王安石曰水旱常數堯湯所不免陛下即位以來累年豐稔今之旱暵但當益脩人事以應天災不足貽聖慮上曰此豈細事朕今所以恐懼者正爲人事有所未脩也於是中書脩奏請蠲減賑恤

董氏曰神宗皇帝每遇水旱憂見容色至云此豈小事聖上憂民誠篤如此社稷安

得不長久哉
熙寧間京師久旱下求直言之詔其略曰朕之聽納有不得於理歟獄訟非其情歟賦斂失其節歟忠謀讜言鬱於上聞而阿諛壅蔽以成其私者衆歟詔出人情大悅是日乃雨
董氏曰謹按是時韓維知制誥京師旱上曰天久不雨朕夙夜焦勞奈何維曰陛下憂憫災傷損膳避殿此乃舉行故事耳不足以應天變書曰惟先格王正厥事近日畿內諸縣督索青苗錢甚急往往鞭撻取足至伐桑爲薪以易錢貨旱傷之際重罹此苦願陛下發自英斷過而食人不猶愈於過而殺人也神宗感悟遂下詔
熙寧七年正月河陽災傷常平倉賑濟斛斗不足乞兼發省倉詔賜常平穀萬石與脩水利以賑濟饑民六月詔常平倉司衛判封權糧四萬數千餘石貸共城獲嘉等三縣中等闕食户
董氏曰以常平穀萬石與脩水利以濟饑民此以工役救荒者也凶年饑歲上户力厚可以無饑下户賑濟粗可以免饑惟中等之户力既不逮賑又不及最爲狼狽今以數萬石貸中户等國朝救荒允愜人情如此
熙寧八年正月詔曰方農作時雨雪頗足流民所在令州縣曉諭丁壯各願歸鄉者並聽結保經所屬給糧每程人給米豆一升幼者半之婦女準此州縣毋輙強遂
董氏曰近年江浙流移之民過淮上者接踵于道暨至失所悔恨欲歸無策憂愁而死者不可勝數然則熙寧之詔州縣宜倣之以爲法
熙寧八年三月上批沂州淮陽軍災傷特甚百姓不唯闕食農之穀種田事殆廢粒食絶望糾集爲盜者多實可矜閔若不優加賑恤恐轉至連結群黨難以擒捕陷溺其良民投之死地可速議所以賑恤之遂詔京東路轉運提舉司發

常平錢省倉米等給散孤貧戶聽差使缺得替

鄉村依乞人例賑濟道殣無主官爲收瘞之

董氏曰凶年饑歲細民得錢亦可糴置他
物以充饑腸神宗詔發常平錢并省倉米
等第給散蓋慮米不給足而繼之以錢眞
得救荒之活法然國家所失者財用而所
得者人心陸贄之言惟祖宗得之

馬尋明習法律皇祐四年知襄州會歲饑或群
大人家掠囷粟獄吏鞫以強盜尋曰此脫死耳

其情與爲盜異奏得減死論遂著爲例

董氏曰荒政除盜亦當原情頃有尹京者
以死囚代爲盜者沉之于江此最爲得策
蓋凶荒之年強有力者好倡亂須當有以
聳動之使遠邇自肅之爲上不然則群聚
而起殺傷多矣

政和七年九月手詔州縣遏糴以私境內殊失
懋養元元之意自今有犯必罰無赦

董氏曰嘉祐四年詔諸路運司凡鄰路災
傷而輒閉糴者以違制坐之至此復有居
詔非州縣不能奉行蓋俗吏識見淺狹者
多也

建炎二年七月十九日御批大水飛蝗爲害最
重之處仰百姓自陳州縣監司次第保明奏聞
量輕重與免租稅

董氏曰水旱檢放止免田租而已今御批
欲與免稅政合唐人免調之意高宗眞中
興聖主哉

紹興中福建帥臣奏乞措置拯濟事高宗曰拯
濟爲貧民近世拯濟止及城郭市井之內而鄉
村之遠者未嘗及之須令措置州縣縣下之
鄉雖幽僻去處亦分委官屬必躬必親則貧民
沾實惠矣

董氏曰賑濟當及鄉村常於義倉論之詳
矣然嘗聞蜀道寇作臨汝侯嘲羅研曰卿
蜀人何樂禍如此研曰蜀中百家爲村有
食者不過數家窮迫之人十常八九束縛

之吏十有二三名令有五毋雞二毋彘牀
上有百錢甑中有數升麥飯雖蘇張巧說
於前韓白按劍於後將不能一夫爲盜蓋
賑濟不及村落其弊如此高宗論拯濟謂
幽僻去處亦分委官屬必躬必親所謂不
出戶庭而周知天下者歟

紹興間戶部尚書韓仲通乞以上供之米所餘
之數歲樁一百萬石別廩貯之遇水旱則助軍
糧及減收糴號豐儲倉詔從之上曰所儲[illegible]
旱誠爲有補非細事也

董氏曰豐儲乃上供所餘本備水旱助軍
食耳後之經國用者儻遇水旱可不明立
倉之本意哉

紹興二十八年平江紹興湖秀諸處被水欲除
下戶積欠宰執擬令戶部具有無損歲計上曰
止令具數便於內庫撥還朕平時無妄費所積
本欲備水旱爾本是民間錢却爲民間用復何
所惜

董氏曰王者以天下爲家不以私藏爲意
也高宗撥內庫錢除被水下戶之積欠且
曰本是民間錢却爲民間用復何所惜眞
王者之度歟

紹興戊寅戶部侍郎趙令詪請將州縣義倉陳
米出糶右僕射沈該等言義倉米在法不應糶
糶恐失豫備上曰逐郡自有米數若量糶十之
三樁其價次年復糴亦何所損

董氏曰義倉本民間所寄在法不當糶錢
但太陳腐則不可食高宗令樁其價次年
復糴與人之糴錢移用者有間矣

紹興間詔義倉之設所以備凶荒水旱又曰祖
宗義倉以待水旱最爲良法州縣奉行不虔寖
失本意或遇水旱何以賑救可令監司檢視實
數補還侵失

董氏曰屢言義倉本民間以義衰率寄之
於官凶荒水旱直以還民不宜認爲己物
吝而不發也高宗詔義倉之設所以備凶

荒水旱又令檢㩀實數補遂侵失大哉王
言
孝宗乾道御筆行今春關中艱食朕甚念之向
聞諸處賑濟多止及於城郭而不及鄉縣甚爲
未均卿等一一奏來
董氏曰韓愈詩云前年關中旱閭井多死
饑我欲進短策無由到丹墀聶夷中亦云
我願君王心化作光明燭不照綺羅筵只
照逃亡屋蓋傷上之人不恤下也今孝宗
慮賑濟未均不及村落令卿等一一奏來
豈有下情之不上達哉
乾道七年饒州旱傷措畫賑濟米本州義倉八
萬餘石又撥附近州縣義倉五萬石并截留在
州椿管上供米三萬及獻助米二千石并立賞
格勸諭上戶出米措置賑糶知饒州王秬劄子
借會子五萬貫接續販糶米麥之類得旨依江
州旱傷亦措置撥本州義倉米四萬四千餘石
又截上供米六千五百餘石勸誘到上戶認糶
米二萬八千六百餘石竝截留贛州起到一萬石
賑糶本錢四萬餘貫作本收糴米斛又撥本路
常平米十萬石吉筠等州見起赴建康府米八
萬餘石椿管米六萬七千餘石
董氏曰救饑截留本州椿管上供及借會
子收糴米麥賑糶皆所當行然非主聖則
事多齟齬孝宗以天下生靈爲心略無難
色然則萬世人主宜以爲法也
乾道九年詔江淮閩浙或荐告饑意者水利不
脩失所以爲旱備朕將卽官吏勤惰行殿最各
殫厥心毋貽後悔
董氏曰水利凡農民之與稅戶自知留心
不待上之人加勸而後始興也但農夫每
患貧而無力稅戶雖助之然工用終不堅
實古人春省耕而補不足意者亦留意於
斯歟
淳熙八年敕浙西常平司奏本路去歲旱傷輕
重不均在法五分以上方許賑濟今來逐縣各

鄉都分有分數不等若以統縣言之則不該賑
濟若據各鄉都分有旱至重去處則理當存恤
除已逐一從實括責五分之上量行賑濟五分
以下量行賑糶得旨依
董氏曰饑荒大小不同儻不分都分等降
則恵不均而力不給今五分已上賑濟五
分已下賑糶其法固簡易然五分已下都
分貧弱狼狽之人亦多不若四等抄劄為
均濟也

淳熙九年兩降旨揮諸路監司不許遏糴多出
文榜曉諭如敢違戾令總司覺察申奏
董氏曰宋朝列聖一有水旱皆避內殿減
膳徹樂或出宮人理寃獄此皆得古聖人
用心孝宗尤切惓惓焉宜其享國長久恩
德在人雖千百世而未艾也
淳熙令課利場務經災傷者各隨夏秋限依所
放分數於租額除豁
董煟曰當歉歲民窮於財而百事減省課

科場務安得如舊臣切觀宋朝熙寧八年
災傷放蠲放苗米一百三十萬石而酒課
虧減亦六十七萬餘貫此可槩見自中興
之後陳亨伯等議立經總制窠名而大抵
多出酒稅茶鹽與夫稅賦之所入自紹興
三十年臣寮建請始為定額行下諸路提
刑司每歲如數拘催不管拖欠其發納有
限其趂辦有常其違欠有罰自立額之後
至凶年饑歲而有司督辦益峻而民始以

為病矣孝宗著入令中而州縣雖遇災傷
不聞舉行蓋不知本末源流也
今具旱傷勑令格式下項
淳熙令
諸官私田災傷夏田以四月秋田以七月水
田以八月聽經縣陳訴至月終止若應訴
月并次兩月遇閏者各展半月訴在限外
不得受理非時災傷者不拘月分自被災傷後限一月止其所訴
狀縣錄式曉示人具二本不得連名如未

檢覆而改種者並量留根查以備檢視不顙

作災傷者聽

諸受訴災傷狀限當日量災傷多少以元狀差通判或幕職官（本州闕官即申轉運司差）州給籍用印限一日起發仍同令佐同詣田所躬親先檢見存苗畝次檢災傷田段具所詣田所檢村及姓名應放分數注籍每五日一申州其籍候檢畢繳申州州以狀對籍點檢自住受訴狀復通限四十日具應放稅

租色額外分數榜示元不曾佈種者不在放限仍報縣申州州自受狀及檢放畢申所屬監司檢察即檢放有不當監司選差鄰州官復檢（自限親檢次第並依州委官法）失檢察者提點刑獄司覺察究治以上被差官不得辭避

諸官私田災傷而訴狀多者令佐分受置籍具數以稅租簿勘同受狀五日內繳申州本州限一日以聞

諸訴災傷狀不依全式者即時籍記退換理元下狀日月不得出違申州日限

淳熙敕

諸縣災傷應訴而過時不受狀或抑遏者徒二年州及監司不覺察者減三等

諸鄉書手貼司代人戶訴災傷者各杖一百因而受乞財物贓重者坐贓論加一等許人告

諸州縣及被差檢覆災傷於令有違者杖一

百檢放官不躬親徧諸田者以違制論

諸詐稱災傷減免租稅者論廻避詐匿不輸律許人告

淳熙格

告獲詐稱災傷減免租稅者

杖罪錢　十貫　徒罪錢二十貫

流罪錢　十貫

告獲鄉書手貼司代人戶訴災傷狀首每名錢五十貫三百貫止

淳熙式

披訴災傷狀

某縣某鄉村姓名今具本戶災傷如後

一戶內元管田若干頃畝 都計夏秋（二）

若干 夏稅某色若干 秋稅某色若（干）

干如元排已業田依此別爲開拆

一今種到夏或秋某色田若干頃畝

某色若干田係旱傷損或澇損係災傷各隨狀言之

某色若干田苗色見存如全損亦言災傷及見存田並

每段開拆四至

右所訴田段各立土埄牌子如經差官檢量

却與今狀不同先甘虛妄之罪復元額不詞

謹狀年月日姓名

檢覆災傷狀

檢覆官具位

準某處牒帖據某鄉申人戶披訴災傷某等

尋與本縣某官姓名詣所訴田段檢覆到合

放稅租數取責村鄰人結罪保證狀入案

後

某縣據某人等若干戶某月終以前兩縣以上

名依此例披訴狀爲某色災傷如限外非時災傷則別具

集日月至非川日投披訴之狀

正色共若干合放毋色若干租課依正稅

右件狀如前所檢覆只是權放某年夏或秋

一料內租即無夾帶種蒔不敷及無狀披訴

幷不係災傷妄破稅租保明是實如後異同

甘俟朝典謹具申某處謹狀年月日依常式

淳熙令

諸承買官田宅納錢有限而遇災傷本戶放

稅及五分者再轉半年再遇者各准此

諸州雨雪過常或愆亢提舉常平司體量次

第申尚書戶部蟲蝗水旱州申監司各具

施行次第以聞如本州隱蔽或所申不盡

不實監司體訪聞奏

淳熙令

諸州縣豐熟災傷轉運司約分數奏聞其未

敕戒監司知州不許預奏豐熟

救荒活民補遺書卷上終

救荒活民補遺書卷中

田錫論救災

臣近見滄州奏全家餓死一十七口雖有旨揮下轉運司相度減價賑糶即未見別有指揮若有司只如此行遣實未稱陛下憂勞之心陛下爲民父母使百姓餓死乃是陛下辜負百姓也宰相調燮陰陽啓導聖德而惠澤不下流王道未融明是宰相辜負陛下也今陛下何不引咎

如禹湯罪已降德音下饑餓州府使民心知陛下憂恤然後賑廩給貸以救其死若倉廩虛而饋運不足目即無可給貸則是執政素不用心所致昔伊尹作相恥一夫不獲今餓殺人如此所謂焉用彼相今陛下可將此事略面責宰相觀其何辭以對待三日而後無所建明不能覺求退是忍人也忍人而猶相之是陛下不以百姓爲心矣若不別進用賢臣恐危亂之萌將來滋蔓語曰十室之邑必有忠信況以天家富有萬

國豈無人焉可於常參官自來五日一轉對中
觀其所上之言有遠大謀略經綸才業者可以
非次擢用不然臣恐國家未能早致太平也

畢仲游救荒

耀州大旱野無青草仲游謂郡縣賑濟多後時
力愈勞而民不救故先民之未饑多揭榜示曰
郡將賑濟且平糶若干萬石實大張其數勸諭
以無出境民皆歡然按堵已而果漸艱食乃出
粟以賑且平糶以給之鄰境流散殆盡而耀民

之當徙就食者乃丁七萬九千口顧所發粟不
及萬石以民粟繼之而家給人足無一人逃者
監司乃故搜於長安得二人焉曰此耀之流民
也送還郡仲游驗問皆中民之逐利者所齎持
自厚即非流民監司媿沮

滕達道賑濟

滕達道知鄆州歲方饑乞淮南米二十萬石爲
備後淮南東京皆大饑達道獨有所乞米召城
中富民與約曰流民且至無以處之則疾疫起

併及汝矣吾得城外廢營田欲爲席屋以待之
民曰諾爲屋二千五百間一夕而成流民至以
次授地井竈器用皆具以兵法部勒少者炊壯
者樵婦女汲民至如歸上遣工部侍郎王古按
視廬舍道巷引繩棊布肅然如營陣古大驚圖
上其事有詔褒美用活者凡五萬人

吳遵路賑濟

民既俵米即令採薪芻出官錢收買却於常平
倉市米物歸贍老稚凡買柴二十二萬束比至

嚴冬雨雪市無來薪即依元價貨與官不傷財
民再獲利又以飛蝗遺種勸種豌豆民卒免艱
食之患其說已見捕蝗門

文彥博減價糶米

文彥博在成都米價騰貴因就諸城門相近寺
院凡十八處減價糶米仍不限其數張榜通衢
翌日米價遂減前此或限升斗出糶或抑市井
價直適足以增其氣焰而價終不能平大抵臨
事須當有術臣謂此非特能止騰踴亦以陳易

新之法也

韓琦平價濟村民

韓琦論自來常平倉遇年歲不稔物價稍高合減元價出糶出糶之時令諸縣取逐鄉近下等第戶姓名印給關子令收執赴倉每戶糶與三石或兩石唯是坊郭則每日零細糶與浮居之人每日五升或一㪷故民受實惠甚濟饑乏郎未曾見坊郭有物業人戶乃來零糴常平倉斛㪷者前賢處事精審如此臣謂穀可留而米不可久留若過三年已上則不可食不於饑荒之時糶錢他日易新則終化埃塵而已

彭思永賑救水災

彭思永通判睦州會海水夜敗台州城郭人多死詔監司擇良吏往撫之思永遂行將至吏民皆號訴於道思永悉心救養不憚勞苦至忘寢食盡瘗溺死者爲文以祭之問疾苦賑饑乏去盜賊撫羸弱其始至也城無完舍思永周行相視爲之規畫朝夕暴露未嘗憩息民貧不能營葺者命工伐木以助之數月而公私舍畢人復安其居思永退悅故城頹壞僅有彷彿思爲遠圖召僚屬而謂之曰郡瀕海而無城此水所以爲害也當與諸君圖之程役勸功民忘其勞城遂爲永利天子嘉之錫書獎諭後去台還睦二州之民喜躍啼戀者交於道

呂公著賑濟

元祐三年冬頻雪民苦寒多有凍死者呂公著爲相日與同列議所以救禦之術乃發官米炭遣官數十分置場於京師賤糶以惠貧民又出內庫錢十萬緡委開封府官吏遍走閭閻周視而賑之又遣官按視四福田院存撫丐者給以日廩須春暮而止農民貸種糧流移在道者所過州縣存恤寓以官舍續其食流配罪人隨所在寄禁亦委官吏安存之或爲饘粥湯藥以救疾或爲茇屋紙衣以禦寒民有棄老稚於路者皆設法收養之凡待賑而活者一路或數十萬口賴以濟者又倍焉

曾鞏勸諭賑糶

曾鞏越州時歲饑度常平不足以賑給而田居封處之人不能皆至城郭至者群聚有疾癘之憂前期諭屬縣召富人使自實粟數總得十五萬石視常平價稍增以予民民得從便受粟不出田里而食有餘粟價自平又出粟五萬貸民爲種糧使隨歲賦入官農事賴以不乏臣曰此策固善但視常平價稍增則視時價必稍損矣恐成科抑非本朝詔旨不若前期勸諭商賈富

民出錢循環糴販之爲愈亦須官司先有以表率之

曾鞏救災議

河北地震水災隳城郭壞廬舍百姓暴露乏食主上憂閔下緩刑之令遣特循之使恩甚厚也然百姓患於暴露非錢不可以立屋患於乏食非粟不可以飽二者不易之理也非得此二者雖主上憂勞於上使者旁午於下無以救其災給其求也有司建言請發倉廩與之粟壯者人日二升幼者人日一升主者不旋日而許之賜之可謂大矣然有司之言特常行之法非審計終始見於衆人之所未見也今河北地震水災所毀敗者甚衆可謂非常之變也遭非常之變者亦有非常之恩然後可以賑之今百姓暴露乏食已廢其業矣使之相率日待二升之廩於上則其勢必不暇乎它爲是農不復得脩其畎畝商不復得治其貨賄工不復得利其器用閒民不復得轉移執事一切棄百事而專意於待

升合之食以偷爲性命之計是直以餓殍養之而已非深思遠慮爲百姓長計也以中戶計之戶爲十人壯者六人月當受粟三石六斗幼者四人月當受粟一石二斗率一戶月當受粟五石難可以久行也不行則百姓何以贍其後久行之則被水之地既無秋成之望非至來歲麥熟賑之未可以罷自今至於麥熟凡十月一戶當受粟五十石今被災者十餘州州以二十萬戶計之中等以上及非災害所被不仰食縣官

者去其半則仰食縣官者爲十萬戶食之不遍則爲施不均而民猶無告者也食之徧則當用粟五百萬石而足何以辦此又非深思遠慮爲公家長計也至於給授之際有遲速有均否有眞僞有會集之擾有辦察之煩措置一差皆足致弊又羣而處之氣久蒸薄必生疾癘此皆必至之害也且此不過能使之得旦暮之食耳其於屋廬修築之費將安取哉屋廬修築之費既無所處而就食於州縣必相率而去其故居唯

有頹墻壞屋之尚可全者故材舊瓦之尚可因者什器衆物之尚可賴者必棄之而不暇顧甚則殺牛馬而去之者有之伐桑棗而去之者有之其害又可謂甚也今秋氣已半霜露方始而民露處不知所蔽蓋流亡者亦已衆矣如不可止則將空近塞之地空近塞之地失戰鬬之民此衆士大夫之所慮而不可謂無患者也空近塞之地失耕桑之民此衆士大夫之所未慮而患之尤甚者也何則失戰鬬之民異時有警邊

戍不可以不增爾失耕桑之民異時無事邊糴不可以不貴矣二者皆可不深念歟萬一或出於無聊之計有窺倉庫盜一囊之粟一束之帛者彼知已負有司之禁則必鳥駭鼠竄竊弄鉏梃於草茆之中以扞游徼之吏強者既嘯而動則弱者必隨而聚矣不幸或連一二城之地有枹鼓之警國家胡能晏然而已乎况夫外有夷狄之可慮內有郊祀之將行安得不防之於未然而銷之於未萌也然則爲今之策下方紙之

詔賜之以錢五十萬貫貸之以粟一百萬石而事定矣何則今被災之州爲十萬戶姑一戶得粟十石得錢五千下戶常產之貲平日未有及此者也彼得錢以全其居得粟以給其食則農得修其畎畝商得治其貨賄工得利其器用閑民得轉移執事一切得復其業而不失其常生之計與專意以待一升之稟於上而勢不暇乎他爲豈不遠哉此可謂深思遠慮爲百姓長計者也由有司之說則用十月之費爲粟五百萬

石由今之説則用兩月之費爲粟一百萬石況貸之於今而收之於後足以賑其艱乏而終無損於儲待之實所費者錢五鉅萬貫而已此可謂深思遠慮爲公家長計者也又無給授之弊疾癘之憂民不必去其故居苟有頹墻壞屋之尚可全者故材舊瓦之尚可因者什器衆物之尚可賴者皆得而不失況於全牛馬保桑棗其利又可謂甚也雖寒氣方始而無暴露之患民安居足食則有樂生自重之心各復其業則

勢不暇乎他爲雖驅之不去誘之不爲盜矣夫饑歲聚饑殍之民而與升合之食無益於救災補敗之數此常行之弊法也今破去常行之弊法以錢與粟一舉而賑之足以救其患復其業河北之民詔令之出必皆喜上之足賴而自安於畎畝之中多錢與粟而歸與其父母妻子脱於流轉死亡之禍戴上之施而懷欲報之心豈有已哉天下之民聞國家措置如此恩澤之厚其孰不震動感激悦主上之義於無窮乎如是

而人和不可致天意不可悦者未之有也人和洽於下天意悦於上然後王略徐動就陽而郊荒夷殊陬奉幣來享疆內安輯里無囂聲豈不適變於可爲之間而消患於無形之內乎此所爲審計終始見於衆人之所未見也不早出此或至於一有枹鼓之警則雖欲爲之將不及矣或謂方今錢粟恐不足以辦此夫王者之富藏之於民有餘則取不足則與此理之不易者也故曰百姓足君孰與不足百姓不足君孰與足

蓋百姓富實而國獨貧與百姓饑殍而上獨能保其富者自古及今未之有也故又曰不患貧而患不安此古今之至戒者也是故古者二十七年耕有九年之蓄足以備水旱之災然後謂之王政之成堯水湯旱而民無捐瘠者以是故也今國家倉庫之積固不獨爲公家之費而已凡以爲民也雖倉無餘粟庫無餘財至於救災補敗尚不可已況今倉庫之積尚可以用獨安可以過憂將來之不足而立視夫民之死乎古

人有言曰剪爪宜及膚割髮宜及體先王之於救災髮膚尚無足愛况外物乎且今河北軍州凡三十七災害所被十餘州軍而已他州之田秋稼足望令有司於糴粟常價斗增一二十錢非獨足以利農其於增糴一百萬石易矣斗增一二十錢吾權一時之事有以爲之耳以實錢給其常價以茶荈香藥之類佐其虛估不過指茶荈香藥之類爲錢數萬貫其費已足茶荈香藥之類與百姓之命孰爲可惜不待議而可知也夫費錢五鉅萬貫又指茶荈香藥之類爲錢數鉅萬貫而足以救一時之患爲天下之計利害輕重又非難明也顧吾之有司能越拘攣之見破常行之法與否而已此時事之急也故述斯議焉

○蘇軾乞預救荒

救災恤患尤常在早若災傷之民救之於未饑則用物約而所及廣不過寬減上供糴買常平官無大失而人人受賜今歲之事是也若救之於已饑則用物博而所及微至於耗散省倉虧損課利官爲一困而已饑之民終於死亡熙寧之事是也熙寧之災傷本緣天旱米貴而沈起張靜之流不先事奏聞但立賞閉糴富民皆事藏穀小民無所得食流殍既作然後朝廷知之始救運江西及截本路上供米一百二十三萬石濟之巡門俵米攔街散粥終不能救饑饉既成繼之以疫疾本路死者五十餘萬人城郭蕭條田野丘墟兩稅課利皆失其舊勘會熙寧八年本路放稅米一百三十萬石酒稅虧減六十七萬餘貫略計所失共計三百餘萬石其餘耗散不可悉數至今轉運司貧乏不能舉手此無他不先事處置之過也去年浙西數郡先水後旱災傷不減熙寧二聖仁智聰明於去年十一月中首發德音截撥本路上供斛斗二十萬石賑濟又於十二月終寬減轉運司元祐四年上供斛斗三分之一爲米五千餘斛盡用其錢買銀絹上供了無一毫虧損縣官而命下之日所

在歡呼官既住糶米價自落又自正月開倉糶
常平米仍免數路税場所收五穀力勝錢且賜
度牒三百道以助賑濟本路帖然絶無一人餓
殍者此無他先事處置之力也由此觀之事豫
則立不豫則廢其禍福相絶如此

○蘇軾上韓丞相論災傷手實書

史館相公執事軾到郡二十餘日矣民物椎魯
過客稀少眞愚拙所宜久處也然災傷之餘民
既病矣自入境見民以蒿蔓裹蝗蟲而瘞之道

左累累相望者二百餘里捕殺之數聞于官者
幾三萬斛然吏皆言蝗不爲災甚者或言爲民
除草使蝗果爲民除草民將祝而來之豈忍殺
乎軾近在錢塘見飛蝗自西北來聲亂浙江之
濤上翳日月下掩草木遇其所落彌望蕭然此
京東餘波及淮浙者耳而京東獨言蝗不爲災
將以誰欺乎郡已上章詳論之矣願公少信其
言特與量蠲秋税或與倚閣青苗錢疏遠小臣
腰領不足以薦鈇鉞豈敢以非烖之蝗上罔朝

廷乎若必不信方且重復檢按則饑羸之民索
之於溝壑間矣且民非獨病旱蝗也方田均税
之患行道之人舉知之税之不均也久矣然而
民安其舊無所歸怨今乃用一切之法成於朞
月之間奪甲與乙其不均又甚於昔者而民之
怨始有所歸矣今又行手實之法雖其條目委
曲不一然大抵恃告訐耳昔之爲天下者惡告
訐之亂俗也故有不干已之法非盜及强姦不
得捕告其後稍稍失前人之意漸開告訐之門

而今之法揭賞以求人過者十常八九夫告訐
之人未有非凶姦無良者異時州縣所共疾惡
多方去之然後良民乃得而安今乃以厚賞招
而用之豈吾君敦化相公行道之本意歟凡爲
此者欲以均出役錢耳免役之法其經久利病
軾所不敢言也朝廷必欲推而行之尚可擇其
簡易爲害不深者軾以爲定簿便當即用五等
古法惟第四等五等分上中下昔之定簿者爲
役役未至雖有不當民不爭也役至而後訴耳

故簿不可用今之定簿者爲錢民知富戶出錢
也則不容有大繆矣其名次細别或未盡其詳
然至於等第益已略得其實輒以爲如是足矣
但當先定役錢所須幾何預爲至少之數以則
其下五等下五等謂第四等上中下等五等上中也此五等舊役至輕須令出錢至
少乃可第五等下更不當出分文其餘委官令佐度三等以上
民力之所任者而分與之夫三等以上錢物之
數雖其親戚不能周知至於物力之厚薄則令
佐之稍有才者可以意度也借如某縣第一等

凡若干戶度其力共可以出錢若干則悉召之
庭以其數予之不戶别也令民自相差擇以次
分占盡數而已第二等則逐鄉分之凡某鄉之
第二等若干戶度其力可以共出錢若干召而
分之如第一等第三等亦如之彼其族居相望
貧富相悉利害相形不容獨有僥倖者也相推
相詰不一二日自定矣若折戶則均分役錢執
賣則著所割役錢於契要使其子孫與買者各
以其名附舊戶供官至三年造簿則不復用舊

從其新如此而朝廷又何求乎所謂浮財者法
不能知其數凡告者亦意之而已意之而中其
實不賞不中杖六十至八十極矣小人何畏而
不爲乎近者軍器監須牛皮亦用告賞農民喪
牛甚於喪子老弱婦女之家報官稍緩則撻而
責之錢數十千以與浮浪之人其歸爲牛皮而
已何至是乎軾在錢塘每執事斷犯鹽者未嘗
不流涕也自到京東見官不賣鹽獄中無鹽囚
道二無遷鄉配流之民私竊喜幸近者復得漕

檄令相度所謂王伯瑜者欲變京東河北鹽去
置布易鹽務利害不覺慨然大息也密州之鹽
歲收稅錢二千八百餘萬爲鹽一百九十餘萬
秤此特一郡之數耳所謂市易鹽務者度能盡
買此乎苟不能盡民肯捨而不煎煎而不私賣
乎頃者兩浙之民以鹽得罪者歲萬七千人終
不能禁京東之民悍於兩浙遠甚恐非獨萬七
千人而已縱使官能盡買又須盡賣而後可苟
不能盡其存者與糞土何異其害又未可以一

二言也願公救之於未行若已行其孰能已之
軾不敢論事久矣今者守郡民之利病其勢有
以見及又聞自京師來者舉言公深有拯救斯
民爲社稷長計遠慮之意故不自揆復發其狂
言可則行之否則置之願無聞於人使孤危衰
廢之蹤重得罪於世也干冒威重不勝戰慄

蘇軾與朱鄂州論不舉子書

軾啓近遞中奉書必達比日春寒起居何似昨
日武昌寄居王殿直天麟見過偶說一事聞之

酸辛爲食不下念非吾康叔之賢莫足告語故
專遺此人俗人區區了眼前事救過不暇豈有
餘力及此度外事乎天麟言岳鄂間田野小人
例只養二男一女過此輙殺之尤諱養女以故
民間少女多鰥夫初生輙以冷水浸殺其父母
亦不忍率常閉目背面以手按之水盆中咿嚶
良久乃死有神山鄉百姓石揆者連殺兩子去
歲夏中其妻一産四子楚毒不可堪忍母子皆
斃報應如此而愚人不知創艾天麟每聞其側

近有此輙馳救之量與衣服飲食全活者非一
既旬日有無子息人欲乞其子者輙亦不肯以
此知其父子之愛天性故在特牽於習俗耳聞
鄂人有秦光亨者今已及第爲安州司法方其
在母也其舅陳遵夢一小兒挽其衣若有所訴
比兩夕輙見之其狀甚急遵獨念其姊有娠將
産而意不樂多子豈其應是乎馳往省之則兒
已在水盆中矣救之得免鄂人户知之準律故
殺子孫徒二年此長吏所得按舉願公明以告

諸邑令佐使召諸保正告以法律諭以禍福約
以必行使歸轉以相語仍録條粉壁曉示且立
賞召人告官賞錢以犯人及鄰保家財充若客
户則及其地主婦人懷孕經涉歲月鄰保地主
無不知者若後殺之其勢足相舉覺容而不告
使出賞固宜若依律行遣數人此風便革公更
使令佐各以至意誘諭地主豪户若實貧甚不
能舉子者薄有以賙之人非木石亦必樂從但
得初生數日不殺則後雖勸之使殺亦不肯矣自

今以往緣公而得活者豈可勝計哉佛家言殺生之罪以殺胎卵爲最重六畜猶爾而况於人俗謂小兒病爲無辜此眞可謂無辜矣悼耄殺人猶不死况無罪而殺之乎公能生之於萬死中其陰德十倍於雪活壯夫也晋王濬爲巴郡太守巴人生子皆不舉濬嚴其科條寬其徭役所活數千人及後伐吳所活者皆堪爲兵其父母戒之曰王府君生汝汝必死之古之循吏如此類者非一居今之世而有古循吏之風者非

公而誰此事特未知耳軾向在密州遇饑年民多棄子因盤量勸誘米得出剩數百石別儲之專以收養棄兒月給六斗比朞年養者與兒皆有父母之愛遂不失所所活亦數十人此等事在公如反手耳恃深契故不自外不罪不罪此外惟爲民自重不宣

程珦遇水種豆

程珦知徐州沛縣會久雨平原出水穀既不登晩種不入民無卒歲具珦謂俟即耕而種時已過矣乃募富家得豆數千石以貸民使布之水中水未盡涸而甲已露矣是年遂不艱食

王曾論水災宜寬賦

天聖五年八月河北大水上謂輔臣曰比令內侍往沿邊視水災如聞有龍堰于海口可遣致祭王曾對曰邊郡數大水蓋洪範所謂不潤下之證海口恐非龍堰宜寬民賦以應天災於是下詔河北水災州軍免今年秋稅

謝絳論救蝗

竊見比日蝗蟲亘野坌入郛郭而使者數出府縣監捕驅逐蹂踐田舍民不聊生謹按春秋書螟爲哀公賦歛之虐又漢儒推蝗爲兵象臣願令公卿以下舉州府守臣而使自辟屬縣令長務求方略不限資格然後寬以約束許便宜從事朞年條上理狀參考不誣奏之朝廷旌賞錄用以示激勸

范鎮論救荒

范鎮知諫院言今歲荒歉朝廷爲放稅免役及

以常平倉軍食拯貸存恤不爲不至然而人民流離父母妻子不能相保者平居無事時不能寬其力役輕其租賦雖大熟使民不得終歲之飽及小歉雖重施固已無及矣此無他重斂之政在前故也臣竊以爲水旱之作由民生不足憂愁無聊之歎上薄天地之和耳

程頤論賑濟

不制民之産無儲蓄之備饑而後發廩以食之廩有竭而饑者不可勝濟也今不暇論其本且

救目前之死亡惟有節則所及者廣常見今時州縣濟饑之法或給之米豆或食之粥飯來者與之不復有辨中雖欲辨之不能也穀貴之時何人不願得倉廩既竭則殍死者在前無以救之矣雞鳴而起親視俵散官吏後至者必責怒之於是流民歌詠至者日衆未幾穀盡殍者滿道愚常矜其用心而嗤其不善處事救饑者使之免死而已非欲其豐肥也當擇寬廣之處宿或使晨入至巳則闔門不納午而後與之食申而出之（給米者午時出）日得一食則不死矣其力自能嘗一食者皆不來矣此之不擇而與者當活數倍之多也凡濟饑當分兩處擇羸弱者作稀粥早晚兩給勿使至飽俟氣稍完然後一給第一先營寬廣居處切不得令相藉如作粥飯須官員親嘗恐生及入石灰或不給浮浪游手無此理也平日當禁游惰至其饑餓哀矜之一也（此論固高但日與一食恐饑民易成疾病未甚爲穩）

李之純論糴不可廢

李之純爲成都路運判時成都每歲官出米六萬斛下其直出糶以濟貧民議者謂幸民而損上詔下其議之純曰成都蜀部根本民恃此爲生百年矣苟奪之將轉徙無所不至願仍舊貫議遂格

王堯臣乞饑民減死

堯臣知光州歲大饑群盜發民倉廩吏以法當死堯臣曰此饑民求食爾荒政之所恤也乃請以減死論其後遂以爲令至今用之眞宗特陳

從易知處州時歲饑有持杖盜發囷倉者詔一切減死論於是活千餘人

劉彝給米收棄子

劉彝所至多善政其知處州也會江西饑歉民多棄子於道上彝揭榜通衢召人收養日給廣惠倉米二升每月一次抱至官中看視又推行於縣鎮細民利二升之給皆爲字養故一境生子無夭閼者

晁補之活饑民葬遺骸

晁補之知齊州歲饑河北流民道齊境不絕補之請粟於朝得萬斛乃爲流者治舍次具器用人既集則又且日給糜粥藥物補之皆躬臨治之凡活數千人擇高原以葬死者男女異壙使者頗媢其功欲有以撓之既至境按事乃更嘆服

劉安世救荒

劉安世請刪常平之法將一路所有錢穀同應副一路之中不得偏聚一州一州之境不得偏聚一縣各隨戶口之多寡以置糴此通融有無之法但今亦難行然爲政者當識前輩規模廣大不局一隅之意

范純仁救荒法

范純仁爲襄邑宰因歲大旱度來年必歉於是盡籍境內客舟誘之運粟許爲主糶明春客米大至而邑人遂賴以無饑

折克柔保借米賑貸

熙寧七年知河東府折克柔奏今歲河外饑饉雖蒙賑貸尚未周給人欲流散以求生路恐北虜因而招誘遂虛北邊民戶臣乞保借米三萬石粟二萬石賑貸豐熟令償詔賜省倉粟二萬石賑濟米三萬石借貸

蘇杲賣田賑濟鄉里

蘇杲眉州蘇洵之父杲輕財好施急人之病孜孜若不及歲凶賣田以賑濟其鄰里鄉黨逮熟人將償之杲辭不受以至數破其業危於饑寒然未嘗以爲悔而好施益甚

上官均賑恤五術

元祐初河北京東淮南災傷監察御史上官均言賑恤五術一欲施予得實二移粟就民（此循環糴糴也）三隨厚薄散施四選擇官吏五告諭免納夏秋二税上嘉納

王孝先不限時月糴米

紹聖元年七月司農卿王孝先言置場糴米今後遇斛㪷價高須正月半已後方許出糴至麥熟罷詔今後所在置場糴米更不限時月如遇

在京斛價高戶部取旨出糴

黃寔乞減價出糴封樁米

元符元年六月河北轉運副使黃寔言乞將封樁斛㪷今後於新陳未接間不虧元本量減市價出糴從之

張詠減價糴米

張詠守蜀季春糴廩米其價比時減三之一以濟貧民凡十戶爲保一家犯罪一保皆坐不得糴民以此少敢犯法王文康知益州獻議者致

詠之法窮民無所濟後爲寇文康奏復之蜀人大喜爲之謡曰蜀守之良先張後王惠我赤子俾無流亡何以報之俾壽而康

張詠賑糴法

宣和五年正月臣僚言聞蜀父老謂本朝名臣治蜀非一獨張詠德政居多如賑糴米事著在皇祐中令常刻石遵守至今行且百年其法一㪷正約小鐵錢三百五十文人日二升團甲給曆赴場請糴歲計米六萬石始二月一日至七

救荒活民補遺書　卷中

月終貧民闕食之際悉被朝廷實惠

向經以圭租賑饑民

向經知河陽大旱蝗民乏食經度官廩歲支無餘乃先以己圭田所入租賑救之已而富人皆爭效募出粟所全活甚衆

扈稱出祿米賑濟

仁宗時扈稱爲梓州路轉運使屬歲饑道殍相望稱先出祿米賑民故富家大族皆願以米輸入官而全活者數萬人降敕獎諭

富鄭公青州賑濟行遣

（此河北流移之民逐熟青淄五州非如本州界分災傷而行賑濟也蓋豐稔而出米濟流民則其勢易荒歉而出米濟饑民則其勢難此又為政者所當知仁要識前輩處事規模不苟如此）

擘畫屋舍安泊流民事

當司訪聞青淄登濰萊五州地分甚有河北災傷流移人民逐熟過來其鄉村縣鎮人戶不那趲房屋安泊多是暴露並無居處目下漸向冬寒切慮老小人口別致饑凍死損甚損和氣須議別行擘畫下項

一州縣坊郭等人戶雖有房屋又緣見是出賃與人戶居住難得空閑房屋今逐等合那趲房屋間數如后

第一等五間　第二等三間

第三等兩間　第四等五等一間

一鄉村等人戶甚有空閑房屋易得小可屋舍逐等合那趲間數如后

第一等七間　第二等五間

第三等

右各請體認見今流民不少在州即請本州出榜在縣鎮鄉村即指揮縣司曉示人戶依前項房屋間數各令那趲立定日限須管數足內城郭勒廂界管當其鄉村即指撝逐地分耆壯抄點逐等姓名趲那到房屋間數申官仍丁寧約束管當人等不得因緣搔擾乞覓人戶錢物如有違犯嚴行斷決仍指撝州縣城鎮門頭人常切辨認才候見有上件災傷流民老小到門內其在州則引於司理處出頭其在縣即引於知縣處出頭其在鎮內即引於監務處出頭各仰逐官相度人數指定那趲房屋主人姓名令幹當人畫時引押於抄點下房屋內安泊如門頭不肯引領者許流民於隨處官員處出頭逕取勘決訖當便指揮安泊了當如有流民欲前去未肯安泊者亦聽從便如有流民不奔州縣直往鄉村內安泊者仰耆壯畫時引領於趲那下房內安泊訖申報本縣及當職官員躬親勸

誘逐家量口數各與桑土或借種救濟種植度日如內有見在房數少者亦令收拾小可材料權與蓋造應副若有下等人戶委的貧虛別無房屋那應不得一例施行除此壁畫之外如更有安泊不盡老小即指撝逐處僧尼等寺道士女冠宮觀門樓廊廡及更別趲那新居房屋安泊河北逐熟老小如有指揮不及事件亦請當職官員相度利害一面指揮施行務要流民安居不致暴露失所

曉示流民許令諸般採取營運事

當司訪聞得上件饑民等多在山林泊野打刈柴薪草木貨賣糴食及拾橡子造作喫用并於沿河打魚取採蒲葦博口食多被逐處地主或地分耆壯妄稱係官或有主地土諸般名目邀阻不得採取似此向去冬寒必是大段拋擲死損須至專行指撝

右請當職官員體認見今流移饑民至處立便丁寧指揮諸縣官火急行遣遍於鄉村道店村疃內分明粉壁曉示應係流移饑民等除人家墓園桑棗果園及應係耕種地內諸般樹木不得採取斫伐外其近外遠去處泊野山林內柴薪草木橡子并沿河蒲葦茭打捕魚諸般養活流民等事件不拘係官係私有主地分自隨流民諸般採取養活營內其耆壯地主並不得輙有約攔阻障如違仰逐地分耆壯具地主姓名解押送官嚴行斷遣若耆壯通同攔障並仰流民於近便縣鎮官員處出頭陳

告立便追捉重行勘斷申當司所有前項事件蓋爲應急救濟流移饑民才候向去豐熟日即依舊施行

告諭勸誘人戶量出斛米救濟饑民

勘會當路淄青濰登萊五州自春以來風雨時若夏已大稔秋復倍登咸遂收成絕無災害兼曾指撝州縣許人戶就近輸納務從百姓之便不煩公家之煩仍於中春廣給借貸正當缺乏

分於彼此令具逐家均定所出斛米數目如后
第一等二石　第二等一石五㪷
第三等一石　第四等七㪷
第五等四㪷　客戶三㪷
已上並米豆中半送納
右件事須降此告諭各令知委所有其餘約束事件並從別牒處分慶曆八年十月　日告諭
約束事件逐一指揮如后
一逐州據封去告諭米數酌量縣分大小僻

與逐縣仍令逐縣亦相度耆分大小散與耆司令遍告示鄉村等第人戶一依告諭上逐等糧斛石斗出辦救濟流民
一附近州城鎮縣耆分內第一第二等人戶即於逐州縣送納其第三第四等五等并客戶文不近州縣鎮城遠處第一等以下應係合納斛斗人戶並只於本耆送納仰縣司據逐耆人戶合納都數均分與當耆內第一等人戶令圓那房室盛貯如耆長係第一等即亦令均分收附仍仰耆長同共專切提舉管幹在耆都數不管散失及別致疎虞
右具如前各牒青淄濰登萊五州候到將降去本使告諭若干本數收管限當日內一依上項逐件約束指揮施行仍仰旨揮逐縣官員分頭專切提舉管幹斷定不得信縱交納幹當人等亂有邀難住滯人戶乞覓錢物并旨揮逐縣接此人戶收成之際限三五日內早令送納了足

尋候催納了絕開坐逐縣納到石斗諸實事狀入馬遞供申當司定取日近俵散饑民不得信縱拖延誤事若是內有係大段災傷人戶委的難爲出辦即不得一例施行亦不得爲有此指揮別生弊倖透漏有力人戶如稍有違戾罪無輕恕所有將來俵散救濟流民次第別聽候當司旨揮（臣日此係豐熟州軍令民間出米故行移稍峻無妨）
支散流民斛斗畫一指揮
當司昨爲河北遭水失業流民擁併過河南於

京東青淄濰登萊五州豐熟處逐處散在城郭
鄉村不少當司雖已諸般擘畫採取事件旨揮
逐州官吏多方安泊存恤救濟施行本使體量
尚恐流民失所尋出給告諭文字送逐州給散
諸縣令逐耆長將告諭旨撝鄉村等第人戶并
客戶依所定石斗出辦米豆數內近州縣鎮只
於城郭內送納其去州縣鎮城遠處只於逐耆
令耆長置曆受納於逐耆第一等人戶處圖那
房屋盛貯收附封鎖施行去訖自後據逐州申
報已告諭到斛米數目受納各有次第今體量
得饑餓死損須至令上項五州一例於正月一
日委官分頭支散上件勸諭到斛斗救濟饑民
者

一請本州才候牒到立便酌量逐縣耆分多
少差官每一官令專十耆或五七耆據耆
分合用員數除逐縣正官外請於見任并
前資寄居及文學助教長史等官員內須
是揀擇有行止清廉幹當得事不作過犯

官員仍勘會所差官員本貫將縣分交互
差委支散免致所居縣分親故顏情不肯
盡公及將封去帖牒書塡定官員職位姓
名所管耆分去處給與逐官收執火急發
遣往差定縣分計會縣司畫時將在縣收
到贓罰錢或頭子錢并檢取遠年不用故
紙貨錢收買小紙依封去式樣字號依次
雕造印板酌量流民多少寬剩出給印押
曆子頭各於曆子後粘連空紙三兩張便
令差定官員令本縣約度逐耆流民家數
分擘曆子與所差官員便令親自收執分
頭下鄉勒耆壯引領排門點檢抄劄流民
每見流民逐家盡底喚出本家骨肉數目
當面審問的實人口塡定姓名口數逐家
便各給曆子一道收執照證准備請領米
豆即不曾差委公人耆壯抄劄別致作弊
虛偽重疊請却曆子

一指揮差委官抄劄給曆子時子細點檢逐

處流民如內有雖是流民見今已與人家
作客鋤田養種及有鐵木機織販鬻諸般
買賣圖運過日不致失所人更不得一例
抄劄姓名給與曆子請領米豆
一應係流民雖有屋舍權時居住只是旋打
刈柴草日逐旋求口食人等並盡底抄劄
給與曆子令請領米豆
一應有流民已老小羸疲全然單寒及孤獨之
人只是尋討乞丐安泊居止不定等人委

所差官員躬親畫歸著者貴分或神廟寺院安
泊亦便出給曆子令請米豆不得謂見難
爲拘管輒敢遺棄却致拋擲死損請提舉
官常切覺察
○一應係土居貧窮年老殘患孤獨見求乞貧
子等仰抄劄流民官員躬親檢點如別不
是虛僞亦各依曆子令依此請領米豆
一指揮差委官員須是於十二月二十五日
已前抄劄集定流民家口數給散曆子了

當須管自皇祐元年正月一日起首一齊
支給不得拖延有誤至日支散不得日數
前後不齊
一流民所支米豆十五歲以上每人日支一
升十五歲以下每日給五合五歲以下男
女不在支給仍曆子頭上分明細筭定一
家口數令請米豆都數逐旋依都數支給
所貴更不臨時旋計者
一緣已就門抄劄見流民逐家口數及歲數

則支散日更不令全家到來只每家一名
親執曆子請領
一逐官如管十耆即每日支兩耆逐耆併支
五日口食候五日支遍十耆即却從頭支
散所貴逐耆每日有官員躬親支散如管
五七耆者即將耆分大者每日支散一耆
其耆分小者每日支散兩耆亦須每日一
次支遍逐次併支五日口食仍預先於村
莊剩出曉示及令本耆壯丁四散告報流

民指定支散日分去處分明開說甚字號
着分仍仰差去官員須是及早親自先到
所支斛斗去處等候流民到來逐旋支散
才候支絶一一着速往下次合支者分不得
自作違慢拖延過時刻至流民歸家遲晚
道塗凍露
一指撝差委官員相度逐處受納下米豆如
內有在着分遥遠第一等戶人家收附恐
流民所去請領遥遠即勒着壯量事圓那

車乘般赴本着地分中心穩便人家房屋
室內收附就彼便行支散責要一着之內
流民盡得就近請領
一指撝所差官員除抄劄籍定給散流民外
如有逐旋新到流民並須官員親到審問
子細點檢本家的實口數安泊去處如委
不是重疊虛偽立便從給與曆子據所到口
分起請如有已得曆子流民起移仰居停
主人畫時令流民將元給曆子於監散官

員處毀抹若是不來申報及稱帶却曆子
並仰量行科決不得鹵莽重疊給印曆子
亦不得阻滯流民
一逐着盡各均勻納下斛斗切慮流民於逐
着安泊不均仰縣司斟會據流民多處着
分酌量人數發遣趲併於少處着分安泊
令逐着均勻支散救濟若是流民安泊處
穩便不願起移即趲併別着斛斗就便支
俵不得抑勒流民須令起移

一州縣鎮城郭內流民只差委本處見任官
員亦先且躬親排門抄劄逐戶家口數依
此給與曆子每一度併支五日米豆候食
盡挨排日分接續支給米豆一般施行
一逐州除逐處監散官員仍請委通判或選
差清幹職官一員往本州界內往來都大
提舉諸縣支散米豆官吏仍點檢逐着元
納并逐官支散文曆一一依逐作鈐束指撝
施行仍親到所支散米豆處子細體問流

民所請米豆委得均濟別無漏落如有官
員弛慢不切用心信縱手下公人作弊減
剋流民合請米豆不得均濟即密具事由
申報本州別選差官衝替訖申當司不得
蓋庇
一所支斛斗如州縣內支絕已納到告諭斛
斗外有未催到數目便且於省倉斛斗內
權時借支據見欠斛斗立便催納依數撥
填其鄉村所納斛斗如未足處亦逐旋請

緊切催促不得闕絕支散悞誤流民
一每官一員在縣摘差手分斗子各一名隨
行幹當仍給升斗各一隻及差本縣公人
三兩人當直如在縣公人數少即權差壯
丁亦不得過三人
一所差官員除見任官外應係權差請官如
手下幹當人并耆壯等及流民內有作過
者本官不得一面區分具事由押送本縣
勘斷施行

一權差官每月於前項贓罰頭子等錢內支
給食直錢五貫文見任官不得一例支給
一權差官已有當司封去帖牒若差見任官
員即請本州出給文字幹當其賞罰一依
當司封去權差官帖牒內事理施行
一才候起支當司必然別州差官徧詣逐州
逐縣逐耆點檢如有一事一件違慢本州
承牒手分并縣司官吏必然勘罪嚴斷的
不虛行旨撝

一逐州縣鎮候差定官員將印行指揮畫一
抄劄一本付逐官收執照會施行
一勘會二麥將熟諸處流民盡欲歸鄉尋旨
揮逐州并監散官員將見今籍定流民據
每人合請米豆數目自五月初一日筭至
五月終一併支與流民充路糧令各任便
歸鄉
一旨揮出榜青淄等州河口曉示與免流民
稅渡錢仍不得邀難住滯

指撝青淄等州曉示道店不得要流民房

宿錢事

右具如前事須各牒青淄濰萊登五州候到各

請一依前項逐件旨撝施行訖報所有當司封

去帖牒如有剩數却請封送當司不得有違

宣問救濟流民事劄子

臣伏奉聖旨取索肇畫救濟過流民事件令節略編纂作四策具狀繳奏去訖臣部下九州軍其間近河五州頻熟遂釀於民得粟十五萬斛第一等兩石第五等三斗而已民甚樂輸只令人戶就本村耆隨處散納貴不勞我土民多差官員鋪之見任不足即借倩前資寄任待闕官又先時已於州縣城鎮及鄉村抄下舍宇十餘萬間流民來者隨其意散處民舍中逐家給一曆曆各有號使不相侵欺仍曆前計定逐家口數及合給物數令官員詰逐廂逐者就流人所居近處每人日給生豆米各半升流民至者安居而日享食物又以其散在村野薪水之利甚不難致似此直養活至去年五月終麥熟仍各給與一去路糧而遣歸而按籍總二十餘萬人此是於必死之中救得活者也然只於城中煮粥使四遠饑羸老弱每日奔走屯聚城下終日等候或得或不得悶誤死者大不停也其餘未至羸病老弱稍營運自給者不預此籍然亦徧曉示五州人民應是山林河泊有利可取者其地主不得占恡一一任流民採掇如此救活者甚多卽不見數目山林河泊地主等無所損然損者無大害而流民獲利者便活性命其利害皎然也又減利物廣招兵從一萬餘人尋常利物每一人可招三人有四五口及四五萬人大約通計不下四五十萬人生全傳云百萬者妄也謹具劄子奏聞

○趙抃救災記

熙寧八年吳越大旱抃以資政殿大學士知越州前民之未饑爲書問屬縣災所被者有幾鄉民能自食者有幾當廪於官者幾人溝防興築可僦民使治之者幾所庫錢倉粟可發者幾何

富人可募出粟者幾家僧道士食之羡粟書於籍其幾其存使各書以對而謹其備州縣吏錄民之孤老疾弱不能自食二萬一千九百餘人以故事歲廩窮人當給粟三千石而止抃檢富人所輸及僧道士食之羡者得粟四萬八千餘石佐其費使自十月朔日人受粟日一升幼小者半之憂其衆相蹂也使受粟者男女異日而人受二日之食憂其且流亡也於城市郊野為給粟之所五十有七使各以便受之而告以去

其家者勿給計官為不足用也取吏之不在職而寓於境者給其食而任以事告富人無得閉糶又為之出官粟得五萬二千餘石平其價予民為糶粟之所凡十有八使糶者自便如受粟又僦民脩城四千一百人為工三萬八千計其傭與粟再倍之民取息錢者告富人縱予之而待熟官為責其償棄男女者使人得收養之明年春人疫病為病坊處疾病之無歸者募僧二人屬以視醫藥飲食令無失時凡死者使在處

收瘞之法廩窮人盡三月當止是歲五月而止事有非便文者抃一以自任不以累其屬有上請者或便宜多輒行抃於此時早夜憊心力不以少懈事無巨細必躬親給病者藥食多出私錢民不幸罹旱疫得免於轉死得無失斂埋者抃力也是時旱疫被吳越民饑饉疾癘死者殆半災未有鉅於此也天子東向憂勞州縣推布上恩人人盡其力抃所拊循民盡以為得其依歸所以經營綏輯先後終始之際委曲纖悉無

不備者其施雖在越其仁足以示天下其事雖行於一時其法足以傳後烖沴之行治世不能使之無而能為之備民病而後圖之與夫先事而為計者則有間矣不習而有為與夫素得之者則有間矣故采於越得所施行樂為之識

洪皓救荒法

宣和六年皓為秀州錄事秋大水田不沒者十一流冗塞路倉庫空虛無賑救策公白郡守以荒政自任悉籍境內粟留一年食發其餘糶於

城之四隅不能皆自食官爲主之立屋於西南兩
廢寺十人一宗二男女異處防其淆僞涅墨子識
其手東五之南三之負爨樵汲有職民羸不可
杖有侵牟鬬買著亂其手文逐之借用所掌發
運名錢錢且盡會淛東綱常平米斛四萬過城
下公遣吏鎖津柵諭守使截留守噤不肯曰此
御筆所起也罪死不赦皓曰民仰哺當至麥熟
今臘猶未盡中道而止則如勿救寧以一身易
十萬人命迄留之居無何廉訪使者王孝竭至

郡曰平江哀號訴饑者旁午此獨無何也守具
以對卽延公如兩寺驗視孝竭曰吾嘗行邊軍
法不過是也違制抵罪爲君脫之又請得二萬
石所活九萬五千餘人後諸卒以城畔鹵掠無
一家免過門曰此洪佛子家也汝毋得入

趙令良賑濟法

趙令良隆興二年帥紹興是時流民聚城郭待
賑濟餓而死者不可勝計通判王恬閭丘寧孫
建策云今盡常平義倉之米賑給之至來年麥
熟止恐無以爲繼况旬給斗升之米官不勝其
勞民不勝其病莫若計其地里之遠近口數之
多寡人給兩月之糧令歸治本業不猶愈於聚
於城郭待斗升之給困餓而死乎趙行其言委
官抄劄給糧以遣之不旬日間城中無一死人
歡呼盈道全活者甚衆此用曾南豐之遺意

。徐寧孫建賑濟三策

一賑濟饑民今請自本州縣當職官多方措置
盡實抄劄實係孤老殘疾并貧乏不能自

存閱食饑民大人小兒數目籍定姓名將
義倉斛斗各逐坊巷逐村逐鎮分散賑濟
不必聚集逐處勸請鄉官或士人各三人
鄉村無上戶士人處請稅戶主管置曆收
支給散關子每五日一次併給內大人日
支一升小兒減半州縣鎮市鄉村並令同
日以巳時支散用革重疊冒請之弊仍將
本州縣見養濟乞丐人亦同日別作一處
支米不得衮合饑民賑給臣謂其說固是

但不言義倉之米如何得到村鎮
一糶賣米斛本謂接濟艱食之民今訪問州縣却是在市牙儈與有力強猾之徒借倩人力假爲繿縷之服與賣米所合二人通同攙奪不及鄉村無食之民今仰本州立賞錢一百貫約束密切委官譏察不得容牙子停販有力強猾公吏軍兵之家假作貧民請買務要實及村民無致冒濫如有違犯之人斷罪追賞

一賑濟當支散日用五色旗分爲五處每處分差指使二員吏二名抄劄饑民每一名給與牌子并小色旗候支俵及數前來賑濟所報覆一處先了先令赴請所貴分頭集事又且饑民不致併就一處喧鬧

○趙雄乞樁積錢給散

契勘前件諸州多是不通水路若使外臺乞米般運實非良策欲望聖慈牧降睿旨於總所朝廷樁積錢內支降錢引二十萬道撥赴帥司許臣同本路漕臣視諸州旱傷分數隨宜給散令守臣多方措置於得熟去處趁時收糴米不足則雜糴菽粟麥蕎之類苟可以救死亦何所擇目今若不預爲之備更俟十月以後見得十分饑荒方行奏請則緩不及事矣

○余童蘄州賑濟法

盡括戶口之數第爲三等孤獨不能自存者專賑濟下戶乏食者賑糶有田無力耕者與賑貸闔境五邑以鄉村遠近均粟置場每場以三總首主出納十場以一官吏專伺察蘄人至今稱之

○社倉

建州歐寧縣有洞曰回源其北與建陽接境乃建炎初劇賊范汝爲竊發之地民性悍而習爲暴小遇饑饉群起剽掠去歲因旱凶民杜八子剩時歗聚首破建陽逐官吏殺平民至夏張大一李大二復於洞中作過本路帥臣仍歲遣官軍蕩定時進士魏掞之謂民易於動蓋緣艱食乃

請于提舉常平官得米一千六百石以賑貸鄉民
至冬而取遂置倉于邑之長灘鋪自後每歲散
歛如常民得以濟不復思亂而草寇遂息人謂
捄之所請乃社倉遺意使諸鄉各有倉儲粟則
緩急可恃矣

董煟曰社倉乃公私儲積救濟小民使兼
幷者無所肆其侵漁之心儻天下郡邑諸
鄉皆能行之爲利甚博今列社倉規約于
後

朱熹社倉奏請

淳熙八年十一月浙東提舉朱熹奏臣所居建
寧府崇安縣開耀鄉有社倉一所係乾道四年
鄉民艱食本府給常平米六百石委臣與土居
朝奉郎劉如愚同共賑貸至冬收到元米次年
夏間本府復令依舊貸與人户冬間納還臣等
申府措置每石量收息米二斗自後逐年依此
歛散或遇小歉即蠲其息之半大饑則盡蠲之
至今十有四年量支息米造成倉廒三間收貯
將元米六百石納還本府其見管三千一百
石並是累年人户納到息米已申本府照會將
來依前歛散更不收息每石只收耗米三升係
臣與本鄉土居官及士人數人同共掌管遇歛
散時即申府差縣官一員監視出納以此之故
一鄉四五十里之間雖遇凶年人不闕食竊謂
其法可以推廣行之他處而法令無文人情難
强妄意欲乞聖慈特依義役體例行下諸路州
軍曉諭人户有願依此置立社倉者州縣量支
常平米斛責與本鄉出等人户主執歛散每石
收息米二斗仍差本鄉土居或寄居官員士人有
行義者與本縣同共出納收到息米十倍本米
之數即送元米還官却將息米歛散每石只收
耗米三升其有富家情願出米本者亦從其便
息米及數亦與撥還如有鄉土風俗不同者更
須商議隨宜立約申官遵守實爲久遠之利其不願
出米本者處官司不得抑勒則亦不至擾擾此在
近時視之雖無濟於目前之急然實公私儲蓄

預備久遠之計人必願從者衆伏望聖慈詳察
施行聖旨戶部看詳聞奏本部看詳欲行下諸
路提舉司徧下本路諸州縣曉示任從民便如
願依上件施行仰本鄉土居或寄居官員有行
義者具狀赴本州縣自陳量於義倉米內支撥
其斂散之事與本鄉耆老公共措置州縣並不
得干預抑勒十二月日三省同奉
聖旨依戶部看詳到事理施行

崇安社倉條約

一逐年二月分委諸都社首保正副將舊保簿
重行編排産錢六百文以上及有營運衣
食不闕之人卽注不合請米字外有合請
米人戶卽仰詢問願與不願請米各令親
押字三月內將所排保簿赴官交納鄉官
點檢抽摘審問仍出榜許人告首如有漏
落及增添一戶一口不實卽申縣根治如
無欺弊卽與支貸
一逐年五月下旬前後新陳未接之際預於四
月上旬申縣乞依例給貸
一申縣訖一面出榜排定日分分都支散先遠後近
曉示人戶各依日期具狀狀內開說大小口數結
保每十人爲一保遞相委保如保內有逃亡之人同保均備取足十人以下不成保不支
正身赴倉請米仍仰社首保正副隊
長並各赴倉識認面目照對保簿如無僞
冒重疊卽與全押保明其日鄉官同入倉
據狀支散給關子具本息耗米數付令收
執

一人戶所貸官米至冬納還不得過十一月下旬先於十
月上旬定日申縣乞差吏斗前來受納兩
平交量每石收息米二斗小歉除息之半大歉全免收息
候滿十年以本米送還元借官司每石量
收耗米三升準備拆閱及支吏斗等人飯
米其米正行附曆收支
一每遇支散交納日本縣吏人一名斗子一名
倉子兩名每名支飯米一斗鄉官幷人從
每名支飯米五升人從每位不過二人

金華縣社倉規約

社倉穀本五百石

社倉只置都簿一面紙盡置第二面

一甲不許過三十人甲頭一人不滿十人附甲

・不許詭名冒借犯者出社甲頭改替許同甲告罰甲頭所納給賞

散穀以三時謂除夜或下田接新並須甲頭相度

借若口累衆多作田廣甲頭保明別議增借

一戶借一石甲頭倍之無居止及有藝人不借

穀上簿不立契還穀就簿勾銷

借穀日每戶納錢五十文甲頭免十五文給甲頭十文守倉人十文雜支十五文掌倉量錢此外不許分文乞索許甲內人告以所得錢支賞

量穀本甲甲頭執槩並見清量掌倉人擅執槩改替

還以三限限以三日謂如十甲每甲若干人一限納若干並甲頭負報定日子一人不到甲內穀並留倉候日交量

息穀二分謂石取息二斗中饑減半大饑盡免本戶

納息已滿十年免收息謂第一年納至十一年免

耗穀三升謂穀三石收耗三升以備折閱及充每歲社倉雜費

甲內逃亡甲頭同甲內均填甲頭倍之若係時疫戶絕甲頭申倉差人審實候還穀日銷落若不循理者雖已還出社

息穀有餘遇饑荒給散計所有每人大人二升小兒一升十日止並以入籍戶口爲定

社衆於規約犯一事不借一年再犯出籍

清江縣社倉規約

一所給借貴均平亦慮失陷米本其支借時鄉官審問社首及甲內人某人可借若干數以爲可方可支借其素號游手及雖農業而衆以爲懶惰頑慢者亦不支貸

一鄉官踏逐善書寫百姓一人不得用罷役過犯人專充書寫簿書如收支執槩就差社首遇收支日日支飯米一㪷

一倉中事務並委鄉官掌管但差使保正編排人戶驅磨簿曆彈壓斂散踏逐倉廒追斷逋負之類須官司行遣於縣官內擇一時可委官一人以護其事

一鄉官從本軍給帖及本朱記主執行遣

一簿曆紙劄每歲於息內支破

董熠曰社倉規約雖不同使天下郡邑皆能倣此意以行之雖有水旱民不困乏矣

馮檝勸諭賑濟詩

紹興辛未歲歉米貴瀘師馮檝出俸錢買米減價糶賣賑濟救民賦詩示幹事人

我昔未第日鄉閭逢饑歲兩莘閭里人相共行賑濟饑民饉得食免困餓而斃及我登第後被罪歸田里尋復拜召命遄邐沿行討忽見道途間小兒有遺棄復自勸鄉邦劄已用施惠日飯八千人八旬乃休止于時已麥熟糧食相接濟我始趨行朝蒙恩長宗寺初本未望報人以爲能事制司具功奏遷官不容避今年又小歉我適師瀘水無力備飲食所濟俱用米聊捨三百斛十中活一二又以一千石減價平行市每石減千錢庶幾無蹋貴更有不熟處資簡潼川類減價糶賣米所祈均獲濟我非財有餘但憫民不易念彼釋迦佛昔居菩薩地願爲饑饉年㑹劫捨身施一食其肉者咸悉圓種智我但捐少糧糶者不圖利委本亦無害救荒乃誠意猶根力不充禮佛眞有処爾等我所遣同爲利益事切勿生貪心纖毫起希冀令我勝圓事汝亦霑福慧

程迴代能仁院賑濟疏

伏以釋迦如來以無礙神通放大光明照見一切衆生受諸苦惱乃發大慈悲願力救度無量衆生凡有饑渴皆得飽滿我釋氏子躬受佛教成就志願亦復如是恭惟知縣某公知丞某公仙尉某公皆宿植善根與我士民有大因緣故受天子命來爲民主宰今歲在庚子水旱饑饉委鄉官抄劄鰥寡孤獨跛眇癈疾不能自存之人計一千五百九十九人雖屢申上司乞發下義倉米賑濟然使府所臨一郡八縣監司所統一路百城雖許量撥至今未下度其米斛不足霑濟今用米一升可活一人一日之命積之百五十日則麥熟可自活是用米石五官斗可活

千合請米若干實貼於各人門首壁上如有虛僞許人告首甘伏斷罪以備委官檢點又患請米者冗併分幾人爲一隊逐隊用旗引卯時一刻引第一隊二刻第二隊以至辰巳皆用前法則自無冗雜且老幼疾病婦女皆得均糴又任澧陽司戶日權安鄉縣正值大澇始至令典押將縣圖逐鄉抹出全澇者用綠半澇者用青無水之鄉用黃不以示人又令鄉司抹來參合方請鄉耆逐鄉爲圖復以青綠黃色別其村分出

圖參驗故不檢澇而可知分數催科賑濟亦視此爲先後其法甚簡要也

李珏賑濟法

將災傷都分作四等抄劄仁字係有產稅物業之家義字係中下戶雖有產稅災傷實無所收之家禮字係五等下戶及佃人之田并薄有藝業而饑荒難於求趁之人智字係孤寡貧弱疾廢乞丐之人除仁字不係賑救義字賑糶禮字半濟半糶信字全濟並給曆計口如常法惟濟

米預散榜文十日一次委官支昆陵與鄱陽當行此法民至稱之

鄱陽賑救法

丁卯鄱陽旱暵憲使李珏招臣措置荒政李昔守昆陵賑濟有聲臣見約束簡明無俟更改但乞將義倉米每日就城中多置場減價出糶先救城內外之民却以此錢紐價計口逐月一頓支給以濟村落之民非惟深山窮谷皆沾實惠且免減竊抃和之弊一物兩用其利甚博會李

救荒活民補遺書 卷中

不權州臣迫官其出爲故行之未免作輟良可歎息或謂賑饑給錢非法令所載臣曰此庸儒之論且村民得錢非惟取贖農器經理生業以係其心又可抽贖種子收買雜斛和野菜煮食一日之糧可化爲數日之糧豈不簡便（已上見卷賑濟條）

建寧府崇安縣五夫社倉記

乾道戊子春夏之交建人大饑予居崇安之開耀鄉知縣事諸葛侯廷瑞以書來屬予及其鄉之耆艾左朝奉郎劉侯如愚曰民饑矣盍爲勸

豪民發藏粟下其直以振之劉侯與予奉書從事里人方幸以不饑餓而盜發浦城距境不二十里人情大震藏粟亦且竭劉侯與予憂之不知所出則以書請于縣于府時敷文閣待制信安徐公嘉知府事即日命有司以般粟六百斛泝溪以來劉侯與予率鄉人行四十里受之黃亭步下歸籍民口大小仰食者若干人以率受粟民得遂無饑亂以死無不悅喜歎呼聲動旁邑於是浦城之盜無復隨和而束手就禽矣及秋徐公奉祠以去而直敷文閣東陽王公淮繼之是冬有年民願以粟償官貯里中民家將輦載以歸有司而王公曰歲有凶穰不可前料後或艱食得無復有前日之勞其留里中而上其籍於府劉侯與予既奉教及明年夏又請于府曰山谷細民無蓋藏之積新陳未接雖樂歲不免出倍稱之息貸食豪右而官粟積於無用之地後將紅腐不復可食願自今以來歲一斂散既以紓民之急又得以新易藏俾願貸者出息

什二又可以抑僥倖廣儲畜即不欲者勿強歲或不幸小饑則弛半息大饑則盡蠲之於以惠活鰥寡塞禍亂原甚大惠也請著爲例王公報皆施行如章既而王公又去直龍圖閣儀眞沈公度繼之劉侯與予又請曰粟分貯民家於守視出納不便請放古法爲社倉以儲之不過出捐一歲之息宜可辦沈公從之且命以錢六萬助其役於是得籍坂黃氏廢地而鳩工度材焉經始於七年五月而成於八月爲倉三亭一門墻守舍無一不具司會計董工役者貢士劉復劉得輿里人劉端也既成而劉侯之官江西幕府予又請曰復與得輿皆有力於是倉而劉侯之子將仕郎琦嘗佐其父於此其族子右脩文郎玶亦廉平有謀請得與并力府以予言悉以書禮請焉四人者遂皆就事方且相與講之利病具爲條約會丞相清源公出鎮茲境問俗于與諸君因得具以所爲條約者于公公以爲便則爲出教俾歸揭之楣間

然者於是倉之庶事細大有程可久而不壞矣寺惟成周之制縣都皆有委積以待凶荒而隋唐所謂社倉者亦近古之良法也今皆廢矣獨常平義倉尚有古法之遺意然皆藏於州縣所恩不過市井惰游輩至於深山長谷力穡遠輸之民則雖饑餓瀕死而不能及也又其爲法太密使吏之避事畏法者視民之殍而不肯發往往全其封鐍遞相付授至或累數十年不一訾省一旦甚不獲已然後發之則已化爲浮埃聚壤而不可食矣夫以國家愛民之深其慮豈不及此然而未之有改者豈不以里社不能皆有可任之人欲一聽其所爲則懼其計私以害公欲謹其出入同於官府則鉤校靡密上下相遁其害又必有甚於前所云者是以難之而有弗暇耳今幸數公相繼其愛民慮遠之心皆出乎法令之外又皆不鄙吾人以爲不足任故吾人得以及是數年之間左提右挈上說下教遂能爲鄉閭立此無窮之計是豈吾力之獨能哉惟後之君子視其所遺之不易者如此無計私害公以取疑於上而上之人亦毋以小文拘之如數公之心焉則是倉之利夫豈止於一時其視而傚之者亦將不止於一鄉而已也因書其本末如此刻之石以告後之君子云淳熙甲午夏五月丙戌新安朱熹記 晦菴先生文集內採補

救荒活民補遺書卷中終

救荒活民補遺書卷下

救荒雜說

嘗謂救荒之政有人主所當行者有宰執所當行者有監司所當行者有太守縣令所當行者監司守令所當行人主宰執之所不必行人主宰執之所行又非監司太守縣令之所宜行今各條列于后

人主救荒所當行一曰恐懼修省二曰減膳徹樂三曰降詔求言四曰遣使發廩五曰省奏章而從諫諍六曰散積藏以厚黎元○宰執救荒所當行一曰以變調爲己責二曰以饑溺爲己任三曰啓人主警畏之心四曰慮社稷顛危之漸五曰進寬征固本之言六曰建散財發粟之策七曰擇監司以察守令八曰開言路以通下情○監司救荒所當行一曰察鄰路豐熟上下以爲告糴之備二曰視部內旱傷小大而行賑救之策三曰通融有無四曰糾察官吏五曰寬州縣之財賦六曰發常平之滯積七曰毋崇遏糴八曰毋啟抑價九曰毋厭奏請十曰毋拘文法○太守救荒所當行一曰稽考常平以賑糶二曰准備義倉以賑濟三曰視州縣三等之饑而爲之計（小饑則勸分發廪中饑則賑濟賑糶大饑則告朝廷截上供乞度牒乞蠲借內庫錢爲糴本）四曰視鄰郡三等之熟而爲之備（才覺旱澇先發常平錢遣吏於鄰郡豐熟處告糴以備賑糶米豆雜斛皆可）五曰申明遏糴之禁六曰寬弛抑價之令七曰計州用之虛盈以存（一歲官吏之遣餘皆救荒不給則告糴他郡）八曰察縣吏之能否（縣令不職劾罷州有迎送之費姑委佐官以輔之不然對移他邑之賢者）九曰委諸縣各條賑濟之方十曰因民情各施賑救之術十有一曰差官祈禱十有二曰存恤流民十有三曰早檢放以安人情十有四曰預措備以寬州用十有五曰因所利以濟民饑十有六曰散藥餌以救民疾○縣令救荒所當行一曰聞旱則誠心祈禱二曰已旱則一面申州三曰告縣不可邀阻四曰檢旱不可後時五曰申上司乞常平以賑糶六曰申上司乞義倉以賑濟

七曰勸巨室之發廩八曰誘富民之興販九曰防滲漏之姦十曰戢虛文之弊十有一曰聽客人之糴糶十有二曰任米價之低昂十有三曰請提督十有四曰擇監視十有五曰參考是非十有六曰激勸功勞十有七曰旌賞孝弟以勵俗（饑荒之年有骨肉不相保者今婦能讓食於姑孫能養其祖父母者當物色之）十有八曰散施藥餌以救民（饑荒之際必有疾癘）十有九曰寬征催二十曰除盜賊

救荒之法不一而大致有五常平以賑糶義倉以賑濟不足則勸分於有力之家又遏糴有禁抑價有禁能行五者則亦庶乎其可矣至於檢旱也減租也貸種也遣使也弛禁也鬻爵也度僧也優農也治盜也捕蝗也和糴也存恤流民也勸種二麥通融有無借貸內庫之類又在隨宜而施行焉蓋有大饑有中饑有小饑饑荒有三等之不同所以救之之策亦異臨政者能辨別而行之然後爲當耳

常平

常平之法專爲凶荒賑糶穀賤則增價而糴使不傷農穀貴則減價而糶使不病民謂之常平者此也比年州縣窘匱往往率多移用差官叅實亦不過文具而已自乾道間給降會子一百萬道充起諸路常平錢一百萬貫而郡縣遂多侵用義倉後雖許用會子措置和糴其間未免抑配當時甚患之然則平糴之法遂不可行乎曰不然臣前於李悝後於和糴篇論之詳矣但官司糴時不可籍數定價須視歲上中下熟一依民間實直寧每勝高於時價一二文以誘其來何患人之不競售哉蓋官司措置惟欲救民之病財用非所較若以私家理財規模處之則失所以爲常平之意矣

一常平本法無歲不糴無歲不糶上熟糴三而舍一中熟糴二下熟糴一此無歲不糴也小饑則發小熟之斂中饑則發中熟之

歛大饑則發大熟之歛此無歲不糴也近
來熟無所糴饑無所糶其間有司之吝閉
爲埃壓艮可嘆息
一常平錢物不許移用不知他費不許移用
至於救荒正所當用然若必待報則事無及
矣今遇旱傷去處州縣仰一面計度用常
平錢於豐熟處循環收糴以濟饑民俟結
局日以糴本撥還常平可也

一常平賑糶其弊在於不能遍及鄉村今委
隅官里正監視類多文具無實惠及民宜
倣富鄭青州監散米豆之法變通而行之
但水脚之費般運之折無所從出故縣不
敢請於州村不敢請於縣不知饑荒之年
人患無米不患無錢每勝增於官中所定
之價一文以充上件糜費則自無折閱之
慮矣何患賑糶之米不能遍及村落哉但
當遂保給曆零賣以防近上人戶頓買興
販之弊

一紹興庚午　高宗皇帝謂執政曰國家常
平以待水旱宜令有司以陳易新不得侵
用若臨時貸於積穀之家徒爲文具無實
傚也
一昔蘇軾奏臣在浙江二年親行荒政只用
出糶常平米一事更不施行餘策若欲抄
劄饑貧不惟所費浩太有出無收而此聲
一布饑民雲集盜賊疾疫客主俱斃惟有
依條將常平斛㪷出糶即官司簡便不勞

抄劄勘會給納煩費但得數萬石斛㪷在
市自然壓下物價境內百姓人人受賜古
今之法莫良於此臣謂蘇軾之法止及於
城市若使縣鎮通行方爲良法也況賑濟
自有義倉並行不悖此又爲政者所當知
一或謂減價出糶官廩以壓物價固善矣然
饑荒之年常平無米則如之何臣曰不然
元祐元年四月左司諫王巖叟言訪聞淮
南旱甚物價踴貴本路監司殊不留意招

發運司截留上供米一十萬石比市價高
減出糶與關米人户每户不得過三石共
糶到錢起發上京又何患於無米也此例
前賢行之甚多兹不再舉

義倉

義倉者民間儲蓄以備水旱也一遇凶歉
直當給以還民豈可吝而不發發而遽有
德色哉謹按隋開皇五年長孫平建言諸
州立社倉於當社委社司執帳檢校每年
收積遇歲不熟則均給之唐正觀初尚書
左丞戴胄上言隋開皇置天下社倉終文
皇世得無饑饉太宗曰爲百姓先作儲貯
以備凶年亦非横斂宜下有司具爲令王
公以下墾田畝税六升天實八年天下義
倉無慮六千三百七十萬餘石長慶大中
以來約束既嚴貯貸不絶至于五代因之
以饑饉加之以戰伐而義倉不得不廢矣
慶曆間王琪上言以爲舊事久廢當酌輕

法以行之如唐田畝之税其實太重未徵
中别領新格自上户以降出粟又且不均
方今之宜莫若第五等以上於夏秋正税
之外每二斛納一升隨常賦以入各於州
邑擇歲便地别置倉以儲之領於本路轉
運司今天下大率取一中郡計之夏秋正
税之麥之屬且以十萬石爲率則義倉於
一中郡歲得五千石矣矧
天下所入之廣乎使仍歲豐熟損有餘補
不足實天下之利上於是詔天下立義倉
然今之州縣因仍既久忘其所以爲斯民
所寄之物矣

義倉合於民間散貯逐都擇人掌之如社
倉之法今輸于州縣非也蓋憔悴之民多
在鄉村於城郭頗少諸處州軍多將義倉
米隨冬苗輸納州倉一有饑饉人民難以
委棄廬舍遠赴州郡請求今欲每遇凶歉
之年相度諸縣畿之大小撥還義倉米斛

其水脚之需亦於米內量地里遠近消剋
縣之於鄉亦然如此則山谷之民皆蒙其
惠不猶愈於閉糶爲埃塵耗於雀鼠仍使斯
民饑餓而死乎

一檢准令文州縣災傷寒歲於十月初差官抄
檢內外老疾貧乏不能自存之人十一月
起支領大口每人日支一升七歲以下減
半每五日一次併支至次年三月終止因及本土收成早晚者官司相度給散時月但通給百五十日止今江浙水
田種麥不廣冬間民未困乏其困乏多在
青黃未接之時此爲政者所宜究也

一熙寧初陳留知縣蘇涓言臣領畿邑請爲
天下倡戶五等皆二石一斗出粟有差每
社有倉各置守者者爲輸納官爲籍記歲
凶則出以賑民藏之久則又爲立法使新
陳相登即詔行之即而王安石沮之遂不
果行石介著書亦謂隋唐義倉最便若每
村之一倉委有年德者主之遇饑饉量口

以給則民不乏矣此法向來福建亦行之
第乃民間再自出米不若即義倉行之之
爲善

一紹聖著令諸縣義倉粟斗收五合即元豐
舊法也大觀初乃令增斗收一升以備賑
荒至今行之然義倉米不留諸鄉而入縣
倉粟悉爲官吏移用抛也縣倉於民尤近厥
後上三等戶皆令輸郡則義米帶入郡倉
轉充軍食或貧煩費豈復還民故遇凶年
無以救民之死今若以常歲所取義米令
諸鄉各建倉貯之縣籍其數主以有年德
之輩遇饑饉還以賑民且不勞遠致推行
諸鄉即民被實惠豈不勝於科抑賑糶之
策乎

一慶元六年六月臣寮劄子言常平義倉國
家專恃以待賑救據諸路提舉司申戶部
數目常平錢七十餘萬緡義倉錢五十餘
萬緡二司之米共幾二百萬石緣提舉主

管略不經意徒存虛名三司遂爲虛設民
謂常平有糴本固當有錢義倉五十餘萬
緡則誠非令典也攘民所寄之物而私用
糶錢廷臣方且昌言而不怪習俗之移人
如此
一賑濟之弊如麻抄劄之時里正乞覓强梁
者得之善弱者不得也附近者得之遠僻
者不得也胥吏里正之所厚者得之鰥寡
孤獨疾病無告者未必得也帳成已是深

冬官司疑之又令縣實使饑民自備聚糧
數赴點集空手而歸困踣於風霜凛冽之
時甚非古人視民如傷之意今縣令宜每
鄉委請一上戶平時信義爲鄉里推服官
員一名爲提督賑濟官令其逐都擇一二
有聲譽行止公幹之人爲監視每月送朱
墨點心錢縣道委令監里正分團抄劄不
許邀阻乞覓如有乞覓可徑於提督官司
狀申縣斷治如吏抑遏可自於本縣或佐

官廳陳訴當痛懲一二以勸其餘其發米
賑糶亦如之若此則庶乎少革耳
一賑濟所以救饑民者多以支米爲便不知
支米最爲重害弊倖又多不係沿流及產
米去處般運極爲費力往往夫脚與米價
相等更有在路減竊拌和之弊若是大荒
年分穀米絶無民間艱食不容不措置移
運米斛若不是十分荒歉米斛流通物價
不踴不如支錢最省便更無僞濫之弊小

民將錢可以補贖典過斛斗或是一斗米
錢可買二斗雜斛以三二升拌和菜茹煑
以爲食則是二㪷之雜斛可供一家五七
口數日之費然恐純於支錢所委不得其
人亦有減尅之弊不若錢米兼支實爲兩
利
勸分
民戶有米得價糶錢何待官司之勸只緣
官司以戶等高下一例科配且不測到場

檢點故人戶憂恐籍以爲名閉糶深藏以
備不測其往還道路與無曆頭之人反無
告糴之所推原其弊皆緣吏無策但欲認
米之虛數假勸分之美名欺罔上司以圖
觀美不知適以病民也臣居村落日覩其
弊謂上戶固所當勸自餘中下之家不必
勸所謂上戶者田畝之跨連阡陌蓄積之
紅腐相因然今之鄉落所謂上戶者亦不
多矣中下之戶凶荒之餘所入未能供所

出安能有餘以賑糴哉人之常情勸之出
米則愈不出惟以不勸勸之則其米自出
臣謂今莫若勸誘上戶及富商巨賈俾之
出錢官差牙吏於豐熟去處販米且各歸
鄉里以濟小民結局日以本錢還之村落
無巨賈處許十餘家率錢共販或鄉人不
願以錢輸官而願自糴販者聽官不抑價
利之所在自然樂趨富室亦恐後時爭先
發廩則米不期而自出矣此勸分之要術

更宜斟酌而行之若山路不通舟楫處又
有抄劄賑給就食散錢之法初非執一
一邑遵路知通州時淮甸災傷民多流轉惟
遵路勸誘富豪之家得錢萬貫遣牙吏二
十六次和僱海船往蘇秀收糴米豆歸本
處依元價出糶使通州災傷之地常與蘇
秀米價不殊當時范仲淹乞宣付史館誠
以饑荒之年人既闕米官復以認米責之
則其勢頗逆惟俾之出錢各自運米其策

爲最

一天下有有田而富之民有無田而富之民
有田而富者每歲輸官固藉苗利一遇饑
饉自能出其餘以濟佃客至於無田而富
者平時射利侵漁百姓緩急之際可不出
力斡旋以救饑民爲異時根本之地哉漢
家重困商賈蓋爲此耳今饑饉之年勸誘
此曹使出錢糶販初非重困又況救荒乃
時暫之役彼亦安得而辭

一淳熙間臣寮上言州縣荒政所謂勸分者蓋以豪家富室儲積既多因而勸之賑發以惠窮民以濟鄉里此亦理所當然臣訪聞去歲州縣勸諭賑糶乃有不問有無只以戶等高下科定數目仍之出備賑糶於是吏乘爲姦多少任情至有人戶名係上等家實貧窘至鬻田糴米以應期限而豪民得以計免者其餘秉中戶之急濟其姦利緣此多受其害臣切見朝廷重立賞格勸諭賑糶已是詳備所有用等則科糶理宜禁止臣愚欲望容旨下諸路漕臣嚴戒所部如有依前用等則科糶即許按劾仍許人戶越訴重作施行尋得旨止行勸諭毋得科抑則聖意誠知科抑之弊擾民矣

一凶年糶粟以活百姓可謂惠而不費況所及者皆鄉曲鄉里可以結恩惠可以積陰德可以感召和氣而馴致豐稔可以使盜賊不作而長保富饒其[illegible]大剩[illegible]有補矣

儻使小民轉死溝壑流於他所大姓占田何暇自耕土地荒蕪必有所損況又有甚於此者乎止緣詔詞有小民謂官司抑配我所當得不知感謝卻使大姓有怠於勸分之意此爲縣令者所宜知而以此意曉諭可也

禁遏糴

嘉祐四年諫官吳及言春秋之時諸侯相傾竊地專封固不以天下生靈爲憂然同盟之國有救患分災之義秦饑晉閉之糴而春秋誅之聖朝恩施動植視民如傷然州郡之間官司各專其民擅造閉糴之令一路饑則鄰路爲之閉糴一郡饑則鄰郡爲之閉糴夫以二千石以上所宜同國休戚而宣布主恩坐視流離又甚於春秋之時豈聖朝所以子育兆民之意者故丁丑詔諸路轉運司凡鄰郡災傷而輒閉糴者以違制坐之

一或者謂遏糴固非美名然聽他處之人恣行般運不加禁止本州本縣自至艱糴臣曰此見識毋致之論也天下一家饑荒亦有路分今鄰郡以吾境內豐稔而來告糴義所當恤此又物色上流豐熟去處勸誘大姓或本州發錢差人轉糴循還糶販非惟可活吾境內之民又且可活鄰郡鄰路之饑民尚何艱糴之有脫使此間之米不許出吾界他處之米亦不許入吾界一有饑饉環視壁立無告糴之所則饑民必起而作亂以延旦夕之命此禍亂之尤速者也

一淳熙八年八月初今歲間有旱傷州縣全藉鄰境或旁近豐熟去處通放客販米斛已降旨揭不得遏糴訪聞上流得熟州郡尚不能體認朝廷均一愛民之意輒將客販米斛邀阻禁遏聖旨劄付諸路帥漕司各檢坐條法徧下所部州軍恪意奉行如敢違戾仰逐司覺察按劾以聞或容蔽委御史臺彈奏

一小民聞官司有榜禁示遏每遇外人糴米則數十為群脅持取錢毆人傷損村民亦不敢擔米入市民間遂致闕食其令下詐起類如此

一檢會編勑諸興販斛斗雖遇災傷官司不得禁止又條法與販斛斗及以柴炭草木博糴糧食者並免納力勝稅錢注云舊收稅處依舊即災傷地分雖有舊例亦免觀此則知條勑不許遏糴明矣

不抑價

常平令文諸糶糴不得抑勒謂之不得抑勒則米價隨時低昂官司不當禁抑可知也比年為政者不明立法之意謂民間無錢須當籍定其價不知官抑其價則客米不來若他處騰踴而此間之價獨低則誰肯興販興販不至則境內乏食上戶之粗

有蓄積者愈不敢出矣饑民手持其錢終日皇皇無告糴之所其不肯甘心就死者必起而爲亂人情易於扇搖此莫大之患何者饑荒之年人雖賣妻鬻產以延旦夕之命亦所不顧若客販不來上戶閉糴有餓死而已耳有劫掠而已耳可不思所以救之哉惟不抑價非惟舟車輻湊而上戶亦恐後時爭先發廩而米價亦自低矣

一昔范仲淹知杭州二浙阻饑穀價方踴斗計百二十文仲淹增至百八十衆不知所爲仍多出榜文具述杭饑及米價所增之數於是商賈聞之晨夕爭先惟恐後且虞後者繼來米既輻湊價亦隨減包拯知廬州亦不限米價而賈至益多不日米賤此皆前賢已行之明驗

一臣在村落嘗見蓄積之家不肯糶米與土居百姓而外縣牙人在鄉村收糴其數頗多既是鄰邑於荒宜可自不敢輒加禁遏止緣上司指揮不得妄增米價本欲少抑兼并存恤細民不知四境之外米價差高小民欲增錢糴於上戶輒爲小民脅持獨牙儈乃平立文字私加錢於糶主謂之暗點人之趨利如水就下是以牙儈可糴而土民闕食今若不抑其價彼將由近而及遠矣安忍專糶於外邑人哉

一紹興五年行在斗米千錢時留守參政孟庾戶部尚書章誼亦不抑價大出陳廩每

升糶二十五文僅得時價四之一旣於小民大有所濟次年米賤令諸路以上供錢收糴復多羸餘況村落騰踴極不過三兩月民若食新則價自定矣

檢旱

災傷水旱而告之官豈民間之得已今之守令專辦財賦貪豐熟之美名諱聞荒歉之事不受我傷之狀責令里正狀熟爲里正者亦慮委官經過所費不一故妄行供

認以免目前陪費不慮他日流離餓莩劫奪之禍良可嘆也

一在法陳訴旱傷之限至八月終止訴在限外不得受理昨來臣寮奏請晚禾成熟乃在八月之後今旱有淺深得雨之處有早晚之不同乞寬其限得旨展半月臣寮申請乞以指揮到縣日爲始

一淳熙元年孝宗御劄委帥臣監司令從實檢放不得信憑保正狀熟時憲司揭榜許人戶經本州陳狀別差官檢放時已十一月矣及帳目到戶部戶部以令文至八月終止出限者不合受理皆不爲除放而人戶恃憲司榜示不肯輸納鞭撻過多反爲民害

一元祐元年諫議大夫孫覺言諸路災傷各以實言不實者坐之災傷雖小而言涉過當者不問今民間縱有被訴災傷縣道往往多不受理間有受理去處又不及時差官檢踏比至秋成田間所有雖曰無幾其服田之家亦得隨多少收割以就耕犁官司惟見民間收割已畢便指作十分豐熟不容檢放是時開場受納遂即舉催全苗貧民下戶欲訴則田無可驗之禾欲納則家無見儲之粟於是始伐桑柘鬻田產流離轉徙棄墳墓而之四方矣

減租

謹按唐人水旱損四則免租損六則免調損七則租庸調俱免今之夏稅則唐人之調絹也役錢則庸直也今州縣水旱十分去處而夏稅役錢未有減免之文至於檢放止及田租而猶切切焉勺合之是計全未識古人用其一緩其二之意臣幼讀畢仲衍元豐備對錄記熙寧全盛時天下兩稅錢五萬五百餘緡頃年戶部侍郎劉邦翰上言天下經總制錢歲額二千萬緡而實到者亦千萬緡夫斯錢者唐人除陌之

類而其數乃倍於承平時正賦且又東南之一隅民困極矣脫遇水旱是可不爲寒心而思所以覺恤之哉

貸種

貸種固所以惠民然不必責其償也人情易於貸而難於償征催不集必有勾追鞭撻之患青苗之法可見矣仁宗朝江南歲饑貸民種糧十萬斛屢經倚閣而官司督責不已民貧不能自償上憐而蠲之周世

宗亦謂淮南饑當以米貸民或曰民貧恐不能償世宗曰安有子倒懸而父不爲之解者安在責其必償也今之議貸種種者當識此意蓋之曰貸防其濫請之弊耳其所可憂者抄劄之際利未之及時擾先之若措置施行之得人此等皆不足爲慮

恤農

耕而食者農民也不耕而食者游手浮食之民也自來官司之賑給常先市井之游手與鄉落之浮食而緩於農民耕夫且農家寒耕熱耘以供衆人之食及其饑也不耕者得食而耕者反不得食不免採掘蕨根野葛以充饑腸豈不甚可憐哉臣謂今行抄劄之時自五家爲甲遞相保委同其罪罰曰某人爲游手某人爲工某人爲商某人爲農而官之賑給以農爲先游食者次之此誘民務本之一術也

遣使

古人救荒或遣使開倉遣使賑恤遣使循行周詢民間疾苦然法令尚簡故所過無擾比來諸道遣使民間利害悉以上聞安有水旱之不知其所缺者在於賑濟無術類多虛文耳今但責監司郡縣推行救荒之實政則民受其惠不然民方饑餓官方窘匱而王人之來所至煩擾未必實惠及民而先被其擾者多矣神宗時司馬光曰今朝廷無有一事不委之將帥監司守宰

使自爲方略責以成効而施刑賞常好遣使者銜命奔走旁午於道徒有煩擾之弊而於事未必有益不若勿遣之爲愈也

弛禁

古人澤梁無禁關市譏而不征今山林河泊各有所主又民心不醇壹閙牓示因而斫伐墳林大起爭競則弛澤梁之禁已爲難行惟有場務邀阻米船此當禁約耳然比年場務課額稍重多藉舟車雖令文米麥不許收稅而場務別爲名色號曰力勝錢多端邀阻雖累降旨揮諸處場務不得將客米船違法收稅庶幾商賈興販然終未能革臣謂爲監司太守莫若每遇凶荒去處相度饑之大小奏之朝廷乞權減場務課額一月或半月如此則少寬煎逼之弊自然不敢重困米船亦古人凶年弛禁之意況淳熙令課利場務經災傷者各隨夏秋限依所放分數於租額除豁

鬻爵

夫名器固不可濫然饑荒之年假此以活百姓之命權以濟事又何患焉謹按乾道七年八月勅節文湖南江南旱傷州縣守令勸誘有米斛富室上戶如有賑濟饑民今來立定格目補授名次今具下項無官人一千五百石補進義校尉願補不理選限將仕郎聽二千石進武校尉如係進士與免文解一次不係進士候到部與免短使一次四千石補承信郎如係進士與補上州文學五千石承節郎如進士補迪功郎補文臣一千石減二年磨勘係選人循一資二千石減三年磨勘係選人循一資仍與占射差遣一次三千石轉一官係選人循兩資仍與占射差遣一次五千石以上取旨優異推恩武臣一千石減二年磨勘陞一年名次二千石減三年磨勘占射差遣一次三千石補轉一官占射差遣一次五千石以上取旨優異推恩勸會旱傷州縣勸誘積粟之家賑濟係崇尚風誼即與進納事體不同三

省同奉聖旨依擬定令帥臣監司將勸誘到米斛依數著實措置拘收委官賑濟務令實惠及民仍開具出米人姓名并米數保明申取朝廷旨揮依今來立定賞格推恩出給付身其賑糶之家依此減放推賞如有不實官吏重作施行臣謂民間納米而即得官誰不樂爲止緣入米之後所費倍多未能遽得故多疑畏今上下若能懲革此弊先給空名告身付之則救荒不患

無米矣或謂大將軍告身才易一醉其弊若何不知鳳翔軍興用之無節今只饑荒地分數月計耳才就豐熟即已之何濫之有

度僧

嘗謂度牒換米蓋亦一時權宜所當行議者咸謂度牒廣行人丁喪失不知今日游民甚多而所謂童行者不可數計今以度牒一本度一人爲僧而活百十人之命何憚而不爲然平時所以不輕出者政爲緩急之舉也淳熙九年敕勘會已降指揮令廣東福建帥臣曉諭願爲僧道之人每名備米三百石請換度牒一道續降旨揮給到空名度牒一百道付紹興府每道許人户以米三百石請換慮恐米數稍多

聖旨每道特與減五十石餘依已降指揮今乞依倣孝宗之法施行然須州郡相度申請可也

治盜

凶年饑歲民之不肯就死亡者必起而爲盜以延旦夕之命儻不禁戢則嘯聚倡獗其患有不可勝言者臣嘗觀乾道間饒郡大饑諸處嘯聚開廩劫奪者紛然時通守柴瑾封劍付諸縣曰敢爲渠魁者斬之群盜望風遁匿淳熙十五年德興饑荒民有剽掠道路者縣令曾棐廉得二人鎖項號令於地頭日給米一升俟來年麥熟日放

盜賊由是衰止紹興四年樂平饑村民攜
錢市米山路遇亡命縛而取之邑宰楊簡
曰此曹斷刺則復爲盜配去則復逃歸斷
一足筋傳都示衆一境肅然此雖一切之
政然深合周公荒政除盜賊之意

捕蝗

昔唐太宗吞蝗姚崇捕蝗或者譏其以人
勝天予竊以爲不然夫天災非一有可以
用力者有不可以用力者凡水與霜非人

力所能爲姑得任之至於旱傷則有車戽
之利蝗蝻則有捕瘞之法凡可以用力者
豈可坐視而不救耶爲守宰者當激勸斯
民使自爲方略以禦之可也吳遵路知蝗
不食豆苗且慮其遺種爲患故廣收豌豆
教民種植非惟蝗蟲不食次年三四月間
民大獲其利古人處事其周悉如此臣謹
按熙寧八年八月詔有蝗蝻處委縣令佐
躬親打撲如地里廣闊分差通判職官監

司提舉仍募人得蝻五升或蝗一斗給細
色穀一斗蝗種一升給麤色穀二升給價
錢者作中等實直仍委官燒瘞監司差官
覆按以聞即因穿掘打撲損苗種者除其
稅仍計價官給地主錢數毋過一頃則宋
朝之法尤爲詳悉
竊惟宋朝捕蝗之法甚嚴然蝗蟲初生最
易捕打往往村落之民惑於祭拜不敢打
撲以故遺患未已是未知姚崇倪若水盧

懷愼之辯論也今錄于後或遇蝗蝻生發
去處宜急刊此作手榜散示煩士夫父老
轉相告諭亦開曉愚俗之一端也開元四
年山東大蝗民祭拜坐視食苗不敢捕宰
相姚崇奏云秉彼蟊賊付畀炎火此古除
蝗詩也乃出御史爲捕蝗使分道殺蝗汴
州刺史倪若水上言除天災者當以德昔
劉聰除蝗不克而害愈甚崇移書誚之曰
聰僞主德不勝妖今妖不勝德古者良守

蝗避其境今坐視食苗因以無年刺史其謂何若水懼乃縱捕得蝗十四萬石時議者喧譁帝疑復問崇曰庸儒泥文不知變且討蝗縱不能盡不愈於養以遺患乎帝然之盧懷慎曰凡天災安可以人力制也且殺蟲多必戾和氣崇曰昔楚王吞蛭而厥疾瘳叔敖斷蛇而福乃降今蝗幸可驅若縱之穀且盡殺蟲救人禍歸於崇不以諉公也蝗害遂息

除蝗條令

淳熙勑

諸蟲蝗初生若飛落地主隣人隱蔽不言耆保不即時申舉撲除者各杖一百許人告報當職官承報不受理及受理而不即親臨撲除或撲除未盡而妄申盡靜者各加二等

諸官司荒田牧地經飛蝗住落處令佐應差募人取掘蟲子而取不盡因致次年生發者杖一百

諸蝗蟲生發飛落及遺子而撲掘不盡致再生發者地主耆保各杖一百

諸給散捕取蟲蝗穀而減剋者論如吏人鄉書手攬納稅受乞財物法

諸係公人因撲掘蟲蝗乞取人戶財物者論如重祿公人因職受乞法

諸令佐遇有蟲蝗生發雖已差出而不離本界者若緣蟲蝗論罪並依在任法

捕蝗法

一蝗在麥田禾稼深草中者每日侵晨盡聚草稍食露體重不能飛躍宜用筲箕栲栳之類左右抄掠傾入布袋或蒸或焙或澆以沸湯或掘坑焚火傾入其中若只瘗埋隔宿多能穴地而出不可不知

一蝗最難死初生如蟻之時用竹作搭非惟擊之不死且易損壞莫若只用舊皮鞋底或草鞋舊鞋之類蹲地摑搭應手而斃且

俠小不損傷田稼一張牛皮可裁數十挍
散與甲頭復收之虜中聞亦用此法
一蝗有在光地者宜掘坑於前長闊爲佳兩
旁用板及門扇接連八字鋪擺却集衆用
木枝發喊捍逐入坑又於對坑用掃箒十
數把俟有跳躍而上者復掃下覆以乾草
發火焚之然其下終是不死須以土壓之
過一宿乃可　一法先燃火於坑然後捍入

一捕蝗不必差官下鄉非惟文具且一行人
從未免蠶食里正其里正又只取之民戶
未見除蝗之利百姓先被捕蝗之擾不可
不戒
一附郭鄉村即印捕蝗法作手榜告示每米
一升換蝗一㪷不問婦人小兒攜到即時
交支如此則囘環數十里內者可盡矣
五家爲甲姑且警衆使知不可不捕其要
法只在不惜常平義倉錢米博換蝗蟲雖
不驅之使捕而四遠自輻湊矣然須是措

考錢米必支儻或減尅邀勒則捕者沮矣
國家貯積本爲斯民今蝗害稼民有饑殍
之憂譬之賑濟因以博蝗豈不勝於化爲
埃塵耗於鼠雀乎
一燒蝗法掘一坑深闊約五尺長倍之下用
乾柴茆草發火正炎將袋中蝗蟲傾下坑
中一經火氣無能跳躍此詩所謂秉畀炎
火是也古人亦知瘞埋可復出故以火治
之事不師古鮮克有濟誠哉是言

右件雖不仁之術儻不屏除則遺種昌熾誠何
以堪姚崇所謂殺蟲救人禍歸於崇不以諉公
真賢相識見也

和糴

嘗論和糴之弊在於籍數定價不能視歲
上中下熟須一依民間實直寧每升高於
時價一二文以誘其來或難臣以此說不
可行蓋今民間無錢若官司和糴增長米
價則小民目下之患大爲不便臣曰不然

和糴本穀賤傷農增價以稱提之耳若此處不熟米價騰踊又何於此而糴哉古人和糴皆行於豐熟去處其間止緣官司識見淺陋以得小利爲已功糴買之官低價滿量以備交納之折交量之所飛斛弄斗以爲乞索之端上下誅求遂致失時艱於及數將來計無所出必有配抑之患今誠能及時收之多寡相時水脚之費交量之弊抑價之說一切盡革又何患焉然臣之所深慮者在於官司知糴而不知糶夫積而不散非惟化爲塵埃虧折常平糴本而民間之米由是愈少矣此爲政者所當致思然饑荒之年非獨收糴粳米而已凡粟豆蕎麥之頭畜可以救民命者亦何所擇

存恤流民

夫流民如水之流治其源則易爲力遏其末則難爲功若本處地分賦斂稍寬自然安土重遷誰肯移徙凡所以離鄉井去親戚棄墳墓皆非其所得已也臣嘗見浙人流移過淮甸者始焉扶老携幼接踵于道及其既久行囊告竭棄其老幼或慟哭于道或轉死於溝壑者多矣然本處不可存活而抑之使不得動於理固逆至於一動之後中途官司禁遏抑勒使之復回此又非所宜也臣謂令未流者因宜賑救已流者莫若令所過州縣多方存恤推行富弼之法以濟之

勸種二麥

春秋於他不書惟無麥卽書仲舒建議令民廣種宿麥無令後時蓋二麥於新陳未接之時最爲得力不可不廣也按四時纂要及諸家種藝之書八月三卯日種麥十倍全收今民非不知種但貧而無力故後時耳古人春省耕而補不足秋省斂而助不給今爲政者於饑荒之年能捐帑廪推行捕助之法此非徒救荒亦因寓務農重

本之意

通融有無

通融有無㝡救荒活法然而其法有公有私何謂公曰支撥官廩借兊內庫如假軍儲以救民饑者是也何謂私曰勸人發廩勸人糶販勸誘商賈齎錢販米歸鄉共濟鄉人者是也臣謹按淳熙九年常州無錫饑臣寮奏乞令提舉司逐急於平江府通融支常平斗斛或借撥別色米前去接續

賑恤得旨於平江府朝廷樁管米內支二千石接續賑濟又乾道元年浙西被水臣寮言太平州蕪湖見樁管常平米一十六萬石未有支使聖旨令臨安府於內取撥五萬石平江府常州三萬石湖秀各二萬石鎮江府一萬石御逐州日下差官押發人船前去般取專充賑糶不得他用其糶到錢逐項樁管秋成收糴撥還此則孝宗誠知通融之術今日宜當舉行之

借貸內庫

天子不當有私財私財充羡則侈心生李迪在翰林仍歲旱蝗國用不足一日歸沐忽傳詔對內東門上出三司所上歲出入財用數目問何以濟迪曰祖宗初置內藏庫復西北故土及以支凶荒今邊無他費陛下用此佐國用財賦寬則民不勞矣上曰今當出金帛數百萬借三司迪曰天子於財無內外願下詔賜三司以顯示德澤

何必曰借上悅從之然則今之州郡間有仍歲凶歉去處而匱乏無策者可不斟酌多寡撥賜以爲糶本耶

守臣到任預講救荒之政

夫救荒無定法風土不一山川異宜惟在預先講究而已今欲諸州守臣到任不以遠近限一月已後詢究本州管下諸縣鎮可以爲救荒之備及其他措置之策講求實惠斷然可行者不拘件數條具奏聞與

斟酌可否行下責令本州守臣自守其説
如任内設遇旱澇即檢舉施行不得自有
違戾外委監司内委臺諫常切覺察臣謂
救荒有賑糶有賑濟有賑貸三者名各
不同而其用亦各有體誠能識認其體則
實惠及民矣今條陳于后

賑糶

此係用常平米其法在於平準市價然消
閉糶之風如市價三十文一升常平只算

糶時本錢或十五六至二十文一升出糶
然出糶之時亦須遍及鄉縣村落之民不
可止及城郭游手而已若所蓄之米度不
足支用當以常平錢委官四出於有米去
處循環糴糶務在救民不得計較所費規
圖小利以為已能然施行之際須令上下
官吏咸識此意乃可

賑濟

此係用義倉米其法當及老幼殘疾孤貧

不能自存之人使無告者免於夭亡然亦
不可止及城郭或米不足則近東州縣有
義倉錢當用此錢廣糴豆麥菽粟之類同
共賑給或散錢與之但抄劄之際須當革
弊臣親見徽州婺源村落賑里正先巡門抄劄每家覓錢無錢者不與抄名建至官司散米皆陳腐沙土不可食之物得不償失極為可咲然全在施
行委選得人村落之間又各委本土公正
有望為鄉閭所信服者不可信憑公人所舉須參寄居及士人賢者之論庶人學稍服仍先延見委諭之因察其神

物不許子弟代名出官時以盃酒虛禮激勸使樂為
効命又須有術察其任私不職者略責一
二以警其餘然此等設施非可一槩論又
在臨機應變也

賑貸

此係截留上供米或借省倉米或為朝廷
乞封樁米或於諸色倉敖權時那用一面
申奏朝廷借内庫乞度牒糴米補還其法
專及中等之戸與夫農民耕夫之無力者

既不取息其勢必償此貧得以陳易新之術家不許過二石但支給之際戒有虛偽催索之時戒有搔擾交納之時戒有乞覓仍不得用小斗量出大斗交入須令收支斛斗一同又不得取民間頭子朱墨勘合抄紙等錢其間實係死亡或有不能償者姑已之譬之賑濟一散無收亦豈在責其必償哉此乃官司一時救荒之舉縱有陪費失陷居上者亦當以社稷根本爲念是

乃利國家之大者也其截留上供斛借會子並見上卷乾道七年施行

不俟勸分村落有米法

發米下鄉船運水脚減竊拌和弊倖非一故令稅戶等第認米謂之勸分非惟抑配擾民然適啟閉糴令官若責隅官交領常平錢逐都給與所保上戶每都數千緡隨都分大小增損令於豐豆熟處循環收糴米豆歸鄉置場隨時價出糶麥熟日以本錢還官饑荒既慮賑至小熟官不

抑價只認都內有米其領錢不興販及與販而不歸本鄉糶者皆有罰利之所在人自樂爲富室亦恐後時爭先發廩矣何必勸分擾擾也

雜記條畫

一尋常官司賑濟初無奇策只下保抄劄丁口姓名云已勸分到若干數目用好紙裝寫數本申諸司此是故紙救荒徒擾百姓實無所益今宜革之供報上司只用幅紙申述施行之者可也

一抄劄最當留意急則鹵莽多遺落緩則玩弛不及事其間有多徇私意者須明賞罰以勵之斷在必行不當姑息仍多出手榜嚴行禁約更用蘇次參實粘姓名口數于門首之法

一檢點抄劄須逐縣得人以行之然其法繁瑣奸弊最多若夫要法有三城市則減價出糶常平米村落則一頓支散義倉錢具於其下不係賑濟之人則有逐都上戶領錢

與販循環糴糶之法簡要便民無踰於此
一近臣寮劄子官司平日預先抄劄五家爲甲有死亡遷徙當月里正申縣改正此意亦善今用四等之法每知縣到任責令用心抄劄存留當縣以備緩急庶免臨期里正責弄之弊一遇荒歉按籍便可賑救矣
一嘗見州縣救荒不先措置臨時倉卒輒差里正抄劄大段鹵莽迨抄劄既畢未見施行村民扶攜入郡請米官司未即支散畏

糧既竭餓死紛然是以賑濟之名誤其來而殺之也亦有詐作流民經過請乞官吏多厭煩之然此皆饑窮實非得已官司積藏本爲斯民正當矜憐豈可坐視今凡賑恤須預印手榜曉諭以見行措置發錢米下鄉未可輕動恐名籍紊亂反無所得庶革饑貧雲集之弊
一昨江東運判俞亨宗賑濟踏殺婦人一百六十二人乞特罪是未知分場分隊逐隊

用旗引之法徐寧孫蘇次參皆有成式似可通變而行大抵百人已上便慮冗雜此皆平日無紀律者況饑羸之軀易蹂踐乎
一徽州婺源東門縣學前姓胡人平日不以賑恤爲念出納斗秤大小不同開禧丙寅五月坐閣上閱簿書忽震雷擊死簿書焚毀斗秤剖折其妻爲神物擒下肢體無傷閭巷之人皆知之

救荒報應

韓韶爲嬴長賊聞其賢相戒不入嬴境餘縣多被寇盜廢耕桑其流入縣界求索衣糧者甚衆韶憫其饑困乃開倉賑之所廩贍萬餘戶主者爭謂不可韶曰長活溝壑之人而以此伏罪含笑入地矣太守素知韶名德竟無所坐以病卒于官同郡李膺陳寔杜密荀淑等爲立碑頌焉子融官至太僕年七十卒（本朝爲善陰隲書內採補）
李道知虢州歲蝗災民歉道不候報出官廩米

振之又設粥以救饑者給州麥四千斛爲種於民民賴以濟所全活者萬餘人其居官時多茹蔬或止一食黙坐終日嘗夢神人謂曰汝位止正郎壽五十七而享年六十四論者以爲積善所延也子循之爲大理評事本朝爲善陰騭書內採補

王僕射初爲譙幕因按逃田時歲饑而流亡者數千家乃力謀安集上疏論列乞貸以種粒牛糧朝廷皆從之一夕次蒙城驛夢空

中有紫綬象笏者以一綠衣童子遺之曰上帝嘉汝有愛民深心故以此爲宰相子後果生一男王亦拜相本朝爲善陰騭書內採補

慶曆八年大水歲饑流民滿道韓琦大發倉廩并募人入粟分命官吏設粥食之日往按視遠近歸之不可勝數明年皆給路糧遣各還業所活甚多明詔嘉奬琦薨後數年侍禁孫勉以殺黿爲泰山所追至一公府見廳上金紫而坐者乃韓琦勉以老幼無託告之琦已惻然密諭勉云今到彼若不下即報乞檢房簿勉出又至一公府守衛者愈嚴惡見廳上有三金紫者坐視無頭黿亦在側勉大怖屢告不允遂報乞檢房簿金紫者怒曰汝安知有房簿耶誰泄此事命加凌虐勉不禁其苦遂以實告三金紫者皆首肯嗟嘆曰韓侍中在陽間常存心救濟天下往年水災所活七百萬人今存此尚欲活人吾儕所不及也即命檢房

簿少傾數鬼舁一大木匣至三更由廳而下檢將上呈西向坐者讀畢諭黿云孫勉已伏償命然尚餘一十五年壽至期當令受罪黿慼勉亦得還

昨一州府歲饑大疫郡將憐之勸諭士民出粟拯濟委官專領其事此官煩於應對且不欲饑民在市悉載過江置諸塡中但日以一粥飯食之而已然日出雨至皆無所避無何水暴至饑民盡被漂溺不數日此官亦病疫死回視

韓琦相去遠甚一入眞路事知如何

張詠知鄂州崇陽縣民以茶爲業詠曰茶利厚官將搉之不若早自異也命拔茶植桑民以爲苦其後搉茶他縣皆失業而崇陽之桑皆已成爲絹而北者歲百萬匹民以殷富淳化中東西兩川旱民饑吏失救卹寇李順陷成都詔王繼恩充招安使率兵討之命詠知成都府事時關中率負糧以餉川師道路不絕詠至府問城中所屯兵尚

三萬人而無半月之食詠訪知鹽價素高而廩有餘積乃下其估聽民得以米易鹽民爭趨之未踰月得米數十萬斛軍中喜曰此翁眞善幹國事者遷知益州詠以其地素狹游手者衆事寧之後生齒日繁稍遇水旱則民必艱食時斗米直錢三十六乃按諸邑田稅如其價歲折米六萬斗至春籍城中佃民計口給券俾輸元估糴之詠奏爲永制其後七十餘年雖時有災饉米甚貴而益民無餓色者詠後歷官至太子中允遷秘書丞荆湖北路轉運使擢密直學士同知銀臺通進封駁司兼掌三班院加左諫議大夫拜給事中戶部使改御史中丞遷工部戶部侍郎年七十卒贈左僕射謚忠定弟詵爲虞部員外郎本朝爲善陰騭書內抄補

張詠鎭蜀時夢謁紫府眞君接語未久吏忽報請到西門黃兼濟黃幅巾道服眞君降階迎接甚謹且揖詠坐黃之下詢顧詳款似有欽嘆之意詠翊日命吏請黃戒令常服

來此至一如夢中所見遂以夢告因問黃有何陰德蒙眞君禮遇如此黃曰無他長惟每歲禾麥熟時以三萬緡收糴民或艱食即以元糴斗斛不增價糶之在兼濟初無損於小民頗有補詠曰此君所以居詠上也命二吏掖扶黃令坐索公裳拜之三四世之富民逸居飽暖無所用心不爲嗜慾所感則必爲慳慢貪嫉強横奸詐所惱

矣黄能如此宜其為真君所重

陳堯佐知壽州遭歲大饑自出米為糜以食餓者吏民以故皆爭出米其活數萬人堯佐曰吾豈以是為私惠邪蓋以令率人不若身先而使其從之樂也後為兩浙轉運副使錢塘江篝石為堤堤再歲輒壞堯佐令下薪實土堤乃堅久徙滑州滑木龍以殺水怒又築長堤移并州每汾水暴漲州民輒憂擾為其築堤植柳萬本作柳溪民賴

其利遷右諫議大夫為翰林學士拜樞密副使加拜同中書門下平章事以太子太師致仕年八十二卒贈司空兼侍中謚文惠本朝為善陰隲書內採補

李允則知潭州兼管勾湖南路巡檢兵甲公事初馬氏暴斂州人出絹謂之地稅絹又屋每間輸絹丈三尺謂之屋稅絹又牛歲輸米四斛牛死猶輸謂之枯骨稅允則一切除之又民輸茶初以九斤為大斤後益至三十五斤允則請以十三斤半為定制會湖南歲饑欲發官廩先振之而後奏轉運使以為不可允則曰須報踰月則饑者無及矣不聽明年又饑復欲先振之轉運使又執不可允則乃願以家貲為質由是全活者數萬人天禧二年以客省使知鎮潞二州領康州防禦使本朝為善陰隲書內採補

王曾為路陽留守屬歲歉里有囷積者饑民聚黨脅取之郡以強盜論報死者甚衆曾悉

奏啓釋之全活數十萬計遠近聞以為法

皇祐元年河北京東大水民流就食青州富弼勸所部出粟益以官廩得公私廬舍千餘萬區散處其人以便薪水官吏自前資待缺寄居者皆賦以祿使即民所聚選老弱病瘠者廩之仍書其勞約他日為奏請受賞率五日輒遣人持酒肉飯糗慰藉出於至誠人人為盡力山林川澤之利可資以生者聽民擅取及麥大熟民各以遠近受

糧而歸凡活五百餘萬人募爲兵者萬計
前此救災者皆聚民城郭中爲粥食之蒸
爲疾疫及相蹈籍或待哺數日不得粥而
仆名爲救之而實殺之自弼立此法簡便
周盡天下傳以爲式
漢州長者李發遇歲不登輒出爲食以食饑者自
春徂冬日以千數乾道戊子民饑甚官爲
發廩勸分而就食李家者日至三四萬人
明年流庸未復而荒政已罷民愈困斃數

百里間扶老攜幼挈釜束薪而以李爲歸
者其衆又倍於前蓋李之爲此自紹興之
丙辰至此三十餘年歲以爲常所出捐不
知其若干斛所全活不知其幾何人矣及
是而惠益廣續愈茂故州郡及諸使者始
上其事孝宗皇帝嘉之授初品官其後孫
寅仲登第唱名第三至禮部侍郎出爲潼
川路安撫使敷文閣直學士
張八公處州龍泉人也家富好施鄉人德之號
張八佛產分二子每歲禾穀平銅錢六十
文一把其歲歉鄉價八十其子亦增之八
公坐於門看糶者出問之價曰略增些少
公以錢還之自後其子價不敢增至曾玄
孫皆登第蕭溪馮公爲人本分亦好施人
以呆稱之其子夢蘭登進士科鄉人謠曰
張八佛子孫享其佛馮大呆子孫享其呆
陳天福茶陵人歲凶發廩平糶貧不能糶則與
米無米則與飯又無飯與錢鄉里甚德之

一日有一道人以銅錢一百二十爲糶米
一斗天福云道人要齋糧當納上一斗何
必用錢道人受米出門遂題四句於壁間
云遠近皆稱陳長者典錢糶米來施捨他
時桂子與蘭孫平步玉堂與金馬陳後當
又起振濟倉平糶濟人生三子長季忍次
季雲三季芳父子皆請鄉漕季芳名蘭孫
補入國學後登第官登太常丞
宋子貞爲東平行臺幕府詳議官時汴梁初下

饑民北徙餓殍盈道子貞多方賑救全活
者萬餘人金士之流寓者悉引見周給且
薦用之後官至中書平章政事壽年八十
一子澂官至集賢學士

祝染南劍州沙縣人也遇歉歲為粥以施貧者
後生一子聰慧請舉入學手榜將開忽街
上人夢捷者奔馳而過報狀元榜手持一
大旗書四字曰施粥之報及榜開其子果
為特科狀元

淳熙初王浚明既為司農少卿嘗以平旦出訪
林景度給事值其在省林之妻浚明姪女
也垂淚而訴曰林氏滅矣驚問之曰天將
曉夢朱衣人持天符來言上帝有勑林機
論事害民特令滅門悸而寤猶彷彿在目
也浚明固不知何事姑慰安之曰果如是
自是林家將獲譴吾族何預焉無為深慼
戚以自苦因留食候林歸從容扣近日所
論奏林曰蜀帥以部內旱歉奏乞撥米十

萬石振贍即有旨如其請機以為米數太
多蜀道不易致當審實斟酌而後與故封
還勑黃上諭宰相云西州往復萬里更復
待報恐於事無及姑與其半可也只此一
事耳浚明蹙然而去未幾林以病丐歸至
福州捐館有三子繼踵而亡王氏求諸林
近親以為嗣亦輒不久其後竟絶

饒州富民段二十八紹興丁卯歲大饑流民滿
道段積穀數倉閉不肯糶一日方與家人

評論物斛低昂間忽天雨晦冥火光滿屋
段遂為震雷所擊家人發倉求救其所貯
穀亦為天火所燒盡矣蓋饑者歲之不幸
雖宣數如此而上帝豈不念之安有不能
賑濟而又利其價之踊貴邪宜其自取誅
戮也

元

立義倉

至元二十三年六月中書省奏立大司農司條畫內一款每社立義倉社長主之如遇豐年收成去處各家驗口數每口留粟一斗若無粟抵斗存留雜色物斛以備歉歲就給各人自行食用官司並不拘檢借貸支動經過軍馬不得強行取要社長明立文曆如欲聚集收頓或各家頓放聽從民便社長與社戶從長商議如法收貯須要不致損壞如遇天災不收去處或本社內有不收之家不在存留之限

張氏曰古有義倉又有社倉義倉立於州縣社倉立於鄉都皆民間積儲以待凶荒者也國朝酌古準今立義倉於鄉都一舉兼盡社倉之設惠至渥也今附近稅戶各以差等出穀爲本每年收息穀一斗候本息捐停以穀本給還元乇以利爲本立掌倉循環規運豐年貯積凶年出貸有司討令點檢而不許干預侵借其立法最爲詳備惠民之意亦甚切至未及十年倉庾充斥息過於本倍然百姓困於義倉民間但見其害而不見其利凶年饑歲而民不免於流離死亡其故何也良由有司任法而不任人法出而姦生令行而弊起以愁心行仁政政無非暴雖曰惠民實所以厲民也略而舉之其弊有四一曰掌倉之弊今之掌倉者非革閑之吏貼祇候則鄉里無籍之潑皮請託行求公納賄賂投充是役上以苟避差役下以侵削小民既已過費重貲寧不貪圖厚利官司容其姦僞百姓不敢誰何二曰點檢之弊其有孝滿守缺司吏官員門下親知或結托求差或倚勢分付帶領僕從名爲計點義倉糧盤繞鄉村呼集社里需求酒食索取齎發饜其欲則抄寫應數怫其意則苛細百端遂科歛

社民糶賣義穀以爲祇待起發前者既去後者復來所積之糧十去其七三曰出貸之弊掌倉素非仁德忠厚之士所儲之穀平時先已侵用至於出貸之際預行摻和糠粃秕穀砂土及至支遣小斗慳量比及到家簸揚所貸不得一半豐年有米則勒令民戶承貸凶荒之歲則推稱已貸盡絕惟務肥己不恤濟人虛裝人戶其報官司或立詭名立交割下次民之受害貧何可言

四曰回收之弊百姓貸穀未及半年爲之掌倉者既交割前界貸數乃集不逞之徒三五爲群遍繞鄉村催索逋貸叫囂隳突需索酒食何所不爲及至人戶擔努到倉一斗必收二斗幹人脚穀上數科陪滿斗豪量不奪不饜稍涉分析則云以後官司計點虧折誰陪若或不從必是解官懲治民之困於義倉有甚於凶荒之歲者醫瘡剜肉誰不惻然有此四弊而欲惠濟於民

未之有也及有虛申案驗僞指倉囷觀其數則億萬有餘考其實則百十不足官司視爲文具姦吏因緣爲私故自立義倉以來展轉繁文州縣徒有幾千萬石之名饑荒之歲民不沾惠是蓋有司不以荒政爲心但爲黷貨之具委任失當以暴心行之本既不澄弊端滋蔓嘗觀朱文公以常平米六百石營運作社倉於建寧崇安之開耀鄉行之十有四年而一鄉四十五里之

間雖遇凶年人不缺食此其明效大驗安有可行於昔而不可行於今也由是而言則擇人委任爲第一要事若委任得人亦不須差人計點出納之公自然無弊然君子作事謀始任人之方尤所當慎若一槩委用於產稅豪富之家蓋富而好義者少爲富不仁者多中間未免結搆所司侵漁刻剝其害有甚於吏胥無藉之輩今後莫若選擇鄉里有德望誠信謹願好義之人

或間良故官素行忠厚廉介之士不拘産
税抵業但爲衆所悅而敬服者許令鄉民
推舉不必拘以鄉都所司察其行實以禮
敦請使之掌管置簿供報依時出納不限
年月交替至如出貸之時人水和穀小斗
㯻支回收之際大斗滿量及需索縻費圖
利倍取入戶者但有陳告得實依不枉法
例追斷移易虛椿坐以侵盗之罪徵取還
倉如此則掌倉者知所儆懼保守廉恥而

不妄爲貧者必沾其實惠矣雖然言之非
艱行之惟艱必也州縣杜其夤緣求充之
源於其前禁其不時計點之擊於其次至
於出貸回收之際絶其供報文案之需彼
既無所費於官司則下自可安而行之源
清流潔上下皆可以誠心爲民有其誠斯
有其實庶幾義倉儲積不爲虛設凶年饑
歲得以濟民上不負朝廷立法惠民之美
意倘若上無公論下有叛心前弊不除紀

任以法雖有善者亦無如之何也已仁人
君子果能確而行之國家幸甚斯民幸甚

水旱蟲蝗災傷

中統建元詔略曰百姓困於弊政久矣今旱暵
爲災相繼告病朕甚憫焉一切差發悉欲
蠲免休息吾民然而國家經費浩大實有
不得已者據今歲合著絲料包銀委宣撫
司驗被災去處從實減免不被災地面亦
令量減分數

張氏曰聖主之淵謀遠慮蓋有大過人者
當是時國事倥偬兵革方興而能因旱暵
憫念黎元哀矜惻怛之心溢於言意之表
被災去處從實減免不被災地面亦令量
減分數此天無私覆地無私載堯舜一視
同仁之意也郡縣之官一遇水旱各私其
民欽此寧不有愧
補遺曰凡一代之君必有一代之製作況
其大過人者世祖以天縱之資奮累世之

威弘廓家邦作興人物收天下心垂悠久
業宜其拳拳於民也九十三年之祚天促
之乎抑後君弗緝厥熙自促之乎有民社
者可不鑒此以興保字之心哉
大德三年正月詔曰朕自臨御以來日圖善治
思濟天下之民比年水旱疾疫百姓多被
其殃已嘗蠲復賑貸尚慮恩澤未周其大
德三年腹裏諸路合納包銀俸鈔並行除
免江南等處夏稅以十分爲率量免三分

張氏曰孟子曰有粟米之征布縷之征力
役之征唐謂之租庸調復者力役之征也
成宗以水旱之故蠲復賑貸併其包銀夏
稅除免之是布縷力役幷除之矣眞得孟
子所謂用其一緩其二之意嗚呼仁哉
大德四年十一月詔曰被災去處有貧乏缺食
者所在官司量與賑給
大德五年八月詔曰聞夏秋以來霖雨風水爲
災南北數路民罹其害奏言及此朕甚憫

焉其議遣官分道賑恤各路風水災重去
處今歲差發稅糧並行除免貧乏缺食人
民之家計口賑濟乏絕尤甚者另加優給
其餘災傷亦仰委官省視存恤
大德六年三月詔曰比歲旱溢爲災民不聊生
者衆將朝廷德政未孚庶官弗稱職任恩
澤不能普及在前年分民間應欠差稅盡
行免徵
張氏曰災傷之害霖雨風水爲尤甚滲下

之田既已浸漫不復可望而所住江臯河
瀕蕩析離居風雨淋漓窮櫩敗屋荊茭篷
牖或不足以自蔽生生之計何所營求坐
待窮餓其爲困苦何可勝言也明君深居
九重灼見閭閻之疾苦責己恤下免徵賑
濟其憂民之憂軼唐駕漢此其所以爲太
平仁聖之主也爲斯民之師帥者果能承
宣德意不孚
大德七年三月詔曰比歲不登賑恤饑乏之蠲免

差稅及貸積年逋欠錢糧屢降詔旨戒飭中外官吏近聞百姓困乏者尚衆今遣官分道前去宣布朕澤撫安百姓賑濟饑貧内郡大德六年被災缺食曾經賑濟人户其大德七年差發稅糧盡行蠲免饑民流移他所多方存恤從便居住如貧乏不能自給者量與賑給口糧毋致失所被災去處有好義之家能出已財周給貧乏者具實以聞量加旌用

張氏曰被災之民去歲免租賑恤矣而百姓困乏者甚衆豈郡縣之官未能宣布德澤歟抑生民之憔悴未易蘇息也至於上煩聖慮眷降綸音遣使巡問多方存恤至於出財用給貧乏之者亦加旌用豈惟貧民受惠而富者亦沾德澤嗟夫元后民之父母父母之於子無所不愛故無所不養是以庶民子來爲太平萬世也

大德八年正月詔曰彌災之道莫若脩德爲政之善貴在養民比者地道失寧歲饑民困救荒拯艱良切朕懷平陽太原兩路災重去處係官投下一切差撥稅糧自大德八年爲始與免三年隆興延安兩路與免二年上都大同懷孟衛輝彰德眞定河南安西等路被災人户亦免二年大都保定河間路分連年水災田禾不收人民缺食生受别行賑濟外保定河間兩路大德八年係官投下一切差撥稅糧並行蠲免江南佃户承種諸人田土私租太重以致小民窮困自大德八年以十分爲率普減二分永爲定例比及收成佃户不給各主接濟毋致失所借過貸糧豐年逐旋歸還田土無以巧計多取租數違者治罪

張氏曰人有常言履非常之變者不可以常道安故大有爲之君方可建大有爲之事地道失寧其變可謂非常矣而責躬脩德實惠養民賑恤免租保固根本惟恐一

夫不被其澤又以江南私租太重以致小
民窮困以十分爲率普減二分永爲定例
田主無以巧計多取於嗟夫九重深邃而能
知百姓疾苦如目親覩見非聖明而能若是
乎
大德九年六月詔曰諸處饑荒百姓有貧乏不能自
存者中書省其議賑濟毋致失所
至大改元詔曰近年以來水旱相仍缺食者衆
諸禁捕野物地面除上都大同隆興三路

外大都周圍各禁五百里其餘禁斷處所
及應有山場河泊蘆葦場詔書到日並行開
禁一年聽從民便採捕諸投下及僧道權
勢之家占據抽分去處亦仰革罷漢兒人
等不得因而執把弓箭聚衆圍獵管民官
用心鈐束廉訪司常加體察
張氏曰小民以食爲命者也一遇災傷束
手無措坐待其斃而已聖主知民之疾苦
也開禁山林河泊聽其採取則斯民亦可
以聊生矣又禁僧道權勢占據清穢在上
而能深察下情豈有牧民親管而憒然不
知賑救之術留意民隱者其深體之
補遺曰嘗閱元史愛其朴而惡其偏主令
非其類不任佐貳雖賢其如不聽何荒歉
之歲既弛禁矣猶曰漢兒人等不得因而
把執弓箭聚衆圍獵防微杜漸之常經今
不通禁而獨曰漢兒人等何示人君之重
不宏於下耶且楚人亡弓楚人得之夫子

猶哂其不廣況君天下者有彼此之分乎
衣食苟足誰能誘其叛渙如其不然禁之
何益我
朝得胡人之有功者爲侯爲伯有爲王者何嘗
有彼此之分哉故曰有教無類
至大二年五月詔曰累降詔旨圖治雖勤政績
未著蓋司民者撫字乖方居風憲者彈劾
失當不能副朕愛恤元元之意今命右丞
相答剌罕左丞相阿忽台中書省官從新

整治期於政化流行黎民安業共享和平
之治
補遺曰天下之治亂係於人主一念之微
不在作威作福示刑示禮也毫釐既差雖
減膳徹樂無救於事況欲委之左右以澄
其源乎故曰太阿之柄不可假人又曰在
朝廷則治在臺閣則亂有民社者不可不
知易曰夕惕若厲無咎意謂苟能夕惕若
雖厲無咎也禮云不愧屋漏亦此意也能

拳拳不輟者予於我
朝祖訓條章見之
至大二年十一月詔曰爰念即位以來恒以賑
災恤民為務而恩澤猶未溥博流離猶未
安集豈有司奉行弗至歟今特命中書省
遴選內外官僚專以撫治為事簡汰冗員
撙節浮費一新政理期稱朕意被災曾經
賑濟百姓至大三年腹裏江淮夏稅並行
蠲免至大二年正月以來民間逋欠差稅

課程照勘並行蠲免
張氏曰國朝水旱災傷動即減租與免差
稅以厚下至於拳拳民間之疾苦期於政
化流行而又切責有司以及風憲恤民之
意渥矣萬世之基業安得不隆盛乎
至大三年九月詔曰各處人民饑荒轉徙疾疫
死亡雖令有司賑恤而實惠未遍今歲收
成轉徙復業者有司用心存恤元拋事產
依數給還在官一切逋欠並行蠲免仍除

差稅三年田野死亡遺骸暴露官為收拾
於係官地內埋瘞
張氏曰孟子曰三代之得天下也以仁又
曰仁者無敵故仁以愛民為本民猶子也
父母之於子無所不用其愛焉昔文王伐
崇道見遺骸衣而埋之人曰文王之德仁
及枯朽從之者如歸市嗟夫以文王之心
為心必有文王之盛治
至大三年十月詔曰大都上都中都比之他郡

供給繁擾與免至大三年秋稅其餘去處今歲被災人戶曾經體覆依上蠲免已徵在主典手者准下年數

補遺曰出納之各有司之責爲朝廷久安之計者不可一日用此當以文王之心爲心始不悖理元武宗下詔已徵在官者准下年數意謂旣入官庾若使倸還必不能如所入明則明矣柰何嗷嗷然徯畝盼熟況及次年者乎有能辟穀道引以支一歲不食者方可語此爲上之人非不愛民但所行未合先王之道耳故曰爲君難

延祐改元詔曰被災去處皇慶二年曾經賑濟人戶延祐元年差發稅糧盡行蠲免流民所至去處有司常加存恤毋致失所願務農者驗各家人力官爲給田耕種不能自存者接濟口糧如有復業並免三年差役元拋事產盡皆給付

張氏曰本朝以仁立國遇有水旱災傷皆以散利薄征爲首此仁之至義之盡也

泰定三年八月中書省咨御史臺呈監御史建言國以民爲本民以食爲天衣食足則廉恥立廉恥立則奸心革奸心革則刑罰省刑罰省則治道清矣是知國之與民事同一體民安則固民困則危理固然也比者燕南山東等處連年水旱黎民缺食加之今歲夏秋水潦非常禾稼傷損民庶嗷嗷糊口不給秋耕失所歲計何望千里蕭然無復麥種饑餓之民瘠瘦未復荐罹荒歉初則典質田宅鬻賣子女今則無可質賣者初則擷取草根採剝樹皮今則無可採取矣是饑民望絶計窮之時也比至春首其爲餓莩流徙可必其然豈惟有傷根本抑恐別生事端其可不深慮乎今朝廷雖已遣使接濟深慮青黃不接之時民之所仰爲何如哉且古養民者保赤子所以救荒恤災如拯水火豈可緩也故或移民就

粟移粟就民蓋以國家不足取之於民民
不足則資之於國又閒罹非常之危者不
可以常道安如今之荒歉可謂非常矣欲
以尋常處之均爲縻耗錢糧惠澤未渥爲
今之計惟廣賑救之術以拯斯民不可視
之泛常也夫預計而先圖則力省而功多
臨時倉卒則心勞而寡效照得江浙等處
稅糧例充海運供給京師江西湖廣荊湖
等處以其地里窵遠往往變易輕齎管見
謂宜將此糧斛移洛行省廣募船隻選使
裝發督以嚴限順江而下并兩浙積餘糧
斛添雇船隻俱入海運至直沽則以小料
船隻儹運於沿河諸倉停頓急急爲之比
至三四月間必可辦集選差廉幹官員於
被災去處先行取勘候糧至日重者量數
接濟輕者減價賑賣仍貸種糧使就南畝
庶不失其本業計其耗費雖多其爲惠澤
甚溥誠使斯民給國家何患之財若姑息
因仍不急賑救直至饑莩塡委溝壑饑民
結爲盜賊然後峻法以繩傾資以救豈惟
緩不及事抑亦害陷非辜誠恐有失朝廷
固本保民之意戶部議得所言甚爲允當
果得實行於民誠便奈未見拘該產糧地
面舟楫是否通達似難議擬又言兩浙餘
糧亦不見彼中年銷可以支用數目又慮
漕運人船力所不及以參詳此宜從都省
移咨各省議擬可否回咨相應

常平

天曆二年十二月詔曰今天下歲一不登米價
騰湧民輒缺食仰所在官設置常平倉穀
賤則增價以糴穀貴則賤價以糶隨宜以
濟其民歲豐舉行毋爲文具
江南諸道行御史臺監察御史建言國以民爲
本民以食爲天漢賈誼言於帝曰世之饑
天之行也禹湯被之矣今不幸有方二三
千里之旱胡以相恤文帝大感誼言詔開

籍田親耕以率天下之民爲蓄積備預之道西漢之末太學生劉陶亦嘗獻議民可百年無貨不可一日有饑迨乎東晉元興之間三年大饑至于臨海永嘉富室皆衣羅紈懷金玉閉門相守而餓死以此言之金玉何用哉此古人所以蓄積糧儲以爲當代之急務而斯須不可去於是義

倉之所由起也常平之設始於漢宣帝五鳳四年耿壽昌建言創有此舉自後隋唐歲而行之事行之後以其公私富贍水旱無憂誠爲萬古愛民之良法自唐宋到今所以爲不易之政也且常平之舉我聖朝每形於詔旨蓋所司奉行有所未至而未效其事豈非國用浩繁糴糧之本末暇及歟且天災流行誠不可測卽今中外諸路每歲所收糧斛僅了銷用比至歲終倉如懸磬倘如古人所言忽有堯水湯旱之災百慮千思不悟彌饑之術卑職管見國家建立基臺憲糾按姦邪本以爲民其追到大小官吏贓罰雖是取與不應之贓原其所自皆朘剝民之膏脂今無將三年追到贓罰各隨所屬撥爲常平倉本豐年米賤比照市直兩平收糴歉歲穀艱價依元鈔開倉出糶立法關防禁絕抑配詭名冒糴姤此庶幾官本不失民受大惠公私之際一舉兩成豈惟折富豪趍利遏糶之姦萌實安小民妻小流離之素患爲國之大政捨此無先如准所呈億兆萬幸

張氏曰常平者荒歉之預備無傷於農有益於民穀賤時增價而糴穀貴時減價而糶故遇水旱霜蝗之變民無菜色不至於流離餓殍之患此古活民之良法也夫豪家巨室以爲富不仁惟望凶年饑歲閉糶圖利誰肯以仁德濟人若常平一行可以遏塞富豪趍利之心而米價自然平矣既平則諸物價亦無復高矣又常平出糶之際

無抄劄戶口之煩饑民湊集之擾此其所
以爲良也聖朝屢頒明詔而當言路者亦
已嘗建言文集不明竊恐非不善黨爲有司
奏行不至視爲文具原其所自亦糴米之
所未立爾若以御史所言將三基追到贓
罰各隨所屬撥爲常平糴本此亦返本還
元仁民之良策又僧道度牒古者平時不
輕出必俟緩急之際故宋淳熙歲荒給降
度牒傳換米石以濟饑民亦備荒救民之

活法矧今朝廷亦降度牒發下諸郡祖爲
僧道者每道納免丁錢至元折中統鈔五
錠莫若酌古準今申明朝廷將所降度牒
免丁錢改換願爲僧道者每度牒一道以
免丁錢約量出米若干永著爲令在城者
輸之於路倉屬縣者納之於縣廩方許給
剏始此備積以爲常平之本又復將三基
贓罰斟酌多寡均分路府州縣一依常平
古法視歲上中下熟收糴相參收貯無歲

不糴如遇凶荒發糶盡絕則又將所糶價
錢於有米去處收糴依彼中糴價登答水
脚盤費錢數循環糶糴以濟饑民二者兼
行則常平糴本立矣而施惠之策又當在
人何患乎米有限而不能遍及村落哉但
當端本澄源若本源不清則弊生滋蔓民
受其害謂如收糴之時若驗稅料糴增損
價直則有司官吏因緣爲市糴者亦不甘
心如能照依鄉原市價依法收糴或每升

增吝分文價錢劃便支付不致剋落以誘
其來則人心亦樂願糶矣又須於糶糴之
際華其監臨者附曆批號之需及豪量削
刻斛斗之病如有近上人云勢要公吏祇
候人等詭名冒糴頓買者事發到官量擬
科斷仍將所糴米糧倍徵還官價錢斷沒
如此則奸貪者有所儆畏細民均沾其惠
方可爲復古之良法苟或不然反爲民病
爲政君子果能深未常平之意實能行之

則可以固邦本結民心甚爲萬世之長策

國朝

詔赦

洪武元年八月

詔曰今歲水旱去處所在官司不拘時限從實踏勘實災租稅即與蠲免

洪武十九年

詔曰所在鰥寡孤獨取勘明白果有田糧有司未曾除去設若無可自養者官歲給米六石其孤兒有田不能自爲既免差役有親

戚者有司責令親戚收養無親戚者鄰里養之毋致失所其無田有司一體給米六石鄰里親戚收養其孤兒名數分豁有無恒產以狀來聞候出幼同民立戶

永樂十九年四月

詔曰有被水旱缺食貧民有司取勘賑濟

又

詔曰各處軍民人等有因陪納稅糧馬匹等項將子女并田地產業賣與人者官與給價

贖還其子女已成婚配不願收贖者聽從
其便
　永樂二十二年八月
詔曰被水旱缺食貧民有司即爲取勘賑濟
　洪熙元年正月
詔曰各處遇有水旱災傷所司即便從實奏報
以憑寬恤毋得欺隱坐視民患
　洪熙元年六月
詔曰有被水旱災傷去處缺食貧民有司即便

取勘賑濟毋得坐視民患
　宣德二年十一月
詔曰各處鹽糧稅糧除宣德二年以先未完者
依例徵納其宣德三年稅糧鹽糧以十分
爲率蠲免三分
　宣德六年三月
欽降撫民榜文內一款逃移人戶但招回復業
之後有司逐一委付親鄰里老收管或有
被人侵占莊宅田地即與追還若有初回

產業牛具種子或有未備務要遞相勸諭
週急資助使各成家計不致失所若親鄰
里老不行週給資助却又索債欺凌妄取
替辦糧差等項錢物百般擾害或有司官
專管撫民官不行用心撫綏仍復生事科
擾致使初回之人不得安生又復逃移者
撫民侍郎巡按御史按察司官訪行拏問
仍杖限委令招回復逃之人
　宣德八年四月

詔曰朕以菲德恭嗣
天位統御兆民夙夜惓惓圖惟安利今畿內及
河南山東山西並奏自春及夏雨澤不降
人民饑窘朕甚惻焉夫
上天降災厥有攸自其政事之有闕歟刑罰之
失中歟徵歛之頻繁歟撫字之不得人歟
永念其咎內咎于心思惟感通之道必廣
寬恤之仁庶
天鑒之旋災爲福所有合行事宜逐一條列於

茲昭示咸使聞知
一南北直隸府州縣并河南山東山西三布
政司凡災傷去處人戶自宣德七年十二
月以前拖欠夏秋稅糧戶口鹽糧及官軍
屯種子粒悉皆停徵其拖欠各色課程鹽
課并各衙門見坐派買辦採辦諸色物料
顏料等項及虧欠孳牧馬驢牛羊牲口悉
皆蠲免仍免其今年夏稅軍民乏食者所
在官司驗口給糧賑濟如官無見糧勸率

有糧大戶借貸接濟待豐熟時抵斗酬還
宣德九年八月
皇帝勅諭南京直隸應天蘇松等府州縣今水
旱蝗蝻災傷之處民人缺食好生艱辛但
是工部派辦物料即皆停止待豐熟之時
辦納其不係災傷之處所派辦物料亦令
陸續辦納不許逼迫差去催辦官員人等
除脩造海船物料外其餘悉令回京不許
遷延在外擾民違者論罪不恕爾等其體

朕恤民之心欽哉故諭
宣德九年十一月
勅諭巡撫侍郎周忱及巡按監察御史并南京
江南直隸衛府州
比聞直隸尤旱兵民饑窘良用惻然今將
寬恤事件特勑須示爾等其欽承朕命毋
怠故諭
被災之處人民乏食爾等即委官前去於
所在官倉量給米糧賑濟毋得坐視民患

一各處府州縣逃移人戶其遞年拖欠非見
徵糧草爾等即同府州堂上官從實取勘
見數俱令停徵仍設法招撫其復業蠲免
糧差一年
一各處府州縣有全家充軍并死絕人戶遺
下田地爾等即同府州縣堂上官從實取
勘見數召人承佃如係官田不分古額近
額俱照民田例起科其遞年拖欠稅糧草
束免徵

宣德十年二月

詔曰水旱災傷之處並聽府州縣及巡撫官從實奏聞朝廷遣官覆勘處置並不許巧立名色以折糧爲由擅自科斂小民金銀段疋等物那移作弊侵欺入已違者罪之

正統四年三月

詔曰朕以眇躬嗣承大統仰惟

天眷之隆

祖宗創業之難夙夜祗慎用圖治理以寧萬邦

一切不急之務悉已停罷尚念群生樂業

上協

天心切慮民情幽隱庶職未盡得人承流宣化有所未至深歎于懷茲當春和萬物發舒吾民或有未得其所者悉從寬恤以遂其生爾中外臣僚其體朕心盡乃職務以求實効勿事虛文所有合行事宜條示于後

一各處有被水旱災傷缺食貧民有司即爲取勘賑濟切勿令失所

一民間應有事故人戶拋荒田地無人佃種有司即爲取勘除豁仍仰召人承佃中間有係官田地即照民田例起科若不係官民田地許令諸人耕種三年後聽其報官起科所種業裏有司時加提督務求成効不在起科之數

一各處逃移人戶悉宥其罪許於所在官司附籍納糧當差其有願回原籍復業者免其糧差二年遞年拖欠稅糧等項悉皆蠲免

正統五年七月

皇帝勅諭行在工部右侍郎周忱

朕惟饑饉之患治平之世不能無之惟國家思患預防其爲賑濟自古聖帝明王暨

我

祖宗成憲於茲洪武中倉廩有備旱澇有備具在令典民用賴之比年所任州縣匪人不知保民隳廢成法凡遇饑荒民無仰給今

特命爾兼總督南直隸應天鎮江蘇州常
州松江太平安慶池州寧國徽州十府及
廣德州預備之務爾等其精選各府州縣
之廉公才幹者委之專理必在得人爾則
往來提督朕承
祖宗大統夙夜惓惓以生民為心爾等其祇體
朕心堅乃操勵乃志精謀慮勤慎毋怠凡
事所當行者悉以便宜施行具奏來聞勿
急勿徐須處置有方不致騷擾而必見成

効庶使倅遇災荒民患有資不至甚艱朕
選擇而委任爾必精白一心以副委任其
往懋哉如所選委官先有別差爾則差官
代理其先辦之事今選委者遇其考滿亦
須事完然後赴京爾亦不必來朝有事但
遣人齎奏一切合行事宜條示于後故諭
一見今官司收貯諸色課程并贓罰等項鈔
貫及收貯諸色物料可以貨賣者即依時
價對換穀粟或易鈔糴買隨土地所產不

拘稻穀米粟二麥之類務要堅實潔淨不
許插和糠粃沙土等項並須照依當地時
直兩平變易不許虧官不許擾民凡州縣
正官所積預備穀粟須計民多寡約量足
照備用如本處官庫見儲鈔物不敷糴買
者於本府官倉庫支糴本府官庫不敷具
申戶部奏聞處置
一凡有丁力田廣及富實良善之家情願出
穀粟於官以備賑貸者悉與收受仍具姓

名數目奏聞非情願者不許抑逼科擾
一糴米在倉每倉須立文簿一樣二扇備書
所積之數一本州縣收掌一付看倉之人
收掌並用州縣印信鈐記但遇饑歲百姓
艱苦即便賑貸並須州縣官一員躬親監
支不許看倉之人擅自放支二處文簿並
書放支之數還官之數亦用放支之後並
將實數具申戶部所差看倉須選忠厚中
正有行止老人富戶就兼收支不許濫用

素無行止之人及攬僉斗級等項名色庶
免後來作弊
一凡各處閘洪陂塘圩田瀕江近河堤岸有
損壞當脩築者先計工程多寡務要農隙
之時量起人夫用工或人力不敷工程多
者先於緊要去處整理其餘以次用工不
可追急若近江河隄防工程浩大者但於
受利之處令起夫協同脩理其起集人夫
務在驗其丁力均平差遣毋容徇私作弊

凡所作工程務要堅固經久不許苟且徒
費人力府縣正佐官時常巡視毋致損壞
一各處陂塘圩岸果有實利及比先有司或
失於開報許令條陳利民之實蹤勘明白
畫圖貼說具申工部定奪如利不及衆不
許虛費人力
一但遇近經水旱災傷去處預備之事並暫
停止豐年有收依例整理或有衝決圩岸
必須脩理者及時脩整亦須斟酌人力

正統五年七月二十四日
勑行在工部右侍郎周忱得奏鎮常蘇松等府
潦水爲患農不及耕心爲惻焉今遣員外
郎王琰往同忱就齎勑諭爾爾即躬自踏勘
凡各郡所淹没不得耕種之處具實奏來
處置其被水之民有艱難乏食者悉於官
倉儲糧給濟仍戒飭郡縣官善加存卹毋
令失所比聞浙江湖州嘉興皆被水患今
亦命爾一體整理朝廷專以數郡養民之

務委爾宜夙夜用心勤思慮精區畫以
稱付託欽哉故勑
正統六年四月初八日
勑行在工部左侍郎周忱比聞應天太平池州
安慶等府自去年四月以來水旱相仍軍
民艱食嘗勑南京守備等官糶糧接濟尚
慮貧難之民無由糴買朕深念之勑至爾
即查究被災郡邑如果人民缺食將預備
倉糧量給賑濟加意撫綏毋令失所仍戒

飭有司官吏人等不許託此作弊違者就
拏問罪故勑

正統六年十一月
詔曰今年被災去處所在巡撫官巡按御史并
都司布政司按察司各委的當官同各衛
所府州縣踏勘是實其該徵稅糧馬草子
粒即與停徵備開戶部除豁不許刁蹬留
難亦不許扶同作弊
永樂宣德年間至正統五年以前有因災
荒饑窘借用預備倉糧其家貧難不能償
納者悉皆蠲免

預備倉糧務須收糴如法民有饑窘即時
驗實賑貸如遇豐年仍依例與給官錢收
糴備用收支之際兼委所在掌印正官專
理不許作弊軍民有願出穀粟者聽所司
具實奏聞以憑旌表親臨上司及風憲官
按臨點閘但有侵欺盜用者即便拏問以
土豪論罪

周忱奏設濟農倉

宣德九年正月十九日巡撫京畿工部右
侍郎周忱奏切見蘇松常三府所屬田地
雖饒農民甚苦觀其春耕夏耘脩築圩岸
疏濬河道車水救苗之際類皆乏食又其
秋糧起運遠倉經涉江湖風浪之險中途
常有遭風失盜納欠數多凡若此者皆須
倍出利息借債於富豪之家迨至秋成所
耕米稻償債之後僅足輸稅或有歛穫纔
畢全爲債主所攘未及輸稅而糶糧已空
者有之兼併之家日盛農作之民日耗不
得已而棄其本業去爲遊手末作以致賞
陂之壞漸至荒萊地利削而
國賦虧矣比歲以來累蒙
朝廷行移勸糶糧米以備賑濟緣因旱澇相
仍穀價翔貴難於勸糶臣昨於宣德八年
徵收秋糧之際照依
勅書事理從長設法區畫將各府秋糧置立水

次倉囤各連加耗船脚一總徵收發運查
得數內有北京軍職俸糧米一百萬石該
運南京各衛上倉聽候支給計其船脚耗
費每石須用六斗方得一石到倉臣嘗奏
乞將前項俸米一百萬石於各府存收着
令北京軍職家屬就來關支可省船脚耗
米六十萬石又免小民般運之勞荷蒙
聖恩准行遂得省剩耗米六十萬石見在各處
水次囤貯今欲於三府所屬縣分各設濟
農倉一所收貯前項耗米遇後青黃不接
車水救苗之時人民缺食者支給賑濟食
用或有起運遠倉糧儲中途遭風失盜納
欠回還者亦於此米內給借陪納秋成各
令抵斗還官若脩築圩岸疏濬河道人夫
乏食者驗口支給食用免致加倍舉債以
爲兼併之利如此則農民有所存濟田野
可闢官糧易完未敢擅便本日早同戶部
兼部事禮部尚書胡濙等於

左順門奏奉

聖旨准他這等行欽此欽遵遂於蘇松常三府所屬長洲等十二縣各設濟農倉一所欽散有時儲蓄日增小民有所賴焉

濟農倉條約

勸借則例

一每歲秋成之際將商稅等項及盤點過庫藏布疋照依時價收糴

一豐年米賤之時各里中中人戶每戶量與勸借一石上戶不拘石數願出折價者官收糴米上倉

一糧長糧頭收運人戶秋糧送納之外若有附餘加耗俱仰送倉

一糧里人等有犯遲錯鬭毆等項情輕者量其輕重罰米上倉

賑放則例

一每歲青黃不接車水救禾之時人民缺食驗口賑借秋成抵斗還官

孤貧無倚之人保勘是實賑給食用秋成不還

一戶起運遠倉糧米中途遭風失盜及抵倉納欠者驗數借與送納秋成抵斗還官

一開濬河道修築圩岸人夫乏食者量支食用秋成不還

一修蓋倉廒打造白糧船隻於積出附餘米內支給買辦免科物料於民所支米數秋成不還

稽考則例

一府縣及該倉每年各置文卷一宗俱自當年九月初一日起至次年八月三十日止將一年舊管新收開除實在數目明白結數立案附卷仍將一年人戶原借該還糧米分豁已還未還總數立案付與下年卷首以憑查取

一府縣各置廒經簿一扇循環簿一扇
月三十日該倉具手本明白註銷

王直濟農倉記

君子之爲政也既有以養其民矣則必思建長久之利使得其養於無窮蓋仁之所施不可以有間也蘇州濟農倉所謂建長久之利而思養其民於無窮者也蘇之田賦視天下諸郡爲最重而松江常州次焉然豈獨地之腴哉要皆以農力致之其賦

既重而又困於有力之豪於是農始弊矣蓋其用力勞而家則貧耕耘之際非有養不能也故必舉債於富家而倍納其息幸而有收私債先迫取之而後及官租農之得食者蓋鮮則人假貸以爲生卒至於傾産業鬻男女由是往往棄耒耜爲游手末作田利減租賦虧矣宣德五年太守况侯始至問民疾苦而深以爲憂會行在工部侍郎周公奉

命巡撫至蘇州况侯白其事周公惻然思有以濟之而公稟無厚儲志弗克就七年秋蘇及松江常州皆稔周公方謀預備適

朝廷命下許以官鈔平糴及勸借儲備以待賑恤乃與况侯及松江太守趙侯豫常州太守莫侯愚協謀而力行之蘇州得米二十九萬石分貯於六縣名其倉曰濟農倉蓋曰農者天下之本是倉專爲賑農設也明年江南夏旱米價翔貴有

詔令賑恤而蘇州饑民四十餘萬戶凡一百三十餘萬口盡發所儲不足贍田里多餓殍者周公復思廣爲之備先是各府秋糧當輸者糧長里胥皆厚取於民而不即輸之官逋負者累歲公欲盡革其弊以惠民是年立法於水次置場擇人總收而發運焉細民徑自送場不入里胥之手視舊所納減三之一而三府當運糧一百萬石貯南京倉以爲北京軍職月俸許其耗費每用

六斗致一石公曰彼能於南京受俸獨不
可於此受乎若請於此給之旣免勞民且
省耗費米六十萬石以入濟農倉民無患
矣衆皆難之而况侯以爲善力賛其決請
於
朝從之而蘇州省米四十餘萬石益以各塲
積貯之贏及前所儲凡六十九萬石有奇
公曰是不獨濟農饑凡糧之遠運有所失
及欠負者亦於此取借陪納秋成止如數
還官若民夫脩圩岸濬河道有乏食者皆
計口給之如是則免舉債以利兼并之家
農民無失所者田畝治賦稅足矣是冬朝
京師以其事咨戶部具以聞
上然其計於是下蘇州充廣六縣之倉以貯焉
擇縣官之廉公有威與民之賢者掌其帳
籍司其出納每以春夏之交散之先下戶
次中戶斂則必於冬而足凡其條約皆公
所畫定俾之遵守又令各倉皆置城隍神

祠以儆其人之或怠惰而萌盜心者宣德
九年江南又大旱蘇州大發濟農之米以
賑貸而民不知饑皆大喜相率請况侯請
曰
朝廷矜念我民輟左右大臣以撫我思凡所
以安養之術蓋用心至矣而又得我公恊
比以成之往者歲豐民猶有窘於衣食迫
於債負不能保其妻子者今遇凶歉乃得
安生業完骨肉此
天子之仁巡撫大臣之惠我公賛相之力也今
濟農倉誠善矣然巡撫大臣有時而還朝
我公亦有時而去良法美意懼其久而壞
也則民何賴焉願刻石以示後人俾善繼
之求勿壞况侯然之屬前史官郡人張洪
疏其始末因醫學官盛文剛來北京以書
請余記予觀成周之制縣都皆有委積以
備凶年隋唐社倉蓋本諸此我
太祖高皇帝嘗出楮幣鬻天下耆老俾積穀以

濟民亦成周聖人之意也歷歲浸久其弊
滋甚至於無所質究有司亦不之問而豪
右兼幷之家蓄無處無之則天下之民受
其弊也多矣豈獨蘇州哉今蘇人得吾周
公以沈毅閎達之資推行
天子恤民之仁况侯以闓敏勤愼佐之收其羨
費以施實惠而民免於餒殍之患豈非幸
哉後之君子因其舊而維持之使
上之仁被於無窮而是邦永有賴焉則豈特其

民之幸乃二君子之欲也故爲之記使刻
寘六縣之倉以告來者若其爲屋若干楹
所儲米若干石典守者之名氏與其條約
之詳則例之碑陰而諸縣皆載焉使互有
考也獨崇明縣在海中未及建置遇歉歲
則於長州縣倉發米一萬石往賑焉其爲
惠亦遍矣周公名忱字恂如吉安吉水人
况公名鍾字伯律南昌靖安人其歷官行
[illegible]

宣德十年五月初十日中憲大夫詹事府
少詹事兼翰林院侍
讀學士脩
國史泰和王直行儉記

楊士奇等建議脩舉預備之政

正統五年六月少師兵部尚書兼
華蓋殿大學士楊士奇少保禮部尚書兼
武英殿大學士楊溥奏言伏聞堯湯之世不
免水旱之患而不聞堯湯之民至於甚艱

難者蓋預有備也凡古聖賢之君皆有預
備之政我
太祖高皇帝惓惓以生民爲心凡有預備皆有
定制洪武年間每縣於四境設立四倉用
官鈔糴穀儲貯其中又於近倉之處僉點
大戶看守以備荒年賑貸官籍其數斂散
皆有定規又於縣之各鄉相地所宜開濬
陂塘及脩築濱江近河損壞隄岸以開水
旱耕農甚便皆萬世之利自洪武以後有

司雜務日繁前項便民之事率無暇及該
部雖有行移亦皆視為文具是以一遇水
旱饑荒民無所賴官無所措公私交窘只
如去冬今春畿內郡縣艱難可見況聞今
南方官倉儲穀十處九空甚者穀既全無
倉亦無存皆鄉之土豪大戶侵盜私用却
妄捏作死絕及逃亡人戶借用虛立簿籍
欺瞞官府其原開陂塘亦多被土豪大戶
侵占有以為私已池塘養魚者堙塞為私

田耕種者蓋今此弊南方為甚雖聞間有
完處亦是十中之一其實廢弛者多其濱
江近河圩田隄岸歲久坍塌一遇水漲淹
沒田禾及閘壩蓄泄水利去處或有損壞
皆為農患大抵親民之官得人則百廢舉
不得其人則百弊興此固守令之責若養
民之務風憲之臣皆所當問年來因循亦
不及之此事雖然若緩其實關係者切伏
望

聖仁特命該部行移各布政司按察司直隸府
州除近有災傷去處暫且停止候後來豐
熟與行其見今豐熟去處悉令有司遵依
洪武
舊制凡倉穀陂塘隄岸並要如舊整理倉有損
壞者即於農閑時用人修理穀有虧欠
者除
赦前外赦後有侵欺者根究明白悉令陪償完
足亦免其罪不許妄指無干之人搪塞若

有侵盜證佐明白而不服陪償者准土豪
及盜用官糧論罪有司仍將舊有陪償實
數開
奏其陂塘隄岸亦令郡縣凡有損壞悉於農
閑用人修理有強占陂塘私用者犯在
赦前亦免其罪即令退還不退還者亦准土豪
及盜官物論罪其退還陂塘及圩岸閘壩
應修去處亦令有司開
奏以次用工完日具實奏

聞仍乞令戶部行各布政司府州縣除近被災
傷去處外凡今秋成豐稔之處府州縣官
於見有官鈔官物照依時價兩平支糴穀
粟儲以備荒免致臨急倉皇失措年終將
所糴實數奏
聞郡縣官考滿給由令開報境內四倉儲粟及
任內脩築陂塘隄岸實數吏部仍行該部
查理計其治績以定殿最各按察司分巡
官及直隸巡按御史所歷州縣並要取勘
四倉實儲穀數及陂塘隄岸有無損壞脩
理實蹟歲終奏
聞以憑查考如有仍前欺弊怠事者亦具奏罪
之若巡歷之處仍前不問不理或所奏扶
同不實從本衙門堂上正官糾劾奏
聞庶幾官有實蹟荒歲人民不致狼狽耕農無
旱潦之虞
祖宗恤民良法不為小人所壞臣等愚見如此
未敢擅便乞

命六部都察院大臣會議可否施行本月初八
日早於
奉天門奏奉
聖旨是著禮部會官計議停當來說欽此續該
吏部等衙門尚書等官郭璡等議得所言
秋成令各該有司於係官錢物內支糴穀
粟尤慮所司難於得人終為文具況兼鈔
貫與洪武年間價值低昂未平若以鈔和
糴中間不無虧官損民事難成就合無請
勅令巡撫侍郎周忱于謙何文淵副都御史陳
鎰等兼總其事許以便宜處置未敢擅便
本月十五日各官於
奉天門奏奉
聖旨是欽此除已欽遵施行外

救荒活民補遺書卷下 終

救荒活民補遺書序

仁義之施有可行於一時者有可行於久遠者行於一時者必出於已盡其所力能而爲之而其惠利及於人者淺以狹行於久遠者不必出於已不費已之力而其惠利及於人者廣以慱夫以一鄉一隅一閭里之間遇凶荒之歲有饑餓流離而不能給者吾力足以周之可勉焉而爲之若夫至於一郡一邑以極于四方萬里之廣吾雖欲周之而力有不贍焉今歲饑吾有以濟之來歲饑吾有以濟之比連歲再饑吾雖欲濟之而力有不贍焉然則將奈何夫事不出於已不費已之力而能使其惠利及於人者廣以慱而又極於久且遠是必有其道也古之人其在上者能言之而又能行之其在下者能言之而又能行之其効固已驗白於當時而垂諸簡策班班可考苟能舉而措之亦猶是也譬之公輸子之極其巧也宫室器用之美利於世師曠之極其聰也鐘鼓管籥

之音被於樂宜莫能過之然後世循其規矩而製之則器宇之利亦古之公輸子也比其律呂而調之則音樂之和亦古之師曠也孰謂古今人不相及哉江陰朱維吉詩禮右族子也善事父母以孝聞

與其尊府善慶尨勇於爲義正統辛酉

朝廷使下郡邑行備荒之政維吉父子相繼出粟四千石以實官廩使者以

聞朝廷以其父子能盡乎孝義之道降

璽書並加旌異鄉人榮之維吉之心猶以爲其利之及人者淺而

國恩深且厚思有以廣利於人而可行之久遠者以圖其報而不能得及見董煟救荒活民書慨然喜曰吾思之而未

得者其在茲乎反覆究觀而羨慕之惜乎歲久殘缺而所遺尚多於是考諸載籍自唐虞以來至于今日救災備荒之政精採而備述之有行於一方而可行於天下者有行於一時而可行於萬世者在

斟酌損益隨其地之所宜人之所便而施之無不可者如使令之為方面大臣與夫郡縣之吏留心於此熟復而詳究之身體而力行之則雖九年之水七年之旱固無足憂而堯舜亦何所病焉夫如是其為利豈不廣且博而其為惠豈不久且遠哉吁維吉之用心亦可謂仁也矣維吉非有爵祿之榮職任之寄徒以一

璽書之褒而惓惓思所以効報如此今有居高位享厚祿受

褒嘉之命而玩愒歲月尸居素食於民隱畧不加之意焉者觀於此獨不有愧哉此維吉之所以可重也歟維吉既稟

命於尊府以是書錄諸梓而名之曰救荒活民補遺書遣人走京師求予序予以其有益於世也故序之如此云

正統八年

朝列大夫國子祭酒金陵李時勉序

救荒活民補遺書三卷浙江范懋柱家天一閣藏本

明朱熊撰熊字維吉江陰人取宋從政郎董煟原書而益以有明卹賑制詔及前代好施獲福事蹟其立意不爲不善然序述典故備錄經典重農之語則迂而不切襍載諸史賑恤之文則繁而鮮要皆不免勦襲陳言無裨實政至於盛陳福報尤涉於有爲而爲蓋鄉里勸施之格言而非經國之碩畫二氏因果之緒論而非儒者之正理也

荒政叢書

（清）俞森 撰

《荒政叢書》，（清）俞森撰。俞森，生卒年不詳，字匯嘉，號存齋，錢塘（今杭州）人，由貢生官至揚州府通判、湖廣布政司參議、河南僉事等。

該書主要是多部救荒文獻的彙集，故稱爲『叢書』，成於康熙二十九年（一六九〇）。全書共十卷，卷一題作《宋董煟救荒全書》，實際上是輯自董氏《救荒活民書》卷二中的部分内容，重點採録其中的倉儲、貸種、存恤流民、維護穩定及恢復生産等政府賑災政策。卷二、卷三全文輯入明代林希元的《荒政叢言疏》與屠隆的《荒政考》。其中林書總結了救荒過程中的二難、三便、六急、三權、六禁、三戒，共計六綱二十三目，涉及用人、户口核實、貧户賑給、拯救垂死、疾病之民，屍骸掩埋、小兒收養等項；屠書乃參古人之成法，總結當時在備荒、蠲免、賑濟、發展生産與饑民安置等方面的三十條舉措。卷四題爲《周孔教救荒議》，總結了救荒六先、八宜、四權、五禁、三戒，共五綱二十六目，其法主要源於林氏的《荒政叢言疏》，結合蘇州地區的救荒實際，略作了修改，亦有創新之處。

卷五收録鍾化明的《賑豫紀略》，增加了俞氏的按語，略説鍾氏於河南賑災事迹及成書過程。書中所存的立粥廠、勸尚義、捐錢糧、興挑浚、急賑救、贖饑民、收遺骸、種農桑等十八條措施，是鍾氏在河南救災的真實做法。另外載有《救荒圖説》，言賑災遣官、恤貧救急、醫療救治、贖回妻奴、恢復生産、加強倉儲、維護禮教等項。卷六輯劉世教的《荒箸略》，詳述江南地區的賑災措施。卷七録魏禧的《救荒策》，依賑災的先後順序分爲先事之策八項、當事之策二十八項與後事之策三項，偶爾引用黄存齋語，闡述重農、倉儲、堡寨、設禁、預糴、請留上供、借庫銀、勸賑、打擊投機、審核户口、施粥給藥、埋葬餓殍等救災事。

卷八以下分别爲俞氏任職河南僉事時所親自撰寫的《常平倉考》《義倉考》《社倉考》，三文探討了倉儲制度的來源，揭示了其所存在的弊端，目的在於更好地發揮倉儲在備荒、救災中的作用，末附其爲官荆南道期間所撰寫的《鄖襄賑濟事宜》及《捕蝗集要》。

該書集衆家救荒策略與建議，尤重積儲，彙編時難免有重複繁冗之處。但是俞氏在輯錄的過程中充分考慮了救荒的歷史經驗與現實情況，也注意到南北不同區域救荒經驗的融合，文獻典故與救荒成功經驗兼備，仍然不失爲較好的大型荒政文獻。

該書收在張海鵬輯的《墨海金壺》（史部）與錢熙祚輯的《守山閣叢書》中，版本較多。今據南京圖書館藏清嘉慶二十二年（一八一七）《墨海金壺》本影印。

（熊帝兵　惠富平）

荒政叢書

墨海金壺

昭文張海鵬校梓

吳大澂題

欽定四庫全書提要

荒政叢書十卷

國朝俞森撰森號存齋錢塘人由貢生歷官至湖廣布政司參議是書成于康熙庚午輯古人救荒之法于宋取董煟于明以來取林希元屠隆周孔教鍾化民劉世教魏禧凡七家之言又自作常平義倉社倉三考溯其源使知所法復究其弊使知所戒葢其官河南僉事時所撰也末附鄖襄賑濟事宜及捕蝗集要則其官分守荆南道時所撰也救荒之策古人言之已詳至積儲尤爲救荒之本森旣取昔人良規班班具列而于三考尤極詳晰登之梨棗俾司牧者便于簡閱亦可云念切民瘼者矣

荒政叢書提要　一

荒政叢書卷一

墨海金壺　史部

國朝俞森撰

宋董煟救荒全書

救荒之法不一而大致有五常平以賑糶義倉以賑濟不足則勸分于有力之家又遏糴有禁抑價有禁能行五者庶乎其可矣至于簡旱也減租也貸種也遣使也弛禁也鬻爵也度僧也優農也治盜也捕蝗也和糴也存恤流民勸種二麥通融有無借貸內庫之類又在隨宜而施蓋有大饑有中饑有小饑饑荒不同救之亦異臨政者辨別而行之故又以預講荒政雜記條畫終焉

常平

常平之法專爲凶荒賑糶穀賤則增價而糴使不傷農穀貴則減價而糶使不病民謂之常平者此也比年州縣率多移用差官覈實文具而已自乾道間給降會子一百萬道兌起諸路常平錢一百萬貫而郡縣遂多侵用義倉後雖許用會子措置和糴其間未免抑配當時甚患之然則平糴之法遂不可行乎曰不然但官司糴時不可籍數定價須視歲上中下熟一依民間實直寧每升高于時價一二文以誘其來何患人之不競售哉蓋官司措置惟欲救民之病財用非所較若以私家理財規模處之則失其所以爲常平之意矣

常平本法無歲不糴無歲不糶上熟糴三而舍一中熟糴二下熟糴一此無歲不糴也小饑則發小熟之斂中饑則發中熟之斂大饑則發大熟之斂此無歲不糶也近來熟無所糴饑無所糶常閉爲埃塵耳何謂常平

常平錢物不許移用謂他費不許移用至于救荒正所當用若必待報則事無及矣今遇災傷去處用常平錢于豐熟處循環收糴以濟饑民俟結局日以糴本撥運常平可也

常平賑糶其獘在于不能遍及鄉村委官監視類多文具宜倣富弼青州監散之法將米豆就鄉村分置所詰水脚搬運之費無出不知饑荒之年人患無米不患無錢較官中所定之價每升增一文以充上件靡費何患賑糶之米不能遍及村落哉但當逐保給歷零賣以防頓買興販之獘

陳龍正曰令貧民搬運因而給之以食即是賑饑一道何

愁慮費脚價耶

昔蘇軾奏臣在浙中二年親行荒政只用出糶常平米一事更不施行餘策若欲抄劄飢貧不惟所費浩大有出無收而此聲一布饑民雲集盜賊疾疫客主俱獘惟將常平米出糶即官司簡便不勞抄劄勘會給納煩費但得數萬石在市自然壓下物價境內百姓人人受賜古今之法莫良于此然蘇軾之法止及城市若使鄉村通行方爲良法也況賑濟自有義倉並行不悖乎

陳龍正曰官米多則可握市價之權固也然此僅救中饑中戶之一事耳大饑之年下戶無錢在手雖減價不能糴是常平之米止及中戶偏遺下戶也況鄉村之民遠望城

市即中戶得糴者亦少救荒各隨其時隨其地尤當隨其人以予贍之慧乃欲執一已當日所爲而盡廢諸法不已踈乎董煟謂止及城市又云賑濟自有義倉蓋亦善其論常平之意而譏其不能通于常平之外也

荒年常平無米則如之何曰元祐元年王巖叟言淮南旱甚本路監司殊不留意詔發運司截留上供米一十萬石比市價量減出糶與闕米人戶每戶不得過三石其糶到錢起發上京又何患無米也

陳龍正曰此即改折之活法蓋京儲有餘京中米價顧低于外故可行若六宮百官萬民倚命于上供米則此法窮矣故爲天下以足食爲本而足京儲必以治畿輔之田疇爲本上不寄命于遠方則遠方有急更可待命于上

義倉

義倉者民間儲蓄以備水旱也一遇凶歉直當給以還民唐太宗曰義倉爲百姓先作儲貯以備凶年亦非橫斂下令王公以下墾田畝稅六升天寶八年天下義倉六千餘萬石至五代漸廢宋慶歷間王琪言唐稅太重當酌輕法以行之于春秋正稅之外每二斗納一升取一中郡計之以正稅十萬石爲率則義倉歲得五千石矣于是詔天下立義倉今之州縣因仍既久忘其爲斯民所寄之物矣

義倉合于民間散貯逐都擇人掌之不當輸于州縣蓋憔悴之民多在鄉村于城郭頗少諸處州軍多將義倉米隨冬苗輸納州倉一有飢饉人民豈能委棄廬舍遠赴州郡請求今應每遇凶年相度諸縣饑之大小撥還義倉原米其水脚之需亦于米內量地里遠近銷算縣之于鄉亦然如此則山谷之民皆蒙其惠

義米入縣倉悉爲官吏移用縣倉于民猶近自令上三等戶皆輸郡倉于是轉充軍食或資煩費不復還民故遇荒年無以救民之死今若以常歲所取義米令諸鄉各建倉貯之縣籍其數主以有年德之輩遇饑饉還以賑民且不勞遠致豈不勝于科抑賑糶乎檢查令文州縣歲于十月初差官抄檢內外老疾貧乏不能自存之人十一月起支每人日支一升七歲以下減半每五日一次併支至次年三月終止（遇閏及本土收成早晚者官司相度給散時月但通給百五十日止）

令江浙水田種麥不廣冬間民未困乏其困乏多在青黃未接之時爲政者所宜知也

賑濟之弊如麻抄劄之時里正乞覓強梁者得之善弱者不得也附近者得之遠僻者不得也胥吏里正之所厚者得之鰥寡孤獨疾病無告者未必得也悵成己是深冬官司疑之又令覆實使飢者自備裹糧數赴點集空手而歸困踣于風霜凛冽之時甚非古人視民如傷之意今縣令宜每鄉委請一上戶平時信義爲鄉里推服官員一名爲提督賑濟官令其逐都擇一二有聲譽行止公幹之人爲監視每月送米麥點心錢縣道委令監里正分團抄劄不許邀阻乞覓如有乞覓可徑于提督官司狀申縣斷治如更抑遏可自于本縣或

佐官廳陳訴當痛懲一二以勵其餘其發米賑糶亦如之若此庶乎其少革耳

救饑者多以支米爲便然不係沿流及産米去處搬運費力往往夫脚與米價相等更有在路減耗拌和之弊若大荒年分穀米絕無民間艱食不容不措置移運若不是十八荒歉米斛流通則以支錢爲省便小民得錢可以抽贖典過斛斗或是一斗米錢可買二斗雜斛以三二升拌和菜茹煮以爲食則是二斗之雜斛可供一家五七口數日之費然恐純支錢亦有減剋之弊或錢米兼支則爲兩便

陳龍正曰隋社倉唐宋義倉一事而異其名也隋唐畝賦六升民困極矣朱于正賦外二十加一庶幾得中然其大

病總在收貯于官假如遇饑饉悉以還民猶多此一納一出況未必還乎設賑給時果盡免諸弊貧民猶苦奔走候領況不及貧民乎古之王者使民各蓄其有餘而後世必欲取諸民而代爲之蓄古之王者自節其餘以春補秋助而後世加取于正賦之外而强半更留以自肥如之何農不飢死朝與野不相胥以俱貧也惟朱子于崇安因歲凶起事仍隋社倉之名而黜變其官貯之法隋唐粃政返爲純王損下轉而益下矣然當時亦但令民間自添社倉未嘗革去官府義倉須令民間社倉既多官府義倉一槩不用然後全利而無害耳董煟義倉數條惟合于民間散貯一句道盡本朝監隋唐以來之失罷義倉惟立預備倉倉穀罰有罪者出之最爲得中惜近年多空乏飢歲無所賴

勸分

民戶有米得價而糶何待官勸只緣官司以戶等高下一例科配且不測到場檢點故人戶憂恐深藏貧人反無告糴之所是假勸分之美名欺罔上司以圖觀美不知實以病民也郎謂上戶固所當勸顧今之鄉落上戶不多中下之戶凶荒之餘所入未能供所出安能有餘以賑糶哉人之常情勸之出米則愈不肯出惟以不勸勸之莫若令上戶及富商巨賈俾之出錢官差牙吏于豐熟處販米各歸鄉里轉糶結局日以本錢還之村落無巨賈處計十餘家率錢共販或不願以錢輸官而願自糴販者聽官不抑價利之所在自然樂趨富

室亦恐後時爭先發廩則米不期而自出矣山路不通舟楫處又有抄劄賑給就食散錢之法

吳遵路知通州時淮甸災傷民多流轉遵路勸誘富家得錢萬貫遣牙吏二十六次和賃海船往蘇秀收糴米豆歸本處依元價出糶使通州災荒之地常與蘇秀米價不殊時范仲淹乞宣付史館

天下有有田而富之民每歲輸官固藉苗利一遇饑饉自能出其餘以濟佃客有無田而富之民平時射利緩急之際可不出力斡旋以救饑民爲異時根本之地哉勸誘此曹使出錢糴販初非重困又況救荒乃暫時之役耶

勸分者以富室儲積既多勸之賑發以濟鄉里近來州縣乃

有不問有無只以戸等高下科定數目俾出備賑糶于是吏乘爲奸至有人戸名係上等家實貧窶至鬻田糴米以應期限而豪民得以計免者反乘中戸之急濟其奸利宜下諸路漕臣嚴戒所部如仍前用等則科糴即許按劾仍聽人戸越訴重治

凶年糶粟以活鄉里可以結恩惠可以消盜賊亦于大姓有補倘使小民轉死流移大姓占田何暇自耕所損不少况又有甚于此者乎止緣小民有謂官司抑配我所當得不知感謝以致大姓不甘爲令者宜以此意曉諭

禁遏糴

嘉祐四年諫官吳及言春秋之時諸侯相傾竊地專封固不

以天下生靈爲憂然同盟之國有救患分災之義秦饑晉閉之糴而春秋誅之聖朝恩施動植視民如傷然州郡之間官司各專其民擅造閉糴之令夫二千石以上所宜同國休戚宣布主恩乃坐視流離甚于春秋之世豈聖朝所以子育兆民之意耶詔諸路轉運司凡鄰郡災傷而輒閉糴者以違制坐之或謂聽他處搬運恐致本處艱糴曰此見狹之論也天下一家饑荒亦有路分宜物色上流豐熟去處勸誘大姓或本州發錢差人轉糴循環糶販非惟活鄰郡鄰路之民實活吾境內之民不然使此間之米不許出吾界他處之米亦不許入吾界一有饑饉環視壁立非速禍之尤者哉

淳熙八年救旱傷州縣全藉旁近豐熟去處通放客販米斛已降指揮不得遏糴訪聞上流得熟州郡尚不能體認朝廷均一愛民之意輒將客販米斛邀阻禁遏聖旨劄付諸路帥漕司各檢坐條法徧下所部州軍恪意奉行如敢違戾仰逐司覺察按劾或容蔽仰御史臺彈奏

條法興販斛斗及以柴炭草木博糴糧食者並免納力勝稅錢災傷地方雖有收稅舊例亦免

小民聞官司有榜禁遏每遇外人糴米則數十爲羣脅持取錢毆人傷損村人亦不敢擔米入市民間遂致闕食其令下詐起類如此

不抑價

常平令文諸糶糴不得抑勒謂之不得抑勒則米價隨時低

昂官司不當禁抑可知也比年爲政者不明立法之意謂民間無錢須當籍定其價不知官抑其價則客米不來若他處騰踴而此間之價獨低則誰肯興販興販不至則境內乏食上戸之粗有蓄積者愈不敢出矣饑民皇皇無所告糴肯甘心就死乎必起而爲亂可不思所以救之哉惟不抑價則不惟舟車輻輳而上戸亦恐後時爭先發廩米價自低

范仲淹知杭州二浙阻饑穀價方踊斗計錢百二十文仲淹增至百八十衆不知所爲仍多出榜文具述杭饑及米價所增之數于是商賈輻輳價亦隨減包拯知廬州亦不限米價而買至益多不日米賤

蓄積之家不肯糶米與土居百姓而外縣牙人在鄉村收糴

其數頗多既是鄰邑救荒官司自不敢禁遏止緣上司不許妄增米價本欲少抑兼井存恤細民不知四境之外米價差高細民欲增錢糴于上戸輒爲旁人脅持獨牙儈乃平立文字私加錢于糶主謂之暗點是以牙儈可糴而士民闕食今若不抑其價彼又何必專糶于外邑人哉

紹興五年行在斗米千錢時留守參政孟庾戸部尚書章誼不抑價大出陳廩每升糶二十五文僅得時價四之一民賴以濟次年米賤令諸路以上供錢收糴復多贏餘蓋村落騰踴極不過三兩月民若食新則價自定矣

俞森曰無論官米民米俱當隨時價低昂不可故爲增減蓋價高則遠販自多米多則價值自平此理勢之必然者

也即使時價果高官米果得厚利何妨益爲多糶使民自然得平價之樂乎元祐之詔比市價量減常平之法只筭糴本吳遵路之依元價出糶章誼之僅得時價四分之一皆未盡善蓋一時姑息之愛而非與民通局打算者也

簡旱

災傷水旱而告之官豈民間之得已今守令諱聞此事不受災傷之狀責令里正狀熟里正亦慮委官經過所費不一故妄行供認以免目前賠費不慮他日流離餓殍刼奪之禍陳訴旱傷限八月終止限外不得受理然晚禾成熟乃在八月之後旱有深淺得雨之處早晚不同近得旨展限半月仍以指揮到縣日爲始

元祐元年諫議大夫孫覺言諸路災傷各以實言不實者坐之災傷雖小而言涉過當者不問今民間訴災官府不及時簡踏比至秋成田間所有雖曰無幾其服田之家只得隨多少收割以就耕墾官司見收割已畢便指作十分豐熟舉催全苗貧民欲訴則田無可驗之禾欲納則家無見儲之粟于是始伐桑柘鬻田產棄墳墓而之四方矣

朱熹延和奏劄云救荒之務檢放爲先行之及早則民知有所恃賴未便逃移放之稍寬則民間留得禾米未便缺乏然而州郡多是吝惜財計不以愛民爲念故所差官承望風旨已是不敢從實檢定分數及至申到帳狀州郡又加裁減不肯依數除放又旱田收割日久檢踏後時致有無根查者乃

是州郡差官遲緩之罪而檢官反謂人戸違法不爲檢定其有檢定申到者州縣亦不爲蠲放就中下戸所放不多尤被其害

又曰田稻既是乾損及其未穫便行檢踏即荒熟之狀明白易知非惟官司不得病民亦使奸民無由僥倖所以著令訴旱自有三限夏田四月秋田七月水田八月蓋欲公私兩便近來官吏不曾考究令文但據傳聞云訴旱至八月二十日斷限遂至九月方檢旱田非惟田中無稼之可觀即根查亦不復可見于是將旱損旱田一切不復檢踏蠲放窮民受苦無所告訴而其狡猾有錢賂吏者則乘此暗昧以熟爲荒又奏劄臣昨任南康軍日適值旱傷深慮檢放騷擾下戸偶有

士人陳說乞將五斗以下苗米人戶免檢全放當時即與施行人以為便近日諸郡行之其利甚溥除上三等戶隨分減放外下二等戶盡行蠲免通計一縣所放亦不過共成五分問之居民莫不稱其平允此法最善乞詔有司定著為令自今水旱約及三分以上第五等戶並免檢踏具帳先與全戶蠲放如及五分以上即併第四等戶依此施行其州縣差官後時致旱損田苗不存根查亦乞立法坐罪

減租

唐人水旱損四則免租損六則免調損七則租庸調俱免今之夏稅則唐人之調絹也役錢則庸直也今州縣水旱十分去處夏稅役錢未有減免之文僅放止及田租耳猶切切焉勺合之是計全未識古人用一緩二之意

貸種

貸種固所以惠民然人情易于貸而難于償必有勾追鞭撻之患青苗之法可見矣仁宗朝江南歲飢貸民種糧十萬斛屢經停閣而官司督責不已上憐而蠲之周世宗亦謂淮南飢當以米貸民或曰民貧恐不能償世宗曰安有子倒垂而父不為之解者安在責其必償也今之議貸種者當識此意名之曰貸蓋防其濫請之弊耳

優農

耕而食者農民也不耕而食者游手浮食之民也自來官司賑給常先市井之游手與鄉落之浮食而緩于農家農家寒耕熱耘以供衆人之食及其飢也不耕者得食而耕者反不得焉今行抄劄之時宜五家為甲遞相保委某人為游手某為工某為商某為農官之賑給以農為先浮食者次之此誘民務本之一術也

遣使

古人救荒或遣使開倉遣使賑恤遣使詢民間疾苦然法令尚簡故所過無擾比來諸道置使民間利害悉以聞安有水旱之不知其所闕者在于賑濟無術類多虛文耳今但責監司郡縣推行救荒之實政則民受其惠不然民方飢餓官方窘匱而王人之來所至煩擾神宗時司馬光曰今朝廷每有一事不委之將帥監司守宰使自為方畧責以成效而常好遣使者銜命奔走旁午于道徒擾而于事無益不若勿遣之為愈也

弛禁

古人澤梁無禁關市譏而不征今山林河泊各有所主又民心不醇一聞榜示因而砍伐墳林大起爭競雖富弱令樵采打魚之類一時未免侵擾若官司出錢租賃民間蘆場或柴篠山纔民樵採庶為善法否則難行

鬻爵

名器固不可濫然飢荒之年假此以活百姓權以濟事又何患乎乾道七年八月敕湖南江南旱傷委州縣守令勸諭有米斛富室上戶如有賑濟飢民今來立定格目補授名次無

官人一千五百石補進義校尉（願補不理選限將仕郎聽）二千石進武校尉（如係進士與免文解一次不係進士候到部與免短使一次）四千石補承信郎（如係進士與補上州）千石承節郎（如進士補迪功郎）文臣一千石減二年磨勘（係選人循一資）二千石減三年磨勘（係選人循一資）仍與占射差遣一次三千石轉一官（係選人循兩資）仍占射差遣一次五千石以上（取旨優異推恩）武臣一千石減二年磨勘陞一年名次二千石減三年磨勘占射差遣一次三千石補轉一官占射差遣一次五千石以上（取旨優異推恩）勘會旱傷州縣勸誘積粟之家賑濟係崇尚風誼卽與進納事體不同帥臣監司將勸誘到米斛依數開具出米人姓名申奏朝廷指揮依格出給付身云云夫民間納米而卽得官誰不樂爲只緣入米之後所費倍多未能遽得故多疑畏

若能懲革此弊先給空名告身付之則救荒不患無米

胡其重曰朝廷名器所以褒有德而勸有功者也外此何可濫及惟是凶年賑濟則一舉而功德兼備錫之以爵允爲當也

度牒

按朱熹奏雖降度牒換米而米數太多度牒一道計當錢千五百緡以此至今尚未有應募者後雖乞減去五十石其數尚多僧道富者有幾仍當多裁其數以便通行

胡其重曰僧道度牒古者平時不輕出必俟緩急之際故宋淳熙歲荒救降度牒博換米石以濟飢民凡願爲僧道者每名備米三百石換與度牒一道元時亦降度牒下諸郡但爲僧道者每道納免丁錢始折中納鈔五錠似爲可行亦備荒活民之一事也

治盜

凶年民之不肯就死者必起而爲盜不戢則其患滋大乾道間饒郡大飢刼奪者紛然時太守柴瑾封劍付諸縣曰敢爲渠魁者斬之羣盜望風遁匿淳熙十五年德興飢民有剽掠道路者縣令曾棐廉得二人鎖項號令于地頭日給米一升俟來年麥熟日放盜賊由是衰止紹興四年樂平饑村民攜錢市米山路遇亡命縛而取之邑宰楊簡曰此曹斷刺則復爲盜配去則復逃歸斷一足筋傳都示衆一境肅然此雖一切之政然甚合周禮荒政除盜賊之意

胡其重曰弭荒年之盜不在乎使之畏威而不敢爲當使之懷德而不願爲此釜底抽薪之法也周禮救荒以散利薄征居首繼以弛力舍禁而以除盜賊居其末蓋散利則散財發粟靡不賑矣薄征則免催科之擾矣弛力舍禁則得諸般採取以供食用矣如是而猶爲盜賊王法所不宥者矣然後除之毋使滋蔓又周禮之深意經世者所宜體究也

和糴

和糴之弊在于籍數定價不能視歲上中下熟須一依民間實值寧每升高于時價一二文以誘其來或謂民間正苦無錢若官司和糴增價則爲小民目下之患曰不然和糴本穀

賤傷農增價以稱提之耳若此處不熟米價騰踴又何予此而糴哉古人和糴皆行于豐熟去處止緣官司見淺以得小利爲巳功糴買之官低價滿量以備交納之折交量之所飛斛弄斗以爲乞索之端上下誅求遂至失時艱于及數將來計無所出必有配抑之患今誠及時收之盡革諸獘又何患焉然所深慮者在于官司知糴而不知糶夫積而不散非惟化爲塵埃虧折常平糴本而民間之米由是愈少矣然飢荒之年非獨收糴粳米凡粟豆蕎麥之類苟可濟飢亦何所擇

存恤流民

流民如水之流治其源則易爲力遏其末則難爲功若本處賦斂稍寬自然安土重遷誰肯移徙凡所以離鄉井去親戚棄墳墓皆非其所得已也嘗見浙人流移過淮甸者始焉扶老攜幼接踵于道及其既久行囊告竭棄其老幼或慟哭于道或轉死于溝壑者多矣然本處不可存活而抑之使不得動于理固逆至于一動之後中途官司禁遏抑勒使之復回此又非所宜也愚謂今未流者固宜賑濟已流者莫若令所過州縣多方存恤推行富弼之法以濟之

勸種二麥

春秋于他不書惟無麥卽書仲舒建議令民廣種宿麥無令後時蓋二麥于新陳未接之時最爲得力四時纂要及諸家種藝書八月三卯日種麥十倍全收今民非不知種但貧而無力故後時耳古人春秋補助爲政者于荒年能行補助之

法非徒救荒亦陰寓務農重本之意

通融有無

通融有無眞救荒活法其法有公有私如撥官廩借內庫假軍儲等公也勸人發廩勸人糴販勸誘商賈齎錢販米等私也淳熙九年無錫饑令提舉司于平江府朝廷樁管米內支二千石接續賑濟乾道元年浙西被水令臨安府于常平米內取撥五萬石平江府常州三萬石湖秀各二萬石鎭江府一萬石仰逐州卽差官押發人船前去搬取專充賑糶不得他用其糶到錢樁管秋成收糴撥還此誠通融之術所宜舉行

借貸內庫

天子不當有私財私財充羨則侈心生李迪在翰林仍歲旱蝗國用不足一日歸沐忽召對內東門上出三司所上歲出入財用數問何以濟迪曰祖宗初置內藏庫復西北故土及以支凶荒今邊無他費陛下用此佐國用財賦寬則民不勞矣上曰今當出金帛數百萬借三司迪曰天子于財無內外願陛下詔賜三司以顯示德澤何必曰借上悅從之然則今之州郡有仍歲凶歉而匱乏無策者可不斟酌撥賜以爲糴本耶

紹興二十八年平江紹興湖秀諸處被水欲除下戶積欠宰執擬令戶部度有無損歲計上曰只令具數便于內庫撥還朕平時無妄費所積本欲備水旱耳本是民間錢却

爲民間用復何所惜焆捄王者以天下爲家不以私藏爲意也高宗此言真王者之度歟

預講荒政

救荒無定法風土不一山川異宜惟在預先講究而已應令諸州守臣到任一月以後詢究本州管下諸縣鎮可以備救荒及其他措置之策斷然可行者條奏取旨各令自守其說任內設遇旱澇即簡舉施行不得自有違戾外委監司內委臺諫常切覺察又救荒有賑糶賑濟賑貸三者名旣不同其用亦各有體能識其體則實惠及民矣賑糶者用常平米其法在于平準市價默消閉糴之風如市價三十文一升常平只算糴時本錢或十五六至二十文一升出糶須遍及鄉村

若度所蓄米不足支用當以常平錢委官四出循環糴糶務在救民不得計較所費規圖小利施行之際須令上下官吏咸識此意賑濟者用義倉米其法當及老幼殘疾孤貧不能自存之人米不足則卽用義倉錢糴豆麥菽粟之類共給或散錢與之施行全在委選得人村落各委本土公正有望素爲鄉閭信服者以禮延見委諭激勸使樂爲效命察不職者畧責一二以警其餘賑貸者截留上供米或借省倉米或爲朝廷乞封椿米或于諸色倉厫權時那用一面申奏朝廷借內庫乞度牒糴米補還其法專及中等之戸與夫耕農之無力者旣不取息其勢必償此以陳易新之術家不許過二石嚴戒出納諸獘死亡或不能償者姑已之譬之賑濟一散無收豈在責其必償哉大約救荒縱有賠費失陷居上者亦當以社稷根本爲念是乃利國家之大者也

嘗謂救荒之政有人主所當行者有宰執所當行者有監司守令所當行者今各條列于後

人主所當行

恐懼修省　減膳撤樂　降詔求言　遣使發廪　省奏章而從諫諍　散積藏以厚黎元

宰執所當行

以調爕爲已責　以飢溺爲已任　啓人主敬畏之心　慮社稷顚危之漸　進寬征固本之言　建散財發粟之策　擇監司以察守令　開言路以通下情

監司所當行

察鄰路豐熟上下以爲告糴之備　視部內旱傷大小而行賑救之策　通融有無　糾察官吏　寬州縣之財賦　發常平之滯積　毋崇遏糴　毋啓抑價　毋厭奏請　毋拘文法

守所當行

稽攷常平以賑糶　準備義倉以賑濟　視州縣三等之饑而爲之計小飢則勸分發廩中飢則賑濟賑糶大飢則告朝廷截上供乞鬻爵借內庫爲糴本　視鄰郡三等之熟而爲之備纔覺旱澇先發常平錢遣牙吏于鄰郡豐熟處告糴以備賑糶米豆雜斛皆可　申明遏糴之禁　寬弛抑價之令　計州用之虛盈存下一歲官吏支遣餘皆以救荒不給則告糴他邦　察縣吏之能否縣吏不職劾能則有迎送之費姑委佐官以輔之不然對移他邑之賢者　委諸縣各條

賑濟之方　因民情各施賑濟之術　差官祈禱　存恤流民　早檢放以安人情　預措備以寬州用　因所利以濟民飢興修水利整理城垣之類　散藥餌以救民疾

令所當行　方旱則誠心祈禱　已旱則一面申州　告縣不可邀阻　檢旱不可後時　申上司乞常平以賑糶　申上司發義倉以賑濟　勸富室之發廩　誘富民之興販　防滲漏之奸　戢虛文之弊　聽客人之糶糴　任米價之低昂　請提督　擇監視　參考是非　激勸功勞　旌賞孝弟以勵俗飢荒之年有骨肉不能相保者今有婦能讓食于姑孫能養其祖父母者當物色之　散施藥餌以救民飢荒之際必有疾癘　寬征催　除盜賊　雜記條畫

往時賑濟每抄丁口用好紙裝寫數本供報上司徒擾百姓今宜革之只用幅紙申述施行之方

賑法有三城市則減價出糶常平米村落則一頓支散義倉錢其不係賑濟之人則有逐都上戶領錢興販循環糶糴之法

陳龍正曰村落亦不可專主散錢尚須隨宜消息

近臣僚劄子官司平日預先抄劄五家爲甲有死亡遷徙當月里正申縣改正此意亦善今用四等之法每知縣到任責令用心抄劄存縣庶免臨期里正賣弄之弊嘗見州縣抄劄既畢未見施行村民扶攜入郡請米官司未即支散裹糧既竭餓死紛然是以賑濟之名誘其來而殺之也亦有詐作流民經過請乞官吏多厭之然此皆飢窮實非得已官司正當矜憐今凡賑恤須預印手榜曉諭以見行措置發錢米下鄉未可輕動恐紊亂名籍反無所得庶革前弊

江東運判俞亨宗賑濟踏殺婦人一百六十二人乞待罪是未知分場分隊逐隊用旗引之法徐寧孫蘇次參皆有成式似可通變而行大抵百人以上便慮冗雜此皆平日無紀律者況飢羸之軀易蹂踐乎

發米下鄉弊倖非一令稅戶等第認米謂之勸分非惟抑配適啓閉糴莫若責隅官交領常平錢逐都量給所保上戶數千緡令于豐熟處循環收糴米豆歸鄉隨時價出糶麥熟日以本錢還官其領錢不興販及興販而不歸本鄉糶者處以重罪利之所在人自樂爲富室亦恐後時爭先發廩矣

荒政叢書卷一

荒政叢書卷二

林希元荒政叢言

疏

恭惟陛下堯仁舜孝出潛御天敬德日躋文章虎變臣民作極萬國歡心比聞四川陝西湖廣山西等處民厄災傷惻然動念大沛蠲恩期於宏濟博延羣策用廣聰明蓋自三王以降漢唐宋之君少有子育元元窮神知化如斯者也自大號渙頒臣民聳動凡有寸長咸思自獻況臣久甘淪棄更荷生成大德莫酬赤心徒抱茲承明詔敢不對揚夫救荒無善政古今所病古以賑濟垂芳史冊者代不數人然法多醇疵事難盡述往時官司賑濟動費不稽毫分無補今皇上不愛太

府百萬之銀以濟蒼生發自宸衷誠曠典也使不精求良法期濟斯人竊恐故弊仍存聖心良負然臣疎淺豈有高論能裨神謨顧業尚專門事諳素練臣昔待罪泗州適江北大飢民父子相食盜賊蠭起之際臣之官適當其任蓋嘗精義講求於民情吏弊救荒事宜頗聞詳悉今欲有陳于陛下者亦負日之暄以獻吾君之意也臣聞救荒有二難曰得人難曰審戶難救荒有三便曰極貧之民便賑米曰次貧之民便賑錢曰稍貧之民便轉貸救荒有六急曰垂死貧民急饘粥曰疾病貧民急醫藥曰病起貧民急湯米曰既死貧民急募瘞曰遺棄小兒急收養曰輕重繫囚急寬恤救荒有三權曰借官錢以糴糶曰興工役以助賑曰借牛種以通變救荒有六禁曰禁侵漁曰禁攘盜曰禁遏糴曰禁抑價曰禁宰牛曰禁度僧救荒有三戒曰戒遲緩曰戒拘文曰戒遣使其綱有六其目二十有三備開于後編次以進總曰荒政叢言是皆往哲成規昔賢遺論臣嘗斟酌損益或已行而有效或欲行而未得或得行而未及謂可施于今日者也若夫恐懼修省降詔求言蠲租稅以舒民困散居積以厚黎元皆人主救荒之當行則陛下已先得之不容臣言也至于責軍職責監生責吏典乃不得已救急之弊事非盛世所當行則大臣已先言之不待臣言也陛下倘不以臣言爲愚拙爲迂疎乞敕部院詳議可否卽賜施行

一　二難

曰得人難者蓋爲政在人況救荒無善政使得人猶有不濟況不得人乎如常平義倉之法在耿壽昌長孫平行之則爲良後世踵之則有弊其故何也正以不得其人耳今各處災傷民罹凶危陛下隱念至痛府庫百萬之財盡不愛以濟蒼生此眞愛民如子之心也使不得人以行之臣恐措置無方姦弊四出飢者不必食食者不必飢府庫之財徒爲奸雄之資百萬之費不救數人之命此臣所以深憂過慮也然所謂得人者非特府縣官凡分委賑濟官者皆所當擇而不可苟者昔富弼青州賑濟其所用之人則除着州縣正官外就前資及文學等府佐領官擇有廉能者用之夫有歐陽修以主賑濟則縣府正官不用擇所當擇者分委賑濟之官今不得

如歐陽修者主賑濟則主賑濟者府縣正官之責所當精擇而擇委官又其責也臣愚欲令撫按監司精擇府州縣正官廉能者使主賑濟正官如不堪用可別揀廉能府佐或無災州縣廉能正官用之蓋荒事處變難以常拘也至于分賑官員可令主賑官各就所屬學職等官及待選舉人監生等人員擇素有行義者每廠一員為主賑又擇民間有行義者一人為耆正數人為耆副使監司巡行督察各廠所至考其職業書其殿最並開具揭帖事完官上之吏部府學縣職等官視此為黜陟舉人監生等人員視此為除授民上之撫按有功者以禮奬勞仍免徭役有過者分別輕重懲治不恕如此則人人有所激勸而荒政之行或庶幾矣

曰審戶難者蓋賑濟本以活窮民而姦欺百出乃有頗過之家濫支米食而窮餓之夫反待斃茅簷寄耳目于人則忠清無幾樹衡鑑于上則明照有遺此審戶所以難也古云救荒無善政正坐此耳昔宋富弼青州賑濟流民古今所稱臣謂此殆不難何也民至于流卽當賑濟無事審戶何難之有惟夫土著之民飢飽雜進眞僞莫分此其所以難也邇時官司審戶有委之里正者矣有親自抄劄者矣有行賑粥之策者矣然皆不能釐革奸弊何者以臣所見言之臣昔待罪泗州適江北大飢臣始至稽其簿籍本州已賑濟兩月倉庫錢糧已竭矣而民父子相食者不能救盜兵潢池者日益熾臣深求未得其故旣而見民有投子于淮河者問其賑濟則曰無錢與里書不得報名也又審賊犯于獄問其賑濟則曰未也而稽其簿籍已支兩月糧蓋里書之冒支也又收餓莩于野問其賑濟則曰無有何以不濟曰戶有四口二口支糧月支三斗道途遝復已費其半一口支糧四口分之每口止得六七升是以不濟也此按籍之弊也此里正之不足任也臣旣灼知其弊乃親自抄劄則纔入其鄉而告飢者塞途眞與僞莫之辨也旣已沿門審驗則一日不能十數家千萬飢民已不能遍而分委之人其弊與里正要亦不甚相遠此親自抄劄之難也及其廷臣建議賑粥其說以爲窮餓不得已者始來食不須審戶可得飢民臣始是其議用意推行不知歲旣大飢民多鮮恥飢飽並進眞僞莫分甚至富豪伴僕報名食

粥窮鄉富人遣人關支臣因痛加沙汰追罰還官者無數是賑粥之法亦難任也故曰三者皆不能釐革奸弊者此也昔宋蘇次參澧州賑濟患抄劄不公令民用紙半幅上書某家口數若干合請米豆若干實帖各人門首壁上如有虛僞許人告首甘伏斷罪以備委官檢點古今以爲良法但以臣觀之門壁之帖未必從實檢點之官未必得人安能保其可以革弊而絕無欺僞于其間也然則終無策歟臣愚欲分民爲六等富民之等三極富次富稍富貧民之等三極貧次貧稍貧稍富不勸分稍貧不賑濟極富之民使自檢其鄉之稍貧者而貸之銀次富之民使自檢其鄉之次貧者而貸之種非特欲借其銀種也欲于勸分之中而寓審戶之法也何者蓋

使極富之民出銀以貸稍貧彼必度其能償者方借而不借者即次貧也使次富之民出種以貸次貧彼必度其能償者方借而不借者即極貧也不用耳目而民爲吾耳目不費吾心而民爲吾盡心法之簡要似莫有過於此者責委官者逐都推勘隨戶品題既皆的實然後隨等處分賑濟則府庫之財不爲奸雄之資而民蒙實惠矣或曰貧民三等流民何居臣曰流移之民雖有健弱不一然皆生計窮盡不得已棄鄉土而仰食于外與鰥寡孤獨窮乏不能自存者何以異雖謂之極貧可也臣故曰不須審戶即當賑濟者此也

二三便

曰極貧之民便賑米者臣按宋富弼青州賑濟流民所支米

豆十五歲以上每口日支一升十五歲以下每口日支五合仍歷于頭上分明算定一家口數一官如管十耆即每日支兩耆逐耆併支五日口食河北流民賴以存活五十餘萬人此荒政之最善古今所稱近時官司賑濟多有用之而專賑米者然以臣觀之若次貧稍貧人戶家道頗過不幸而際凶歉之年生理雖艱猶未至懸命朝夕且其力能營運不至束手待斃使其終日皦皦而守升合之米彼固有所不屑者且欲食之民畧無涯限倉廩之積豈能盡濟惟夫極貧之民室如懸磬命在朝夕給之以米則免彼此交易之難抑勒虧折之患可濟目前死亡之急此其所以便也其法大口日支一升小口半之八口之家四口給米四口之家二口給米非不

欲盡給之也民無窮而米有限窮餓之民日得米半升亦可以存活矣隨飢口多寡不分流移土著合就鄉集立厰每厰賑濟官給與長條小印上刻某厰極貧飢民以油和墨印誌于臉每人給與花闌小票上書年貌住址如係一家即同一票五日一次赴厰驗票支米十人爲甲甲有長五甲爲羣羣有老每甲一小旗旗上掛牌牌書十人姓名甲長報之每羣一大旗旗上掛牌牌書五甲姓名羣老執之羣以千字文給號當給之日俱限巳時羣老甲長各執旗牌領率所屬飢民挨次唱名給散每口一支五升每甲五斗每羣二石五斗羣甲之糧只給長老使之給散必印臉驗票者防其僞也必羣分旗引者防其亂也必一時支給者防其重疊也必總領細

分者省其繁且遲也每厰給以印信文簿將飢口支糧數目逐一造報以憑稽考仍給升一五升斗一五斗斛一當官印烙發付應用其發米下船如不係沿流及產米去處難于搬運則散銀各厰官耆令就本鄉富戶照依時價糴買或本鄉富民粟盡可令飢民遠就有粟去處一頓關支亦移民就粟之意也

曰次貧之民便賑錢者臣按董煟救荒活民書謂支米最不便弊病又多不係沿流及產米去處搬運腳費甚大不如支錢最省便更無僞濫之弊小民將錢可以抽贖典過斛斗或一斗米錢可買二三斗雜料以二三升伴和野菜煮食則是三斗雜料可供一家五七口數日之費其說是矣近時官司

賑濟多有用之而專賑銀錢者然以臣觀之極貧之民室如懸磬命在朝夕若與之錢銀未免求糴于富家抑勒虧折皆所必有又交易遷還動稽時日將有不得食而立斃者矣可謂便乎惟次貧之民自身既有可賴而不甚急得錢復可營運以繼將來此其所以便也其法八口之家四口支錢四口之家二口支錢每口所支折銀二錢編羣給票亦准極貧印誌旗引則不必用支錢於穿錢繩索係以錢舖散者姓名支銀于包銀紙而印誌銀匠散者姓名如有低僞消折聽其赴官陳告坐以侵漁之罪如是則法不生奸而民蒙實惠矣然塊銀細分必有虧折如銀十兩散五十人每人二錢必虧五六七釐此臣所經驗也要不若散錢爲尤便且貧民以銀易

錢又有抑勒虧折之患也曰稍貧之民便轉貸者臣按出官粟以貸貧民者古之義倉是也勸民粟以濟貧民者今之例納是也今臣所謂轉貸者借民財以益貧民而不費官財酌二者之間而參用之也夫稍貧之民較之次貧生理已覺優裕似不待賑濟然時當荒歉貲用不無少欠不可全不加念是故不之濟而之貸也然欲官自借之則二貧之給錢穀亦或不敷若使富民借之則民度其能償必無不可故使極富之民出財以借官爲立劵豐歲使償只收其本不責其息貧民得財而有濟富民捐財而有歸官府無施而有惠一舉而三得備焉此其所以便也其法八口之家四口借銀每口二錢自正月至四月總四月之銀一次盡給之待其展轉營運

亦可以資其不足而免于匱乏矣一人所借多至二百口少不下一百口若本鄉無富民則借之外鄉並官立文冊事完之日以禮奬勵量免幾年徭役作之有道則民自樂于供輸矣

三六急

曰垂死貧民急饘粥者臣按作粥以飼飢民昔漢獻帝嘗行之後世多有用之而專賑粥者但以臣觀之次貧之民生計未急日授之米已有不屑而況粥乎極貧之民生計雖急而給之粥亦有所不願者何則粥之稀稠冷煖不一食之多寡緩急人殊早關晩放人弗自便氣蒸疫作死亡相繼始也不得已扶攜強健而入廠終也不得去空拳匍匐而出門此

所以不願也臣昔在泗州親見之審矣若夫垂死之民生計狼狽命懸頃刻若與極貧一般給米則有舉火之艱將有不得食而立斃者矣惟與之粥則不待舉火而可得食涓勺之施遂濟須臾之命此粥所以當急也必于通都大衢量搭小廠亦設官者令其領米作粥流移所過並聽就食但人餓既久腸胃噎塞乍飽多死粥要極稀毋令至飽當以漸與之待氣完體壯然後與極貧一體賑米然作粥之法又慮生熟不齊參和灰水之弊要在委任得人則民蒙實惠矣或曰賑粥之法昔大臣嘗行于江北今子三貧之賑不之取獨取而用于垂死貧民何也臣曰昔江北之大飢也民餓死與爲盜正在十一十二月之間臣至多方賑濟稍健能行者隨口給米

弱憊不能行者爲湯粥飼之及正月初廷臣建議賑粥民多不願臣乃試爲二廠一賑粥一賑米民皆舍粥而趨米臣因與面論可否其說鑿鑿可聽臣不能奪乃一意推行而更得法然行之未久而弊作何也飢飽混進而糜費浩繁疫癘盛行而死亡枕藉當日上司目擊其弊故行之不兩月羽書星馳令停粥而給米則上司已知其法之不可行而自改之矣臣目擊其弊乃多方澄汰亦只查革得一二續因飢民病愈乞歸遂給米散遣之雖以賑粥造報實則賑米者半月則臣已知其法之不可行而陰改之矣然臣始至泗州也親見飢民立死乃亟行賑濟城郭餓莩既仆者欲仆者亟取米飲灌之旋以稀粥接續與食既仆者十救五六欲仆者全救因思垂死飢民非粥決不能救又不可緩若夫三貧之賑決不可用乃知昔人此法實爲垂死飢民而設擇羸弱給粥候氣完然後一給則宋儒程頤之論實有見矣今臣三貧之賑去粥不用而獨用之垂死貧民者豈空言無據哉或曰賑濟民既不願又有濫食者何也臣曰不願食者貧民其濫食者非貧

曰疾病貧民急醫藥者蓋時際凶荒民多疫癘昔宋趙抃知越州爲病坊以處病民給以醫藥者正爲此也往時江北賑濟官府亦發銀買藥以濟病民然斂散無法督察無方醫人領銀不盡買藥而多造花銷窮民得藥初不對病而全無實效今各處災傷重大貧民疾病所不能免臣愚欲令郡縣博選名醫多領藥物隨鄉開局臨證裁方郡縣印刷花闌小票發各廠賑濟官令多出榜文播告遠近但是飢民疾病並聽就廠領票赴局支藥仍開活過人數並立文案事完連冊繳報以憑稽考濟人多寡量行賞罰侵尅錢糧照例問遣如是則病者有藥而民免于夭札矣

曰病起貧民急湯米者蓋疾病飢民或不能與賑濟或與賑濟而中罹疾病逮疾病新起元氣初復正當將息之時也而筋力頹憊不能赴廠支米若非官爲之所則呻吟牀簀之上有枵腹待斃者矣臣昔泗州賑濟四月疾作見飢民多病不能赴廠食粥因遣人訪問其家則有患病新瘥欲食而無所仰者乃遣人沿門搜訪但是疾病新起貧民每人給米一升五合三日內外散米一十一石七斗而濟病民八百二十二名口所費不多全活甚衆今各處災傷重大民病有所不免臣愚欲令各廠賑濟官遣人沿門搜訪但是患病新起貧民俱日給米五合一支五日使其旦夕燒湯不時飡飲待元氣既復膚體既壯方發飢民廠照舊支米則病起有養而民免于橫死矣

曰既死貧民急募瘞者蓋大荒之歲必有疾疫流移之民多死道路不爲埋瘞則形骸暴露腐臭薰蒸仁者所不忍也故先王有掩骼埋胔之令宋仁宗有官爲埋瘞之詔良有以也然死者人所畏惡責人以所惡其從則難誘人以所利其趨甚易臣昔在泗州見郡縣差官給銀買席瘞死督責雖嚴而暴露如舊臣知其故乃擇地勢高廣去處爲大塚榜示四方

軍民但有能埋屍一軀者官給銀四分或三分每鄉擇有物力行義者一人領銀開局專司給散各廠賑濟官給與花闌小票凡埋屍之人每日將埋過屍數呈報該廠領票赴局驗票支銀事完造報以便查考埋過屍骸逐日表誌以待官府差人看驗此令一出遠近軍民趨者如市數日之間野無遺骸官不費力而死者有歸至簡至便今各處災傷疫癘不無飢餓轉死所不能免如臣之法似可行也

曰遺棄小兒急收養者蓋大饑之年民父子不相保遂遺棄子而不顧臣昔在泗州見民有投子于淮河者有棄子于道路者爲之惻然因思宋劉彝知虔州嘗給米令民收棄子乃倣而行之置局委官專司收養令曰凡收養遺棄小兒者日

給米一升一支五日每月抱赴局官看驗飢民支米之外又得小兒一口之糧遠近聞風爭趨收養甚至親生之子亦詐稱收抱以希米食旬月之間無復有棄子于河于道者矣今各處災傷去處若有遺棄小兒如臣之法似可行也

曰輕重繫囚急寬恤者臣按周禮荒政十有二三曰緩刑蓋民迫于飢寒不幸有過失緩其刑罰所以哀矜之也況年當荒歉疫癘盛行獄囚聚蒸厥害尤甚若不量爲寬恤則輕重罪囚未免罹災橫死故充軍徒罪追賦不完久幽囹圄者必量情輕重暫爲釋放絞斬重罪有礙釋放者必疎其枷杻給以湯藥如此則輕重罪囚各獲其生無夭札之患矣然囚繫既急寬宥則凡戶婚諸不急詞訟當且停止恐貽累飢民及妨誤賑濟此又不可不知也

四三權

曰借官錢以糴糶者蓋年歲凶歉則米穀湧貴富民因之射利貧民益以艱食昔宋吳遵路知通州適災傷民多流轉遵路勸富家得錢萬貫遣牙吏散出收糴米豆歸本處依原價出糶民謂之便今既勸富民出貸貧民又借其財以糴糶則民不堪矣臣愚欲借官帑銀錢令商賈散往各處糴買米穀歸本處依原價量增一分爲搬運脚力一分給商賈工食糶盡復糴事完之日糴本還官官無失財之費民有足食之利非特他方之粟畢集于我而富民亦恐後時失利爭出粟以糶矣然糴糶之法專爲濟貧商賈轉販所當禁革又當偏及

鄉村不得只及坊郭則貧民方沾實惠或曰宋蘇軾浙中賑濟謂只將常平斛斗出糶則官司不勞抄劄勘會給納煩費但得數萬石斛斗在市自然壓下物價境內百姓人人受賜董煟以爲良法遂建救荒三策而以是爲首今三貧之賑而不之取何也臣曰大飢之歲三貧俱困安得許多銀可糴米豆而糴買者多商販或富民也故其策不可用蘇軾之行于浙中者或未至于大饑也

曰興工役以助賑者蓋凶年饑歲人民缺食而城池水利之當修在在有之窮餓垂死之夫固難責以力役之事次貧稍貧人戶力任興作者雖官府量品賑貸安能滿其仰事俯育之需故凡圮壞之當修湮塞之當濬者召民爲之日受其直

則民出力以趨事而因可以賑飢官出財以興事而因可以賑民是謂一舉而兩得于上役之中而有賑濟之助者昔宋熙寧七年河陽災傷常平倉賑濟斛斗不足詔賜常平穀萬石與修水利以賑飢民董煟謂此以工役賑濟者今之大臣蓋常用之于宰縣之日臣昔師其意而行之于泗州既有效者今各處災傷似可用也或曰荒年財力方詘凡百工力皆當停止故周禮荒政有弛力之令今子乃欲興工役何也臣曰荒年工役之停止者蓋謂宮室臺榭之類之可已者若夫城池之禦侮水利之資農皆荒政之所不可已者府庫之財自有應該支用而不干賑濟之數若里甲之類者臣在泗州蓋嘗支用而不碍于賑濟者矣臣興工役之策復何疑哉

曰借牛種以通變者蓋饑饉之後賑濟之餘官府左支右吾府庫之財亦竭矣民方艱食之際只苟給目前固不暇爲後圖幸而殘冬得度東作方興若不預爲之所將來歲計復何所望故牛種一事尤當處置若燕慕容皝以牛假貧民宋仁宗發粟十萬貸民爲種爲是故也今府庫之財既殫于賑濟如欲人人而與之牛則都里之民甚多一牛之費甚大欲人人而與之種則鈌種之戶不少府庫之財莫積是難乎其爲圖臣昔在泗州承上司文移上里與牛六具種若干臣召父老計之其法難行乃自立法逐都逐圖差人查勘有牛有種者幾家有牛無種者幾家有種無牛者幾家牛種俱無者幾家有牛者要見有幾具有種者要見有多寡通行造報乃爲處分除有牛無種有種無牛人戶聽自爲計外無牛人戶令有牛一具帶耕二家用牛則與之共養失牛則與之均賠無種人戶令次富人戶一人借與十人或二十人每人所借雜種三斗或二斗耕種之時令債主監其下種不許因而食用收成之時許債主就田扣取不許因而拖負官爲立契付債主收執此法一立有牛種者皆樂于借而不患其無償鈌牛種者皆利于借而不患其乏用臣半月之間凡處過牛千九百六十五具種八百四十七石銀一百七十五兩處給一州鈌牛種人戶計四千八百五十六家此于財匱之時得通變之術時江北州縣多有做行者今各處災傷重大如臣之法似可行也然臣昔在泗州不曾定六等人戶故須臨時查勘

今既定民爲六等則稍貧者不待給次貧者令次富給之不待臨時查勘矣或曰次貧之民既有次富之民出種借之極貧之民則何所借臣曰極富之民既借之銀次富之民既借之種不可復借矣要極貧之中無田者多若有田者再處一月之糧而一給之則其事盡濟矣

五六禁

曰禁侵漁者蓋人心有欲見利則動朝廷發百萬之銀以濟蒼生而財經人手不才官吏不免垂涎官者正副類多染指是故銀或換以低假錢或換以新破米或挿和沙土或大入小出或詭名盜支或冒名關領情弊多端弗可盡舉朝廷有實費而民無實惠者皆侵漁之患也昔王莽時南方枯旱流

民入關者數十萬人置養贍院廩之吏盜其廩餓死十七八夫盜廩之弊豈特弃時爲然自古及今莫不然也不重爲禁可乎臣按大明律凡監臨主司盜倉庫錢糧者問罪刺字至四十貫者斬問刑條例宜大榆林等處及沿海去處監臨主守盜糧二十石銀一十兩以上者問罪發邊衛永遠充軍臣愚以爲賑濟錢糧人民生死所係若有侵盜其罪較之盜宣大沿邊等處錢糧者爲尤大其情尤爲可惡合無分別等第嚴立條禁凡侵盜賑濟錢糧至一兩以上者問罪刺字發附近充軍十兩以上者刺字發邊衛永遠充軍至二十兩以上者處絞按律殺人者死侵盜賑濟錢糧至二十兩以上致死飢民不知其數處之以死豈爲過乎重禁如此庶侵漁知警

飢民庶乎有濟矣

曰禁攘盜者蓋人有恒言飢寒起盜心荒年盜賊難保必無縱非爲盜之人當其缺食之時借于富民而不得相率而肆刼奪者往往有之于此不禁禍亂或繇以起周禮荒政十二有除盜之條辛棄疾湖南賑濟嚴刼禾之令正爲是也然處之無方則禁之不止民迫于死亡方且僥倖以延旦夕之命豈能禁之使不攘盜乎臣昔至泗州適江北大饑盜賊蠭起臣先賑濟次招撫次斬捕凡賑過飢民三千四百口撫過飢民四百五十口捕過撫而復叛飢民六十口而盜始大靖今各處災傷重大盜賊攘奪難保必無若官府賑濟未及必作急區處賑濟俾不至攘奪若賑濟已及而猶犯是眞亂法之民也決要懲治然不預先禁革待其既犯遂從而治之是不敎而殺謂之虐也必也嚴加禁革攘盜者問罪枷號爲盜者依律科斷如有過犯不得輕宥如此則人知警懼而不敢犯禍亂因可以弭矣

曰禁閉糴者嘗見往時州縣官司各專其民擅造閉糴之令一郡饑則鄰郡爲之閉糴一縣饑則鄰縣爲之閉糴臣按春秋之時諸侯竊地專封固不以天下生靈爲念然同盟之國尚有恤患分災之義秦饑晉閉之糴春秋誅之況今天下一家民無爾我均朝廷赤子乃各私其民遇災而不相恤豈吾君子民之意萬一吾境亦饑又將糴之誰乎是欲濟吾民而反病吾民也謂宜重爲之禁今後災傷去處鄰界州縣不得

輒便閉糴敢有違者以違制論如此則爾我一體有無相濟非惟彼之缺食可資于我而已之缺食亦可資於人矣

曰禁抑價者蓋年歲凶荒則米穀湧貴嘗見爲政者每嚴爲禁革使富民米穀皆平價出糶不知富民慳吝見其無價必閉穀深藏他方商賈見其無利亦必憚入吾境是欲利小民而適病小民也昔范仲淹知杭州兩浙阻飢穀價方湧斗計百二十文仲淹增至百八十衆不知所爲仍多出榜文具述杭饑及米價所增之數于是商賈聞之晨夕爭先恐後且虞後者繼至于是米石輻集價直遂平今各處災傷若抑價有禁參用仲淹之法則穀價不患于騰湧小民不患于艱食矣

曰禁宰牛者蓋年歲凶荒則人民艱食多變鬻耕牛以苟給

目前不知方春失耕將來歲計亦旋無望臣按問刑條例私宰耕牛再犯累犯者俱發邊衛充軍宏治十二年九月初一日又節該欽奉聖旨私宰耕牛今後違犯的照例治罪每宰牛一隻罰牛五隻欽此夫耕牛私宰在平時尚有厲禁況荒年宰殺必多所關尤大不爲之禁可乎然徒爲之禁而不爲之處彼民迫于死亡有不顧死而苟延旦夕之命者況充軍乎有同類之人父子相食而不顧者況牛乎謂宜預爲禁處凡民間耕牛不許鬻賣宰殺賣者價銀入官殺者充軍發遣如果貧民不能存活欲變賣易穀聽其赴官陳告官令富民爲之收買仍付牛主收養待豐年販買或牛主取贖如此則牛可不殺而春耕有賴民獲全濟而官本不虧臣昔在泗州

蓋嘗行之而已後期今各處災傷宜敕所在官司早爲禁處斯可以有濟矣

曰禁度僧者蓋見往時歲饑多議度僧賑濟不知一僧之度只得十金之入一僧之利遂免一丁之差十年免差已勾其本終身游手利不可言況又坐享田租動以千百富僧淫逸多玷淸規汙人妻女大傷王化是謂害多于利得不償失事不可行理宜深戒昔宋孝宗淳熙九年敕令廣東福建帥臣曉諭願爲僧道者每名備米三百石請換度牒一道續恐米數稍多特減五十石臣按宋人全失中原財賦之入已窘又苦于歲幣之需一遇饑荒故不得已而出度僧之策然猶一僧換米三百石其不輕易如此今國家財賦既倍于宋蠻夷輸貢無復歲幣其財用既不若宋人之窘迫乃因荒年給度又一僧只易其十金所獲不多而受此不美之名何也故宋人之策不可復用度僧之事決不可行今各處災傷重大恐有偶因費廣復建此議者所當禁也

六三戒

曰戒遲緩者臣聞救荒如救焚惟速乃濟民迫飢餒其命已在旦夕官司乃遲緩而不速爲之計彼待哺之民豈有及乎此遲緩所當戒也昔宋蘇軾與林希元書云朝廷原設儲備熙寧中本路截發及別路搬來錢米并因大荒放稅及虧卻課利蓋累百鉅萬然于救荒初無分毫之益者救之遲故也然遲之一言豈但熙寧之時爲然自古及今莫不然也昔臣

至泗州適江北大饑府縣九月十月賑濟皆是虛文而民飢死正在十一十二兩月及至正月而差官發銀始至蓋亦坐遲之病也今宜以此爲戒嚴立約束申戒撫按及司府州縣各該大小賑濟官員凡申報災傷務在急速給散錢糧務要及時申報災傷與走報軍機同限失誤飢民與失誤軍機同罰如此則人人知警待哺之民庶乎有濟矣

曰戒拘文者嘗見往時州縣賑濟動以文法爲拘後患爲慮部院之命未下則撫按不敢行監司之命一行則府縣不敢拂不知救荒如救焚隨便有功惟速乃濟民命懸如旦夕顧乃文法之拘欲民之無死亡不可得也朝廷雖捐百萬之財有何補哉昔漢河內失火延燒千家汲黯奉使往視以便宜

持節發倉廩以賑濟貧民宋洪皓秀州賑濟寧以一身易十萬人命截漕艘借綱運平米斛以賑濟仰哺之民此皆能便宜處事不爲文法所拘者也今各災傷去處宜告戒撫按司府州縣官凡事有便于民或上司隔遠未便得請事有妨碍者並聽便宜處置先發後聞惟以濟事爲功不得拘牽文法致誤飢民有孤朝廷優恤元元之意則大小官員得以自遂而飢民庶乎有濟矣

曰戒遣使者臣嘗見逆時各處災傷重大朝廷必差遣使臣分投賑濟此固軫念元元之意然民方飢餓財方匱乏而王人之來迎送供億不勝勞費賑濟反妨實惠未必及民而受其病者多矣臣愚以爲各處撫按監司未必無可用之人顧

委任之何如耳莫若專敕撫按官員令其照依朝廷議擬成法仍隨所在民情土俗參酌得中督責各道守巡等官分督州縣著實舉行事完之日年稍豐稔分遣科道各處查勘王命所在誰敢不盡心黜陟所關誰敢不用命較之凶歉之際差官逆還徒爲紛擾者萬不侔矣

徐光啓曰戒遣使可也亦顧其人何如耳萬歷己丑之役使者如中州之鍾何可不遣如江南之楊何可遣也　鍾化民于萬歷甲午河南賑荒有賑豫紀畧救荒圖說詳其事萬歷戊子己丑浙江水旱大饑守臣以聞上發帑遣科臣楊文舉往賑文舉入境顧左右曰如此花錦城柰何報荒以欺蔽挾制有司有司惴惴盛供張伎樂文舉遨遊湖山作長夜飲每席費數十金有司疲于奔命諸紳士進見日已午宿酲未解惛惛不能一語趨揖欲仆兩豎掖之堂上糟邱狼籍歌童環伺門外置賑事不問惟令藩司留帑金十一賄當路藩臬至守令悉括庫羨賂之東南繹騷咸比趙文華之征倭云及報命申時行當軸以賑功晉吏科都南太常博士湯顯祖抗疏列其罪狀旋報罷癸巳京察以不謹削籍士論快之

臣案古之救荒有先時預備者有臨時處置者先時預備常平義倉社倉等法是也臨時處置如臣所陳是也臨時處置之方如臣所陳畧盡矣先時預備之法則未之及詳也救荒不先時預備而待臨時處置亦緩不及事矣古之聖王三年

耕必有一年之食九年耕必有三年之食以三十年之通制國用雖有凶旱水溢民無菜色者先時預備也以荒政十二聚萬民則臨時處置也必二者並行然後爲聖王之政若宋董煟救荒全法一書可謂兼備矣元張光大取而續增之本朝朱熊又補其遺世稱爲完書版刻見在南京國子監然以臣觀之編次無論觀閱不便其間缺畧不備窒礙難行蓋亦有之茲遇聖明博求荒政臣愚竊欲重加編集以進然待哺飢民方懸命旦夕若待編完不無遲誤姑以微臣所見臨時賑濟之宜先行具奏俟臣從容編集完日另行奏進

荒政叢書卷二

荒政叢書卷三

屠隆荒政考

夫歲胡以災也非五事不修時有闕政皇天示譴降此大眚則或小民淫侈崇慝積釁醞釀沴氣仰干天和雨暘恒若水旱爲災歲以不登四境蕭條百室枵餒子婦行乞老稚哀號甚而拾橡子采鳧茈以爲食掩螺蚌捕鼠雀以充糧餒甚而斸草根剝樹皮析骸易子人互相食積骨若陵漂屍塡河百姓之災傷困厄至此爲民父母柰何束手坐視而不爲之所哉余退居海上貧無負郭值海國歲侵百姓艱食流離之狀所不忍言余不暇自爲八口憂惶而重傷鄉父老子弟饑饉乃參古人之成法順南北之土風察

民病之緩急酌時勢之變通作荒政考以告當世貽後來維司牧者留意焉

一曰蠲歲租之額以蘇民困歲荒民飢救死不贍奚暇完租不惟饑荒之卹而迫日而征之民力必不支不塡溝中則起而爲盜周禮大司徒以荒政十有二聚萬民首曰薄征緩刑舍禁弛力西漢昭帝秋八月詔曰往年災害多今年蠶麥傷所賑貸種食勿收責毋令民出今年田租唐憲宗元和七年上謂宰相曰卿輩屢言淮南去歲水旱國以民爲本民間有災當急救之即命速蠲其租按唐人水旱損四則免租損六則免調損七則租庸調俱免卹民如此其厚宋仁宗曰頃者江南歲饑貸民種糧數十萬斛轉運督責不已民貧不能償其悉蠲之神宗熙寧間上以久旱憂見容色於是中書條奏請蠲減賑卹建炎二年七月十九日上御批大水飛蝗爲害最重之處仰百姓自陳州縣監司次第報明奏聞量輕重與免租稅淳熙令課稅場務經災傷者各隨夏秋限依所放分數于租額除豁元大德二年正月詔曰比年水旱疾疫百姓多被其殃已嘗蠲復賑貸尚慮恩澤未周其大德三年腹裏諸路合納色銀俸錢盡行除免江南等處夏稅以十分爲率量免三分大德五年詔曰各路風水災重去處今歲差發稅糧竝行除免大德六年詔曰比歲旱溢爲災民不聊生民間應欠差稅盡行免徵大德七年詔曰比歲不登百姓困乏其大德七年差發稅糧盡行蠲免大德八年詔免災傷去處差

發稅糧自大德八年爲始與免三年或與免二年或竝行蠲免至大二年詔曰被災曾經賑濟百姓至大三年腹裏江淮夏稅竝行蠲免至大三年正月以來民間逋欠差稅課程照勘竝行蠲免至大三年詔曰各處人民饑荒轉徙疾疫死亡一切逋欠盡行蠲免仍除差稅三年延祐改元詔曰被災去處皇慶二年曾經賑濟人民延祐元年差發稅糧盡行蠲免

國朝洪武元年詔曰今歲水旱去處所在官司不拘時限踏勘實災稅租即當蠲免宣德二年詔曰各處鹽糧稅租除宣德二年以先未完者依例徵納其宣德三年鹽糧稅糧以十分爲率蠲免三分宣德五年敕諭各處有經水旱蝗蝻去處從實體勘災傷田土明白具奏開豁稅糧坐視不理者罪之

宣德八年詔曰凡災傷去處人戶自宣德七年十二月以前拖欠夏秋稅糧人戶鹽糧及官軍屯糧子粒悉皆停徵其拖欠各色課程鹽課并各衙門見坐派買辦采辦諸色物料顏料等及虧欠孳牧馬驢牛羊牲口悉皆蠲免仍免其今年夏稅宣德九年敕諭南京直隸應天蘇松府州縣今水旱蝗蝻災傷之處但是工部派辦物料即皆停止其不係災傷之處所派辦物料亦令陸續辦納不許逼迫正統六年詔曰今年被災去處踏勘是實其該徵稅糧馬草子粒即與停徵備開戶部除豁正統十四年詔曰各處有被水旱災傷之處踏勘得實該徵糧草所司即與除豁景泰元年詔曰各處但遇水旱重傷之處所司從實取勘申達覆實具奏戶部量與蠲免

稅糧天順元年詔曰山東順天河間地方爲因上年積水未消不曾布種勘實具奏該徵今年夏麥及農桑絲絹悉與蠲免天順七年詔曰各處被災府州縣所種田禾無收已經具奏著巡按御史即與踏勘分豁以蘇民困其有具奏曾經宥免者該部即與准理不許重徵天順八年詔曰各處奏報水旱災傷曾經巡撫官踏勘明白具奏即與除免成化七年詔曰各處拖欠稅糧馬草子粒農桑絹布等戶口食鹽鈔錠商稅河泊門攤課程差撥銀兩自成化五年十二月以前盡行蠲免今歲奏報災傷去處曾經勘實者糧草子粒悉與除豁成化九年詔曰被災之處成化九年夏稅小麥絲綿絹疋戶口食鹽盡行蠲免成化二十年詔曰各處該納糧稅馬草子粒農桑人丁絲絹戶口食鹽門攤商稅魚課棗株諸色課程錢貫拖欠未徵者自成化九年十二月以前悉與蠲免今歲奏報災傷去處即行勘實糧草子粒悉與除豁宏治五年詔曰各處先年爲因災傷小民拖欠稅糧草束馬匹物料等項有司畏罪捏作已徵及虛支起解後雖遇赦例以在官之數仍前追徵不與分豁者詔書到日撫按官務要用心查勘是實悉免追徵正德五年應天并直隸蘇松浙江杭嘉湖等府近遭水患民不聊生該年一應稅糧各該撫按官從公查勘量加蠲免以蘇民困余考之前代蠲租免稅何代無之而我祖宗蠲免之詔更無歲不下聖裹宏慈皇恩湛濊至今上照屬萬國子惠黔黎尤肫切焉惟我貝有司遇災即聞聞速具

詳毋緩毋隱奉行恩詔務殫厥心使上覃至仁下霑實惠帝鑒欣嘉神理孚祐可不勉旃

二曰發積畜之粟以救飢傷損有餘補不足天之道王者玉食萬方四海爲家元元枵腹殆瀕死亡爲民上坐擁囷廩之饒而不急救下民旦夕之命如爲民父母何民飢死且盡天下土崩而上能晏然飽食高枕無是理也按月令季春之月天子布德行惠命有司發倉廩賜貧窮賑乏絕漢文帝後元六年大旱蝗弛山澤發倉庾以濟民漢昭帝始元元年三月遣使者賑貸貧民無種食者魏黃初二年冀州大蝗歲饑使尚書杜畿持節開倉廩以賑之吳孫權赤烏三年民饑詔遣使開倉廩賑貧者晉武帝泰始三年青徐兗州水遣使賑恤

唐憲宗元和間南方旱饑遣使賑恤將行憲宗戒之曰朕宮中用帛一疋皆計其數惟賑恤百姓則不計所費卿輩當體此意宋太祖臨御之初遣使諸州賑貸分詣城南賜飢民粥曹州饑運京師米以賑之建隆元年遣戶部郎沈倫使吳越歸奏揚泗飢民多死軍儲尚百餘萬斛可貸于民至秋復收新粟帝即命發廩貸民至道二年詔官倉發粟數十萬石貸京畿及内郡民爲種熙寧七年河陽災傷詔賜常平穀萬石與修水利以賑濟飢民六月詔常倉司衛判封樁四萬九千餘石貸共城獲嘉等三縣中等闕食戶熙寧八年沂州淮揚災傷特甚詔發常平錢省倉米等給散孤貧戶元大德四年詔曰被災去處有貧乏闕食者所在官司量與賑給大德五年詔曰聞夏秋以來霖雨風水爲災南北數路民罹其害朕甚憫焉其議遣官分道濟䘏大德九年詔曰諸處百姓有貧乏不能自存者中書省其議賑濟毋致失所我朝永樂十九年詔曰有被水旱闕食貧民有司勘實賑濟洪熙元年詔曰有被水旱災傷去處闕食貧民有司即便取勘賑濟毋得坐視民患宣德九年勑諭被災之處人民食乏委官前去于所在官倉量給米糧賑濟正統四年詔曰各處有被水旱災傷闕食貧民有司即爲取勘賑濟勿令失所天順元年詔曰預備倉有司常加修理蓄積糧儲遇有民饑驗口賑濟朝廷德意往往如此其在有司之良如畢仲游之賑濟耀州滕達道之賑濟京師張詠之賑濟成都富弼之賑濟青州皆擘畫得

宜調停有法全活甚多號稱良牧夫賑濟者聚濟不如散濟零濟不如頓濟何爲聚濟不如散濟聚數千萬人于一處而爲之給散上之給散難遍有守候之苦下之喧鬨日積有蹂踏之患夏熱氣薰蒸疾疢易作羣居露宿栖泊無廬爲害不淺必也委賢能僚屬及鄉官之良富民之有德行者分頭給散而正官爲之總管稽查可也何爲零濟不如頓濟即如一人日給糧一升一月應得三斗令飢民僕僕焉奔走而日領一日之糧既費且勞得不償失不如計一月三斗之糧頓而與之令得家居安食一月一月糧盡後復赴領官不瑣煩而民得安逸不亦可乎

三曰行官糴之法以資轉運夫境内災傷野無青草將議賑濟則恐官府之囷廩有限議勸借則恐地方之富戶無多最妙之策須發官帑銀兩若干委用忠厚吏農富戶轉糴于各省外郡豐熟之處歸而減價平糶于民委用員役分頭往糴如發官銀一千兩先糴五百兩至而糶與飢民即發後五百兩往糴先五百糶完而後五百兩繼至後五百兩將盡而先五百兩復來如此轉運無窮循環不已則百姓雖丁凶年之苦而常食豐年之糧積穀之家雖欲踊貴其價而官府平糶之糧日日在市彼即欲獨高其價勢必不能漸近有秋閉藏無用則彼亦不得不平價而出糶矣如他處米穀不足則雜買荳粟蕎麥蕎蕨粉芝蔴之類並足充飢民恃無恐況豐熟而還帑官銀不虧那移以逸民民飢獲濟若委用得人必

無他虞卽勸富民自以己資往來糴糶民亦必從此最妙之策也若附近州郡無豐熟之處不妨稍遠所以貴見災而懼先事預圖也考宋慶歷四年遣內侍齎奉宸庫銀三萬兩下陝西博糴穀麥以濟飢民吳遵路知通州時淮甸災傷民多流轉遵路勸誘富豪之家得錢萬貫遣牙吏二十次和賃海船往蘇秀收糴米豈歸本處依元價出糶使通州災傷之地常與蘇秀米價不殊董煟曰借內庫錢于豐熟去處循環糴糶以濟飢民古人高見卓識已如此故此非余一人之臆說也惟出糶之時須設法禁約糴者必係真正飢民人不許過三石嚴查重罰毋爲商牙揭販者所夾混頓糴輾轉射利尤當嚴戢胥吏誅求役人折勒此不能禁事瓦解矣

四曰勸富戶之賑以廣相生夫富者珍寶豐盈一身而外長物耳倉箱充溢一飽而外何加焉卽令百姓垂斃而吾安享饒腴萬一民窮盜起戈矛相向雖有粟吾得而食諸而富者雖有所積未關軀命飢者稍得所濟實延餘生以吾未關軀命之糧而爲彼實延餘生之助官府敬之百姓感之而又有陰德何苦不爲以此相勸有良心者必動昔眉州蘇杲遇歲凶賣田以賑其鄰里鄉黨逮熟人將償之君辭不受以至數敗其業危于飢寒而不悔其後生子洵孫軾轍爲老大儒光起門祚漢州李長者遇歲不登輒爲食以食飢者自春徂冬日以數千乾道戊子民飢就食李家者日至三四萬人始自紹興之丙辰三十餘年歲以爲常所損不貲所全活亦無算

其後孫寅仲登上第至禮部侍郎敷文閣直學士豈無尚義好施如二公者乎惟在上之人激勸而感發之耳而其本尤在司民牧者精誠以幹國豈弟以恤民如向經知河陽大旱蝗民乏食經度官廩歲支無餘乃先以己圭田所入租賑救之已而富人皆爭效慕出粟所全活甚衆扈稱爲梓州路轉運使歲饑道殣相望稱先出祿米賑民故富家大族皆願以米輸入官而全活者數萬人夫上躬先仁義而其下有不望風響應者否也又須縣賞格以勸民須科條以鼓衆或量其所捐而優以禮貌風以折節獎以旌扁榮以冠帶富民之所最欲得者給以印信一帖除重情而外預免其罪責一次令得執以爲信彼見吾之中心款誠調停詳妥好義者必爭先貪悋者亦勉應矣但惟宜行勸誘聽其自願不宜妄行科派强其不堪其最要者在有司先自捐俸以感竦士民夫有司之俸幾何詎謂其便足以賑卹百姓而假以鼓舞倡率使士民無辭者在此也

五曰籍飢民之口以革冒濫夫上之賑濟以活飢殍也非以助奸民也余見里役之報飢民也家有需索人有納賄市猾之得過者欲爲他日規避差徭之地則賄里役以報飢民二三實飢而流離者以貧無能行賄而反不得與則雖有賑濟之名無救小民之死必也罪濫冒罰遺漏嚴勘結密體訪如蘇次參將飢民人口數合請米數書寫貼於各人門首壁上如有虛名僞數告首斷罪或拘集各役出其不意令各書報

隔別互查或眞正飢民被遺許諸官自陳重治報役如此則濫冒之奬必革而待哺之民罔遺矣

六曰躬賑糧之役以防吏奸夫官府之行賑濟當其吏胥之發糧也則既偷竊于吏胥及其委役之散糧也則又尅滅于委役竊與尅者十恒得其七八而飢且死者十不能得其二三故事枝梧虛文搪塞如朝廷之德意何必也四境之內照東西南北分日擇地諭集該境飢民躬親查給勿委人悞事萬一地廣人稠一身不能遍歷委用廉能員役分頭管散親給糧食簿籍分明所給散糧食每一處其飢民戶口若干糧食若干每名口給與糧食若干逐一明白榜示使飢民曉然各知數目如有管散人役尅減短少許飢民即時首告以憑

坐贓究問如律正官出其不意時一親到彼處驗查則役人斷不敢作奬而窮民沾恩矣

七曰詳村落之賑以遍窮簷夫顚連無告之民城市尚少村落爲多有司之行賑濟往往彌縫于城市而疎脫于鄉村城市之中飢戶稍有賑濟以爲觀美而不知窮鄉僻野之間橫于道路塡于坑谷者不知其幾宋紹興中議賑濟事高宗曰拯濟爲貧民近世拯濟止及城郭市井之內而鄉村之遠者未嘗及之須令措置州下縣縣下鄉雖幽僻去處亦分委官屬必躬必親則貧民沾實惠矣乾道中孝宗御筆批云今春閭中艱食朕甚念之向聞諸處賑濟多止及于城市而不及于鄉野甚爲未均卿等一一奏來大哉王言如陽春之遍幽谷大明之照窮簷爲有司者顧可不體此意耶必也多方撫循加意周徧無遠無近皆吾赤子近處則正官親臨遼遠則委用廉幹而詳于防範嚴于稽查使無不均之歎可也

八曰行食粥之法以濟權宜食粥之法爲極貧者而設極貧者雖得升合之糧不便炊㸑日煮粥以飼之賴以全活顧所最忌者羣百千人而聚食一處遠涉者不及食粥而或以道斃羣聚則穢熱蒸染而易以生災甚而管粥者尅米而多攙以水給食而不惟其時以救民之生反以速民之死須愼選員役必躬親考覈峻加罰治斯役人不敢作奸悉遵法令逐鄉而煮分圖而食煮必以潔食必以時如古者按時刻照人數執旗引隊羣而不亂此法可行也要之愚意煮粥終不如

給糧零散終不如頓散也

九曰設多方之策以宏仁恩夫四方之地土風懸殊災變之來時勢不一刻舟不可以求劍膠柱不可以調瑟必也順風俗相時宜酌人情權事勢凡可以佐百姓之急者術亦多端矣如漢鼂錯建言令募天下入粟縣官得以拜爵除罪武帝詔山林池澤之饒與民共之後漢永平年間詔五穀不登其令郡國種蕪菁以助人食董熠曰飢年食蕨根煮野菜拾橡子采聖米凡可以度命者隨所在而爲之西晉惠帝時螟傷稼度支尚書杜預上疏留漢氏舊陂繕以蓄水令飢者盡得魚菜螺蜯之饒此目下日給之益水去之後塡淤之田畝如數鍾此又明年之益以典牧種牛四萬五千餘頭分以給民

使及春耕種穀登之後責其租稅此又數年以後之益程珣知徐州久雨珣謂俟可耕而種時已過矣乃募富家得荳數千石以貸民使布之水中水未盡涸而荳甲已露矣是年遂不艱食范純仁爲襄邑宰因歲大旱度來年必歉於是盡籍境内客舟誘之運粟賴以無飢又古者行鬻爵令人輸粟照所入之數以次補吏給度牒度僧每名入米三百石易度牒一道以活飢民遇飢行權及熟即止乃若范仲淹遇災荒募民大修營造而令飢者就工就食世人不達以爲災歲興作擾民也而不知飢民反賴以獲濟古人救荒多方哉乃若出官帑銀而循環轉運及勸富民之興販誘客商之糴糴此于荒政更爲喫緊當事者不可不知也

十曰厲揭販之禁以袪市姦歲侵穀貴小民已不堪命而市井之猾牙儈之徒罔念民艱乘時射利凡遇有穀之家入市出糶結黨成羣邀截兜攬稍高其價而收糴之以圖折勒零糶取利倍增穀價之所以日長飢民之所以日困皆此曹爲之也有司須嚴查密訪重責枷鎖號令都市此風戢而穀價平矣

十一曰戒折價之令以來商糴夫民情之趨如水之流順而導之則通壅而遏之則決荒年穀費民誠不堪有司不忍穀價日高以病小民乃令折減時價定爲平糶此令一出則他處之興販者畏沮而不來本境之有穀者閉糶而不出民食愈乏人情益慌強則有刼掠弱則有飢死而已故良有司惟責設法調停令穀價聽時低昂不強折減而出官銀以行運糴鄰商賈以來興販請皇恩以開賑濟懸賞格以勸富民悉力調停漸近食新則穀價不減而自減不平而自平矣范仲淹知杭州包丈拯知廬州皆不限米價而商至日多米價遂賤此前賢已行之明鑒也

十二曰予民間之利以充贍養民間之利如近山林者則有樵採之利近江海湖蕩河泊陂池者則有粱罟之利近竈場者則有煎煮之利近關津廠務者則有商稅之利須力請于上暫弛一二月之禁令飢民得依以活命一遇豐熟即便停止而又爲之嚴示約束不得乘飢急行非法搶擄犯者無赦是亦救荒之一策也

十三曰留上供之粟以需賑濟夫王者爲民父母四海蒼生皆其赤子也寧有父母之廩食有餘坐視赤子之飢餓而死而漠不爲之拯救乎損太倉之稊米滄海之一粟而可以活萬姓之命王人者所當急圖也余考宋大中祥符詔江淮發運司歲留上供米五千石以備饑年賑濟紹興間戶部尚書韓仲通乞以上供之米所餘之數歲樁一百萬石别廩貯之以備水旱乾道七年饒州旱傷截留在州樁管上供米三萬石以賑飢民熙寧中浙西數郡水旱災傷詔撥本路上供斛米二十萬石賑濟宋時人主憂民如此今朝廷不聞詔留某項解京糧餉賑濟飢民有司亦絕不敢以此爲請而徒取境内藏積糧儲量行給散能有幾何譬如霡霂小雨灑久旱龜

拆之田其何能濟虛文故事㫖亦可哀也已今遇大侵願有司力請于監司監司力請于朝廷留粟發粟依倣前代不然所司噤不敢出聲即民間之疾苦何由而上聞上人之德意何由而獨發乎而乃令明時賑䘏之仁遠遜前代是所司之過也誠有能將小民飢餓流離乞丐轉徙死亡僵藉傷心酸鼻諸苦狀悉描寫以上聞于當宁而懇其留粟發粟則上之人必惻然而感動即不然而言者未必便獲罪即獲罪吾亦欣欣甘之耳嗟嗟今南北水旱災傷殆遍而杳不聞鄭俠流民之圖蘇軾腰領之札慷慨激切為下民請命者何也

十四曰弛專擅之禁以救然眉蓋民命倒懸君門萬里閭閻之窘急星火矣吾不惟閭閻之急是顧而惟私念其身家妻

孥必請命而後行得報而後發道途往返未及施行而百姓必轉於溝壑矣萬一請而不得則小民雖嗷嗷而就斃且盡亦付之無可柰何而已故余以為賑濟之事若猶可稍緩則當以請命為恭若勢在然眉朝不及夕則先發後聞以身當之可也漢汲黯奉命往視河內失火遇河南貧人傷水旱萬餘家或父子相食以便宜持節發河南倉粟以賑貧民請歸節伏矯制之罪上賢而釋之唐蕭復為同州刺史歲歉京畿觀察使儲粟復發之以貸百姓有司劾治詔削停刺史或弔之復曰苟利於人胡責之辭其後拜兵部尚書宋慶歷年間江東大饑運使楊紘發倉以賑之吏欲取旨紘曰國家置義倉本慮及凶歲今須旨而後發人將殍死上聞而褒之楊逸為光州刺史荒歉連歲以倉粟賑給有司難之逸曰國以人為本人以食為命以此獲戾乃所甘心莊宗聞而賢之韓韶為嬴長賊聞其賢相戒不入嬴境餘縣多被寇盜廢耕桑其流入縣界求索衣食者甚衆韶閔之乃開倉賑拯主藏者爭之韶曰長活溝壑之民以此獲罪又何歉太守素知韶名竟無所坐夫捐一軀以活萬姓之命仁人志士猶為之況此舉不過奪官重則問罪而已柰何顧惜而坐視百姓危亡況古人專之往往反蒙朝廷褒美然臣子甘黜罰以犯矯制褒美固非其所覬覦褒美而嘗試為之難哉

十五曰假便宜之權以倡民牧夫大夫專境外將軍制分閫戎事則爾荒政亦宜然小民之危亡展轉在呼吸之間而朝

廷之決斷制命在萬里之外有司之觀望顧惜者多捐身為民者少君相不長慮遙燭而稍假有司以事權小民之倉卒奚告焉隋煬帝幸江都郡縣競刻剝以充貢獻生計無遺加之饑饉無食始采樹皮木葉或擣藁為末或煮土而食之官廩充牣吏皆畏法莫敢賑救百姓安得而不餓死天下安得而不敗壞乎宋乾德元年夏四月詔諸州長吏視民田旱甚者則蠲其租不俟報余讀此詔每為感泣而頌聖明有司非除吏之職無封拜之權而古惟救荒則給空告身空名度牒與之而令得拜爵度僧專而行之豐熟乃罷古之㫖有司有不俟請命徑自截留上供者有專制發粟歸而伏罪者朝廷非但赦其罪狀而從而褒嘉旌異之無非優假有司全活黔

首此在荒歲權宜不嫌於下移旁落惟君相深計而熟察之耳

十六曰節國家之費以業貧民夫天子燕饗賞賜每一舉動輒費鉅萬小民曾不得顆粒入口枵腹而終亦可悲矣漢桓靈隋煬帝唐德宗俱享四海之饒擁紅腐之積穀粟如糞土珍寶如泥沙而黎民阻飢罔知收䘏奔亡破敗詎云不幸周禮荒政眚禮蕃樂曲禮歲凶年穀不登君膳不祭肺馬不食穀馳道不除祭事不縣大夫不食粱士飲酒不樂玉藻曰年不順成君衣布搢本關梁不租山澤列而不賦土工不興大夫不得造車馬穀梁曰大侵之禮君食不兼味臺榭不塗鬼神禱而不祀漢景帝以歲不登令馬不食粟徒隸衣七緵布

東晉烈宗以彊埸多虞年穀不登供御所須事從儉約九親供給衆官廪俸權可減半凡諸役費自非軍國事要皆從停省唐憲宗宮中用帛皆計其數而惟賑恤百姓無所悋惜在朝廷稍事減損不過省一飯一賞之費便足延閭閻萬姓之生亦何苦而不爲乎

十七曰立常平之倉以善備賑按漢耿壽昌建言令邊郡皆築厫倉穀賤時增價而糴以利農穀貴時減價而糶以利民名曰常平倉原取惠利百姓以防水旱災傷初非較計出入利息以足公帑故增價以糴須照歲熟之大小減價以出亦須照歲饑之上下無歲不糴無歲不糶斯新陳互易出入常平唐宋力行此法甚利小民我朝亦倣而行之柰有司不肯

著實舉行一切文移虛應故事當穀賤之時不設法增價買糴以致倉中空虛稍有所積一遇饑荒則又受文法之牽制畏上司之稽查而不敢輕發以減價平糶積於無用閑爲灰埃僅僅以一紙教令勸民間之出粟以爲吾救荒之事畢矣爲民上者事須師古計在利民設法買糴令其常盈絕別項之挪移計吏斗之侵剋常糴常糶出陳易新不可不講也

十八曰兼義社之倉以待凶荒按朱熹社倉議淳熙八年建寧府崇安縣開耀鄉有社倉一所本府給常平米六百石夏間給與人戶冬間納還每石量收息米二斗自後逐年依此斂散或遇小歉即蠲其息之半大飢則盡蠲之至十有四年量支息米將原米六百石納還本府其見管三千一百石並

是累年人戶納到息米已申本府照會將來依前斂散更不收息每石只收耗米三升行之諸路其有富家情願出米本者亦從其便息米及數亦與撥還有不願置立去處官司不得抑勒則亦不至騷擾公私儲蓄實預備久遠之意但夏貸冬收每石收息米二斗愚以爲利息頗重每石息米改作一斗足矣義倉古與社倉通行但古行義倉法於田畝正稅外別徵升合以入義倉在廉吏行之則可貪吏將借以濟其多取之私擾民不便愚意設之義倉乃尚義樂施之名官吏尚義則捐俸以買糧富戶尚義則出貲以入粟上以好義倡之而風巨室大家起而和樂必如是而後可耳常平以賑糶義倉以賑濟在官既有減價平糶則不必出令抑勒而可以濟

歷下穀價後有賑濟則與平糶參用並行何荒不救在糶則止許飢民之零糴而不許販戶之頓買在濟則務自城郭之百姓以遍鄉村之極貧如是庶乎水旱有備流亡可免矣然而漏落僞冒重疊等弊不可不數查而釐革也

十九曰豫救荒之計以省後憂夫當事變未來而預爲之所則意思整暇易於擘畫及其事變既至而後爲之圖則手足冗迫難以支分蘇軾曰救荒卹患尤當在蚤若災傷之民救之於未飢則用物約而所及廣救之於已飢則用物博而所及微熙寧之災傷沈起張靜之流不先事奏聞但立賞閉糴富民皆事藏穀小民無所得食流殍既作然後朝廷知之始敕運江西及截本路上供米一百二十三萬石濟之巡門俵

米攔街散粥終不能救繼以疾疫本路死者五十餘萬人此無他不先事處置之過也去年浙江數郡水旱二聖仁智聰明於去年十一月終首發德音截撥本路上供斛斗二十萬石賑濟又于十二月終寬減轉運司元祐四年上供斗斛三分之一爲米五十餘萬斛盡用其錢買銀絹上供了無一毫虧損縣官而命下之日所在歡呼官既往糴米價自落又自正月開倉糶常平米仍免數路稅場所收五穀力勝錢且賜度牒三百道以助賑濟本路帖然絕無一人餓殍者此無他先事處置之力也趙抃知越州先民之未飢爲書問屬縣被災有幾鄉民能自食者幾家當稟于官者有幾人溝防興築可僦民使治之者有幾所庫錢倉粟可發者有幾何富人出

粟之家有幾戶使各書數目以對得飢民若干粟若干豫爲設法賑濟男女分日而給使衆無相蹂又爲給粟之所於城市郊野若干處又告富人無得閉糴又出官粟平價自糶又僦民修城領工價就食又民取息錢者告富人縱予之而得熟官許爲責償又男女有棄者收養之又爲病坊處疾疫之無歸者募僱二人屬以視醫藥飲食令無失時凡死者使在處收瘗之抃經營綏輯纖悉畢備皆先事爲計越民賴以不災古人早見如此如見目今大水大旱大蝗知將來必飢輒豫爲之計或豫檢踏災荒之田豫查報被災之戶早申災傷之文早借備賑之粟或豆麥蹲鴟蕭薥蕪菁芝蔴之類可種則躬勸率百姓廣種各鄉或豫發官帑銀給委忠實廉德官

戶往鄰郡豐熟去處糴米穀雜糧以待平糶或勸誘商賈客舟運粟以來而許爲存卹護視主糶焉或豫查境內巨家富室而結以恩信優以禮貌勸以陰德悚以利害令其各有顧惜桑梓之情凡此皆豫之道勝也余城中一貧寡婦見去歲大風水知來歲必荒手織巾布鞋襪及出室中什物令其兒日日入市雜易大小豆麥松花蕨粉芝蔴之屬磨碎炒乾雜作爲細粉而積數巨箱至今歲果大飢日取滚湯攪而啖之終飢荒之月食當有餘他人多餓死而獨此婦無恙令官民之智皆如此婦也則何飢荒之足憂哉奈何有司日惟優游堂上捱歲月而望遷小民亦惟苟度目前臨饑荒而失措故豫備之道不可不亟留神也

二十曰先檢踏之政以免壅閼水旱蝗蝻之後田不被災矣若非正官親臨逐鄉履畝檢踏災傷而令首領及吏農里老人等往而虛應故事或反需索滋擾則在先之覈災不實而後日之救荒何據乎此隱漏重冒之弊所以紛紛也

二十一曰時奏荒之疏以急上聞夫天子端居九重安能坐照萬國而無遺即如境內災傷矣百姓急須告災于有司有司急須申災于撫按撫按急須奏災于朝廷朝廷以萬國為一體必不坐視而不為之拯救萬一報遲則上人易以起疑而救災又恐無及此伊誰之咎乎

二十二曰嚴敝災之罰以儆欺玩更好談時和年豐以釣聲譽而諱言饑荒水旱以損功名故恒有匿災異以不聞甚或

飾饑荒為豐穰唐憲宗謂宰相曰卿輩屢言淮南去歲水旱近有御史自彼還言不至為災李絳曰御史欲為姦諛以說上意耳夫已則竊豐穰之虛名而使百姓受仳離之實禍有人心者忍為之乎大歷二年秋霖損稼渭南令劉澡稱縣境苗獨不損上曰霖雨溥博豈渭南獨無更命御史宋穀視之損三千餘頃上歎曰縣令字民之官不損猶應言損乃不仁如此乎貶澡南浦尉代宗此一事稱聖矣往年吳郡大水吳中一令悉力祈禱冒雨遍歷各鄉督率修築圩岸隄塘他郡邑潦侵而此邑頗不為災及御史入其境見田不荒荒秀實謂令曰人言汝邑獨不災果然不謬令曰以使君所見乃傍官河田易行處救故得不災其四鄉腹裏低窪去處壞不能救者多矣令安敢冒不災之美名而貽百姓以大患為令若此一令可哉

二十三曰修水旱之備以貴豫防夫救災于有事之後不如防災于無事之先田地之高燥者宜有以蓄水以備旱則池塘河蕩不可不濬也田地之低窪者宜有以洩水以備潦則圩岸隄防不可不築也我國家設有水利之官正所以專管講求邇年以來有司皆視為故事漫不經心水旱無備非一日矣願朝廷特發明詔申飭諸道監司督有司有司督糧塘里役着實修舉修舉者有賞廢墮者有罰分別勤惰以示勸懲有備無患此之謂也

二十四曰躬祈禱之事以回天意成湯六事自責自為犧牲

而甘霖立應唐文皇願移災朕身以存萬國不忍蝗蟲食穀而吞之寧食吾肝肺是歲蝗不為災古帝王尚爾何況有司乎夫天高聽卑英靈肸蠁敢不孚但天體尊而神理赫其非凡夫假意虛文可以一呼而應亦明矣有司之祈禱者或佯禁屠沽而私飲酒食肉冠帶騶從而不肯習勞僅發一牒躬一拜了事而已多岐其心二三其德悠悠忽忽念罔在民以此為禱而輒欲回神譴召天和吾知其必不能也持齋素斷嗜欲畏天怒哀民窮首宿罪悔己愆內辦精誠外屬勤苦易錦繡而素服屏奉從而徒跣蒲伏而終朝長跪而百拜暴日而焦枯沐雨而腫濕涉遠道而不辭觸蛟龍而不畏上天加災下民且死吾何惜一身以謝萬姓必感格而後已如是

而天心未有不同者也古蝗不入境霖雨隨車豈偶然之故哉

二十五曰勵勤苦之行以感人心人雖嚚頑者亦有良心可感而動平日吾爲吏廉仁而祈禱勤苦士民業已見而心憐之即如欲勸士夫之賑濟發大家之蓋藏則不遣隸卒不行符票方巾野服芒履徒步而遍詣士民之家爲之降其顏色溫其言辭優以禮貌風以德義憂戚之意發于面目誠懇之念見于舉動以吾平日之居官兼以此時之誠切士民必感而泣良心既動何物不捨何民不從如是而有愁然漠然絕不恐念官司慷慨舉發者此則豺狼之民良心盡滅不妨痛懲一二以儆衆庶捐糜身家我亦何求爲百姓耳能令百姓

人人願爲我死而何事不濟余叨縝水上青浦令身嘗試而知其必然願良有司之所之也

二十六曰廣道途之賑以集流亡有如旁郡縣皆饑聞吾救荒有法或流移而來雖非吾部中之赤子然仁者一視之情寧得恝焉而聽其枕籍而死乎熙寧詔曰流民所在州縣每程人給米豆一升余觀宋人擘畫屋舍安集流民曉示流民許令在流寓地方諸般採取營運支散流民斛斗米豆數目安泊存卹救濟最爲周悉今郡縣有司遇有他處飢民流亡入境亦必委曲而爲之給廬舍散糧食設醫藥惟力是視以免其道斃此不惟爲天子收集流移而已之積累功行亦不少矣

二十七曰申保甲之令以遏盜賊饑荒之時盜賊易起喘息餘命斷不能大謀横行不過爲鼠狗之計以苟且夕蜉蝣之生姑息而不爲之撲滅則燎原可憂輒用重典而悉置之法則飢寒可憫防戢而底定之烏可無術哉但獲飢盜爲之大張其威聲稍寬其捶楚待以不死號令于市以令喧傳當自解散

二十八曰省荒後之耕以給將來大饑之後不惟民食難乏即耕種亦苦無本具吾爲省視耕種無食者量濟之無農具者量爲處而給之或勸富户借食借具于貧民而令貧者爲之出力耕種以補之或待收成而以糧食償之有司須于耕種之時暫輟政事親歷各鄉補助勸率百姓見上人留意農

務有如此自然勤奮境無惰農農無荒業矣省耕省斂古人所行今何可廢也

二十九曰申閉糴之禁以廣通融左傳僖公十三年冬晉荐饑使乞糴于秦百里奚曰天災流行國家代有救災卹鄰道也行道有福晉饑秦輸之粟秦饑晉閉之糴故秦伯伐晉以本境而言則他郡如吳越然以天下而言則一體若手足自多豐熟坐視鄰災蓋恐爲外處搬運致本處亦荒不知吾不恤鄰萬一他日吾荒彼亦不救卹我非惟示人以不廣其于王者一統之義何如也考淳熙降旨諸路監司不許遏糴今朝廷宜敕監司憲臣出榜曉諭不許諸路有司遏糴違制者覺察申奏夫脣齒相倚首尾相應災變流易緩急有賴也

三十曰墾拋荒之田以廓民產分東西南北區啇設勸農官數員遴有身家德行良民爲之正官親督履畝查勘荒田若干于拋荒戶下即與諮糧募佃人承領開墾或許原戶歸而復業量其人之丁力領墾若干給與工本糧食若富民願自備工食領墾者亦聽三年免其起科三年之後然後起科蓋既免稅糧復給工食招來有法勸諭有條人誰無恒產之思荒田盡墾國課漸增百姓殷富此在淮揚蘇松之間多有之向設屯田官員爲此也而拋荒開墾今尚未盡則亦舉行者之不肯實心任事也如境內無拋荒田地則督率勸農官一意每歲省耕無分荒熟力本重農自有司事如近日建議北方新開水田于北人甚利蓋北方地勢高燥故宜種二麥而

其間豈無可開種水稻者兼而行之始議爲難數年以後爲利溥矣柰人情駭于驟興難于慮始巨室沮撓持議不決殆可深惜

凡此三十條者皆救荒之要策經效之良方余考證古今間參已見不畧不迂頗得肯綮夫余藿食者睹記時事有慨于中蒿目而視焦吻而談余則過矣當事者采而行之天下之福也

荒政叢書卷三

荒政叢書卷四

周孔教荒政議

陳龍正曰荒政議者萬歷間周中丞孔教撫蘇時所頒行也其條欵甚備其文告甚繁古今救荒之事無弗撮載于此矣徧觀古方者此卷不過其類摘也未徧觀古方者則此卷乃其大通也然提綱皆本于林希元而其間損益則亦因平時地希元嘉靖八年爲僉事上荒政叢言其綱曰救荒有二難難得人難審戶此即六先中所云擇人查貧戶矣有三便六急此槩之以八宜而所謂遺棄小兒急收養一條則附見于禁溺女之下有三權六禁今以四權五禁易之所增溺女一條因風土之惡習而去度僧一禁或

亦以叢林爲大養濟院之意耶三戒易遣使以忘備想當日乘軺之使偶希而萑苻之萌蘖可慮法貴因時故特以寓兵于農之意諄諄于二十六條之終也希元既發其綱自號曰叢言意當時規條亦復詳具顧今不得見而孔教所設之規條見存原文冗甚業刪其半讀之尚須移時亦特爲一卷

荒政議總綱

救荒有六先曰先示諭先請蠲先處費先擇人先編保甲先查貧戶有八宜曰次貧之民宜賑糶極貧之民宜賑濟遠地之民宜賑銀垂死之民宜賑粥疾病之民宜救藥罪繫之民宜哀矜既死之民宜募瘞務農之民宜貸種有四權曰奬尚

義之人綏四境之内與聚貧之工除入粟之罪有五禁曰禁侵欺禁寇盜禁抑價禁溺女禁宰牛有三戒曰戒後時戒拘文戒忘備其綱有五其目二十有六

初一曰六先

一曰先示諭時值饑荒民情洶洶宜當民之未飢多揭榜示曰將散財將發粟將請蠲稅糧將平糶粟米吾民毋過憂毋出境毋棄父子毋爲寇盜則民志定矣

二曰先請蠲散財發粟其恩有限民好吏蠹其獘無窮惟蠲租一節最爲公溥唐學士李絳言欲令實惠及人無如減其租税爲今之計來歲之賦宜請蠲今歲之賦宜報緩或蠲存留或蠲起運在隨郡邑緩急而施之至于佃戶承種諸人田

土宜倣元制普減十分之二豐年照舊庶平蠲緩各得其宜貧富僉受其益矣然又有富豪乘人之急准折田地短少價值所當并禁

三曰先處費饑有三等小饑多取足于民中饑多取足于官大饑多取足于上取足于民如通融有無勸民轉貸之類是也取足于官如處糶本以賑糶處銀穀以賑濟是也取足于上如截上供米借内庫錢乞贖罪乞鬻爵是也

四曰先擇人宋富弼青州賑濟除遂縣正官外就前資及文學等官擇其廉能者用之徐寧孫賑濟飢民遂處勸請鄉官或士人或税戶主管今宜請擇州縣正官廉能者使主賑濟正官如不堪別揀廉能府佐或無災州縣廉能正官用之至于分賑官員可令主賑官各就所屬選擇佐領佐領乏人選擇學職學職乏人選擇待選舉人監生等人員務得有治行者俾充城市鄉村分賑之任又擇民間有行義家資者爲耆正副佐之其吏書止供抄劄而賑濟之事不與焉事完官書其殿最士旌其賢異民優其獎勞亦勸懲之大義也

五曰先編保甲弭盜安民莫良于保甲之法然有在城行保甲而在鄉不行者有在鄉僅報保甲長而花戶不報者有僅報花戶數名而十室九漏者夫是法也爲弭盜而設是以治之之道編之也民情莫不偷安故其成也難爲賑飢而設是以養之之道編之也民情莫不好利故其成也易今遇災賑正編行保甲之一機矣合令各府州縣擇廉能佐貳一員專

董其事大槩先將城内以治所爲中央餘分東南西北四方如東方以東一保東二保東三保等爲號每保統十甲設保正副各一人每甲統十戶設甲長一人南西北方亦如之東方自北編起南方自東編起西方自南編起北方自西編起編至東北而合方不可易而序不可亂次將境內以城郭爲中央餘外鄉村亦分東西南北四方其編保甲如在城法大村分爲數保中村自爲一保小村合隣近數村共爲一保一保十甲聽其增減甲數因民居也一甲十戶不可增減戶數便官查也或餘剩二三戶總附一保之後名曰畸零此皆不分土著流寓而一體編之者也其在鄉四方保正副又以在城保正副分方統之如在城東一保統東鄉幾保在城東二

保統東鄉幾保以至南與西北莫不皆然是保甲者舊法也分東南西北四方而以在城統在鄉者新設之權也蓋計方分統內外相維久之周知其地里熟察其人民凡在鄉戶口眞僞盜賊有無饑饉輕重在城皆得與聞或有在鄉保長抗令者卽添差人役助在城保長拏治之此法行則不煩青衣下鄉而公事自辦矣有司惟就近隨事覺察之使不爲鄉村害耳或言近歲賑饑皆領于里甲何獨編保甲以代之曰保甲猶里甲也往昔以相鄰相近故編爲一里今年遠人散不若見編保甲之民萃聚一處其查審易集其貧富易知昔熙寧就村賑濟張詠照保糶米徐寧孫逐鎮分散朱文公分都支給皆用此法

六曰先查貧戶救荒之法凡以爲貧民下戶也官司非不欲一一清查之柰寄之人則難公任之己則難遍昔人謂救荒無奇策正以貧戶之難審也所以然者亦不豫故耳合令被災各府州縣豫乘秋月以主賑官督在城保長以在城保長催在鄉保長以保長催甲長以甲長報花戶每甲分爲不貧次貧極貧三等除不貧外將次貧極貧各口數大小若干貼其門首壁上一面令每保開一土紙手本送主賑官不許指稱造冊科斂貧民待鄉黨日久論定委官乘便覆查此卽宋時蘇次參澧州賑濟之法但彼猶臨時爲之不若先時查審貧富則民志定尤爲無獘

次二曰八宜

一曰次貧之民宜賑糶其法有二有坊郭之糶宜多擇諸城門相近寺院及寬廠民居儲穀于中不限時日零細糶與糶米計升多不過一斗糶穀不過二斗如奸牙市虎有借倩粧扮之獘當行徐寧孫立賞錢一百貫之法斷罪追賞不得姑息則獘不期革而自革矣有鄉村之糶宜行見編保甲之法間月而糶之每先一月出示將有災鄉保限次月某日某方某保排定日期每隔日一糶以防雨雪壅滯之患每甲不論貧戶多寡大約許糴之石多或五石其通水去處則移舟就民間水次糶之或有富人强奪貧人之糴當行張詠賑蜀連坐之法一家犯罪十家皆坐不得糴如此推廣則在在有保甲亦在在有糶糴而窮鄉僻壤無不到之處矣所糶穀價俱

比時減三之一或曰各甲貧戶多寡不同而槩以三石糶之何也曰此非賑濟也賑糶也賑濟宜精賑糶宜溥一甲之中唯以穀均人不因人計穀穀數同銀數同聽其通融來糴則官不煩民不擾而惠利均沾穀價自不騰踴矣官之糶本則或出官糧或借官銀或勸令富家出錢收糴照價出糶而量增其船脚工食之費皆成法也

二曰極貧之民宜賑濟賑濟之獘多端抄劄之時里保乞覓强悍者得之良弱者不得附近者得之遠僻者不得吏胥里保之親厚者得之鰥寡孤獨疾病無告者未必得屢報屢勘數往數來賑濟未到手而所費已居其半矣今貧戶預定門壁大書日久無事已屬平允合于賑濟之前一月出示如有

遺者誤者許令改正即將門壁改書但一保之中貧戶雖許更換而銀數不許加增官給花欄小票戶各一張由城而鄉由保而甲務下諸貧戶之手仍出榜排定日期分保支散至期保長帶令各甲貧戶正身依序領賑繳票每賑極貧約穀一石次貧約穀五斗其或不公賞罰一如賑糶之法語云好要則詳好詳則荒此則暇豫公平不勞而濟而巡門俵米攔街散粥無所用之矣

三曰遠地之民宜賑銀往昔義倉社倉散貯民間今皆輸之州縣是古之粟藏于民故及民也易今之粟藏于官故及民也難近且難之況于遠乎移粟就民則減竊伴和滋弊檄民支粟則脚費米價相當故凡百里以外地不産米如不係沿流者唯當以銀賑之極貧約四錢次貧約二錢支銀于包銀所面印誌銀匠散者姓名支錢于穿錢繩索係以錢鋪散者姓名如有消折低僞聽其赴官呈告

四曰垂死之民宜賑粥按漢獻帝作粥以飼飢民後世多用之賑糶則彼無糴本賑濟則不能遍及即以米給之彼亦艱于舉火將有不得食而就斃者唯食之以粥則不待舉火而可得食涓勺之施遂活須臾之命此賑粥所以不容緩也大約米一升每飡可食四人男女異處日每二飡辰申二時鳴鐘而入入則分班坐地令人傳粥食之可無參差搶擠之患自冬十一月初一日起至春暮而止若夏四月則天氣炎熱粥多酸饐不可用矣大率賑飢以粥委可贍危急之民但其

弊不一唯大飢之歲仁明之長度有餘財方可用之

五曰疾病之民宜救藥宋呂公著爲相爲饘粥湯藥以救疾趙抃知越州爲病坊以處病民給以醫藥然恐醫少地廣督察無方醫人領銀不盡買藥窮民得藥多不對病須博選名醫臨症裁方病人不能行者醫人就而診視之其患病新起貧民官日給米五合一支五日約至一月止庶可免于夭札矣

陳龍正曰此條事種種難行名醫豈可多得臨症裁方豈易易事知脉者一州邑有幾人安能遍就病人診視不如按古成方精製丸藥一二十種隨症領受猶庶幾便而有益

六曰罪繫之民宜哀矜年荒疫癘獄囚聚蒸恐多橫死軍徒追贓不完久幽囹圄者必量情輕重暫爲保放或從輕決遣絞斬重罪有難保放者必疎其枷杻至于戶婚諸不急詞訟當暫停止庶不妨誤賑濟而飢民之陰受其賜者多矣

七曰既死之民宜募瘞合增修義塚分別男女仍修募瘞之令凡死而無主者在城保長報主賑官在鄉保長報分賑官各召人瘞埋埋畢給銀五分獄囚死而無主者亦如之城中偶見死者給棺一具

八曰務農之民宜貸種宋曾鞏知越州歲饑出粟五萬貸民爲種糧使隨歲賦入官農事賴以不乏査道知虢州蝗災給州麥四千斛爲種于民大抵宜于季春下種時貸之仍令保

甲監其下種有員領而食費者必連坐追償然則種何時而償乎曰貸時防其濫可也非責以必償也此須酌民災之輕重量官帑之盈縮方可舉行

次三曰四權

一曰獎尚義之人大司徒保息萬民之政既曰恤貧又曰安富大率民不可以勢驅而可以義動是故民有出粟助賑煮粥活人者上也有富民巨賈趁豐糴穀還里平糶循環行之至熟方持本而歸者次也有借粟借種借牛於鄉人而豐年取償者又其次也凡此之民皆屬尚義于此權其輕重或請給冠帶或特給門扁或給賞後犯杖罪納帖准免皆所以獎之而不負之此在會典及累朝詔旨俱有之有司所當亟行者也

二曰綏四境之內救災恤鄰道也若造爲閉糴之令此間之米不許出吾境他境之米亦不許入吾境彼此環視更無告糴之所則飢民必起而作亂然通財之道唯良有司能行之官有積粟仁洽于民卽屢通有無民可無怨不然本境之所收有限鄰賈之所販無窮于是民有怨者有羣聚而譁者有攘臂而揭竿者如何則可近有良有司已行者量留商米十分之二卽以元糴之價糶之民民如財詘官爲糴之糶亦如元價大率糴糶皆減時價三分之一 其餘八分卽時給照放行聽其覔利鄰境稽遲有禁詐欺有禁越度有禁凶年行之豐年則止不病商民不病鄰國隨糴隨糶遠邇胥悅除經過

地方不得重復留糶外其他產穀之鄉此策或可潤澤而行是故救災恤鄰以公天下者正也放八留二以綏四境者權也權而不離于正也

三曰興聚貧之工凶年人民缺食雖官府量加賑濟安能飽其一家故凡城之當築池之當鑿水利之當修者召壯民爲之日授之直是于興役之中寓賑民之惠一舉兩得之道也宋熙寧間河陽災賜常平穀萬石興修水利范仲淹知杭州吳中大饑吳民喜競渡好佛事乃縱民競渡召諸寺主諭以饑歲工賤令大興土木又新倉廒吏舍工技服力及貿易晏遊之人仰食于公私者日數萬人是歲兩浙惟杭州宴然民不流徙合而觀之水利不可已之工也佛寺吏舍可已之工也二者均足以濟饑則胡安國所謂興工作以聚失業之人董熠所謂以工役救荒者具信矣或曰周禮荒政弛力居一築郿新廐春秋非之興工役何居曰周禮所禁春秋所非者不恤其饑而使之也今則使之而食之也至于城池水利政莫大焉大禹盡力溝洫豈必三江五湖方有水利之可講哉

四曰除入粟之罪漢晁錯建言募天下入粟除罪若遭水旱民不困乏則正爲救荒設也合行令府州縣凡問革吏承以上不係犯贓情有可原犯罪軍徒以下不係極惡法有可宥者酌令入粟助賑且如問遣一軍未足以入行伍計其長解等費少可易粟百石多可易粟數百石以此賑饑不猶愈乎或曰在外衙門用強罰米穀五十石者問罪降用此議得無

遞例曰例之所禁爲擾民也今之所議爲救人也凶年而行豐年而止亦何悖也

次四曰五禁

一曰禁侵欺官吏保甲人等品類不同銀一入目不免垂涎糧一到手不無染指情弊多端大明律凡監臨主守盜倉庫錢糧者問罪刺字至四十貫者斬合嚴行禁諭凡侵盜賑饑錢糧者依盜倉庫律例行之然亦顧長吏何如誠能節用愛人淸心寡慾而下猶敢侵欲無紀者未之有也

二曰禁寇盜凶年饑歲民之不肯就死者必起而爲盜所謂安居則不勝凍餒剽掠則猶得延生是也倘一概姑息患不勝言如劉六趙璲撫于德州而飲馬于蘆溝㒺十三閱二十

四縱于鄱陽而稱兵于安慶宋辛劝安帥湖南賑濟榜文止用八字曰刧米者斬閉糴者配新旨抑價遏糴者以違制論而聚衆搶奪者卽梟示首惡正法蓋古今恤飢民不宥亂民類如此然凶年之盜稍與豐年不同周禮荒政旣曰除盜賊又曰緩刑故長民者每有法外之仁焉古有鎖項號令地頭來年始放者有斷一足筋　都示衆者有以死囚代盜沈江聳動遠邇者皆死中求活之意

三曰禁抑價穀少則貴勢也有司往往抑之米産他境與客販必不來矣米産吾境與上戸必閉糴矣上戸非眞閉糴也遠商一至牙獪爲之指引則陰糶與之以故遠商可糴而土民缺食是抑價者欲利小民反害之也故不如不抑然前所云八分放行二分平糶不幾于抑價乎曰米産吾境荒歲與鄰共之不節其流則易竭故平糶其十二以安吾邇人非概抑之也

四曰禁溺女今俗有可異者平時生男則舉生女則殺之以故民間少女多鰥夫豐年猶爾況凶年乎准律故殺子孫徒一年合嚴行郡邑以法律示保甲人等詳錄條欵備加曉諭且縣賞格銀三兩誘人告官賞銀以犯人及兩隣保甲長財充客戸則及其地主若實貧甚不能舉女者取保甲兩隣結狀日給米一升三月而止若見育三女以上者每年終取結給穀二石以旌之至于收養遺棄小兒者亦給米男日一升女日二升六月而止米每月一給男女三月道官一驗庶乎

男女無夭折矣

五曰禁宰牛凶年人多變鬻耕牛以苟給目前之用不知耕牛一鬻方春失耕將來歲計何望查得問刑條例私宰耕牛者發附近衛所充軍宏治十二年奏准每宰牛一隻罰牛五隻合申明禁例凡民間耕牛不許鬻賣宰殺賣者價銀入官殺者充軍發遣如果貧民不能存活要賣牛易穀者聽令本保甲富民收買仍令牛主收養卽以本牛種田照鄉例與富民分收待豐年或富民取牛或牛主取贖聽從其便如此則牛可不殺春耕有賴而貧富各得其所矣

次五曰三戒

一曰戒後時救荒如救焚唯速乃濟宋令災傷夏田以四月

秋田以七月水田以八月非時災傷者不拘月分聽訴今例夏災不過五月秋災不過七月合而觀之可以見報災之不可緩矣唐莊宗時大雪軍士寒凍宰相請出庫物以給軍不許及趙在禮亂始出之軍士負而詬曰吾妻子已飢死得此何爲宋蘇軾言熙寧中荒政之弊費多而無益以救之遲故也合而觀之可以見給賑之不可緩矣合行令大小賑濟官員凡申報災傷務在急速給賞錢糧務要及時倘失誤飢民必罰無赦則人人知警民庶其有濟乎

二曰戒拘文宋程顥攝上元令盛夏塘堤大決法當聞之府府禀于漕然後計工調役非月餘不能興作顥曰如是苗槁矣民將何食救民獲罪所不辭也遂發民塞之歲則大熟此

便宜處事不爲文法所拘者也常見郡邑賑濟動以文法爲拘文未下則不敢行文一行則不敢拂合行司道府州縣等官凡事便于民而文有允駁文裁于上而勢有妨碍者並聽便宜處置先發後聞如奉文賑糶矣或宜賑濟或宜賑貸奉文賑銀矣或宜賑米或宜賑粥奉文一賑矣或宜二賑或宜三賑如此之類惟以救民爲主不爲文法所拘致誤飢民

三曰戒忘備保甲既立宜寓之兵每保正副各一人正以有年德者爲之令其表正鄉閭副以有謀勇者爲之令其練習鄉兵每甲十人擇年力精壯者一人爲兵專習武藝免其直夜等差每月在城保副傳在鄉保副在鄉保副領各甲鄉兵赴城比試操練之責府縣衛所分任之而申其賞罰官軍民快有俸糧者賞罰並行保甲鄉民無工食者有賞無罰荒年之賞唯以倉穀府月賞約以二十餘石縣月賞約以十餘石計一年所費無多此亦救荒之急務也

荒政叢書卷四

荒政叢書卷五

鍾忠惠公賑豫紀畧

森按鍾公化民字維新浙江仁和人萬歷庚辰進士官光祿寺丞萬歷二十二年河南大荒刑科給事楊東明上飢民圖請賑濟下部議僉謂救荒必具十分熱腸及才力精神品望俱全始勝任此非鍾寺丞不可乃命公往特鑄印曰欽差光祿寺寺丞兼河南道監察御史督理荒政之印公請發帑留漕糧及事例積站等銀并請便宜行事悉從之先是有司平米價商販不至飢民羣起搶刼所在嚴兵守之公飛檄河南布政使撤防勦兵悉分置黃河口各運米所過爲米船傳繹護送至境設官單記所到時刻稽遲

罪及將領米到任價高下毋抑勒是時米石值五兩遠商募重價無擴奪患外省亦懾公得便宜行事莫敢閉糴浹辰米舟併集延袤五十里價頓減石止八錢矣公二月二十一日受職單騎渡河二十九日至開封集撫按藩臬出所著救荒事宜以煮粥散銀爲急煮粥必多設廠就便安揷備糗糧擇委任時給散戒侵扣散銀令州縣正官下四鄉查核防冒破給印票定時日公出納選廉能府佐晝夜單騎絡繹稽察中州故地廣荐饑公去儀從選捷騎素服驅巡晝夜寢食鞍馬間隨行止精力吏胥六人不兩月巡歷各州縣所至止食廠粥禁供給不坐公署隨地問民疾苦預示飢民令進見時人具一帋勿書姓名開所當興革

及官吏豪猾有無侵尅橫行散布于地擇僉同者察之即行興革處分名拾遺法官吏畏公廉察又馳巡迅速莫測所向不及預爲備以故人各盡心民皆得實惠諸所措施恤貧宗惠寒士煮粥哺垂斃給貧窘歸流移醫疾疫收埋遺骼贖妻孥散賊營興工作置學田蠲錢糧省刑訟釋淹禁嚴舉劾勸尚義禁閉糴止覆議絕迎送抑供億省輿從給牛種勸農桑課紡績修常平設義倉申鄉保飭禮教俱詳賑恤事實中活飢民四千七百四十五萬六千七百八十有奇事終復命繪救荒圖并說以進上嘉其功進太常少卿明年命公巡撫河南時內監開採致礦徒嘯聚爲亂公躬率兵斬獲渠魁撫餘黨捕礦使不法七人置諸辟因

疏礦使利害乞速罷不報尋以病乞休有旨慰留明年卒于官士民號泣罷市爭捐貲建祠撫按以聞諭祭褒恤賜祠謚忠惠贈右副都御史春秋有司致祭

賑荒事實

一多立廠

中州貧民半無家室公念惟粥可以賑極貧救垂亡之命諭各府州縣正官遍歷鄉村集保甲里老舉善良以司粥廠就便多立廠所每廠收養飢民二百不拘土著流移分別老幼婦女人以片帋圖貌明註某廠就食印封以油帋護繫於臂稟立一冊州縣正官不時查點使不得東西冒應其在城市即因公館及寺觀立廠量大小居飢民多寡在鄉僻則鱗次

建廠五大間一貯米及爲司廠煮粥四處食粥人各晝地方二尺五寸坐焉日兩飱米八合食於辰未二時飱各二盂期至麥熟止煮粥務潔且熟嚴禁攙水食粥者不得攜粥他往供粥者不得減淺盂數所至行拾遺法法載前紀畧中核米數問疾苦察菜色之減否驗有司之勤惰以行賞罰各府預擇風力推官董之亦以二員交換相隨聯騎而馳遍歷州縣各村墟粥廠每日夜行五百餘里所至卽食廠粥蓋食廠粥之利有三驅馳間卽有司莫可蹤跡供膳一也且司事者無不盡食廠粥司粥者更激勵莫敢違悞二也督荒者旣同食粥不避勞苦則地方官無不望風感動竭力賑救三也

一愼司廠

司廠不用在官人各本地方保甲里者公舉富而好義者州縣正官以鄉賓禮往請至則爲賓階升堂長揖給花紅荐三爵破格優禮諭以實心任事廠內利弊陳請卽行月給官俸司一廠者能使一廠飢民得所旌以采幣扁額倍之者與冠帶能司五六廠以上則任所請或以便宜授光祿鴻臚等銜至六品止或爲骨肉贖罪雖應戍應辟得從末減或子弟能文行督學錄名與文藝考錄同勸諭富室捐賑視所捐之數與司廠同賞格

一愼散銀

垂亡之人旣因粥廠以得生矣稍自顧惜不就廠者散銀賙之令各州縣正官遍歷鄉村喚集里長保約公同查審骨棍

作奸許諸人舉首得實者重賞冒破者抵罪極貧次貧給與印信小票上書極貧戶某給銀五錢次貧戶某給銀三錢鰥寡孤獨更加優恤正官下鄉親給分東西南北四鄉先示期以免奔走守候貧民領得銀穀里長豪惡或以宿逋奪去者以刼論出首者賞所發帑金正官監鑿秤分封固加印立冊每月期日分給差廉能推官不時掣封秤驗公巡至如粥廠拾遺法驗所折散銀原封開註如有侵尅視輕重律處

一嚴舉劾

公旣巡歷用拾遺法以得賢否復時進道府之有聲者及巡察推官訪舉實心任事多方全活災民賢之尤者卽爲破格荐揚其有貪暴縱恣以致餓殍枕藉不肖之尤者卽時馳參

一時羣吏實心力行飢民多所全活

一勸尚義

屢荒之後倉庾若洗飢民待哺方殷公先勸尚義尚義之民可以德感難以勢加願輸賑者或銀或粟立冊彙報出粟者送之粥廠出銀者卽在本家分給不許收混官帑官無染指民免餉飼照冊稽查視所捐多寡優以扁額冠帶仍免其徭役與司粥廠者同賞格以風厲之

一禁閉糴

公乘傳至豫賑銀未到先馳檄各省出米地方毋得遏糴以阻皇恩且得便宜參究遠近弛禁米商一時鱗集米價減五之四民困立甦

一散婆

先是饑民嘯聚盤踞汝南各府山谷出沒剽掠當時競緝以兵公初至單騎往諭遍歷寨柵召其渠魁宣上德意曰聖天子萬分哀惻汝等寢食不寧大發帑金特救本院到此多方拯救凡爾百姓各有良心乃是迫于飢寒情出無柰爾等宜相傳說聖天子九重憫念遣官賑濟我等小民何福頂戴必有沓嗟流涕焚香頂祝聖天子者且粥廠散銀之法爾等其聞必俟麥熟方止爾等即時解散便做良民若據迷不悟自有法度雖悔何及今日正爾轉禍爲福之時悟處便是天堂迷處便是地獄始迷終悟便化地獄爲天堂爾須前思祖父後念子孫中保身命莫待後來追悔由開封歷南陽汝寧等

府親臨面諭無不流涕感悟環拜投戈各歸本土爲良民

一捐錢糧

是時廷議蠲豫省租令已下矣奸猾里書借口分別里分之災傷爲減免以邀賄賂任情移奪村僻愚民不知免數不得沾實惠且久荒之民無產者貧有產者亦困公查照題准分數每項原派銀若干令減免銀若干出示四郊使民共曉里書莫能上下其手民盡沾恩

一禁刑訟

饑荒之後幸留殘命小民無知每以小忿逞訟有司不能勸息受理如常一罪之贖奪一家數月之糧一帋之追絕一人數日之食一畨之駁審證犯數家之命且一日被責則數日不便工作一人創甚則數口俱爲待斃公通行府州縣盡停詞訟唯以粥廠散銀爲務倘事涉强盜大逆者速爲審決止許現獲不得稽延連坐獄訟衰息囹圄空虛

一釋淹禁

連荒多盜各州縣捕役率以疑似捕民下獄拷訊淹繫多致瘐斃公令守令于盜初捕到分別真僞真則收繫僞懲捕役至一應人命告發即爲驗審無辜者速釋一應詞訟不得混監久繫又令該州縣清查獄囚若干釋過誣攀强盜若干逐一開報

一興挑濬

公令各州縣查勘動工役如修學修城濬河築堤之類計工

招募興作每人日給穀三升借急需之工養枵腹之衆公私兩利

一急賑救

往時賑濟郡邑申詳司道轉呈文移往來或經千里遲疑顧慮延閣時日及其得請災民且溝瘠矣公令各州縣凡有關荒政利弊興革許便宜徑行俟按臨時類行詳驗事有干係重大者方爲覆議惟予批行之後驗其善否吏盡感奮賑不失時

一贖饑民

饑民多鬻妻賣子公令赴有司報名官賠給原價取贖完聚若有力之家能尚義不索原價放還者視所還多寡照粥廠

例獎賞計官贖四千三百六十三人其尚義給還與民間奉
行得贖者殆以萬計云

一收遺骸

飢民遺骸滿野公令各府州縣及村墟鄉落遍為收掩凡掩
一屍給工食銀三分襯席銀二分各鄉義塚俱倣此

一搜節義

時當奇荒而義夫節婦甚多公俱采訪表章之

一種農桑

荐饑之後民不能耕公曰食為民天因荒而賑因賑廢耕飢
無已時矣因作勸農九歌分發守巡各道督州縣正官巡行
郊野勸課農桑分給穀麥種仍將九歌諭民出入諷詠

附九歌

一曰民可富俗可風我先勞親勸農大家小戶齊來聽恰
如父母勸兒童

二曰時雨潤水盈盈節候至及時耕東作莫辭辛苦力西
郊到底好收成

三曰不好鬬免刑災不爭訟省錢財門外有田須蚤種縣
中無事莫頻來

四曰肯務農有飯喫不貧窮免做賊請看竊盜問徒流悔
不田間早用力

五曰莫縱酒莫貪花不好賭不傾家世間敗子飄零盡只
為當初一念差

六曰勤力作穀麥成早辦稅免催徵不見公差來閭巷何
須足跡到公庭

七曰五穀熟菜麥香率子婦養爹娘哥哥弟弟同安樂孝
順從來是上方

八曰朝督耕晚課讀教兒孫成美俗莫笑鄉村田舍郎自
古公卿出白屋

九曰家家樂人人足登春臺調玉燭喜逢堯舜際唐虞黎
民齊賀太平曲

一置學田

公賑時加惠寒士免一時之飢又為之計長久廣置公田分
給各學使收租以給貧士

一教禮讓

冠昏喪祭人道大端豫民不遵古禮貧富之家竭力從事公
編四禮輯要家諭戶曉使動皆中禮兼以節財

救荒圖說凡十八圖公以進呈今不能載祗載其說

恩賑遣官　這領敕辭朝的是微臣鍾化民蒙皇上采科臣
楊東明飢民圖說知河南災祲異常父子相食寢食靡寧發
帑金三十餘萬兩漕糧一十萬石特敕微臣專理荒政臣既
受任矣諸天日苟毫髮不盡其心處置不竭其力天地神明
殛之單騎渡河星馳奔救期副聖天子惓惓德意首繪茲圖
見皇上軫念民瘼如此其切中州更生之機實肇于此據布
政司開報賑過領銀宗儀飢民二千四百四十九萬五千八

百六十九位員名口又賑過食粥飢民男婦二千二百九十
六萬九百一十二名口皇上普濟之恩洋洋貫穹壤矣大學
曰財聚則民散財散則民聚夫財一也聚之則蒼生轉爲白
骨散之則溝壑起于春臺平天下者曷其柰何弗散
宮闈發帑　皇上大賚中州已出異數矣兩宮聖母中宮皇
后皇貴妃聞知饑荒情狀共興哀惻發內帑銀三萬五百兩
差官陳惟賢解運前來復敕微臣鍾化民如前給散臣宣布
朝廷恩德中州士民叩頭血流感激泣下皆謂自古發金分
賑者有矣未聞出自宮闈之內下逮蔀屋之微者故一時大
臣捐俸義士輸金爭爲鼓動書之簡冊可不謂千載盛事哉
伏願皇上自內達外常存此心由始至終常行此德則宗社

靈長之慶從此培矣
首恤貧宗　臣入中府宗室一萬四千六百餘位皆稱貧乏
如將軍安沁行年九旬貧而無嗣中尉勤鱗勤鏍或六喪不
舉或五喪不舉談洋鄉君旣無子女又失雙目河陰雙生二
子成臺亥臺幼而無依如此類不可殫述臣仰體皇上篤厚
同宗之仁分別賑濟共散過銀二萬二千七百六十六兩二
錢九分諸宗北面稽首焚香共祝聖壽臣切念之支派日繁
祿糧難繼豐歉靡定惠澤難周今四民之業已開無祿可食
者皆得隨所願以資生矣乃科舉之途闢而未廣伏願皇上
推恩而充廣之凡有志讀書者俾得自奮于青雲之上則親
親賢賢各得其所矣惟皇上采擇焉

加惠寒士　這是貧生領賑的我皇上作養人才本爲他日
之用但秀才不工不作非農非賈青燈夜雨常無越宿之儲
破壁窮簷止有枵雷之腹一遇荒年其苦萬狀如內鄉縣儒
學生員李來學水漿不入口者三日闔門待斃縣令以粟遺
之來學正色拒曰生平不謁縣令豈以荒易吾操哉及賑銀
至乃以極貧潔行獨厚給之來學嘆曰此聖主洪恩也可以
食矣寒士瀕死得賑則生不獨一來學也乃知窮約自守雖
貞士之淸操養賢及民實聖皇之盛節此三日不舉火歌聲
若出金石古今頌曾參之賢而飢餓于我土地則周之孟軻
惓惓爲世告也
粥哺垂亡　這是粥廠中喫粥的貧民煮粥乃救荒第一急

務以其能挽垂亡之命且無不均之嘆也臣遵救諭亟檄被
災之處多開粥廠就便安插不拘土著流移盡數收養仍分
老羸病疾婦女嬰兒各爲一座日給兩飱臣每入廠親嘗菜
色漸有生氣如郭家村劉一鵾旣貧且病屬其妻曰與其相
守偕亡莫若自圖生計劉氏泣曰夫者婦之天死則俱死耳
安忍棄乎至是粥廠星羅竟得兩全葉縣光武廟一鼓而食
者五千人一老鬚眉皓然頭頂萬歲皇恩四字忽從中起大
聲曰受人點水之恩當有湧泉之報吾輩受皇恩養活何以
補報今後各安生理毋作非爲慷慨悲歌歌之三闋五千人
莫不泣下夫富者食前方丈猶嫌不足貧者一勺入口便可
回生伏願皇上思稼穡之艱念閭閻之苦撙節愛養自不容

已矣

金賙窘迫　這是領賑銀的貧民沿村煮粥垂亡之命活矣有等貧民雖朝不謀夕顧恤體面不與餓莩同厰而食非散金無以賙之也蒙皇上大發賑銀臣令布政司分各府州縣正官親歷鄉村查審貧户分爲上中下三等唱名分給寧移官以就民毋勞民以就官守候侵漁等弊盡行剔除人人得沾實惠如登封縣界渡村郭進京等採棠梨葉黃蘆葉荷胃葉木蘭葉爲食食盡鬻妻子又盡因得賑銀烟火如故中州之民其全活者類如此書曰大賚于四海而萬姓悅服我皇上散財發粟萬姓悅服豈勝道哉但逋貧盡蠲則民有息肩之日催科不擾則官無敲扑之威不然方出于水火遂入于

囹圄其情誠可痛矣惟皇上垂神焉

醫療疾疫　這是遇過醫生扶救病人的大荒之後必有大疫況粥厰叢聚傳染必多醫藥無資旋登鬼録臣仰體皇上好生之心令有司查照原設惠民藥局選脈理精通者大縣二十餘人小縣十餘人官置藥材依方修合散居村落凡遇有疾之人即施對症之藥務使奄奄餘息得延人間未盡之年嗽嗽衆生常沐聖朝再造之德據各府州縣申報醫過病人何財等一萬三千一百二十名康誥曰恫瘝乃身夫皇仁育物枯槁回春即恫瘝乃身不加于此矣但久病之餘其神必傷如再植之木其根必損欲使元氣漸復神氣漸完豈可以旦夕致哉必休養生息數年然後可復其舊也宋儒程頤每書視民如傷四字于座右敢以是爲九重獻

錢送流移　這是負戴道路的是復業流民臣每至粥厰流民告稱一向在外乞食離鄉背井日夜悲啼今蒙朝廷賑濟情願歸家但無路費又恐沿途餓死臣體皇上愛民無已之心令開封等府州縣查流民愿歸者量地遠近資給路費仍與印信小票一張内開流民某人係某州縣某人願得歸農所過州縣給銀三分以爲路費執票到本州縣補給賑銀務令復業據祥符等縣申報共給過流移男婦二萬三千二十五名口詩曰鴻鴈于飛集于中澤又曰雖則劬勞其究安宅夫流移之未復也招撫之難流移之既復也安定之難彼室廬盡壞鴻鴈難棲所謂其究安宅者竟何如耶必引養引恬置

之衽席之上而後即安也

贖還妻孥　這妻孥是飢荒時賣出的中州割人食肉至親不能相保苟圖活命賤鬻他人妻妾跟隨役夫寸腸割斷子女飄零異域五内傾頹原非少恩實出無奈我皇上保天地之太和全民物之天性必有惻然不忍者臣仰體德意凡荒年出賣者令有司盡行收贖贖子以還父贖妻以還夫贖弟以還兄據各府州縣開報贖過妻孥四千二百六十三名如杞縣民李復鬻妻王氏男長生官如券贖回付之粥厰魯山縣潘氏夫亡二子小長生小長存各賣爲奴及以官法得贖更名皇長生皇長存蓋謂中州赤子皆皇上生存也詩云宜爾室家樂爾妻帑皇上全人父子兄弟夫婦之倫離而復合

斷而復續骨肉肺腑之親無悲思哀痛之慘矣但贖還之後不知其終完聚否也倘糊口無資後相轉貿如夢中乍會覺後成空思及于此不覺滴淚唯帝念哉

分給牛種　臣巡歷汝南等府見流移復業雖有可耕之人家室蕭條實無可耕之具滿野荒蕪束手無措飢餒何從得食錢糧何日得辦臣觸目痛心下思民艱上思國計請留事例積站等銀伏蒙皇上俯允臣令布政司分發各府州縣令掌印官親自下鄉踏勘某郡某堡荒地若干量給種子仍買耕牛照田分給如一縣有牛百隻生息數十年可得子牛千隻官置簿籍每年登記永存民間以廣孳生使人有可耕之具戶無不墾之田詩云粒我蒸民莫匪爾極今蒸民乃粒孰

非皇上之賜耶但前此天霖時需則夏麥全收後此靈雨過多則秋禾告損安得甘雨和風時時不爽使一犁東作萬寶西成民將游于含哺鼓腹之天哉

解散盜賊　這投戈棄劍的是前此盜賊汝南飢民嘯聚出沒山谷刼掠焚燒結黨數千人勢甚猖獗蒙皇上敕諭一下中州中州之人知非常恩惠臣仰仗皇威單騎往諭皆稽首悔悟爭相謂曰聖天子活我百姓我輩昔陷死地今得生矣投干戈棄劍戟一時解散夫飢寒切身雖慈母不能保其子今聖澤覃敷羣盜屏息操戈入室之輩化爲秉耜買犢之夫感人若斯之速書曰民罔常懷懷于有仁皇上施有常之仁政懷無常之民心則民之固結眞如赤子之戀慈母矣

勸務農桑　臣惟救荒于已然不若備荒于未然救于已然者時窮勢迫而莫可誰何備于未然者事制曲防而可以無患漢賈誼曰聖王在上而民不凍餒者非能耕而食之織而衣之爲開其資財之道也臣歷中州至虞城縣村中父老以桑椹供食臣食而甘之問父老曰此地有桑椹必有桑樹有桑樹必有蠶絲今桑樹罕見蠶絲罕有其故何在父老答曰民間栽桑不多養蠶之家亦不紡絲止是賣繭頗無厚利臣喟然嘆曰天地自然之利何爲惰農自棄哉因令各府州縣正官循行阡陌隨地課農如有地一畝令其植桑百株十畝千株百畝萬株桑多則蠶多蠶多則絲多絲多則利多至于麥豆粟穀及時深耕棗梨柿栗隨地徧植務使人無遺力地

無遺利者周家以農事開基此王業根本也我朝勸課農桑載在令甲有司以此爲勸民者首務則殷盛富庶之風無難致矣

勸課紡績　臣見中州沃壤半植木棉乃棉花盡歸商販民間衣服率從貿易古語云一婦不織或受之寒蓋紡績久廢課督不勤故也臣與鄰村婦老計之一婦每日紡棉三兩月可得布二疋數月之織可供數口之用其餘或換錢易粟或納稅完官但布之成也紡而爲縷絡而成線分而爲緯合而爲經織而成布一寸一絲皆從辛苦中來顧百姓日用而不知惟牧民者爲之督率耳苟不教之紡績而使其號寒于終歲凍死于溝衢伊誰咎耶臣令各府州縣每遇下鄉勸農卽

查紡績之事凡民家棉線多者此勤于紡績者也則呼其夫而賞勞焉棉線少者此惰于紡績者也則呼其夫而責戒焉導之以自有之利使人情樂趨鼓之以激勵之方使室家競勸詩曰七月鳴鵙八月載績又曰我朱孔陽爲公子裳咏七月之詩而興起焉杼軸其空之患庶幾其可免矣

民設義倉　臣聞古有水旱之災而民無捐瘠以蓄積多而備先具也今地方一遇災荒輒仰給于内帑此一時權宜之計豈百年經久之規哉唯以本鄉所出積于本鄉以百姓所餘散于百姓則村村有儲家家有蓄緩急有賴周濟無窮此義倉之所由設也臣令各府州縣掌印官每堡各立義倉一所不必新創房屋以滋破費卽庵堂寺觀就便設立每倉擇

好義誠實有身家者一人爲義正二人爲義副每遇豐收之年勸諭同堡人戸各從其願或出穀粟或出米石少者數斗多者數石置立簿籍登記名數至荒歉時各令領回食用如未遇荒今年所積明年借出加二還倉義正副公同收放此民間之糧不入查盤不許借用出粟多者照例給賞義正副年久粟多給與冠帶免其本身雜差此其積貯于粒米狼戾之時比之勸借于田園荒蕪之後難易殊矣詩云乃積乃倉乃裹餱糧其所積者豫也

官修常平　臣惟積貯之法在民莫善于義倉在官莫善于常平夫常平云者官爲立倉以平穀價民間穀賤官爲增價以糴之民間穀貴官爲減價以糶之本常在官而上不虧官利常在民而下不病民中州常行此法矣但官府之遷轉不常倉廩之廢興不一燃眉則急病定則忘豈有濟乎臣令各府州縣查將庫貯糴本銀及堪動官銀秋收糴穀上倉以行常平之法穀賤則增價以糴穀貴則減價以糶設遇災荒先發義倉義倉不足方發常平不必求賑在在皆賑恤之方無俟發粟年年有不費之惠此前任撫按之所已行今臣與撫按之所修舉者也昔神農之教曰有石城十仞湯池百步帶甲百萬無粟不可守也倉廩旣實奚憂盜賊哉

禮教維風　臣聞理財之道不惟生之而且能節之也中州之俗率多侈靡迎神賽會揭債不辭設席筵賓倒囊奚恤高堂廣廈罔思身後之圖美食鮮衣唯顧目前之計酒館多于

商肆賭博勝于農工及遭災厄糟糠不厭此惟奢而犯禮故也蓋禮禁于無形法加于已著自冠婚之禮廢人道無始自喪祭之禮廢人道無終彼民之好奢如水之走下不以禮隄防之不止也臣思欲禁末流先正本實采冠婚喪祭四禮與今相宜者著爲四禮輯要令布政司分發有司曉諭士民冠婚取其成禮卽濯冠浣衣荆釵裙布可也喪祭取其成禮卽廬居墓宿菜羹瓜祭可也其有遵禮者旌之賞之其有越禮者董之戒之共挽澆漓之習期回淳雅之風孟子曰食之以時用之以禮財不可勝用也伏願皇上秉禮以爲天下先崇儉以爲天下法則教化行而習俗美奢侈之風自革矣

鄉保善俗　臣攷我國家設保甲以防奸設鄉約以勸善二

者並行不悖法至良也唯有司視爲空文故鮮實用耳即令地方礦徒竊發添兵守礦又增餉養兵往往擒賊率多鄉兵則除盜安民孰過于保甲哉臣令各府州縣申明保甲之法至有礦地方擇其有身家有行止者立爲保正保副以統領之不許爲盜亦不許容留面生可疑之人一家有犯九家連坐則不必添兵不必增餉而盜賊潛消矣其無礦地方各申此法至于鄉約不講故民不知親上死長之義嘯聚爲亂其所由來漸矣臣莊誦聖諭六言繪圖衍義述事陳歌令有司分行約長約副每月朔望聚集鄉人悉爲講解仍置善惡二簿當衆紀錄以示勸懲保甲嚴人憚于爲惡鄉約明人樂于爲善孔子曰吾觀于鄉而知王道之易易也故以此終焉

復命天朝　這復命的是微臣鍾化民臣本至愚極鈍誤蒙皇上任使兼以憲職許以便宜感恩圖報期罄涓埃目擊中州食人炊骨即行路之人傷之況臣親承簡命豈忍自愛其死乎故食不下咽坐不貼席奔走于窮民飢餓之鄉而不辭出入于盜賊縱横之所而不避周旋于瘟疫流行之際而不惜無非宣播皇上好生之德以全此孑遺之命也今荷寵靈飢民得生亂民得散皆我皇上救民之心至眞至切故有孚惠德實起死迴生之方至誠動物即轉亂爲治之術昔齊宣王不忍一牛孟軻曰是心足以王矣我皇上全活數萬生靈此何心哉堯舜之心也即此眞心便是王道唯在皇上察識而擴充之念念堯舜事事堯舜即堯舜矣孟軻又曰我非堯舜之道不敢陳于王前臣繪圖陳說披瀝肝膽惟願皇上爲堯舜之聖君而已伏乞矜其愚鈍而鑒納焉臣不勝祈懇之至

荒政叢書卷五

荒政叢書卷六

劉世教荒箸畧

萬歷戊申夏四月九日麥秋甫至雨晝夜不止凡四十有五日而後霽于是江以南靡非壑矣農人無所舉趾衆心嗸嗸旦暮莫能必其命輒不自量妄欲借前箸籌之而藿食者之謀鄙曾亡當于千慮之一又性不能甘囑前躊躇亡適與語者苐以敝帚故災木而存之是歲六月既望平原劉世教識

吳越故澤國也其于國賦則外府也在昔丁亥嘗一中于鴻水矣于時粟價翔踊斛幾二金殣殍塞塗疫厲駢踵郊野之間四望烟絕迄今談者猶爲色動曾未二紀而霪霖復肆虐

矣七郡膏壤一時遂爲巨浸其未波者百不能一也有之則高陵荒原不毛之瘠耳蓋視昔不啻倍已未釜之氓誠不能旦暮自必其命唯是遺穗未沒而斛且及一釜矣竊恐秋冬之交納稼之望已絕而待哺者且日益衆焉寧復知所底止哉輕餒死而重爲亂介士之操也可概望之嵩嵩之衆乎其能無寒心也者今遠而遲來牟則十閱月而盈也又遠而遲新穀則歲有五月而盈也人日不再食而餒七日而斃矣引西江以濡涸轍其能及否乎且非獨于此也大祲之後必有大亂丁亥之已事可鑒也弱者轉溝壑強者散而流離焉勢所必不免也卽幸而無死與徙而札且祟之卽又幸而無及于札而力能緣南畝者鮮矣野不闢不能亡虞氓野不闢而

賦無所自出不能亡虞國卽復盡蠲賦以寬氓而氓實重困矣氓重困則不獨民受之是又不能亡虞國也故小潦小暵者一歲之祲也而大潦大暵者數歲之祲也祲之小者竭賢有司之力而可辦乃若非常之祲則亦必有非常之舉而後濟自非朝廷沛德音發帑藏破拘攣之見越故常之規而能迓既乖之天和收將渙之人心乎聞之患貴先防籌惟預定芻蕘之賤廟議所不廢也爰借前箸籌之曰蠲曰賑曰糴曰買曰禁賑之事八蠲以下並一凡十有二篇用備採擇

蠲

惟是七郡地不能當天下二十之一而賦乃幾十之五六蓋豐歲而力已竭矣矧玆千里爲壑天如之弃不可復得民且

夕救死不暇安所得賦而輸之故蠲亦無賦不蠲亦無賦蠲則朝廷猶任其恩不則遂斂之怨矣蠲則吏得藉手以安集不則潰決而莫可支矣蠲則損之一歲而嗣之入者固亡涯也不則徙據其虛名而意外之芽蘖且漸長矣等失賦耳孰與蠲之之爲得哉顧此猶以利害言也夫寧有方千里之災民父子至不相保而聖明在上能不下哀痛之詔罷田租之入重訂其安全而亟拯之溺乎謂國體何及今抗章力請凡今歲額賦悉與蠲除有如小緩而司農之尺一下有司以期會從事卽敲骨而推之髓自二三巨室外烏能神運而鬼輸之哉且得賦而失民智者不以易也矧賦必不得而苐以攖其怒乎藉令喜亂樂禍之夫乘之而起事將有不可勝言者

矣夫非不知司農之詘方甚罄歲入之不支出而九塞之需若灼眉也者顧民之顛隮極矣司農卽告匱而水衡將作之儲可暫貸也冏寺留署之蓄可稍括也甚而瓊林大盈之積鏹可特發也是國計非遂終詘也彼窮民困厄不于朝廷請命而何所復之乎藉令主計者之持之也柰何則及茲稽天時請特使以行勘可乎夫非以使者之言能重于當道也又冠蓋之客從此而之長安者常相望于道非不足于杏詢也蓋必如是而司農之後言塞耳蠲得請而賑之事可徐策也

賑之一

夫遇祲而賑蓋歷代之故事也其善不善視當其時與否耳猶之療疾然始病而藥藥未竟而霍然矣迨而投焉入重困

而藥且倍矣濟不濟半矣若必俟其殆而後藥之則生氣薄而勢已亡及矣其濟者幸而不濟者常矣賑之先後胡以異此哉己丑冬吳越大祲朝廷特發三十萬金以省臣涖賑矣子遺之氓實賴以全活而識者尚微謂其後時焉則丁亥之潦顛連太甚而至是弗能支也然先是者嘗以御史大夫吳公時來議抑存漕粟之十三是雖米賑而粟則已幸留矣顧獨失之于其春而溝壑者無及耳今而議賑其必于獻歲之春乎計入冬而粟且漸踊矣入春而且寖甚矣東作俶始時固不可失也顧今之潦非昔之潦也七郡之爲州若邑凡四十有二而靡非壑也截長補短邑可得田百萬畝二歲獲粟二斛而贏是總之失八九千萬斛矣然往者京口滸墅之間

百穀之舫無日夜不灌輸而南者蓋在豐歲而已藉資于境外矣何者其生齒繁而土之毛不能給耳今待哺者若故而粟則已烏有矣卽盡蠲兩都之供勢不能二十之一也將何策而可獨有大賑之而已夫賑之事有二曰金曰粟賑之所自出有三曰朝廷曰有司曰富家巨室夫朝廷待命者也有司則不待命矣富家巨室則又必待命于有司矣是其爲富家巨室也者靡非有司也而其爲有司也者又靡非朝廷也法則孰先請先核有司之積貯而嗣請之朝廷而嗣風之富家巨室之慕義者可乎蓋有司之蓄無幾卽朝廷之大賚亦當有限勢必有所不逮也彼其休戚利害之與共孰有切于富家巨室也者而能秦越視哉誠及今而亟圖之方春而徐

賑焉將餒者藉以飽死者藉以生而耕者亦藉以耒已

賑之二

大賑之自朝廷出者則昔之斥帑金是已日者太倉之金錢匱大司農至仰屋嘆驟而議賑金必不得之數也不再計而審矣藉令徼非常之恩而金非可食也亦安所得粟而易之卽有之非巨室之滯穗則豪商之居積輕千里而來者耳勢且必大踊費金多而易粟寡寡予之而氓亡濟也多予之而帑不能堪也豈惟氓不能宿飽而于主計者先已坐困矣非策也則莫若截留漕粟便今夫豫章荆楚之漕艘獻春而入眞州者尾相銜也其順流而下吳若越又甚便也請議截百萬分予兩地期以中春而集各聽設法行賑其他道路一切

之費並計而歸之司農竊謂其便有七上不廢曠蕩之恩亦不致損廢支鏹一民捷于得粟二國中粟驟益則價必不大踊三當春耕時農有所藉四賑得其時民不致憊極而難拯五賑金則胥吏易緣爲奸粟則差不便六漕卒終歲道路暫而獲息肩且可稍紓其行糗七其便于賑金勢相百也而其得請于司農又不啻易也然而非百萬石不可何者今其委波濤者已不下八九千萬石矣卽幸而得請亦僅僅百之一而差盈耳損之而所濟幾何且以司農之折色例爲金可五十萬其浮于已丑十不能七也然而道里之費與行糗之殺計亦已當其半矣況今之祲又不啻倍之昔也者天子方將南顧而痌瘝大司農仰承德意直振廩竭粟之不暇而寧靳

此爲是在力請之耳

賑之三

漕粟之請便矣然而事在獻歲也夫寧無遺穗計涉冬而罄耳能久枵其腹以待乎卽不然而詎能取必于百萬也矧其虞于不給也將若之何則有郡國之積貯在往者固有成命矣曰以備不虞今獨非其時哉遠無復論自己丑迄今蓋二十年所矣日積而歲累焉計當有陳陳而因者顧法久則弊生事久則蠹起其不能無牟漁勢也請一切核以從事可乎其穀可賑也卽其或爲買者可合一郡之所有而擇廉幹吏以遠市也又膠序之義畮巖邑以千計卽下者猶以百計其歲入固可披籍數積之數年而不億矣然而弊亦與之等其

名若輸于民而實不出自民者可核也其貌若斂于官而實不入于官者尤可核也蓋膠庠原非錢穀之媒而慢藏終爲誨盜之餌弊所從來久矣顧安得燭照而數計之乎昔人之論節儉曰無輕其毫釐今日之事何以異此苐取盈于故額而姑寬三尺以比于弛刑之誼奚不可且有甚于此者下終歲竭蹷以終事稍失期會而鞭笞待之矣然而堂簾邃絕問其所輸者何而終不能畧舉其槪也上亦終歲竭蹷以從事稍失期會而停罰隨之矣然而簿領殷湊問其所徵者何而亦不能縷舉其悉也徒令積猾巨奸蠡蠹其間顚倒下上而屬厭焉非一日矣亦非一事矣夫寧知剜肉補創剔髓朘血而輸之者乃以塡若曹亡當之壑哉詎唯此二端而已且謂

二者之遂足以盡賑乎夫賑公事也茲其在公者也不先核之在公而遽以風勵私室可乎

賑之四

蓋今之所最患而勢不能遏者不曰粟貴哉卽厲禁抑之不得唯實有不貴之粟在使民左手予鏹而右挈之囊則壟斷之子無所復用其巧將不禁而自平矣顧吾方欲爲民請命而惴惴焉不能亡虞于不盡得重以郡國之拮据歷二十年而未知所儲穡爲幾可全活者若而人公家之力槪可見矣謂亡藉于富家巨室可乎夫中產而上故漸有餘粟矣今非若勸借者之擾也苐稍令輸其所餘視市直而少損焉以市之窶人是于藏者初無大損而餒者不啻重受益矣薦紳先

生夫孰無慕義之致此一時也當必有投袂而起者第無程以格而風之市義以自爲德也可若夫素封之家請視其稸而程之稸不及三百石者聽五百石者二十而一千石者十而一二千石者十而一五三千石者十之二浮之十二而止官豫索其數而揭諸塗與衆共核之敢有欺匿者令得雍實以告告有賞賞以匿之十一粟則仍藏于其家異日者以賈予主其匿而見告者沒其半以賑是所損者特不過意外橫溢之費而實未嘗少損于其質也且可以博義聲可以爲德于鄉可以善完其所有一事而三善集焉詎唯無損抑亦重有利矣至于緇黃者流業已棄離一切何復擁厚貲以自污即在彼教不能無禁矧其作奸蒐慝往往而是則實爲之請

姑貰而概核焉百石以下聽五百石以下微益之千石以上更益之何者彼固無所事此耳此非必盡粟也其藏穀者極獨慮夫拘鼻之士不能亡泥于膠柱也夫死亡禍亂之日迫而必斤斤曰無動爲擾焉不因噎而廢食哉且財非從地出也銅山金穴其始能亡掊尅而致者鮮矣是故吳越之間一小豪起而方數里之內靡非其屬厭之餘也一巨豪起而方數十里之內無不被之矣滿則必概天道固然茲固其全之之日也且昔之善聚斂者廣漢元寶之屬有一能自全者乎卽齊奴元雍身都弁冕而何以卒不免也彼素封者而知之方將虞守鹵之難終規散之之不暇而尚區區滯穗之是靳甚噫

賑之五

夫素封之家卽有恒產而要之踐更輸輓其奔走于公家者亦甚繁且苦矣獨旅人之質庫不然其擁貲甚厚其朘利甚渥其經營又甚逸而名不挂版圖事不涉催科抑何其多倖甚也請極言之遠不暇援引姑以鹽論鹽自均甲以來田畝三百二十而役役稍重則破矣又重則蕩矣又甚則殺身者有之矣何者其最上腴不能及二千金而瘠者僅三四百金耳瘠無論上田歲得粟可三百斛以三之一輸公家積十豐歲而不能二千斛也賈當中金千然而十歲中俛仰倚之矣公家之百需又倚之矣其能有贏焉誣矣質庫不然其上者每至盈萬金卽寡亦不下五六千是上者一而當沃壤之役

田五六矣下者亦不啻三之其于瘠壤則上者遂三十而盈下者亦不啻十五六歲以什一計而子錢之入可知也矧其二之而三之乎是質庫之最下者其一歲之入已當上田之十歲矣顧此則終歲奔走而不給彼第高枕臥而子母倍息矣未幾子復爲母而又息之矣其土著者入弓入得猶之乎楚也不則一襆載之而去闗譏之法未聞稅金遂令若曹據此全利卽比者權使出而始議及焉然僅僅歲數金止耳是以富室鮮累世之產而質庫多百年之業當十歲而更版圖一里之中慮無不易其三四甚且六七而質庫無論大小凡三年必益其一其甘苦利害較若列眉豈待智者而後辨哉莫非民也懸絕乃爾夫豐則朘其脂膏則乘其急而倍入焉

且又坐視其溝壑也忍乎損有餘補不足天道人事固所宜然請計歲以爲之格歲輸粟若干石以賑未及三歲者勿輸輸至二十有五歲而止遠勿論其有慕義好施至溢額者或旌其廬或錫之冠服官司以禮優異用示風勵此非獨便于窮民也于貲庫亦大有利焉不然而民無所得食睊睊而睨其厚入也終能高枕而偃有之乎抑是說也即無事時所不得置而弗議以任其尾閭而逝波者也矧此日也哉

賑之六

夫漕粟截矣積貯罄矣巨室之義糶廣矣質庫之樂輸者麕而集矣若是而賑不亦有藉哉唯是待哺之方衆也歲月之方遙也無已則請推廣令甲之意而稍開拘攣之路可乎往

兩宮三殿之鼎建與漕河之有事也當事者嘗肯疏開納之議矣其鬻爵諸事勿論乃若輸金而入太學亡議亡之夫太學賢士蔽藎自聖祖以來翠華萬屋歷世所親涖而廣厲者也然猶得以輸金入今獨不可推之郡邑以濟一時之急乎請下令曰民間少年有文藝稍通願遊膠序者聽輸粟若干石備賑準補博士弟子候試試而異等如例敘補即或稍劣以六歲故事寬之至九歲踰期而試仍不前聽以冠服終或以諸生名入太學如是彼才者得自見即駑者亦冀倖全而應必夥矣顧得無以始進難之乎則太學又何異焉彼其取上第者累累也何傷乎其貲進也且天子尚不難收之太學而有司者何獨靳之膠序耶又往歲督學使者嘗創之令矣

凡入田膠宮者得以諸生入太學其諸生而入田者得超等而以餼廩入夫田猶有之粟矣不可餼廩猶可以田得而何獨難于其始階也且夫收一士而遂可以活數百千人是仁人者之所褰裳而前者也不然將亡乃重惜士而輕忍人之死乎異日者鬻爵之令下旦捐朽貫而夕疏仕藉儼然而被繡矣而乘軒矣其蘧篨戚施而旅進退于郡邑之庭者亡論獨不有身列赤墀之下者乎其以視逢掖孰重輕焉是不可謂非賑之一策也

賑之七

鬻爵非古也有之自漢始乃若刑之有贖唐虞以降蓋世守之而周爲甚其初第于鞭扑耳卒乃五刑皆用之故周禮荒

政十有二而弛刑居一焉贖所從來非一日矣豈其亡當而代襲之爲今即懸造士之令而邑可幾千石乎竊以爲贖可議也在制鬼薪城旦而下法得入粟以贖其重辟不然嘉靖間島夷之難作軍興不給即大辟且及之矣請自今以前凡已讞而赦令所不原者並不得贖其他稍可矜疑許以贖論或衡其罪之重輕或權其力之豐嗇而衷之其自今以役迄于歉歲之麥秋諸大辟如制外其他雜犯以下非力不能贖者悉以贖從事其罪稍重而力饒于貲非亡意者從刑故論勿贖罪稍薄而非有意者且力不任贖者從弛刑論勿贖贖以粟以穀勿以金其多寡視罪而微以力爲軒輊計一笞贖而所活倍之矣一杖贖而所活更倍之矣若鬼薪以上則所

贖一而所活者且十之而百千之矣于法初無大屈而于窮民則所濟博矣且三代已試之故事也宜若無不可然第其名爲賑而贖之也者必其實爲賑而用之者也夫寧有民之阽危如是而爲之上者忍復計其他哉是二策者固非聖世之所宜有也第不得已而佐時之急可耳則所謂破拘攣之見者也然管之于令甲故亦無逕庭也

賑之八

審如是而賑之源辟已廣已請詳其事彼巨室之餘廩以義糶者非賑而賑者也法不必及春也時而昂昂而立斥以抑之可粟有餘日斥之亦可升可活二人日百石可活二萬人中邑倍之巨邑更倍之自十月迄四月而粟可計也第自升以上盈斗而止禁弗得多糴務使盡入于貧民之腹而毋令力可自活者與黠者得猥冒焉斯善矣若夫賑則難言哉往者籍具于里胥餒者不必籍籍者不必餒甚則一人耳而籍五六其姓名也又甚則五六其姓名未已也至并其一人者而無之民莫得而質也官亦莫得而詰也不幾于虛明詔靈曠典乎哉玆將釐之其說有二其一曰擇人夫環一里之中寧無有饒于力而爲衆所憑信者乎凡里之人其家之豐嗇丁之多寡必其所稔知者也擇一人焉俾司其事次者副之而令具籍焉胥第供筆札毋得上下其手籍既成復環數里之內擇其更饒而材者二人主且副之俾家至而核焉其有未當者急爲釐正是謂擇賑之人其一曰覈丁夫賑以賑乏

也無論不當賑者卽不計其人之幾何而等子之是寡者獲宿飽而衆者猶之乎餒也非法也請計丁以爲率家十人者爲上七人者爲中四人者爲下令籍者明疏之毋以幼稚入必若干歲乃與復令核者愼稽之是謂核賑之丁于是合一邑之籍而計焉凡上丁家若干中及下各若干賑之粟可若干家可賑粟若干損其下者以益上者凡三等一以丁爲差並計以授司者并出納畀之官親涖其地按籍以賑賑之時徧召里之人令得擧其失失三人有罰六人以上倍之十人以上并罰核者其無失有賞竊謂是擧也其便凡六居同井里豐約多寡必不敢顚倒懸絶一也方賑時目屬于一方之衆卽欲爲欺罔不能亡憚于發露二也飢民無奔走期會之苦不致匍匐顚頓于道路三也粟皆入餒腹不致若往者之虛冒四也富者操籍與核之柄情相聯絡寠人不致生他心五也富者卽不無往來給散之勞而初無損其庾廩且令示德焉六也賑之便慮亡善于此者矣顧此爲荒野言耳若夫城郭闤廂之間擇人而具之籍一佐貳之良者家至戶到核之而無難也抑古有爲糜以食餒者意非不美也第其羣聚穢惡勢不能亡薰蒸疫癘之虞請姑以是待流民之亡籍者可乎誠于四郊之外擇寺觀之宏敞者遴緇黃以主之而官予之粟若器具且時稽察焉其善若事者卽以其官官之計無有弗令盡力者矣凡此第其大畧耳若夫斟酌損益講求盡善之策是在用之者矣

糴

蓋賑之力至是亦幾竭矣而賑之粟終不能亡虞匱也行百里者半九十豈其奪之溝中而復委棄之也者于是乎有糴之事在曰官曰民必互用之而後可今郡國之帑即不至大饒然獨無餘鏹可暫發者乎即所當上輸而獨無可稍緩者在乎請括而斥之又集一郡之所有而計之擇佐領之强幹者二三人分領其事予之符繻及兹西成之先或之豫章或之荆楚爲移檄于所在而告糴焉返之日仍于彼索檄以報必明疏其價毋令得增益于間而爲之蠹其能勤于事而潔廉無議者予上考甚者特荐而敘遷之粟則合其費與舟楫之費而共計焉石爲金幾何分予諸邑使設法平市如賑之

義糶法粟散于民金歸于帑便孰甚焉顧非獨粟可市也即菽麥亦奚不可者此糴之在官者然也若夫民間之遠市者計必不乏特不無道路之虞與關市之阻耳今誠予之以符使亡虞于往來諸關市悉不得以稅榷爲名橫有科擾迨其歸也悉聽以時價受直毋有減抑則願往者必衆而粟必充牣于市矣此糴之在民者然也糴于官者壹以原價糶以陰制猾牙狙獪之命而持其衡糴于民者聽以時價糶以明關懋遷有無之路而通其權然有其在官者而民必不能過爲之昂也又有其在民者而官又不必過虞其不能繼也故曰官與民互用之而以濟賑之不逮者此也

賈

等糴耳而胡其出之異耶官傾儲而致之邑必不能盈數千里也及旬而盡矣夫民也自非覬錙銖之潤而能驅之數千里之外以相灌輸乎且民之安土而不輕服賈莫此諸郡爲甚其蹻蹻而奮者鮮矣則所籍者亦唯是四境之內外素習于商者耳彼其左顧右盼徵貴賤而權棄取隸胥之所不能窮也今將鼓舞而招徠之使危舸巨艑稛載爭前以紛集于吾土令官無告糴之勞民無炊王之嘆其何術而可則請斟酌于限賈之令而已蓋屬者商羊爲政市價驟騰自非禁令之畫一勢且得益而未已一時單窶之子其幸脫于立槽者非此令之力歟第一歲之產止共一歲之食今之所及禁者大都境內之粒多計秋盡而罄矣請自今亟著爲令凡商賈以

粟至者賈高下悉聽民間時直官無所與若牙儈欺罔必重法勿宥夫非故昂之也物之不齊神聖所不能强而商賈之趨利則不啻若鶩也惟毋抑其賈而粟之至者日益多矣粟之至者日益多又不必其抑之而自平矣即不然而勵禁之意非不仁也法非不善也彼慮夫數千里之僕僕而所獲之不償也必將有却步而不前者矣且夫生生者造化之大機也機不暫息則不能長動而出故物生之數有大虧無大贏今吳越之粟驟而淪胥者至八九十萬石是所謂大虧者也彼荆楚豫章之間即幸而有年其必不能大贏兹數明矣即殺而取足其半彼中詎能無稍踊也者而焉能遂斷其賈之必廉而遽限之哉唯獨計其來之緊則必不能大踊云耳曰

有如踊也若之何曰郡國之有積貯也巨室之有義糴也質庫之有樂輸也官之有告糴也備之則已悉矣時出而抑之其何難之與有曰一市而二賈可乎曰官糶之爲法也糶勿得過斗以絶寠夫也彼民之自爲糶者多寡無制非矛盾也夫寧有棄廉而趨貴者乎且又不有賑之事在乎必如是而後足以濟官糴之窮也

禁

牧之去敢羣也耕之薙非穜也夫豈不慈勢實使然今得無有不令之民藉口饑饉而輒肆其蠆尾也者有如上之人重愛其力而輕視其死亡則亦何辭之有乃今所極計而亟拯之者卽令其自爲慮曾不是過而能無去之而薙之乎請事

制而坊之曰道路之禁凡一切周行畫地而戍五里一艘五艘一禆校十艘一偏校二十艘一都尉各警于其地毋令宵人得以竊發發則當地者坐之發而匿者罰終月而無事則勞終半歲則大勞或俾之事任曰荒野之禁卒伍追胥其人故非乏也第令嚴偵焉間有草竊攘奪能合其人而縛之者勞非追胥者倍卽不能亟以告而窮治焉匿則罰匿而有所私重罰曰聚落之禁狹者艘一廣者倍之司以禆校其事若賞罰視荒野曰坊市之禁城郭之間干掫舊矣然特故事耳宜益申飭而加嚴或殺其地而得以時及可夫如是不將有所加置而重縻糗哉曰非然也海艘之非汎而輟者不可庸乎其卒不可役乎卽郭之內外不可令畫地而戍乎不費斗

粟不增一人而尺地無勿嚴矣然此第爲探囊胠篋者備耳夫氛祲者明聖之所憂而奸雄之所幸者也今之民非昔之民矣遠勿及見卽遡之十歲前而何其澆之甚哉重以比者廟堂之上百廢百敝豈其草野之氓人盡聾瞶寧獨無占風角習讖緯若唐之巢宋之臘也者窺伺于其間乎無之宗社之靈也卽萬一有之非藿食者所敢深言也

荒政叢書卷之六

魏禧救荒策

天災莫過于荒天災之可以人事救之亦莫過于荒古之行荒政言荒策者不一有永利者有利用一時不可再用者有可行者有言之足聽行之不必效者要或散見諸記籍中未有統要余摭所見聞擇其可常行無弊者條之救荒之策先事爲上當事次之事後爲下先事者米價未貴百姓未飢吾有策以經之四境安飽而吾無救荒之名所謂美利不言是也當事者米貴而未盡民飢而未死有策以濟而民無所重困所謂急則治標是也事後者米已乏竭民多殍死還就支吾少有所全活所謂害莫若輕是也

凡先事之策八當事之策二十有八事後之策三

先事之策

一曰重農農者粟之本或興屯田或修水利或賑貸牛種或親行田野勸相或分督里役地方謫舉游惰或開墾荒之法而首在不以工役妨農時不以獄訟擾農家如此則農事舉矣

一曰立義倉貧民富民多不相得富者欺貧貧者忌富貧民閒時已欲見事風生一迫饑饉則勢必爲亂初或搶米再之刼富再之公然嘯聚爲賊富民目前受貧民之害貧民日後受官府之刑兵刃之慘眞貧富兩不得益也所以朱子修舉社倉不特救一時餓殍實所以保富全貧護人身家養人廉恥爲法至善今師其意而少損益之凡每坊設立義倉不必分派若干家若干人隨其相附近處擇便爲之聽民自議自行則衆情和矣但建倉費重或勸富民或設處公費隨時斟酌此在官長以眞心勤力行之凡欲立義倉先集父老士民懇切開諭以義倉之利身先捐俸以勸富室然後出示遠近令十日內報命凡報命者合坊具連名呈一紙內稱遵諭設立義倉共計戶丁若干出穀者若干舉值事者一正二副某人造册二本一丁册一義穀出入册凡丁册不論男婦貧富貴賤皆載之呈及二册官皆用印旋給本坊收掌其官所助穀若干照各坊丁數多少派貯倉內舊册寫完則仍以新造之册送官用印坊中有富豪慳吝不肯助義者許本坊呈官

視所應出者加罰三等所舉值事之人有不法不公者本坊呈官重罰公舉他人代之或本人有病故久出者仍簽他人代之俱要呈官其呈仍用印付還或坊中事繁三人不能理許值事人隨簽幾人幫之本坊俱要酌處公費以酬其勞至義穀出入之數官府不預只于當發糶時先期出示令各坊清覈丁數定于某日糶米官府時行巡坊于當收糴之時先期出示以某日起糴穀至某日報完踰期不完者以欠穀多少議罰凡坊內與糴者設簽一根寫戶首姓名下注共計幾口糶米時左設一人散簽右設二三人量米來糴者先將名下應糴米錢若干交左人領簽即將簽投右人照簽領米散米已完右人繳簽交左人收明日如之富室及僮婢皆許與

糶凡糶米如原價每升一分今價三分則取分六釐二分則取分四釐分半則取分二釐分二釐則取一分一分則不出陳矣蓋酌取餘息以共耗折及修倉雜用諸費也凡石斛升斗之類皆一聽官造日久器壞許如法私造仍送官驗押蓋以賞罰之權歸于官則人知所畏以出入之數歸于民則官無可私所謂官民相制其法無弊者也　造倉之法如係五間只以四間貯穀空閒一間以便搬移倉穀防整倉及新穀發熱等事法詳治譜可按而行之

湯念平先生勸積義穀序曰民窮日甚借貸無門一有災荒坐而待斃昔朱文公社倉一法最爲盡善然猶詘舉贏實爲難事宜師其意而力行之爲積義穀法每坊造一木

櫃置本坊神廟每月朔望謁廟者各持義穀少許或一角或半升或一升至小斗而止勿得過多不願助者聽隨其意而因其力不相强也數少而不欲多者相形則意沮力輕則可久也共推一端謹者司登記雖一角半升必紀其名以彰好義推一稍有恒產而素行忠信者司出入每朔望迄晚即將貯櫃者登倉次年春夏推陳出新因數多寡貸與農人息取加二小荒則以貸諸貧人而減其息必公議而酌行之若大荒則盡捐以賑困窮必計衆而均分之先其老弱之無告及孝子節婦之貧者是舉也專以備荒而利農佃雖公事急需不得輕移以致耗散有恃强而索者衆共持之不聽則控諸官庶幾可久行而不廢夫爲數

甚少則人皆樂助日月積之歲歲行之斯可無大饑之患矣噫省目前宴飲之費即可甦異日數人之命減一月雞鶩之粟即可救他年同類之生獨何憚而不爲哉　又募義穀疏云里中親友壽誕稱觴當共計其費出義穀欲爲人稱觴者亦計其費出之或宴會有不可已者則薄其費而以義穀補之夫省酒食之浮費以利濟飢貧此祝壽之上術也又有疾病及一切祈求亦于神廟發願出義穀若于夫省齋醮之虛文以利濟飢貧此祈神之上術也蓋天地鬼神原以愛人爲心能愛人者則彼亦愛之以此祝壽壽必永以此祈福病必愈以此祈名利子息名利子息必得矣　按二條法最簡妙能濟義倉之窮故備記之

黄存齋曰畜馬乘不察于雞豚士大夫而積穀高價以病小民可乎朝廷當爲禁律凡已出仕田滿五百石者穀貴出糶止許依秋成原價每石酌取倉耗三分於己無損于人有益若乘風高價者治如違例放債之罪　按此意只可勸諭鄉紳富民聽其自行賢士大夫身爲之倡未可以法繩人也

一曰設砦堡義倉之法仍當勸諭鄉落行之或一鄉自建一所或數鄉共建一所其事概聽之鄉人而官府第須式勸成而已但鄉落中無城郭足恃或有兵寇騷擾則義穀蕩耗斷難復聚當令各鄉於附近之山有險足恃者因以爲砦無砦者爲堡而置義倉其中有急則并婦女牲畜衣服器用徙居

之蓋砦堡之設可以固生聚可以保義倉可以行清野之法以困敵所謂一舉而三善備者也　彭躬庵曰設砦堡最利鄉落更可以保護城邑而險不為賊據此從來救荒策中所無

一曰酌遠糴之禁本地產穀有足支數年者以遠方糴運過多遂致產穀之地頓成餓殍然槩禁遠糴則一方粟死一方金死交困之道也當於收成時出示諭民凡收穀者自計兩年口食以外每穀十石糴五石支用存五石備荒又為酌視時價貴賤以為啓閉如僅滿地方常價聽其搬糴過常價三分之一外則不得糴遠違者籍穀入官分給義倉至新穀收成已完則舊穀仍糴矣

一曰嚴游民之禁百姓不謀生業者宜置常罰令鄉耆鄰里

時簡舉之蓋游手好閒之人如米中蠹蟲饑饉之時死亡獨甚多至為盜賊者若督令務生則自可生財有養生之具矣然欲耆里簡舉而不實心行鄉約保甲之法未易辦也

一曰制穀贖罪凡有罪犯情理可原者一照買穀備賑銀數輸穀不令輸銀其穀分寄各坊義倉值事者具領狀交官俟賑糶時如數取出以施最窮苦無告之人或米或粥視米多少可也蓋義倉雖以周貧然須有糴米本錢則鰥寡孤獨一文不辦者盡餓死矣但施米仍當責成各坊值事每日清早糴米飯後施米仍效義倉領發例令各來報名每人寫一票給之為據領票領米一如義倉但不須交錢耳蓋事歸一人則坊人姓名已熟虛實盡知自不至于混領若以事歸官府

另發胥役行之為弊不可勝言

一曰豫糴凡地方有遇水旱便當實稽境內人丁核境內穀粟扣算缺少若干即多方那處遣富商豫往穀多處買之蓋有水旱則必有饑荒若臨饑方議他糴便難措手且米價亦必踊貴也

一曰教別種地方遇有水旱種植必不得時即須先察地利如水多害禾則急以不忌水者種之旱久害禾則急以不畏旱者種之失彼得此尚可支持其半大抵以先時急做為勝著也

當事之策

一曰留請上供之米地方大饑或有本地應解糧米及他處經過米船不妨權留賑濟然後申報秋熟即行糴償在朝廷

不過緩數月之糧在百姓即活數十萬人之命雖以專制買罪又何傷哉

一曰借庫銀轉糴地方大饑欲他買又苦無銀不妨那借庫中錢糧糴賑從容設處以償擇平日衆推誠實能幹百姓任其事或仍勸富民自販開以薄利使之樂趨

一曰權折納之宜時當凶災擇荒熟相應處以荒處折納之價于熟處和糴則荒處不至太貴熟處不至太賤兩利之道也　凡為守令權不自主者則申請上司行之他准此

一曰捐俸勸賑地方大饑有司當以至誠開諭勸富民賑濟或減價出糶或竟行施予然本官須先捐俸倡義庶幾不令而行

一曰重賑穀之勸饑饉時有能大出粟以賑者或聞於朝廷加以官號或請于上司給其冠帶扁額以示酬勸

一曰興作利民之務地方大饑窮民多無生業此時或修橋路或濬水利種種必不可已之務當概爲修理窮民借力作以資生而我又因以興利一舉兩得之道也

一曰勸富室興土木舉庶禮地方大饑宜勸富室營造土木及一切當行之禮使貧民得以資生蓋損富而富實未損益貧而貧不虛益勸諭時當以三利歆動之一則成吾欲爲之事一則借此賑貧有大陰德一則貧民樂業不至爲盜富室所益更多矣

一曰均糴米數旣貴富者得以多糴則貧者益少每日市糴

當依每家丁口爲準人口少者不得多糴則米穀均矣

一曰嚴閉糴之法富民擁有多粟除本家口食外餘至百石以上閉糴專利者許人告發官府盡籍穀賑貧告虛者反坐蓋彼所利在多得米價今併米本失之其閉糴者鮮矣　溫伯芳曰吾邑荒少而穀常踊貴弊不在富戶而在鋪戶鋪戶閉糴而後價忽高鋪戶得高價富戶之價愈高總之寧民家無杵臼皆糴于市鋪戶遂操其重昔葉令公名向榮金華人處之極善每早巡行各街米戶不出糶者杖數十於是鋪戶欲高其價不得而富戶知市價如常各競出糶矣蓋公稔知此時非有水旱兵凶之災客歲之入如常何以來歲之供不足不過雨暘偶愆何至舊穀頓盡至于閉市乎　按此須實知境內穀多乃可行不可執爲定法

一曰重强糴之刑時方大饑民易生亂若縱其强糴則有穀者愈不肯糶四方客粟聞風不來立飢死矣且强糴不禁勢必搶奪搶奪勢必擄殺當著爲令曰有不依時價强糴一升者即行梟首蓋彼原欲少取便宜今并身命而亡之其强糴者鮮矣　或謂閉糴自百石以上强糴自一升以上閉糴者止于籍穀而强糴者遂至殺身輕重不太懸乎曰閉糴之人雖不仁猶不過專自有之利强糴則是妄取他人罪自不同況閉糴者少强糴者多乎　彭躬庵曰此法須不動聲色使百姓曉然知殺一人乃可以生衆人始不激變

一曰不降米穀之價米方大貴有司樂于市恩動輒降減米

價以博小民一時歡心不知米價減則富戶不樂糶而四方客米亦不來矣惟當聽民間自消自長粟貴金賤人爭趨金米價不降自減也　或謂古人有遇饑輒增米價而米賤者其法可行乎曰此非一定可行之法也萬一我增米價而客米一時不來彼貧民能當許久重價乎大抵地方富饒所欠止在于食則不妨增價以招客粟若地多貧民此法恐不可行止一不降米價尚爲穩著

一曰覈戶口時當饑荒須先詳覈戶口若干扣算賑糶之穀若干賑濟之穀若干每丁應得若干先有定局則無不均之患而設處之方可早謀矣

一曰無失期不論賑糶賑施俱當先期四處張示的于某時

舉行不可遲誤失期有辜人心且虛勞小民奔走
一曰定鄉城分給之法凡賑糶賑施每日一給則太煩而小民易荒生業至鄉落尤難行矣當先定爲令曰凡城市每給五日鄉落三十里內者每給十日三十里外者每給半月或謂鄉落路遠當每給兩月曰每給兩月爲數太多小民不知遠計多穀在手便不撙節甚至以易酒肉者有之到甕盡杯乾時不束手待斃又邪思生亂矣　或謂貧民無資必待每日生理方可得糴此條只可行于賑施不可行于賑糶當酌其無弊可也
一曰多置給米之地給米須多設處所派定某關某處給某關某處給則不至推擠失序

一曰編戶丁牌領米最易爭擠多至混數若倣義倉領簽又入多難行當照戶編牌如考試例循次領給則諸弊俱無矣其牌每戶止寫丁首一人
一曰慎擇給米之人主管給米最要得人須平日實訪其人公平廉能者方可屬事每處擇一善者主之又聽其各擇一二人爲副必不可令衙役與事也
一曰不時巡訪任縱得人未必一一皆當有司于給米時當不時出訪或東或西或詳或畧或隨手取米以驗美惡或隨喚領米人驗剋減與否至于出訪或輕車或緩步不可盛列騶從使人得爲備
一曰別賞罰不時巡訪則任事者之賢否見而賞罰可行矣有公平廉能者則重賞之或優以冠帶或旌以財帛隨其功之大小可也有姦貪私剋者則重罰之或加刑或罰穀隨其罪之輕重可也至于無他罪犯止是才力不濟不能處分條理者則無賞無罰下次不復簽用而已
一曰暫省衙門役期時方大饑衙役工食多不足贍此時當減其半役使之營生如舊例一月供役十日今止取五日
一曰清獄饑饉時平民已難治生獄囚死者八九矣清獄宜分三等輕者竟釋之次者限親隣保結俟穀熟時再拘大罪重犯囚而少賑之
一曰禁訟大荒之時治生不暇況治訟乎凡除人命賊情搶擄外一切財產婚姻等訟概不准告已告者概停不行

一曰弛稅禁山澤市貨等利法有禁者此時宜暫弛稅弛禁廣其營生之路至穀熟時復舊
一曰修街道街道污穢易生疾病荒疫相因尤不可不慎故當修潔街道以防其漸
一曰收棄子飢民有棄置子女道路者許人收養凡收養者具呈至官云某年某月某日于某處收得子女幾人歸家撫養官爲用印結之太平長大一聽收主照管本生父母不得爭執其收主願贖者聽或能收養自幾人以上者官府爲立賞格勸之
一曰贖重罪重罪無贖之理然能多出穀救荒則雖枉法以生一人而實救數千百人之死亦權道也　重罪如泛常人

命事則許贖若劫殺眞賊及人倫大變之犯則不可贖更舊冬以前人命可贖本年所犯則不可贖恐富人乘機報復故也

一曰收買民間草薪衣服器用饑荒之時貧民多賣衣服器用以給食而富民乘人之急甚至損價十之九者此時官府宜那移錢糧設人收買使貧民不至大虧則謀生之路寬矣秋冬間仍行發賣便可補數至於草薪之類亦當於此時收買矣寒雨賣之仍可得利此古人已行之效

一曰多置空所以處流民而嚴其法大荒之時有他郡流民走徙就食者若處之不得其道則流民立死且或生亂有司當擇寺觀公廨一切空所分別安插每處設一人管其事立

法以繩之諸如臥所有定出入有時領米有敘若亂法者初犯三日不給糧再犯逐出境外其有休養壯健者則令執工役之事或僱募民間便不許坐食矣

事後之策

一曰施粥饑荒已極不能賑米當設法施粥施粥須因里設廠若勞其遠行恐半途仆斃又須立人監理令飢民至者隨其先後來一人則坐一人後至者坐先至之外坐者不許再起一行坐盡又坐一行以面相對以背相倚空其中路可令擔粥人行走坐至正午擊梆一通高唱給第一次食令人次序輪散有速食先畢者不得混與一次散訖然後擊梆二通高唱給第二次食如前次共三次即止蓋久飢之人腸胃枯細驟飽即死惟飢民中稱有父母妻子臥病在家者量行給與攜歸處分已訖方令散去散去之法令後至坐外者先行挨次出廠庶不擁擠踐踏又多人羣聚易于穢染生病須多置蒼朮醋碗熏燒以逐瘟氣又不時察驗嚴禁管粥者剋米將生水攙稀食者暴死其碗箸各令飢民自備　按米多亦不得施飯久飢食飯有立死者

一曰施藥賑粥或不能多服藥亦可免死當多合救飢丸以周給之亦不得已之極思也諸經驗奇方另載

一曰葬殍餓莩穢戾之氣易生疾病隨時收葬最不可緩覡禧曰古稱救荒無奇策要凡天下之策未有奇者因時制事世人不能行而獨行之則謂之奇耳是編多輯古人成法閒

以意損益之然一人耳目有盡心思有所不及又或自擬良法行之不能無弊者增美去惡以成萬世萬民之利是在後之君子矣

荒政叢書卷七

荒政叢書卷八

常平倉考

齊管仲相桓公通輕重之權曰歲有凶穰故穀有貴賤令有緩急故物有輕重人君不理則蓄賈游于市乘民之不給百倍其本矣萬乘之國必有萬金之賈千乘之國必有千金之賈者利有所并也國多失利則臣不盡忠士不盡死矣計本量委則足矣然而民有飢餓者穀有所藏也民有餘則輕之故人君斂之以輕不足則重之故人君散之以重凡輕重斂散之以時卽準平守準平使萬家之邑必有萬鍾之藏藏鏹千萬千室之邑必有千鍾之藏藏鏹百萬春以春耕夏以夏耘耒耜器械種饟糧食必取贍焉故大賈蓄家不得豪奪吾民矣

桓公問於管仲曰終身有天下而勿失爲之有道乎對曰國之廣狹壤之肥磽有數終歲食餘有數守國者守穀而已故善爲天下者謹守重流而天下不吾洩矣請以令發師置屯籍農國貧而用不足以價取之則積藏困窌之粟皆歸于君矣是故天下有兵則積藏之粟足以備其糧天下無兵則以賜貧甿若此則內守國財而外固天下矣

呂祖謙曰古之荒政以三十年之通制國用則有九年之蓄遇歲有不登爲人主者則貶損減省喪荒之式見於小行人之官札喪凶荒厄窮爲一書當時天下各自有廩藏所遇凶荒則賑發濟民而已當時斂散輕重之式未嘗講到春秋一不登則乞糴于鄰國所謂九年之制已敗壞管子輕重一篇不過君民互相攘奪已非君道到後來斂散之權又不能操姦民幸凶年以害民至五代括民粟不出粟者死與斂散之法又殆數等矣

李悝爲魏文侯作盡地力之教以爲地方百里提封九萬頃除山澤邑居三分去一爲田六百萬畝治田勤謹則畝益三斗不勤則損亦如之地方百里之增減輒爲粟百八十萬石矣又曰糴甚貴傷人甚賤傷農人傷則離散農傷則國貧故甚貴與甚賤其傷一也善爲國者使人無傷而農益勸今一夫挾五口治田百畝歲收畝一石半爲粟百五十石除十一之稅十五石餘百三十五石食人月一石半五人終歲爲粟

九十石餘有四十五碩碩三十爲錢千三百五十除社閭嘗新春秋之祠用錢三百餘千五十衣人率用錢三百五人終歲用千五百不足四百五十不幸疾病死喪之費及上賦斂又未與此此農夫所以常困有不勸耕之心而令糴至于甚貴者也是故善平糴者必謹觀歲有上中下熟上熟其收自四餘四百石（平歲收百五十石大熟收四倍有六百石除食用二百石則餘四百石）中熟自三餘三百石下熟自倍餘百五十石小饑則收百石中飢七十石大饑三十石故大熟則上糴三而舍一中熟則糴二下熟則糴一使人適足價平則止小饑則發小熟之所斂中饑則發中熟之所斂大飢則發大熟之所斂而糴之（約如其數發之非謂小熟之所斂必待小飢而發大熟之所斂必待大飢而後發也）故雖遇饑饉水旱糴不貴而人

不散取有餘以補不足也行之魏國國以富强

馬端臨曰管仲之意兼主于富國李悝之意專主于濟民管仲言人君不理則蓄賈游于市乘民之不給百倍其本此則桑孔以來所謂理財之道大率皆宗此說然山海天地之藏關市物貨之聚而豪强擅之則取以富國可也至於農人服田力穡之贏餘上之人爲制其輕重時其斂散使不以甚貴甚賤爲患乃仁者之用心若誘曰國家不取必爲兼并所取遂斂而不復散而貧以富國誤矣

董煟曰今之和糴其弊在于籍數定價且不能視上中下熟故民不樂與官爲市最患者吏胥爲姦交納之際必有誅求稍不滿欲量折監賠之患紛然而起故糴買之官不

得不低價滿量豪奪于民以逃曠責是其爲糴也烏得謂之和哉至于已糴之後又不能以新易陳馴致積爲埃塵而民間之米愈少也

漢宣帝時歲數豐穰穀至石五錢農人少利大司農耿壽昌言故事歲漕關東穀四百萬斛以給京師用卒六萬人宜糴三輔宏農河東上黨太原郡穀足供京師可省關中漕卒過半又令邊郡皆築倉以穀賤時增其價而糴以利農穀貴時減價而糴以利民名曰常平倉民便之

董煟曰漢常平止立于北邊李唐之世亦不及江淮以南惟宋常平法徧天下

邱濬曰常平法非不善然年之豐歉不常穀之種類不一或連歲皆歉或此種熟而彼種不收苟其斂散之際非斟酌而上下之其法將有時而不平者矣惟今江北之地地可窖藏雜種五穀宜倣此法于要害處立常平司專差戶部屬官往涖其事隨其熟而收其物不必專其地因其時而予之價不必定于官視年豐歉隨時糶糴立倉用壽昌之名斂散用李悝之法庶乎其可也

陳龍正曰百物之值以米爲主常平不惟能平米價米價平諸食貨之價概不過昂過昂則人不食之矣米不得不食而他物可以不食故常平倉者兼平百物者也宏羊作平準欲平百物而愈不得平惟平米穀則他物自平本末異操也利上與利下異心也人臣主于利民國之寶也主

于利國國之賊也宏羊者李悝之罪人也

蔡懋德曰或嫌官與民爲市必當減價以糶不知減價之名徒致爭鬨孰若稍收微息多儲新米米多則價自減糶平則人不爭爲更便乎蓋貴設法使米有餘不在減省錙銖見德也

元帝初天下大水關東諸郡尤甚二年齊地飢穀石三百餘民多餓死瑯琊郡人相食在位諸儒多言鹽鐵官及北假田官常平倉可罷毋與民爭利上從之

陳龍正曰常平原以平糴乃伸縮其權以利民非爭民利也元帝聽諸儒議因荒歲罷之豈歲荒因設常平之所致乎恐此後民飢益失所賴矣唐趙贊云自軍興而常平廢

垂三十年民遇荒輒毙頃兩京置常平雖遭水旱米不騰
貴德宗遂令天下皆修復之觀此則常平不惟盛時宜建
卽荒迫中稍有隙暇餘資便應料理惟在上人節縮浮費
以爲糴本耳何漢儒之愚乎
應撝謙曰穀石三百八至相食常平倉何在不過吏以爲
市壟斷漁利耳此其所以可罷也
後漢作常滿倉立粟市于城東粟斛直錢三十府廩環積旣
欲置常平倉議者多以爲便劉般言常平外有利民之名而
內實侵刻百姓豪右因緣爲姦小民不得其平置之不便
馬端臨曰般所言卽後世常平之弊常平起于孝宣時蓋
至東漢而弊已如此矣

晉武帝時穀賤而布帛貴立平糴法用布帛市穀以爲糧儲
泰始二年詔曰古人權量國用取贏散滯有輕重平糴之法
理財均施惠而不費政之善者也然此事廢久天下希習其
宜加以官蓄未廣言者異同未能遠通其制更令國寶散于
穰歲而上不收貧弱困于荒年而國無備豪人富商挾輕貲
蘊重積以窘其利故農夫苦其業而末作不可不禁也
北魏孝文帝時秘書丞李彪上封事曰記云國無三年之儲
謂國非其國光武以一畝不實罪及牧守聖人之憂世重穀
殷勤如彼明君之恤人勸農而相切若此頃年山東饑去歲
京師儉內外人庶出入就豐旣廢營產疲困乃加又于國體
實有虛損若先多積穀安而給之豈有驅督老弱餬口千里
之外以今況古誠可懼也臣以爲宜析州郡常調九分之二
京師度支歲用之餘各立官司年豐糴于倉時儉則加私之
二糶之於人如此人必事田以買官絹又務貯財以取官粟
年登則常積歲凶則直給又別立農官取州郡戶十分之一
以爲屯人相水陸之宜料頃田之數以贓贖雜物餘財市牛
給科令其肆力一夫之田歲責三十斛蠲其正課并征戍雜
役行此二事數年之中則穀積而人足雖災不害
隋開皇間衛州置黎陽倉陝州置常平倉華州置廣通倉轉
相灌注漕關東及汾晉之粟以給京師置常平監　開皇三
年置常平倉粟藏九年米藏五年下濕之地粟藏五年米藏
三年著爲令

董煟曰今之常平義倉多藏米而少藏粟故積久不發化
爲埃塵非但支移之弊而已
唐開元中第五琦請天下常平倉皆置庫以蓄本錢代宗時
劉晏爲轉運使時兵火之餘百費皆倚辦于晏晏常以厚值
募善走者置遞相望覘報四方物價雖遠方不數日皆達使
食貨輕重之權悉在握入賤出貴國家獲利四方無甚貴甚
賤之病晏榷鹽充軍國之用以爲官多則民擾故罷鹽官立常平鹽法德宗時趙贊言自軍
興以來常平倉廢今京城已置常平倉請推而廣之諸道兼
儲布帛絲麻諸道津會置吏閱商賈錢每緡稅二十竹木茶
漆十之一以贍常平本錢
董煟曰常平和糴救荒實政然嘗觀憲宗卽位之初有司

一以歲豐請畿內和糴當時府縣配戶督限迫蹙鞭撻甚于賦稅號爲和糴其實害民今之和糴者可不鑒懲此弊乎

元和間孟簡言天下常平義倉請準舊例減估出糶但以石數奏申有司更不收管州縣得專以利百姓太和間以天下回殘錢置常平義倉本歲增市之非遇水旱不增者判官罰俸以枉法論

宋淳化三年京畿大穰分遣使臣于四城門置場增價以糴景德初詔京東西河北東陝西江南淮南兩浙皆立常平倉計戶多寡量留上供錢歲夏秋視市價貴賤量增減糴糶三年以上不糶即回充糧廩易以新粟其後荆湖川陝廣南悉置焉唯沿邊州郡不置數年常平積有餘而兵食不足乃命

司農寺出常平錢百萬緡助三司給軍費久之數移用蓄藏無幾自景祐慶歷中數以賑貸詔不復取常平之積不厚亦以出多入少故耳宋初常平領于司農寺景祐初詔諸路轉運使與州長吏舉所部官專主常平錢粟仁宗初即位乾興元年十二月以京城穀價翔貴出常平倉米分十四場賤糶以濟貧民慶歷元年十一月以京師穀貴發廩一百萬石減價出糶四年正月詔陝西穀貴其令轉運司出常平倉米減價以糶皇祐三年十二月詔天下常平倉依原糴價糶以濟貧民毋得收餘利以希恩賞

景祐二年御史中丞杜衍乞詳定常平制度疏畧曰國家列郡置常平倉所以利農民備饑歲也然而有名無實者制度不立耳臣以爲立制度在乎量州郡之遠邇計戶口之衆寡取賤出貴差別其饑熟信賞必罰責課于官吏出納無壅增減有制本息之數勿假以供軍斂導之時禁其爭利至于蜀漢狹境交廣寬鄉或通川易地之殊或邊郡巖邑之異各立條教以節盈虛限回易之歲時虞其損敗制立典之侵刻督以嚴科則瘠瘦可充饑饉有備也

韓琦論自來常平倉遇年歲不稔物價稍高合減元價出糶出糶之時令諸縣取逐鄉近下等第戶姓名印給關子令收執付倉每戶糶與三石或兩石唯是坊郭則每日零細糶與浮居之人或五升或一斗故民受實惠未曾見坊郭有物業人戶乃來零糴常平斛斗者

慶歷二年余靖疏天下無常安之勢無常勝之兵無常足之民無常豐之歲由是古先聖王守之有道制之有術倘有緩急不可無備伏覩眞宗皇帝景德中詔天下以逐州戶口多少量留上供錢起置常平倉付司農寺繫帳三司不問出入每年夏秋兩熟準市價加錢收糴其出息本利錢只委司農寺主掌三司轉運司不得支撥自後每遇災傷賑貸使國有儲蓄民免流散者用此術也前三司使姚仲孫今春以來于京東等處借支司農常平錢以給和買雖然借支官錢以充官用循常視之似無妨害若于經遠之謀深所未便臣竊惟眞宗皇帝聖慮深遠臣敢梗槩言之當今天下金穀之數諸路州軍年支之外悉充上供及別路經費見在倉庫更無餘

羨所留常平本錢及斛㪷等若以賑濟飢荒此固常所及矣萬一不幸方隅小有緩急賞給貧糧倉卒可備豈非先皇暗以數百萬之資蓄于四方者乎今若先爲三司所支則天下儲蓄盡矣伏乞特降指揮三司先借支常平本錢去處並仰疾速撥還今後不得更支撥並依景德先降勅命施行

熈寧初王安石新法行以常平錢穀一千四百萬貫石盡散作青苗本錢諸路各置提舉一員以朝官爲之勾管一員京官爲之右諫議大夫司馬光言常平倉者乃三代聖王遺法非獨李悝耿壽昌能爲之也穀賤不傷農穀貴不傷民民賴其食而官收其利法之善者無過于此比來所以隳廢者由官吏不得其人非法之失也今聞條例司盡以常平倉錢爲

青苗錢又以其穀換轉運司錢是欲盡壞常平專行青苗也國家每遇凶年供軍倉自不能足用固無羨餘以濟飢民所賴者只有常平錢穀耳今一旦盡作青苗錢散之向去若有豐年將以何錢平糴若有凶年將以何穀賙贍乎臣竊聞先帝嘗出內藏庫錢一百萬緡助天下常平倉作糴本前日天下常平倉錢穀共約一千餘萬貫石今無故盡散之他日若思常平之法復欲收聚何時得及此數乎臣以爲散青苗錢之害猶小而壞常平倉之害尤大也

元祐初詔提舉官累年積蓄錢穀財物盡椿作常平錢立給斂出息之法下諸路申嚴州縣抑配之禁

司馬光言常平之法此乃三代良法也向者有州縣缺常平糴本雖遇豐年無錢收糴又有官吏怠慢厭糶糴之煩雖遇豐歲不肯收糴又有官吏不能察知在市斛斗實價只信憑行人與蓄積之家通同作弊當收成之時農人要錢急糶故意小估價例令官中收糴不得盡入蓄積之家直至過時蓄積之家倉廩盈滿方始頓添價中糶入官是以農夫糶穀止得賤價官中糴穀常用貴價厚利皆歸蓄積之家又有官吏雖欲趂時收糴而縣申州州申提點刑獄提點刑獄申司農寺取候指揮比至回報動涉累月已是失時穀價倍貴是故州縣常平倉斛斗有經隔多年在市價例終不及元糴之價出糶不行堆積腐爛者此乃法因人壞非法之不善也

董煟曰常平錢物不許移用謂他費不許移用至于救荒

正所當用若必待報則事無及矣今遇災傷去處用常平錢于豐熟處循環收糴以濟飢民俟結局日以糴本撥還常平可也

蘇軾奏臣在浙江二年親行荒政只用出糶常平米一事更不施行餘策若欲抄劄飢貧不惟所費浩大有出無收而此聲一布飢民雲集盜賊疾疫客主俱斃惟有依條將常平斛斗出糶即官司簡便不勞抄劄勘會給納煩費但得數萬石斛斗在市自然壓下物價境內百姓人人受賜古今之法莫良於此

董煟曰軾之法止及城市若使鄉村通行方爲良法也況賑濟自有義倉並行不倍乎

顧茂猷曰若流民已至則不可執此惟未至餓莩流離時用此最妙

陳龍正曰官米多則可握市價之權固也然此僅救中饑中戶之一事耳大饑之年下戶無錢在手雖減價不能糴是常平之米止及中戶偏遺下戶也況鄉村之民遠望城市郎中戶得糴者亦少救荒各隨其時隨其地尤當隨其人以子瞻之慧乃欲執一已當日所爲而盡廢諸法不已踈乎董煟謂止及城市又云賑濟自有義倉蓋亦善其論常平之意而譏其不能通于常平之外也

李覯論平糴古人有言曰穀甚賤則傷農貴則傷末爲農常糶而末常糴也此一切之論也愚以爲賤則傷農貴亦傷農

賤則利末貴亦利末蓋農不常糶有時而糴也末不常糴有時而糶也以一歲之中論之大抵斂時多賤而種時多貴矣夫農勞于作劇于病也愛其穀甚于生也不得已而糶者則有由焉小則具服器大則營昏喪公有賦役之令私有稱貸之責故一穀始熟腰鎌才解而日輸于市焉糶者既多其價不得不賤賤則賈人乘勢而罔之輕其幣而大其量不然不售矣故曰斂時多賤賤則傷農而利末也農人倉廩既不盈竇窖既不實多或數月少或旬時而用度竭矣土將生而或無種也耒將執而或無食也于是乎日取于市焉糴者既多其價不得不貴貴則賈人乘勢而閉之重其幣而小其量不然則不予矣故曰種時多貴貴亦傷農而利末也農之糶也或闔頓而收連車而出不能以足用及其糴也或倍稱賤賣毀室伐樹不能以足食而坐賈常規人之餘幸人之不足所爲甚逸而所得甚饒此農所以困窮而末所以兼恣也易繫辭曰何以聚人曰財理財正辭禁民爲非曰義財者君之所理也君不理則蓄賈專行而制民命矣上之澤于是不下流而民無聊矣此平糴之法有爲而作也管仲行于齊李悝行于魏耿壽昌行于漢國不失實人獲其利自晉及隋時或興廢厥聞未昭唐天寶中天下平糴殆五百萬斛茲全盛之事也大宋受命將百年矣穀入之藏所在山積平糴之法行之久矣蓋平糴之法行則農人秋糶不甚賤春糴不甚貴大賈蓄家不得豪奪之矣而官之出息常什一二民既不困國且

有利茲古聖賢之用心也然其所未至則有三焉數少也道遠也吏姦也一郡之糴不數千萬其餘畢入于賈人至春出糶寡出之則不足于飢也多出之則計日而盡也于是賈人深藏而待其盡盡則權歸于賈人矣是數少之弊也倉儲之建皆在郡治縣之遠者或數百里其貧民多糴則無資少糴則非可朝行而暮歸也故終弗得而食之矣是道遠之弊也舉掌之人政或以賄槩量不均行濫時有及其出也或減焉或雜焉名曰裁價實則貴矣是吏姦之弊也今若廣置本泉增其糴數則蓄賈無所專利矣倉儲之建各于其縣則遠民可以得食矣申命州部必使廉能則姦吏無以侵刻矣如此利國便人事可經久是謂通輕重之權不可不察也

孝宗乾道間知長沙王師愈論和糴之弊疏曰和糴之法本欲利民而足用湖南行之乃大不然其名則美其實則重爲民害始也無見錢以爲糴本或給官誥度牒或給三合同關子或給乳香茶引令州縣變轉現錢不免强敷之于民甚者撥有名不可催之積欠從而追擾其爲害一也次則以本錢不足或低估價值或多量升斗出納之際加以官吏欺弊其爲害二也終則裝發綱運顧船水脚之費無所支破又從而取之于民若運至荆襄間泝流而上江路邉遠水淺灘多動經年歲所費又倍之其爲害三也是故民之所憂者水旱所喜者豐年今則豐年之憂乃甚于水旱以三害若此耳臣又聞每歲諸路漕運自可足一歲之用只陷折至百餘萬石遂

和糴以補其缺誠能措置漕運不致陷折雖免和糴可也縱不能全免或不能已而爲之明撥本錢及支破起綱之費庶幾事舉而民不被害

理宗時黄幹知漢陽上奏畧曰今之守令爲救荒之策者不過曰勸分曰通商而已勸分通商不聽其自爲低昂則客旅稅戶不肯出粟若聽其自爲低昂則人心無厭數倍其價小民當豐穰之歲必父子竭作然後可易一飽迨至凶荒雖有技藝已無所售安得有數倍之錢可以糴米亦有相與枕藉死耳夫事固有若老生常談而確然不可易者廣儲蓄是也然人皆知其不可易而不爲者病在因循而已本軍每歲苗米不過二千餘石僅足以解總所給大軍而本軍官兵之請

給皆行旅收糴素未嘗蓄積也自前知軍孫祁首糴萬石知軍王從繼之亦糴萬石今歲大旱偶米價未大貴之日臣急發郡帑借貸緡錢糴客舟稅戶米三萬餘石漢川縣亦糴萬石自六月以來米價頓貴藉此六萬餘石之米發以賑糴每戶數石則亦可以及萬餘之衆日食賤米而無慮以是推之則積貯者信其爲天下之大命也

金世宗語戶部曰隨處時有賑濟往往近地無糧取于他處往返既遠人愈難之何不隨處起倉年豐則多糴以備賑濟設有緩急亦豈不易辦乎而徒使錢充府庫將安用之章宗時省臣言舊制豐年增市價十之二以糴儉歲減市價十之一以出所以然者恐物賤傷農物貴傷民增之減之以平粟

價故謂常平非謂使天下之民專仰給於此也今天下生齒至衆如欲計口使餘一年之儲則不惟數多難辦又慮出不以時而致腐敗也況復有司抑配之弊殊非經久之計如計諸郡縣驗戶口例以月支三斗爲率每口但儲三月已及千萬數亦足以平物價救荒凶矣元監察御史建言國以民爲本民以食爲天漢賈誼言于帝曰世之饑天之行也禹湯被之矣今不幸有方二三千里之旱胡以相恤文帝大感誼言詔開籍田親耕以率天下之民爲蓄積預備之道西漢之末太學生劉陶亦嘗獻議民可百年無貨不可一朝有饑迨乎東晉元興之間三年大饑至于臨海永嘉富室皆衣羅紈懷金玉閉門相守而餓死以此言之金玉何用哉此古人所以

蓄積糧儲以爲當代之急務而斯須不可去于是義倉之所
由起也常平之設始于漢耿壽昌建言創有此舉自後隋唐
襲而行之事行之後以其公私富贍水旱無憂誠爲萬世愛
民之良法自唐宋到今所以爲不易之政也且常平之舉我
聖朝每形于詔旨蓋所司奉行有所未至而未效其事豈非
國用浩繁糴糧之本未暇及與且天災流行誠不可測卽今
中外諸路每歲所收糧斛僅了銷用比至歲終倉如懸磬倘
如亡人所言忽有堯水湯旱之災百慮千思不悟弭饑之術
畀職管見國家建立臺憲糾察姦邪本以爲民其追到大小
官吏贓罰雖是取與不應之贓原其所自皆朘剝民之膏脂
合無將三臺追到贓罰各隨所屬撥爲常平倉本豐年米賤

比照市直兩平收糴歉歲穀艱價依原鈔開倉出糶立法關
防禁絶抑配詭名冒糴如此庶幾官本不失民受大惠公私
之際一舉兩成豈惟折富豪趨利過糴之姦萌實安小民妻
小流離之大患爲國之大政舍此無先
張光大常平倉論常平者荒歉之預備無傷于農有益于民
穀賤時增價而糴穀貴時減價而糶故遇水旱霜蝗之變民
無菜色不至于流離餓殍之患此古治民之良法也夫豪家
巨室爲富不仁惟望荒年饑歲閉糴圖利誰肯以仁德濟人
若常平一行可以遏塞富豪趨利之心而米價自然平矣旣
平則諸物價直無復高矣又常平出糶之際無抄劄戶口之
之煩飢民湊集之擾此其所以爲良也聖朝屢頒明詔而當

言路者亦已嘗建言文非不明意非不善也蓋爲有司奉行
不至視爲具文原其所自亦糴本之未立耳若以御史所言
將三臺追到贓罰各隨所屬撥爲常平糴本此亦返本還原
仁民之良策又僧道度牒古者平時不輕出必俟緩急之際
故宋淳熙歲荒給降度牒博換米穀以濟飢民亦備荒救民
之活法矧今朝廷亦降度牒發下諸郡但爲僧道者每道納
免丁錢至元中折納鈔五錠莫若酌古準今申明朝廷將所
降度牒免丁錢改擬願爲僧道者每度牒一道以免丁錢約
量出米若干永著爲令在城者輸之于路倉屬縣者輸之于
縣廩方許簪剃如此攢積以爲常平之本又復將三臺贓罰
斟酌多寡均分路府州縣一依常平古法視歲上中下熟收

糴相參收貯無歲不糴如遇凶荒發糶盡絶則又將所糶價
錢于有米去處收糴依彼中糴價登答水脚盤費錢數循環
糶糴以濟飢民二者兼行則常平糴本立矣而施惠之策又
在當人何患乎米有限而不能遍及村落哉但當端本澄源
若本源不淸則弊生滋蔓民受其害謂如收糴之時若驗稅
科糴增損價值則有司官吏因緣爲市糶者亦不甘心如能
照依鄉原市價依法收糴或每升增答分文價錢劃便支付
不致剋落以誘其來則人心亦樂願糶矣又須于糶糴之際
革其監臨者附歷扺號之需及高量削刻斛斗之病如有近
上人戶勢要公吏祗候人等詭名冒糴頓買者事發到官量
擬科斷仍將所糴米糧倍徵還官價錢斷沒如此則姦貪有

所儆畏細民均沾其惠方可為復古之良法苟或不然反為民病為政君子果能深味常平之意實能行之則可以固邦本結民心甚為萬世之長策也

明宏治某年月日林俊請復常平疏臣聞古無常豐之歲而民不患于不給無他積之有預也夫民司命者官而恃以為命者穀穀不積民有衣寶玉而死者矣故預備之計于民最急今江西所屬預備倉穀湖口縣不及六千石彭澤縣不及六百石石城縣僅二千有奇泰和大縣亦僅八千有奇其餘積蓄俱少臣竊憂之夫凶則散豐則斂官府常規散則樂斂則怨人情大致詭名冒領適長市道之姦抵斗追還竟諸里老之計公催稍急則交扇互搖巧呈哀訴只得停止以致數

縮于官有出而無入約爽于民有借而無還出非原泉運非鬼神伊何能繼今欲公私兩便惟有常平可復而已查得近例一里約積穀一千五百石江西衛所姑未槩論試以有司言之六十九縣總計一萬一百四十五里穀以一里千石計之尚該一千一十四萬五千石見在所積十未及一約少九百萬石每穀五石作銀一兩該銀一百八十萬兩盡括司府庫藏不盡一十萬兩糴本羞澀力難求濟是外非重罰罪四則勒勸大戶取彼與此仁者不為況今法日以弊難開勸罰之門義日以衰難求輸助之戶若棄是不務則今年直小荒耳待哺嗷嗷聚羣搶穀南康起九江起饒州又起熄之而復炎痛之而無畏萬一大荒其無尤甚者乎是正謀國所當預

處者也宋仁宗時嘗出內庫百萬緡以助糴本今日內庫臣未敢知若承差吏典納銀之例又妨正體彼善之法冠帶尚義猶可行耳伏望聖明軫念江西為控扼楚蜀閩廣擁護金陵要地人民凋瘵之餘垂仁加卹特勅該部計議奏行布政司招納義民官一千名除問革官吏外不拘本省別省客商軍民舍餘老疾監生廩增附學吏典及子孫追榮父祖各聽納銀七十兩者授正七品官五十兩者正八品四十兩者正九品各散官二十兩者冠帶榮身監生減十之三廩膳減十之二陸續塡給收完銀兩分俵各縣以資糴本各該冠帶雖不免其差役亦用加之禮貌毋妄黜罰毋輕差遣使絕陵轢樂于順從其不願官帶願立表義牌坊者出穀二百石亦容

蓋豎不限不停以補官乏臣又見凡問戶外為民邊遠充軍囚或逃而不去或去而即逃徒名治姦無益事實乞勅法司計議除情重外如扛幫誣告強盜人命不實誣告十人以上因事忿爭執操凶器誤傷傍人勢豪不納錢糧原情稍輕不係巨惡參審得過之家願納穀一千石或七八百五六百石容其自贖免擬發遣其誣告負累平人致死律雖不擯情實猶重并窩藏強盜資引逃走抗拒官府不服拘捕本罪之外量其家道勸穀自五百石一百石以警刁豪俱由撫按參詳無容司屬專濫臣仍與巡按督併二司專責守令於囚犯紙米并應追贓罰工價逐旋存積務取數足為期不容分外科罰如縣一十里則積一萬石二十里則積二萬石糴本精選

該縣行檢富戶量力領買上上六百石次四百石次三百石又次二百石不許市民公役冒領侵費專厫收受名曰常平如秋成穀賤六石糴入春夏穀貴五石四斗糶出秋成五石糴入春夏四石五斗糶出每石明扣一斗以備耗存積俱令社長社正開報貧戶每丁止買二錢以杜兼利前項銀兩當令前該富戶領給秋成照價糴入穀貴依前糶循環如常若穀賤年分不必發糴仍引查宏治十四十五十六三年放過飢民稻穀量追一半如借一石者追五斗另厫收受審實極貧倍加賤糶如時一錢四斗則與六斗果甚孤獨無歸委難自糴方與賑濟不必追還若得過冒領問罪之外每穀一石罰穀十石衛所常平亦依此法衛一萬石所二千石為則各

該掌印有司考滿參定殿最軍職管事酌取去留所貴上下相資人法並任同心遠大之圖用復常平之政臣再勸社民各立義倉與義學義家例置名曰阜俗三義盡一義者書一義之門二義三義稱是義倉之畧社中富民任其出穀六百石或四百石別處一倉極貧利一分次貧利二分春借秋還轉相賙助民樂表義似亦有從若常平既復社倉又行則饑饉有備而地方可保無虞此預備至計子民至急而江西今日尤為急者伏惟聖慈留意

呂坤積貯條件曰穀積在倉第一怕地濕房漏第二怕雀入鼠穿此其防禦不在人力乎大凡建倉擇于城中最高處所院中地基務須鋤背院牆水道務須多留凡鄰倉厫居民不許挑坑聚水違者罰修倉厫

一倉屋根基須掘地實築有石者石為根脚無石者用熟透大磚磨邊對縫務極嚴帀厚須三尺丁横俱用交磚做成一家以防地震房須寬寬則積不烝須高高則氣得洩仰覆瓦須用白礬水浸雖連陰彌月亦不滲漏梁棟椽柱務極粗大應費十金者費十五二十金一時無得固利苟完數年即更實貽之倍費故善事者一勞永逸一費永省究竟較多寡一費之所省為多也以室家視倉厫者當細思之

一風牕本為積熱壞穀而不知雀之為害也既耗我穀又遺之糞食之甚不宜人今擬風牕之內障以竹篾編孔僅可容指則雀不能入倉牆成後洞開風牕過秋始得乾透其地先

鋪煤灰五寸加鋪麥糠五寸上幔大磚一重糯米雜信浸和石灰稠黏對合磚縫如木有餘再加木板一週鉠木處所釘蓆一週可也

一假如倉厫五間東西稍間各用板隔斷與門楣齊穀止積于四間留板隔東一間如常閑空值六七月久陰氣濕或新收穀石生性未除倘不發洩必生内熱州縣官責令管倉人役將穀自東第二間起倒入東一間閑空之處一間倒一間是滿倉翻轉一遍熱氣盡洩本味自全何紅腐之有陳龍正曰米力雖久積必用穀北地高燥可窖東南必藏之秭中築基高圍草厚十餘年後味爾佳

一倉斛依洪武年間鐵樣用木造成邊角以鐵葉固之以防開縫仍用印烙其四裏以防剜窆但有不係官烙自作矮身

潤口及小出大入者坐贓重究
一本倉禁用燈火不許積柴安竈官吏以下飯食外而喫來不得已者送飯如違重治
朱健國朝貯糴論古之積貯者藏富于民而今之積貯者藏富于國古之積貯者導利于下而今之積貯者專利于上在下則民自足而君有賑恤之恩在上則君有餘而民無周賈之望是以唐虞盛時雖有九年之水而未始無倉廩府庫之充觀耕田鑿井帝力何有於我可徵也成周盛世雖有軍國之需而未始無三年九年之積觀水旱凶荒民無菜色可徵也厥後管仲之在齊也通輕重之權立聚散之法似矣而乃陰爲富國之謀李悝之在魏也畢豐凶之節制糴糶之政美

矣而何救于地利之盡無已則賈誼晁錯耿壽昌之策乎誼欲驅民以歸農畝而抑末技此上策也誼之說行當無一夫耕而十人食之者矣錯欲使民入粟塞下以開鬻爵贖罪之路此中策也錯之說行當無千里餽糧士有飢色者矣壽昌欲立常平倉使穀賤則增價以糴穀貴則減價以糶此下策也壽昌之說行當無官常有餘民常不足之歎矣唐宋以來雖有義倉社倉之說大率皆常平遺意自熙寧以後散爲青苗之本南渡以來取爲軍國之需不能救民而且害民矣自今觀之蓋莫善于常平莫不善于義倉義倉之法凶年則散之豐年則斂之其初未嘗不善也然官與民償貸其弊易生方其貸也寄之于里胥而詐冒之名多迨其償也責之于里

胥而徵求之弊作及其弊也里胥必詐與貧民通而計爲詭詞貧民必甘與里胥市而覬爲滅跡前者獲利後者效尤將斂散之粟與存者無幾矣其又弊有借止一石或償至十數石而不足借止一年或徵至十數年而未休下戶細民有寧賣子女甘流徙而不肯窺倉廩之門見官吏之面者以故粟竭于官有出無入約爽于民有貸無還其勢必盡廢而後已此義倉之弊也常平則不然豐年穀賤則增價而糴以爲備凶歲穀貴則減價而糶以濟饑願糴者與之而無所强受糶者去之而無所追其利常周其本不仆故公私兩便今宜因義倉之舊更以常平之法量民數多寡以貯粟酌道里遠近以立倉每豐而糴委之于富民而計其數時凶而糶臨之以

廉吏而主其衡糴不出一人人不過一石而又善爲之處嚴爲之法使所糴皆貧民而富者無所侵焉斯可矣或曰義倉之行飢者可徒手而得粟常平之設必轉貸糴本而粟始可得也其轉貸之際安知富人之不留難而徵取之時又安知富人之不侵漁乎答曰天下無不弊之法爲治者但當酌其弊之輕重而審處之常平立于漢義倉立于隋而用常平者常多用義倉者常寡常平每廢而猶存義倉暫起而即廢至宋于常平特置提舉之官而義倉無聞焉亦足明其法之善矣雖然亦在行之者何如耳國朝于所在州郡立預備倉則常平之法也嘉靖間議令每鄉立社會以貧富出粟有差凶札則散之則義倉之意也夫茲二法者業已備之矣然或始

詳而末弊或乍創而旋隳者何哉守法者偷取一切以便上而法不信奉法者營私自便而法不行也今預備倉具在民之以貲賜爵及補胥吏者有不以金錢乎諸公田租稅有升龠入者乎城旦者必以粟贖乎即有之能十而一乎則上固未嘗貴粟矣州郡贖鍰行省餘羨貪吏以潤其橐而廉者則毋藉以行其德使誠寬然少有奇餘緩急猶或可濟今且盡籠而輸之上有司庫藏自惟正外固已若洗卒遇大祲雖有愷悌之長斂手而已矣竭閭閻以實公藏竭州縣以實太倉竭太倉以實內帑流愈上而下愈耗則上固以輕民命矣且平日稱爲備者既無義輸及補吏諸入又不取之罪贖當出者徒以法外橫加箕斂投一訟牒輒計有力無力耳非大較

曲直也爰書已定復加以罰及所罰則非穀也所入又非倉也民當豐歲而吏能凶之況暇言備即或有勸令富家出粟廩貧民者捐瘠滿壑啼呼滿路更非獨無睹聽而所斂者又非粟也所廩者又非貧民也民之體在澤谷而其膏血在吏筐橐矣蓋天下有救荒之吏無救荒之法救法無常而備法有常今當俟歲少豐之後飭廢舉墜而重督之無新議爲也夫積粟如積水然非有通川大河環之即溝澮不足恃然汪洋演漾者在數里之外而桔槔浸灌取之數步之內勢不相及也則溝澮陂池擅其利矣州郡之倉通川也渚多而溉博里社之倉陂池也利近而救速兩置則可以相灌而交濟請于預備倉所入循先朝舊制入貲贖罪悉輸粟如例春夏穀

稍貴暫聽輸價所司俟秋時易米儲之有不中程者罰無赦貴出賤入舊出新入母出子入期以平價而已勿得輕以貸民懼貸而責取之擾也蓋常平者上捐金以爲母而今上不費一錢母之入無盡而子之出愈無盡不過三四年所在皆滿矣而又修社會之制一如嘉靖中令令因餘而取之因地而藏之因人而長之其藏之里也猶藏之家也歲不足視其不足而假之視尤者而賑之民坐而取食于里也猶取食于家也社倉以賑急縣倉以繼社居豐多糴以泄輕故農不傷遇災多散而廣惠故歲不病爲今時之計實無出于此兩者若謂出納之際吏緣爲姦積儲民間侵牟易耗則奉法者事也柱後惠文彈治之孰敢不懲

汪道亨分陜常平倉議

一貴糴賤糶此常平法也與社倉公廩不同蓋社倉聽里社居民斂散公廩聽有司積貯備賑而常平法可以補二倉之所未備者今止責之各郡昔漢宣帝嘗曰庶民所以安其田里而亡嘆息愁怨之聲者政平訟理也與我共此者其惟良二千石乎以爲太守吏民之本也以故此倉約法悉聽各郡守隨宜處置務在便民而銀穀之成數每年只憑府册循環查攷更不另行州縣以滋煩擾

一繕修倉廒較勘斗斛諸法悉照公廩議行但社倉公廩或春放秋收或分給賑濟或量行取息出陳易新悉從里社州縣隨時酌處若常平則只用糴糶一法穀賤依時價量增以

利農入穀貴依時價量減以利貧民此外不必逐什一權子母致難勾稽簿書重煩收放糴則銀出穀入糶則穀去銀還兩者循環直截行之庶爲省便

一全陝府州收入不同價值難一當此糴穀之時宜令斗行人等每日從實報價消長穀有高下價有低昂一憑時估而量爲增之不拘穀粟各從其類收貯但要乾圓潔淨能耐久儲不許攙和溼粃倉廒務須高爽堅固脫遇年歲屢豐不便糶買就使一二年貯之不動或量加翻曬免致紅腐斯爲得策

一各府屬州縣收穫有豐歉不同或于豐收地方糴買運入府倉或量糴粟登簿收貯州縣倉俟明歲青黃不接照時價

量減以糶悉聽各府隨時酌處但吏胥弊竇多端如預備倉糧聞官府於出陳易新之時行令小民關支而猾吏作姦輒曰小民不願久之自不得不聽吏胥積猾詭名冒領矣此蒙蔽之爲害也今惟現銀出糶自無欺誑每年亦宜斟酌年歲豐歉而調劑之如遇豐年小民不甚乏食或十石或五七石聽民間時估糴買荒年米穀騰貴其時減價出糶各府官當選委廉能務要着實稽查嚴禁只許貧民不拘升斗陸續買糴多亦不許過五斗或一石如有衙門積猾市肆牙行及富豪之家希覬價減暗行假名收買盡法懲治穀雖糶而非賑而暗減其值是亦不賑之賑也其極貧之家無銀赴市者又聽社倉公廩分賑之而此倉一糴一糶出入銀穀之數須會計明白凡遇出糶事畢除扣下糴本已足常平舊管原額外但有餘剩銀兩一一登之簿籍另作常平新收項下下次又爲糴本以後再用以糴再糶以還悉依此例行又或大荒之年計算米粟若干只依時估出糶若干已足原額糴本而其餘穀粟即用以分賑極貧之人亦無不可其出入升斗等秤須勘較畫一不許擅用私置或虐取鄉民或虧短糧石或冒費官銀或僞增虛數如承委各官容隱輕縱慢不稽查者聽該府從重參究行之得法衆口稱平者重加優異轉報各院另行薦獎庶勸懲之中寓鼓舞之意而良法不致湮廢矣

一鄉民有上納錢糧缺銀者以乾潔穀粟或車輛推挽或挑負不拘多寡徑赴倉所比市增價若干委官用平斗隨到隨

收不許類集致令鄉民等候以過其再來每日辰時委官到倉不許衙役恐喝刁難量穀見數即時登簿某人穀若干該價若干註于本人名下逐名按數平準包封給散如有折耗開明官認願即領銀者登時支給不許類數總放致有豪强作弊而柔善者反不得實數以阻其出糶之意如穀多者或作數次零運登記簿冊總記若干石一起領銀者亦從其便如市糴則照依時估嚴禁牙行街棍詐稱官糴愚弄鄉民此在委官用心訪察以剔其弊

一每遇春二三月青黃不接之時減價出糶倉穀不必上市惟出示曉諭明寫穀每石折米若干市價若干今減若干俱要從實作數不許有名無實凡鄉民願糴者出足色銀兩自

一錢起至二三兩止不分多寡于每日天明時候赴該倉委官亦於此時到倉用較定平等平準稱銀不許加重分釐委官挨次收受包封登簿某人銀若干該穀若干給以圖書印票聽其支穀收銀畢開廒放穀用準斗準斛行概不得用手抹量致有高下之弊每日辰時委官入倉至午未時止收銀一次放穀一次倘人多穀多或委一官收銀一官支穀不許躭誤農工尤爲便益如無絲銀卽以成色銀折算以免傾銷銀匠暗竊虧折之弊若鄉民糴穀出倉嚴禁宗室富家街市豪右衙役里排務主歇家人等敢有指稱欠債追糧工食差糧截賠酒錢等項邀奪質當及市肆壟斷每日更名換人多糴過十石以上營利者訪出或許發挐究問罪完日枷號一

月宗室家人一體從事許稟人役賞穀一石作數開銷不得市恩姑息其中事宜開載未盡者聽該府隨時斟酌施行

一重糴本以垂永久本司自受事以來清查織造工料等項實省在庫銀及本司贖羨銀共一萬五千八百有奇除量酌分發八府一州趁時糴穀入常平倉各宜置底簿二扇一註糴本銀一註糴糶穀石用府州印鈐首開某年某月奉本司發前項銀共若干今平時估米每石價若干該算穀若干計銀若干官糴每石增價若干共出銀若干入穀若干完日務要明白塡入循環報查次年春二三月青黃不接糶穀之時務要查訪時估的確每米一斗值銀若干約用穀若干該價若干官糶比市減價若干定數出示通行出穀若干入銀若

干除原糴本銀若干增出時估銀若干又陸續收到詞訟銀若干收貯至秋八九十月仍將以前銀兩糴穀俱如前例載簿出銀若干入穀若干除春糶若干石增穀若干以後隨時糶糴倣此例行之每年秋冬出銀糴穀一次春夏出穀入銀一次凡舊管新收併開除實在四柱明白塡報本司循環以憑轉報兩院

張朝瑞建常平倉廒議伏覩大明會典洪武初令天下縣分各立預備四倉官爲糴穀收貯以備賑濟就責本地年高篤實人民管理蓋次災則賑糶其費小極災則賑濟其費大曰賑濟則賑糶在其中矣賑糶卽常平法也奈何歲久法湮各州縣僅存城內預備一倉其餘鄉社盡亡之矣看得天災流

行國家代有則救荒之政誠當亟講顧既荒而賑救之也難未荒而預備之也易今之言荒政者不越二端曰義倉曰社倉此預備而斂散者也曰平糴曰常平此預備而糶糴者也昔李悝平糴耿壽昌常平先後所見畧同萬世理荒上策在是矣今欲爲生民長久之計則常平倉斷乎當復者茲欲令各屬縣備查四鄉有倉者因之有而廢者修之無者各于東西南北適中水陸通達人烟輳集高阜去處官爲各立寬大堅固常平倉一所倉基約四畒合用工料本道查發贓罰并該府縣查處無礙銀輳合陸續備辦建造每歲將守巡道及府縣所理罪犯抵贖實將一半糴穀入倉或查有廢寺田產及無礙官銀聽其隨便糴買又或民願納穀者一如祖宗已

行之法一千五百石請勅奬爲義民三百石以上勒石題名或如近日救荒之令二百石以上給與冠帶五十石以上給與旌扁大約每鄉一倉上縣糴穀五千石中縣糴穀四千石下縣糶穀三千石各實之但不許逼抑科擾平民各擇近倉殷富篤實居民二名掌管免其雜差准其開耗每收穀一百石待後發糶之時每名准與平糶三石二名共糶六石以酬其勞糶完即換掌管勿使重役城中預備倉照常造送查盤四鄉常平倉免送查盤止于年終各倉經管居民將舊管新收開除實在總撒數目用竹紙小册開報該縣縣將四倉類册申送各院并布政司及道府查考凡收糶俱該縣掌印官或委賢能佐貳官監督不許濫委滋弊穀到用該縣原發較

勘平準斛斗收量明白晢貯別所積至百石以上方許禀官一收如有踰收留難及未收虛出倉收既收侵盜私用冒借虧欠等弊查究追足各縣徑自從輕發落其有侵冒至百石者通詳定奪每歲秋冬之交本道或該府掌印管糧官單車間一巡視以防掌印官之沽名而不洽實者每歲無饑小饑之年不糶外或值中饑大饑四鄉管倉人役禀官監糶另委富民數名用官較平等收銀其出糶一節當與四鄉保甲之法並行如該鄉穀多即糶穀一日保甲一週穀少則糶穀分爲二三日或四五日保甲一週務使該鄉積貯之穀數可待飢民冬春之糴數方善四鄉不能盡同各宜省行之大率賑糶與賑濟不同不必每甲尋貧民而審別之以多寡其穀數

如一甲應糴五斗或一石或二石則甲甲皆同惟以穀攤人不因人增穀糴銀每甲一封亦可庶乎易簡不擾或甲中十家輪糶則每日每甲糴不過二人每人糴不過二斗此荒年賑糶之大較也每鄉除無災都保不開外先期將有災保甲派定次序分定月日某日糶某保某甲某日糶某保某甲明白出令保正副公舉貧民至期令其持價糴買如富者混買連坐保甲仍行張詠賑蜀之法一家犯罪十家皆坐不得糴中饑糶倉穀之半大饑糶倉穀之全俱照原糴價銀出糶不可加增寧減之大約減荒年市價三分之一力可壓下穀價不至騰踴或倉穀糶盡而民飢未已則慎選員役持所糴穀本赴有收去處循環糴糶源源而來民自無飢救荒有功員

役分別奬賞此葢儲用社倉之法而糶用常平之意者也四鄉糶完即將穀價送官聽掌印官于秋成之日就近各選殷實人戶領銀盡數照時價糴穀其牙脚等費晒揚等耗與造册紙張工食等項俱准開銷其穀晒揚乾潔官監上倉如法安置仍總計糴穀正銀并牙脚折耗等費每石約其銀若干報官註册以爲日後出糶張本官不得將銀貯庫過冬致高穀價難買如穀賤不糴責有所歸是倉不設于空僻去處者恐荒年盜起是齎之糧也穀不隸于臺使查盤者恐委盤問罪是遺之害也行平糶之法而不用稱貸取息之法者恐出納追呼蹈青苗之擾民也葢社倉之法立則以時斂散富者不得取重息而貧民霑惠于一歲之中常平之法立則減價

糶賣富者不得騰高價而貧民受賜于數十年後大饑之日蓋不費之惠其惠易徧弗損之益其益無方誠救荒之良策也

一定倉基　凡倉基俱南向以四畝爲率或地不足四畝者聽其隨地建造前後左右段落務要酌量停匀毋使偏邪甚有基地不足三畝者聽其將社學及看倉住房從便另造于別地不造入倉內亦可然地基窄狹者正廳房門可小而兩倉房間架決不可少以其每間盛穀原約四百石有餘小則難容也各倉基址必擇高阜之處以避水濕侵穀若地有不平者須塡補方正平坦方可興工四面水道必開濬歸一不得聽其二三漫流各縣先將四倉四至丈

尺畝數坐落地名與應建倉厫廳舍間數每倉畫圖一張貼說明白并應給買民基價數一一勘處停妥申送該道府廳查覈

一定倉式　保民實政簿開各縣立四鄉倉每縣積穀務期萬石爲率州縣大者倍之則大縣當儲二萬石中縣一萬五千石小縣萬石矣今議倉式頭門一座約高一丈三尺八寸中闊一丈入深連簷一丈七尺六寸兩傍耳房每間闊八尺以便住看倉人役頂上用大竹篾覆之蓋瓦大門二扇每扇闊三尺　東西厫房大縣共該貯穀五千石每邊應造厫房七間中縣約共四千石每邊應造厫房五間小縣約共二千五百石每邊應造厫房三間每厫房一間約貯穀四百石以上約高一丈三尺六寸闊一丈一尺二寸入深一丈六尺厫內先用地工將厫深築堅實外簷用石板鑲砌內用厚磚砌底仍用條石墊擱楞木從宜鋪釘松杉厚板方鋪簟蓆其倉頂上方木爲椽椽上用板幔板上用大貓竹打笆覆之笆上用土土上蓋瓦其瓦須密各週圍厫牆脚闊二尺八寸先行築實方用條石砌脚三層上用地伏磚扁砌純灰抿縫中用稍碎磚瓦少以泥和塡實仍用鐵牽鈖釘如地勢高燥者四面俱用磚牆厫後及兩側牆俱包簷厫前牆上簷闊二尺四寸不拘七間五間三間中俱隔爲三段七間者中三間兩傍各二間五間者中三間兩旁各一間三間者亦隔三段各開三門氣樓亦

如之其厫內貼牆處用木柵釘相思縫厚板使穀不着牆以防浥爛厫口亦用相思厚板橫閘如地勢卑濕者厫前一面不用磚牆厫板外用圓木柵欄一帶上面建廊闊五尺六寸廳前及兩倉外明堂空地俱用石板鋪平以便晒穀　正廳三間中間作天花板懸聖諭六條以便朔望講習鄉約約高一丈九尺六寸中間闊一丈四尺八寸兩旁每間闊一丈四寸入深除簷二丈六寸中間照壁門六扇廳前兩旁用欄杆外簷三尺頂上用便磚磚上用瓦內地用方磚砌簷下石板幔三面牆垣牆脚闊二尺先用地工築實方用大石板砌脚三層上用地伏磚扁砌亦用鐵牽鈖釘牢固　後社學三間或買舊屋建造約高一丈七尺

二寸中間闊一丈一尺二寸兩傍每間闊一丈入深一丈六尺四寸頂上用幔板鋪完蓋瓦內地用方磚砌兩傍用磚砌腰牆上用窗每邊四扇中間用槅門四扇三面牆垣牆脚闊二尺先用地工築實脚用石砌二層高二尺上用磚砌　本倉外週圍牆垣牆脚闊三尺五寸約高一丈一尺上用牆梯瓦蓋先用地工深築堅實牆脚用大石塊砌高三尺方用土築務離倉牆一二尺內可容人行其上不可貼近木牆掘取　以上各項倉房廳舍務期堅固經久不在華美其丈量地基起造房屋并量木植磚石俱用大官鈔尺爲準其木匠小尺不用須使畫一毋致參差

一辦倉料　倉厫每邊七間合用柱木每根徑六寸矮柱每根徑六寸桁條每根徑五寸五分抽楣每根徑四寸椽木每根徑三寸穿柵木每根徑四寸地板楞木每根徑五寸地板壁板每塊厚八分　正廳三間合用中柱木每根徑一尺一寸用實木邊柱每根徑九寸大梁每根長二丈徑一尺四寸二梁每塊長一丈徑一尺一寸步梁每塊長八尺徑一尺抽楣木每根徑四寸五分桁條每根徑六寸椽木每根徑三寸　門房三間合用柱木每根徑五寸桁條每根徑四寸抽楣木每根徑三寸大門二扇每扇闊三尺　後社學三間合用柱木每根徑六寸桁條每根徑五寸五分抽楣木每根徑三寸五分大梁每根徑九寸長一丈八尺二梁每塊徑八寸五分長一丈椽木每根徑二寸五

分頂上用幔板鋪完蓋瓦其餘椽機連簷門窗等項開載不盡者俱要隨宜酌量採買製作務使與各項材木大小規式相稱　凡磚瓦就于近倉之地立窰一二座令窰戶自燒造石灰見買地伏磚每塊長一尺二寸闊七寸厚三寸秤重十八斤上燒常平二字開磚每塊長一尺一寸闊五寸厚一寸方磚每塊長闊各一尺便磚每塊長七寸闊六寸三分瓦每塊長九寸闊七寸重一斤半　凡採買木植俱要選擇圓長首尾相應乾燥老黄色者毋用背山白色嫩木石板取青白堅細者其黄色踈爛者不用磚瓦擇青色者黄色者不用　以上各項物料各縣掌印官親將每倉應造厫廳舍逐一親自從實勘估酌量定價照數給銀責令原定各役採買木石等料搬運一到即具數報掌印官并佐貳委官及總管各查驗揀選堪用者收之不堪用者即時退換不得虛冒混收燒造磚瓦不如式者不許混用仍置簿送縣印鈐日逐登塡收發數目明白委官不時稽查各縣仍將查估過工料價銀總撒數目逐一造冊報道查核　東西倉厫與正廳一應皆用新料其門房社學等料如有現成民房願賣可以改用者一照時價見銀平買庶工省費廉建造尤速惟不虧其價而人自樂從矣

徐光啟放糴倉穀法　各倉所銀糧出入之地姦僞易生若不立法稽核恐民不沾平糶實惠各縣凡遇放糶先宜當官較準斗斛等秤務與時勢相合印𨺗釘號給各倉領用仍存

一副在官備照次置官單照式刊刻聽各收銀富民刷印填給交銀已完之人執憑支穀每倉置木籌三十根每根長三尺闊一寸二分以天地人三字編號自天一號歷至天十號止地人俱照編號并發委官收候給糴穀人執照出入各富民于倉外擇一近便空處專收價銀經收守倉居民在倉發穀該縣選發謹慎吏役四名赴糶穀倉聽用一名掌籌傳送一名在東邊門外查驗單票號籌放人入倉二人在西邊門內一收單驗穀一收籌放穀出門倉內用大銅鑼一面東邊門外置鼓一面凡有保甲人民持銀赴糴富民即時將銀秤收明白備將保甲人民銀數并應與穀數登記號簿及填單付糴穀人執候類有十人先將天字號籌十根散給各執單

持籌從東邊聽吏查明擊鼓三聲放入如糴穀二石或一石五斗者必數人支領單上明註幾人進倉領籌幾根即一人止糴穀五斗亦准領籌一根蓋有一人即執一籌也量穀牙斗用攩平斛不許用手平斛致有高下十人量完發穀之人將單即註發訖二字鳴鑼一聲十人負穀齊行然後門外擊鼓放人入庶倉內不致擁雜若散天字號籌已盡即散地字號籌地字號籌已盡即散人字號籌計散人字號籌之時而送天字號籌之吏已至矣相繼輪轉周流不窮如東無單籌執照而入者與西無單籌負穀而出者及有單無籌有籌無單并穀比單數多者許各吏一體拏送究治委官選差皂隸四名守門捕役四名內外巡綽以防姦弊至晚收單吏將單

類送委官查銷委官將銀封貯縣庫仍聽道府并府管糧官該縣正官不時親臨倉所庫驗或曰限以五斗恐貧民銀少聽其升糴恐人衆擁擠富民收銀不及宜另擇空處每晨領穀數石或以升糴或以斗糶此不論保甲不用單籌不拘銀錢聽其便宜至晚交價還官此亦一法也

荒政叢書卷八

荒政叢書卷九

義倉考

隋開皇三年朝廷以京師倉廩尚虛議水旱備度支尚書長孫平言古者三年耕餘一年之積九年作有三年之儲雖水旱爲災而人無菜色皆由勸導有方蓄積先備故也請令諸州百姓及軍人勸課當社共立義倉收穫之日隨其所得勸課出粟及麥于當社造倉窖貯之即委社司執帳簡校每年收積勿使損敗若時或不熟當社有饑饉者即以此穀賑給自是諸州儲峙委積十五年詔本置義倉止防水旱百姓之徒不思久計輕爾費損于後乏絕觀此詔則知當時義倉亦屬虛文耳十六年又詔社倉准上中下三等稅上戶不過一石中戶不過七斗

下戶不過四斗其後山東頻年霖雨皆困水災所在沈溺天子遣使開倉賑給前後用穀五百餘萬石

胡寅曰賑饑莫要于近其人隋義倉取之于民不厚而置倉于當社饑民庶乎有濟後世義倉之名固在而置于州郡一有凶饑無狀有司固不以上聞也良有司敢以上聞矣比及報可委屬吏經畫之文移反覆給散艱阻監臨胥吏相與侵沒其受惠者大抵城郭之近力能自達之人耳居之遠者安能扶老攜幼數百里以就龠合之廩哉必欲有備無患當以隋氏爲法而擇長民之官行勸農之法輔以救荒之政本末具舉民之飢也庶有瘳乎

邱濬曰義倉之法其名雖美其實于民無益儲之于當社亦與儲之州郡無以異也何也年之豐歉無常地之燥溼各異官吏之任用不久人品之邪正不同由是觀之所謂義者乃所以爲不義本以利民反有以害之也但見其事煩擾長吏奸而已其于賑恤之實誠無益焉然則如之何而可愚竊謂必將義倉見儲之米歸併于有司之倉俾將所儲者與在倉之米挨陳以支遇有荒年照數量支以出計其道里之費運之當社之間以給散之就量用其中米以爲脚費任其事者不必以見任之官散之民者不必以在官之屬所司擇官以委必責以大義委官擇人以用必加以殊禮不必拘拘于所轄專尊于所屬如此庶幾民受其惠乎

唐貞觀初戴胄議自王公以下計墾田秋熟所在爲義倉歲

凶以給民太宗善之詔畝稅六升粟米秔稻隨土地所宜寬鄉斂以所種狹鄉據青苗簿而督之田耗十四者免其半耗十七者皆免商賈無田者以其戶爲九等出粟自五石至五斗爲差下下戶及蠻獠不取粟藏九年米藏五年下溼之地粟藏五年米藏三年歲不登則以賑民或貸爲種子至秋而償著爲令高宗以後稍假以給他費至神龍中略盡元宗復置之天寶八年天下義倉米六千餘萬石

陸贄奏議臣聞仁君在上則海內無餒殍之人豈必耕而餉之爨而食之哉蓋以慮得其宜制得其道致人于歉乏之外設備于災沴之前是以年雖大殺衆不恇懼夫水旱爲敗堯湯被之矣陰陽相冦聖何禦哉所貴堯湯之盛者在于遭患

能濟耳凡厥哲后皆謹循之故王制記虞夏殷周四代之法
乃云國無九年之蓄曰不足無六年之蓄曰急無三年之蓄
曰國非其國也周官司徒之屬亦云掌隣里之委積以恤艱
阨縣鄙之委積以待凶荒王制既衰雜以權術魏用平糴之
法漢置常平之倉利兼公私頗亦為便隋氏立制始創社倉
終于開皇人不饑饉貞觀初戴胄建積穀備災之議太宗悅
焉因命有司詳立條制所在貯粟號為義倉豐則斂藏歉則
散給歷高宗之代五六十載人賴其資國步中艱斯制亦弛
開元之際漸復修崇是知儲積備災聖王之急務也語曰百
姓足君孰與不足百姓不足君孰與足言君養人以成國人
戴君以成生上下相成事如一體然則古稱九年六年之蓄

者蓋率土臣庶通為之計耳固非獨豐公庾不及編甿記所
謂雖有凶旱水溢人無菜色良以此也後代失典籍備慮之
旨忘先王子愛之心所蓄糧儲惟計廩庾犬彘厭人之食而
不知檢溝壑委人之骨而不能恤亂與于下禍延于上雖有
公粟豈得而食諸故立國而不先養人國固不立矣養人而
不先足食人固不養矣足食而不先備災食固不足矣為官
而備者人必不贍為人而備者官必不窮是故論德昏明在
乎所務本末務本則其末自遂務末則其本兼亡國本於人
安得不務頃以寇戎為梗師旅亟興惠恤之方多所未暇每
遇陰陽愆候年不順成官司所儲祗給軍食支計苟有所闕
猶須更取于人人之凶荒豈遑賑救人小乏則求取息利人

大乏則賣鬻田廬幸逢有年纔償逋債斂穫始畢糇糧已通
執契揩囊行復貸假重重計息食每不充倘遇荐饑遂至顛
沛室家相棄骨肉分離乞為奴僕猶莫之售或行丐鄽里或
殣死道途天災流行四方代有率計被其害者每歲常不下
一二十州以陛下為人父母之心若垂省憂固足傷惻幸有
可救乏之道焉可捨而不念哉今賦役已繁人力已竭窮歲
汲汲永無羸餘課之聚斂終不能致將樹儲蓄根本必藉官
司助成陛下誠能為人備災過聽愚計不害經費可垂永圖
近者有司奏請稅茶歲約得五十萬貫元敕令貯戶部用救
百姓凶饑今以蓄糧適副前旨望令轉運使總計諸道戶口
多少每年所得稅茶錢使均融分配各令當道巡院主掌每

至穀麥熟時即與觀察使計會散就管內州縣和糴便于當
處置倉收納每州令錄事參軍專知仍定觀察判官一人與
和糴巡院官同勾當亦以義倉為名除賑給百姓以外一切
不得貸便支用如時當大稔事至傷農則優與價錢廣其糴
數穀若稍貴糴亦便停所糴少多與年上下准平穀價恒使
得中每遇災荒即以賑給小歉則隨事借貸大饑則錄奏分
頒許從便宜務使周濟循環斂散遂以為常如此則蓄財息
債者不能耗吾人聚穀幸災者無以侔大利富不至侈貧不
至饑農不至傷糴不至貴一舉事而衆美具可不務乎俟人
小休漸勸私積平糴之法斯在社倉之制兼行不出十年之
中必盈三歲之蓄宏長不已昇平可期使一代黎人永無餒

之此堯湯所以見稱于千古也願陛下遵之慕之繼之齊之
苟能存誠蔑有不至
開成元年戸部奏諸州縣所置常平義倉請通公私田畝別
納粟一升逐年添貯義倉斂之至輕事必通濟歲月稍久自
然盈充
宋乾德中詔諸州于各縣置義倉歲輸二稅石別收一斗民
饑欲貸充種食者縣具籍申州州長吏即計口貸訖然後奏
聞
董煟曰今之義倉誠得遺人委積之遺意然必散貯于鄉
里郊野之間則所及者均蓋憔悴之民多在鄉村于城郭
頗少比年義米轉輸州倉一有凶歉村落不能遍及今應

每遇凶歉相度諸縣饑之大小撥還義倉元米其水脚之
需亦于米內量地里遠近消算縣之于鄉亦然如此則山
谷之民皆蒙其惠矣
仁宗明道二年詔議復義倉不果景祐中集賢校理王琪請
置令五等已上戸隨夏秋二稅二斗別輸一升水旱減稅則
免輸州縣擇便地置倉貯之領于轉運使計以一中郡正稅
歲入十萬石則義倉可得五千石推而廣之則利博矣明道
中饑歉國家欲盡貸飢民則軍食不足故民有流轉之患是
時兼并之家出粟數千石即補吏是豈以官爵爲輕歟特愛
民濟物不獲已爲之爾且兼并之家占田常廣則義倉所入
常多中下之家占田常狹則義倉所入常少及水旱之濟則

兼并之家未必待此而濟中下之民實先受其賜矣事下有
司會議議者異同而止
皇祐五年右司諫賈黯乞立民社義倉疏既上上下其說司
農寺且命李先與黯合議以聞乃下諸路度可否而以爲可
行者纔四路餘或謂稅賦之外兩重供輸或謂恐招盜賊或
謂已有常平以贍給或謂置倉煩擾于是黯復上奏曰臣嘗
判尚書刑部見天下歲斷死刑多至四千餘人其間盜賊率
十六七蓋愚民迫于飢寒因之水旱枉陷重辟故臣請復民
社義倉以備凶歲今諸路所陳類皆妄議若謂賦稅之外兩
重供輸則義倉之意乃敎民儲積以備水旱官爲立法非以
自利行之既久民必樂輸若謂恐招盜賊盜賊利在輕貨不

在麥粟今鄉村富室有貯粟數萬石者不聞有刼掠之虞且
盜賊之起本由貧困臣建此議欲使民有貯積雖遇水旱不
憂乏食則人人自愛而重犯法此正消除盜賊之原也若謂
有常平足以賑給則常平之設蓋以準平穀價使無甚賤甚
貴之傷或遇凶饑發以賑救既已失其本意而費又出公帑
今國用頗乏所蓄不厚近歲非無常平小有水旱輒流離餓
莩起爲盜賊則是常平果不足仰以賑給也若謂置倉廩斂
材木恐爲煩擾則今州縣修治郵傳驛舍皆斂于民豈于義
倉獨畏煩擾人情可與樂成不可與謀始願自朝廷斷而行
之然當時牽于衆論終不果行
仁宗時張方平上倉廩論畧曰比者救書有諭州縣使立義

倉之言徒有空文而無畫一之制于玆三年天下皆無立凡今之俗苟且因循嚴令堅約猶復違慢爲民興利豈易其人有位者無心有心者無位在上可行者務暇逸而從苟且在下樂行者或牽束而不得專以致民問利不克時興害不得時去積成弊蠹以及喪敗又凡事體興立實艱隳壞孔易或謀以爲利而轉以爲害彼義租社倉者齊隋唐氏旣嘗爲之矣始爲百姓儲備之道終爲辟君淫侈之費是于籍外更生一調也誠國家規前代之善策爲濟人之計明立條式權其斂出令天下之縣各于逐鄉築爲囷廩於中戶已上爲之等級課入穀麥其輸入之數視歲薄厚爲之三品縣掌其籍鄉吏守之遇歲之饑發以賑給小饑則約小熟之所斂中饑則

約中熟之所斂大饑則約大熟之所斂專自縣鄉檢校之無使州郡計司侵取雜用焉此則收自優戶穰歲之有餘散于貧人凶年之不足不使兼并賈人挾輕貲蘊重財覬其利以豪奪於吾人此其協于大易裒多益寡稱物平施之意符于周官黨使相救州使相賙之法契詩人京坻之頌應時令賑乏之理使民足而知順讓蓋歸於本業誠爲國之大事也

元祐間上官均疏臣聞盜賊之多常起于凶歲凶歲不足常生於無備備荒恤患常平義倉之設最爲良法熙寧十年始備隋唐之舊興置義倉令人戶於正稅斛㪷一石別納五升準備災傷賑濟不得移用法頗周密蓋所斂至少所聚至多蓄之郡縣而散之于民斂之少則民易以輸聚之多則上足以施予蓄之郡縣則凶歲有備散之于民則人情無怨此隋文皇唐太宗嘗行於治平之世已試之效也元豐八年指揮諸路義倉一切廢罷議者至今惜之若以爲擾民則所出才二十分之一若患他用則當時已有著令又況水旱不常饑饉間有發倉廩則每苦不足行勸誘則不免强取與其施之於倉卒不若備之於無事今平糴之法旣以修復唯義倉之制尚未興舉臣以爲義倉貯積在近民居則饑歲賑濟無道路奔馳之勞費而人受實惠隋開皇中就社置倉蓋以此也臣欲乞興復義倉之法令于村鎮有巡檢廨倉處建立倉廩以便斂散其餘條例令有司更加修整以備饑歲誠非小補

紹興中趙令詪請糴州縣義倉米之陳腐者沈該等言義倉

米不應糶恐失預備上曰逐郡自有米數若量糶十之三椿其價次年復糴亦何所損

董煟曰義倉本民間所寄在法不當糶錢但太陳則不可食高宗言椿其價次年復糴與今之糶米移用者有間矣

二十八年詔祖宗義倉以待水旱最爲良法州縣奉行不虔寖失本意或遇水旱何以賑救其令監司檢視實數補還侵失

董煟曰義倉本民物寄之于官凶荒水旱直以還民不宜認爲已物也

劉行簡轉對奏狀畧曰義倉之法論始于隋增廣於唐國朝因焉隋開皇間長孫平請令諸州百姓勸課同社共立義倉

收穫之日各出粟麥藏焉社司執帳檢校多少歲或不登則發以賑之然立法有未備也至唐貞觀間戴胄請自王公以下爰及衆庶計所墾田稼穡畝頃每至秋熟以理勸課盡令出粟各於所在爲立義倉國朝乾德間天子哀歲之不登而倉吏不以時出與民於是著發粟之制使不待詔令其後病吏之煩擾而民罹轉輸之困又罷之至神宗始復舊制民到於今賴焉然而推行之意有未盡合於古者豈得不論且所謂義倉者取粟于民還以賑之固不可以不均今也置倉入粟止在州郡歲饑散給而山澤僻遠之民往往不霑其利其力能赴州就食者蓋亦鮮少況所待不足償勞流離顛沛有不可勝言者此豈社倉之本意哉臣愚謂義倉之粟當于本

縣村鄉多置倉窖自始入粟以及散給悉在其間大縣七八處小縣三四遠近分布俾適厥中未有倉窖則寄寺觀或大姓之家縣令總其凡以時檢校遇饑饉時丞簿尉等分行鄉村計口給歷次第支散旬一周之庶幾僻遠之民均受其賜不復棄家流轉道路此利害之較然者也

乾道間楊倓奏義倉在法夏秋正稅每斗別給五合即正稅不及一斗免納應豐熟一縣九分以上即納一升惟充賑給不許他用今諸路州縣常平義倉米斛不少年來雖間有災傷去處支給不多訪聞皆是擅行侵用從來未曾稽攷乞下諸路稽攷施行趙汝愚疏臣伏見州縣之間每遇水旱合行賑濟賑糶去處往往施惠止及城郭不及鄉村鄉村之人爲生最苦有終日役役而不能致一錢者使幸而得錢則又一鄉之中富室無幾近者數里遠者一二十里奔走告糴則已居後於是老稚愁嘆始有避荒就熟輕去鄉井之意其間強有力者又不肯坐受其斃冦攘摽竊無所不至以陷於非辜城郭之人卒不致此故臣嘗謂城郭之患輕而易見鄉村之害重而難知然而求所以施行之策則亦不過勸諭上戶廣行出糶轉行常平義倉之米以賑之而已夫勸諭上戶殆成虛文轉移米斛復多欺弊臣愚欲望聖慈遠采隋唐社倉之制而去其損耗之弊明詔有司將逐州每年合納義倉米斛除五分依見行條法隨正稅就州縣送納外將五分於逐鄉置㕔每歲輪差上戶兩名充社司掌管收納委本縣丞

檢察其欺弊不如法者正治之使幸得連歲豐稔所在稍有儲蓄則鄉里晏然若有所恃雖過歉歲姦宄之心無自生矣慶元初詔戶部右曹專領義倉十一年以臺臣請通一縣之數截留下戶苗米輸之於縣別儲以備賑濟使窮民不至於艱食惟負郭義倉令就州輸送至於屬縣之義倉則令丞同主之每歲終令丞合諸鄉所入之數上之守貳守貳合諸縣所入之數上之提舉常平提舉常平合一道之數上之朝廷考其盈虛以議最殿

林駉常平義倉論曰常平之法何始乎自李悝已有平糴之法自壽昌始定常平之策此其始也厥後罷於元帝復於顯宗隨置隨復無有定制至於我朝置場置倉熙寧以來而提

舉常平之官始定然常平之始置也出內庫之儲以爲糴本頒三司之錢以濟常平狼戾之時農艱於錢官則增價以入之菜色之日民乏於食官則減價以出之夫何舉糴本而爲青苗之錢鬻廣倉以求二分之息伐桑易鏹官務厚矣如民貧何鬻田輸官公家利矣如私害何此常平救荒之實政壞矣義倉之法何始乎自隋始置於鄉社至唐改置於州縣此其始矣厥後弛於永徽壞於神龍隳龍隳復亦無定制至於我朝罷復不常至於今日而義倉輸官之法始定然義倉之由設也自民而入自民而出豐凶有濟緩急有權名之以義則寓至公之用置之於社則有自便之利夫何社倉轉而縣倉民始不與而爲官吏之移用縣倉轉而郡倉民益相遠而

爲軍國之資費官知其斂未知其散民見其入未見其出此義倉之實政壞矣中興以來講明荒政常平義倉之儲雖有美名本無實惠惟州縣有侵借之患而支撥致有淹延之憂城邑近郭尚可少濟村落之民又安能扶持百里取糴於場以活其已飢之殍哉是有之與無其理一也嗚呼孰知有甚焉者常平出於官義倉出於民出於官者官自斂之官自出之其弊雖不足以利民亦不至於病民出於民者民實出之官實斂之其弊不但民無給而官且病之文移星火指爲常賦籮頭斛面重斂取盈噫可嘆也予謂民不必甚與特無取之足矣民不必甚利特無害之足矣平時奪其衣食之資一旦徒捄以濡沫之利樂歲不爲蓋藏之地凶年始思啼飢之民何益哉寧願爲不取蔺絲之尹鐸毋願爲矯制擅發之汲黯寧願爲催科政拙之陽城不願爲發粟賑饑之韓韶則裕民實政隱於常平義倉之外邵雍有言諸賢能寬一分則民受一分之賜有官守者勗諸

元世祖時趙天麟上策曰隋立義倉公私廪積可供五十年至元六年有旨每社立一義倉社長主之每遇年熟每親丁納粟五斗驅丁二斗無粟聽納雜色官司並不得拘檢借貸勒支後遇歉歲就給社民食用社長明置收支文歷致無損耗自是以來二十餘年於今矣然而社倉多有空乏之處頃來水旱相仍螟蝗蔽天饑饉薦臻四方迭苦轉互就食老弱不能遠移而殍者衆矣彼隋立義倉而富今立義倉而貧豈

今民之不及隋民哉臣試陳之今條欵使義倉計丁納粟意以饑饉之時計丁出之以取均也又條欵使驅丁半之彼驅丁亦人也尊卑雖異口腹無殊至儉之日驅丁豈可獨半食哉又計丁出納則婦人不納豈不食哉又同社村居無田者豈可坐視而獨不獲哉樂歲粒米狼戾乞丐者踵門猶且與之況一社之人而至儉豈宜分彼此哉是蓋當時議法大臣有乖陛下之本心也伏望普頒明詔詳諭農民凡一社立社長社司各一人社下諸人共穿築倉窖一所爲義倉凡子粒成熟之時納則計田產頃畝之多寡而聚之凡納例常年每畝粟率一升稻率二升凡大有年聽自相勸督而增數納之凡水旱螟蝗聽自相免凡捐社豐歉不均宜免其歉者所當

納之數凡饑饉不得已之時出則計口數之多寡而散之
凡出例每口日一升儲多每口日二升勸爲定體凡社司社
長掌管義倉不得私用凡官司不得拘檢借貸及許納雜色
皆有前詔在焉如是則非惟共相賑救而義風亦行
至正間立大司農司條畫內一欵每社立義倉社長主之如
遇豐年收成去處如家驗口數每口留粟一斗若無粟抵斗
存留䅼色物斛以備歉歲就給如人自行食用官司並不拘
檢借貸支動經過軍馬不得强行取要社長明立文歷如欲
聚集收頓或如家頓收聽從民便社長與社戶從長商議如
法收貯須要不致損壞如遇天災不收去處或本社內有不
收之家不在存留之限明洪武初命戶部運鈔二百萬貫往

各府州縣預備糧貯每縣於境內定爲四所於居民叢集處
置倉民家有餘粟願易鈔者許運赴倉交納依時價償其值
官儲粟而局鑰之令富民守視凶歲賑給已又令未備處皆
舉行而召天下老人至京隨朝命擇其可用者使齎鈔往各
處協同所有官司糴穀
正統七年令各府州縣一應贓罰入官之物俱於年終變賣
在官候秋成糴糧預備賑濟
天順初詔預備倉有司常加修理蓄積糧儲遇年凶民飢驗
口賑濟待豐年仍將收貯在庫贓罰照依時價收糴收支之
際並令掌印官員專理不許作弊軍民人等有願納粟穀者
照例收管見數奏聞以憑旌異合於上司及風憲官按臨點

閘但有侵欺盜用者使行挐問
成化中敕藩憲言異時州縣設預備四倉所以廣貯蓄備旱
澇爲民賴也比及廢弛宜覈實見在貯蓄有無多寡之數仍
儘各處在官贓贖糴爲備有不敷聽於存留糧內借撥或於
各里上中戶勸助以充其看守倉者於附近里分僉殷實有
行止者主之至通同官吏實收虛放爲侵盜者論如律衛所
地亦如之
宏治三年戶部議預備倉糧係救荒至計合照州縣大小里
分多寡積糧難易斟酌舉行其有司預備倉十里以下積糧
一萬五千石二十里以下二萬石三十里以下二萬五千石
五十里以下三萬石一百里以下五萬石二百里以下七萬

石三百里以下九萬石四百里以下一十一萬石五百里以
下一十三萬石六百里以下一十五萬石七百里以下一十
七萬石八百里以下一十九萬石如其數斯爲稱職過其數
者果有卓異政績聽撫按具奏旌異給與本等誥命過其數
而多增一倍者再有卓異政績具題旌擢仍給本等誥敕行
移吏部遇缺不次擢用不及數者以十分爲率少三分者罰
俸半年少五分者罰俸一年少六分以上是爲不職候九年
考滿送吏部降用至於知府視所屬州縣以積糧多寡爲勸
懲如所屬州縣倉糧俱如數者知府亦爲稱職州縣倉糧過
其數而多增一倍兩倍者知府知州一體旌異陞擢不及數
三分及六分以上者知府知州一體罰俸降用至於六年亦

照此查算積糧多寡以憑黜陟其軍衛比之有司不同必須量減庶可責成三年之內每百部所各要積糧三百石數外有能積穀百石以上者軍政掌印指揮千百戶俱給羊酒花紅激勸不及三百之數一體住俸以後年數不拘石數務要年年有積無積者比較責罰侵欺者參奏拏問前項倉糧係有司者著落有司府縣正官整理係軍衛者著落都司衛所軍政掌印正官整理巡撫巡按分巡分守管糧管屯等官往來提督時常稽考以後仍三年一次查盤詔從之

胡世寧曰宏治初年州縣親民之官責其備荒積穀多少以爲殿最所以民受實惠固得邦本正德以來此官不重輕選驟陞下焉者唯圖覓錢以防速退上焉者惟事奉承

取名以求早陞皆不肯盡心民事民窮財盡一遇凶荒多致饑死此先朝舊規守遵復也陳龍正曰此時司計秉國者誰耶徒講積聚而不講更換新陳之法必至化爲埃塵且查盤數缺必勒賠塡官民之累俱無窮矣困天下之粟苦天下之官民使粟陰消耗於世間而百姓曾不得其用不亦左乎至於今日天下皆無復有預備倉實斯議蠱之也使楊文貞主持周文襄行事肯若是哉今存其計里積糧之數以備稽考

嘉靖中王廷相言備荒之政莫善於義倉宜貯之里社定爲規式一村之間約二三百家爲一會每月一舉第上中下戶捐粟多寡收貯于倉而推有德者爲社長善處事能會計者副之若遭凶歲則計戶給散先中下者後及上戶上戶責之償中下者免之凡給貸悉隨於民第令登記冊籍以備有司稽考則既無官府編審之煩亦無奔走道路之苦

戶部尚書梁材言天下郡縣各置預備倉豐年則斂歉年則散本以爲民而行者率失初意設立斗戶收守支放文移往返交盤旁午斗戶負累民不沾仁凡以屬之於官故也令兵部侍郎王廷相欲倣古義倉之法出之於民而藏之於社社立正副每月朔爲社會社正率屬讀高皇帝教民榜申以同盟之約舉衆中善惡獎戒之記其社米戶口上者出什之四中什之二下什之一荒歉散及中下大侵上戶亦次及之蓋以有餘補不足者昔人謂救荒無善政臣謂義倉之法可以

備荒從之

隆慶初王君賞請寬積穀之例言近時有司積穀之數雖已減半然州縣大者數萬石小者數千石即日入民於罪不可得盈宜再減其額時知州尹際可等積穀不如數例當降調吏部言有司積穀備荒雖亦急務然校之正賦輕重自是不同况皆出贓罰皆贖及他設處所入之數視地方貧富獄訟繁簡爲差不可以預定也若必欲所在取盈是徒開有司作威生事之端反失濟民初意上是之

沈朝宣曰倉號預備爲凶荒設也其積穀取諸罪贖要在照時直徵銀選委一二殷實誠篤大戶掌管俟至銀多論令傾成足色每千兩爲一錠官給批文加以路費立限差

往多穀地面擇買嘉穀差官監收其斗級祇令收貯看護如此則穀雖年深自堪食用若令罪犯備穀上倉則官吏斗級留難以營分例遂使附近積奸包納其穀未免僞雜一經查盤簸揚勢必虧耗其經手人員定遭問罪賠補若

值凶荒窮民嗷嗷望食徒以不堪者發賑其何濟乎

潘潢復積穀疏查得先該戶部奏行天下府州縣官各照里社積穀備荒立格勸懲不爲不密但如每一小縣十里之地三年之間不問貧富豐凶概令積穀萬五千石限數既多責效太速以致中才剝削取盈貪夫因緣爲利往往歲未及饑民已坐斃及遇凶荒公私俱竭爲困愈甚臣聞田野縣鄙者財之本也垣窌倉廩者財之末也與其聚民脂膏以實倉儲

孰與盡力溝洫以興水利若宋儒朱子賑濟浙東所至原野極目蕭條惟見有陂塘處田苗蔚茂無以異於豐歲於是益歎水利不可不修謂使逐村逐保各治陂塘民間可以保無流離餓莩之患國家可以永無蠲減糶濟之費此則救荒不如講水利明效大驗之可見者合無本部備行都察院轉行各處御史申明憲綱嚴督所屬凡境內應有圩岸壩堰坍缺陂塘溝渠壅塞務要趁時修築堅完疏濬流通以備旱澇毋致失時有傷禾稼及因而擾害於民每季終預將疏築完壞備細緣由開報御史及總督水利官員不時巡歷勘驗如有申報不實及壞久不修修不完固或因而害民者並爲不職從實按劾施行遇該考滿格查水利無壞方許起送有能爲民興利如白起溉鄴鄭國開渠之利者具奏不次擢用該管官員亦照所轄完壞多寡分數定註賢否一體旌別其八分紙價贖罪贓罰銀錢香錢引契魚鹽茶酒等稅不係解部者悉如御史王重賢等所言盡數糴穀入倉備賑不許分外分毫科罰侵尅庶幾藏富於民因地之利雖有旱乾水溢民無菜色管子所謂積於不涸之倉藏於不竭之府者用此道矣

靳學顏論積穀疏臣聞之邊鄙強固則遠人怵服中原乂安則邊鄙傾嚮故中原者邊鄙之根本也百姓者中原之根本也衣食者百姓之根本也閭閻之細民有終身無銀而不能終歲無衣寧終歲無衣而不能終日無食今百司宰卿夙夜不遑者乃在銀而不在穀臣竊慮之夫以國家建都於燕京

極齊西極秦南阻江淮神鼎之重金甌之固此萬世不拔之業也而臣竊有慮焉何哉誠以京師北據幽都更無郡縣而守在強敵雖有東齊西秦其形勢皆足以衛中原而自固京師以南絕無名山大澤之限強藩與國之資皇上南面而臨之所恃以爲腹心股肱之重者惟河南山東江北裏八府之人心耳此數處之人卒鷙悍而輕生易動而難戢游食而寡積者也一不如意則輕去其鄉一有所激則視死如歸臣固視之熟矣八府遭歉則走山東山東遭歉則走江北又未已也匹夫作難則千人響應往事益屢驗之然其弭之之計無他不過曰恤農以繫其家足食以繫其身聚其骨肉以繫其心而已今試移文於此數處者而覈其官舍之所藏每郡得

穀十萬焉則司計者可安枕而無慮矣得五萬焉猶可以塞轉徙者之望設不滿萬焉真寒心哉臣竊意其不滿萬者多也即有水旱何所賴焉即有師旅之興何所給焉臣觀自古中原空虛未有如今日者也漢以前有厥倉隋以前有洛口倉唐有義倉宋有常平倉皆隨在而貯不專京師今徐臨德州皆有官倉本爲寄囤至於存積幾何哉臣近日有疏爲山西積穀荷蒙皇上通行各省臣非不知以用言爲榮而所慮者人意向不同或行之不力或施之無序輒以爲無益有損焉臣且不堪其任咎也臣前疏謂一曰官倉盍發官銀以糴者此必甚豐乃可以舉一曰社倉盍收民穀以充者此雖中歲皆可以行臣知中原空虛不但穀少而銀亦甚少其官倉

一節今歲已不能舉又聞有災變則社倉一節今歲亦不能行但能以今歲始講求其條件加意於積儲即明歲舉而後歲效未晚也此二倉者社倉舉之甚易而效甚捷然非官府主持於上則其事終不能成矣夫社倉即義倉也蓋始於漢耿壽昌而盛于隋長孫平唐戴冑之徒唐又最盛計天下積至數千萬以上及推其故唐義倉之開每歲自王公以下皆有入是以其積獨多臣所謂法令之行自貴近始也宋則准各民正稅之數於二十分而取其一以爲社蓋富者必田多田多則稅多稅多則社入多亦唐意也要之其出也則中歉賑極貧大歉賑中戶又大歉焉乃沾及於富室所謂恩澤之加自無告始也今之言官倉者今年曰庫無銀焉明年曰庫

無銀焉如是除八分紙贖之外無幾耳言社倉者此曰官戶當優免我也彼曰占役何科擾我也又田多者曰我不願賑於後亦不願出於今也如是不過貧民下戶之輸無幾耳是二法終不可行而中原之空虛如故也夫民之飢也必至于轉徙轉徙不已必至於爲盜盜必先諸官戶與夫役占有力之家而此輩多不悟非官府主持而鼓舞之終空言耳臣請下以各省以唐宋斂穀之法爲則而就土俗合人情占歲候以通其變限明春以裏盡投各府已前見貯之數以品其虛盈于明年冬末通計一歲二倉新收之穀驗其功能著而爲令歲歲修之在官倉者時其豐歉而斂散之利歸於官民有大饑則以賑之在民倉者時其豐歉而斂散之利歸于民雖

官有大役亦不許借此藏富於民即藏富於官皇上所爲南面而恃以無恐者其根本在此今之言計者不憂穀之不足而憂銀之不足夫銀實生亂穀實弭亂銀之不足而泉貨代之五穀不足則孰可以代者哉故曰明君不寶金玉而寶五穀伏惟聖明垂意疏入部議請以防秋客兵銀并鹽課六萬發各府縣糴穀又修復社倉令所在有積無爲文具竟不果行

陳龍正曰隋社倉唐宋義倉一事而異其名者也隋唐畝賦六升民困極矣宋於正賦外二十加一庶幾得中然其大病總在收貯於官假如遇饑饉悉以還民猶多此一納一出況未必還乎設賑給時果盡免諸弊貧民猶苦奔走候領況不及貧民乎古之王者使民各蓄其有餘而後世

必欲取諸民而代爲之耆古之王者自節其餘以春補秋
助而後世加取於正賦之外而强半𩑧留以自肥如之何
農不饑死朝與野不相胥以俱貧也朱子仍社倉之名而
黙變其官貯之法隋唐粃政返爲純王損下轉而益下矣
然當時亦但令民間自辦社倉未嘗革去官府義倉須令
民間社倉既多官府義倉一槪不用然後全利而無害也
明預備倉考會典祖宗設倉貯穀以備饑荒其法甚詳凡民願
納穀者或賜獎敕爲義民或充吏或給冠帶散官今有司以
官田地租稅契引錢及無礙官銀糴穀收貯近時多取於罪
犯紙贖以所貯多少爲考績殿最云例具於後　洪武初令
天下縣分各立預備四倉官爲糴穀收貯以備賑濟就擇本

地年高篤實民人管理　正統五年奏准各處預備倉凡侵
盜私用冒借虧欠等項糧儲查追完足免治其罪其侵盜證
佐明白不服賠償者准土豪及盜用官糧論罪　又議准凡
民人納穀一千五百石請敕獎爲義民仍免本戸雜泛差役
三百石以上立石題名免本戸雜泛差役二年　又敕廣西
布按二司并巡按等官查勘預備倉糧內有借用未還并虧
折等項著落經手人戸供報追賠其犯在赦前者定限完日
悉宥其罪赦後犯者追完照例納米贖罪若限外不完者不
論赦前後連當房妻小發邊東邊衛充軍　又令六部都察
院推選屬官領敕分投總督各布按二司并府州縣官處置
預備倉糧仍令巡撫侍郎并都御史等官兼總其事　又令
軍民人等各驗丁田自願出粟備荒者聽從其便官府不許
逼抑科擾　又令各處預備倉或爲豪民占據責令還官或
年深損壞量加修葺其倒塌不存者官爲照舊起蓋　又令
各處預備倉凡民人自願納米麥細糧一千石之上雜糧二
千石之上請敕獎諭　七年令福建布政司凡預備倉糧給
借飢民每米一石候有收之年折納稻穀二石五斗還官
成化六年奏准預備救荒凡一應聽考吏典納米五十石免
其考試給與冠帶辦事在外兩考起送到部未撥辦事吏典
納米一百石在京各衙門見辦事吏典一年以下納米八十
石二年以下納米六十石三年以下納米五十石免其考試
就便實撥當該滿日俱冠帶辦事各照資格挨次選用　又

令在外軍民子弟願充吏者納米六十石定撥原告衙門遇
缺收參　又令鳳陽淮安揚州三府軍民舍餘人等納米預
備賑濟者二百石給與正九品散官二百五十石正八品三
百石正七品　又令各處預備倉州縣掌印官親管放支不
許轉委作弊　又令順天府河西務山東臨清直隸淮陽等
關鈔貫暫且折收粳粟糧米俱以十分爲率各存留三分其
餘七分河西務運至天津衛滄州等處臨清運至東昌府德
州等處淮安運至濟寧州徐州等處揚州運至邳州桃源縣
等處俱各收貯預備官倉賑濟待明年豐稔仍各收鈔　九
年令直隸保定等府州縣兩考役滿吏典納米一百石起送
吏部免其辦事考試就撥京考二百五十石免其京考冠帶

辦事一百七十石就于本府撥補三考滿日送部免考冠帶
辦事俱挨次選用其一考三箇月以裏無缺者納米八十石
許於在外轃歷兩考　宏治三年定有司每十里以下務要
積糧一萬五千石軍衛每一千戶所積糧一萬五千石每一
百戶所三百石每三年一次查盤有司少三分者罰俸半年
少五分者罰俸一年少六分以上者九年考滿降用軍衛不
及三百之數者一體住俸　宏治十年奏准凡三年一次查
盤預備倉糧除義民情願納粟囚犯贖罪納米外但有空閒
官地佃收租米及贓罰紙價引錢不係起解支剩無礙官錢
盡數糴米三年之內不足原數别無設法者俱免住俸參究
十七年議准遼東預備倉米穀陳腐查勘堪用者扺石放

支各該衛所官軍月糧其米色頗陳尚堪食用者酌量折添
斗許與新糧間月支給浥爛不堪者著令經收人員領出照
依律例追賠耗糧照例遞減支放盡絶將廒座修理照例召
買上納　十八年議准在外司府州縣問刑應該贖罪等項
贓罰等物盡行折納糴買稻穀上倉以備賑濟並不許折收
銀兩及指稱别項花銷　正德二年令雲南撫按同三司掌
印等官查勘各庫藏所積除軍前支用銀外物其餘堪以變
賣及官地湖地等項可以召人佃種收租者儘數設法糴買
米穀上倉專備賑濟　又議准各司府州縣衛所問刑衙門
凡有例該納米者每石折穀一石五斗收貯各預備倉　四
年議准湖廣原留賑濟支剩銀兩著糴買米穀上倉以備荒

年　五年奏准司府州縣衛所預備倉分添設土倉官盡行
革退照舊令州縣正官或管糧佐貳官收放　七年令在外
問刑衙門凡問擬囚犯該納紙劄者二分納紙八分折米穀
上倉不許折收銀兩　又議准陝西所屬問刑衙門將一應
該收入犯贖罪紙價准其收納粟米穀麥等項上倉　八年
議准遼東遇有本鎮犯該立功官員免其立功納穀一百石
收貯預備倉其别處發來立功照舊行　十四年令遼東比
照宣大事例將巡按并大小衙門問過一應贖罪銀兩存留
本處以備買糧賑濟　嘉靖三年令各處撫按官督各該司
府州縣於歲收之時多方處置預備倉糧其一應問完罪犯
納贖納紙俱令折收穀米每季具數開報撫按衙門以積糧

多少爲考績殿最如各官任內三年六年全無蓄積者考滿
到京戶部參送法司問罪　四年令各處撫按官通查積穀
備荒前後議處過事宜翻刊成冊分發所屬著落掌印等官
時常撿閱永遠遵守撫按清軍官每年春季各將所屬上年
收過穀石實數奏報戶部時常稽考以憑賞罰　六年令撫
按二司督責有司設法多積米穀以備救荒仍倣古人平糴
常平之法春間放賑貧民秋成抵斗還官不取其息如見在
米穀數少將貯庫官錢并問過贖罪折抵銀兩趂秋成時委
賢能官一員糴買比時估量添二三文府以一萬石州以四
五千石縣以二三千石爲率明立簿籍查考歲荒減價糶與
窮民仍禁姦豪不許隱情揑名多買罔利事發重治　八年

題准各處撫按官設立義倉令本土人民每二三十家約爲一會每會共推家道殷實素有德行一人爲社首處事公平一人爲社正會書算一人爲社副每朔望一會分别等第上等之家出米四斗中等二斗下等一斗每斗加耗五合入倉上等之家主之但遇荒年上戶不足者量貸豐年照數還倉中下戶酌量賑給不復還倉各府州縣造冊送撫按查考一年查算倉米一次若虛卽罰倉首出一年之米　又令各處撫按官督所屬官將贓罰稅契引錢一應無礙官錢糴買稻穀或從宜收受雜糧以備荒歉各該官員果能積穀及數聽撫按官覈實旌異若不用心舉行照例住俸　又奏准州縣積糧之法如十里以下積糧一萬五千石二十里以下二萬

石三十里以下二萬五千石五十里以下三萬石百里以下五萬石二百里以下七萬石三百里以下九萬石四百里以下一十一萬石五百里以下一十三萬石六百里以下一十五萬石七百里以下一十八萬石八百里以下一十九萬石三年之內務穀一年之用如數爲稱職過數或倍增聽撫按奏旌不次陞用不及數者以十分爲率少三分者罰俸半年少五分者罰俸一年少六分以上者爲不職送部降用知府視所屬州縣積糧多寡以爲勸懲其軍衛三年之內每一百戶所各積穀三百石數外多積百石以上者軍政等官俱給花紅羊酒激勸不及數者住俸　九年令天下各府州縣有積久米粟盡數平糶以濟貧窮候收成買貯新穀務足前數

二十四年議准徒杖笞罪審有力者俱令照例納米入預備倉不許以稻黍雜糧准折上納　萬歷五年議准行各撫按詳查地方難易酌定上中下三等爲積穀等差如上州縣每歲以千石爲準多或至三二千石下州縣以數百石爲準少或至百石務求官民兩便經久可行自本年爲始着令定額每年終分别蓄積多寡爲賞罰其不及數者查照近例以十分爲率少三分者罰俸三個月少五分者半年六分者八個月八分以上者一年仍咨吏部劣處全無者降俸二級亦咨部停止行取推陞時有成效撫按酌議題請復俸若仍前怠玩參究革職　七年題准各省直撫按督各州縣掌印官將庫貯自理紙贖并撫按等衙門所留二分贓罰盡數糴穀

其追贖事例春夏折銀秋冬納米如年久穀多酌量出陳易新以免浥爛　又議准各省直撫按酌量所屬知府地方繁簡貧富定擬積穀分數其積不及數者與州縣一體查參其陞遷離任者照在任一體參究　八年題准各撫按官查盤積穀實數分别府州縣總撒塡注主守職名每年終奏報其更代官候交盤明白方准離任　又題准各有司積穀除遵照原議外不許妄行科罰剋民利已果有水旱災傷具奏減免其賑濟穀數卽申報開銷不必復令飢民抵還　十一年題准各省直撫按官會同司道各查所屬除富庶州縣仍照原額積穀其疲敝災傷及里分雖多詞訟原少者酌量裁減以後照例查參俱以三年爲期通融計算分别蓄積實在之

數照例旌獎參罰如三年之內偶遇陞遷事故撫按官行該司道按年考覈積穀如數方許離任果有災荒事故委不能及原數者明白具奏方免參罰其考滿朝覲俱照例行

荒政叢書卷九

荒政叢書卷十上

社倉考

宋孝宗時趙汝愚知信州乞置社倉疏曰臣伏見州縣之間每遇水旱合行賑濟賑糶去處往往施惠止及城郭不及鄉村鄉村之人爲生最苦有終日役役而不能致一錢者使幸而得錢則又一鄉之中富室無幾近者數里遠者一二十里奔走告糴則已居後於是老稚愁嘆始有避荒就熟輕去鄉井之意其間彊有力者又不肯坐受其斃奪攘摽竊無所不至以陷於非辜城郭之人率不致此故臣嘗謂城郭之患輕而易見鄉村之害重而難知然而求所以施行之策則亦不過勸諭上戶廣行出糶轉移常平義倉之米以賑之而已夫勸諭上戶殆成虛文轉移米斛復多欺弊臣愚欲望聖慈遠采隋唐社倉之制而去其耗損乏絕之弊明詔有司將逐州每年合納義倉米斛除五分依見行條法隨正稅就州縣送納外將五分於逐鄉置廒每歲輪差上戶兩名充社司掌管受納委本縣丞檢察其弊欺不如法者正治之使幸得連歲豐稔所在稍有儲蓄則鄉里晏然若有所恃雖遇歉歲姦宄之心無自生矣

甌寧縣有洞曰回源劇賊范汝爲向嘗竊據民性悍小遇饑饉羣起殺掠進士魏掞之謂民易動蓋緣艱食乃請常平倉米一千六百石以貸鄉民至冬而取遂置倉于邑之長灘鋪自後每歲散斂如常民得以濟不復思亂草寇遂息

陳龍正曰社倉之利一以活民一以弭盜非獨弭本境之盜也且以清鄰寇焉文公賑米于崇安而盜擒於浦城魏掞之置社倉於長灘鋪而囘源洞之悍民以化俗吏見小小禍亂輒議用兵不知窮民之與奸雄非可一例行誅伐也飢餓瀕死威不能戢惟惠澤可以已之而方其飢餓卽金錢猶無以解其急也必粟乃可浦城盜距崇安僅二十里用粟六百斛遂安吾民消彼盜兵威有此效乎卽金錢有此速乎人疑其收息十二有類青苗然事貴可久非輸息十年何以使其後永不輸息且豪民乘饑取利凡貸粟者出息恒十四五至價貴甚則又不許償本色估計時值至冬以金酬蓋有賣冬粟三四石僅清宿逋一石者社倉

之法行則豪右不得施其不仁而細民之倍息可省何必以暫收薄息爲嫌哉如一邑若干鄉區每鄉每區立一社倉誠爲至計賢士大夫有安和鄉里之心不可不亟議此但當躬先倡率風以動之而毋强之云耳

崇安社倉記　朱熹

乾道戊子春夏之交建人大饑予居崇安之開耀鄉知縣事諸葛侯廷瑞以書來屬予及其鄉之耆艾左朝奉郎劉侯如愚曰民飢矣盍爲勸豪民發藏粟下其直以賑之劉侯與予奉書從事里人方幸以不飢餓而盜發浦城距境不二十里人情大震藏粟亦且竭劉侯與予憂之不知所出則以書請于縣于府時敷文閣待制信安徐公喜知府事卽日命有司以船粟六百斛泝溪以來劉侯與予率鄉人行四十里受之黃亭步下歸籍民口大小仰食者若干人以率受粟民得遂無饑亂以死無不悅喜歡呼聲動旁邑于是浦城之盜無復隨和而束手就擒矣及秋徐公奉祠以去而直敷文閣東陽王公淮繼之是冬有年民願以粟償官貯里中民家將輦載以歸有司而王公曰歲有凶穰不可前料後或艱食得無復有前日之勞其留里中而上其籍于府劉侯與予既奉教及明年夏又請于府曰山谷細民無蓋藏之積新陳未接雖樂歲不免出倍稱之息貸食豪右而官粟積于無用之地後將紅腐不復可食願自今以往歲一斂散既以紓民之急又得易新以藏俾願貸者出息什二又可以抑僥倖廣貯蓄卽不欲者勿强歲或不幸小饑則弛半息大侵

則盡蠲之于以惠活鰥寡塞禍亂源甚大惠也請著爲例王公報皆施行如章既而王公又去直龍圖閣儀眞沈公度繼之劉侯與予又請曰粟若分貯民家于守視出納不便請放古法爲社倉以貯之不過出捐一歲之息宜可辦沈公從之且命以錢六萬助其役于是得籍黃氏廢地而鳩工度材焉經始于七年五月而成于八月爲倉三亭一門牆守舍無一不具司會計董工役者貢士劉復劉得與里人劉端也既成而劉侯之官江西幕府予又請曰復與得輿皆有力於是倉而劉侯之子將仕郎琦嘗佐其父于此其族子右修職玶亦廉平有謀請得與并力府以予言悉具書禮請焉四人者遂皆就事方且相與講求倉之利病具爲條約會丞相清源公

出鎮茲土入境問俗予與諸君因得具以所爲條約者迎白于公公以爲便則爲出教俾歸揭之楣間以示來者于是倉之庶事細大有程可久而不壞矣予惟成周之制縣都皆有委積以待凶荒而隋唐所謂社倉者亦近古之良法也今皆廢矣獨常平義倉尚有古法之遺意然皆藏于州縣所惠不過市井游惰輩至于深山長谷力穡遠輸之民則雖飢餓瀕死而不能及也又其爲法太密使吏之避事畏法者視民之殍而不肯發往往全其封鐍遞相付授至或累數十年不一訾省一旦甚不獲已然後發之則已化爲浮埃聚壤而不可食矣夫以國家愛民之深其慮豈不及此然而未之有改者豈不以里社不能皆有可任之人欲一聽其所爲則懼其計

私以害公欲謹其出入同于官府則鈎校靡密上下相遁其害人必有甚于前所云者是以難之而弗暇耳今幸數公相繼其憂民慮遠之心皆出乎法令之外又皆不鄙吾人以爲不足任故吾人得以及是數年之間左提右挈上說下教遂能爲鄉閭立此無窮之計是豈吾力之獨能哉惟後之君子視其所遭之不易者如此無計私害公以取疑於上而上之人亦毋以小文拘之如數公之心焉則是倉之利夫豈止于一時其視而效之者亦將不止于一鄉而已也因書其本末如此刻之石以告後之君子云

淳熙八年朱熹上社倉議曰臣所居建寧府崇安縣開耀鄉有社倉一所係昨乾道四年鄉民艱食本府給到常平米六百石委臣與本鄉土居朝奉郎劉如愚同共賑貸至冬收到元米次年夏間本府復令依舊貸與人戶冬間納還臣等申府措置每石量收息米二斗自後逐年依此斂散或遇小歉即蠲其息之半大饑即盡蠲之至今十有四年支息米造成倉廒三間收貯已將元米六百石納還本府其見管三千一百石並是每年人戶納到息米已申本府照會將來依前斂散更不收息每石只收耗米三升係臣與本鄉土居官及士人數人同共掌管遇斂散時即申府差縣官一員監視出納以此之故一鄉四五十里之間雖遇凶年人不闕食竊謂其法可以推廣行之他處而法令無文人情難强妄意欲乞聖慈特依義役體例行下諸路州軍曉諭人戶有願依此置立

社倉者州縣量支常平米斛責與本鄉出等人戶主執斂散每石收息二斗仍差本鄉土居或寄居官員士人有行義者與本縣官同共出納收到息米十倍本米之數即送原米還官卻將息米斂散每石只收耗米三升其有富家情愿出米作本者亦從其便息米及數亦與撥還如有鄉土風俗不同者更許隨宜立約申官遵守實爲久遠之利其不願置立去處官司不得抑勒則亦不至騷擾此在今日言之雖無所濟于目前之急然實公私儲蓄預備久遠之計及今歉歲施行人心願從者衆其建寧府社倉見行事目謹錄一通進呈伏望聖慈詳察特賜施行孝宗從其言徧下諸路倣行其法任從其便其斂散之事與本鄉耆老公共措置州縣並不得干

預抑勒

社倉事目

一逐年十二月分委諸部社首保正副將舊保簿重行編排其間有停藏逃軍及作過無行止之人隱匿在內仰社首隊長覺察申報尉司追捉解縣根究其引致之家亦乞一例斷罪次年三月內將所排保簿赴鄉官交納鄉官點檢如有漏落及妄有增添一戶一口不實即許人告審實申縣乞行根治如無欺弊即將其簿紐算人口指定米數大人若干小兒減半候至貸日將人戶請米狀拖對批塡監官依狀支散

一逐年五月下旬新陳未接之際預于四月上旬申府乞

依例給貸仍乞選差本縣淸强官一員人吏一名斗子一名前來與鄉官同共支貸

一申府差官訖一面出榜排定日分分都支散先遠後近一日一都聽示人戶產錢六百文以上及自有營運衣食不缺不得請貸各依日限具狀狀內開說大人小兒口數結保每十人結爲一保遞相保委如保內逃亡之人同保均備取保十人以下不成保不支陳龍正曰不成保不支將聽畸零窮民之餓乎不如金華縣規附甲爲妥正身赴倉請米仍仰社首保正副隊長大保長並各赴倉識認面目照對保簿如無僞冒重疊即與簽押保明其社首保正等人不保而掌主保明者聽其日監官同鄉官入倉據狀依次支散其保明不實別有情弊者許人告首隨事施行其餘即不得妄有邀阻如人戶不願請貸亦不得妄有抑勒

一收支米用淳熙七年十二月本府給到新漆黑官桶及官斗仰斗子依公平量其監官鄉官人從逐廳只許兩人入中門其餘並在門外不得近前挨撥攙奪人戶所請米斛如違許被擾人當廳告覆重作施行

一豐年如遇人戶請貸官米即開兩倉存留一倉若遇饑歉則開第三倉專賑貸深山窮谷耕田之民庶幾豐荒賑貸有節

一人戶所貸官米至冬納還不得過十一月下旬先于十月上旬定日申府乞依例差官將帶吏斗前來公共受納兩平交量舊例每石收耗米二斗今更不收上件耗米又慮倉厫折閱無所從出每石量收三升準備折閱及支吏斗

等人飯米其米正行附歷收支

一申府差官訖即一面出榜排定日分分都交納先近後遠一日一都仰社首隊長告報保頭保頭告報人戶遞相糾率造一色乾硬糙米具狀同保共爲一狀未足不得交納如保內有人逃亡即同保均備納足赴倉交納監官鄉官吏斗等人至日赴倉受納不得妄有阻節及過數多取其餘並依給米約束施行其收米人吏斗子要知首尾次年夏支貸日不可差換

一收支米訖逐日轉上本縣所給印歷事畢日具總數申府縣照會

一每遇支散交納日本縣差到人吏一名斗子一名社倉算交司一名倉子兩名每名日支飯米一斗約半月發遣

裹足米二石共計米一十七石五斗又貼書一名貼斗一名各日支飯米一斗約半月發遣裹足米六斗共計四石二斗縣官人從七名鄉官人從共一十名每名日支飯米五升十日共計米八石五斗已上共計米三十石二斗一年收支兩次共用米六十石四斗逐年蓋牆并買藁薦修補倉廒約米九石通計米六十九石四斗

陳龍正曰每人日支飯米一斗太多矣應減爲一升五合另給酒菜銀數分上下均便　張文嘉曰支收交納各有定限爲日不多在鄉官士人知此義舉斷不計利至于吏人倉子安肯空勞每名支飯米一斗即寓相犒之意若減爲一升五合又給酒菜之資不惟反多煩瑣

抑恐不足服此輩之心其鄉官并僕從恐有貧薄者亦必須支米五斗方足薪水之用固知朱子非過厚也

又按朱子當日始創此事故須官府彈壓倘今舉行社倉則保簿赴官交納及申縣乞差吏斗諸事俱不必行止須支給司社及倉守効勞宣力諸人可也

一排保式某里第某都社首某人今同本都大保長隊長編排到都内人口數下項

甲戸大人若干口小兒若干口居住地名某處或產戸開說產錢若干或白煙耕田開店買賣土著外來係某年移年逐戸開

餘開

右某等今編排到都内人戸口數在前即無漏落及增添一戸一口不實如招入戸陳首甘伏解縣斷罪謹狀

年月日大保長姓名

隊長姓名

保正副姓名

社首姓名

一請米狀式某都第某保隊長某人大保長某人下某處地名保頭某人等幾人今遞相保委就社倉借米每大人若干小兒減半候冬收日備乾硬糙米每石量收耗米三升前來送納保内一名走失事故保内人情願均備取足不敢有違謹狀

年月日保頭姓名

甲戸姓名

大保長姓名

隊長姓名

保長姓名

社首姓名

一社倉支貸交收米斛合係社首保正副告報隊長保長隊長保長告報人戸如闕隊長許人戸就社倉陳說告報社首依公差補如闕社首即申尉司定差

一簿書鎖鑰鄉官公共分掌其大項收支須監官簽押其餘零碎出納即委鄉官公共掌管務要均平不得徇私容情別生奸弊

一如遇豐年人戶不願請貸至七八月而產戶願請者聽

一倉內屋宇什物仰守倉人常切照管不得毀損及借出他用如有損失鄉官點檢勒守倉人賠償如些小損壞逐時修整大段改造臨時具因依申府乞撥米斛

陸九淵曰社倉固爲農之利然農田常熟則其利可久苟非常熟之田一遇歉歲則有散而無斂來歲缺種糧時乃無以賑之莫若兼置平糶一倉使無貴賤之患折所糴爲二每存其一以備歉歲代社倉之匱實爲常利也

陳龍正曰文公社倉之法利賴無窮其最要在不願置立去處官司不得抑勒二語孝宗仁明詔任從民便斂

散之事州縣不得干預至矣哉社倉之事度以加矣若必强民置立斂散由官即與荆公青苗無異此經世之學最貴于圓通也　青苗者田未熟而貸之錢田已熟而收其利安石嘗行此于一邑甚善然猶躬通下情隨其願與不願也至當國時欲以此行之天下而守令者又阿重臣意旨以多散錢多得利爲稱職不問貧富緩急强與之又寄權人役出納之際輕重爲姦而民遂怨咨載道矣

金華潘氏社倉記朱熹　淳熙二年東萊呂伯恭自婺來訪予于屏山之下觀於社倉發斂之政喟然歎曰此周官委積之法隋唐義廩之制也吾將歸而屬諸鄉人士友相與糾合而經營之使閭里有賑恤之儲而公家無龠合之費不尤愈乎伯恭既歸不三年而卒遂不果爲其卒之年浙東果大饑予因得備數推擇奉行荒政按行至婺則婺之人狼狽轉死已籍籍矣予因竊歎以爲向使伯恭之志得行必無今日之患既而尙書下予所奏社倉事諸道募民欲爲者聽之民蓋多慕從者而未幾予亦罷歸又不果有所爲也是時伯恭之門人潘君叔度感其事而深其意焉且念其家自先大夫時已務賑恤樂施予歲捐金帛不勝計矣而獨不及聞於此也于是慨然出粟五百斛爲之斂散以時規畫詳備一都之人賴之而其積之厚而施之廣蓋未已也一日以書來曰此吾父師之志予幸克成之然世俗不能不以爲疑也子其可不

爲一言以解之乎予惟有生之類莫非同體惟君子爲能無有我之私以害之故其愛人利物之心爲無窮特窮而在下則禹稷之事有非其分之所得爲者然苟以其家之有餘而推之以與鄰里鄉黨則固吾聖人之所許而未有害乎不出其位之戒也況叔度之爲此特因其墳廬之所在而近及乎十保之間以承先志以悅親心以順師指而何不可之有哉抑凡世俗之所以病乎此者不過以王氏之青苗爲說耳以予觀于前賢之論而以今日之事驗之則青苗者其立法之本意固未爲不善也但其給之也以金而不以穀其處之也以縣而不以鄉其職之也以官吏而不以鄉人士君子其行之也以聚斂亟疾而無慘怛忠厚之心是以王氏能行于一

邑而不能行于天下子程子嘗極論之而卒不免于悔其已甚而有激也婺人蓋多叔度同門之士必有能觀于叔度所爲之善而無疑于青苗之說者則庶乎其有以廣夫君師之澤而使環地千里永無捐瘠之民矣豈不又甚美哉叔度名景憲與伯恭同年進士年又長而屈首受學于伯恭無難色師沒守其說不懈益虔于書無所不讀蓋深有志于當世然以資峭直自度不能隨世俯仰故自中年不復求仕而獨于此爲拳拳也倉在婺女鄉安期里

顏光衷曰凡害民之政其始盡言利民上開一孔下開百竇城郭富豪之家猶能支吾乃若山谷僻陋矇叟孤稚目不識文告耳不辨官音舌不解敷陳手不能訴寫見里長則面色青黃望公門則心戰膽慄稍有桀驁皆得望風索騙幻弄吞侵其爲凌虐寧可數計每見上人撫循至意不得已而開此盡孜孜丁寧惟恐有失然予權任事則情勢不能無假借而假借之下復有假借則侵漁之外復肆侵漁于是告訐日煩獄訟日滋罪罟日長愁怨日盈而太平之風索然盡矣

金華社倉規約計十四款

一社倉穀本五百石

一社倉只置總簿一面紙盡置第二面

一一甲不許過三十人甲頭一人不滿十人附甲不許詭名冒籍犯者出社甲頭改替許同甲告罰甲頭所納給賞

一散穀以三時謂除夜或下田接新並須甲頭相度

一每戶借一石甲頭倍之無居止及有藝人不借若口累衆多作田廣甲頭保明別議增借

一借穀上簿不立契還訖就簿勾銷

借穀日每戶納錢五十文甲頭免十五文給甲頭十文守倉人十文雜支十五文掌倉量錢此外不許分文乞索許甲內人告以所得錢文給賞

陳龍正曰此法免息後猶可行若出息二斗又見納五十文太重矣

張文嘉曰不若每石止令納白銀三分彙收一處俟完日共計銀若干作五十股派鬮照法分給各項人亦酌中之道

一量穀本甲甲頭執槩並見清量掌倉人擅執槩改替

一還以三限限以三日謂如十甲每甲若干人一限納若干並甲頭預報定日子一人不到甲內穀並留倉候齊交量

一息穀二分謂石取息二斗中饑減半大饑盡免本戶納息已滿十年免收息謂第一年納至十一年免

一耗穀三蠶謂穀一石取耗三升以備折閱及充每歲社倉雜費

一甲內逃亡甲頭同甲內均填甲頭倍之若係時疫戶絕甲頭申倉差人審實候還穀日銷落不循理者雖已還出社

一息穀有餘遇饑荒給散計所有每人大人二升小兒一升十日止並以入籍戶口爲定

一社衆于規約犯一事不借一年再犯出籍

清江縣社倉規約五款

一所借給貴均平亦慮失陷米本其支借時鄉官審問社首及甲內人某人可借若干衆以爲可方可支借其素號游手及雖農業而衆以爲懶惰頑慢者亦不支貸

一鄉官踏逐善書寫百姓一人（不得用罷役過犯人）專充書寫簿書如收支執槩就差社首遇收支日日支飯米一斗

一倉中事務並委鄉官掌管但差使保正編排人戶磨對簿歷彈壓斂散踏逐倉廒追斷逋負之類須官司行遣

張文嘉曰惟梗化敗度者用官司行遣可也

一鄉官從本軍給帖及有朱記主執行遣

一簿用紙札每歲于息內支散

建寧府建陽縣長灘社倉記　朱熹

建陽之南里曰招賢者三地接順昌甌寧之境其阸多阻而俗尤勁悍往歲兵亂之餘根荄不盡去小遇饑饉輒復相挻羣起肆暴率不數歲一發雖尋即夷滅無噍類然愿民良族晷刻之間已不勝其驚擾矣紹興某年歲適大侵姦民處處羣聚飲博嘯呼若將以踵前事者里中大怖里之名士魏君元履爲言于常平使者袁侯復一得米若干斛以貸于是物情大安姦計自折及秋將斂元履又爲請得築倉長灘廢置之旁以便輸者且爲後日凶荒之備毋數以煩有司自是歲小不登即以告而發之如是數年三里之人始得飽食安居以免于震擾夷滅之禍而公私遠近無不陰受其賜蓋元履少好學有大志自爲布衣而其所以及人者已如此蒙其惠者雖知其然而未必知其

所以然也其後元履既沒官吏之職其事者不能勤勞恭恪如元履之爲于是粟腐于倉而民飢于室或將發之則上下請賕爲費已不貲矣官吏來往又不以時而出內之際陰欺顯奪無弊不有大抵人之所得粃糠居半而償以精鑿計其候伺亡失諸費往往有過倍者是以貸者病焉而良民凜凜于凶歲猶前日也淳熙十一年使者宋侯若水聞其事且知邑人宣教郎周君明仲之賢即以元履之事移書屬之且下本臺所被某年某月某日制書使得奉以從事蓋歲以夏貸而冬斂之且收其息什之二焉行之三年而三里之間人情復安如元履亡恙時什二之收歲以益廣周君既以增葺其棟宇又將稍振其餘以漸及於旁近蓋其惠之所及且將日增月衍而未知其所止也周君以予嘗有力于此者來請文以爲記予與元履早同師門遊好甚篤既追感其陳迹又嘉周君之能繼其事而終有成也乃不辭而爲之說如此則又念昔元履既爲是役而予亦爲之于崇安其規模大畧倣元履獨歲貸收息爲小異元履常病予不當祖荊舒聚斂之餘謀而予亦每憂元履之粟久儲速腐惠既狹而將不久也講論餘日盃酒從容時以相訾謷而訖不能以相詘聽者從旁抵掌觀笑而亦不能決其孰爲是非也及是宋侯周君乃卒用予所請事以成元履之志而其効果如此于是論者遂以予言爲得然不知元履之言雖疏而其忠厚懇惻之意藹然有三代王政之餘風豈予一時苟以便事之說所能及哉當

時之爭蓋予之所以爲戲而後日之請所以必曰息有年數
以免者則猶以不忘吾友之遺教也因并書之以視後人使
于元履當日之心有以得之則于宋侯周君今日之法有以
守而不壞矣元履名挨之嘗以布衣召見天子悅其對卽日
除太學錄尋以數論事不得久居中旣而天子思復召用之
則元履旣卒矣上爲悵然久之詔有司特贈直秘閣云

建寧府建陽縣大闡社倉記 朱熹

招賢里大闡羅漢院之社
倉新侯官大夫周君某之所爲而長灘之别貯也始秘閣魏
君之築倉于長灘非擇其地而處之也因其船粟之委于是
而藏焉耳故倉之所在極里之東北而距西南之境遠或若
干里貸者多不便之而是時率常數歲乃一往來則猶未甚

以爲苦也淳熙甲辰周君始以常平使者宋公之檄司其發
斂之政而以歲貸收息之令從事旣爲之更定要束搜剔蠹
獘而以時頒焉民已悅于受賜矣周君因益問以因革之宜
而有以道里不均之說告者且曰自今以往一步而往來者
再則其勞佚之相絶又非前日比矣周君于是白之宋公而
更爲此倉以適遠近之中且令西南境之受粟者卽而輸焉
來歲遂以遠近分士使各集于其所以待命民旣歲得飽食
而又無獨遠甚勞之患于是咸德周君而相率來請文以記
其成昔予讀周禮旅師遺人之官觀其頒斂之疏數委積之
遠邇所以爲之制數者甚詳且密未嘗不嘆古之聖人旣竭
心思而繼之以不忍人之政其不可及乃如此及今而以是

倉之役觀之則彼其詳且密者亦安知其不有待于歷時之
久得人之多而後乃至于此耶因爲之記其本末以爲後之
君子或將有考于斯焉周君字居晦好讀書有志當世之務
吏事亦精敏絶人不但此爲可書也

邵武軍光澤縣社倉記 朱熹

光澤縣社倉者縣大夫毗陵張
侯訢之所爲也光澤于邵武諸邑最小而僻自張侯之始至
則已病夫市里之間民無蓋藏每及春夏之交則常糴貴而
食艱也又病夫中下之家當產子者力不能舉而至或棄殺
之也又病夫行旅之涉吾境者一有疾病則無所于歸而或
死于道路也方以其事就邑之隱君子李君呂而謀焉適會
連帥趙公亦下崇安建陽社倉之法于屬縣于是張侯乃與

李君議畧倣其意作爲此倉而節縮經營得他用之餘則市
米千二百斛以充入之夏則損價而糶以平市估冬則增價
而糴以備來歲又買民田若干畝籍僧田民田當沒入者若
干畝歲收米合三百斛并入于倉以助民之舉子者如帥司
法旣又附倉列屋四楹以待道途之疾病者使皆有以棲託
飲食而無暴露迫逐之苦蓋其創立規模提挈綱領皆張侯
之功而其條畫精明綜理纖密者則李君之力也邑人旣蒙
其利而歌舞之部使者亦聞其事而加勸奬焉于是張侯樂
其志之有成而思有以告來者使勿壞則以書來請記予讀
古人之書觀古人之政其所以施于鰥寡孤獨困窮無告之
人者至詳悉矣去古旣遠法令徒設而莫與行之則爲吏者

賦斂誅求之外亦飽食而嬉耳何暇此之問哉若張侯者自其先君子而學于安定先生之門則已悼古道之不行而抱遺經以痛哭矣及其聞孫遂傳素業以施有政宜其志慮之及此而能委心求助以底于有成也李君于予蓋有講學之舊予每竊歎其負經事綜物之才以老而無所遇也今乃特因張侯之舉而得以粗見其毫末是不亦有感夫故予既書張侯之事而又附以予之所感于李君者來者尚有考云

常州宜興縣社倉記 朱熹

始予居建之崇安嘗以民飢請于郡守徐公嚞得米六百斛以貸而因以爲社倉今幾三十年矣其積至五千斛而歲斂散之里中遂無凶年中間蒙恩召對輒以上聞詔施行之而諸道莫有應者獨閩帥趙公汝愚使者宋公若水爲能廣其法于數縣然亦不能遠也紹興五年春常州宜興大夫高君商老實始爲之于其縣善卷開寶諸鄉凡爲倉者十一合之爲米二千五百有餘斛擇邑人之賢者承議郎趙君善石周君林承直郎周君世德以下二十有餘人以典司之而以書來屬予記予心許之而未及爲也會是歲浙西水旱常州民飢尤劇流殍滿道顧宜興獨得下熟而貸之所及者猶有賴焉然予猶慮夫貸者之不能償而高君之惠將有所窮也明年春高君將受代以去乃復與趙周諸君皆以書來趣予文且言去歲之冬民負米以輸者繦屬爭先視貸籍無龠合之不入予於是益喜高君之惠將得以久于其民又喜其民之信愛其上而不忍欺也則爲之計

其所以然者抑又慮其久而不能無敝于其間也則又因而告之曰有治人無治法此雖老生之常談然其實不可易之至論也夫先王之世使民三年耕者必有一年之蓄故積之三十年則有十年之蓄而民不病于凶饑此可謂萬世之良法矣其次則漢之所謂常平者今固行之其法亦未嘗不善也然考之于古則三登太平之世蓋不嘗有而驗之於今則常平者獨其法令簿書筦鑰之僅存耳是何也蓋無人以守之則法爲徒法而不能以自行也而況于所謂社倉者聚可食之物于鄉井荒閑之處而主之不以任職之吏馭之不以流徒之刑苟非常得聰明仁愛之令如高君又得忠信明察之士如今日之數公者相與併心一力以謹其出納而杜其姦欺則其法之難守不待它日而見之也此又予之所身試者故并書之以告後之君子云

建昌軍南城縣吳氏社倉記 朱熹

乾道四年建人大飢熹請于官始作社倉于崇安縣之開耀鄉使貧民歲以中夏受粟于倉冬則加息什二以償歲小不收則弛其息之半大侵則盡弛之期以數年子什其母則惠足以廣而息可遂捐以予民矣行之累年人以爲便淳熙辛丑熹以使事入奏因得條上其說而孝宗皇帝幸不以爲不可即頒其法于四方且詔民有慕從者聽而官府毋或與焉德意甚厚而吏惰不恭不能奉承以布于下是以至今幾二十年而江浙近郡田野之民猶有不與知者其能慕而從者僅可以一二數也是時南

城貢士包揚方客里中適得尚書所下報可之符以歸而其學徒同縣吳伸與其弟倫見之獨有感焉經度久之乃克有就遂以紹熙甲寅之歲發其私穀四千斛者以應詔旨而大爲屋以貯之涖事有堂燕息有齋前引兩廊對列六庾外爲重門以嚴出內其爲條約蓋因崇安之舊而加詳密焉即以其年散斂如法鄉之隱民有所仰食無復死徙變亂之虞咸以德于吳氏而伸與倫不敢當也則謹謝曰是倉之立君師之教祖考之澤而鄉鄰之助也吾何力之有哉且今雖幸及予有成而吾子孫之賢否不可知異時脫有不能如今日之志以失信于鄉人者則願一二父兄爲我教之教之一再而不能從則已非復吾子孫矣盍亦相與言之有司請正其罪

庶其懼而有改其亦可也於是衆益咨嗟歎息其賢以爲不可及而包君以書來道其語且遣其倫及伸之子來請記熹病力不能文然嘉其意不忍拒也乃爲之書其本末既以警夫吳氏之子孫使其數世之後猶有以知其前人之意如此而不忍壞抑使世之力能爲而不肯爲者有所羞愧勉慕而興起焉則亦所以廣先帝之盛德于無窮而又以少致孤臣泣血號弓之慕也

俞森曰觀朱子社倉諸記及各規約法可謂備矣然變通亦顧其人隨其時地之宜而用之有未可執一者按黃震通判廣德軍時社倉法大弊衆以始自朱熹不敢議震曰法出于聖人猶有變通安有先儒爲法遂不得救其弊耶爲買別田六百畝以其租代社倉息非凶年不得輒貸貸不取息此可謂善法朱子者也

毛鼎新黃巖人授浙西提舉監茶司準遣改常平司準遣其長有欲獻羨餘四十萬者鼎新力爭以置社倉陳善曰鼎新此舉不啟君上之侈心而于民有德且俾其長免言利干進之咎一舉而三善具焉 附 乾德四年詔出納之吝謂之有司倘規致于羨餘必深務于掊克知光化軍張全操上言三司令諸處倉場主吏有羨餘粟及萬石芻五萬束以上者上其名請行賞典此苟非倍納民租私減軍食何以致之宜追寢其事勿須行除官所定正耗外嚴加止絕

陳芳生曰錢穀出內積少成多不無餘潤爲民牧者特患

無實心耳苟有實心以行實政何利不可興建哉浙江運司席某居官清介自正供外力却火耗事去任時庫中尚存羨餘五千吏請曰此可取也席曰獨非百姓膏血耶卒不受嗚呼席氏誠不可及矣然亦獨爲君子耳以天地間有用之物置之無用之地徒飽鼠竊狗偷者之腹不大可惜耶大約司榷司監司倉羨餘極多雖甚清介亦有饒溢有志斯民何利不舉故特表而出之以爲賢士大夫告

元張大光議曰古有義倉又有社倉義倉立于州縣社倉立於鄉都皆民間積貯以待凶荒者也國朝酌古準今立義倉于鄉都一舉兼盡社倉之設惠至渥也今附近稅戶各以差等出穀爲本每年收息穀一斗候本息相停以穀本給還

元主以利爲本立掌倉循環規運豐年貯積凶年出貸有司許令點檢而不許干預侵借其立法最爲詳備惠民之意亦甚切至未及十年倉廩充斥過于本倍然百姓困於義倉民間但見其害而不見其利凶年饑歲而民不免於流離死亡其故何也良由有司任法而不任人法出而奸生令行而弊起以暴心行仁政政無非暴雖曰惠民實所以厲之也略而舉之其弊有四一曰掌倉之弊今之掌倉者非革閑之吏貼祗候則鄉里無籍之潑皮請託行求公納賄賂投充是役上以苟避差役下以侵削小民既已過費重貲寧不貪圖厚利官司容其奸僞百姓不敢誰何二曰點檢之弊其有考滿守缺司吏官員門下親知或結託求差或倚勢分付帶領僕從

名爲計點義倉糧盤纏鄉村呼集社伍需求酒食索取齎發饜其欲則抄寫虛數忤其意則苛細百端遂科斂社民糶賣義穀以爲祗待起發前者既去後者復來所積之糧十去其七三曰出貸之弊掌倉素非仁德忠厚之士所儲之穀平時先已侵用至于出貸之際預行插和糠粃朽穀砂土及至支遣小斗慳量比及到家籤揚所貸不得一半豐年有米則勒令民戶承貸凶荒之歲則推稱已貸盡絕惟務肥已不恤濟人虛裝人戶具報官司或立詭名交割下次民之受害其何可言四曰回收之弊百姓貸穀未及半年爲之掌倉者既交割前界貸數乃集不逞之徒三五爲羣遍繞鄉村催索逋貸叫囂隳突需求酒食何所不爲及至人戶擔穀到倉一斗必

收二斗幹人脚穀上數科陪滿斗豪量不奪不饜稍涉分析則云以後官司計點虧折誰賠若或不從必是解官懲治民之困于義倉有甚于凶荒之歲者醫瘡剜肉誰不惻然有此四弊而欲惠濟于民未之有也及有虛申案驗僞指倉囷觀其數則億萬有餘考其實則百千不足官司祇爲文具姦吏因緣爲私故自立義倉以來展轉繁文州縣徒有幾千萬石之名饑荒之歲民不沾惠是蓋有司不以荒政爲心但爲黷貨之具委任失當以暴心行之本既不澄弊端滋蔓耳由是而言則擇人委任爲第一要事若委任得人亦不須差人計點出納之公自然無弊然君子作事謀始任人之方尤所當慎若一槩委用產稅富豪之家則富而好義者少爲富不仁

者多中間未免結搆所司侵漁刻剝其害有甚于吏胥無藉之徒今後莫若選擇鄉里有德望誠信謹愿好義之人或賢良縉紳素行忠厚廉介之士不拘產稅抵業但爲衆所敬而悅服者許令鄉民推舉不必拘以鄉都所司察其行實以禮敦請使之掌管置簿供報依時出納不限年月交替至如出貸之時入水和穀小斗慳支回收之際大斗滿量及需索縻費圖利倍取人戶者但有陳告得實依不枉法例追斷移易虛樁坐以侵盜之罪徵收還倉如此則掌倉者知所警懼保守廉恥而不妄爲貧者必沾其實惠矣雖然言之非艱行之惟艱必也州縣杜其貪緣求充之源于其前禁其不時計點之弊于其次至于出貸回收之際絕其供報文案之需彼既

無所費於官司則下自可安而行之源淸流潔上下皆可以誠心爲民有其誠斯有其實庶幾義倉儲積不爲虛設凶年饑歲得以濟民上不負朝廷立法爲民之美意倘若上無公論下有叛心前獘不除純任以法雖有善者亦無如之何也已

明張朝瑞圖書編社倉議　社倉之制乃古人良法特患上之人不知所以倡之耳有父母斯民之責者果知民爲邦本食爲民天水旱之凶荒不時官倉之積穀有限思爲備荒之善策須酌社倉之事宜乃計之得也合于各保甲鄉約中各創立社倉先捐俸金以爲倡率或罰紙贖以便上納且誠心勸諭各村士民使咸知以義相尚不待督責而出穀皆其情

愿徐因倉置簿登記其數凡出穀多者則破格旌奬民其有不以義相從者乎況因時制宜隨俗勸誘或禁止神廟賽會定爲香錢或違犯鄉保規條畧示懲罰由此日積月累則一村之穀自足以養一村之民每年青黃不接之時令其出放息止加二小饑加一大饑免息成熟之年仍令各村量行添入此法若行之有常三數年間各村之穀殆將不可勝食但民之誠僞不一而官司之意向不同若非出納有經奸民或因之以滋侵漁負騙之私官司或移之以補官倉積貯之數是非惟無益于民而且有害於民也然使經官查盤則又重爲民累合無免其查盤止于府縣給印文簿付鄉約正副每歲稽查其各村管理收放卽于本鄉每年輪一公直殷實者

以司出納量與免其火夫丁差以示酬勸如此則奸民不得以負騙官司不得以那移卽遇水旱凶災復有官穀以濟之自是貧者不患于阻饑富者可免于勸借而盜賊亦因以潛消地方之民永有賴矣

一社倉之設本以爲一鄉也穀以義名則當以義相先斯爲善俗除捐俸并發紙贖以爲之倡及士民尚義出穀多至百十石者不可爲例外大凡當秋熟之時或每畝量出穀半升或通鄉各戶富者以石計貧者以升斗計俱報數約正副登簿保長收入社倉每春有闕食者量準借與就于保長處會同約正副批立合同登記簿籍候秋收之日加息二分納還但借穀者亦不得多至十

石以外恐一人奸頑無耻催收稍難則將并一鄉之義舉而壞之也

一每遇年荒大戶例有勸借蓋官穀有限各村又無義穀故也若使村村有穀則一鄉之積自足以供一鄉之人加以縣倉積有官穀勸借之事以後可免且尚義出穀而使本鄉之人俱感其惠亦處富和鄰之一道也不然富本衆所忌也積心慳吝因之阻壞義舉設遇凶荒寧能獨保其富哉

一出穀雖非貧者之事而歲時豐稔或一斗或二三斗亦可量力出辦準與荒年揭借義穀亦有數倍之利若豐收之年斗穀不肯出者荒歉之年義穀官糧俱不準與

一各鄉舊有土神廟即有社祭之禮但俗尚奢侈因而迎神賽會花費不貲不特褻瀆神明幽有鬼責致息事端且明有人非從今鄉約舉行一切禁止或有情愿施捨冀神祐助即宜準作香錢自家告諸神明登記鄉約簿積爲義穀以濟人貧難不且神人兩得之乎每歲春秋祈報買辦猪羊酒果香燭等項即于義穀內支用祭畢舉行社飲申明約法和睦鄉里庶彬彬然成禮讓之俗矣或有貧不能存喪不能舉者亦于義穀內量給以助之會衆公議而後動支各明白登簿以備稽查毋得徇私濫支冒破

一各村納穀或社倉未備權借民間空房收貯待置倉後再行收入或鄉村空曠若于看守不願立倉者即公議積貯亦從其便

一給借固貴均平亦慮陷失穀本每年支借之時須會衆公議量其可借方準托保借與敢有輕借游手無賴之人以致負騙及强梁奸貪之徒以市私恩俱于收管人名下追賠其收管人敢有揑開花名私取規利者衆共呈官追罰若出入公明每年亦宜量給以酬收管之勞

湖廣澧州社倉規約序 萬鎮

嘗謂周禮一書爲民慮深矣其比閭族黨必相捄相賙六行教民必使任卹繼于婣睦之後古之聖人既愛其民又欲使其民之交相爲愛故法立而俗厚有由也吾鄉自罹兵革之餘故老凋零習俗頹獘富家巨室溺于商功課利之習又無君子長者之論以激發之故舉事而益于己則爲舉事而稍損于己則弗爲甚至積粟紅腐以俟飢歉穹其價以厚其售曾未聞有倡于義舉者吁何薄也聞有稍異流俗能好義者不過曰修道路之崎嶇治谿澗之瀰漫以爲往來稱便而已夫道路未甃止艱行谿澗未矼止病涉此一夫之任爾假令民日乏食久之弱者轉溝壑强者奮臂大呼相率而爲盜事勢至此以富自足者可保乎余平生念此久矣因觀先儒文公朱先生在建遇大饑請于官作社倉建甚德之其事有槩予欲率鄉中富而有德者法而行之凡與盟者穀以十斛爲率十八所聚穀百斛擇里之賢有才者司出納焉其法則倣文公規模使貧民歲以中夏受

粟于倉冬則加息十二以償歲小不收則弛其息之半大祲則盡弛之期以數年子什其母則惠足廣而息遂捐之于民不惟民有所給食無復變亂之虞而古人相捄相賙任卹之法所以使之交相愛者庶幾復見于今之俗矣願不偉與因書此以爲同志告幸相與勉而行之

汪道亨修舉社倉事宜

一議本穀　本社集社長社副社衆會議各量貧富家口爲多寡戶分三等等列三則其輸穀之法每月一會約定會期上上戶每會一石上中戶每會六斗上下戶每會四斗中上戶每會三斗中中戶每會二斗中下戶每會一斗下戶不與社穀初貯穀本尚微不許輕易斂散如遇便背以一歲之穀

盡輸于社或分爲三四會輸完亦可不必拘定作十二次如粟不便者許納銀錢登簿遇賤糴貯社中若有家道頗殷而絕無斗穀入倉者卽書某人名加以頑吝二字貼社倉內但遇荒歉官社倉穀俱不准給其有鄉村隘小不能分三等等不能列三則者卽隨社大小減之其穀之數亦酌量增損

一議義穀　凡社中富而好行其德者能于本穀外願輸二石入倉者紀善一次四石者紀善二次十石者紀大善一次二十石者紀二大善三十石者紀三大善州縣掌印官獎賞輸五十石以上者該府暨州縣送扁書好義二字輸百石以上者本道送扁書施仁二字照例給與冠帶輸至二百石以上者准給冠帶優禮本道及兩司送扁書樂善二字其輸四百石以上者申請兩院送扁書積德二字給與冠帶仍優免雜泛差役犯罪不許加刑此外若輸粟八百石以上者申請兩院照例奏請豎坊表里

一議罰穀　凡官司自理贖穀除照舊入預備官倉外其各社有鄉約演禮不到保甲直牌怠玩及一切違犯稍輕者聽約正副處酌罰穀其有本社小事口訴不平者聽約正副量剖曲直罰穀使之平息以省赴告及株連干證之費或赴告而自願和息者該有司酌量罰穀輸之該社取具倉收免罪情輕者批約正副查處量罰是爲罰穀登簿備查

一議息穀　倉穀收貯若干每年于二月起至三月四月止宜出陳易新餘月不得輕借其交還月分自九月起至十月

止不得延推以致穀價漸貴輸納愆期初年穀本尚微每石取息二斗如時小歉則減息之半行至三年之後穀本漸裕每石取息一斗如時小歉止取五升大歉則盡免其息凡給借之戶或過時不還或逋而逕惡不堪者送官重治後次不準再借出借之時須會同集議量其可償方準托保關借如游手無賴刁頑無信强豪不馴者不得輕與如或輕與以致負騙者俱在保人及收管人名下追賠收管之人捏開詭名冒領私取規利者許人訐告另行追罰每放借完日卽將本社中下人戶支借過穀石若干應該息穀若干一一登簿以便稽考餘穀收貯不得混支升合每年終結算出入明白給與收管人一石以償其功

胡其重曰社倉之制原爲周窮恤乏若量其不能償而遂不借是極貧極苦之人反不獲沾周恤之例似難爲情雖以糴本爲重殊失立倉之本意矣此處仍須酌議至於年終償收管之勞當以二石爲則

一議倉廒　以上四等倉穀收貯倉廒之法不可不講須查各處舊有倉者基址或嫌狹隘相應設法量增房屋或係假借相應措處凡建倉屋四圍空曠不近民居煙火其有與之相近者須買磚堆砌以備不虞以上費用俱於四等穀內取之或有尚義之士獨任其費者官司重加獎賞其平素無倉地方若新斂有穀或于各鄉約寬餘處所寄囤或各鄉約所有空居卽度其値易買俾鄉約社倉合置一處尤便或借廢

寺廟庵觀暫停俟穀積果多則公議扣穀建倉凡有人樂助者或銀穀或米石隨意多寡俱登記于簿勒石垂名各該州縣每年終通查所屬共建社倉若干將千字文挨順里甲編立字號共若干處各置牌扁大書某字號社倉五字懸掛倉門該州縣將總數報之府州以便稽察

一議收掌　各處既有社穀社倉其收掌出入當立社長一人以本處齒行俱優者爲主更兼家貲殷實者爲之更妙或即以約正保正爲之凡社中事務皆聽裁決又立社副二人以年力强壯行能服衆者爲之或即以約講約副保副爲之俱要犬牙相制社長專管封鎖社副二人一管出簿一管入簿又立社傑二人或四人以壯年公直有才幹者爲之俱從

社長社副指使分任勤勞既立諸人之後須置穀社出入二簿先將各戶輪穀登記入簿内待出放之時仍將各戶借過若干數目登記出簿内造完送官查驗印發本社待後照數催收

一議典守　社倉既設則典守不可不議如或社長近倉則即以社長兼主守之事社副社傑亦然或俱不近倉則宜另立社直數名或以本地人夫輪流值日或换甲選擇一季一換俱聽便酌處不若于社倉之傍公立社學令子弟在學讀書則莫非看守之人不必更立社直矣務須加意防閑不致疎虞爲要

一議稽核　各倉積穀既多奸民或因之以滋侵漁若經官逐一查盤則必重爲民累合無免其查盤止于本府管糧廳置循環簿二扇各州縣每年五月將放過若干十二月將收過若干赴廳倒换備查各倉放出收完俱報本州縣其餘出入民自收掌官司或因路便或出不意抽查以革奸弊其經管之人如果公勤謹慎衆所悦服增息穀至三百石以上者稟官旌奬其有侵欺及借貸之人負措互相容隱者許諸人指名首告官司著實查追不得姑息

一議分賑　凡遇大祲之歲官府行賑之時約算本社除上等可以自給外其餘中下人戶各照本穀原數聽其分領自非凶荒不許討支其本穀之外尚有義罰息等穀約算若干社長等公議酌量本社應存若干以防後日應賑若干以救

目前分數議定而後開倉其平時施穀入倉先上上戶次上中戶次上下戶次中上戶次中中戶次中下戶其凶年賑穀則先下下戶次下中戶次下上戶等而上之至中上戶而止仍查其中有先富而後貧者準賑先貧而後富者不準賑其年力强壯能爲人營運及堪爲人傭社中有興作者收之給與工食傭工有力强而不爲傭不事生業坐以待賑者賑凡二次即止其分賑宜常留贏餘以備後賑

一議推恩　社倉行至三年以後粟有贏餘凡社中好修貧士孝子順孫不能舉火宗族親戚俱無足恃者貧而有喪不能舉及子女過時不能嫁娶情景可傷者節婦年自二十四五以前孀守至今已踰五十一向無隙可議者民年七十以

上貧而且病衣食俱乏者俱聽社長等酌議周恤登簿報官不許狥私冒濫

一議費用　倉中逐年紙劄及修整倉厫書算守倉人等茶食工僱並春秋祈報應辦儀餼俱各訂爲定式使不豐不儉經久可行或所用反過于所積或所積僅供其所用則非立法之意預備儲蓄之策矣務宜斟酌若日久穀多又將穀本漸置社田亦無不可

一議社學　古之教者里有社家有塾黨有序此教化之所以易行也故社學亟宜舉行社長人等各查本處現有社學或只有蒙館幾所坐落某處原無社學須公同酌議于公衆地基置建社學亦照社倉出穀事例勸諭衆人隨力樂助或

待社倉行久以義息等穀創立建立之後即報州縣亦順里挨甲編號置扁書寫某字號社學懸掛館門既富而教亦化行俗美之一大關係也

勸輸文　沈鯉

夫倉以社名則非獨有司之事也蓋所有居人均與有責焉傳曰未有上好仁而下不好義者也未有好義其事不終者也今吾邑侯爲吾邑賑荒計旣肫肫若此矣豈鄉士大夫與居民有力者自爲桑梓身家計反不能好義終其事與吾知其必不終蓋往見里中士大夫饒于財者未有不結社飲酒以一日之樂靡小民終歲之費也未有不窮奢治具集水陸之珍强客屬饜而客謝不能不止也未有不盛飾山池臺館魚鳥花竹聲容耳目之玩而費累千金不惜也

未有不以其鼠壤棄餘委諸無用而明以資火盜陰以損已福也諸如此類費何可勝計吾不謂諸君之盡然間亦有不免焉者儻或裁百分之一以輸之社廩備荒年賑濟而起人溝壑之中不過升斗中一粒耳而遂能施仁義以行德化無用爲有用諸君亦何憚而不爲此而忍負賢大夫此意也夫旣名爲士大夫讀書明道理當思天下飢由己飢顧乃于同室之患不少置念凶年饑歲家有餘貲廩有餘糧僮僕溫飽而目睹鄉井飢夫枕藉溝壑者曾不少翟蹙其眉則亦與凡民何異於讀書明道理謂何此無論陰隲暗虧缺望難釋第人皆有不忍人之心豈以吾輩號士大夫反不能善推其心以爲鄉閭倡耶且條陳民間疾苦以請命于邑大夫亦吾輩

責也今邑侯不待斥言先自軫恤屢思善後之策欲使吾父老子弟長無凍餒吾輩有不感激踴躍相率首應者非夫也諸君必不爾也乃若環邑居民雖稱不腆然其間有力者不嘗有結社攢錢隨會講經爲人所籠取乎不嘗有修寺建塔鑄佛塑神望南海走東岱跋涉道途足重繭不惜乎不嘗有齋僧飯道建醮設壇爲遊食供糗糒而自謂修因果種福田乎夫此數者皆無益之事而爲人所鼓勸輒竭蹷恐後積穀備賑乃有益之事而邑大夫惓惓焉反趦趄不前此何以說也夫神明正直無可私媚所福祐者必是好人旣是好人必行好事行好事無大于濟人利物濟人利物無過于凶年饑歲與人盂飯可當斗粟舉我一念可活一人故欲積陰德行

好事者惟此時最得力亦惟此時最省事神明降鑒惟此事最分明亦惟此事最錫福諸君如欲爲今生爲來世爲身家爲子孫當無以逾此者何故不爲而乃營營焉役役焉求之於茫昧窈冥之中不見有分毫報應之益也吾又爲諸君大惑之夫公輸苦浩繁而社輸有限量公輸有程督有稽覈有罪係而社輸緩急自便賠累無虞且自積自備雖爲人亦爲已也況貧富何常吾今以濟人安知他日不有人濟我也惟願士大夫與居民有力者謹承邑大夫教令而道揚其波瀾以贊成盛舉無忽

荒政叢書卷十下

社倉考

沈鯉社倉條議　官廩之備賑社倉之廣積均以爲民也然就兩者而較之則官賑終不若民間社倉之爲愈也官賑不過一二所社倉則逐里各有建置積之多方備之無窮而輸散不出境其便一官賑者官自爲之也其勢獨社倉者里人合力爲之也其勢分分則集其力于衆獨則總其勞于己衆力易舉獨力難周則任獨不如任衆其便二官賑必須憑里甲報舉而里甲諸人皆素以漁獵自資者也報者未必貧貧者未必賑反使公家積貯徒以惠奸則賑施文具耳社倉則有公正好義衆所推服者爲有司分任其事而又有賢人君

子可備咨訪故本里居民孰貧孰富孰上孰下一一皆有眞見粒粒皆有實惠也其便三官賑必須按里甲次第較戶口貧富多寡逐一審問有司或有他務相妨則勢又不能速審曠日持久遂使枵腹垂斃之民日望倒懸之救或不及一饜以死者有矣社倉則各濟各坊隨投隨給其周之若燭照而予之如取攜其便四官賑不免有盤撥轉運之煩有需索使用之費有斗斛高下之分有推挽負戴之勞而社倉則悉無此累其便五官賑率不過一二所而境內飢民嗷嗷待哺者常千萬計駢肩聚集沴氣薰蒸多有他虞社倉則各里各坊分局自濟散而不聚自無他患其便六且民俗之日以澆漓也如逝波之東下而不可復返也社倉既立則里閈共爲有

無必譪然有同室之義一體之情蓋不但緩急相周卽百姓親睦民德歸厚亦且由此其便七人情不能無公私今令于國中曰吾勸輸備賑出爾私藏而公諸同邑不相識之人非甚倜儻誰能應之哉惟各里有社各社有樂善而好義者各相勉其本里之人動以惻隱之良勸以陰德之報人必不能恝然於此而荒年賑濟亦惟此里之人得用之而不以泛及其他卽輸者有時而貧亦反以自取給焉獨其利爲有福此民之情也因而導之當趨之如流水矣其便八且古人于蒐狩寓講武于井田寓譏察于東南其畝而溝澮互分者寓禦暴于先公後私者寓作忠于相助相友者寓厚俗大抵制一事則默寓一法如社倉之法行則里中之善惡賢愚孰可用

孰不可用皆得周知之是政教之助又在此矣故曰官賑終不若社倉之爲愈也

社倉千古良法其終于不行者則以尙義樂助慮有大戸之名出陳入新恐有催徵之擾官司稽察則有吏胥之累甚至官長公事所需或借此以應急久假不歸私藏化爲公用積之艱難者必且廢之一旦是以士民旁顧遠慮懷疑搖手而不願爲也必得良有司堅意主持誘掖奬勸鼓舞作興鄉先生表師閭閻倡率贊勸力請當事具題飭禁凡力行社倉處所永不科派大戸決不官吏監督決不經由查盤決不挪移借用設有姦蠹蠹惑有司擾民紊社者立治以法則民志一定而不疑知積聚皆實濟里中緩急綢繆桑土之具靡不爭先從事矣

世有治人無治法法之善者全藉得人以相助爲理今擬各里先推舉好善而公正老誠而精敏者紳衿士民十餘人如本里搢紳雖多止須推舉一二位坐鎭主持其餘俱選士民耆德以便効勞宜力立爲社正二人社副四人正副事司其成但恐或以兒奪或以病廢故多備員以便司董正務社直二人凡社中應舉應廢之事社直得調停之不公不正之事社直得糾正之社幹八人凡急公輔粥如徵收銀米出納錢穀開寫冊籍策應公務皆須多人以便分任得人最難善任尤難喜事者未必堪充堪充者未必喜事凡賢良先達及孝廉庠序中忠厚廉潔之士或鄉里有德望誠信謹愿好義之人有司察其行實以禮敦請旣舉之後卽須實心任事虛公博訪務求盡善盡美倘里中有敏知博達議

論平實可用者不妨延請同事或他里有良法足採者不妨改絃易轍若局中之人惟知執拗事外之人徒行腹誹不惟有失同井友愛之風亦何以令社事可大而可久耶

社正之任與州縣鄉約長之名不同蓋鄉約長則以良善耆民爲主然旣繫籍在官則有參謁迎送調處地方則有伺候審理至于公私籍賴則又未免妨功費用今之社正則以紳士聞望之人爲主專司社倉一事不必責以參謁迎送也惟社中有梗法頑賴者方據實聞官官爲懲治不必伺候審理也而又公私不擾無妨功費用之虞故以鄉約長之有才幹者或兼攝社正之事則可如以社正而欲兼鄉約長之名則斷無人肯任社事終無可成之日矣

社倉之莫舉也貧者恒自諉于貧富者又恐自揚其富以此因循緣無眞實任事之人遂無眞實定事之日也今各里既推舉數人爲之董率矣即將本里保甲冊逐戸詢之願者入社不願者勿强其願者可即用黄寸楮印成樂善助倉四字實貼本家門首每月止勸輸銀二分一年共輸銀二錢四分計日積七毫即可勷事但恐立志不堅始勤終怠耳于鄉則須履畝勸輸腴產畝輸米二升中產畝輸米一升下產隨其便或遇大有下產亦宜勸輸蓋鄉民愚而寡謀粒米狼戾之年多爲無益妄費之事與其妄費而無益何如存于本里社倉爲吾他日饑荒救命之有益而不虛耶況農民最苦青黄不接之時貸富室米一石者必加四五利償之一夫之力所

入幾何宿逋既要償還新租又難遲緩以致日瘠日貧流爲頑鈍無賴而產主亦陰受其弊焉社倉一行則有無相通不致重困貧富交利之道也須共諭之

或每里于同志中擇廉隅有素望實心肯任事者十人爲會首作爲一朋每會首名下各募樂善好義者十人每月輸銀一錢如力不足者不妨合數人共出一錢會首斂集投社月計積銀十兩歲可得銀百二十兩于鄉倣此積米不出三年社倉可成若好義者多不妨多立會首列爲二朋三朋可也三吳風俗浮薄武林尤甚雖屋宇華好被服粲然而或家無宿舂之儲且俗尚釋道好善者每竭力以事方外家本無中人之產而樂齋僧建寺以冀冥福外此二者或有饒裕之家則又惜金如命錙銖難割者也夫此正大光明濟人利己之事饒裕慳吝者既不肯爲家無儲蓄與崇尚釋道者又不及爲是則相助爲理必賴于通達世務而好義之人矣合于城市鄉都廣勸樂輸多少悉聽待利至數倍之日仍遵朱子法撥還元本凡有祈福禳災犧牲淫祀壽辰生子優伶筵宴等無益妄費悉當勸省以益社倉此外里中或有鬭毆爭訟事在有司尚可調處者或令其量力捐助具息同官更有罣誤小罪應干吏議者或情愿捐助免其究理仍不暴其過犯之由書以義助美名隨緣鼓舞事可以集也

稽察戸口社正副等公同里書及保甲等逐戸挨查書其居址何地房屋幾間或係己產或典或租年甲幾何男婦幾口

同居幾人作何生業或有高年七十八十以上或有孤寡殘疾之人皆須一一詳列而所抄戸口又須分別四種如衣食充足者書以仁字衣食僅足者書以義字衣食拮据者書以禮字衣食不足者書以智字以爲後日平糶張本内中設有孝子順孫義夫節婦以及安貧樂道賢良方正之士必須訪實以備當事採擇其有不良之輩亦須密密令人委曲開誠化導令其悔過自新更有一種精力强幹遊手失業之人當思收羅撫用或勸習手藝生業而又怵以禍福忠義戒其恃勇露才以取禍患至于土妓流娼窩盜作奸夜聚曉散蹤跡可疑者當曉諭本甲協同地方令之出境以免他累凡此皆以本里之人稽察本里之事自能數計燭照物無遁情則保

印之事卽寓于其中從此力行鄉約擇善講者宣揚解說月一與行于以阜民裕俗何有

各里每保置收銀米小簿二扇公所置收銀米總簿二扇用銀米簿二扇雜記條約告示等項簿二扇（其簿俱用鈐縫印記其一社正掌之其一社副或社直掌之以杜曖昧不明及防水火意外遺失之事）仍置大簿一扇書某某輸助銀若干共收銀若干糴米若干糶米若干仍存若干某某助米若干共收米若干貸出米若干得利米若干雜費米若干仍存米若干逐年條例舊管新收開除實在四柱清數造冊報縣批驗用印仍各領回外再用簡明總數開具一呈存縣立案以杜欺弊里人旣肯同心樂輸每日清晨卽宜拈銀少許另置一處積至月終雖極貧者不患無二分之積矣銀

期足紋隨便零頓交納其收銀者卽用社中人每人分認一保保各一簿逐月逢九收銀給票于每月初八日齊集公所併銀稱估面同登簿本月收銀若干折色若干實收銀若干隨傾十足積貯某所今以小里分計之里中好義者或有三百家家月輸銀二分經年可積七十二兩隨以此銀分寄典舖或殷實之家可朝呼而夕應者薄起利以生息之或竟至冬囤米夏間乘時價糶之如此漸積至十年又併每年生息雖小里可得千金之米況又有樂助者乎故亦不必拘定十里但使每年徵積得本里有米五六百石卽可停止輸助矣

城市積貯最難初年集貲未廣且宜將銀生息惟擇店業茂盛及温厚信義之家多則貸之十金少或一二金周年二分或分半起息但取呼吸立應耳若夫薦紳則不敢勞生息庠友則不能勞生息胥吏則不便勞生息也

鄉都曠野之處或效北地社倉之制葢建倉必須上棟下宇有磚瓦木石之費有透風重簷之設而雨雪薄簷易于沾濡鳥雀緣空易于剝啄食鼠穴墻易于圮壞則又必歲時修葺費且不貲況穀旣入倉陳陳相因則紅腐而不可食出而曬晾之則遞曬遞減因緣爲姦矣社倉狀若圓囷所需惟草木泥芭無磚瓦木石之費日色易透則不煩曬晾無重簷則鳥雀難入四周時有人跡則鼠不爲耗誠便利也

城市多流寓遷徙不常若槩用朱子加息之法倘貸米者一旦遷去則社本化爲烏有矣城中社倉斷宜兼用平糶一法

每歲五六月間先算貯積幾何石里中貧者幾何家通盤打算約可平糶幾何審其戶口量減時價給票赴糴先儘最貧後及次貧　此爲穀貴設也若是冬米糶價一兩至夏米糶價亦止一兩則折耗無償似不必逐戶平糶但照時價總糶之爲推陳致新之計可也若冬米一兩夏米一兩二錢除去折耗亦獲息僅十之一止可積爲荒年平糶與賑濟之用本年亦不能減價糶也

朱子社倉法諸路有願依此置立社倉者州縣量支常平米責于本都出等人戶主執斂散每石收息米二斗收到息米十倍本米之數卽送原米還官却將息米斂散每石只收耗米三升其有富家願出米本者亦從其便息米及數亦與撥

還今議州縣常平空虛勢須里中自輸自積如銀米積至十倍本等之日其城市之人除遷徙別里者未及還外其原居本里者仍總其本銀之數一一扣還至于鄉都之人亦總其本米之數皆一一扣還由此言之每年積之零星十餘年後却能收之整頓在貧者既可抵正務之需而在富者亦足爲高深之助是猶藏之外府耳而又有好義樂助之名亦何憚而不爲耶

朱子法將息米斂散每石只收耗米三升蓋朱子有遇饑蠲息之議初無賑濟之事也今當稍更其法待息米斂散之日每石仍取利一斗另記一冊號曰倉餘一以備荒年賑濟之需一以備常年勸善之用如禮高年恤孤寡立義學拯疾病

禍患之屬是也

社倉雖聽民間措置有司並不干預抑勒但事成之日必須呈明上臺設有侵欺等弊或暗敗公事者許諸人直陳其奸官司立行處分務使懲一而警百以杜亂法之萌可也

小饑固蠲息矣設遇奇荒不妨併免其本待後陸續帶徵徐圖如前措本可也

按以上社倉條議係歸德沈鯉所作後爲杭人張文嘉所增刻本不復分別今併錄之不及辨也

倪元璐賀富倉叙　歲大祲民多死徙公私上下皆以成周委積之義爲當求其當事大夫規宏經遠愀然聚而謀其大者以求儲于官元璐爾存城曲以拘墟之見退而與其鄉之士大夫嘗然謀其小者以求儲于社乃稽古社倉自隋及唐參之伍之要皆有未協者以其資計威敎恐仰朝廷蓋非鄉之自爲功者也鄉之自爲功者古今惟考亭一法然在考亭自爲之則良他人行之或敝繼此眞文忠行之武安亦良其後人踵爲之曰益敝考亭不曰里社不皆可任之人乎所謂可任之人者能人義人愼人信人廉人天下茍不得是數者之人昔之碧血今爲冷風悲哉法之倚人行也元璐之法察鞬省機欲使雖不得數者之人而亦可不害者則有五道焉曰託卑託卑者何也夫託尊于官卽廢興由官官雖賢三年而權盡崇安之法之所以不復者亦以其後舉倉歸官耳今以士人世其事以中壽量之極其身三十年其子若孫親見

其事習其所持各人三十年是則百年嘗在望也百年之法以官守之須三十人以士人守之父子孫三人而已家無繁令而安里有多言而憚此爲雖不得能人亦可不害者一也一曰居約居約者何也千人之聚有田者常數十人若以王藏之法歛責輸升是使數十人共執倉命也此數十人者必有數傷焉必有數蠹焉今約之五人則尊俎揖讓定縱堂皇者五人耳其千人常在堦下其數十人常在壁上謀靜而專志咸則銳此爲雖不得義人亦可不害者二也曰絕累絕累者何也劉晏以假貸非福靑苗直以貸禍卽崇安良法後人敗之拘催不堪咸以咎貸是故以粟貸民求息則粟有再死民亦有再死民頑不蒔歸粟粟小死歲大饑問諸鳩殖粟大

死以法治民頑民小死春散秋斂五六月間價踴求粜不得民大死今就糴徵利以平爲功金粟迭處不離其據此爲雖不得愼人亦可不害者三也曰制欺制欺者何也大嚙者咋斷其舌左手持鏈右指惕血一身不可相信而況于人乎故鳴鼓雖公不救往過要鼎雖薄不形來徵今質入穀出以鍾易石是使受者不私私者不負驢鶩同櫪不見驢亦不見鶩夷跖並纏不患夷亦不患跖蚨飛去來倚枕聽之周鄭交質之謀而有邃古結繩之化此爲雖不得信人亦可不害者四也曰藏富藏富者何也過府而戟指者希不有盜心執炙終日寧當不知其味乎寢處京坻而我無處焉不及十年庸人皆倦矣今以爲其家之肥肆而歸子旬而歸母後乃盡子囷

子凡穀六千石受息千二百石計士田歲入穀五石千二百石則爲腴田二百四十畝是則五家子孫世世之業也富此五家而千家乃不飢食五家于倉而倉乃足千家之食自抱其珠誰得脫者此爲雖不得廉人亦可不害者五也凡此五者皆古所未嘗謀自元璐以意創爲之妄計雖甚淺疎斷可百年而上因著爲說以諗同人今飢民習賑等于驕子更一年不登誅求富者必立盡此云翼富是爲富者策救使不得貧耳至所寓意保甲鄉兵云然者安知是倉不爲武庫耶或疑此法終難行者固也嘗考亭始議社倉時呂東萊規以任所難任恐不成功朱呂且然何況今日雖然請自隗始

翼富倉條例

一每坊村各建義倉一所度可容六千石者或初年物力不敷暫借同會中私囷貯之俟後貲集補建充拓可也

一倉以防盜備火爲要

一會侶以少爲貴五家足矣內有貲計不足集兩爲朋者其出名任事惟只一人意防敗羣此爲切著更少至三家兩家或一人獨任尤妙

一千石五百石各隨其便

一倉分運定二號運倉以供春夏平糴轉輸于秋成之前者也定之爲言停也留之秋成之後以防臨穫忽荒如萬歷戊子大稔將收忽大風落穗遂成奇荒故須八月萬寶告成然後發糶凡新穀入時人爭貴陳米礱淨出

糶較新米可贏息三分少亦一分五釐卽時回糴新穀以一本一利還倉

一每年入穀以蚤穀方旺晚穀將升之時爲度其出糶初年穀少恐太蚤猝遇米貴無以爲救須六月中旬以後幾及秋成之時方可出倉其後倉敷漸增惟權飢口扣留平糴百日之資爲備其餘不妨隨時徵貴糶之他方又初年每五百石量留百石至新穀既升以陳穀發糶亦防意外此因定倉無穀而然其後定倉穀入至五百石以上運倉卽不必更留餘穀遲糶矣或當五六月時大水亢旱荒徵已見卽應悉留停糶以備非常蓋大饑極歉非留經歲之糧不足以濟也

一每年以七月十五日交盤運倉糶出本利銀兩以九月初一日交盤定倉及遲糴陳穀本利銀兩承領者必先輸質物田屋照活賣貨物照典當以十抵六仍集衆公驗由票眞僞產業虛實器物佳惡計穀本利萬全無失就冊開寫明白交下肩收執方准承領其次年下肩領到本利不欠方准發還原質如少欠留質勒補多欠卽以所質物當之此爲經久之計不容不愼且相稽相察

一彼一此不須拘嫌違約者罰

一穀息運倉以二分定倉以一分五釐爲率浮者悉入定倉充修槁丁及抵補等費縮者于所給五家剩息內扣抵如又不足明于冊內開載本年少利若干俟後贏年

補足

一每年交盤之際上首知會定期次及者陳戒牲醴集諸家于關聖及本境土穀啓焚誓文隨具散福小飯公同交割承領

一每年糴穀既集司會具五簋小飯集諸家驗過仍將糴數及價登載冊內至出糶入糴之時俱各知會諸家集議而行不得專擅徑遂違者議罰

一平糶查淸戶口分爲上中下極四等上戶不聽糴中戶六日一糴下極戶三日一糴極戶仍減平糶價什之二每口日五合初年穀少或只三合給票驗發往年凶米價騰時坊分二等次貧平糶極貧給賑今有社倉歲歲平糶則無凶年矣故不分糴賑惟減價示優若有非常又非此論

一坊各管坊本坊平糶所餘發糶他鄉坊者一准時價

一糶價賤與糴等卽免科利亦不分給五家或糶賤于糴虧折原本五家仍斂資補足如數俟贏年補足五家

一定倉穀隨用隨補取之五家分息一年不足則以兩年三年完之務如原數而止

一五家先而收息旣而還本久而徒手得利日久益充此而藏富于社猝遇大饑大賑倉所不足此五家者卽責之傾貲以應其何辭之與有

一穀以極燥入倉自然不耗升合耗卽始入不愼之故司

會自行賠補

一日後穀盈或上官以公事勒借他方以缺糴告通者皆須死爭不應不得則率一方之衆操引誓條婉切陳曉事必當止若畏禍徇情以致虧廢者具如誓言難逃神谷

一每當平糶之時懼有他方起而強糴者預選本坊壯丁自十人漸增至五十人（初年物力未敷只可十八或二十人以後漸充則漸益至五十人而止）署曰護糶鄉丁每一次平糶輪十人防護有事則糾衆遏禦每一次值班十人各給穀六升秋收新穀旣入統給各丁人穀一石（俟秋穀充漸可加厚秋給歲以爲常日給不遇平糶卽除）自初年選定人數姓名年貌登載丁冊永用之不堪則革

遇鈌卽補以寓保甲鄉兵之意云
一助罰等穀皆入定倉
一建倉之費五家各出糴穀之費取之糴本惟修倉及護丁工食司會借發取償公息先扣後分本年或無可扣明年補之倉或間歲或三年一修
一給賑無告雖豐年亦然然且索之十年之外者惟因初年資薄尚難廣損要在仁人豈能等待因時起義隨所用心爾
一置冊八扇共一套　運倉出納冊一扇　定倉出納冊一扇　贏息出納冊一扇　交盤冊一扇　納質冊一扇　雜費冊一扇　助罰穀冊一扇　護丁冊一扇

誓文某年歲次某干支某月某日某干支某坊鄉司社某某等昭告于某神之靈曰循古之制如何得饑常平制公祟安制私私之扶公譬轂輻持爾坊我鄉則各有司積貯大命閭黨連枝同道爲朋主善爲師道存救患善在因時非若青苗貸之督之以濟取利如草春滋乃倉乃箱千斯萬斯菜不著色珠不入炊堯不怒鯀湯不畏魖凡若此者皆神之爲以饗以祀敬歌楚茨冀神有靈明昭孔時水火盜賊屏諸四裔並形彰癉閑邪禁欺或有不率具如誓詞
一侵沒三百石以上承上誓二百石以下五十石以上承中誓五十石以下承下誓變賣所質不失原數許于完日牲神告神懺釋
一欺隱贏息及飾贏爲虧者承中誓
一旣分倉息而遇倉鈌乏應斂資分吝不應者承下誓
一以僞由物誓者承上誓
一官借民借不能力爭以致虧廢者承上誓予受皆然
一切費用妄報浮濫者五十石以上承中誓
上誓奪算祿俱盡　身無可奪則及子孫
中誓奪算一紀　身無可奪則及子孫
下誓奪算三年
蔡懋德修復社倉議　從來救荒無奇要在平時預備如古人常平倉義倉皆可行而朱子社倉之制爲最善近見臺臣申飭天下守令乘時積穀一疏此皆備于未荒老成憂時深慮則凡可推廣德意與軫恤民艱者似不妨權宜變通況良法無獘成規可遵如社倉者乎但法貴簡便行須著實其中事宜僭陳六則于左
一定倉制朱子社倉法初建之崇安開耀鄉請于本府得常平米六百石更間賑貸至冬納還每石量收息米二斗自後隨年斂散歉則蠲其息之半大饑則盡蠲之凡十有四年得息米造倉三間及以元數六百石還府見儲米三千一百石在倉不復收息每石只收耗米三升一鄉四五十里雖遇凶年人不鈌食其有富家願出米作本者亦從其便息米及數亦與撥還此社倉之制朱子請于朝通行天下者也今宜倣其意而消息之卽附鄉約保甲而行每鄉有約每約有倉以

本里之蓄濟本里之飢權豐歲之贏救歉歲之乏緩急相通不出同井子母相生總利吾儕此鄉中人何苦而不樂從哉曩時社倉難舉易廢者以士民一輸穀入倉即爲官物封貯不動有耗無增人安得常樂施廩安得有餘積蓋襲社倉之美名而失社倉之妙用所以間行而不能經久也今一如朱子隨時斂散加息減蠲之法而更因宜變通于其法則法可久行而澤遍郡邑矣

一因倉基建倉工費此時必難即辦既奉憲行鄉約必有約所在寬厰寺觀即于寺觀内擇堅固空房一間或三間量里蕃寡以爲增減杭地梵宇甚多不難設法修改其他預備常平之剩厫空閑公署之餘屋亦可隨宜酌用總求因便以省營造之費

一裕倉本昔朱子請府米六百石爲本今議每鄉置倉難盡請給于官矣欲勸民間義助恐杭地鮮蓄兵火加派之餘未必樂輸響應今奉明旨四積之法中可斟酌推行如納粟援例事關達部而本鄉絶產爲奸里影估者可清出即充本社穀本也金作贖刑部文除大辟外照例准贖所括甚廣然恐開富室便門而罪外批加刑責及例重情輕者可量納穀本社從輕宥免也時雖詘而尚義有人即于講約中委曲勸諭賢士大夫留心桑土身先爲倡并如朱子法息米足時撥還原本其樂善義士必有風行雲輳者而又通以憲頒約保旌善懲惡之意如一約中人戶富而好義者量力輸穀若干石與孝子悌弟輩一體載紀善簿其犯罪應記懲釘扁而知悔改者願輸穀若干石姑免載懲惡簿再犯不悛然後載簿釘扁其門總在本鄉中隨方設法鼓舞流通而倉本不患爲無米之炊矣

一推倉長社倉既附約所即用選舉有家有行約正約副司之夏散冬收聽在本約通融權貸仍量議看守折耗之費縣正官印簿二扇一存縣一存倉止報出入時日數目以憑不時清查官府不必另委查盤滋擾

一發倉儲凡倉穀賑貸無法則奸猾估賴强梁擠奪而貧弱仍無實惠須編保甲時立法精詳如一甲十戶預先分別上中下最下戶等次開列在簿與給掛牌符合每于青黃不接時出貸至冬收納量加息耗一如朱子法其間權歲有大荒小歉計戶有極貧次貧而減免議差及節婦孤寒火災病患情尤可矜者亦可公議減免如有頑戶年豐力充故意拖頑者稟官追穀仍不許再貸總以裒富益貧酌盈濟歉政不必避加息之名要足備一鄉之緩急而已

一釐倉蠹凡約正約副兇倉務要斂散公平登報清覈爲里中服從三年官給扁獎賞并給免雜差以示勸厲如不稱者許講約時里衆公稟選换甚有武斷生事欺侵倉穀者按法治罪

右社倉法附約保而行雖有限蓄儲未能供無窮食指而鄉有倉倉有積貯遇災警少覺有備亦足安輯人情即平時同里相周不失敦讓風俗是在因宜而力行之將古人不專美于前而疲黎庶幾有起色乎

蔡懋德邅積備荒議

一實在官廩往時收貯積穀多係倉吏圖便折乾移挪營運
凡遇查盤歲覈或以折價貯庫秋成補糴爲辭或因追限督
催强糴不堪充數年年減耗有損無增以致倉廩日虛有司
留心者非不嚴飭而積習一時未掃令後凡追應納倉穀務
要即糴本色上倉如果青黃不接或仍作銀初冬實糴或即
照穀計算納米以杜奸胥折乾侵獘其米穀亦須設法出陳
易新每歲夏季給借冬初收納不得數年久貯致滋浥爛耗
減庶倉廩非空名而備賑有實益矣給借倉穀市民舂杵不
便合聽鄉里願領十人同具一券收時量加息穀以補耗減
一勸民間自積杭不逢米又俗尚趨末家鮮蓋藏貧民無力
可積雜作諸色力能隨時趨食而不事積富厚之家多開典

租房收絲蓄貨以取利而不肯積一遇饑饉束手無策甚有
愚民游棍家無儋石外競奢華年豐視粟如土交易定擲銀
錢曾不思荒歉之日鄰封遏糴始而價湧繼且持錢擠候無
處可糴嗷嗷待哺圖救燃眉雖有奇策無如何矣今後合無
通行曉諭保甲牌上懇切申明此意除貧窘小民不計外稍
足之家毋論搢紳士民在城在鄉常思此際之艱各乘秋成
時候隨力糴積其富戶積至千石保甲公舉覈實報官官爲
勸獎即遇凶荒發糶仍照時價官司勿與定價奸民不得强
糴其平時一應民間貿易許令銀米均用使民間自爲積貯
之圖而隨予以疏通之法官不擾而民樂勸有益無損之術
也更有一法民間積米百石以上者許令報官驗實府縣給

與樂積良民印票獎勵遇有詞訟當杖責者執票量爲輕重
豁免註銷似亦不費之惠
一鼓典鋪樂積使典鋪積米而責令官糴勉應一時勢難久
遵欲使人人樂積莫若亦許其時價發糶爲便非爲典鋪省
數金之貲也蓋官價之名甚美第行之目前徒添奸棍擠搶
之擾而訛傳遠方復阻米商趨赴之期況典鋪算析錙銖惟
知營利積米既奉官法發米不虧私本又何憚而不多積乎
更有一法許令民間以物質米以銀取質悉照時價銀米通
融蓋窮民質銀仍多糴米過活或全要米或半用銀一聽民
便如此則所積之米陸續散出民受接濟之惠而積米之貲
還得花息商獲儲峙之利而官府曾無益此厲彼之令但積

糴之時務要領批往遠處産米地方販歸實數著同保正具
呈甘結以虛數妄報者罪以貪便近揭者罪法在必行彼保
身家自知遵守不必另托衙官查覈以滋騷擾如是而典鋪
仍藐玩不遵者即繩以三尺亦復何辭況彼自鼓舞樂赴也
一通行商遠米所云通者欲其舟車飛挽如水流而不止也
昔盧坦爲宣歙觀察使歲饑或有請抑穀價者坦曰宣歙
少仰藉四方若價賤則商船不來益貴矣因每石量加十許
錢四方聞之爭相輻輳價遂日減此通商之利也商賈徵貴
徵賤趨利如騖別無招之之法惟不抑市價無損其利則不
招自集矣又有一獘每緣奸牙猾鋪空手斛其米貨負價任
意遷延是以外商束手躭悞望風畏縮阻于中道隨地發賣

米船鮮至米價不得其平也令後務宜公舉誠實有身家者一人爲牙首許其稽察各牙不係無本之人方許開行接商凡商船一空卽行交足米價令其卽行不致久滯如有侵用久拖者許本商呈官定爲追給又請憲臺備行各經由關榷凡糧食重載悉蠲其稅查驗明白船到卽發毋久措留或有米商夾帶別貨希圖漏稅者三尺自在不得慮噎而廢食也又通行曉諭凡屬米船另行優恤決無裝兵雜運之差勒石各處要津以埀永久如此則外商聞風四集雖欲遏之而不可得米貨逬輳米價自平矣

一儆鄰封弛禁遏糴之令列國時已知不善況今率土王民乃忍秦越視乎彼固曰吾以自保其民耳不知遏令一下奸

胥偷行徒飽巡役之壑奸民鼓衆挾制囷積之家致局鑰善藏本地之米不出截留强糴行商之米不通飢民嗷嗷羣情洶洶如今歲蘇常諸郡邑產米自富一經嚴禁而米價反高打搶屢屢見告遏糴不特病鄰而還以自病此明鑒也至于杭郡上仰食于紹金新秈下俯給于嘉湖晚粳而蘇常以迨湖廣實爲四時不匱之源吳中遏糴甚且截留楚米是米源已涸武林處坐槁之勢安得不驟然騰沸日增三價乎今議合于平時先請三臺嚴飭所轄守令不許禁阻并移檄湖廣應天撫按轉諭各屬盡弛遏禁糧食時時疏通商民兩聽其便庶無米之地自受疏通之利矣

一勸棧房接濟夫塘棲四面水鄉各省直米豆與諸貨物輻輳縉紳及富厚之家皆于此置造棧房或自積營利或召貯取租其來久矣大抵米粟出產有限積囤無窮秋成穀賤則收夾夏絲齊則發換易之利積計每至數倍合無因其棧房之便積囤之利勸令隨力加積據實報數在縣或置一簿聽各棧戶認填餘積米若干石除五月間換絲發變外務照原認米數于青黃時候督令湖墅發糴接濟省下饑荒仍照時價不虧原本彼則總之取利我則借以濟荒又或官有解銀卽令塘栖積米之家領批附糴其人起家斗斛糠粃之間計算必精駕輕就熟其從必勇而又得借官批庇其私米所利亦不少舳艫銜尾因公及私此誠兩便也

一通常平遺法以廣儲蓄昔朱紫陽以常平倉米六百石計

歲盈歉貸民行之數年以原數六百石還府所羨至三千餘石夫貸則有給借之煩有拖欠追呼之患今苐卽借令歲所發三千金及查解庫餘金爲本每歲于產米價賤時委廉幹丞簿收積至來歲照時價糶之必有微息逐歲漸增以備荒歉或嫌官與民市而必欲減價以糶不知減價之名徒致鬨爭孰若稍收微息多儲新米米多則價自減糶平則人不爭爲更便乎蓋地不產米惟官設法使米有餘不在減省錙銖見德也但令公解告乏此銀或難久懸更在當事者設處移借耳

一復社義倉以敦風俗昔隋長孫平令民間每秋家出粟麥一石以下貧富爲差儲之當社以備凶年其意甚善顧今富

民耗于侈靡貧民瘦于征求自贍不給誰復肯出一粒以備荒者然亦未有以作興之耳杭俗崇釋每建宇修刹禮僧放生爭捐鏹金立成勝果如鄉約講畢申諭之曰爾輩同里同甲生斯育斯出入相友守望相助何等情誼倘遇荒警目擊餓莩寧忍秦越相視夫建宇修刹何如每里修厫積粟禮僧放生何如同里賑助煢乏其每里推賢士夫爲倡或有司稍捐羨贖以興起之令各當戶隨力捐貲修建社倉漸次積貯仍于里中擇一家殷行篤者爲主置一簿聞于有司而平時出入則聽民間通融權貸出陳易新如遇凶荒或煮粥或賑米總之還周一里之急此際所救飢民必寘所活生命必衆即是目前眞實功德其視捐金布施徼福冥冥奚啻萬倍哉

蓋即借彼習尚施吾轉移不特備濟凶荒亦可敦厚風俗矣

湯來賀勸設義倉序　昔紫陽夫子特舉社倉西山先生設爲義廩皆以萬物一體之心居安而慮危先事而夙防也丙子吾鄉歲歉吾家與姻友皆施米家大人曰小惠勿徧何如夙設義倉之爲愈也賀心誌斯訓久矣邇來數遇水旱舊歲稍愈亦非大有年也然而穀值愈廉者何哉人懲丁亥之饑耕者竭力而戶多陳積也且家窘戶乏購物無貲而皆以穀爲市也戶多陳積故擔薪可易斗米小民不見有飢似可苟安于目前矣然以穀市物則可貯日少非如丁亥已前之廣積也家窘戶乏則無可稱貸非如丁亥之荒猶有族黨親鄰可以相救援也假令一旦有荒則載道飢民望屋而食雖或

自擁倉箱豈得而獨享哉今春吾邑大姓倉庾悉空矣春夏之交穀值雖廉而時聞飢殍幸秋霖優渥差可補救而食猶未足也茲遵家大人夙訓徧懇有仁心者互相鼓勵各設義倉以防饑饉在城居者或設倉于祠堂以賙宗族或設倉于近境以濟鄰人在鄉居者或各堡創設之或一都合力爲之每歲秋成各出穀輸倉或十餘石或數石或數斗隨其心量其力委曲勸勉而不強人以所難雖所積無多而荒年得此猶愈于未設也每歲初夏必出陳易新則無積久成塵之患矣擇本地與宗族之誠恪者司其散斂每歲輪流則可無侵用之弊矣小荒則減價以利農大荒則散于衆而酌給之先給孝子順孫義夫節婦之窘乏者次則老羸之無告者次則良農之缺食者惟不孝不友敗常亂俗事確名著及游食不事生業之人咸勿給焉此倉一舉可以免溝壑可以杜爭奪可以睦鄉鄰可以維風化利莫大焉由此推之則凡慶壽者求嗣者禱病者何不出穀以酬所願則轉無益爲有用化虛文爲實利不亦善乎王文成曰爲善之人非特宗族親戚悅之鄉黨鄰里敬之雖鬼神亦陰相之夫所謂爲善孰有大于賑人之饑救人之命哉今慶壽者若能以濟人爲稱觴之祝則自求多福知必壽考且寧也求嗣者若能以救荒爲續後之謀則天監在下知必子孫千億也禱病者若能以賙人之饑爲悔過遷善之圖則神聽和平知必勿藥有喜也移請客數宵之費節巫一夕之貲于以救數命不充然有餘哉昔楊

句每過荒年輒貴糴賤糶以賑貧民其子楊椿遂大魁天下陳天福平糶濟人而子孫咸登顯要遂爲湘湖世家昔人有云

子嘗館于當湖陸氏見其堂中一軸文乃先世兩代出粟賑饑而人贈之者文中歷叙古先濟饑之人子孫皆膺高位謂陸氏他日必有顯者今日東瀛公而下三代皆爲九卿其言若左券矣來賀讀家譜先祖民悅公月軒公父子賑饑不遺餘力而讓能今子孫數世亦著文名矣夫楊陳諸君子豈有心于求福哉然不求福而福自至亦足徵爲善之顯報矣吾鄉親友當思六月大旱情形則不忍不爲之預備況師紫陽西山成以萬物一體爲心則不因無報而不爲惻然亦豈因

有報而始爲躍然也哉

一每歲將秋成即委曲相勸稍有衣食者各出穀輸倉隨心量力不得相强以致嫌隙

一本村有孝子順孫義夫節婦聞其真確者若屬家貧每歲將穀送與其人每家各幾石秋成免完若小荒各奉穀若干大荒各奉穀若干就所積之多少爲所饋之厚薄急宜行此以見勵俗維風至意

一地方或有不孝不悌著名者及犯倫傷化逐出祠外者及游手好閑不事生理者縱貧亦不得給借縱荒亦不得賑濟必須嚴拒以端風化以警遊惰

一穀入必乾且有鼠耗每十石必算折數四斗以免賠累

一凡生日或子爲父母慶壽或孫爲祖父母慶壽其尊人好靜不喜飲酒請客則爲子孫者隨力隨意入穀義倉以祈神祝壽此實福也親朋送禮而主人不肯受者亦不妨隨分入穀代爲祈福古人有放鵲縱魚以祝永年者況活人之命乎竊見鄉間糶穀以買禮儀何不即以穀送較殺儀侈費者錢省力所益更多

一凡求嗣許願者即于福神前拜禱倘得生子即入穀若干于義倉留爲賑濟以謝神祐及生子後即以湯餅之費糴穀入倉或請客情不可缺即減其酒肉之半以助義倉于是神前焚一疏文以酬願信可也即親朋以穀當賀儀亦有裨于實用

一凡有病祈禱者即于神前發願拜許病痊之後入穀若干于義倉留爲賑濟以謝神祐及病愈身安即于神前焚疏入穀以酬願信只隨心量力不拘多少此實實功德較之建醮演戲功德不啻十倍

一義倉每年拈鬮輪管算清量過上手傳下手接管必須素行忠信又稍有身家之人方許承管若家力甚貧縱有忠信者恐其急時挪散不得狥情與之輪管度無侵用而事可久行

沈蘭先社倉議　每里各設鄉約取私刱寺院改造里中推年高有德誼者一二人主之或老鄉貢耆儒老諸生皆可月朔則召民講諭讀法敎子弟以孝弟廉讓即于其後爲倉房

高其墻垣每遇收穫時聽有田者各捐米一石以上至于十石封貯之多寡從人不以相強此不過省數日宴會之資無益之費即可救異日數人之命近多見士紳廣施僧尼蓋造傍殿不若貯倉粟爲救荒備功甚大也里中貧富高下戶戶幾人作何生業立爲冊籍以時稽察其子弟馴良及無賴者皆如燭照有不肖者訓飭之召其父兄俾董正之必不能教者署爲兵亦可弭盜戶有籍則奸宄無所容又即寓保甲之意遇凶年則按籍而稽其極貧戶若干次貧戶若干在本里所熟悉其稍有體者月支米若干下戶貧不堪者人給米日一升按明三日總發男子一人領之不須扶老挈幼而至如此亦可省挨擠之苦凡社倉每里一鄉約則一社倉倉粟賑

其本里之人或本里貧而積少旁里積多遇凶年則以富里所積分賑之務期公同協于義毋私所有鄉村慮盜刼則大戶家撥一人守之許備木棍鋼扠之類人多吝于私財不肯捐積不知當荒亂時盜賊蠭起刼而去之則私財亦非其有然則社倉正以保富非獨安貧也其有豪富慳吝不樂爲義者里中共糾之罰令出粟倍于常格每鄉約立約正一人或二人副二人倉穀出入悉聽正副冊籍用約正鈐記此法徧行當無流民即有流移以官府之常平賑之天下無飢莩矣但恐今日不能遽行此事別爲酌法如左

欲立社倉必先立鄉約講明德義人皆樂輸又爲法簡便易行如鄉約未能立仍須勸置大凡勉強之事一時即或奉行久之終歸廢壞社倉之舉願入者書其名不願從者聽倘官設印簿使里遞沿門勒書則與科斂民財等不可行也今先就數里樂行者任募于一里之內設爲一倉或兼數里之衆統立一社收者散者持籌者糴糶者各俾自便官不與焉鄉間願入社者行每畝出米二升之法城市無田有業願入社者則可行每月出銀二分之法其好義自肯多出數十百倍者任之尤多者里人言于官官爲給獎賞謂民間醵錢飲分嬉戲多無益之費不少惟茲社倉纔減百分之一以輸之當社設遇凶荒即以備本里賑濟而起人溝壑之中不過出平日升斗中一粒耳且仍以本里之米應本里之需積之數十年之久俾吾父老子弟永無凍餒流離其爲利賴無窮矣社

倉之法人不樂行者有故總在收貯于官設遇饑饉以完民猶費上納之苦況當賑濟小民未必于實沾其惠即如文公遺法始行甚美其後行之不終額定報數無異正供之徵收歸官督催頓失大賢初意以至徵募之先人不樂有大戶之名恐將來本里有事得指名妄報雖有仁心廢然自沮積蓄之後又恐官府那借將農夫手足胼胝民間錙銖積累一朝烏有則遵行之念又息若能斟酌可否因事制宜使通行之于今日無貽害于將來則大善矣

朱子社倉初行時貸常平米六百石今使倉本仍貸於官恐日後操縱亦聽於官而流爲民害總之行於官府者則爲常平不必下涉於民行之民間者則爲社倉不必上經於官宜

聽民間自爲積散所煩憲禁具題者凡力行社倉處永不科派大戸決不官吏監督決不經由查盤而又官司不得借貸支動經過軍馬不得强行占取吏或奸蠹蠹惑有司擾民㕘社者定以某法某例則積之艱難者不至磬奪于一旦民志旣定自不視爲上官苦我之事而各爲桑梓身家計矣有田者當極荒之歲亦多艱于舉粒設使平時舉所有以入社倉荒年但以散之他人而已則坐視無有未有不嘆社倉之法厲已矣今更酌爲通融之法平時所納幾何具有册籍設遇奇荒之歲中等之家仰貸無資者照數撥完社倉原積至豐年如常量行入粟永守社倉良法旣經此一凶荒一周接人家親受其益有不樂行者乎無有也其不願領歸原積者聽

存貯本社以濟本里極貧之民及惠孤恤寡之用此社倉一法猶之民間結會積錢或三五十文或千百文貯之一所及歲終始出而瓜分之亦各如所輸數完歸之則出之最少而力且易爲得之頗多而更適于用頌言其利而無害自然鼓舞樂行也每見豐穰之時人家得米多便不珍惜或以飼鵞鶩或飽食而棄其餘暴殄者必有天殛何如積之倉者爲有益乎

社倉之行全賴得人爲理但里社不能皆有可任之人喜事者未必堪充而堪充者未必喜事若使經官開報遂爲官身每有守候謁見之勞而無復優待之禮有品望者自不樂爲此必同里自相推舉始爲無獘賢鄉紳主之於前素行忠厚老成廉潔者佐之於後并心同力謹其出納以杜奸欺則社倉可行矣

社倉既立其有仁孝節烈孤寡無依者里中時行周給不待凶年

後數條卽前一條意也稍異者鄉約之立不立及每里一倉法耳然鄉約之行易於社倉必舉鄉約其美始全鄉約舉則每里社倉亦舉矣通前後法酌而行之庶有益乎

荒政叢書卷十下終

荒政叢書附錄卷上

墨海金壺

湖廣布政司參議俞森撰

鄖襄賑濟事宜

示諭飢民

爲曉諭飢民事照得汝等飢民因本籍災荒遠來襄境自夏迄今日見其多昨閱各州縣造送清冊比夏間多至十數倍而又有日日續到未及上冊之人本道不勝慘然總由此處不忍驅逐以致來者日多念夏秋之時田禾在野農工正興汝輩傭工覓食資生頗易及至今日田禾收了農功完了無工可傭有食難覓奈何奈何且襄陽地方田地荒多熟少米穀出產有限每年只勾本地吃用今年雖然有收但添了汝

等往來居住每日約萬餘人口糧又兼河南陝西地方米貴販戶多來收買襄陽總不禁止以致去者愈多市價日貴夏秋之際每石只賣三錢如今貴至六錢七錢若使飢民來者不止販戶買者頻來不但汝等沒飯吃連襄陽人也沒飯吃了奈何奈何汝等在本籍受飢餓愁死亡是你本籍官府的事今在襄陽是襄陽官府的責任如今意欲賑濟官府並無此等無碍米穀意欲勸賑襄陽地方沒有富戶除非指望官府奈官府之俸俱係除荒我本道每年止得俸銀三十餘兩其餘官府可知又無俸可捐矣本道爲汝等再四躊躇日不安坐夜不安眠細細思量要在無可賑濟之中再商救濟之法只有借動常平倉糧一法但此倉糧不但本道不能作主連督撫大老爺也不便擅發一有動用部議必不肯依處分立至賠累不免今本道盡力救濟汝等懇懇切切詳請兩院咨部題本畢竟要那動賑濟以活汝等此係本道一片切實心腸汝等須要仰體安心靜守將就度日即便一時不能接濟一頓分作兩頓吃一日分作兩日用等得批允下來便是汝等造化也完本道一片苦心本道又聞府城之外一二十里地方天色昏黑孤客獨行多遭悶棍雖未必確係飢民所爲但從前無此等事今忽有之又焉得不疑及汝等汝等千萬謹飭毋作非爲要緊要緊本道昨又看見報上

皇上已發二十餘萬帑銀向陝西賑濟大人小人計口散米又且捐免錢糧汝等若不離家此時正好安穩過日何消本

道爲汝等焦勞今汝等已來在此處也無可奈何但該傳語同鄉人等願在此者安心耐守如願回鄉者趁此早回其行走在途者勸他回去未曾出境者寄信阻他不來又且襄陽地面居住太多米貴人窮彼此受累又須散處各境方可資生總之做官的人未有不愛百姓的見汝等這般光景未有不動心的只是事體煩難勞心喫力汝等未必得知故示須至示者

詳請賑濟流民

爲飢民之流來日多窮黎之凍餒堪憐謹陳憲鑒亟施拯救事據襄陽府呈詳到道據此本道查看得襄陽一郡北連豫省西通秦晉誠南北之要衝也今年秦晉災荒淫民轉徙盡

到襄陽而豫省之來者亦有其人夏間始來入秋而盛至冬
而多其所以盛且多者緣他處皆嚴于驅逐而襄陽聽其居
處加以安插所以聞聲而來盛且多也本道自流民初來之
始以及于今時時飭令有司撫恤稽察挨查造冊除冊報憲
臺者約萬餘人追冊後續來者又萬餘人至若每日稽察則
有暫住數日另投他所者有暫過止宿明早卽行者以是而
計則每日不下數百人矣本道細思此等流民雖非襄陽之
赤子要屬
朝廷之赤子原籍無以爲生故投之他所今至他所而仍無
以生之則惟有轉死溝壑而已矣轉死溝壑而在本籍本籍
官吏之罪也在他所則他所官吏之罪也爲

朝廷之官不恤
朝廷之赤子可乎但夏秋之時飢民之來猶少也襄陽之米
價猶賤也且農務方殷需人力作傭工覓食猶可分給也則
其安頓也猶易今則來者日衆矣市上之米各省搬運義切
救鄰全無遏糴出產有限米穀漸空而米價倍增矣農功已
畢歲晚務閒傭工覓食之路又絶矣如此而安頓之則難將
欲開倉乎無無碍之米穀也將欲捐賑乎襄陽土瘠居鮮富
民官於此者俸悉除荒以本道而計每年止有俸三十兩而
府縣各官可知矣此卽盡捐之何足以當流民數日之饘粥
耶再四思維唯有兩府屬重農積粟等事米穀三千一百三
十石零及積貯天下本計等事案內米穀十萬五百石零積

貯在倉可以動給但山僻遠水窮苦地方不便動支外惟襄
陽府襄陽棗陽宜城光化穀城均州并襄陽衞八處重農積
粟案內共穀一千七百八十石零九斗四升積貯天下本計
案內共米一千三百六十石穀七萬八千一百八十石可以
就近動支然思此案之米穀固爲本地賑濟之需者也現奉
憲文稽查有無虧折浥爛又奉部文有加謹收貯之行者也
本道一思之以爲可動矣轉思之而覺其不可也再思之又
以爲可動矣輾轉思之而愈覺其不可也正在躊躇而飢民
之號呼於各州縣者纍纍矣縣詳府府詳道而所可議者亦
惟此兩案之倉穀矣夫人情當危迫之際瀕死之餘見有立
于其前者雖甚不關切之人莫不號呼而望救而況於官乎

此飢民之所以哀控也不哀控則死亡矣凡人之見其危迫
瀕死而求救者雖不關切亦莫不痛心疾首而思救之而況
于官乎此各州縣之所以申詳也不申詳則唯有視其死亡
矣方今
皇上仁過堯舜匹夫匹婦無不欲其安全得所憲臺如傷念
切訪民疾苦而噢咻之乃使有流民數萬濱于死亡諒非盛
世之所忍也縣已詳府府已詳道而以其事之難行不爲轉
請則是萬餘流民之濱于死亡非州縣之罪非府之罪而本
道之咎也且本道細爲籌畫合應遵照陝西賑濟新例每大
口米三合若賑穀應給六合凡流民萬人每日應給穀六合
每萬人每日需穀六十石十日六百石一月一千八百石計

自歲內賑發至明年三月盡農功既興民可傭工可覓食而
止約費穀七千二百石耳即多至四萬人亦不過二萬八千
八百石以穀二萬八千八百石救流民四萬人頌
皇仁而仰憲德豈淺鮮哉今若惜此穀石則此輩流民必至
死亡是國家失民四萬人矣況此四萬人之中有狡獪者有
剽悍者不安于死亡小之劫奪大之嘯聚是又豈止失四萬
餘人哉故自其後觀之則費此二萬八千八百石者乃所以
爲
朝廷愛惜錢糧萬萬保護生民萬萬而自今日觀之則唯見
其費此二萬八千八百石干部議罹處分而已矣革職追賠
而已矣伏惟憲台念生民之危苦審

國家之大計爲先事之圖不貽後日之患於本道詳到迅賜
批行迅賜咨題准其動給倉貯穀石以贍飢民則飢民幸甚
地方幸甚國計幸甚倘處部議以此案穀石既動本地饑荒
反無以備則又請憲臺咨明支動之後准于楚北各州縣量
其積穀之多路通舟楫者分撥幾處穀石以補之官爲捐備
水脚以運之總屬
朝廷穀石裒多益寡總爲生民何分彼此若必謂不可通融
或請於襄陽暫開外省生俊援納之例不及百人即可補額
是雖動二萬八千八百石仍如未動也此亦何憚而不爲哉
本道目擊情形不能緘默故敢冒昧倘憲臺親臨此地聞此
呼號其疾首蹙額中夜傍徨者又不知若何矣今本道既經

繕詳之後恐憲批不能緩待擬即一面開倉宣揚
聖天子仁恩憲臺德意照人數給發以慰衆望其或有應奏
曲周詳審慎立法以期惠澤必周者又望憲臺立刻賜示古
人云救焚拯溺情實似之耳事關請賑飢民言長句冗除應
行事宜尚在細酌再報外合先備叙未敢擅便伏候憲裁

再詳賑濟流民

爲急廣
皇恩以救垂死避荒飢民事竊惟堯九年水湯七年旱自古
聖王之世水旱之災亦時有之今逢
堯湯之主在上綏邦屢豐遐方異域
皇仁所被無遠弗屆凡有水旱小災外吏每每未及奏聞水

旱之形未見
皇上無不先事豫圖屢免直省錢糧發帑發粟幾無虛日
欽差賑濟不絕於路上有
堯舜之主則百姓盡皆堯舜之民一夫不獲其所時勤
聖主之憂爲臣子者敢不曲體
宸衷恪盡厥職今年山陝河北饑饉又楚省鄖襄兩郡夏秋
之間旱蝗已成本道督率屬員修葺塘堰虔誠祈禱幸時雨
忽降枯苗立生飛蝗蔽天立即盡斃變荒爲豐年稱大有米
麥頗賤以致山陝之民聞風而來者日多一日竊念鄖襄爲
湖南北之上游實陝蜀豫之門戶萬山險峻地瘠民貧兵燹
之餘人稀土廣豐年僅可餬口凶歲難保流離本道身膺兩

郡重寄日夕憂懼手輯農政荒政二書嚴檄兩郡州縣大講水利招徠開墾務使水旱有備可免小祲而外來就食飢民

一安插力能墾荒者擇地任種貧不能存立者勸士著之民令其收養皆具保結存案以便稽查其願往他所依傍親識者量給錢米聽其自便但地方既窮官民又窮來者無盡救濟有限普天之不盡屬

朝廷赤子何敢作秦越之視糧食一任陝豫糴買不忍禁遏除兩屬薄收僅可自給此外惟襄棗宜三邑有收而為數無幾鄰省駝運車盤晝夜不絕糧價踴貴今已五倍襄民自食將盡既無以應外省之販買尚安有餘粒以濟寄食數萬之流民耶本道計無他出惟有不顧一已之身命仰體

皇上軫恤赤子之德意將現儲倉穀暫行給散救垂死之流民全本土之黎庶靜聽處分實亦無悔謹具未議開列於後

一現在安插之流民急宜救濟也除暫居今去者二萬餘口不計外并續到未曾冊報者不便懸擬其現在入冊者約萬口本道照陝西賑濟新例大口米三合每口先給一月除小口不算外計穀一斗八升約應共給一千八百石

一續到之流民急宜安全也外省流移不便安插城內止宜散之村鎮民居草屋實無閒房可以強令收留借住況現在安插於僧舍者俱已盈滿驅逐不可收養無地露處豈是長策棚屋無力捐葢惟有按日計程約略賑穀令其他往

一安插流民宜審地勢也鄖襄兩屬惟襄陽光化棗陽宜城四邑可以安插其餘山邑險隘不便安插并宜嚴禁防守不許流民入山

一安插流民宜散不宜聚也本道所轄地方止襄光宜棗四邑稍可安插其餘別府屬必求憲臺裁示某府某州某縣可以安插若干本道擬于均光境上出示曉諭委員稽查給票赴襄驗明人數濟以口糧應安插某州某縣者換票令其前往到彼安插一面具單報憲一面具單申道倘中途或有疾病死亡所在給棺掩埋標記如此施行則流民無失所之虞雖有奸宄逃盜亦無潛蹤之所賑過人數亦無所容其浮冒矣

一單式宜詳且明也某官為查驗事本年某月某日查有某

省某府某州某縣某里人某某年若干歲父某母某氏兄某弟某妻某氏子某女某各若干歲共幾人於本年某月某日由陸路自某處來歷某府州縣到此驗明合行給票前往某處查驗換給刻板印填最為簡便

一沿途大路於往來必經之處該州縣委一勤員查驗給票隨到隨行不得稽阻

一隨地分插不過一時權宜之策殊非經久善全之道陝西避荒之民惟臨潼為最甚本道逐細詳詢有一生員惠古慟哭陳情云本地顆粒無收旱荒已極不止一次

皇上發帑賑濟官府率皆撥籍給散某戶納一丁錢糧者止賑一丁而已若給銀五錢止好買糧食一斗生員一妻四子

共計六口一斗之糧四日便了此外何以支吾富者有銀無處買糧貧者無以存立十分之中已逃七分田地抛荒家業盡棄本道聞之深爲駭嘆徧問多人如出一口眞僞或不可盡信但恐逃亡既多耕種人少耕種既少安得豐收無收何以有年無年則逃亡者何時還歸故土故土既未可歸異鄉豈可久處本道剴切呈詳卽求憲恩入告

皇上大沛恩膏開倉發粟然賑濟不過數月數月之後何以接濟必須故土盡招來之術使逃亡可以速歸長途有餬口之糧庶不至父子離散

一飢民之來每日動計數百少亦不下數十驅逐安插惟有兩策若任其自然聽其所之此掩耳盜鈴之說奸吏舞文欺

飾憲聽耳夫流民飢無食寒無衣散入山谷則所憂甚大伏匿荒僻則行旅維艱小則鼠竊大則夥盜勢所必然故勤幹通達之吏熟悉地形事勢計深慮遠安插不能容留不可乃不得已而從事於驅逐使出他境則本州縣無他虞矣其塌茸聾聵者土木形骸痛癢不關不行驅逐自謂安靜實亦無毀無譽第恐相率效尤禍機隱伏本道所轄兩屬共計十三州縣率皆深山邃谷勢既不可任其所之法尤不容使之驅逐第無米之炊如何措手今安插已多無地可容矣鄰封競糶流民充塞穀日貴糧日少矣貴者日貴少者日少無奈來者多不肯他去號啼遍野慘不忍聞此皆

朝廷赤子何忍坐視其死而不救乎惟是冒罪發倉粟以賑濟爲數無多無以爲繼且賑濟一開留者久留去者不去來者益來不可窮極是救一時之餓殍實釀無盡之禍胎斷須剴切入告動計萬全速令各歸鄉井官民兩便

一飢民之逃亡宜重懲有司也無雨則旱久雨則澇事須豫籌有備無患百姓逃亡守令之罪也流亡之民隔省遠徙非工於驅逐卽視等越秦嗣後將荒不能預籌已荒百姓流亡者流亡之民鄰近地方不卽分任安插使之越州過府者痛加處分盡心安插者優其陞擢則賢者益鼓舞而不肖者亦知儆惕百姓實受其福矣

一本郡捐納之例斷不可泥也地有遠近肥瘠民有多寡富貧豈可一槩定例肥邑則民富本地捐納有司捐勒索使費

拜門生有禮送旗送匾有禮煩費浮于穀價弊一地瘠則民貧民貧則餬口不充誰來捐納卽以鄖陽一府而論捐納者寥寥無幾按冊而稽率皆外省外省既停捐者絕響此地瘠民貧之明驗也弊二天下州縣若鄖陽恐復不少此必須仍開外省捐納之例庶幾倉穀廣儲倘遇荒歲賑濟有資伏乞裁奪

一飢民之妻子宜嚴禁沿途販賣也流民救死不暇賣妻鬻子愚人以爲兩全之道不知骨肉分散慘動天地富貴之人利其賤值而買之奸徒賤貨而貴售嗟乎傷哉爲民父母離者尚欲使之合散者尚欲使之聚今每日車載騾馱不知凡幾幼穉子女動輒數十此皆

堯舜之民也宜題明嚴禁痛加處分
一計流民每口給穀六合一人先給一月計穀一斗八升百人用穀一十八石千人一百八十石萬人一千八百石呈詳
批發便須一月具題候
旨便須兩月必須豫籌三月之穀方可苟延殘喘但流民急宜分插立望批示
以上數條皆因目擊流移之慘效其一得但知識淺短思慮未周未必足供採擇相應備敘恭候憲裁

三詳賑濟流民

爲移明疏通糧路以救災黎事本年十二月十二日奉總督巡撫部院憲牌准川陝總督部院葛 咨開陝西省地方今

歲荒歉秋禾失望明歲麥苗枯槁將盡煢煢百姓全賴隣省接壤州縣往來糴販以有易無在秦中飢民可借以資生楚豫居民以此獲利實屬兩有裨益近聞楚省隣秦州縣不許秦民糴販以致秦民資生無策相應咨請轉飭所屬鄰近陝省州縣各官如遇秦民來彼糴買糧石令其照常行走公平交易不許盤禁阻撓使陝省災民得免飢餓之虞等因准此爲照各省百姓均係
朝廷赤子凡値歲時荒歉自應聽隣省災民往來糶糴以濟時艱無容姦民遏糴藉端阻撓今准前因合行出示曉諭示仰督屬軍民人等知悉嗣後如遇秦民來楚糴買米穀聽其照常往來公平交易不許生端盤禁及高擡時價刁掯阻撓敢有故違許被掯之人赴該管地方官陳稟查拿解究以憑重處各宜凜遵毋違等因除出示曉諭外合并嚴飭爲此牌仰該道官吏照牌事理卽將發下告示照抄多張轉發所屬遍貼通衢曉諭仍令各具遵依徑報查考毋違蒙此看得不許楚省遏糴使陝西飢民乏食此實川陝督院爲民至意然不知本道爲民苦心今年襄陽仰賴
皇上洪福雨憲鴻慈變凶爲豐時雨立霈枯苗飛蝗入境卽死幸而有秋以致陝西河南紛紛赴襄糴販車載騾馱驢運人負駱駝百十爲羣晝夜不絕於道府縣治司民牧未有不爲自己地方起見此亦良有司之苦心也但念天下之民盡屬

朝廷赤子何忍閉糴阻飢本道多方勸諭出示布告令其毋遂利以忘本謀出有餘以濟不足數月以來襄陽之粟流通三省且三省之民就食于楚過襄不留者不可勝紀其暫住及久住者亦不下三四萬人襄屬地廣人稀山多土少稍有收者止襄陽棗陽宜城三邑以三邑荒薄之收旣供三省之販運又食數萬之流民襄民蓋藏幾何只顧目前蠅頭微利忘却餬口本謀不獨官不忍禁卽禁亦不能止也今流民就食益衆飢疲之民男婦老穉千里跋涉枵腹徒步無不羸尩扱襄卽止非不欲他往也足力實亦有不能舉動者矣來日益多粟日益少價日益增粟日且盡昔不忍于外省之民飢今深憂夫本境之民餓矣本道愚昧無知心力已竭憂深慮

遠食不知味，夜不成寐欲貸不顧身擅發倉穀自顧亦貧向在河工二十年捐築高郵城南三十決口代賠大工窮夫逋帑隣工堤潰黃水灌淤本道新挑運河七千餘丈又復獨力重挑負累親知家徒四壁空拳赤手粉骨難賠又涉示恩沽名且恐一發難繼遠近聞風來者益衆古諺有之善不可為盖謂是與然畏首畏尾瞻顧因循釀飢坐斃與其不可救藥于後何如深思熟計於先絜輕校重害少利多本道計惟有哀懇兩憲俯念垂斃之流民將困之襄屬大發鴻慈廣勸輸助除鄖襄兩府官民窮苦無力輸外其餘悉力輸助保襄民實以保流民寧襄境實以寧全楚也一面即求憲示將續來者速檄別州縣分頭安插毋使偏聚一方一面本道先借倉

穀稍給十五日之糧苟延飢民殘喘俟輸助到日補償并俟憲示到日再行續給一面再准本道將各屬邑倉穀酌量發出平價糶賣銀收在官俟來春麥熟米熟照數買補還倉一轉移間不獨可保襄民流民之困且可以稍甦隣省之乞糴矣伏乞迅賜批示以便遵行

稟覆督院

某身在鄖襄凡一切巨細之事無不切實料理而飢民一事尤關重大何敢膜置計自夏間流民初入境即諄諄告誡有司安頓存留勸諭本地居民加意矜恤又曉諭流民安心棲止文告案牘不一而足其時不過以為數百流民力為安插使無失所足矣何敢以小事而張皇何敢以徼恩而沽名又何敢以襄地撫恤流移而使他省有入民逃散之咎故爾未瀆憲案既而九月間自省歸流民漸多焦心益甚飭令各屬清查流民多寡之數商量賑救流民米穀之所出早夜攢眉檄催如雨無奈各屬遼濶流民星散冊籍一時不齊不知多寡其賑救之數不能遽定米穀所出無可指實又以大計遠赴會城遂致遲遲未得轉報及十二月初二自省回襄流民愈衆寢食不寧親自延問流民細訊逃來之由與今居處情狀每聞哀訴涕淚交橫又復飭安頓飭清查星催火促襄屬之冊甫到而鄖屬任催不至雖地方之遼遠亦郡守之怠緩不暇候齊隨即攢造送憲案矣既得流民約略之數苦思力索始得借動常平之策而郡縣詳至隨即星飛請憲示矣某

又輾轉思維計深慮遠細分條例不徒務虛文而求實濟不徒博善名而銷禍萌不徒慮目前而計久遠亦不徒為一方奠生民而為天下講吏治文已差投憲轅第未識芻蕘足當採擇否又念郡城情形洞然可見各邑之安頓與否得所與否又或驅逐與否不能盡知于本月十八日親歷光化一帶問民疾苦務得實情以圖救濟擬即先動倉穀賑濟半月俟憲批示再行正在巡歷憲使適至仰見憲臺軫恤民間雖遠彌切一使之來流民感動此真如傷念切已飢已溺為心者矣但某數月焦勞惟此流民一事前此未經仰瀆恐終難達憲前或者勤事而人言以為玩忽安插而人言以為驅逐亦未可定謹將流民一事除近日具詳數案外其從前文告繕

錄一本呈電至其確實情形與未盡事宜俱悉憲使口稟某惟有仰體憲意切實奉行以盡厥職而上慰憲慮耳鄖屬惟竹谿縣有冊續到俟諸邑冊齊再報合并聲明

上兩院稟

前以計典在省時親憲慈飲食教誨感激之深銘諸肺腑星夜回襄已是臘月初二日繼以新鎮初到酬應兩日其爲人明爽秀徹相與共論地方情形事宜種種應心不啻水乳鄖襄重險

皇上簡畀得人憲臺贊指有賴地方之幸亦某之幸也襄鎮二十長行某恐其

陛見或掌

皇上問及是以星馳至光詳細陳述某遵奉憲指施行廿四旋襄新將軍亦止宿郡城瞻其色笑和平温厚眞地方大慶也秦省流民久檄各屬安插得所勤幹者隨到隨行鄖屬則竹谿房縣鄖縣襄屬則均州光化宜城眞勉楚也某拘於程墨不得不候齊彙報而鄖守尚無一字回覆某分檄各縣令其兩申道府是以流民冊子先將襄屬呈報而鄖屬續到不及候齊無奈積弊之餘一時難以速振也飢民自初秋卽來楚境率皆過而不留留亦稀少旋令具結以杜奸究此皆職守常分無庸申稟後某自省旋襄隆冬生計乏絕秦省民旣流移而催科未緩貧者旣行富亦隨之臨潼一邑十走七八某時赴襄邑大路要口團山鋪陳家營等處坐于道傍逐一細問無不慟哭陳情如出一口他邑皆然臨潼特甚後至流民訪前至者覓主收留前至流民招後至者來此覓食地界相隣來者日衆某職在分守旣不忍其流離失所尤不敢以安插賑濟虛名集衆釀禍慮前憂後寢食俱廢今秦民來者無窮襄米去者將盡土著無以資生流民何以度日此號呼求賑之所自來也某策騎親歷鄉鎮集民路衢勸諭備至以秦民來楚卽爲吾民不可異視楚民家稍温飽果有餘糧可至麥熟者量力收留令其傭工耕種挑水擔柴或有空屋薄取租金廣行方便蓋秦民向來居此貿易原多是以親友識認者望門投止安插稍易保結不難新至者視久住者以自安土著者恃久住者以取信嚴其禁約不使土著欺侮流民

尤不許新來者恃强撒潑安分則樂業茲地爲非則出諸境外可以自食其力者將就度日苟免死亡如飢寒迫身朝不謀夕者地方據述報明備述

皇恩憲德給穀賑濟復將遠糴米石來此以備秦省轉運嚴行各屬正印雜職佐貳分頭曉諭分別查明散給錢穀數日以來民心大定無復哀號者矣但安插在境者逐名給散固易卽給後稽考亦不難若信宿卽行過而不留者若不賑濟似非一視之仁賑之則去來莫定多寡虛實無從覆核徒開虛冒無有實濟似此之類每多愼重某矢諸天日并諭各縣凡一切處分賠累俱本道一身獨任不累汝等絲毫惟望竭力盡心毋沽名毋浮冒毋短少毋任胥役眞如自己飢餓一

般倘假借一粒男盜女娼各令亦皆歡欣鼓舞而均州光化
尤爲勤愼俟其確散畢報某必須遍歷親查分別勤惰誠僞
報憲勸懲大要分別確實所給亦自無多有食者不給則絕
妄覬之心無食者霑恩則免死亡之懼此則襄屬各邑賑濟
之大畧也至鄖襄陽各屬地險山深稽察不易而地亦貧瘠
無以資生流民非親交因緣不至其地至亦不留故凡流民
之在鄖境者皆可苟延性命若一倡賑濟之聲恐其轉相號
召襁負而來接踵而至所集愈衆資生愈難賑不能徧兼不
能繼崎嶇險阻移粟不能貧餓聚處解散無術爲憂方大某
遠慮未敢輕舉憲臺視遠惟明神謨畢照惟望指示導其不
知教所未逮庶得斟酌妥當次第舉行某束髮授書今年已

五十讀聖賢書所學何事敢不盡心以報憲知以慰民望耶
前見事勢迫切憂深遠慮剴切敷詳今復確得情形細加酌
量嗣後或有所陳容再繕錄呈電

與襄陽王鎮臺書

山陝河南飢民流入襄境自八月至今過而不留以及各縣
安插本道勸襄民收留安居者有數萬餘人山邑不便安插
恐生他患襄雖薄收僅可自食土皆
皇土民皆
皇民如何可分彼此自秋至今三省糴販不絕于路買去糧
食不可勝數飢民就食又多襄屬糧食將盡米價騰貴小米
已賣至七八九錢矣計至麥熟尚有四月不但流民乏食襄

民亦乏食矣豈不大可慮哉今隆冬歲暮流民嗷嗷待哺號
呼遍地慘不忍聞本道見邸抄中
皇上發帑賑濟陝西夫陝西在家之民猶可支吾其逃出者
苦且十倍今仰體
皇恩擅動倉穀先賑一月遍諭飢民此皆出自
皇恩數萬人感頂
皇仁歡聲動地然必須給至麥熟或多給些有資生之策可
以還歸故土方是長策老鎮臺與本道同守此地痌瘝相關
今入覲
天顏恐
皇上一時垂問伏望老鎮臺啓奏使陝西在外流民與在家

者一體霑恩再給路費使可還里陝楚生靈受福無量矣

嚴行保甲

爲嚴保甲以申憲令事竊照保甲之法奉憲飭行久矣奈官
民視爲故事全不實心遵行今外省飢民流寓道屬甚多合
再嚴飭爲此牌仰該府即便轉飭屬邑令于在城在鄉處所
家給一牌十長爲甲立一甲長給以十家總牌一紙十甲爲
保立一保長給以總牌十紙十保爲里令其造具清冊二本
一存家一送縣縣造二冊一送府一送道甲保里長皆須誠
實公正者爲之止稽造本甲內流寓飢民逐一塡明該縣預
給牌式小封凡續到者即日具單徑行傳送本縣倘本甲有
容留來歷不明及遊手無業之人左右隣察出即報甲長照

前申報如此力行則官民不擾地方寧靜流民得所賑濟周遍矣務期實心遵行毋得怠忽并速出示曉諭定限三日造冊申送毋遲

禁宰耕牛

為禁宰耕牛以重農本事照得本道所屬郡邑民間耕種全資牛力去歲牛疫死將殆盡國以民為本民以食為大牛少則不能多墾矣合行嚴禁為此示仰道屬軍民人等知悉如有宰牛者鄰佑與報保甲保甲即報該縣立拏解道治以重罪仍罰十牛散給窮民之無牛者如不舉報訪出鄰佑保甲一體治罰決不姑貸此係為爾等百姓籌畫至意非苛刻也倘有借稱牛病不能耕賣以另買不知病牛之肉食之殺人

牛為爾家力耕致病賣而殺之神必降殃爾等宜知又回回除禁忌外可食之物頗多何必食牛若私自宰賣鄰佑保甲舉報如前俱一律治罰斷不姑寬慎之

曉諭飢民

為曉諭事照得鄖襄地廣人稀荒土居多邇來外省飢民流離至此不下數萬又陝西河南山西搬運者絡繹不絕普天赤子皆屬我
皇上之百姓豈忍異視半載以來本道所轄地方並無遏糴之禁而川陝督院移文本省督撫兩院嚴禁檄不許遏糴無非過慮為飢民計生全耳但督撫大老爺既愛外省百姓尤愛本省百姓本道仰遵憲行自當安上全下爾百姓須自己思算家有幾口人每日吃多少糧食計至麥熟時尚有多少日子足用則把多餘糧食糶賣不足用則當自己留著不可因目前價貴貪利亂賣不可因一時急用前去後空今春麥子收成不知如何糧食日少一日糧價日貴一日今日賤賣後日貴買非計也後日價貴糧盡本地無糧可買爾窮民將何以自全乎外省遠販之人皆富商大賈乘機射利非窮民自販也本道不便違憲禁糴又恐愚民失算特行布告至于流來飢民多有手藝吾民有溫飽之家乘此修造屋宇量力興舉召募力作一舉兩得本地工匠擅稱舊主僱霸住不令飢民做工者嚴拏究治又荒地甚多業主不能開墾有力之家報官竟行開墾官給印照開成之後即為已業照例六年

陞科原業主不得爭訟乘此流民甚多僱工甚賤儘力速速多開便為子孫世守恆產亦一舉兩得之事也又流寓飢民願歸故土者願住本境者俱各聽從其便有力開荒者亦如前例無力願墾者向保甲長說明出具保結赴縣借貸牛種子粒本道與各屬一一措給開成之後照依定例六年起科永為已業倘欲還鄉任其轉賣如有原業主爭執者定即重懲痛處決無絲毫干累合行一并示諭

荒政叢書附錄卷上

荒政叢書附錄卷下

捕蝗集要

一王禎農書言蝗不食芋桑與水中菱芡或言不食菉豆豌豆豇豆大麻苘麻芝麻薯蕷果遵路知蝗不食豆苗廣收豌豆教民種植次年三四月民大獲其利

一飛蝗見樹木成行或旌旗森列每翔而不下農家多用長竿挂紅白衣裙羣逐之亦不下也又畏金聲砲聲聞之遠舉鳥銃入鐵砂或稻米擊其前行前行驚奮後者隨之去矣

一用稈草灰石灰等分細末篩羅禾稻之上蝗即不食

一蝗最難死初生如蟻之時用竹作搭非惟擊之不死且易

損壞宜用舊皮鞋底或草鞋舊鞋之類蹲地摑搭應手而斃且狹小不傷損苗種一張牛皮可裁數十枚散與甲頭復收之

一蝗在麥田禾稼深草中者每日侵晨盡聚草梢食露體重不能飛躍宜用筲箕栲栳之屬左右抄掠傾入布袋蒸焙泡煮隨便或掘坑焚火傾入其中若只瘞埋隔宿多能穴地而出

一蝗有在光地者宜掘坑於前長濶爲佳兩旁用板及門扇接連八字擺列集衆發喊推門捍逐入坑又於對坑用掃帚十數把見其躍跳而上者盡行掃入覆以乾草發火焚之然其下終是不死須以土壓之過宿方死

一燒蝗法掘一坑深廣約五尺長倍之下用乾茅草發火正炎將袋中蝗傾入坑中一經火氣無能跳躍詩云秉畀炎火是也

一捕蝗不可差官下鄉一行人從蠶食里正里正又只取之民戶未見捕蝗之利先被捕蝗之擾蹂踐田舍民不聊生然小民多愚愚者必惰非官督率不能踴躍且必彼村此集合力驅捕一人惰則衆動者皆阻故必遣官董事惟以廉謹者充選

一附郭鄉村即印刷捕蝗法作手榜告示每米一升換蝗一斗不問婦人小兒擕到即時交支如此則回環數十里內者可盡捕得蝗種一升者給米一升則捕蝗種者多後之

生而爲害者必少矣又萬歷四十四年御史過庭訓山東賑饑疏捕蝗男婦皆飢餓之人如一面捕蝗一面歸家喫飯未免稽遲時候遂向市上買現成麵做餅擔至有蝗去處不論遠近大小男婦但能捉得蝗蟲與蝗子一升者換餅三十個又查得崮山驛近兩廠領糧飢民一千二百名可乘機撥用即傳告示云朝廷自去年十一月養爾等飢民使免于逃死當知報効今蝗蟲生發正爾等報効之日也自今以後能將近地蝗蟲或蟲子捕得半升者方給米麵一升爲五日之糧如無不許准給

一嚴督保甲使知不可不捕然其要法只在不惜常平義倉穀米博換蝗蟲雖不驅之使捕而四遠自輻輳矣倘或匏

滅遺勒則捕省氣阻
一元仁宗皇慶二年復申秋耕之令蓋秋耕之利掩陽氣于
地中蝗蝻遺種翻覆壞盡次年所種必盛于常禾
一蝗災之時最盛于夏秋之時與百穀長養成熟之時正相
值也故爲害最廣小民遇此乏絶最甚若二三月蝗者是
去歲之種蝗非蟄蝗也聞之老農言蝗初生如粟米數日
旋大如蠅能跳躍羣行是名爲蝻又數日即羣飛是名爲
蝗所止之處喙不停囓又數日孕子于地矣地下之子十
八日復爲蝻蝻復爲蝗如是傳生害之所以廣也秋月下
子者則依附草木枵然枯朽非能蟄藏過冬也然秋月下
子者十有八九而災于冬春者百止一二則三冬之候雨

雪所摧損滅者多矣其自四月以後而爲災者皆本歲之
初蝗非遺種也故詳其所自生與其所自滅可得殄絶之
法矣
一蝗有蒸變而生者有延及而生者故蝗生之地必于大澤
之涯然洞庭彭蠡具區之旁終古無蝗也必也驟盈驟涸
之處如幽涿以南長淮以北青兗以西梁宋以東諸郡之
地湖濼廣衍暵溢無常謂之涸澤蝗則生之故徐光啓以
爲蝦子江以南多大水而無蝗蓋湖濼積瀦水草生之南
方水草農家多取以壅田就不其然而湖水常盈草恒在
水蝦子附之則復爲蝦而已北方之湖盈則四溢草隨水
上迨其既涸草留涯際蝦子附于草間既不得水春夏鬱

蒸濕熱之氣變爲蝗蝻其勢然也故知蝗生于蝦蝦子之
爲蝗則因於水草之積也故宜令凡地方有湖蕩淘窪積
水之處遇霜降水落之後即親臨勘視本年潦水所至到
今水涯有水草存積即多集夫衆侵水芟刈斂置高處風
戾日曝待其乾燥以供薪燎如不堪用就地焚燒務求淨
盡春夏之月居民于湖淘中捕得子蝦一石減蝗百石乾
蝦一石減蝗千石但令民通知此理當自爲之不煩告戒
矣光啓又言見傍湖居民言蝗初生時最易撲治宿夕變
異便成蝻子散漫跳躍勢不可遏治之者宜于每年十月
州縣官巡視境內有蟲蝗遺子之地多方設法除之蓋蝗
蟲遺子必擇堅垎黑土高亢之處用尾栽入土中下子深

不及一寸仍留孔竅且同生而羣飛羣食其下子必同時
同地勢如蜂窠易尋覓也一蝗所下十餘形如豆粒中止
白汁漸次充實因而分顆一粒中即有細子百餘或云一
生九十九子不然也夏月之子易成八月內遇雨則爛壞
否則至十八日生蝻矣冬月之子難成至春而後生蝻故
遇臘雪春雨則爛壞不成亦非能入地千尺也此種傳生
一石可至千石故冬月掘除尤爲急務且農力方閒可以
從容搜索官司即以數石粟易一石子猶不足惜第得子
有難易受粟宜有等差且念其衝冒嚴寒尤應厚給使民
樂趨其事可矣
一捕蝗宜重其事嚴其法昔宋淳熙勅諸蟲蝗初生若飛落

地主鄰人隱蔽不言者保不即時申舉撲除者各杖一百許人告報當職官承報不受理及受理而不即親臨撲除或撲除未盡而妄申盡淨者各加二等諸官司荒田牧地經飛蝗住落處令佐應差募人取掘蟲子而取不盡因致次年生發者杖一百諸蝗生發飛落及遺子而撲掘不盡致再生發者地主耆保各杖一百諸給散取捕蟲蝗穀而減剋者論如邑人鄉書手攬納稅受乞財物法諸係工人因撲掘蟲蝗乞取人戶財物者論如重祿工人因職受乞法諸令佐遇有蟲蝗生發雖已差出而不離本界者若緣蟲蝗論罪幷在任法又詔因穿掘打撲損苗種者除其稅仍計價官給地主錢數毋過一頃此外復有二法一曰以

粟易蝗晉天福七年命百姓捕蝻一斗以粟一斗償之此類是也一曰食蝗唐貞元元年夏蝗民蒸蝗暴乾颺去翅足而食之如此則蝗雖遺種不致發生即發生或延及亦不患蔓衍矣

荒政叢書附錄卷下終

皇清嘉慶十四年歲在屠維大荒落皋月昭文張海鵬較梓

荒政輯要

（清）汪志伊 纂

《荒政輯要》，（清）汪志伊纂。汪志伊（一七四三—一八一八），字莘農，號稼門，又號實夫，安徽桐城人，乾隆三十六年（一七七一）舉人，開始任四庫館校對，繼而料理山西武鄉縣事，後歷任福州、江蘇巡撫，湖廣、閩浙總督，官至工部尚書。所任一地，整飭吏治，頗有政績，去久而民益思之。嘉慶二十二年（一八一七）因故被革職，次年卒。撰有《稼門奏稿》《官鑒輯要》《稼門詩文鈔》等。《清史稿》有傳。

鑒於荒政章程未定，既往查辦災務無所適從，多有不善等現實問題，汪氏廣輯歷代文獻，復加揀選，取其宜古宜今者，分門別類，約歷經五年時間撰成該書。

全書九卷首一卷，依照自然災害發生、賑濟、重建的發展過程輯錄成説，偶而附加汪氏的評議與見解。首一卷概括以往荒政文獻的主旨。卷一、卷二輯錄祈禱、伐蛟、求賢能、審户、保甲等内容，通論弭災方法以及用人審户制度，是以後數卷的綱領。卷三在彭家屏所刊《災賑章程》的基礎上，廣泛採納各省的辦災事宜，參酌汪氏的見聞而成，自報災查勘田畝、户口，至蠲緩、撫賑、報銷等，逐項分條陳述。卷四輯自《户部則例》之災傷蠲賑門，共計二十一類，涉及報災、勘災，蠲免地丁、耗羡，緩漕減租，損毁房屋修復、災賑公費等内容，以便於不同地區因時、因地制宜，查照辦理。五卷以下，重點介紹以工代賑、納粟救荒、貸米粟牛種等各種賑恤成功的案例；收錄糶糴、通商及禁遏糴、強糴，賑粥良法；以及安流民、弭盗賊、憫時疫、收棄兒、禁宰賣耕牛及釀酒等災後社會秩序維護的各種政策，闡述卷三、卷四所未盡之意。末卷論述務安輯、贖鬻子、信賞罰等善後的政策措施，終之以興水利、重農桑、裕倉儲、尚節儉、敦風俗等災後恢復重建措施。該書所輯的文獻資料極其豐富，但是各卷之間偶有分類重複之處，部分内容有少量迷信的成分。

該書曾被多次刊印，版本較多。有道光五年（一八二五）山陽李氏刻本、道光六年安徽撫署刻本等。今據南京圖書館藏清道光六年（一八二六）安徽撫署刻本影印。

（熊帝兵　惠富平）

重刊荒政輯要序

安徽據水陸之衝自安慶池州太平
以下達滁和其地濱大江鳳潁泗州
則淮泗過睢所出沒而河水挾汴由
泗入淮往往泛溢諸郡其處陸而遠
水者徽寧六安廣德皆山郡也而民
居其間每不幸而有蛟害是故以災
言之中原多旱荒而安徽多水患地
勢使然固不盡由於人事也
國家
列聖相承愛憫黎庶每逢直省有水旱輕則
免租重輒發金以賑曠蕩之

一

恩蓋與天地相同而為自古帝王所未有
者已然有司奉行往往不力彼貪墨
之官假冒侵蝕犯
國典而干神怒固不必言其或有心康
濟而措置不得其理或委權於吏胥
或受制於生監飢者不賑而賑者非
饑流離死亡非可久待也而舉報不
以其時婦女老稚非可遠行也而發
貸不當其地菜色殍面顛踣哀號有
心者當之蓋有不忍聞見者焉嗚乎
為民父母不能使家給人足上稱
天子惠養元元之至意猝有饑饉輒仰煩

二

聖慮
朝廷施大惠而有司復視為具文縱不得
罪其亦何以能安也往年余為浙江
寧波知府桐城汪稼門尚書實督閩
浙刊有荒政輯要以一本贈余余極
愛其書而所至幸無凶歲未之用也

道光六年奉
命巡撫安徽夏秋之間多霖雨淮泗之
濱在在以水災告矣余思論荒政者
古今不乏其書而掇其菁英綱明目
張斟酌盡善鑿然可見於施行者莫
如汪公之輯要於是重刊其書以貽

安徽之牧令傳曰事豫則立不豫則
廢語曰前事不忘後事之師夫有災
而必以
聞者督撫之責也救荒而必盡其力者
州縣之任也有法而可循則易為功
先事而預籌則尤不難為力此汪公

所以贈余而余今日所以貽諸牧令
者也豈弟君子民之父母讀之者能
無深念也夫
道光六年歲在丙戌冬十月安徽巡
撫兼提督鄧廷楨書

荒政輯要敘

嗟乎天災流行何代無之堯水九載湯旱七祀不聞有一民之失所者旨以人事補造化之窮所謂有荒歲無荒民者此也我
朝
聖
聖相承敬
天勤民孜孜夙夜凡平時所以教農桑與水利裕積貯尚節儉敦風俗以爲民生計者精益求精休養生息百數十年矣其間偶値旱潦及蝗蝻水雹颶風等災一經飛章奏報上㢠
宸衷軫念民困即不惜千百萬帑金迅加賑恤蠲免錢糧更不計其數並截撥正供漕糧及碾運鄰近倉穀以爲平糶煑粥之需是蠲賑之典已逾常格猶且
諄諭封疆大臣不得稍存靳惜率屬實心經理毋任胥役侵漁務使災黎均沾實惠是
誥誡復極周詳蓋
聖心勤求民瘼者誠也豈漢唐宋元明諸代小補之術所能及哉至若各省大小官吏身任地方非無愛民救患之真心況考覈森嚴何敢泄視而臨時查辦往往有善有不善者推原其故才具

有長短歷練有淺深兼之災務原屬繁難民情又多急迫事本易於滋弊吏遂緣以爲奸非得其人不能理非得其法尤不能理憶乾隆丁未歲予以霍州牧赴豐鎮讞案因知大同府屬上秋霜敗稼春又渴雨至六月大饑牧令諱之予飛稟撫軍勒宜
軒
奏明即命予歷一廳二州六縣督同查辦於流民則資送回籍於貧民則煑粥充饑區分極重次重停徵錢糧戶別極貧次貧發倉賑濟間有倉穀不敷接濟則借庫項選殷商循環糴糶事竣歸欵凡若此者或循成例或出心裁祇求於災民有濟不計其他及旋署考諸古人成法竟亦有合者自是留意荒政益勤由府道而藩臬而巡撫每遇歉年頗有定見嘉慶甲子吳中低窪田畝或因春夏雨多或因淸黃盛漲被水偏災者四十二廳州縣予爲此懼寢食不安將勘明災田分數及小民拮据情形據寔奏奉
硃批所見甚是並
頒恩旨蠲緩與賑糶兼施計蠲緩銀五十一萬三千餘兩米麥豆五十二萬九千餘石賑卹銀二十九萬四千餘兩平糶穀二十四萬一千餘石於是寮屬與殷寔紳士咸知激勸或捐貲煮賑或

出米減糶士民悅豫無不感戴
皇恩頌聲洋溢乙丑春陰雨頻仍無傷稽事惟洪澤湖因暴風掣開
義壩致淮揚極低十一州縣被淹異常予親往查勘會同鐵冶
亭制軍奏荷
聖恩允撥銀十三萬二千餘兩先行撫䘏並
敕仍察看成災輕重奏請
加恩不可稍有諱飾當即欽遵行令承辦各官認真清查核寔辦理
先是鐵制軍防汛住劄清江較爲切近會予札委賢能守令及
佐雜官分赴各邑協查其有邑令不勝任者易之凡查明極次

貧民口數即臚列榜示村中迨秋間江寧徐州松江海州太倉、
各州郡間有山田被旱棉地被蟲勘不成災胥歸淮揚災案辦
之計蠲緩銀四十七萬六千三百餘兩米麥豆二十五萬一千
四百二十餘石其淮揚正賑展賑連前撫䘏共銀一百五十九
萬四千八百八十餘兩節次奏蒙
聖鑒疊沛
恩旨有加無已敬刊謄黃遍張村鎮胥吏不能侵蝕民賴以安然寸
心惴惴更恐黃河盛漲湖水溢流寔爲數百萬生靈田廬之患
其預籌妥辦之方尤未可苟且從事也古人荒政散見簡編良
法美意固多偏見私智亦不少復加揀擇取其宜古宜今者刪
類分門成書十卷每卷中但求事有次第可行而朝代之前後
不復拘焉其叢言不能分者提作綱目列於卷首名曰荒政輯
要所有臨時清查妥辦之法全載於第三第四兩卷中地方官
及委員必須逐條參究力行方免遺濫錯誤之咎其前後入卷
皆載前人良法美意或以發明三四卷未盡之意或以推廣三
四卷未備之法若因地因時以制其宜於災黎大有裨益而種
德亦無涯涘要之予破冗纂輯是書刊發各屬官蓋冀歷練深
者益擴其措施歷練淺者亦有所依據諸君子如果善學古人

大發其不忍人之心寔行其不忍人之政於以仰承
聖意敷布
皇仁將見有荒歲而無荒民亦如唐虞三代之世矣豈不懿哉
嘉慶十一年二月朔日皖江汪志伊敘於蘇州節署之平政堂

荒政輯要目錄

卷首綱目也。

周禮十二荒政　人主當行六條

宰執當行八條　監司當行十條

太守當行十六條　牧令當行二十條

賑卹五術　救荒八議

荒政叢言　救荒二十六目

救荒正策

卷一禳弭也。

竭誠禱　擾龍事

伐蛟說　旱魃辨

厚給捕蝗　捕蝗記

捕蝗八所　捕蝗十宜

除蝗記　察冤獄

掩枯骨

卷二清源也。

求賢能　先審戶

嚴保甲　先示諭

卷三查勘也。

勘災事宜　撫卹事宜

查賑事宜　剔除弊竇

卷四則例也。

報災　勘災

災蠲地丁　災蠲耗羨

被災蠲緩漕項　災蠲官租

蠲賦溢完流抵　業戶遇蠲減租

蠲免給單　奉蠲不實

查賑　散賑

折賑米價　坍房修費

隆冬煮賑　士商捐賑

查勘災賑公費　督捕蝗蝻

鄰封協捕　捕蝗公費

捕蝗禁令　捕蝗損禾給價

卷五救援也。

急賑卹　以工代賑

納粟救荒　蠲租稅

荒政輯要卷首

汪志伊纂

荒政者，政也。自古及今極為詳備，有豫備於未荒之前者，有急救於將荒之際者，有廣救於大荒之時者，有力行於偏荒之地者，有補救於已荒之後者。全在大小官吏遵諭旨，酌時勢，權緩急，次第舉行，迅速籌辦，庶有裨於災黎耳。然非提綱挈領，則胸無成竹，非誤即淆，非遺即濫，欲已之善其事而民之被其澤也難矣。故特提荒政之綱目列於卷首。

荒政綱目

周禮十二荒政

周禮大司徒以荒政十二聚萬民：一曰散財貸種食也，二曰薄徵輕賦稅也，三曰緩刑省刑罰也，四曰弛力息徭役也，五曰舍禁山澤無禁也，六曰去幾去關防之幾察使百貨流通，七曰眚禮殺吉禮也，八曰殺哀節凶禮也，九曰蕃樂謂閉藏樂器而不作，十曰多婚多婚配則男女得以相保，十一曰索鬼神求廢祀而修之也，十二曰除盜賊安良民也。

董煟救荒全法

人主當行六條

一曰恐懼修省，二曰減膳撤樂，三曰降詔求賢，四曰遣使發廩，五曰省奏章而從諍諫，六曰散積藏以厚黎元。

宰執當行八條

一曰以調燮為己責，二曰以飢溺為己任，三曰啟人主敬畏之心，四曰慮社稷顛危之漸，五曰進寬征固本之言，六曰建散財發粟之策，七曰擇監司以察守令，八曰開言路以通下情。

監司當行十條

一曰察鄰路豐熟上下以為告糴之備，二曰視部內災傷大小而行賑救之策，三曰通融有無，四曰糾察官吏，五曰寬州縣之財賦，六曰發常平之滯積，七曰毋崇遏糴，八曰毋啟抑價，九曰毋厭奏請，十曰毋拘文法。

太守當行十六條

一曰稽考常平以賑糶，二曰准備義倉以賑濟，三曰視州縣三等之饑而為之計小飢則勸分發廩，中飢則賑濟賑糶，大飢則告奏截漕、乞蠲、齎借內帑錢為糴本。四曰視鄰郡三等之熟而為之備纔覺旱澇，即發常平錢，遣牙吏往豐熟處告糴，以備賑濟，米豆雜料皆可。五曰申明遏糴之禁，六曰寬弛抑糴之令，七曰計州用之盈虛，存下一歲官吏支銷，餘皆以救荒，不給則告糴他邦。八曰察縣吏之能否縣吏不職，劾罷則有迎送之費，姑委佐貳官以輔之，不然對移他邑之賢者。九曰委諸縣各條賑濟之方，十曰因民情各施賑濟之術，十一曰差官禱祈，十二曰存恤流民，十

三曰早檢放以安人情十四曰預措備以寬州用十五曰因所利以濟民飢興修水利整理城垣之類十六曰散藥餌以救民疾

牧令當行二十條

一曰方旱則誠心祈禱二曰已旱則一面申州三曰告縣不可遏阻四曰檢旱不可後時五曰申上司乞常平以賑糶六曰申上司發義倉以賑濟七曰勸富室之發廩八曰誘富民之興販九曰防滲漏之奸十曰戢虛文之弊十一曰聽客人之糶糴十二曰任米價之低昂十三曰請提督十四曰擇監視十五曰參考是非十六曰激勸功勞十七曰旌賞孝弟以厲俗飢年骨肉不能相保有能孝養公姑竭力供祖父母者當即行旌獎十八曰散施藥餌以救民十九曰寬征催二十曰除盜賊

賑卹五術

宋元豐初河東京東淮南災傷監察御史上官均言賑恤有五術一曰施與得實二曰移粟就民三曰隨厚薄施散四曰擇用官吏五曰告諭免納夏秋二稅

救荒八議

明嘉靖八年山西大饑參政王尚絅上救荒八議一曰愍饑饉乞遣使行部問民疾苦二曰恤暴露乞有司祭瘞消釋厲氣三曰救貧民乞支散庾積秋成補還四曰停徵斂乞截留住徵以俟豐年五曰信告令乞勸分蓺粟六曰推糴買乞令無閉遏七曰謹預備乞申舊例措處積貯勿使廩庾空虛八曰恤流亡乞所過州縣加意存恤勿使羣聚思亂

荒政叢言

明僉事林希元疏云救荒有二難曰得人難審戶難有三便曰極貧民便賑米次貧民便賑錢稍貧民便賑貸有六急曰垂死貧民急饘粥疾病貧民急醫藥病起貧民急湯米既死貧民急募瘞遺棄小兒急收養輕重繫囚急寬恤有三權曰借官錢以糴糶興工作以助賑貸牛種以通變有六禁曰禁侵漁禁攘盜禁過糶禁抑價禁宰牛禁度僧有三戒曰戒遲緩戒拘文戒遣使

救荒二十六目

明周文襄忱救荒有六先曰先示諭先請蠲先處費先擇人先編保甲先查貧戶有八宜曰次貧之民宜賑糶極貧之民宜賑濟遠地之民宜賑銀垂死之民宜賑粥疾病之人宜救藥罪繫之人宜哀矜既死之人宜募瘞務農之人宜貸種有四權曰獎尚義之人綏四境之內興聚貧之工除入粟之罪有五禁曰禁

侵欺禁寇盜禁抑價禁溺女禁宰牛有三戒曰戒後時戒拘文戒忘備其綱有五其目二十有六

救荒正策

顔會元茂猷曰正策有五一曰開倉賑貸二曰截留上供米以賑貸三曰自出米及勸糴富民賑貸四曰借庫銀循環糶糴賑貸五曰興修水利補葺橋道賑貸令饑民傭工得食而官府富民得集事也

荒政輯要卷一

汪志伊纂

書曰先知稼穡之艱難註云魚無水則死木無土則枯民無食則無以生是生民之事莫重於稼穡矣其所謂艱難者非特農時勿奪宜念其辛勞抑且天災流行須憫其困苦倘旱澇方兆螟螣萌生非牧民者本急切悲憫之懷盡祈禱消弭之法何以格天心而慰民望乎故此卷所採者皆救災恤患之先務焉

竭誠禱

商湯因旱禱於桑林以六事自責曰政不節歟民失職歟宮室崇歟婦謁盛歟苞苴行歟讒夫昌歟何以不雨而至斯極也言未已大雨方數千里

周禮小祝掌小祭祀順豐年逆時雨寧風旱彌烖兵遠辠疾

司巫掌羣巫之政令若國大旱則帥巫而舞雩國有大烖則帥巫而造巫恒　巫恒巫之有常者帥巫而造之求所以禱禳之術也

唐舒州令麴信陵有仁政嘗爲禱雨文其略曰必也私欲之求行於邑里慘黷之政施於黎元令長之罪也神得而誅之豈可移於人而害於歲耶焚畢雨澍

宋眞文忠德秀曰禱祈未效不可怠怠則不誠矣既效不可矜

矜則不誠矣不效不可慍慍則不誠尤甚焉未效但當省己之未至曰此吾之誠淺也德薄也既效則感且懼曰我何以得此也不效則省己當彌甚曰吾奉職無狀神將罪我矣蓋天之水旱猶父母之譴責也人子見其親聲色異常戒懼畏惕當何如耶幸而得雨則喜而不敢忘敬而不敢弛惴惴焉恐親之復我怒也故曰仁人之事親如事天事天如事親一日禱雨於仙遊山書此自警且以告親友之同致禱者

明王文成守仁答佟太守書曰古者歲旱則爲之主者減膳撤樂省獄薄賦修祀典問疾苦引咎賑乏爲民遍請於山川社稷故有叩天求雨之祭有省咎自責之文有歸誠請改之禱蓋史記所載湯以六事自責禮謂大雩帝用盛樂春秋書秋九月大雩皆此類也未聞有所謂書符呪水也後世方術之士或時有之然彼皆有高潔不污之操特立堅忍之心雖所爲不盡合於中道亦有以異於尋常是以或能致此然皆不見經傳君子猶以爲附會之談又況如今方士之流曾不少殊於市井嚚頑而欲望之以揮斥雷電呼吸風雨之事豈不難哉僕謂執事且宜出齋廳事罷不急之務開省過之門洗簡寃滯禁抑奢繁淬誠滌慮痛自悔責爲民請於山川社稷彼方士之祈請者聽從民

便但不專倚以爲重輕天道雖遠至誠而不動者未之有也

陳文恭宏謀曰時當亢陽惟有祗率儀章肅壇虔禱仰籲於天爲民請命董子春秋繁露載置龍求雨之法有應有不應遂有專任術士書符呪水事屬不經官無措手民心益恐眞王二公之說揆之義理總歸誠敬可以並行不悖至於雨多祈晴則有伐鼓用牲禜祭城門之典禮是在竭誠致敬耳

高文襄拱曰天人之際其理甚微而談者甚詳然在天有實理在人有實事而曲說不與焉陰陽錯行乖和貞勝鬱而爲沴雖天不能以自主此實理也防其未生救其既形備飭慮周務以人勝此實事也至謂天以某災應某事是誣天也謂人以某事致某災是誣人也皆求其理而不得乃曲爲之說者也

擾龍事

宋淳熙時大旱知縣李伯時以擾龍事告太守以長繩繫虎骨縋於龍潭中遂得雨取之稍遲雷電隨至急令人取出乃止○南州久旱里人以長繩繫虎骨投有龍處入水卽數人牽掣不定俄頃雲起潭水雨亦隨降龍虎敵也雖枯骨猶能激效如此

伐蛟說

陳文恭宏謀曰往在江南蛟患時聞廣原深谷之間大率數載

一發其最甚者宣城石峽山一日發二十餘處六安州平地水高數丈也江西纓山帶湖本蛟龍所窟宅旌陽遺跡其來尚矣近世出蛟之事在元一見於新建在明一見於寧州再見於瑞州三見於廬山四見於五老峯五見於太平宮

國朝一見於永寧皆紀在祥異志彰彰可考余來撫之次年適興國等處蛟水大發漂沒我田禾蕩析我廬舍盡焉心傷思所以案驗而剪除之未得其要領也書院主講梁先生博物君子出一編示予言蛟之情狀與所以戢之之法甚詳且核有土色之可辨有光氣之可矚有聲音之可聽其鎮之也有具其驅之也有方循是則蛟雖暴不難剪除矣云晉太元中司馬軌之善射雉將媒下翳此媒屢雊野敵遥應試覓所應者頭翅已成雉半身後故是蛇又武庫中忽有雉人咸怪之司空張華曰必蛇妖所作搜括之果得蛇蛻由是觀之蛇雉之變常易位其交而生蛟尚何疑也哉易離爲雉南方火猛烈故雉性精剛而猋悍爾雅以爲絶有力奮者蛟起之暴正胎其氣也禽經云雉交不再化書云雉不再合儀禮注謂雉交有時彼亦各有取爾矣至詩刺衛宣之淫亂則曰有鷕雉鳴謂雌雉也又曰雉鳴求其牡者豈非求非其類而與之交與詩人之言雉蛇之明驗也蓋物

感變化有未可以常理推者大約雄鳴上風雌鳴下風胖運而物化悉陰陽之偏氣所孕結其爲跡也怪斯其爲害也亦大古聖王知其然故於季夏有命漁師伐蛟之令季夏正蛟出之候先時伐之著在月令補救之要務也鄭氏謂蛟言伐者以其有兵衛而伐之方法箋疏無聞焉歷來郡邑歲以水災告者蛟害常過半賢長吏亦無如何申請賑恤而已盍山叟撫掌稱快且爲之印證其說曰月令季夏夏正之六月也今言蛟之出在夏末秋初其可信一也志稱宏治十七年廬山鳴經三日雷電大雨蛟四出今言蛟漸起地聲響漸大候雷雨即出知向所謂山鳴乃蛟鳴也其可信二也許旌陽之鎮蛟以鐵柱今言蛟畏鐵其可信三也兵法潛師曰侵聲罪曰伐今震之以金鼓燭之以火光如雷如霆儼若六師之致討與伐之義正相合其可信四也予故亟錄其說廣爲刊布且懸示賞格有掘得者給銀十兩使僻遠鄉村之地轉相傳說人人屬耳目注精神先時而偵候臨事而周防庶幾大害可除此邦之人永蒙其福而他省之有蛟患者皆可踵而行之恐聞者不盡曉茲撮舉其徵驗攻治之法別錄於左以便觀覽焉

一徵驗之法蛟似蛇而四足細頸頸有白纓本龍屬也其孕而

成形率在陵谷間乃雉與蛇當春而交精淪於地聞雷聲則入地成卵漸次下達於泉積數十年氣候已足卵大如輪其地冬雪不存夏苗不長鳥雀不集土色赤有氣朝黃而暮黑星夜視之黑氣上沖於霄卵既成形聞雷聲自泉間漸起而上其地之色與氣亦漸顯而明未起三月前遠聞似秋蟬鳴悶在手中或如醉人聲此時蛟能動不能飛可以掘得及漸起離地面三尺許聲響漸大不過數日候雷雨即出

一攻治之法蛟之出多在夏末秋初善識者先於冬雪時視其地圍圓不存雪又素無草木復於未起二三月春夏之交觀地

之色與氣掘至三五尺其卵即得大如二斛甕預以不潔之物或鐵與犬血鎮之多備利刃剖之其害遂絕又蛟畏金鼓及火山中久雨夜立高竿掛一燈可以辟蛟夏月田間作金鼓聲以督農則蛟不起即起而作波但疊鼓鳴鉦多發火光以拒之水勢必退以上諸說皆得之經歷之故老鑿鑿有據者也

旱魃辨

李令蕃曉黃縣民曰嗟爾民旱甚矣非魃不至此我急欲誅之以紓爾憂然以新喪當之則不可詩曰旱魃爲虐經無明注及考他書兆天下之旱者二旱一國者亦二而兆一邑之旱者四新喪不與焉其狀如狐而有翼音如鴻而名獙獙者姑逢山中有之石膏水中似鱣而一目音如鷗者女巫山中有之見則天下旱者也其旱一國者若南方之似人而目生頂上行如飛者一首兩身似蛇而名肥遺生於渾夕山者是也其狀如鴞而赤足直喙音如鵠而黃文白首人面龍身者在鐘山之東也有鳥焉似鴞而人面蜼身而犬尾在崦嵫山也西望幽都有音如牛是鋝于毋逢山之大蛇也有如蛇而四翼其音如磬是鮮山之下鮮水之鳴蛇也如是者旱一邑此皆出神異經及東西南北中諸山經非予之臆說也爾民察之有一於此任爾率比閭族

黨往誅之無赦其或仍謂新喪爲魃者是亂民也予將執國法以誅之亦無赦

厚給捕蝗

晉天福七年飛蝗爲災詔有蝗處不論軍民人等捕蝗一斗者即以粟一斗易之有司官員捕蝗使者不得少有措滯

宋熙寧八年八月詔有蝗蝻處委縣令佐躬親打撲如地方廣濶分差通判職官監司提舉分任其事仍募人得蝻五升或蝗一斗給細色穀一斗蝗種一升給粗色穀二升給銀錢者以中等值與之仍委官燒瘞監司差官覆按倘有穿掘打撲損傷苗

秬者除其稅仍計價官給地主錢數

此詔給穀既云詳盡而又償及地主所損之苗不但免稅而且償其價數噫捕蝗而至此詔可云無間然矣

宋紹興間朱子捕蝗募民得蝗之大者一斗給錢一百文得蝗之小者每升給錢五百文

蝗蝻害人之物除之宜早不可令其長大而肆毒也故捕蝗者不可惜費得蝗之小者寧多給之而勿吝也蓋小時一升大則豈止數石文公給錢大小迥異不可爲捕蝗之良法歟

捕蝗法

李令鍾份曰雍正十二年夏余任山東濟陽令聞直隸河間天津屬蝗蝻生發六月初一二閒飛至樂陵初五六飛至商河樂商二邑羽檄關會余飛詣濟商交界境上調吾邑恭和温柔四里鄉地預造民夫冊得八百名委典史防守班役家人二十餘人在境設廠守候大書條約告示宣諭曰倘有飛蝗入境廠中傳炮爲號各鄉地甲長鳴鑼齊集民夫到廠每里設大旗一枝鑼一面每甲設小旗一枝鄉約執大旗地方執鑼甲長執小旗各甲民夫隨小旗小旗隨大旗大旗隨鑼東庄人齊立東邊西庄人齊立西邊各聽傳鑼一聲走一步民夫按步徐行低頭捕

撲不可踹壞禾苗東邊人直捕至西盡處再轉而東西邊人直捕至東盡處再轉而西如此迴轉撲滅勤有賞惰有罰再每日東方微亮時發頭炮鄉地傳鑼催民夫盡起早飯黎明發二炮鄉地甲長帶領民夫齊集被蝗處所早晨蝗沾露不飛如法捕撲至大飯時飛蝗難捕民夫散歇日午蝗交不飛再捕未時後蝗飛復歇日暮蝗聚又捕夜昏散回一日止有此三時可捕飛蝗民夫亦得休息之候明日聽號復然各宜遵約而行諭畢余暫回看守城池倉庫至十一日申刻飛馬報稱本日飛蝗由北入境自和里抵温里約長四里寬四里余即飭吏具文通報關會鄰封星馳六十里二更到廠查問據稟如法施行已除過半黎明親督捕撲是日盡滅遂犒賞民夫據實申報飛探北地飛蝗未盡余即在境隄防至十五日巳刻飛蝗又自北而來從和里連温柔兩里計長六里寬四里蔽天沿地比前倍盛余一面通報關會一面著往北再探速即親到被蝗處所發炮鳴鑼傳集原夫再傳附近之谷生士三里鄉地甲長帶名夫四百名共民夫千二百名勸勵協力大捕自十五至十六晚盡行撲滅無餘禾苗無損探馬亦飛報北面飛蝗已盡又復報明各憲余大加褒獎鄉地民夫每名捐賞百文逐名唱給冊外尚有餘夫數

十名亦一體發賞鄉地里民歡呼而散次早郡守程公亦至彼查看問被蝗何處民指其所守見禾苗如常絲毫無損大訝問故余具以告守亦贊異焉

陸曾禹捕蝗八所

一蝗所自起　蝗之起必先見於大澤之涯及驟盈驟涸之處崇禎時徐光啟疏以蝗爲蝦子所變而成確不可易在水常盈之處則仍又爲蝦惟有水之際倏而大涸草留涯際蝦子附之旣不得水春夏鬱蒸乘濕熱之氣變而爲蝻其理必然故涸澤有蝗葦地有蝗無容疑也

任昉述異記云江中魚化爲蝗而食五穀太平御覽云豐年蝗變爲蝦此一証也爾雅翼言蝦善遊而好躍蝻亦好躍此又一証也有一僧云蝗有二鬚蝦化者鬚在目上蝗子入土孳生者鬚在目下以此可別

二蝗所由生　蝗旣成矣則生其子必擇堅垎（音劾）黑土高亢之處用尾栽入土中其子深不及寸仍留孔竅勢如蜂窩一蝗所下十餘形如豆粒中止白汁漸次充實因而分顆一粒中即有細子百餘葢蝻之生也羣飛羣食其子之下也必同時同地故形若蜂房易尋覓也

老農云蝻之初生如米粟不數日而大如蠅能跳躍羣行是名爲蝻又數日羣飛而起是名爲蝗所止之處喙不停嚙故易林名爲飢蟲又數日而孕子於地地下之子十八日復爲蝻蝻復爲蝗循環相生害之所以廣也

三蝗所最盛　蝗之所最盛而昌熾之時莫過於夏秋之間其時百穀正將成熟農家辛苦拮据百費而至此適與相當不足以供一啖之需是可恨也

按春秋至於勝國其蝗災書月者一百一十有一內書二月者二書三月者三書四月者十九書五月者二十書六月者

三十一書七月者二十書八月者十二書九月者一書十二月者三以此觀之其盛衰亦有時也

四蝗所不食　蝗所不食者豌豆菉豆豇豆大麻苘麻芝麻薯蕷及芋桑　水中菱芡蝗亦不食　若將稈草灰石灰二者等分爲細末或灑或篩於禾稻之上蝗則不食

植之不但不爲其所食而且可大獲其利

五蝗所畏懼　飛蝗見樹木成行或旌旗森列每翔而不下農家若多用長竿掛紅白衣裙羣然而逐亦不下也　又畏金聲炮聲聞之遠舉鳥銃入鐵砂或稻米擊其前行前行驚奮後者

隨之而去矣

以類而推爆竹流星皆其所懼紅綠紙旂亦可用也

六蝗所可用　蝗若去其翅足曝乾味同蝦米且可久貯而不壞以之食畜可獲重利

陳龍正曰蝗可和野菜煮食見於范仲淹疏中崇禎辛巳年嘉湖旱蝗鄉民捕蝗飼鴨鴨最易大而且肥又山中人養猪無錢買食捕蝗以飼之其猪初重止二十斤旬日之間肥而且大即重五十餘斤始知蝗可供猪鴨此亦世間之物性有宜於此者矣又有云蝗性熱積久而後用更佳

七蝗所由除　蝗在麥田禾稼深草之中者每日清晨盡聚草梢食露體重不能飛躍宜用筲箕栲栳之類左右抄掠傾入布囊或蒸或煮或搗或焙或掘坑焚火傾入其中若只掩埋隔宿多能穴地而出

蝗在平地上者宜掘坑於前長濶為佳兩傍用板或門扇等類接連八字擺列集衆發喊手執木板驅而逐之入於坑內又於對坑用掃帚十數把見其跳躍往上者盡行掃入覆以乾草發火燒之然其下終是不死須以土壓之過一宿乃可一法先燃火於坑內然後驅而入之詩云去其螟螣及其蟊賊毋害我田稺田祖有神秉畀炎火此即是也

蝗若在飛騰之際蔽天翳日又能渡水撲治不及當候其所落之處糾集人衆各用繩兜兜取盛於布袋之內而後致之死

此上三種之蝗見其既死仍集前次用力之人舁向官司或錢或米易而均分否則有産者或肯出力無産者誰肯殷勤

古人立法之妙亦嘗見之於累朝矣列之於後

八蝗所可滅　有滅於未萌之前者督撫宜令有司查地方有湖蕩水涯及乍盈乍涸之處水草積於其中者即集多人給其工食侵水芟刈斂置高處待其乾燥以作柴薪如不可用就

地燒之

有滅於將萌之際者凡蝗遺子在地有司當令居民里老時加尋覓但見土脈墳起即便去除不可稍遲時刻將子到官易粟聽賞

有滅於初生如蟻之時者用竹作搭非惟擊之不死且易損壞宜用舊皮鞋底或草鞋舊鞋之類蹲地掴搭應手而斃且狹小不傷損苗種一張牛皮可裁數十枚散與甲頭復可收之聞外國亦有此法

有滅於成形之後者既名為蝻須開溝打捕掘一長溝溝之深

廣各二尺溝中相去丈許卽作一坑以便埋掩多集人衆不論老幼沿溝擺列或持掃帚或持打撲器具或持鐵鍤每五十人用一人鳴鑼蝻聞金聲則必跳躍漸逐近溝鑼則大擊不止蝻驚入溝中勢如注水衆各用力掃者掃撲者撲埋者埋至溝坑俱滿而止一村如此村村若此一邑如是邑邑皆然何患蝻之不盡滅也

捕蝗十宜

一宜委官分任　責雖在於有司倘地方廣大不能遍閱應委佐貳學職等員資其路費分其地段註明底冊每年於十月

內令彼多率民夫給以工食芟除水草於驟盈驟涸之處及遺子地方搜鋤務盡稱職者申請擢用遺惡者記過待罰

二宜無使隱匿　向係無蝗之地今忽有之地主鄰人果卽申報除易米之外再賞三日之糧如敢隱匿不言被人首告首人賞十日之糧隱匿地主各與杖警卽差初委官員速往搜除無使蔓延獲罪

三宜多寫告示　張掛四境不論男婦小兒捕蝗一斗者以米一斗易之得蝻五升者遺子二升者皆以米三斗易之蓋蝻與遺子小而少故也如蝗來既多量之不暇遍秤稱三十斤

作一石亦古之制也日可稱千餘斤矣惟蝻與子不可一例同稱當以朱文公之法爲法也

四宜廣置器具　蝗之所畏服者火炮彩旗金鑼及掃帚栲栳筲箕之類鄉人一時不能備辦有司當爲廣置給與各廠社長分發多人令其領用事畢歸繳庶不徒手徬徨此卽工欲善其事必先利其器之意也

五宜二里一廠　爲易蝗之所令忠厚溫飽社長社副司之執筆者一人協力者三人共勤其事出入有簿三日一報以憑稽察敢有冒破從重處分使捕蝗易米者無遠涉之苦無久

待之嗟無擠踏之患

六宜厚給工食　凡社長社副執筆等人有弊者既當重罰無弊者豈可不賞或給冠帶或送門匾或免徭役隨其所欲而與之其任事之時社長社副執筆者共三人每日各給五升斛手二人協力者一人每日共給一斗分其高下而令人樂趨

七宜給償損壞　因捕蝗蝻損壞人家禾稼田地既無所收當照畝數除其稅糧還其工本俱依成熟所收之數而償之先償其七餘三分看四邊田鄰所收而加足勿令久於怨望

八宜淨米大錢　凡換蝗蝻不得插和粞菝糠粃如或給銀照
米價分發不許低昂如若散錢亦若銀例不許加入低薄小
錢巡視官應不時訪察以辨公私
九宜稽察用人　社長社副等有弊無弊誠僞何如用鍾御史
拾遺法以知之公平者立賞侵欺者立罰周流環視同於弼
厰其弊自除
十宜立案不職　躬親民收縱蟲殺人倪若水見誚於當時盧
懷慎遺譏於後世飛蝗尚不能爲之滅飢賊豈能使之除司
道不揭督府安存甚矣有司之不可怠於從事也

蝗之爲害最烈今以八所闡發蝗之生滅以十宜細說蝗之
可除易勿事之至捕蝗處分尤嚴見於第四卷中毋忽

除蝗記

陸桴亭載儀曰蝗之爲災其害甚大然所至之處有食有不食
雖田在一處而截然若有界限是葢有神焉主之非漫然而爲
災也然所爲神者非蝗之自爲神也又非有神焉爲蝗之長而
率之來率之往或食或不食也蝗之爲物蟲焉耳其種類多其
滋生速其所過赤地而無餘則其爲氣盛而其關係民生之利
害也深地方之災祥也大是故所至之處必有神焉主之是神
也非外來之神卽本處之山川城隍里社厲壇之鬼神也神奉
上帝之命以守此土則一方之吉凶豐歉神必主之故夫蝗之
去蝗之來蝗之食與不食神皆有責焉此方之民而爲孝弟慈
良敦樸節儉不應受氣數之厄則神必佑之而蝗不爲災此方
之民而爲不孝不弟不慈不良不敦樸節儉應受氣數之厄則
神必不佑而蝗以肆害抑或風俗有不齊善惡有不類氣數有
不一則神必分別而勸懲之而蝗於是有或至或不至或食或
不食之分是葢冥冥之中皆有一前定之理焉不可以苟免也
雖然人之於人尚許其改過而自新乃天之於人其仁愛何如

者寧視其災害戕食而不許其改過自新乎故世俗遇蝗而爲
祈禳拜禱陳牲牢設酒醴此亦改過自新之一道也顧改過自
新之道有實有文而又有曲體鬼神之情殄滅袪除之法何謂
實反身修德遷善改過是也何謂文陳牲牢設酒醴是也何謂
曲體鬼神之情殄滅袪除之法葢鬼神之於民其愛護之意雖
深且切乃鬼神不能自爲袪除殄滅必假手於人焉所謂天視
自我民視天聽自我民聽也故古之捕蝗有呼噪鳴金鼓揭竿
爲旗以驅逐之者有設坑焚火捲掃瘞埋以殄除之者皆所謂
曲體鬼神之情也今人之於蝗俱畏懼束手設祭演劇而不知

反身修德祛除殄滅之道是謂得其一而未得其二故愚以爲今之欲除蝗害者凡官民士大夫皆當齋祓洗心各於其所應禱之神潔粢盛豐牢醴精虔告祝務期改過遷善以實心實意祈神佑而仿古捕蝗之法於各鄉有蝗處所祀神於壇壇旁設坎坎設燎火火不厭盛坎不厭多令老壯婦孺操響器揚旗旛噪呼驅撲蝗有赴火及聚坎旁者是神之靈之所拘也所謂田祖有神秉畀炎火者也則捲掃而瘞埋之處處如此即不能盡除亦可漸滅苟或不然束手坐待姑望其轉而之他是謂不仁畏蝗如虎不敢驅撲是謂無勇日生月息不惟養禍於目前而且遺禍於來歲是謂不智當此三空四盡之時蓄積毫無稅糧不免吾不知其何底止也

蝗最易滋息二十日即生生即交交即復生秋冬遺種於地不值雪則明年復起故爲害最烈小民無知驚爲神鬼不敢撲滅故即以神道曉之雖曰權道實至理也

鎮江一郡凡蝗所過處悉生小蝗即春秋所謂蝝也凡禾稻經其緣嚙雖秀出者亦壞然尚未解飛鴨能食之鴨羣數百入稻畦中蝝頃刻盡亦江南捕蝝一法也

是年冬大雪深尺民間皆舉手相慶至次年蝗復生蓋巖石

之下有覆藏而雪所不及者不能殺也四月中淫雨浹旬蝗遂爛盡以此知久雨亦能殺蝗也

察冤獄

漢昭帝時海州大旱三年人民離散莫知所從會新太守下車于公謂守曰非申孝婦之冤不可守詢之公曰郯城昔有竇氏少寡事姑極孝姑念孝婦侍奉勤苦欲其嫁婦不允姑遂自經葢以已在妨其嫁也姑之女竟以殺母告太守按治婦乃誣服某曾力爭而勿聽咎非在是而何新守齋戒沐浴徒步往祭孝婦於塚祝方畢而大雨如注至今有孝婦廟在

唐開元中榆林衛等久旱非常顏眞卿爲御史行部至五原時有冤獄久不決眞卿至立辨其冤雨即沛然而至郡人遂呼爲御史雨

明單縣有田作者其婦餉之食畢即死其翁曰此必婦之故矣陳於官不勝箠楚遂誣服自是天久不雨許襄毅公時官山東曰獄其有冤乎乃親歷各境出獄囚遍審之至餉婦乃曰夫婦相守人之至願鴆毒殺人計之至密焉有自餉於田而鴆之者哉遂詢其所饋飲食所經道路婦曰魚湯米飯度自荆林無他異也公問時適當其夫死之際置魚作飯仍由舊路而行試狗

幾無不立死者遂出其罪即日大雨如注

掩枯骨

漢周暢爲河南尹永初二年夏旱久禱無雨暢因收葬雒城傍客死骸凡萬餘應時雨歲乃稔

荒政輯要卷二　　汪志伊纂

林希元荒政叢言得人難審戶難蓋謂審戶不清各弊端從此而起故爲荒政中最難事然未有不得人而能清理者也在院司當牧令是求在州縣宜衿耆是選務在得人方能濟事而得人審戶之方吾謂當行保甲之法何也保甲不立烟戶不清則衿耆之賢否無別何能得人以分任其勞閭閻之貧富不分安得審戶而悉除其弊況保甲之法平日爲弭盜而行則官畏煩難而民亦嫌其擾累此時爲鍋賑而行則官甚便宜而民亦樂於從事而盜賊奸宄無所容更不待言矣是一舉而無善不備焉若逢災象已成誠於此卷成規不畏其難斟酌而力行之則其餘皆易爲力矣

求賢能

宋熙寧二年遣使賑濟河北流民司馬溫公光言京師之米有限河北之流民無窮莫若擇公正之人爲監司使察災傷州縣守宰不勝任者易之各使賑濟本州縣之民則饑民有可生之路豈得有流移

明僉事林希元疏云救荒無善政使得人猶有不濟況不得人

乎臣愚欲令撫按監司精擇府縣官之廉能者使主賑濟正印官如不堪用可別擇廉能佐貳或無災州縣廉能正印官用之蓋荒事處變難以常拘也至於分賑官員可令主賑官擇之事完官則上之吏部府縣學職等官視此黜陟舉人監生等人員視此爲除授民則上之撫按別其賞罰如此則人人有所激勸而荒政之行或庶幾乎

陸曾禹曰天下事未有不得人而能理者也况歉歲哉事起急迫人非素練老幼悲啼婦女雜亂厲之以嚴則饑體難加扑責待之以寬則散漫莫肯循規加之吏胥作弊致使饑莩盈途故不得人其何以濟在君相當郡縣是求在郡縣宜鄉者是選遴相慎擇必得其人任之以事自無不濟書云建官惟賢位事惟能時當歉歲可弗以擇賢任能爲首務哉

元張光大云擇人委任爲第一要事若委任得人自然無弊君子作事謀始賑濟之方尤爲當慎若一槩委用富豪之家則富而好義者少爲富不仁者多其害有甚於吏胥無籍之輩今後莫若選擇鄉里有德望誠信謹厚好義之人或賢良縉紳素行忠厚廉介之士亦不拘富豪但爲衆所敬而悅服者許令鄉民推舉使之掌管庶幾儲積不虛凶年饑歲得以濟民也

明御史鍾化民救荒諭所屬曰司廠不可用在官人各地方保甲里耆公舉富而好禮者州縣官以鄉賓禮往請破格優禮諭以實心任事廠內利弊陳請即行月給官俸能使一廠饑民得所旌以彩幣匾額倍之者給以冠帶或爲骨肉贖罪或欲子弟採芹任其所欲富室捐賑視其多寡與司廠者同賞格既諭之後又巡歷各方用拾遺法得實心任事多方全活災民賢之尤者即刻破格薦揚貪暴縱恣以致餓殍枕籍不肖之尤者即時馳參以故羣吏實心任事饑民多所全活

拾遺法預令飢民進見時人具一紙勿書姓名開所當舉當劾及官吏豪猾有無侵刻橫行散布於地即與典 處分參必擇其僉同者而後察之也

先審戶

宋蘇次參澧州賑濟患抄劄不公給印冊一本用紙半幅令各自書某家口數若干大人若干小兒若干合請米若干實貼於各人門首壁上如有虛僞許人告首甘伏斷罪以便委官查點又患請米者冗分定幾人爲一隊逐隊俱用旗引如卯時一刻引第一隊領米二刻引第二隊以至辰巳時皆用此法則自無冗雜且老幼婦女悉得均糴矣○又任澧陽司戶日權安鄉縣正值大澇始至令典押將縣圖逐鄉抹出全澇者用緑半澇者

用青無水之鄉用黃不以示人又令鄉司抹來參合方請鄉者逐鄉爲圖復以青綠黃色别其村分出圖參驗故不檢涝而可知分數催科賑濟亦視此爲先後其法甚簡要也

宋李珏守毘陵時適遇民饑將災傷都分作四等抄劄仁字係有産稅物業之家義字係中下戶雖有産稅災傷實無所收之家禮字係五等下戶及佃人之田并薄有藝業而饑荒難於求趁之人智字係孤寡貧溺疾廢乞丐之人除仁字不係賑救義字賑糶禮字半濟半糶智字全濟並給票計口如常法惟濟米預掛榜文十日一次委官散給民至於今稱之○丁卯鄱陽旱

暵又將義倉米每日就城中多置場所減價出糶先救城内外之民却以此錢准價計口逐月一頓支給以濟村落之民非惟深山窮谷皆沾實惠且免偷竊拌和之弊一物兩用其利甚普

宋吳中大饑方議賑恤以民習欺誕救本部料撿家至戶到左諫議大夫鄭雍言此令一布吏專料民而不救災民皆死於饑今富有四海柰何謹圭撮之濫而輕比屋之死乎上悟追止之

宋余童蘄州賑濟盡括戶口之數第爲三等孤獨不能自存者專賑濟下戶乏食者賑糶有田無力耕者賑貸闔境五邑以鄉村遠近均粟置場每場以一總首主出納十場以一官吏專伺察

宋江東運判俞宗亨賑濟踏殺婦人一百六十二人乞待罪

宋從政郎董煟曰勘災抄劄之時里正乞覓强梁者得之善弱者不得也附近者得之遠僻者不得也吏胥里正之所厚者得之鰥寡孤獨疾病而無告者未必得也賑成已是深冬官司疑之又令覆實使饑者自備裹糧數赴點集空手而歸困踣於風霜稟洌之時甚非古人視民如傷之意凡縣令宜每鄉委請一上戶平時信義爲鄉里推服官員一人爲提督賑濟官令其逐都擇一二有聲譽行止公幹之人爲監視每月送米麥點心錢

分團抄劄不許邀阻乞覓有則申縣斷治其發米賑糶亦如之若此庶乎其弊少革丁

宋袁燮爲江陰尉浙西大饑常平使者羅點屬任賑恤燮命每保畫一圖田疇山水道路悉載之以居民分布其間凡名數治業悉書之合都爲鄉合鄉爲縣征發追胥披圖可立決以此爲荒政首

明僉事林希元疏云臣愚欲分民爲六等富民之等三極富次富稍富貧民之等三極貧次貧稍貧稍富不勸分稍貧不賑濟極富次富使自檢其鄉之次貧稍貧而貸之種非特欲借其銀

種也欲於勸分之中而寓審戶之法何者蓋使極富次富之民出銀以貸諸貧彼必度其能償者方借而不借者即極貧不用耳目而民爲吾耳目不費吾心而民爲吾盡心法之簡要似莫有過於此者若流移之民則與鰥寡孤獨等皆謂之極貧可也

明御史鍾化民督理荒政云垂亡之人既因粥廠而得生矣稍自顧惜不就廠者散銀賙之令各府州縣正印官遍歷鄉村喚集里保公同查審宵棍作奸許人舉首得實者重賞如虛反坐給與印信小票上書極貧某人給銀五錢次貧某人給銀三錢鰥寡孤獨更加優恤分東南西北先期出示分給以免奔走守

候敢有以宿逋奪去者以劫賊同論其銀又當不時掣封秤驗如有低潮短少視輕重處分

明神宗時陳霽岩知開州時大水無麥而有賑府下有司議岩倡議極貧民賑穀一石次貧民賑五斗務必令民共沾實惠放賑時編號執旗魚貫而入雖萬人無敢譁者公自坐倉門外小棚下執筆點名視其容貌衣服於極貧者暗記之庚午春上司行文再賑貧者書吏稟公出示另報公曰不必第出前之點名冊查看暗記極貧者逕開其人喚領賑米鄉民咸以爲神蓋前領賑之時不暇粧點盡得眞態故也

明周文襄忱撫蘇時云救荒者凡以爲貧戶下戶也官司非不欲一一清審之柰寄之人則難公任之巳則難遍昔人謂救荒無奇策正以貧戶之難審也所以然者亦不豫故耳合令被災之府州縣豫乘秋月以主賑官督在城保長以在城保長催在鄉保長以保長催甲長以甲長報花戶每甲分爲不貧次貧極貧三等除不貧外將次貧極貧各口數大小若干貼其門首壁上再令每保開一土紙手本送至賑濟官不許指稱造冊科斂貧民待鄉黨日久論定委官乘便覆查此即宋時蘇次參澧州賑濟之法但彼臨時爲之不若先時查審貧富明白民志定矣

尤爲無弊

明陳龍正曰賑饑之法往往吏胥爲奸皆由戶之不能審也貧者未必報報者未必給其報而給者又未必貧請就里中推一二大姓任以賑事有司不時單車臨視稍立賞罰科條以勸戒之蓋大姓給散其利有九習知貧戶多寡不至漏冒一也給散近在里中得免奔走與留滯之苦二也按籍而得姓名穀米之數易於查勘三也以鄰里之誼不至僞雜損耗四也貧戶素服大姓即有缺漏易於自鳴五也食糜各於其鄉不至羣聚喧雜穢惡薰蒸而成疫癘六也大姓熟識近鄰不至攫奪七也分賑

官之勞八也吏不能爲奸九也

惠學士士奇曰江東旱提刑史彌鞏以爲賑荒在得人俾甄戶爲五等甲賑乙糶丙爲自給丁糶而戊濟此甄戶之法也甄戶之法當倣韓琦河北救災政而擇甲戶之以貲爲官者憲司禮請之屬以計日均戶而分五等每縣若干都每都五人視民居稀稠而增減其數復授之粟而屬以親至某鄉聚民均給人日一升幼小半之十日一周終而復始至麥熟止仍分糶粟之所給粟之所俾均主之而有司總其成如此則以戶均戶以民賑民旣不使弁亦無掣頓且人情各愛其鄉而又恐負憲司之意必相與從惠從事而惟恐不均則甄戶之法可行也

嚴保甲

周禮大司徒施教法於邦國都鄙使之各以敎其所治民令五家爲比使之相保五比爲閭使之相受四閭爲族使之相葬五族爲黨使之相救五黨爲州使之相賙五州爲鄉使之相賓

宋張詠守蜀季春糶廩米其價比時減三分之一以濟貧民凡十戶爲保一家犯事一保皆坐不得糶民以此少敢犯法王文康知益州獻議者改詠之法窮民無所濟復爲盜文康奏復之其賑糶法人日二升團甲給票赴場請糴始二月一日至七月終歲出米六萬石蜀人大喜爲之謠曰蜀守之良先張後王惠我赤子俾無流亡何以報之俾壽而康

宋朱文公熹於建寧府崇安縣因荒請米既建社倉乃立保甲法其法以十家爲甲甲推一首五十甲推一人通曉者爲社首逃軍無行不得入甲凡得入者又問其願與不願惟願者開其大小口若干共登一簿以便稽查

陸曾禹曰保甲法雖不爲社倉而建但旣建社倉此法斷不可少不然司事者無人舉報者無人賢否無由而別虛實何從而知故欲富國強兵者在所首重而欲敦倫善俗者亦不

可少緩也朱子學貫天人豈漫無所據而力行哉

明張朝瑞行保甲法或言往歲賑饑皆領於里甲今編保甲以代之何也曰國初之里甲猶今時之保甲昔相鄰相近故編爲一里今年遠人散每見里長領賑輒自侵隱甲首住居窵遠難以周知及至知而來來而取取而訟訟而追追而得計所得不足以償所失故強者怒於言懦者怒於色只得隱忍而去甚有鰥寡孤獨之人里甲曰彼保甲報之於我何與保甲曰彼里甲報之我何與焉互相推諉使民死於溝壑無可控訴者難以數計不若立爲畫一之法俱歸保甲蓋凡編甲之民萃聚一處其

呼喚易集其貧富易知昔熙寧就村賑濟張詠照保糶米徐寧孫逐鎮分散朱文公分都支給皆用此法也

明王文成守仁巡撫江西行十家牌法曰凡置十家牌須先將各家門面小牌挨審的實如人丁若干必查某丁爲某官吏或生員或當差役習某技藝作某生理或過某房出贅或有某殘疾及戶籍田糧等項俱要逐一查審的實十家編排既定照式造冊一本留縣以備查考及遇勾攝並差調等項按冊處分更無躲閃脫漏一縣之事如指諸掌

明周文襄忱撫蘇時曰弭盜安民莫良於保甲法是法也爲弭盜而設是以治之之道徧之也人情莫不偷安故其成之也難爲賑濟而設是以養之之道徧之也民情莫不好利故其成之也易今令各府州縣擇廉能佐貳一員專董其事大槩先將城內以治所爲中央每保統十甲名設保正副等人每甲統十戶設甲長一人分東西南北以東一保東二保東三保等爲號南與西北亦如之其在鄉四方保正副又以在城保正副分方統之假如在城東一保統東鄉一保在城東二保統東鄉二保餘則皆以此爲法是保甲者舊法也以城中之保而分統鄉間之保者新設之法也若鄉間保長抗令即添差助城中保長協力

處分凡公事可以立辦矣

陸曾禹曰保甲之法不立城市錯雜鄉村窵遠在位君子烏能知其賢否併有餘不足之家也惟行之有素按籍而稽奸宄不得容留貧富瞭然在目冒破者無有矣故不論賑濟賑貸賑糶饑年皆不可少

彭中丞鵬曰保甲行而弭盜賊緝逃人查賭博詰奸宄均力役息武斷睦鄉里課耕桑寓旌別使賑貸無一善不備焉行之不善則民累滋甚矣如舊例朔望鄉保赴縣點卯守候一累也刑房按月兩次取結索錢二累也四季委員下鄉查點供應胥役三累也領牌給牌紙張悉取諸民四累也遣役夜巡遇梆鑼不響即以悞更恐嚇餽錢乃免五累也又保甲長託情更換條張條李六累也甚而無名雜派差役問諸莊長莊長問諸甲長甲長問諸人戶藉爲收頭七累也今與爾八路十五鄉人等約不點卯不委員不取結保甲長不聽情更換凡一家牌十家牌百家總牌自買紙印刷付保長親領不費爾民一錢巡夜非本縣親歷凡皂快人等藉稱查夜許爾莊長甲長扭稟假冒者懲責得贓者重處

保甲行於歉歲田畝有蠲賦緩征之惠則富者不肯隱匿極

次有撫䘏賑貸之恩則貧者亦樂開造善爲政者因其勢而
利導之則難辦者轉覺易爲力矣

先示諭

明周文襄忱曰時值饑荒民情洶洶宜當民之未饑多揭榜示曰將放財將發粟將請蠲稅銀糧米將平糶粟米吾民毋過憂毋出境毋棄父子毋爲寇盜則民志定矣

荒政輯要卷三　　汪志伊纂

此卷就江蘇前任彭方伯家屏所刊災賑章程併採各省[illegible]等事宜及參酌見聞而成帙者自報災查勘田畝戶口以至動發撫賑報銷及除弊賣分爲四類最關緊要凡爲地方官者必須平時細加研究庶免臨事周章若委員協查尤宜提出此卷交與細心閲看寔力奉行俾免歧悞

勘災事宜

一凡州縣查勘災田須憑災戶呈報坐落畝數應先刊就簡明呈式首行開列災戶姓名住居村莊次行即列被災田畝若干坐落某區某圖或某村某莊又次行刊列男婦大幾口小幾口其姓名田數區圖村莊大小口數俱留空格後開年月每張止須如冊頁式樣疊作兩摺預發舖戶刊刷分給報災之地方鄉保令轉給災戶自行照填報送地方官即查對糧冊相符存俟彙齊按照災田坐落區圖村莊抽聚一處歸莊分訂用印存案即可作爲勘災底冊

一州縣災象已成該印官應一面通報各上司該管府州接到報文即照例委員赴縣協查該州縣一面按照各莊災冊挨順道路酌量煩簡計需派委若干員除本地佐雜若干外尚

少若干卽稟請道府派委鄰近佐雜如仍不敷再稟院司調
發候補試用等官分辦
一凡委員赴莊查勘時該州縣卽按其所查村莊將前項釘成災冊分交各委員帶往按田踏勘將勘寔被災分數田數卽於冊內註明如有多餘少報以及原係版荒坑坎無糧廢地又有只種麥不種秋禾名爲一熟地者逐一註明扣除其勘不成災收成歉薄者亦登明冊內若原冊無名臨勘報到者勘明被災果實亦註明災分附釘本莊冊後勘畢將原冊繳縣彙報其餘未被災之村莊不許濫及

一災分輕重應照被災村莊實在情形不得以通縣成熟田地統計分數致災區有向隅之苦至一村一莊之中大抵情形相彷不必過爲區別致有紛繁零雜難以查辦且易滋高下其手之弊第州縣之中每一地方卽有數十村莊及百餘村不等查勘災分應就一村一莊計算不得以數十村莊之一大地方統作分數以致偏陂不均
一州縣印官一俟委員勘齊災田一面核造總冊一面先將被災村莊輕重情形及災田錢糧內如漕項河工歲夫漕糧等項非奉
題請例不蠲緩者一併妥議應否蠲緩分別開摺通稟併將本邑地輿繪畫全圖分註村莊將被災之處水用青色旱用赤色渲染清楚隨摺並送以便查核
一定例夏月被災如種植秋禾將來可望收成者應統俟秋穫時確勘分數另行辦理如得雨稍遲佈種較晚必需接濟者酌量借給籽種口糧如遇冰雹爲災及陡遭風水一隅偏災亦照此辦理
一被秋災地方如有旱後得雨尚早及水退甚速者尚可補種雜糧均當勸諭農民竭力赶種以冀晚收如有得雨較遲積

水難消者應飭設法宣導使之早爲涸復灌溉有資其乏種貧農無力佈種者照例詳請酌借籽種候示放給其有力之戶不得冒濫
一沿海土石塘工如遇異常潮患衝激坍損查明果非修造不堅所致例應免賠者卽開明工段丈尺原修事案職名固限月日妥議通報聽候勘估詳辦其城垣倉庫衙署要路橋梁營房墩臺木樓等項亦照此辦理
一報災定例夏災不出六月秋災不出九月原指
題報而言至於州縣被災自必由漸而成況麥收在四五月

秋成在七八月則是有收無收荒熟早已定局嗣後各州縣
被災情形應於五八月內勘確通報以便彙敘詳
題不得延至六九月始行詳報致稽
題限
一定例災田分數蠲緩冊結應自
題報情形日起限四十五日具
題遲則計日處分而此四十五日內由州縣府道藩司層層
核轉以至院署拜疏均在其間扣算是爲期甚迫若有逾違
處分最嚴然州縣勘定成災例由協查廳員及該管道府加

結送司每致遲延檄催差提不能即到嗣後應令州縣一俟
委員勘齊災田即造具災分田數科則蠲欵總冊併造被災
區圖田畝冊出具印結一面專役賫送司查核轉造一面
分送協查廳員並由該管府道加結移司彙轉庶無稽悞
一災蠲錢糧定例被災十分者蠲免七分被災九分者蠲免六
分被災八分者蠲免四分被災七分者蠲免二分被災六分
五分者蠲免一分至於先經報災後經勘不成災田地原無
蠲緩之例間有
題請緩徵錢糧者乃屬隨時酌辦之事嗣後被災州縣如有

此等勘不成災收成歉薄田地亦須查明實在斗則田數另
開一冊隨同成災田畝一並送司以便臨時酌辦
一扣除災戶錢糧應按實被災田數目驗算應蠲應緩於額徵
確冊內分註扣除其未被災田錢糧不應統扣蠲緩此乃理
所最易明者從前竟有州縣誤認統徵分解之說混將災田
蠲緩之項照闔縣田糧額數不分災熟槩行攤扣以致追賠
有案後當視爲炯鑑
一州縣田地有民屯草場學田蘆田河灘等項之分內如民賦
漕田併衛省衛外衛屯田草場學田蘆田等項被災則應該

州縣查辦但須分項造具冊結詳報不可彙歸一冊致滋漏
淆又如淮大等衛屯田散處各邑境內向係該衛官如遇被
災例應該衛會同各該地方官勘明災分田畝科則蠲糧各
數造具冊結仍由衛官辦送惟撫賑災軍應隨坐落州縣一
併查辦又如淮徐等屬切近黃淮向以長堤爲界堤外灘地
水無關擱去來無定所徵灘租數亦甚輕原與內地糧田不
同是以從前詳定總視內地糧田爲準如堤內無災止此河
灘被水不准報災給賑如遇堤內成災則堤外灘地仍准一
體報災撫賑嗣後仍應照舊辦理但須分案造冊具結隨同

民田等冊一例依限詳送不得稽遲至鹽場課地例歸鹽法衙門查辦州縣止須稽察毋致混入民田

一災賑公文均關緊要應於封套上加用災賑公文紅戳或用排單由驛站馬上飛送或專役賫投不得發舖遞致稽

一各屬地方遼濶災賑事務頭緒紛繁印官一身不能兼顧故須委員協辦務將刊定章程公同細講和衷妥辦凡有臨時飭辦事宜亦即分抄細看遵辦切勿各逞臆見辦理參差

撫卹事宜

一撫卹一項原爲被災之初查賑未定極次未分災民之中如

係猝被水衝家資飄散房舍衝坍露宿篷棲現在乏食勢難緩待者自應不論極次隨查隨賑給以撫卹一月口糧或錢或米各隨災戶現棲之地當面按名給發印委各官登簿彙冊報銷仍即訊明各災戶原住村莊註冊俟水退歸莊後查明災分極次仍按原莊給賑其衛軍貧生兵屬有似此者亦應一體查辦如有竈戶在內雖屬鹽法衙門管理倘場員查辦不及應令地方官照依民例先行撫卹造冊詳請鹽政衙門撥還歸款

一猝被水災房屋坍倒一時舉爨無資者或暫行煮粥賑濟其有趨避高處四圍皆水不通旱路窮民無處覓食者該地方官亟應買備餅麪覓船委員散給以全生命此係猝被之災事非常有向無另項開銷如遇此等辦理應按其救濟災民口數歸於撫卹項下報銷

一坍房修費例應每瓦房一間給銀七錢五分草房一間給銀四錢五分原爲衝坍過甚無力修葺者方始動給俾窮民無露處之虞如係有力之家併佃居業主之房亦不得濫及如有房屋已被衝淌基址難以查考者應酌按人口多寡量給草房修費凡一二口者給予一間口數多者每三口遞加一

間均於冊內登明詳請給發兵屬衛軍一體查辦竈戶坍房應令場員查明詳報鹽政衙門辦理

一被水淹斃及坍房壓斃人口每大口給棺殮銀八錢小口四錢除有屬領埋外其無屬暴露者着令地保承領掩埋如有好善紳士情願捐備者亦聽其便該地方官查明捐數具詳請奬不得抑勒派擾

一被災貧民雖例應先行撫卹一月仍須酌看情形或被災較重或連遭歉薄民情拮据應行先撫後賑者即行照例將撫卹一月口糧先於正賑之前開廠散給彙報如甫當麥收豐

稔之後適遇秋災或民力尚可支持只須加賑毋庸撫卹者亦先期通稟以便於情形案內聲敘詳
題
一被災地方原有以工代賑之例如有應興工作自當及時修舉但如挑河築堤等工所用夫力居多方與貧民有益若如修城建屋等工料多工少似非代賑所宜須於臨時斟酌妥協詳辦至災戶中有赴工力作者此乃自勤其力以補日用之不足若因其赴工而扣除其賑糧則勤戶反不若惰民之安然得賑於理未協嗣後凡有賑戶赴工力作毋庸扣其賑

糧俾其踴躍從事

查賑事宜

一查報饑口例應查災之員隨莊帶查向憑地保開報固難憑信即攜帶烟戶冊查對其中遷移事故亦難盡確在有田災戶尚有災呈開報家口其無田貧戶更無戶口可稽況人之貧富口之大小必得親歷查驗方能察其真偽嗣後委員查賑務必挨戶親查詳察情形參考原冊查照後開規條酌分極次查明大小口數當面登冊填給賑票勿怠惰偷安假手地保書役代查代報致滋混冒查完一莊即行結總再查下莊每日將查完村莊賑冊票根固封繳縣仍將查過村莊饑口各數或三日或五日開摺通稟查核

一查賑饑口以十六歲以上爲大口十六歲以下至能行走者爲小口其在襁褓者不准入冊

一貧民當分極次全在察看情形如產微力薄家無擔石或房傾業廢孤寡老弱鵠面鳩形朝不謀夕者是爲極貧如田雖被災蓋藏未盡或有微業可營尚非急不及待者是爲次貧極貧則無論大小口數多寡俱須全給次貧則老幼婦女全給其少壯丁男力能營趁者酌給

一業戶之中有一戶之田散在各里者應統行查核如係熟多荒少或田雖被災家業尚可支持者毋庸給賑如係荒多熟少寔係貧苦者應歸於住居村莊按災分給賑不得分莊混冒如有弟兄子姪一家同住總歸家長戶內給賑不得花分重冒違者究追

一業戶之田類多佃戶代種內如本係奴僕雇工原有田主養贍者毋庸給賑如係專靠租田爲活之貧佃田既遇荒業主又無養贍並查明極次及所種某某業主之田按其現住災地分數給賑不得分投冒領

一寄莊人戶須查明實係本身貧乏方許給賑否則恐其身居
災地田坐熟莊易滋冒濫或人居隔縣田坐災邑本係田多
殷戶其管莊之人自有業戶接濟亦可毋庸給賑
一被災地方坐落營分其兵丁原有糧餉資生但家口多者遇
災拮据令該管營員查明災地兵丁除本身及家屬三口以
內不准入賑其多餘家口方准分別極次開冊移縣該地方
官會同該營親查確寔與民一體給賑如有虛冒立即刪除
無災村莊不得濫及
一被災村莊內之鰥寡孤獨疲癃殘疾之民除有力自給或親

族可依及已入養濟院者毋庸給賑其無業無依遇災乏食
者悉照所住村莊災分輕重分別極次一體給賑其餘不被
災村莊內之四煢不准給總以被災不被災分清界限不
得以附近災地牽混
一被災村莊內有無田貧民或傭工營趁或賴手藝餬口因被
災失業無處營生者應隨住居村莊災分輕重分別極次一
體給賑無災村莊不得濫及其餘有本經營開鋪貿易者務
須嚴禁混冒察出從重究治
一查賑之時如有災戶外出未歸未經給賑自必有烟戶原冊

可查空房遺址可驗承查委員應即查明於賑冊內一一註
明以備該戶聞賑歸來時查明補給彙冊報銷茲杜揑報複
領之弊
一向有留養流民資送回籍之例是以一遇災歉人多四出今
此例已停恐愚民尚未通曉應令被災地方官遍加曉諭使
知出外無益各自安心待賑免致流離失所
一屯衛災軍飢口應歸田畝坐落之州縣照依民例一體查賑
一被災貧生例係動支存公折給賑銀應令該學官查明極次
及家口大小口數造冊移縣覆查明確會同教官傳齊各生
在明倫堂唱名散給所以別齊民也如或有濫有遺即將該

教官揭參
一民竈雜處地方除竈戶猝被水災亟須撫卹經地方官代辦
者已於撫卹項下議明外其餘一切辦賑事宜應聽該管場
員查辦仍關會該地方官稽查重冒
一勘災查賑員役盤費飯食除現任州縣養廉充裕無須議給
併州縣官之跟隨書役轎夫人等飯食俱聽自行捐給外如
試用知縣佐雜教職各官每員日給盤費銀一錢准隨帶承
書一名正印官跟役二名佐雜等官跟役一名每名日給飯

食銀三分總以到縣辦事之日起事竣之日止俱由州縣核
實給發如遇乘船已有轎夫飯食抵用毋庸另給船費如閑
住日期除本邑佐雜槩不准給盤費飯食外其外來委員閑
住之日卽令在縣帮辦賑務准給盤費不給書役飯食其給
單造冊紙張公費除貧生一項向不准銷外總照應賑軍民
兵屬大小口數以每萬口作三千戶計算每千戶准銷單票
銀二錢每千戶計冊四十頁每頁准銷銀二釐亦在縣庫動
給事竣分别造冊報銷至委員書役旣已撥給盤費一切供
應均當自備不得於所到村莊取給地保併不許與該地紳

衿交往收受禮物聽情冒濫違者察參
一定例被十分災極貧給賑四個月次貧給賑三個月被九分
災極貧給賑三個月次貧給賑兩個月被七八分災極貧給
賑兩個月次貧給賑一個月被六分災極貧給賑一個月被
六分災之次貧及五分災民例不給賑止准酌借口糧春借
秋還其酌借月分或銀或米隨時酌定詳給
一給賑票應用兩聯串票該地方官預先刊刷印就每本百頁
編明號數其應用查賑戶口冊每頁兩面各十戶亦卽刊刷
釘本用印每本百頁凡委員赴莊查賑時卽按其所查村莊

戶口之多寡酌發冊票若干本登記存案各委員卽賫帶冊
票按戶查明應賑戶口卽將所帶聯票隨時填明災分極次
戶名大小口數將一票截給災民其票根留存比對冊亦照
票填明填完一莊卽將用剩冊票硃筆勾銷封交該州縣收
存爲放賑底冊
一災戶領賑卽賫前給賑票赴廠該委員驗明放給於票上鈐
用第幾賑放訖戳記仍付災民收回以備下月領賑冊內亦
並用戳俟領完末賑卽將原票收回繳縣核銷如有災戶賑
未領完原票遺失者查明果係實情許同莊災戶一二人互

保補給仍於冊內註明票失換給字樣以杜拾票之人冒領
一應賑之戶門首壁上用灰粉大書極貧次貧某人大幾口小
幾口字樣以便上司委員不時抽查俟賑畢後方許起除
一災邑查賑放賑時該管上司應親自巡行稽察併選幹員密
委抽查如有冒濫遺漏等弊立將原辦之委員按其故悞情
罪據實揭參書役冒戶一並嚴究毋稍寬縱至辦賑委員原
係帮同地方官辦理是否妥協應責成該印官隨時稽察如
有重大弊端除委員參處外地方官亦應一並查參庶不致
膜視諉卸矣

一州縣凡遇成災便當早籌賑需先將從前歷年被災輕重及用過銀米各數逐一查明再以現年被災情形較比何年相等雖歷年既久戶口日增今昔難以拘泥第約略度計現存倉庫共有若干尚需若干當卽稟請籌撥併將該縣地方水路可通何處道里若干稟明以便酌核派運至放給災民賑糧應用乾潔米穀不得將存倉氣頭廒底及濫收別縣潮濕米穀混行散給致苦災民其受撥州縣一經奉文卽上緊遴雇堅固船隻照例給足水脚遴差妥當丁役分押各船星速儹運如有船戶押役沿途偷賣攙水和沙霉爛缺少等弊立

卽拏究追賠受撥州縣或應于水次接收轉運入廠者亦卽預覓舟車押赴交卸處所候運糧一到照依制斛卽爲驗明斛收出給印照如有缺少卽按數移追如接收之後復有攙和缺少之弊惟接受之員役是問運糧員役例無盤費不准報銷

一放賑宜多分廠所各按被災附近村莊約在數十里者設爲一廠須于適中寬地或寺院或搭篷每廠須設兩門以便一出一入領賑飢民務令魚貫而行毋致擁擠喧嘩每届放賑必須先期將某某村莊在某處廠內何月日放給明白曉諭並令地保莊頭傳知各戶以便災民按期赴領免致往返守候

一放給賑糧雖有銀米兼放之例然須視地方情形酌辦如係一隅偏災四圍皆熟米充價賤者則給賑銀留米以備急需如係大勢皆荒米少價貴之處則多給賑米少給賑銀庶幾調劑協宜至於銀米兼放廠分須將糧米預爲運貯以便應期散放但一廠之中務須分斷月分若此月應放米色則全放米糧若放折色則全放銀封切不可一廠之中同時銀米兼放致滋飢民爭執

一定例賑糧每月大建大口給米一斗五升小口七升五合小建每大口給米一斗四升五合小口七升二合五勺應照此四項定數每項製備總升斗各數十副該州縣按照漕斛較準驗烙分發各廠應用以免零量稽遲且使斗級人等無從尅短倘有較驗不準以及故爲尅短者察出參究

一定例每米一石卽算一石小麥豆子粟米亦然如稻穀與大麥每二石作米一石膏粱秫秫玉米每一石五斗作米一石放賑如有前項雜糧俱應照此計算併曉示災民知之免受吏胥欺騙

一放折賑定例每石折銀一兩庫平紋銀按月給發如奉
特恩加增米價應照所加之數增給該州縣務須預將各廠應放村
莊戶口逐一查明每村莊共該大幾口小幾口者各若干戶
照一月折賑之數逐戶剪封停當俟屆放期開單同原查賑
冊銀封點交監廠委員帶往按戶唱放戳銷原冊如有不到
之戶卽將原銀收存俟其續到驗明補給如係已故遷除之
戶於冊內註明截支月分原銀歸欵如有揑混冒銷查泰究
追各廠委員仍於每廠每屆放完之後卽將經放月分飢口
銀米各數具摺通報查考至剪封折耗火工飯食例不准銷
帑項如有以銀易錢散放當按時價計算足錢通報核給需
用串繩運費亦無准銷定例均應印官設法捐辦毋得借端
尅短及冒混請銷干咎
一災賑州縣務於正賑未滿一兩月前先將地方賑後情形察
看明確如果災重疊被之區民情困苦正賑尚不能接濟麥
熟者應剖晰具稟聽候酌辦如奉
恩旨加賑卽照所指何項飢口應賑月分遍行曉示災民仍照原給
賑票按期赴廠領賑放給之後卽於冊票內鈐用加賑第幾
月放訖紅戳餘俱照正賑例一體查辦

一賑濟動用銀米皆有一定年欵如司庫撥發甲年賑銀止可
作甲年賑用不可挪作乙年別用也卽有急需動墊亦當隨
時備具批領詳司劃作收放或遇司發賑銀未到暫動屬庫
錢糧墊放亦當隨時詳抵清楚庶免溷淆今查各屬每多不
論年欵混行挪墊又不赴司作明收放以致遞年賑剩紊如
亂絲甚難清理嗣後賑銀務照本欵支用如有挪墊急項以
及徑動屬庫錢糧者務必隨時備具批領詳司作明收放先
行清欵其用銀之應銷與否仍聽本案核明歸結如再仍前
擅動又不作抵收放定以擅動庫帑揭叅至於賑用米欵如
常平倉穀奉撥留漕等項方爲正欵若有存倉兵行局郵搭
運漕五等米各有本欵支解不得混行挪動致難歸欵報銷
嗣後州縣賑畢卽將原撥銀米動存各細數造具動欵冊送
司查核以便稽核賑剩分別飭解清欵不得一聽書吏高擱
不辦任催罔應致煩差提干咎
一災地賑濟之外間奉憲行煮賑原無一定應俟臨時奉文籌
辦如有地方實在窮苦被災村莊雖經給賑而城市無災之
地無業煢民尚難餬口該地紳衿富戶果有實心好善自願
捐資設廠煮賑者應通詳批允方可聽其自行經理不許官

胥干預抑勒派擾惟於廠所應派員弁彈壓巡查以防奸匪
混爭滋事事竣查明捐戶姓名銀米各數造冊詳請分別獎
敘

一平糶倉糧原應青黃不接米少價昂時舉行所以平市價便
民食也如遇災地秋冬正放賑糧小民有米可資原可無需
平糶況災邑倉糧有限若賑糶同時並舉勢必倉箱盡罄來
春反無接濟自應仍令於放賑時毋庸平糶撙節留餘以為
青黃不接時糶濟民食不得早圖出脫致貽仰屋之憂

一各處出產米糧多寡不一米少之區不得不仰藉鄰封以資

接濟在沿海地方尚當隨時酌量給照流通何況腹裏內地
尤難稍有歧視乃地方有司不明大體每多此疆彼界之分
一遇米貴之時輒行禁止出境地方棍徒得以乘機搶截滋
事訛詐最為惡習嗣後凡係腹裏內地商販米糧悉聽其便
毋許阻遏其沿海地方向禁米糧出海者平時照常查禁如
遇鄰封歲歉需賴商販接濟者應即詳明給照驗放流通並
令曉諭口岸居民毋致滋事干咎

一災地米價昂貴地方紳士如有情願平糶者應聽其自便乃
地方官往往借勸諭為名抑勒減價並令有米之家開數報

官深為擾累嗣後減糶務須聽民自願如有抑勒派減等情
即行嚴查參處

一撫卹正賑加賑災民災單既畢之後即應查造報銷簡細二
冊如簡明冊應將被災分數列於冊首將撫卹正賑加賑按
照月分大小分晰災分極次大小口數逐賑開造如有物故
遷移截支各戶亦即逐月扣除然後結明大總列明動用銀
米各數是為簡冊也應造四套造定之日先行具結分送司
府道加結核轉其花戶細冊應將前項簡明總數開列於前
次將被災區圖村莊逐區逐圖逐村逐莊挨次造報如甲區

被幾分災極次貧若干戶大小口若干內某戶大口若干小
口若干務須總撒相符南鄉歸南北鄉歸北不得顛倒錯亂
其無田貧民併衛軍兵屬即於各該區圖村莊冊後附造毋
漏是為花戶細冊也應造六套隨後送司彙轉至於貧生飢
口冊應另照式造送簡細二項冊結併取學結同送

一隨賑報銷者如運賑水腳查災辦賑委員書役盤費坍房修
費借給籽種借給口糧均須逐項造具簡細各冊結分案詳
送以便核明彙轉

剔除弊竇

一州縣里保蠹役每有做荒賣荒之弊私向糧戶計畝索銀代爲揑報亦有不通知糧戶徑自揑報以圖雀役賣與別戶者其弊在荒熟相間之處爲多又有飛莊詭名之弊鄉保串同胥役以少加多將無作有希圖朦混其弊在僻遠處所及鄰縣犬牙相錯之地爲多甚至將一切老荒版荒已經除糧之地併坑窪池塘歷來不涸之地一片汪洋難以識别者混行開報或一村一莊一圖一圩被災者不過什之一二而籠統混報查勘之時但憑鄉地引至一二被災處所指東話西遂以爲實不肯處處踏勘必至輕重任鄉保之口分數憑書吏之權移易增減此報災之弊也勘員務須留心訪查有則嚴究根由懲處

一鄉保里地於查報飢日給票散賑時多有指稱使費需索災民不遂其欲則多方刁蹬恣意譸張印委各官務須嚴加禁約加意密察一有見聞立拏究革枷示追贓如有故縱該管道府州察實嚴參

一勘災查賑自應靜候地方印委各員查勘向有土豪地棍倡爲災頭名色號召愚民斂錢作費到處連名遞呈或於委員查勘時暗使婦女成羣結隊混行鬨鬧本係無災而强求揑報或不應賑而硬爭極次往往釀成大案嗣後被災地方務須嚴切曉諭加意查防如有前項不法災頭倡衆告災鬧賑者即將爲首及婦女夫男嚴拏詳究毋稍寬縱至於災地賑廠每多不飢之民乘機混入搶竊食物等事並應嚴加巡緝有犯即懲仍行設法驅遣毋任聚集滋事又有百十爲羣搭坐小船號呼無處棲身求附莊冊領賑寔則彼此串通分頭換載冒濫百出勘員遇有此種查畢一船即將船頭鏟削數寸書明某月日某莊查過共坐若干人字樣准其附莊領賑則奸伎自無所施杜其再往別處重冒

一查賑則揑報詭名多開戶口或一戶而分作幾戶或此甲而移之彼甲挨籍有名核寔無人

一劣衿刁民見鄉地混報吏胥侵蝕即從中挾制或於本戶之下多開數戶或於領賑之時頂名冒領鄉地吏胥明知而莫可如何不可不察

一各衙門書吏視辦災爲利藪給票則有票錢造冊則有冊費災民無力出錢即刪減口數州縣如此府司院胥吏明知其弊因而勒索稍不遂意將冊籍苛駁更有上下勾通將空白印冊交給任其朦開揑造俱於賑糧內取盈非上下衙門之

本官互相覺察尤難破此弊也

一州縣官長厚者任其朦弊而不能覺察柔懦者受其牽制而無以自展又或因倉穀庫項霉變虧缺借此開銷或希冀盈餘入己遂徇私而不察其弊詎上閉一孔下開百竇則大利歸於下而重罪歸於官矣

附冊式

摘寫莊名一號　一字

號	男	女	小	共	注	等
災戶姓名一號	口	口	口	共 口	其家有無蓋藏是何營運藝業所種地畝若干牛具農器幾何並壯丁乳哺之不應賑者均填格內有應續賑者加一續字有應給棉衣者加一衣字	極貧
二號	口	口	口	共 口		次貧
號	口	口	口	共 口		貧
號	口	口	口	共 口		貧
號	口	口	口	共 口		貧
號	口	口	口	共 口		貧

右冊式每頁刊列號數惟便數十頁爲一冊以天地元黄等字樣爲委員號記人占一字印於冊面所查某莊即摘寫莊名一字編爲冊內號數委員執冊挨戶登注災民姓名口數仍將州縣草冊查對是否相符如某項口無則填以圈按戶注明極次字樣查完一村莊合計男女大小口總數注明冊後一日查過數村莊即通計數村莊男女大小口總數注明冊後封送總查之廳印官覆核移交地方官辦理

附票式

州縣爲存票事

今查得　村莊　貧一戶某

應賑大　口共　口

除給本戶照票領賑外存此備查

嘉慶　年　月　日

州縣第　號

州縣爲照票事

今查得　村莊　貧一戶　某

應賑大　口共　口

小　口

嘉慶　年　月　日給付本戶憑票領賑

票用厚韌之紙製如質劑狀當幅之中填號鈐印而剔之票首用委員號記依格冊內所開極次貧戶大小口數填注如某項口無則填以圈一存官一給本戶收執於赴廠時監賑官照名驗票相符令執票領米銀隨米給監賑官另製普賑並各加賑月分圖記普賑訖則於票上用普賑一月訖圖記加賑則於票上用加賑某月訖圖記按月挨次用之賑畢掣票其外出歸來之戶查明入冊一例填給小票如適值放米時歸來者即就廠查明草冊內前後戶爲某之左右鄰詢問得實添入冊內給發小票一體領賑○再查戶時一戶完即填給一戶賑票官與民

皆便但村大戶多刁民往往於給票後婦女小口又復混入則應俟一村查完後於村外空地以次唱名給票其老疾寡弱戶口仍當下填給

荒政輯要卷四

汪志伊纂

一此卷從戶部則例中抄出災傷蠲賑一門凡二十一類夫例本因時因地以制其宜而其酌定之數則各省有同有不同各災出非常稍遲焉難免玩視民瘼之咎官非素練稍錯焉輒有誤違定例之虞故將則例備載此卷以便查照辦理卯委各官果能於第三卷內得前事之師則胸中已有定見而於此卷再能加意講求務合成例庶得心應手以廣

皇仁而救災黎則造福匪淺矣末附捕蝗例從部式也

報災

一地方遇有災傷該督撫先將被災情形日期飛章題報夏災限六月終旬秋災限九月終旬（甘肅省地氣較遲夏災不出七月半秋災不出十月半）題後續被災傷一例速奏凡州縣報災到省准其扣除程限督撫司道府官以州縣報到日為始迅速詳題若遲延半月以內遞至三月以外者按月日分別議處上司屬員一例處分隱匿者嚴加議處

勘災

一州縣地方被災該督撫一面題報情形一面於知府同知通

判內遴委妥員沿河地方兼委河員會同該州縣迅詣災所履畝確勘
將被災分數按照區圖村莊逐加分別申報司道該管道員
覆行稽查加結詳請督撫具題倘或删減分數嚴加議處其
勘報限期州縣官扣除程限定限四十日上司官以州縣報
到日爲始定限五日統於四十五日內勘明題報如逾限半
月以內遲至三月以外者分別議處上司屬員一例處分
一州縣勘報續被災傷分數除旱災以漸而成仍照四十日正
限勘報外其原報被水被霜被風災地續災較重距原報情
形之日在十五日以外者准於正限外展限二十日勘報距

原報情形之日未過十五日者統於正限內勘報請題不准
一展限若已過初災勘報正限之後續被重災准另起限期勘
報
一委員協勘災務不振貲勘報扶同具結者與本管官一例處
分其勘災道府大員不親往踏勘祇據印委各官印結率行
加結轉報者該督撫題參
一遇災傷異常之地責成該督撫輕騎減從親往踏勘將應行
賑卹事宜一面奏聞如濫委屬員貽誤滋弊及聽從不肖有
司違例供應者嚴加議處凡督撫親勘災地係督撫同城省

分酌留一員彈壓係督撫專駐省分酌留藩臬兩司彈壓
一地方報災之後該管官若將所報災地目爲指荒地畝不令
趕種留待勘報分數致誤農時者上司屬員一例嚴加議處

災蠲地丁

一凡水旱成災地方官將災戶原納地丁正賦作爲十分按災
請蠲被災十分者蠲正賦十分之七被災九分者蠲正賦十
分之六被災八分者蠲正賦十分之四被災七分者蠲正賦
十分之二被災六分五分者蠲正賦十分之一山西省未經
攤徵之丁銀及無地災戶丁銀統隨地糧應蠲分數一律請

蠲於蠲免冊內分款造報奉天省被災丁銀按成災分數分年帶徵
一勘明災地錢糧勘報之日卽行停徵所停錢糧係被災十分
九分八分者分作三年帶徵係被災七分六分五分者分作
二年帶徵其五分以下不成災地畝錢糧有奉
旨緩徵及督撫題明緩徵者緩至次年麥熟以後其次年麥熟錢糧
遞行緩至秋成若被災之年深冬方得雨雪及積水方退者
該督撫另疏題明將應緩至麥熟以後錢糧再緩至秋成以
後新舊並納
一直省成災五分以上州縣中之成熟鄉莊應徵錢糧准其一

體緩至次年秋成後徵收

災蠲耗羡

一凡災蠲地丁正賦之年其隨正耗羡銀兩按照被災分數一律驗蠲

被災蠲緩漕項

一民田內應徵漕糧及漕項銀米被災之年或應分年帶徵或與地丁正耗錢糧一律蠲免該督撫確核具題請
旨定奪

災蠲官租

一入官旗地被災該管官將災戶原納租銀作爲十分按災請蠲被災十分者蠲原租十分之五被災九分者蠲原租十分之四被災八分者蠲原租十分之三被災七分者蠲原租十分之一被災六分以下不作成災分數其原納租銀槩緩至來年麥熟後啓徵

一江蘇省吳縣公田一萬二千五百餘畝額徵餘租米石如遇歉收之年准其照民田之例勘明災分同該縣正賦一律蠲緩

蠲賦溢完流抵

一恭遇蠲免錢糧以奉
旨之日爲始其奉
旨以後文到以前已輸在官者准流抵次年應完正賦若官吏朦混隱匿照侵盜錢糧律治罪

業戶遇蠲減租

雍正十三年十一月奉
上諭朕臨御以來加惠元元將雍正十二年以前各省民欠錢糧悉行寬免誠以民爲邦本治天下之道莫先於愛民愛民之道以減賦蠲租爲首務也惟是輸納錢糧多由業戶則蠲免之典大

槩業戶邀恩者居多彼無業窮民終歲勤動按產輸糧未被國家之恩尚非公溥之義若欲照所蠲之數履畝除租繩以官法則勢有不能徒滋紛擾然業戶受朕惠者尚十捐其五以分惠佃戶亦未爲不可近聞江南已有嚮義樂輸之業戶情願蠲免佃戶之租者閭閻興仁讓之風朕實嘉悅其令所在有司善爲勸諭各業戶酌量寬減彼佃戶之租不必限定分數使耕作貧民有餘糧以贍妻子若有素封業戶能善體此意加惠佃戶者則酌量獎賞之其不願者聽之亦不得勉强從事此非捐修公項之比有司當善體朕意虛心開導以興仁讓而均惠澤若彼

刁頑佃戶藉此覬望遷延則仍治以抗租之罪朕視天下業戶
佃戶皆吾赤子恩欲其均也業戶霑朕之恩佃戶又得拜業戶
之惠則君民一心彼此體卹以人和感召
天和行見風雨以時屢豐可慶矣欽此

乾隆五十五年奉
上諭今歲朕屆八旬壽辰敷錫兆民普天臚慶特降恩旨將乾隆五
十五年各直省應徵錢糧通行蠲免農民等皆可均沾惠澤因
思紳衿富戶田產較多之家皆有佃戶領種地畝按歲交租今
業主既緊免征輸而佃戶仍全交租息貧民未免向隅應令地

方官出示曉諭各就業主情願令其推朕愛民之心自行酌量
將佃戶應交地租量予減收亦不必定以限制官爲勉強抑勒
務使力作小民共享盈寧之樂以副朕子惠閭閻廣宣湛闓至
意欽此

蠲免給單

一州縣災蠲錢糧及蒙
恩指蠲分數錢糧該管官奉蠲之後遵照出示曉諭刊刻免單按戶
付執並取具里長甘結詳請咨送部科察核若不給免單或
給而不實該官吏均以違
旨計贓論罪胥役需索按律嚴究失察官議處

一凡遇蠲免錢糧年分令各該州縣查明應徵應免數目預期
開單申繳藩司細加核定發回刊刻填給各業戶收執仍照
單開各款大張告示遍貼曉諭以昭慎重

奉蠲不實

一州縣衛所官奉蠲錢糧或先期徵存不行流抵或既奉蠲免
不爲扣除或故行出示遲延指稱別有徵欵及雖爲扣除而
不及蠲額者均以侵欺論罪失察各上司俱分別查議

查賑

一凡災地應賑戶口印委正佐官分地確查親填入冊不得假
手胥役其災戶內有貢監生員赤貧應賑者責成該學教官
冊報入賑倘有不肖紳衿及吏役人等串通揑冒察出革究
若查賑官開報不實或狥縱冒濫或挾私妄駁者均以不職
參治

一凡地方被災該管官一面將田地成災分數依限勘報一面
將應賑戶口迅查調賑另詳請題若災戶數少易於查察者
即於踏勘災田限內帶查併報

散賑

一民田秋月水旱成災該督撫一面題報情形一面飭屬發倉將乏食貧民不論成災分數均先行正賑一個月 盛京旗地官莊地及站丁被災各先借一個月口糧即於加賑月分內扣除不作正賑 民地被災正賑例與直省同 仍於四十五日限內接查明成災分數分晰極貧次貧具題加賑 盛京旗地官莊地及站丁被災加賑均不論極貧次貧 被災十分者極貧加賑四個月次貧加賑三個月 盛京旗地官莊地被災十分者加賑五個月站丁被災十分者加賑九個月 被災九分者極貧加賑三個月次貧加賑兩個月 盛京旗地官莊地被災九分者加賑五個月站丁被災九分者加賑九個月 被災八分七分者極貧加賑兩個月次貧加賑一箇月 盛京旗地被災八分七分者加賑四個月官莊地被災八分者加賑五個月被災七分者加賑四個月站丁被災八分七分者加賑九個月 被災六分者極貧加賑一箇月 盛京旗地被災六分者加賑三個月官莊地被災六分者加賑四個月站丁被災六分者加賑六個月 被災五分者酌借來春口糧 盛京旗地官莊地被災五分者加賑三個月站丁被災五分者加賑六個月 應賑每口米數大口日給米五合小口二合五勺按日合月小建扣除 盛京旗地官莊地站丁災賑米數大口月給米二斗五升小口減半民地災賑米數例與直省同 銀米兼給穀則倍之貧生饑軍各隨坐落地方與賑 江南省各衛饑軍准其一體與賑住居災地營兵除本身及家口在三口以內者不准入賑外其多餘家口仍准入賑 間散貧民同力田災民一體給賑聞賑歸來者並准入冊賑卹貧生賑糧由該學教官散給災民賑糧由州縣親身散給 江南省泗州衛饑軍

由該衛自行散給 州縣不能兼顧該督撫委員協同辦理凡散賑處所在城設廠之外仍於四鄉分廠其運米腳費同賑濟銀米事竣一體題銷若賑畢之後間遇青黃不接仍准該州縣詳請平糶或酌借口糧其有連年積歉及當年災出非常須於正賑加賑之外再加賑卹者該督撫臨時題請

一民田夏月風雹旱蝗水溢成災若秋禾播種可望收成者統俟秋穫時確勘分數另行辦理其佈種較晚必需接濟者酌借籽種口糧秋後免息還倉若播種止有一季夏月被災即照秋災例辦理其播種兩季地方既被夏災不能復種秋禾者亦即照秋災例辦理 江西省水沖田禾每畝給籽粒銀一錢沙淤石壓每畝給修復銀二錢 湖南省水沖田禾每畝給修復銀二錢 廣東省水沖沙壓田地每畝給賑銀五分 廣西省沙壓田禾須挑挖補種者每畝給賑銀三錢穀五斗 水浸田禾尚可修復者每畝借給穀五斗 田畝被沖不能修復者計口賑銀每大口銀三錢小口銀二錢按畝賑穀每畝穀五斗 雲南省水沖田地每畝給挑培銀三錢沙壓田地每畝給挑培銀二錢

一州縣散賑責成該管道府監察如州縣辦理不寔不力致有遺濫累及災民者揭報該督撫以不職題參其協辦賑務正佐官扶同捏結與本管官一例處分若道府不親往督查率據州縣印結加結申報者該督撫指名題參

一地方遇有賑卹該管官將所報成災分數應賑戶日月分先

期宣示及賑畢再將已賑戶口銀米各數覆行通諭若宣示
本無不實賑濟亦無遺濫而奸民藉端要挾請賑者依律究
擬

折賑米價

一凡折賑米價有奉
恩旨加增折給者以奉
旨之日為始其奉
旨以前仍按定價折給事竣分晰日期報銷○直隸省貧民折賑每米
一石定價銀一兩二錢
貧生折賑每米一石定價銀一兩○江南浙江江西三省折
賑每米一石定價一兩二錢每穀一石定價六錢○山東江
蘇安徽湖北湖南甘肅雲南七省折賑每米一石定價一兩
每穀一石定價五錢○山西省折賑每米一石定價一兩六
錢每穀一石定價九錢六分○奉天省折賑每米一石定價
六錢每穀一石定價三錢○陝西省折賑每米一石定價一
兩二錢每穀一石定價六錢○福建
廣東廣西四川貴州五省向不折賑

坍房修費

一地方猝被水災該管官確查沖坍房屋淹斃人畜分別撫卹
用過銀兩統入田地災案內報銷
一奉天省水沖旗民房屋修費銀全沖者每間三兩尚有木料
者每間二兩尚有上蓋者每間八錢凡驗給坍房修費以二
人合給一間銀兩如人口數多所住房少仍按實住間數核

給又淹斃人口埋葬每口給倉米五石無家屬者官為驗埋
一直隸省水沖民房修費銀全沖者瓦房每間一兩六錢土草
房每間八錢尚有木料者瓦房每間一兩土草房每間五錢
稍有坍塌者瓦房每間六錢土草房每間三錢如瓦草房全
應移建者每間加地基五錢凡驗給坍房修費每戶仍不得
過三間之數又淹斃人口埋葬銀每大口二兩每小口一兩
一山東省水沖民房露宿之時不論極貧次貧又次貧按戶先
給搭棚銀五錢水退後分別驗給修費銀兩極貧每戶一兩
五錢次貧每戶一兩又次貧每戶五錢淹斃人口埋葬銀每

大口一兩每小口五錢
一山西省水沖民房修費銀全坍者瓦房每間一兩二錢土房
每間八錢半坍者瓦房每間五錢土房每間四錢淹斃人口
埋葬銀每大口一兩每小口五錢
一河南省水沖民房修費銀瓦房每間一兩草房每間五錢淹
斃人口埋葬銀每大口一兩每小口五錢
一江蘇省水沖民房修費銀瓦房每間七錢五分草房每間四
錢五分淹斃人口埋葬銀每大口自五錢至八錢為率每小
口自二錢五分至四錢為率

一安徽省水沖民房修費銀極貧之戶瓦房每間四錢草房每間三錢次貧之戶瓦房每間三錢草房每間二錢淹斃人口埋葬銀每大口一兩每小口五錢

一江西省水沖民房修費銀瓦房每間八錢草房每間五錢淹斃人口埋葬銀每大口一兩五錢每小口八錢

一福建省水沖民房修費銀瓦房每間五錢草房每間瓦拔每間各二錢五分草拔每間一錢二分五釐淹斃大口埋葬銀每大口一兩每小口五錢擊破漂沒民船修費銀大船每隻三兩中船每隻二兩小船每隻一兩生存舵工水手量給路

費

一浙江省水沖民房修費銀樓房每間二兩瓦平房每間一兩草房每間五錢草拔每間二錢五分淹斃人口埋葬銀每大口二兩每小口一兩

一湖北湖南二省水沖民房修費銀瓦房每間五錢草房每間三錢淹斃人口埋葬銀每大口一兩每小口五錢

一陝西省水沖民房修費銀全沖者瓦房每間二兩草房每間一兩未全沖者半給淹斃人口埋葬銀每大口二兩每小口一兩淹斃牲畜冊論數目每戶給銀五錢

一甘肅省水沖民房修費銀沖沒無存者每間一兩泡倒者每間五錢淹斃人口埋葬銀每大口二兩每小口一兩沖斃牲畜每戶給銀五錢

一四川省水沖民房修費銀沖沒者瓦房每間二兩草房每間一兩坍損者瓦房每間一兩草房每間五錢凡被沖瓦草房竹木尚存者每間修費銀自一錢至五錢為率按情形輕重核給淹斃人口埋葬銀每大口二兩每小口一兩

一廣東省水沖民房修費銀大瓦房全倒者每間一兩半倒者每間五錢小瓦房大草房大茅草房全倒者每間五錢半倒

者每間二錢五分小草房小茅草房全倒者每間二錢五分半倒者每間一錢二分五釐吹揭瓦房每間一錢擊破漂沒民船修費銀大船每隻一兩小船每隻三錢淹斃人口埋葬銀每大口二兩每小口一兩壓傷人口撫卹銀每口三錢

一廣西省水沖民房修費銀瓦房每間銀八錢米五斗草房每間銀五錢米五斗淹斃人口埋葬銀每口一兩沖壞水車修費銀大者每座四錢中者每座三錢小者每座二錢沖壞堰壩修費銀每座自六兩至十兩為率按情形輕重核給

一雲南省水沖民房修費銀瓦房每間一兩五錢草房每間一

兩坍墻修費銀每堵二錢淹斃人口埋葬銀每口一兩五錢

一貴州省水沖民房修費銀瓦房每間八錢草房每間五錢淹斃人口埋葬銀每大口二兩每小口一兩

一民間失火延燒房屋地方官確勘情形酌加撫䘏所需銀兩於存公項下支銷

隆冬煮賑

一京師五城每年十月初一日起至次年三月二十日止按城設廠煮粥賑濟每城每日給十成稜米二石柴薪銀一兩每年開賑之初由部先期題明知照都察院暨倉場衙門屆期

該巡城御史備具文領逕赴倉場衙門請領米石并赴部請領薪銀每日散賑由該御史親身散給該都察院堂官不時稽察倘有不肖官吏私易米色通同侵蝕者指名題參每年用過銀米由五城報銷 乾隆四十年遇閏十月經都察院照例具奏於閏十月朔開賑欽奉

諭旨展於十月十五日開賑等因欽遵在案

一直省省會地方照京師五城例冬月煮賑 江蘇省長洲元和吳縣每歲歲底各 設一廠煮賑豐年煮賑一個月歉歲加展一個月每大口日需粥米二合每小口日需粥米一合每大小口四十口日需鹽菜一觔每觔銷價銀一分每廠書役九名每名日給飯米一升每廠水火夫一十二名每名日給工食米三升每用米一石需薪糠一十七挽每挽銷價銀九釐每廠日需草一擔每擔銷價銀一錢每廠夜需燈油一觔每觔銷價銀四分五

釐每廠所需搭棚工料添備什物價銀隨時核寔支銷凡米石於鎮江府截漕贈米內動給銀兩於存公項下動給 江西省城南昌新建每歲歲底煮賑以四五十日爲率不論大小口每口日需粥米四合每廠小夫二十名每日共給食米一斗所需米石於節備倉穀項下動給 陝西省咸寧長安二縣每歲歲底南北兩關設廠煮賑以一月四五十日爲率所需銀米於道倉盈餘項下動給 其或夏秋被災較重例賑之外准於近城處所煮粥兼賑

士商捐賑

一凡紳衿士民有於歉歲出資捐賑者准親赴布政司衙門具呈不許州縣查報其本人所捐之項並聽自行經理事竣由督撫核實捐數多者題請議敘少者給與匾額若州縣官抑

勒派捐或以少報多濫邀議敘者從重議處士豪胥吏於該戶樂輸時干涉漁利者依律查究

一鹽商於地方偏災樂爲捐賑者聽其自便若糾結公捐而暗增成本借名取償者查究失察之該管官併予議處

查勘災賑公費

一凡查勘地方災賑除現任正印及丞倅等官不准支給盤費外教職及縣丞佐雜候補試用等官俱按日支給盤費 山西福建二省委員不支盤費所帶書吏跟役口糧雜費均一體支銷 奉天省經歷教職等官每員日給盤費銀三錢准帶跟役二名巡檢典史等官每員日給盤費銀一錢五分准帶跟役一名凡跟役每

名日給飯食銀五分。所查係大州縣准帶書役四名。中州縣准帶書役三名。小州縣准帶書役二名。凡書役每名日給飯食紙筆銀一錢。直隸省 官每員日給盤費銀二錢六分六釐有奇。准帶書役四名。每廠准設書役二名。衙役四名。斗級四名。每名日給飯食銀四分。給單造冊等項紙張每萬戶給銀七兩六錢七分有奇。山東省 官每員日給銀一錢。跟役四名。每名日給銀五分。造冊書役每名日給銀六分。紙張筆墨等銀按賑穀每一千石給銀八錢。山西省 委員隨帶書役人等每名日給飯食銀六分。查造冊籍賑票等項需用紙張筆墨等銀事竣核寔報銷。河南省 佐雜教職等官每員日給盤費銀一錢。隨帶承書一名。跟役一名。正印官隨帶承書一名。跟役二名。每名均日給飯食銀三分。造冊紙張每千戶給銀六分四釐。賑票紙張每千戶給銀八分四釐。繕寫冊籍每千戶給飯食銀三分。江蘇安徽湖南三省 試用候補官每員日給盤費銀三錢。教職佐雜每員日給盤費銀一錢。書役每名日給飯食銀五分。給單造冊紙張工費每千戶給單費銀二錢。造冊每頁給銀二釐。福建省 委員隨帶書役每名

日給飯食銀二分。雇倩繕書每名日給工雇筆資銀五分。造冊筆墨紙張油燭核寔報銷。江西省 試用知縣佐雜教職官每員日給盤費銀一錢。每官一員隨帶承書一名。正印官帶跟役二名。佐雜官帶跟役一名。俱每名日給盤費銀三分。造冊紙張每千戶給銀六分四釐。賑票紙價每千戶給銀八分四釐。浙江省 官每員日給薪水銀一錢。坐船一隻日給船錢飯食銀三錢二分。隨帶經書二名每名日給飯食銀三分。小船一隻日給船錢飯食銀二錢。隨從人役三名五名不等每名日給飯食銀三分。船一隻日給船錢飯食銀二錢。散給銀米廠所書役匠人俱照例支給查造冊籍紙張於公費等銀內動用據實造銷。湖北省 官每員日給盤費銀一兩。每州縣給造冊紙張銀十兩。陝西省 派委鄰屬官員及本州縣佐雜每官一員日給口食銀八分。隨帶書役工匠人等每名日給口食銀四分。調委隔屬官員每官一員日支口食銀一錢。跟役每名日支口食銀五分。官役每員名各給騎騾一頭每頭每百里給脚價銀二錢。查造冊籍印刷賑票包封賑銀封袋等項所需紙張價值核實造銷。甘肅省 官每員日給盤費銀一錢。跟役一名日給盤費銀五分。官役各給馱騾一頭每頭每百里給脚價銀二錢。雲南省 地方官及委員道府州縣每員帶書辦二名。差役三名。馬夫一名。佐雜等官帶書辦一名。差役一名。每名日給米一京升鹽菜銀一分五釐。造冊所需紙筆飯食人工等項每冊一頁共給銀一分於司庫鋼錫銀內給發。

督捕蝗蝻

一直省濱臨湖河低窪之處向有蝗蝻之害者責成地方官督率鄉民隨時體察早為防範一有蝻種萌動即多撥兵役人夫及時撲捕或掘地取種或於水涸草枯之時縱火焚燒設法消滅如州縣官不早撲除以致長翅飛騰者均革職拏問

鄰封協捕

一地方遇有蝗蝻一面通報各上司一面徑移鄰封州縣星馳協捕其通報文內即將有蝗鄉村鄰近某州縣業經移文協捕之處逐一聲明仍將鄰封官到境日期續報上司查核若鄰封官推諉遷延嚴叅議處

捕蝗公費

一換易收買蝗蝻及捕蝗兵役人夫酌給飯食俱准動支公項令同城教職佐雜等官會同地方官給發開報該管上司核實報銷其有所費無多地方官自行給辦實能去害利稼者該督撫據實奏請議敘其已動公項仍致滋害傷稼者奏請

著賠。口每名給錢五文。米五合。直隸省捕蝗人夫分別大口每名給錢十文米一升。小口每名給錢五文米五合。每錢一千每米一石俱作銀一兩。長蘆所屬鹽場地方雇夫撲捕。壯丁日給米一升。幼丁日給米五合。又老幼男婦自行捕蝻一斗給米五升。江蘇省捕蝗雇募人夫。每名日給倉米一升。每處每日所集人夫不得過五百名。收買蝗蝻。每斗給錢二十文。挖掘蝻種每升給錢一十文。安徽省捕蝗雇募人夫。每夫一名日給米一升每處每日最多者。不過五百名挖掘未出土蝻子每斗給銀五錢。已出土跳躍成形者。每斗給錢二十文。長翅飛騰者。每斗給錢四十文。每草一束價銀五釐。每柴一束價銀一分每日每處。柴不過一百束。草不過二百束。

捕蝗禁令

一地方遇有蝗蝻州縣官輕騎減從督率佐雜等官處處親到借民撲捕隨地住宿寺廟不得派民供應州縣報有蝗蝻該上司躬親督捕夫馬不得派自民間如違例滋擾跟役需索藉端科派者該管督撫嚴查從重治罪

一地方官撲捕蝗蝻需用民夫不得委之胥役地保科派擾累倘農民畏向他處撲捕有妨農務勾通地甲胥役囑託賣放及貧民希圖捕蝗得價私匿蝻種聽其滋生延害者均按律嚴㕘治罪

捕蝗損禾給價

一地方督捕蝗蝻凡人夫聚集處所踐傷田禾該地方官查明所損確數核給價值據實報銷

荒政輯要卷五

汪志伊纂

嘗思小民之拮据悉索歲時有通那之處凶年即無告貸老弱[illegible]之救災如救焚救饑如救溺蓋言發倉給粟刻不可緩也若賑濟者業已傾囊待哺者依然引領寧中道而廢耶宜仿古人以工代賑納粟救荒之法俾窮黎可以資生焉然賑而不蠲田禾被災租稅安出所當分別亟請重則蠲免輕則緩徵以紓其力而安其心至於東作方興之時或口食猶缺或耕種無資苟不籌畫接濟則又絕將來西成之望矣貸米粟以裕生機貸牛種以資東作庶幾食可望而餓莩可生矣

急賑部

漢武帝時河內失火延燒千家上使汲黯往視還報曰家人失火比屋延燒不足憂也臣過河南貧人傷水旱者萬餘家至父子相食臣謹以便宜持節發河南倉粟以賑貧民臣請歸節伏矯制之罪上賢而釋之

宋董煟曰古者社稷之臣其見識施爲與俗吏固有不同黯時爲謁者而能矯制以活生靈今之太守號曰牧民一遇水災牽制顧望不敢專決視黯當內愧矣

漢韓韶爲嬴長（嬴長泰山郡縣令長）賊聞其賢相戒不入嬴境餘縣流民萬餘戶入縣界韶開倉賑之主者爭謂不可韶曰長活溝壑之人而以此伏罪含笑入地矣太守素知韶名德竟無所坐韶與同郡荀淑鍾皓陳實皆嘗爲縣長所至以德政稱時人謂之潁川四長

唐開元二十九年制曰承前饑饉皆待奏報然後開倉道路悠遠何救懸絶自今委州縣及採訪使給訖奏聞

唐代宗時劉晏掌財賦以爲戶口滋多則賦稅自廣故其理財以愛民爲先諸道各置知院官每旬月具州縣雨晹豐歉之狀白使司豐則貴糴歉則賤糶或以穀易雜貨供官用及於豐處賣之知院官始見不稔之端先申至某月須若干蠲免某月須若干救助及期晏不俟州縣申請卽奏行之應民之急未嘗失時不待其困斃流亡餓莩然後賑之也由是民得安其居業戶口蕃息

陸曾禹曰大學一書劉晏能熟讀有德有人一節行諸事而見諸政其後除劉公之外凡理財者或急急於徵求恤災者且遲遲而賑救不知國之與民所係甚重偶有偏災卽爲救濟務使民有安全之樂而無困阨之憂則誠仁主愛惠子民之至計矣

宋寧宗時眞文忠德秀知潭州以廉仁公勤厲僚友以正心修身勉士行遇水旱災傷貧困無依之民極力救恤復立惠民倉積穀至五萬石至凶荒時照原價出糶又積穀九萬五千石分十二縣置社倉以徧及鄉落立慈惠倉養老倉孤幼無依自十五歲以下年老無養自六十歲以上皆有賑給

宋環慶大饑帥守坐不職罷去范純仁代之始至慶州餓殍載路官無穀以賑純仁欲發常平封貯粟麥賑之州郡官皆不欲曰常平擅支罪不赦純仁曰環慶一路生靈付某豈可坐視其死而不救衆皆曰須奏請得旨純仁曰人七日不食則死豈能待乎諸公但勿預吾獨坐罪可耳卽發粟賑之一路飢民悉得全活

陸曾禹曰世多不職之吏人亦知其所以不職之故乎一懼禍患二爲功名三貪財貨人肯置三者于勿問惟以生民爲已念斷無不做一番惠人之事名垂竹帛者也如范公曰吾獨坐罪四字出口不知壓倒多少無能之輩

宋秀州錄事洪皓見民田盡爲水沒飢民塞路倉庫空虛白郡守以荒政自任悉籍境內之粟留一年食發其餘糶於城之四

隅本境民有不能自食者洪亦爲主之凡流民俱立屋於城之西南兩廢寺男女異處樵汲有職稍有所犯以民饑不可杖逐而去之借用所司發運錢糧不足會浙東運常平米四萬過城下洪遣使鎖津橋語運官截留官喋不肯曰此御筆所起也罪死不赦公曰民仰哺當至麥熟今厯猶未盡中道而止則如不救寧以一身易十萬人之命竟留之未幾廉訪使至驗其立法曰吾行邊軍之法不過如是違制抵罪爲君脫之又請得米二十萬石所活九萬五千餘人後官至端明學士謚文惠

元武宗時民饑者四十六萬戶卽詔每戶月給米六斗浙東宣慰同知脫歡察議行勸貸之令斂富民錢一百五十餘萬以二十五萬屬海寧縣簿胡長孺藏之長孺察其有乾沒意悉散於民旣而果索其錢長孺抱成案進曰錢在此脫歡察怒而不敢問

陸曾禹曰饑民之得賑濟猶田苗之得時雨點滴不到根荄失餅業已雲興澤沛則時刻不可需遲何況雲霓之轉易乎廉吏識破貪夫之意發其積聚糶散民間爲蒼生救饑實則爲脫歡消愆仁智兼盡一舉而兩得之矣

明正德四年孫璽知興化縣事多奇政時大水傷稼上司不允

題荒璽卽自爲奏請詔減田租之半又賑饑民萬餘人後以兵備巡歷雲貴直聲大振

明萬歷二十二年御史鍾化民河南賑荒垂危之人賑粥有願惜體面者散銀賑之着州縣正印官下鄉親放移官就民毋勞民就官分東西南北四鄉先示散期以免奔走伺候貧民領得錢穀或里長豪惡要抵宿負者以劫論出首者賞其銀正印官監視戥鑿逐封加印立冊期日分給差廉能官不時掣封秤驗躬巡所至延見各色人等不嫌村陋

明景泰二年都御史王竑巡撫江北時徐淮連歲饑荒竑大發官倉賑救諸倉盡空獨廣運倉尚有儲積此備京師之用者也一中貴一戶部官主之竑欲發而主者難之竑曰民惟邦本本固邦寧民窮至此旦夕爲盜且上憂朝廷何論備京師爾不吾從脫有變吾先殺爾治爾召盜罪然後自請死竑詞旣厲主者素憚其威許之所存活百五十八萬八十餘人他境流寓安輯者萬六百餘家共用米一百六十餘萬石先是徐淮大饑帝於櫻橋上閱疏驚曰餓死我百姓矣奈何後得開倉賑濟之奏又大言曰好御史不然百姓多餓死矣

仁宗時扈稱爲梓州轉運使歲大饑道殍相望稱卽先出廩米

賑民故富家大族皆願以米輸之於官而全活者數萬人降敕獎諭

陸會禹曰竭一己之力有限合衆人之助方多即江海不擇細流之意耳然不有以先之其誰我信今扈公先出稟米以賑民則富人之恐後也必矣君子之德風信然

明周文襄忱云費宜先處飢有三等曰小飢多取足於民中飢多取足於官大飢多取足於上取足於民如通融有無勸民轉貸之類是也取足於官如處糴本以賑糶處銀穀以賑濟是也取足於上如截上供米借內帑錢乞贖罪乞鬻爵之類是也

張清恪伯行曰一立獎勵之法蓋地方雖有富戶未必人人好義樂施必得上人獎勵勸勉則有所慕而爲善盡力宜論富戶各量力捐施有捐之極多者爲一等尚義之民院司給匾旌獎次者爲二等尚義之民知府給匾旌獎再次爲三等尚義之民州縣給匾旌獎若有破格多捐爲人所不能爲者則申詳撫院具題旌奬

張清恪伯行曰極貧賑濟或散米或煮粥無容贅矣然賑法須公今查飢民止委鄉保地方此輩多奸猾作弊之人或借名造冊或斂錢始得入冊而眞饑者反不得入此查饑之弊不可不知也宜令鄉地既報之後於紳衿中擇其品望公正者加以隆禮使之查核必令得實然後有濟

以工代賑

宋趙抃知越州歲大饑公多方賑救之外又僱小民修城四千一百人爲工共三萬八千乃計其工而厚給之民賴以濟

宋皇祐二年吳中大飢時范文正仲淹領浙西發粟及募民存餉爲術甚備吳人喜競渡好爲佛事仲淹乃縱民競渡太守日出宴於湖上自春至夏居民空巷出遊又召諸佛寺主守諭之曰饑歲工價至賤可以大興土木于是諸寺工作並興又新倉

廒吏舍日役千夫監司劾奏杭州不恤荒政遊宴興作傷財勞民公乃條奏所以如此正欲發有餘之財以惠民使工役傭力之人皆得仰食於公私不致轉徙溝壑耳是歲惟杭饑而不害

宋歐陽修知潁州歲大饑公奏免黃河夫役得全者萬餘家此即周禮所謂弛力也又給民工食大修諸陂以溉民田盡賴其利

宋汪綱字仲舉知蘭谿歲苦旱勸富民濬治塘堰大興水利饑者得食其力民賴以蘇

窮民無事衣食弗得法網在所不計矣故盜賊蜂起富室先遭塗毒而餓莩亦喪殘生爲害可勝言哉今勸富民治塘修

堰饑者得食富室無虞保富安貧之道莫過於此

宋邵靈甫宜興人儲穀數千斛歲大饑或請乘時糶之曰是急利也或請損值糶之曰此近名也或曰將自豐乎曰有成畫矣乃盡發所儲僱傭除道自縣至湖鎮四十里浚蠡湖橫塘等水道八十餘里通罨畫溪入震澤邑人爭受役皆賴全活水陸又俱得利子遴登第孫禰冠於南省咸謂積善之報

明嘉靖時僉事林希元疏云凶年饑歲人民缺食而城池水利之當修在在有之窮餓垂死之人固難責以力役之事次貧稍貧人戶力能興作者雖官府量品賑貸安能滿其仰事俯育之

需故凡圮壞之當修湮塞之當濬者召民為之日受其值則民出力以趨事而因可以免饑官出財以興事而因可以賑民是謂一舉而兩得也

明萬歷間御史鍾化民救荒令各府州縣查勘該動工役如修學修城濬河築堤之類計工招募以興工作每人日給米三升借急需之工養枵腹之衆公私兩利

陸曾禹曰化民之救荒日馳數百里巡察各縣弼騶隨從無幾所到食粥以故吏民畏服敬若神人如修學築堤等類悉令開工每人日給米三升不許畧加粃穀又諭州縣有領工價而或稍息其役者鞭撻槩行停止恐一人卧痛闔室餓亡故耳誠不世出之仁人也

宋莆陽一寺建大塔工費鉅萬或告陳正仲曰當此荒歲興餓益土木公盍白郡禁之正仲笑曰寺僧能自為塔乎莫非傭此邦人也斂於富家散於窶輩是小民藉此得食而贏得一塔也當此荒歲惟恐僧之不為塔耳

惠學士士奇曰宋汪綱知蘭谿縣會歲旱躬勸富民浚堰築塘大興水利饑者得食其力全活甚衆此開渠之法也江南素稱澤國環三江跨五湖橫為塘縱為浦支為涇為蕩為瀼所以引

灌溉也堰以瀦之堤以東之牐以時而啟閉之所以節水旱也今堰牐不修而支渠淺澀水至無以泄橫流之潰水退無以溉高仰之田故雨則溢而旱則涸宜勸富民計畝出錢以給下戶俾廢者修淺者濬而益深焉則貧富兩以為便救一時之患而成數百年莫大之功則開渠之法可行也

糶粟救荒

漢景帝時上郡以西旱復修賣爵令而裁其價以招民

宋隆興間中書門下省言河南江西旱傷立賞格以勸積粟之家凡出米賑濟係崇尚義風不與進納同

明邱文莊濬曰鬻爵非國家美事然用之于救荒則是國家爲民無所利之也宋人所謂崇尚義風不與進納同是也應請遇歲凶荒民有輸粟賑濟者定爲等第授以官秩自遠而來者并計其路費授官之後給與兩書有司加禮與現任同雖有過犯亦不追奪如此則平時人爭積粟荒歲民爭輸粟是亦救荒之一策也

宋朱文公熹疏云湖南江西旱傷米價踴貴細民艱食理合委州縣官勸諭富室如有賑濟饑民之人許從州縣保明申朝廷依今來立定格目給降付身補授名目竊恐有司將同常事奉

即推恩致使失信本人無以激勸來者欲望聖慈特降睿旨依已降指揮將陳㜣等特補合得官資庶幾有以取信於民將來有災傷易爲勸諭

陸曾禹曰聖賢之心豈爲捐粟者計實爲阻饑者謀若荒而令之捐熟而遲其授適有不足再欲舉行其誰我信左傳有云君子之言信而有徵故怨遠於身也

蠲租稅

漢元康二年五月詔曰今天下頗被疾疫之災朕甚愍之其令郡國被災甚者毋出今年田租　延光元年京師及郡國二十七而水大風傷人詔曰被淹傷者一切勿收田租

唐元和七年上謂宰相曰卿輩屢言淮浙去歲水旱近有御史自彼還言不至爲災事竟何如李絳對曰臣按淮南浙東浙西奏狀皆云水旱人多流亡求設法招撫其意似恐朝廷罪之者豈有無災而妄言有災耶此蓋御史欲爲姦諛以悅上意耳願得其主名按置之法上曰卿言是也國以人爲本聞有災當急救之豈可復疑之耶朕昔不思失言耳命速蠲其租稅

唐元和十年三月京兆府奏恩赦蠲放百姓兩稅及諸色逋懸等伏以聖慈憂軫疲甿屢蠲逋賦將行久遠實在均平有依倚

權豪因循觀望忽逢恩貸全免徵繇至於孤弱貧人里胥敦迫及其輸納不敢稽違曠蕩之恩翻不沾及亦有奸猾之輩僥倖爲心時雨稍愆已生覬望競相誘扇因至逋懸若無綱條實恐滋弊自今後忽逢不稔或有恩蕩伏請每貫每石內分數放免輸納已畢者准數折免來年租稅則恩澤所加強弱普及人知分限自絕奸欺從之諸州府亦准此處分

宋嘉泰四年前知常州趙善防言貧民下戶每歲二稅但有重納未嘗拖欠朝廷蠲放利歸攬戶鄉胥而小民未嘗沾恩乞明詔自今郊霈與減放次年某料官物或全料或三[illegible]半其日前蠲

零並要依數納足則貧民實被寬恩官賦亦易催理從之
陸曾禹曰饑饉不獨民安得活但蠲而不得其當徒歸攬戶
良善無恩惟有停徵本年舒萬姓剜肉之苦免其來年全四
境易納之人頑戶拖欠空延日月良民肯納來歲無徵此外
別無善法趙公所奏可爲萬世不易之良規
明神宗九年給事中吳之鵬疏云至若江南天下財賦半給於
斯霪雨不絕田壚盡沒禾苗淹爛廬舍漂蕩若不大施捐免不
可然臣之所謂蠲者不在積逋而在新逋不在存留而在起運
何也蓋積逋之蠲奸頑侵欠者獲厚惠而善良供賦者不沾恩

則何以勸且以凶歲議蠲而乃免樂歲逋欠之虛數民危在眉
睫而乃議往年可緩之徵輸則何以周急乃若存留不過圖課
十分之一二耳官俸軍儲之類詎可一日無哉故弃蠲運濟民
未有能獲甦者也
陸曾禹曰凶年之苦無屋無食僅存皮骨賣妻鬻子不足充
饑故雖任爾千嚴催萬難上納分釐是不蠲亦蠲矣何若
蠲之而民心猶在也然蠲而不得其法等於不蠲耳給事之
疏搜剔利弊一目瞭然奏蠲者所當急效也
明周文襄忱曰蠲令已行奸猾里書借口分別里甲分之災傷爲

減免以邀賄賂任情移奪村僻愚民不知免數難沾實惠入公查
照題准分數每項原派銀若干今減免銀若干出示四郊使民
共曉里書莫能上下其手民悉沾恩

貸米粟

後魏李元忠爲光州刺史時州境災儉人皆菜色元忠表求賑
貸至秋徵收被報聽用萬石元忠以爲萬石給人計一家不過
升斗耳徒有虛名不救其弊遂出十五萬石賑之事訖表陳朝
廷嘉之
陸曾禹曰杯水不可救車薪之火古云二千石與國同休戚

救民之災苟不力任王仁恭見殺于劉武周郭子和誅王才
于榆林衛皆以不賑而起人拂逆之心可小視哉今刺史不
事虛名皆其賑米不獨救民且可弭盜
宋建隆元年戶部郎中沈倫使吳越歸奏揚泗饑民多死郡中
軍儲尚百萬餘斛可貸於民至秋復收新粟有司沮倫曰今以
軍儲賑饑民歲若薦饑無所收取孰任其咎上以難倫倫曰國
家以廩粟濟民自當召和氣而致豐稔豈復水旱耶帝命貸之
宋程顥知扶溝水災民饑請發粟貸之鄰邑亦請司農怒遣使
閱實使至鄰邑而令遽自陳穀且登無貸可也使至謂顥盍亦

自陳題不肯使者遂言不當貸頸則請貸不已力言民饑遂得
穀六千石饑者獲濟而司農益怒視貸籍戶同等而所貸不等
檄縣杖主吏題言濟饑當以口之衆寡不當以戶之高下且令
實爲之非吏罪乃得已
宋曾鞏救災論亦極談升斗賑救之害蓋上人方圖賑濟先付
里正抄劄實未有定議也村民望風扶攜入郡官司未即散米
裹糧旣竭餓死紛然濁氣薰蒸癘疫隨作是以賑濟之名誤其
來而殺之也故須預印榜四出諭以方行措置發錢米下鄉未
可輕動恐名籍紊亂反無所得庶革饑貧雲集之弊民不去其

故居則家計依然上不煩於紛給則奸宄不生視離鄉待斗升
米而不暇他爲顧不遠哉
張清恪伯行曰稍貧之民宜賑貸即今各州縣之借用倉穀是
也而亦有當酌者每見劣衿及豪强之徒平日結交官吏官吏
等或喜其附己或力不能制一遇借穀之時巧爲貪緣有借三
五石者有借至二三五十石者且有借至二三五百石者展轉糶賣
多一繼富之穀即少一周急之穀此稍貧之民不可不力爲查
核也宜令計口授穀每戶若干口每日需穀若干斗每月亦止
許照數借領不許多支亦給印票執票赴領仍勸諭蓄積之家

許行出利借貸與人候豐熟之日令其償還如有奸猾之人不
肯償還者州縣官爲理索追比不令逋欠則人之借貸者多窮
乏之活者必衆矣

貸牛種

南齊戴僧靜爲北徐州刺史買牛給貧民令耕種甚得邊荒之
情
唐貞元元年二月詔曰諸道節度觀察使所進耕牛委京兆府
勘責有地無牛百姓量其產業以所進牛均平給賜其有田五
十畝已下人不在給限給事中袁高奏曰聖慈所憂切在貧下

百姓有田不滿五十畝者猶是貧人請量三兩戶共給牛一頭
以濟農事從之是時蝗旱之後牛多疫死諸道節度韋皋李叔
明等咸進耕牛故有是命
宋治平間河北凶荒民無食多賤賣耕牛劉渙知澶州盡發公
帑錢買牛明年逋民歸無牛耕價貴十倍渙依元直賣牛河北
一路惟澶州民不失所
明僉事林希元疏云幸而殘冬得度東作方興若不預爲之所
舉來歲計復何所望故牛種一事猶當處置臣召父老計之自
立一法逐都逐圖差人查勘除有牛無種有種無牛聽自爲計

外無牛人戶令有牛一頭者帶耕二家用牛則與之供食失牛則與之均賠無種人戶令富人戶一人借與十人或二十人每人所借雜種三斗或二斗耕種之時令債主監其下種不許因而食用收成之時許債主就田扣取不許因而拖負亦加其息官為主契付債主收執此法一立有牛種者皆樂於借而不患其無償缺牛種者皆利於借而不患其乏用有災傷處如臣之法似可行也

陸曾禹曰命事公之貸牛種也特設一法不取給於官而通那於民非至公至當可乎故加息立券萬不可少無許拖負

尤得民情但當多發示諭遍曉城市鄉村不得略遲時日況爲數不多救全甚廣非親身與父老斟酌者而能得此善政耶

宋至道二年詔官倉發粟數十萬石貸京畿及內郡民爲種有司請量留以供國馬太宗曰民田無種不能盡地利且竭力以給之國馬以芻藁可矣

宋曾鞏知越州值歲饑出粟五萬石貸民爲種糧使隨歲賦入官農事賴以不乏

宋查道知虢州蝗災知民困極急取州麥四千斛貸民爲種民困由是而蘇遂得盡力耕耘之事

明神宗時東南水災窮民工力種糞一無所有新建喻均守松江得請免田糧若干出示佃戶還租亦如減糧之數仍令有田之家量留穀本至春耕時貸與佃戶爲來歲種田之資一時稱爲惠政

陸曾禹曰請免田糧而惠及佃戶其仁溥矣又令各留穀本以貸佃戶殷殷無已無非爲鄉民起見不知喻公之爲鄉民正所以爲富戶鄉民絕粒業主何收故當時鍾御史給民之牛種云有可耕之民無可耕之具饑餒何從得食租稅何從

得有也

宋陳珦知徐州沛縣會久雨平原出水穀既不登晚種不入民無卒歲具珦謂俟水退即耕而種時已過矣乃募富大得豆數千石以貸民使布之水中水未盡涸而甲已露矣是年遂不艱食

高文定斌疏曰臣查直隸各屬於七月初旬內得雨多已霑足秋禾結實得此滋助收成可加分數旱災地方乘雨補種蕎菁蔬菜藉以療饑民情較前稍覺安帖且久旱得雨地脈疏通由此膏霖可期應候八九月正值普種秋麥之時民間多種一畝

來春獲收一畝之益尤爲補救要務但牛具子種災民無力營措均須預爲籌畫臣見在動項委員採買麥種分貯被災州縣查明貧戶畜有牛具者按畝五升借給如欲自買麥種每畝借銀一錢缺乏牛力者諭令雇用每畝借雇價錢二十五文並令牛力有餘之家將外出貧民所遺麥地代爲耕種亦按畝借種視本人回籍月日遲早酌量分與子利其因旱乏草有牛而不能牧養者不免輕爲賣棄令各員查賑之便驗明屬實登註毛齒於八九兩月每月借銀五錢以資飼養本人耕種之餘仍可出雇計一日之牛力可種地六七畝約得雇值二錢彼此相資民所樂從所借牧費雇價俱於來年麥秋兩季分限還官臣並飭地方官親詣四鄉勸諭雨後廣爲布種務無後期無曠土此時民情皆有戀土之意外出者亦漸次歸來資以牛力秋麥春麥接種無誤則來春生計有資民氣可望漸復謹具奏

聞乾隆八年七月二十三日奏

硃批覽奏稍慰朕懷其勸課補種秋麥實爲目下急務極力爲之

荒政輯要卷十六

汪志伊纂

昔魯饑告糴於齊晉饑乞糴於秦無不輸之以粟凡以矜其民也乃秦饑而晉閉之糴不仁甚矣是以春秋誅之蓋水旱蝗蝻遍入溝壑救之不力與不救等況民無糴所劫掠必興待盜賊縱橫而後治之則生民復遭塗炭是以糴必先其時糶貴及其時也然倉儲有限興販無窮又必須嚴遏糴之禁及酌行借帑通商勸富之法方可循環糴糶以源源而來之米濟嗷嗷待哺之民焉

廣糴糶

魏李悝爲文侯作平糴法曰糴甚貴則傷民甚賤則傷農若民傷則離散農傷則國貧故甚貴與甚賤其傷一也善爲國者使民無傷而農益勸故大熟則上糴三而舍一中熟糴二下熟糴一使民適足價平而止小饑則發小熟之斂中饑則發中熟之斂大饑則發大熟之斂以糶於民故雖遇水旱饑饉糴不貴而民不散行之魏國日益富强

漢五鳳四年歲豐穀石至五錢耿壽昌建言令邊郡皆築倉穀賤時增價而糴以利農穀貴時減價而糶以利民名曰常平倉民便之賜爵關內侯

唐開元十二年八月詔曰蒲同等州自春偏旱慮至來歲貧下少糧宜令太原倉出十五萬石米付蒲州永豐倉出十五萬石米付同州減時價十錢糶與百姓

陸曾禹曰糴莫貴於早糶莫貴於時以八月而計來年計之得矣且以十五萬石賑糶於一州每升減價十文非美政乎但唐時出糶之際其法不傳使不知張公詠守蜀平糶之法恐其利必盡歸富戶其害寔在窮民深可歎耳何也窮民待哺之日時雖多所糴之米粟有限一則官不許其多糴二則彼亦無錢多糴奸人窺破其微賄囑官吏串通斛手在水次日買數十石而去此米未曾發入公所早已暗貨與人故此無從查考簿上仍塡零賣之期不踰月而官米已畢矣奈此地米價稍減之名忽又遍傳商販商販聞之懼虧本而不來官長察之歎倉空而無糴米有不驟貴之理乎如人於是賣其所糴之米不數旬而獲利無算寧勿令人切齒是窮民之食賤米不過數旬窮人之食貴米必需幾月食賤米者十不過二三食貴米者十必八九惠之者非即所以害之耶故賑糶當兼行張公保甲之法此法一行既無冒濫亦不失恩宋之去唐不遠烏知張公所行之法非即蒲同等州所行之法哉賑糶者尚其察之

唐興元元年十月乙亥詔曰頃戎役繁興兩河尤劇農桑廢井邑爲墟丁壯服其干戈疲羸委於溝壑江淮之間連歲豐稔迫於供賦頗亦傷農收其有餘濟彼不足宜令度支於淮南浙江東西道增價和糴米三五十萬石差官搬運於諸道減價出糶貴從權便以利於人宜即遣使分道宣慰勞免將士存問鄉閭有可以救歲凶災除人疾苦各與長吏商量奏聞

是時陸宣公言於上曰人君知過非難改過爲難言善非難行善爲難詔內命官和糴不厭多方疾苦可除悉求具奏意眞詞切感動軍民此車駕之所以得返長安耳忠良之言有益於人國也如是夫

宋韓魏公琦論常平倉米遇年歲不稔合減原價出糶但出糶之時須令諸縣取逐鄉逐村下戶姓名印給關子令收執赴倉糴米每戶或三石或兩石不許浮數唯是坊郭則每日零細糶與浮居之人每日或一斗或五升則人人盡受實惠

宋張詠知益州以蜀地素狹游手者衆事寧之後生齒日繁稍遇水旱民必艱食時斗粟值錢三十六乃按諸邑田稅如其價歲折米六萬斛至春籍城中細民計口給劵俾如原價糴之奏爲永制其後七十餘年雖有災饉米甚貴而民無餒色

元至元三年十二月大都城南等處設米鋪二十每鋪日糶米五十石以濟貧民俟秋成乃罷　六年二月增設京城米鋪從便賑糶

明成化六年奏准將京通二倉糧米發糶五十萬石每秔（音耕）米收銀六錢粟米五錢以減京城米價騰貴再將文武官員俸糧預支三個月

明周文襄忱撫蘇時云次貧之民宜賑糶其法有二有坊郭之糶宜多擇諸城門相近寺院及寬廠民居儲穀於其中不限時日零細糶之糴米計升多不過一斗糴穀不過二斗如姦牙市

虎有借倩粧扮之弊出首者重賞其弊自革有鄉村之糶宜行保甲之法間月而糶之每先一月出示將有災之鄉保限次月某日某保排定日期每隔一日一糶以防雨雪壅滯之患每甲大約許糴三石多則五石若通水去處當移舟就水次糶之糶價俱比時價減少愈少愈善富人強奪貧人之糴用張詠連坐之法一家犯罪十家連不許糴其糴本或借官銀或借官糧或勸富家事完各歸其本如係民家則加旌獎可也

宋李珏在鄱陽時將義倉米多置場屋減價出糶先救附近之民却以此錢紐價計口逐月一頓支給以濟村落一物兩用其利甚溥益遠者用錢可免減耗折和之弊轉運耗費之艱且村民得錢非惟取贖農器經理生業亦可收買雜料和野菜煮食一日之糧可化數日之糧甚簡甚便

元文宗時以張養浩爲西臺御史中丞時關中大旱民相食既聞命即散家之所有以與鄉里貧乏登車就道遇饑者賑之死者瘞之經華山禱雨嶽祠泣拜不能起天忽陰翳一雨二日及到官復禱於社壇大雨如注水三尺乃止禾黍自生秦民大喜時米價騰踴綹鈔壅不可得米養浩以倒換之艱乃檢庫中未燬綹鈔得一千八十五萬五千餘綹悉印其背又刻十貫五貫

爲券給貧民命米商視印出糴詣庫驗數以易鈔又率富民出粟爲奏補官四月未嘗家居止宿公署夜禱於天晝出賑饑無少怠每一念至即撫膺慟哭

張清恪伯行曰次貧賑糶即今之各州縣減價平糶者是也然其中亦有當慎者須是查明眞係次貧之民方許糴減價之米若無論貧富人人得糴富者或得賤買而貴賣而貧人之受惠者少矣宜照賑濟之法每家若干口每月需米若干斗每月止許糴減價之米若干富民不許概糴而次貧之民亦不許多糴如是則沾惠得均庶免詐冒假託之弊矣

禁遏糴

隋齊州刺史盧賁坐民饑閉糴除名皇太子爲言賁有佐命功不可廢帝謂盧賁等功雖甚偉然皆挾詐擾政不可免也乃如律治之

陸曾禹曰沽名而不恤民者非良有司也欲以閉糴爲愛民殊不知鄰邦均赤子也故孟子取五霸之禁遏糴千古公正之論莫大於此高祖之論盧賁略前勳而儆害民之吏誠快舉哉

唐崔倰爲湖南都團練觀察使湖南舊法豐年貿易不出境鄰

部災荒不相卹倰至謂屬吏曰此非人情也無使閉糴以重困鄰民自是商貨流通

宋嘉祐四年諫官吳及言春秋之時諸侯相爭竊地專封固不以天下生靈爲憂然同盟之國有救患分災之義秦饑晉閉之糴而春秋誅之聖朝恩施動植視民如傷然州郡之間各專其民擅造閉糴之令一路饑則鄰路爲之閉糴一郡饑則鄰郡爲之閉糴夫二千石以上所宜同國休戚而宣布主恩今坐視流離又甚於春秋之間豈聖朝所以子育兆民之意

明神宗時淮鳳告災張居正疏云皇上大發帑銀遣使分賑恩至渥矣然賑銀有限饑民無窮惟是鄰近協助市糴通行乃可延旦夕之命近聞所在往往閉糴災民旣缺食於本土又絕望於他鄉是激之爲變也宜禁止遏糴之令講求平糴之法聽商民從宜糴買江南則糴於江淮山陝則糴於河南各撫按互相關白接遞轉運不許閉遏其糴本或於各布政司或於南京戶部權宜措處河南直隸四府縣以臨德二倉之米平價發糶則各處皆可接濟

籌欵循環糴糶

宋乾道七年饒州旱傷措畫賑濟知州王秬劄子借會子五萬

貫接續販糴米麥之類以賑糴得旨依江州旱傷益措置本州義倉米四萬四千餘石又截留上供米六千五百餘石作本收糴米斛

宋從政郎董煟曰常平錢物不許移用不知他費不許移用至於救荒正所當用若必待報則事無及矣今初遇旱傷州縣即一面計度用常平錢於豐熟處循環收糴以濟饑民俟結局日以糴本撥還常平可也

明僉事林希元疏云臣欲借官帑銀錢令商賈分往各處糴買米穀歸本處發賣依原價量增二一分爲搬運腳力一分給商賈

工食糶盡復糴事完之日糴本還官官無失財之費民有足食之利并將他方之粟畢集於我而富民亦恐後時失利爭出粟以糶矣然糴糶之法專爲濟貧若有商賈轉來販去所當禁革又當遍及鄉村不得專及城市則貧民方沾實惠

明屠隆荒政考云災傷之處議賑濟則恐官府之囷廩有限議勸借又恐地方之富戶無多最妙之法借帑銀若干委用忠厚吏農富戶向豐熟去處循環糴糶積穀之家雖欲踊貴其價而官府平糶之糧日日在市勢亦不能如他處米亦不足則雜置荳粟薯蕷麥蕎蕨粉芝麻之類皆足充饑但當嚴禁商牙來糴

顏茂猷曰州縣有上供糧米者先事奏請截留而以其糶錢計奉朝廷則米價自落國賦不虧

惠學士士奇曰江右饑辛棄疾榜通衢曰閉糴者配強糴者斬召官吏儒生商賈各舉有幹實者貸以官錢蠲其息俾出糴他郡期終月至城下發糶由是連檣而至米價自平此廣糴之法也廣糴之法當聚耆老及鄉先生舉富商之謹愿者假官錢爲本而使出糴荊湖糴十而糶二則有二分息糶三則有三分息以本還官剖其息而中分之半賑饑半予商而稍優其直其餘則略倣眞德秀之治潭而立惠民倉辛棄疾之治福而置備安庫以爲水旱盜賊之防則廣糴之法可行也

通商販

齊管子曰滕魯之粟釜百則使吾國之粟釜千滕魯之粟四流而歸我若下深谷矣

宋熙寧中趙抃知越州兩浙旱蝗米價踴貴諸州皆榜道路禁人增米價人多餓死抃獨榜通衢令有米者任昂價糶之於是諸州米商輻輳米價更賤而民無餓者

陸曾禹曰抑價之令一行商賈固裹足不前閭戶亦皆無米吏知之乎閭戶恐人賤糴略留少許以應多人餘皆重價而

暗售他方故無米者室如懸罄有錢者亦欲呼庚於是一夫不靖千人應之趙公之論高出千古

宋文潞公彥博在城都米價踴貴因就諸城門相近寺院凡十八處減價糶賣不限其數張榜通衢米價頓減前此或限升斗或抑市價適足以增其氣餒而價終莫平乃知臨事須當有術商米宜增增則米之來其地者多官米宜減減則市之射其利者奪而其價皆可不抑而自平矣倘遇荒歉而境內少米則清獻之法可行或廩有餘粟則潞公之策可舉

宋范文正公仲淹知杭州二浙阻饑穀價方踴每斗一百二十文公增至一百八十文衆不知所爲仍多出榜文具述杭饑及

米價所增之數於是商賈爭先惟恐其後米既輻輳價亦隨減

范公仁智兼全行之固極其善後世法令不可造次須要換時度勢假如杭州米貴增價之榜文必須預先差人於產米地方張掛約其已到之後我處方增其價不然彼處米商未知而我先增其價貧民何堪久食貴米但增價告示切不可令一人知之恐俱待增價而後賣則民愈苦矣

宋范忠宣公純仁在襄城時久旱不雨公度來歲必闕食遂盡籍境內客舟召其主而諭之曰民將無食爾等商販唯以五穀貯於佛寺中候缺食時吾爲汝主糶衆賈從命運販不停以至

春首所蓄無慮十數萬諸縣饑獨境內之民不知也

宋紹興五年行在斗米千錢時留守參政孟庾戶部尚書章誼不抑價惟大出陳廪每升止糶二十五文僅得時價四之一耳民賴以濟

米貴時民雖賣妻鬻女總救不得數旬之苦何也米貴則人賤所得無幾耳二公大出陳廪減價救民秋成仍可賤糴非仁智兩全之道歟故慮米貴者出天庾而賤糴一也借國帑以興販二也王侯貴戚大小臣工軍民人等有米照時價出糶視其多寡遞有恩獎三也責重有司廣貸牛種課民春耕因其勤惰定以黜陟四也朝廷重農招來優恤窮𡺸五也得此五法水利是務專官督理何米貴之足憂哉

宋從政郎董煟云比年爲政者不明立法之意謂民間無錢須當籍定其價不知官抑其價則客米不來若他處騰踴而此間之價低則誰肯興販商賈不至則境內之食有蓄積者愈不敢出矣饑民手持其錢終日無告糴之所有不肯甘心就死者必不能安靜人情易于煽搖此莫大之患也惟不抑價非惟舟車輻輳而上戶亦恐後時爭先發米出糶其價自賤

明周文襄忱撫吳時云穀少則貴勢也有司往往抑之米產他

境歟客販必不來矣米產吾境歟上戶必然閉糴矣上戶非眞閉糴也遠商一至牙儈爲之指引則陰糶與之以故遠商可糴而土民缺食是抑價者欲利吾民反害吾民也

明杭州司理蔡懋德通商濟荒條議杭城生齒仰給外米蒙憲行廣糴通商已無遺策而聚米之道不厭多方近聞鄰境閉糴米價翔踊商販紛紛有各處阻難之愬職思官府之儲散有限民間之自運無窮而民間之自運猶有限遠商之樂販更無窮但能使遠地經商望武陵爲利藪聞風爭赴米貨迸湊杭郡百萬生齒之事濟矣招來之法釐爲八則

一不定官價　凡米到行家悉聽時價之高下
二清追牙欠　市牙侵商米價者務令呈官追給商米發糶即
要追足價銀俾可速運得利
三免稅鈔　凡米船過關務五尺以下者盡行免鈔部勘有碑
不可不遵
四免官差　凡係米船埠頭不許混行差撥
五禁發米處奸棍阻遏　遏米原非美政且已移文開禁奸棍
借口留難者稟官拿究
六禁沿途白捕　嚇詐水鄉假冒巡船指稱搜鹽因而搶奪許

鳴官重處
七禁役需索　請批掛號官備紙劄聽米商隨領隨給衙役不
許私索分文併稽半刻
八米到悉聽民便　或積或賣官俱不問止許銷批倒換新批
此上八議明註批中往來貿易轉相告諭要使遠近熙攘之
輩皆羨子母什一之贏願出我途而源源灌輸於不窮或於
荒政未必無少補也
惠學士士奇曰浙東饑宰相王淮薦朱熹爲提舉常平事以賑
之始拜命即移書他郡募米商蠲其徵及至則客舟之米已輻
輳民以不饑此通商之法也今山東豐而荆湖熟江南赤地千
里貴者金賤者土則灌輸之利權在米商或不能蠲其徵當半
減以招之則楚帆湘柁啣尾而來大艑高檣泊於水市者相望
也物聚價輕又焉用抑則通商之法可行也

勸富戶業主當商

宋曾子固鞏通判越州歲饑度常平不足以賑給而田野之人
不能皆至城郭至者羣聚又有疾癘之虞前期諭屬縣召富民
自實穀數總得十五萬石即令所在富民出粟視常平價稍增
以予民民得從便受粟不出四里而食有餘粟價遂平

宋吳遵路知通州時淮甸災傷民多流轉惟遵路勸誘富豪之
家得錢萬貫遣牙吏二十六次和貨海船往蘇秀收糴米豆歸
本處依原價出糶使通州災傷之地常與蘇秀米價不殊當時
范仲淹乞宣付史館
宋紹興初蘇緘爲南城令歲凶里中藏粟者固閉以待價緘籍
得其數先發常平穀定中價糶於民揭榜於道曰某家有粟幾
何令民用官價糴有勒不出及出不如數者撻於市以是民無
艱食
明宣德間山西河南荒命于謙巡撫二省公到任即立木牌於

院門一書求通民情一書願聞利弊二省里老皆遠來迎公公曰吾欲首行平糶之法汝衆里老可將吾言勸諭富豪之家將所積米穀扣其本家食用之外餘者皆要糶與饑民若仗義者每石肯減價二錢減至一百石以上者免其數年差役一二千以上者奏請建坊旌表有不願減者勿强若有姦民擅富要利坐視饑民不與平糶者里老從實具呈重罰不恕凡有借欠私債一概年豐還納

明嘉靖十年令支大倉銀三十萬兩賑濟陝西又奏准陝西災傷重大扣本家食用其餘照依時價糶與饑民若每石減價一

錢至五百石以上者給與冠帶一千以上表爲義門

陸曾禹曰勸諭之道不一握其要則民輸恐後失其方雖官索不輸曷弗以古人爲法哉但又有一種分頭勸不可不知宜預查通縣共有幾社每社先訪才幹出衆者能事能言者數人聘以禮酌以筵許其旌獎每一人令其勸輸幾戶多者爲能倘有富足而不聽勸輸者有司始自勸焉不激不撓循循善誘務在必得如是則社社無不輸之上戶村村無不救之窮民矣詩云訏矣富人哀此煢獨周禮云五族爲黨使之相救五黨爲州使之相賙統詩禮而勸之有無原貴相通濟貧即是安富勸分其

可少乎特不可稍存其私耳

方恪敏觀承示曰本年旱災二十七州縣荷蒙
皇恩賑救本道親臨災地督率印委各員逐戶察勘並借農民麥種午力俾無曠土無役期凡可爲貧民計者無不殫思竭慮次第辦理復念畿輔首善之地風俗停厚以婣睦任卹稱於鄉者素不乏之人值兹災祲念彼飢寒既生長之同方合艱難之共恤倘巨室有能好行其德使貧民不皆待給於官非特陰德爲甚大定爲旌叙所先加爾紳士商民人等有誼篤桑梓者或將裕存糧食減價平糶或就本地窮民徑行施給或設廠煮粥使之就

食或捐備棉衣俾以禦寒事出樂施情殷煮賑即呈報地方官聽其自行經理事竣之日將用過銀米數目申報督院核酌從優旌獎如與例符即予題敘又或鄰省富戶僑寓士商有樂於捐助者亦一體呈報轉詳核辦地方官祇須明白曉諭俾互相敦勸不得抑勒强派至貧民得邀資助絲粟皆恩各當心存感激毋得妄生希冀尤不可因本道出示勸諭不如所願遂生怨望甚至攪擾喧鬧借生事端地方如遇此等姦民即行嚴拏究治

方恪敏觀承示曰今年所報旱災地方核辦戶口寧濫無遺有

地百畝以內者槩已食賑自此等而上之雖
朝廷有逾格之恩膏而倉庫有折中之限制固不能徧及也念一
邑之中嘗有故家貧落而食指猶多值此荒年倍形窘迫同邑
之富有力者又復故示羸形售以田不可售以房不可售以什
物不可斷斷拒人怨讟滋生故茲出示勸諭凡爾有力之家當
知任卹之道况以我所有易人所無未爲虧已即已益人其有
以房田告售者減其價薄其利留契立限過期管業亦爲有得
無失至於什物器皿從權作質價貶什之七利取什之二迨至
豐熟人歸故物我獲新贏即論封殖亦所宜然周官荒政有保

富之條以其能分財惠貧也其不然者亦何賴於富民或本道
揆情示勸於儒之教則曰敦篤古風於釋之教則曰力行方便
仰將
天庾廣賚之深心兼副當道熟籌之至計唯爾等善守富者是望
焉
方恪敏觀承示曰本道辦賑所至檢閱村莊戶口體訪農民生
計因知占業自耕者少爲人佃種者多此等佃丁平時勞筋苦
力爲爾等業主終歲勤劬相依爲命一旦災荒失所爲業主者
竟膜外置之毫不關心諒不若是之忍是周卹佃丁之舉實業

主情誼之不容已者除婦女小口俱憑官發賑外其出力耕作
之本身壯丁允宜量力周助使之結感於歉歲必將償力於豐
年即日有借須還亦屬操券可得其各將所卹佃丁姓名居址
人數報明地方官以便於賑冊內塡註開除如有將窮佃家口
一併自認力爲贍給不待官賑者本道必按名申報從優獎勵
以示與人爲善之意如佃丁妄生希冀求索無厭聽該業戶主
持發付倘竟借端挾制强悍滋事立即報官重懲
方恪敏觀承諭曰佃民之賴旗地資生與旗人之賴地租度日
其情事同也爲地方官者必使旗民共信業佃相安悉除偏倚

之見乃爲調劑之公茲據牧令等稟請勸諭地主將今歲秋租
量行義讓或緩至來年夏秋收穫之後不得輕言易佃致失小
民恒業合即飭諭府廳州傳知所屬今年旗地之被偏災者如
佃戶實係貧苦力難完交租額地主應視災分輕重酌加優卹
或義讓或緩期各量己力行之如或刁佃藉災抗租以輕報重
地方官更不得沽名曲護致長刁風至於易佃之弊亦不盡起
於旗人往往見有本處奸民覬旗地之尤腴者唆以增租之利
或預期交納以爲攘奪之計旗人被誘奪舊與新然曾不數年
而新佃之抗欠視舊佃爲更甚旗人徒被不令之名而舊佃先

有失業之苦以此曉之於平時而嚴奸民之罰於敗露之後是亦息事寧人之一端也

方恪敏觀承示曰民食全賴農田耕作必資器具乃村民每際農隙輒取犁鉏半價赴質質及犁鉏其貧可知而猶以為輕而易贖也值此荒年分釐莫措而待用孔亟取贖失時有誤農功不小在商家逐利雖難責令減少然犁鉏不比衣飾所質不過百錢上下計所讓之利無多而人各取其一件以去數盈萬千人無遺力異日有收於南畝與取贏於匯肆者其益正兩相資况目擊貧農待賑為活而猶錙銖與較揆情亦有所難安乎爾當商人等嗣後於貧民所質犁鉏及一切農用什物宜各按每月三分之利讓半聽贖有再能多讓少取者地方官酌量加獎夫不病農即以惠商本道非有所偏也倘農民恃有此示過縮錢文強贖生事亦即加以懲處

禁強糴強借

宋咸淳七年撫州饑黃裳奉命往救荒但期會富民耆老以某日至至則大書閉糴者籍強糴者斬八字揭於通衢米價遂平

魏叔子禧曰重強糴之刑時方大飢民易生亂若縱其強糴則有穀者愈不肯糶四方客粟聞風不來立飢死矣且強糴不禁勢必搶奪搶奪勢必擄殺當者為今日有不依時價強糴一升者即行重處蓋彼原欲少取便宜今且性命不保則強糴者鮮矣

沈方伯起元議曰河津冀深等屬田禾受旱民食維艱荷蒙
皇上天恩發粟分運借糶仍候勘確請賑凡在士民理宜安分守法靜待
膏澤下頒惟是被災地廣其間良頑不一恐有不法之徒或號召強借或率衆搶奪愚民被其煽惑殷戶遭其擾害宜先議定處分詳請通飭宣示俾各屬暨委員等有所遵守即可當下發落明示懲儆除黃夜白晝入人家內搶奪米糧殺傷事主情關重大者仍照例通詳究擬外其有素非善類藉災生事號召多人強行借貸無異搶奪者亦應通詳分别首從按律定擬以懲兇頑若僅到門求借尚知畏懼不敢行強者一面稟報一面將首犯枷示通衢餘犯分别發落至搶借為首之犯素行尚無劣蹟實因迫於飢餓一時起意糾集搶奪米糧無多情稍可原者將首犯枷示通衢四十日滿日重責四十板祇係強借將首犯枷示通衢一個月滿日重責三十板餘人酌量發落其有向族戚強借所糾集者亦皆族戚將首犯重責示懲即時諭令解散仍責

令該殷戶分瞻米糧以敦親誼所有一切强借之贓照追給主發落之犯交保管束俱令地方官稟報總理賑務之道員就近核辦其隨從附和之無知災黎已到案者訊明即釋未到案者概免株連

荒政輯要卷七

汪志伊纂

昔自衛國凶飢公叔文子爲粥與國之餓者人稱其惠此蓋賑粥之政所由昉也乃後世行之而或無濟于民者良以奉行草率徒托空名攙以石灰使其易熟則是名爲活人其寔殺之又壯者得歠而不能及幼孤老病之人近者得餔而不能徧窵遠窮荒之地活者二三而死者十七八矣且萃數千鳩形鵠面之人於一市之中則氣蒸漸成癘疫而衆聚必起奸偷或曰弊若此不如其已也然法因人壞非法之不良盖一粥雖微得之則生弗得則死援之

不忍人之心匪特不可已也又烏可一日緩乎故此卷所採良法特詳而專爲一門賢有司果斟酌而力行之何弊不除何事不集其爲惠也大矣不將與文子並傳不朽乎

明張司農救荒十二議

一親審貧民　先令里長報明貧戶正印官親自逐都逐啚驗其貧窘給與吃粥小票一張塡寫里甲姓名許執票入廠仍登簿萬不可令民就官往返等候先有所費要耐勞耐久細心查審

明胡其重曰若賑可稍緩則須親審若州縣遼濶遍歷不完

而賑又不可緩則須於寄居官等擇其有德有品者分任其事亦可

二多設粥廠　衆聚則亂散處易治昔富鄭公設公私廬舍十餘萬區而安處流民又多設粥廠今議州縣之大者設粥廠數百處小者亦不下百餘處多不過百人少則六七十人庶釜爨便而米粥潔鈐束易而實惠行

三審定粥長　數百貧民之命懸於粥長之手不得其人弊竇叢生務擇百姓中之殷實好善者三四人爲正副而主之即富鄭公用前資待缺官吏之意也

四犒勞粥長　饑民羣聚易於起爭粥長約束任勞任怨上不推恩激勸待以心腹誰肯効力盡心故宜許其優免重差特給冠帶匾額近則又有一法半月集粥長於公堂任事勤勞者以盒酒花紅勞之惰者量行懲戒以警其後

　陸曾禹曰此法極善可以鼓舞衆人而且易爲但有善人能人不妨任粥長當堂稟用官即具帖請來廠中協力料理

五親察廠弊　粥廠素稱弊藪惟在稽察嚴密然非守令躬察則不知警又有以逸代勞之法限粥長三五日執簿赴堂領米諄諄囑其用心察其勤惰又要時加密訪置大籤四根書東南西北四字日抽一籤如東字單騎東馳不拘遠近直入廠中果有弊者造作不精者分輕重而懲治之不可貸也

六預備米穀　倉廩不實支取易匱或動支官銀糴買或勸借義民輸助必須多方設法預爲完備　凡煮粥之米既交粥長或搬運或變賣任從其便只要有米煮粥不許吏胥因而索詐

七預置柴薪　廠中器皿不可强借惟鐵杓必須官給兩個恐有大小故也煮粥之柴其費最多粥長等既任其勞那堪再行賠累即令粥長在所領米内扣出其米變賣作價可也

八嚴立廠規　馭飢民如馭三軍號令要嚴明規矩要畫一印

簿照收到先後順序列名鳴鐘會食唱名散籤凡散粥或單日自左行散起或雙日自右行散起或自上散或自下散或自中散互爲先後則人無後時之歎不至垂涎以起爭端敢有起立擅近粥竈者即時扶出除名粥長不遵規矩亦有所懲

九收留子女　預示飢民不可擅棄子女然而飢寒困苦難保其無萬一有之令里老保甲老人等收起抱赴官局收養仍給送來之人數十文以作路費庶可酬其奔走之勞

十禁止賣婦　賣婦者當嚴爲禁止倘有迫切眞情將夫妻盡收入廠中婦令撫嬰男歸廠用事完聽去

十一收養流民　最苦者飢民逃竄以路為家須於通衢寬空處另立流民廠另置流民簿隨到隨收如若滿百須增廠舍若乞丐又立花子廠不得與流民共食

十二散給藥餌　凶年之後必有癘疫疫者萬病同症之謂也不論時日早晚人參敗毒散極效或九味羌活湯香蘇散皆可但須多服方有效驗合動官銀令醫生速為買辦合廠散數十帖以濟貧民至夏間有感者為熱病敗毒散加桂苓甘露飲神效敗毒散內不用人參加石膏為佳再令時醫定奪必不誤也

陸曾禹曰明神宗二十九年陝西巡撫畢公懋康入關之始見飢民嗷嗷待哺乞生無路乃云莫如煮粥最善即將張司農救荒十二議發刻施行薦拔勤員特參惰慢務令有司以一段真精神救護元元可稱賢大夫矣

明山西巡撫呂叔簡坤賑粥十五法

一廣煮粥之地　飢民無定方而煮粥有定處若不多設處所以粥就民恐奔走於塲難宿於家或朝食一來暮食一來十里之外不勝奔疲不便一也壯丁就粥便可隨在歇止而老病之父母幼弱之小兒羞怯婦女餓死於家其誰看管不便二也乞粥以歸不惟道遠難携亦且妄費難察不便三也不如十里之內就近村落寺觀之處各設一塲庶於人情為便

二擇煮粥之人　舊日監督主管多委里甲老人嗟夫難言之矣無迫切之心則痛癢不關而事必苟無綜理之才則點察失當而事恒不詳無鎮壓之力則強者多暴者先而惠不均故定煮粥之法當選煮粥之人先令之講求講求既明正印官親與問難如於立法之外另有良法者即行獎賞則人人各奏其能而仁術益精詳矣

三行勸諭之令　善不獨行當與善者共之正印官執一簿籍少帶人數各齎餱糧徧到鄉村看得衣食豐足房舍齊整之家

便入其門親自勸勉或願舍米糧若干或願煮粥若干日飼養若干人務盡激勸之言無定難從之數如有所許即令自登簿籍先送牌坊等樣為之獎勵

四別食粥之人　凡來食粥者報名在官立簿一扇分為三等六班老者不耐饑另為一等粥先給稍加稠病者不可羣另為一等粥先給少壯另為一等最後給此謂三等造次顛沛之時男女不可無辨男三等在一邊女三等在一邊是為六班

五定散粥之法　擂鼓一通食粥之人男坐左邊以老病壯為序女坐右邊亦然每人一滿椀周而復始大率止於兩椀老病

者加半椀一椀可也每日夕人給炒豆一椀
六分管粥之役　大粥塲立總管一人掌簿二人司積二人管米豆俱以廉幹者爲之每鍋竈頭一人炊手一人壯婦人更好柴夫一人水夫十人皆以食粥中之壯者爲之但有惰慢及作弊者卽時杖逐
七計煮粥之費　凡米須積在粥廠嚴密之處司積者自帶鎖鑰每日每人以三合爲率食粥之人每日增減不同掌簿先一夕日落報名數於司積令某鍋煮米若干司積冒破米豆者每一升罰一担竈頭剋減米豆者不論多少重責革出

入查盈縮之數　不分軍民貴賤不論本土流民除强壯充實男女不可輕收外其餘但係面黄飢瘦之人歷盡襤褸之狀卽准收簿每簿分男女二扇每班常餘紙數葉以備早晚續到之人其人以日爲序如正月初一日趙甲某府某縣人見在何處居住有子無子初二初三以次登記
九備煮粥之具　布袋若干條大鍋若干口木杓若干隻約與椀大木椀若干箇椀令食粥者自備甚便但大小不一恐多寡不同大木杓若干箇水桶若干隻柴薪不可多得卽差少壯食粥之人令其拾採
十廣煮粥之處　須行各州縣一齊通煮使窮民各就其便而流來之人不致結聚但一塲過五百人卽將流民撥於別塲有父子夫妻一同隨撥蓋結聚易離散難老病婦女何害少壯男子不散必爲盜於地方接熟之日照歸流民法各發原籍更爲得所
十一備草薦　饑病之人坐臥無所亦易生疾州縣將穀稻藁結織爲草薦令之鋪地庶不受濕有力之家平日織千百或冬月施與丐子或饑年散給粥廠大陰德事事完另行獎勵
十二獎有功　如果有功無過者原委人役大則送牌小則花紅鼓樂送至其家以示優厚

十三旌好義　看其費米之多寡而定其旌賞之重輕或送牌坊或給免帖或給冠帶可也
十四賑流民　過往流民倘過粥塲每人給粥三椀炒豆一椀仍問姓名登記以便查考
十五貯煮粥器皿　天道無十年之熟一切煮粥器皿須令收藏備造一冊存庫委付一人收掌不許變賣及被人花費
此上皆呂公之良法可謂曲盡人情由此推之若辰刻令人食粥一餐隨以米三合給之代其下次之粥民不守候二餐誤其一日之他圖官不爲民過勞日有兩番之料理不尤簡

且便哉

垂死飢人賑粥法

魏叔子禧曰：邊海有失風船飄至塘，船中人餓將絕者，急與食，往往狼吞而致死。後有煮稀粥潑桌上，令飢人漸漸吮食之，方能得生。蓋飢腸微細，不堪頓食也。

憐寒士

明御史鍾化民曰：讀書者不工不商，非農非賈，青燈夜雨，常無越宿之糧；破壁窮簷，止有枵雷之腹。一遇荒年，其苦萬狀，從厚給之。

明張氏曰：荒年有外具衣冠、內實饑餓、不能忍恥就食者，如託人瓶鉢取食，勿生疑阻。倘訪知果赤貧無人轉託者，更宜挑担上門量給之。

憐婦女

少婦處女初次到廠吃粥之後，當給半月之糧，令其吃完此米再到廠中來喫一次，如前給之，後皆做此。不可令彼含羞忍恥，日日到廠挨擠於稠人廣衆之中也。

憐嬰兒

不論男婦到廠喫粥，倘懷中有嬰兒者，許給一人之粥，令其攜歸哺之。彼利此粥，不致棄子，造福更大也。

粥不可過熱過飽

明崇禎庚辰年，浙江海寧縣雙忠廟賑粥，人食熱粥方畢即死，每日午後必埋數十人，與宋時湖州賑粥，粥方離鍋，猶沸滾器中，饑人急食之，食已未百步而即死者無異。後杭人何敬德知之，遂於夜半煮粥，置大缸中，明旦分給，死者寡矣。其所以必死之故，人知之乎？凡食粥者，身寒腹餒，必然之勢。身寒則熱粥是好，腹餒則飽餐自調，殊不知此皆殺身之道，立死無疑。故賑飢民，其粥萬不可過熱，令其徐徐食之，戒其萬勿過飽，始可得生。

賑粥時尤須大書數紙，多貼於粥廠左右，上書：餓久之人若食粥驟飽者，立死無救；若食粥大熱者，亦立死無救。猶當令人時時高唱於粥廠之中，使瞽目者與不識字之人皆知之，庶可自警。人之生死係焉，仁人幸無忽也。

煮粥宜舊鍋

舊傳新鍋煮粥、煮飯、煮菜，飢民食之，未有不死者。故廠中須用舊鍋。萬一舊鍋不足，須將新鍋或向庵堂寺院，或向飯舖酒家換取舊鍋備用，庶不致損人之命。此又一要法也。

因里設廠賑粥

魏叔子禧曰施粥者必須因里設廠若勞其遠行恐半途仆斃又須立人監理令飢民至者隨其先後來一人則坐一人後至者坐先至之下已坐者不許再起一行坐盡又坐一行以面相對以背相倚空其中路可令擔粥人行走坐至正午擊梆一通高唱給第一次食令人次序輪散有速食先畢者不得混與一次散訖然後擊梆二通高唱給第二次食如前法共三次即止蓋久飢之人腸胃枯細驟飽即死惟飢民中稱有父母妻子臥病在家者量行給與携歸處分已訖方令散去散去之法令後至坐外者先行挨次出廠庶不擁擠踐踏又多人羣聚易於穢染生病須多置蒼朮醋碗薰燒以逐瘟氣又不時察驗嚴禁管粥者兑米將生水攙稀食者暴死其碗箸各令飢民自備 按米多亦不得施飯久飢食飯有立死者

擇地聚人賑粥

魏叔子禧曰城四門擇空曠處爲粥場蓋以雨棚坐以矮欖繩列數十行每行兩頭竪木橛繫繩作界飢民至令入行中挨次坐定男女異行有病者另入一行乞丐者另入一行預諭飢民各携一器粥熟鳴鑼行中不得動移每粥一桶兩人舁之而行見人一口分粥一杓貯器中須臾而盡分畢再鳴鑼一聲聽民

自便分者不患雜踩食者不苦見遺限定辰申二時亦無守候之勞庶法便而澤周也

擔粥法

魏叔子禧曰擔粥法無定額無定期亦無定所每晨用白米數斗煮粥分挑至通衢若郊外凡遇貧乞令其列坐人給一杓每担需米五六升可給五六十人之餐十担便延五六百人一日之命或數日或旬日更有仁人繼之諸命又可暫延無設廠之勞有活人之實既可時行時止又且無功無名量力而行隨人能濟衆每日有仁方矣此崇禎辛巳嘉善陳龍正賑粥之法也

明張氏曰擔粥須用有蓋水桶外用小籃備鹽菜椀筯

米代粥

明少参抗正宗爲擔粥法止可代流亡之在其途者若救土著之飢民煮粥叢弊不若分地挨戶給以粥米既可活人又不叢聚但須分給得當時加親察勝如因粥釀疫者多矣

粥起止

凡賑粥當在十月初旬爲始此際草根樹皮無從得覓無粥則有死而已其止當在三月初旬此時草木既已萌芽飢者或有賴於一二也

黃虀粥

魏叔子禧曰取菜洗淨貯缸中用麥麪入滾水調稀漿澆菜上以石壓之不用鹽六七日後菜變黃色味有微酸便成黃虀矣此後但以菜投入虀汁中便可作虀更不復用麪取虀切碎和米煮粥食之每米二斗可當三斗之用雖不及純米養人而充塞飢腸聊以免死亦儉歲縮節之一法也

煮麥粥

黃愼齋澄曰用大麥磨成麪子每麪子八升加以碎米二升調成糊粥遇飢荒之年擇一倚傍廟宇空處對面搭棚十間兩頭

設立木柵門門派二役把守其棚內砌土竈五眼用大鍋五口滿貯清水燒令滾沸預將米粉麥麪二入拌勻堆貯棚內一鍋水滾入麥麪攪勻頃刻濃熟可喫用大杓約一大椀自東柵門放飢民魚貫而入就鍋與一大杓挨次給散令其由西柵而出一人掌杓施粥其調煮之人卽於第二鍋內下麪調攪頃刻又熟二鍋散完卽散三鍋次第以至五鍋而第一鍋又早水滾可用矣鍋不必洗人不停手灶下十人灶上十人共二十人替換足供是役計麪粉每升可調三四杓濟飢民三四人以三四石計可濟千人每日調粥十餘石則濟四五千人初不慮其擁擠也自卯末辰初散至午未竣事計麥麪米糈之價較米價止十分之五而人工費用器具又省十分之七八矣其便有五一價賤則經費可充可久一麪粉粗於米粥非實在飢民不來爭食一米糈拌入麥麪之中廠內人不能偷竊一熟可現喫非若冷粥傷人脾胃一頃刻成熟可喫非若米粥必隔夜燒煮不費人工時候如境遇大荒城鄉分設四廠可無受飢之民矣但須預於半月前發米磨糈發大麥磨麪責成磨坊碾部陸續磨運堆貯以供應用毋缺查大麥麪子淮揚徐海貧民藉以日食收買甚易江以南則須買麥焙熟再用以免傷人脾胃

勸捐粥

宋陳堯佐知壽州歲大饑公自出米爲糜以食餓者吏民以公故皆爭出米活數萬人公曰我豈以是爲私惠哉蓋以令率人不若身先而使其樂從也

明宣德末永豐饑亂民嚴季茂等千餘人執縛布政陳智伯謂脅從者衆不可槩令瘐死倡捐俸爲粥賑之奏報快首惡三十餘人餘皆免時有告富民與賊通者三百餘人智伯悉令詣官自告諭之日果若人言下吏鞫訊爾尚能保家乎今若能出粟濟饑民當貸爾衆流涕乞如命得粟萬餘石所活不可勝計

施米湯

陸桴亭世儀曰凡饑民至饑歲不得食而死者十之六七其由食而死者十之三四蓋饑民饑渴久腸胃曰細驟得食則併急不能容受往往腸斷而死故久饑之人不可食飯即糜粥亦不可多食救荒書言久饑之人不可驟與粥宜傾向棹上令饑民就吮之恐傷其腸胃也蓋饑民易死如此因思今素封家雖無餘力可以活人然朝饔夕飧猶自不廢今願與同志者約凡朝夕炊粥飯時幸少增勺米湯沸必挹取數盞盛大甕中多多益善明晨以湯再炊量入麥粉少許使成稀粥更以水薑三四塊擣碎調和各就門首施之或一次或早晚二次湯盡爲度用以少潤饑民腸胃凡有活人之心宜無不以爲然者

勸捐棉衣

高文定斌示曰直屬今年被災地方窮民困苦荷蒙
聖恩廣沛普徧賑卹已無飢餒之患惟是晨風戒涼向前漸入寒冬孤苦無營之人雖幸得食而衣不蔽體仍恐莫保身命深堪憫惻案原題部議紳衿士庶有情願捐賑或捐備棉衣者報明地方官聽其自行經理多則題敘少則獎勵奉
旨允行及今撫卹災黎之計捐備棉衣又爲急務各州縣可即出示勸諭紳衿士庶有願捐賑者即令製備棉衣分給貧民或交地方印官於赴鄉散賑之便察看單寒極貧之男婦攜帶散給不得預期聲張更不得委任胥役仍將捐給數目據實申報分別獎敘如奉行不善致有抑勒擾累定即加以處分

方恪敏觀承諭曰諭府州縣原題賑例有勸諭紳衿富戶捐助之條業經出示曉諭今時當秋盡轉瞬冬寒災地窮民仰賴
聖恩賑給咸幸更生而其中尤困苦者衣不蔽體寒已切膚不死于餓而復死於凍宜亦父母斯民者之深爲憫惻而亟思籌措者也茲蒙督院捐製棉衣千件鹽政兩司本道等亦各有施助但力難徧及心則無窮有不能不望於紳士之好行其德者該府州宜率同地方官善爲勸導使之樂從即如當商平時取利於窮檐小戶今捐值十兩八兩之棉衣以卹災困宜無吝情況舊布短襖過期不贖者不煩外求無需另製尤易爲力地方官總核所捐衣數於賑冊內查明極貧中應給名口分遣妥人指名散給或屬委員於放賑時察看無衣者預記之有餘更以及次貧戶日之最苦者總勿顯示恩施致來希冀惠難爲繼而弊益滋多即自生擾累矣如捐戶自能經理不願官辦者聽便不願捐者尤不得勉强抑勒所捐姓名衣數俱通報院司察核

高文定斌疏曰臣伏查本年河間天津各處被旱災民仰荷
聖澤覃敷發帑發粟多方賑䘏實已普慶更生咸稱得所惟災民之
尤孤苦者衣不蔽體無以禦寒且旱後柴薪缺少得煖爲難並
應籌畫臣於九月間與司道等公同商酌會同鹽臣各先捐製
棉衣爲之倡率行令被災各府州縣於所屬富戶殷商善爲勸
諭各隨多寡捐助棉衣或交官散給或自行經理聽其樂輸嚴
禁抑勒仍將捐助姓名申報分別獎勵茲據各府州縣自捐並
勸諭所捐棉衣共四萬三千六百九十一件經各地方官於十
一月加賑之時視極貧人口無衣者當面散給就一州縣所捐

者已足用見在臣派委專員於被災各處村莊道路巡環察看
勸諭窮民安業領賑因以體察閭閻疾苦時屆初寒尚不致有
單衣露體之人仰惟
聖主痌瘝在抱災民凍餒時廑
宸衷合將捐給棉衣緣由具摺奏
聞

荒政輯要卷八　汪志伊纂

讀鴻雁之詩而知周宣王矜流民之劬勞而能勞來還定
安集之遂成中興之業以視晉惠帝時六郡薦饑流民入
漢川者數萬家膜外視之釀成李特之首亂者何如也蓋
饑寒迫於身始而流亡必繼爲盜賊凡有牧民之責者取
以爲鑒則流民之安盜賊之弭設法均不可不早也至惻
時役即周禮司救者治民病掌除骴者掩骼埋胔之遺意
也育棄兒即周禮大司徒以保息六養萬民而首重慈幼
之成規也至若牛爲耕種之本私宰難寬米乃養命之源
造酒宜禁是皆荒政中切要之圖也毋忽

安流民

宋韓魏公琦知益州歲饑流民滿道琦募人入粟設粥濟之明
年給糧遣歸又招募壯者等第列爲禁軍一人充軍數口之家
得以全活檄劍關民流移欲東者勿禁凡撫活流亡共一百九
十萬

仁宗癸未年陝西饑詔琦撫之琦至寬徵徭免租稅給復一年
逐貪殘不職之吏罷冗員六百七十八時河中同華等州饑民
相率東徙琦發續賑之凡活一百五十萬人琦後爲相封魏郡

王五子皆貴忠彥縕爲相

宋富鄭公弼知青州會河朔大水民流入境內公擇部內豐稔者五州勸民出粟十五萬斛益以官廩隨所在貯之擇公私廬舍十餘萬間散處其人官吏待闕者給之祿使即民所聚選老弱病瘠者廩之約爲奏請受賞率五日輒遣人以酒肉勞之人人爲盡力流民死者葬之叢塚自爲文祭之明年麥大熟流民各以遠近受糧而歸凡活五十餘萬人募爲兵者萬餘人上聞之遣使勞公即拜禮部侍郎公辭不受前此救災者皆聚民城郭中煮粥食之聚爲疾疫及相蹈籍死或待次數日不食得粥皆僵仆名爲救之而實殺之自公立法簡便周至天下傳以爲式公每自言曰過於作中書令二十四考矣

宋富鄭公弼安流法

擘畫屋舍安泊流民事當司訪聞青淄登濰萊五州地分有河北災傷流移人民逐熟過來其鄉村縣鎮人戶不那趲安泊多是暴露並無居處目下漸向冬寒切慮老小人口凍餓而死甚損和氣特行擘畫下項

一州縣坊郭人戶雖有房屋又緣出賃與人居住難得空閒房屋今逐等合那趲房屋間數開後

第一等五間　第二等三間

第三等兩間　第四等一間

一鄉村等人戶小可屋舍逐等合那趲間數開後

第一等七間　第二等五間

第三等三間　第四等五等二間

急將前項那趲房屋間數報官災傷流民老小在州者州官著人在縣者縣官著人在鎮者監務著人引至抄點下房屋間數內計口安泊本縣及當職官員躬親勸誘量其口數各與柴土或貸種救濟種植度日如內有現在房數少者亦令收拾小可材料權與蓋造應之若有下等人戶委的貧虛別無房屋那應不得一例施行如更有安泊不盡老小寺院庵觀門樓廊廡亦無不可務令安居不致暴露失所

陸曾禹曰人當顛沛流移之日身無一文扶老攜幼旅店不容安歇道塗橋上棲身冷雨淋膚寒風刺骨即壯健者已將病疫況饑體愁人有不轉於溝壑哉富公於青州首重安頓流民之法故無暴露失所之人則凡有流民入境者安可不彷彿前賢先有以安其身哉

青州勸誘人戶量出斛米救濟飢民示云河北一方盡遭水害

老小流散道路塡塞坐見死亡之既豈無賑恤之方又緣倉廩
所收籌書有數流民不絕濟贍難周欲盡救災必須衆力庶幾
凍餒稍可安存況乎今年田苗既大豐於累載而又諸郡物價
數倍於常時蓋因流民之來遂收踊貴之直豈可只思厚己不
肯救人共觀災傷諒皆痛閔五州鄉村人戶分等第並令量出
日食以濟急難施斗石之微在我則無所損聚千萬之數於彼
則甚有功凡在部封共成利濟今具逐家均定所出斛米數目
如後

第一等二石　第二等一石五斗
第三等一石　第四等七斗
第五等四斗　客戶三斗
已上並米豆中半送納
內有係大段災傷人戶委的難爲出辦卽不得一例施行亦不
得爲有此指揮別生弊倖透漏有力人戶稍有違戾罪不輕恕
一凡有一官令專十耆將雕造印板所印刷票子給與流民印
押其頭後留餘紙三四張編定字號所差官員便令親自收執
分頭下鄉勸耆壯引領排門抄點凡見流民盡底喚出不論男
女當面審問的實塡定姓名口數便各給票子一道收執以便

請領米豆不得差委他人混給票子冒支米豆
凡有土居貧窮或老年或殘疾或孤寡或貧丐等人除在孤老
院有糧食者不重給餘皆一體給票領銀
一凡給米豆每人日給一升十三歲以下每人日給五合三歲
以下男女不在支給之例仍於票子上預筭明白不得臨時混
筭
一官如管十耆每日只給兩耆以五日給遍十耆一給五日官
員須早到給所辦事不得令流民遲歸晚去凍露道途
一官員受米豆先要看耆內何處人家可以寄頓只要便於流

民請領始爲得當
一勸會二麥將熟諸處之流民盡欲歸鄉令監散官自五月初
一日算至五月終一併支與流民充作路糧以便歸鄉
一指揮青淄等州須曉示道店不得要流民房宿錢
陸曾禹曰此皆富公青州安流之法不但人無路宿而且口
食有資寧若後人雖本境飢寒尚無術以處之哉自公分養
之法一立愈於聚民城市薰蒸成疫者多矣
宋董煟曰流民至當爲法以處之富弼令樵採打魚之類地主
不得爲主是也但一時未免侵擾莫若修隄浚河興水利公私

兩便不然官司出錢租賃民間蘆場或柴篠山近縣郭市井去
處縱流民樵採官復置場買之非惟流民得自食其力雪寒平
價出賣亦可濟應糴民
宋隆興二年趙令詪帥紹興是時流民聚城郭待賑濟饑而死
者不可勝計通判王恬聞邱宰孫建策云今盡發常平義倉米
賑給之至來年麥熟止恐無以爲繼况旬給斗升之米官不勝
其勞民不勝其病莫若計其地之遠近口數之多寡人給兩月
之糧令歸治本業不猶愈于聚城郭待升斗之給困餓而死乎
趙行其言委官抄劄給糧以遣之不旬日間城中無一死人歡

呼盈道全活甚衆
宋滕達道知鄆州歲方饑乞淮南米二十萬石爲備後淮南東
京皆大饑達道獨有所乞之米召城中富民與約曰流民且至
無以處之則疾疫起併及汝等矣吾城外廢營田欲爲席屋以
待之民曰諾爲屋二千五百間一夕而成流民至以次授地鍋
炊器用皆具以兵法部勒婦女炊少者汲壯者樵民至如歸上
遣工部侍郎王古按視廬舍道巷引繩棊布肅然如營陣古大
驚圖上其事有詔褒美用活者數萬人
陳芳生曰流民過境必當量倉儲多寡預酌撫卹之宜如其未

至又且所積無幾或欲揚聲招之以飾虛譽此賊民之甚者亦
必自貽奇禍切戒切戒
杜衍爲永平令歲荒民將他徙召諭父老曰令不能使汝必無
行若留能使汝無饑皆曰善聽命乃官給印券稱貸於大家約
歲豐爲督償於是咸得食無徙者明年稔償不愆民甚德之
鄭剛中判温州歲饑流民載道勸守發倉賑之守曰恐實惠不
及饑者答曰業有措置以萬錢每錢押一字夜出坊巷遇饑臥
者給一錢戒曰勿拭去押字次早憑錢給米饑者無遺守歎服
張淸恪伯行曰流民當互相養濟也每十人爲一排或多一二

人或少一二人亦可立一排頭來者即令著落排頭如來者多
再分排頭令聚一處晝則各出分路求食夜仍聚會一處或庵
觀寺院令排頭代爲料理而以僧人董之蓋恐流來人多或有
死亡拐帶盜竊爭鬬事故有此著落如佃戶之依里主行旅之
依店主自帖然得安至於男女尤當分別寺院有男僧者令其
收養流來之男人無妻女者庵觀之有女尼者令其收養流來
之女人無男夫者如一家有男女數口者不得分別拆離或於
寺觀或於各鄉村處所查設空閒房屋以處之以耆老鄉約主
其事然流民又宜各州縣均爲安插也使此處安插彼處或不

安插則此處之聚集必多必有不能周全之虞惟各處均爲安插則養濟自易而人亦無擁擠之患矣

乾隆丁未夏山西大同郡旱饑郡中多關中直隸陝西來就工作之民粮騰踊工不通民住無食歸無資輒百十輩之富家横索至攫飲食財物而土著之隱民無所取食者隨之蠭屯蟻聚城郷被擾號稟者日數十總鎮沐公派弁兵巡衛太守文公議遂之時予爲霍州牧奉委赴大同讞案行至雁門關得悉其狀念目前救荒急安流民大同雖歉本籍固豐宜爲資送民自樂從因由急遞稟撫軍勒宜軒飛飭地方官招集流民查明籍貫分别四路造冊每名站給錢百文撥役護送凡過州縣亦如之本籍貧民一面分設粥廠其餘蠲賑各事宜亦須速辦蒙檄准行郡遂以寧

弭盜賊

宋司馬光知諫院時言臣聞敕下京東西災傷州軍如貧戶以饑偷盜斛斗因而盜財者與減等斷放臣竊以爲未便若朝廷明降敕文預言與減等斷放是勸民爲盜也百姓乏食當輕徭薄賦開倉賑貸以救其死不當使之自相劫奪况降敕而勸之臣恐國家始于寬仁而終于酷虐意在活人而殺人更多也

温公之奏何等深切明白蓋君子之言有當先期而告諭者有宜存心而未發者時中爲妙

宋熙寧七年蘇軾知密州軍論河北京東盜賊奏曰臣伏見河北京東比年以來旱蝗相仍盜賊漸多今又不雨麥不入土竊料明年春夏之際盜必甚于今日謹案山東自上世以來爲腹心根本之地其與中原離合常係社稷安危近年公私匱乏民不堪命目法而爲盜則死畏法而不盜則饑饑寒之與棄市均是死亡而賒死之與忍饑禍有遲速相率爲盜亦理之常雖日殺百人勢必不止苟非陛下較得喪之孰多權禍福之孰重特于財利少有所捐衣食之門一開骨髓之恩皆遍人心不革盜賊不衰者未之有也

宋淳熙中盧陵穀食飢民萬餘守譙門錄事叅軍謝諤亟命植五色旗分部給窮民頃刻而定

陸曾禹曰經濟之學不講倉卒之變難支飢民萬餘守譙門而不散使無仁術慰羣黎雖無作亂之心難免刼掠之舉何以結局

宋魏鶴山曰有謂荒政之行爲可緩者不知自古國家傾覆之由何嘗不起於盜賊盜賊竊發之端何嘗不起於饑餓國家愛

民不如惜費之甚官司憂國不如愛身之切

宋辛棄疾帥湖南賑濟榜文祇八字曰劫禾者斬閉糴者配

明邱文莊濬曰劫禾之舉此盜賊禍亂之萌周人荒政除盜賊正以此耳小人乏食計出無聊謂與其餓而死不若殺而死況未必殺耶聞粟所在羣趨而赴哀告求貸苟有不從即肆劫奪且曰我非盜也迫於飢寒不得已耳嗚呼白晝攫人所有謂之非盜可乎漸不可長彼知其負罪於官因之鳥駭鼠竄竊弄鋤挺以扞遊徼之吏不幸而傷一人勢不容已遂至變亂矣應請明敕有司遇有旱災必先榜示禁其劫奪不從則痛懲首惡以

警餘衆決不可行姑息之政此乃弭禍亂之先務也

明邱文莊濬曰臣願明敕有司遇有水旱災傷勢必至于饑饉必先榜示禁民劫奪諭之不從痛懲首惡以警餘衆決不可行姑息之政此非但救飢荒乃弭禍亂之先務也倘有富民閉糴何以處之曰先諭之以惠鄰次開之以積善許其隨時取直禁人侵其所有民之無力者官與之券許其取息待熟之後官為追償苟積粟之家丁口頗衆亦必為計算推其贏餘以濟匱乏若彼僅自足亦不可強也凡有所積不肯發者非至豐穫不許出糴彼見得利又恐後時自計有餘亦不得不發矣

陸曾禹曰劫糧之衆固有罪閉糴之民亦可恨古人以數字而慰萬民曰劫糧者斬閉糴者籍誠荒政之妙策也今邱公欲痛懲首惡以警餘人非善法歟雖然衣食無資恐難終止故勦除不如招撫之美獨免不及賑濟之佳實惠及民心懷盛德何憂百姓之傾危否則鮮有不為明主之責罰者慎之慎之

陸曾禹曰弭豐年之盜易弭飢歲之盜難何也持法若嚴則失緩刑之意治之稍寬又開劫奪之門嗚呼惟知之真則處之當蓋迫于飢寒而圖苟活者實不等于以劫掠而為生涯者也於

以知飢年之弭盜外貌不妨示以嚴若柴瑾之封劍命誅楊簡之斷助示衆得之矣存心又貴其能恕如龔遂之撫恤亂民王曾之答釋死犯近之矣

高文襄拱曰周禮荒政十二其十一皆寬恤而終之以除盜賊王浚川云利之而後除之若曰可以生矣不悛而後殺之也然平日不然也年穀順成即有狗鼠之盜無能為亂凶年饑歲民方窮苦無聊彼奸俠不逞之徒乘機竊發召呼之間流離餓殍易於相從亂之所由起也故良民之寬恤者不一而足而於盜賊獨加嚴焉曰除者加之意之辭也不止袪害安民亦所以弭

縣端保國家也若謂利之而後除之則何時不然者而獨於荒年云爾乎世有等迂腐有司不識事體務爲煦煦之政荒年賊民搶掠則曰彼饑也搶亦無妨嗟乎是縱之爲亂也搶掠者邦有常刑固未曰荒年姑不行也聖人所致嚴者而俗吏以行其寛徒使孱良無主而地方日以多故其猶可撲滅者幸耳

憫時疫

漢鍾離意會稽山陰人少爲郡督郵太守賢之任以縣事建武十四年會稽大疫死者萬數意獨身自隱親經給醫藥隱親謂親自隱恤之經給謂經營拯給之所部多蒙全濟

隋辛公義爲岷州刺史岷俗一人病疫闔戶避之病者多死公義欲變其俗命凡有疾者悉輿至廳中親身爲之拊摩病者愈召其家諭之曰設若相染吾殆矣諸病者子孫皆感泣而去岷風遂革合境呼爲慈母

宋熙寧八年吳越大饑趙抃知越州多方救濟及春人多病疫乃作坊以處疾病之人募誠實僧人分散各坊早晚視其醫藥飲食無令失時以故人多得活凡死者又給工銀使在處收埋不得暴露

宋元祐三年冬頻雪凍死者無算呂公著爲相日與同列議所

以救濟之術乃發官米官炭遣官分場賤賣以惠貧民疾病之人日給醫藥饘粥又不時委官看問以故得多全活

明嘉靖時僉事林希元疏云時際凶荒民多疫癘極貧之民一食尚艱求醫問藥於何取給往時江北賑濟亦發銀買藥以濟貧民然督察無方徒資胃破臣欲令郡縣博選名醫多領藥物隨鄉開局臨症裁方多出榜文播告遠近但有饑民疾病並聽就廠領票赴局支藥遇死者給銀四分令人埋葬生死沾恩矣

明王文成守仁曰災疫大行無知之民惑於漸染之說至有骨肉不相顧療者湯藥饘粥不繼多饑餓以死乃歸咎于疫夫鄉鄰之道宜出入相友守望相助疾病相扶持乃今至于骨肉不相顧縣中父老豈無一二敦行孝義爲子弟倡率者乎夫民陷于罪猶且三宥致刑今吾無辜之民至于闔門相枕籍以死爲民父母何忍坐視言之痛心中夜憂惶思所以救療之道惟在諸父老勸告子弟興行孝弟各念爾骨肉毋忍背棄灑掃爾室宇具爾湯藥時爾饘粥貧弗能者官給之藥雖已遣醫生老人分行鄉井恐亦虛文無實父老凡可以佐令之不逮者悉以見告有能興行孝義者縣令當親拜其廬凡此災疫實由令之不職乖愛養之道上干天和以至於此縣令亦方有疾未能躬問

疾苦父老其爲我慰勞存恤諭之以此意

金閶存日或者日旱潦之後每有時疫其故何歟怡然子曰旱者氣鬱之所致也潦者氣逆之所致也蓋逆必決決斯潦潦必傷陰鬱必蒸蒸斯旱旱必傷陽陰陽受傷必滯而成毒毒氣潰發人物相感纏而爲患疫癘乃時行也曰天地無私無私則無累而陰陽之氣宜其順而逆矣其所以鬱而逆者又何故耶曰由人心致之也蓋小人之心無過貪生貪生則貪利而利有所不遂則謀計拙而憂愁潛於腎脈告援窮而惱怒聚於肝經於是乎酬酢往來同胞之和睦潛消呼吸噓噯造化之盤旋相阻

始則風雨不時繼則溫寒犯令而陰氣閉於外陽乃用逆陽氣伏於中陰乃用鬱此其勢此其理也不然則廟廊之調變不幾成無據之空談矣乎而何以論道之餘猶勞宰相之躊躇於席寐曰然則調變者其先調天下之財乎曰然財不調則貧富不均民生不遂而民氣不伸陰陽其必不和也安所謂變乎夫是以聖人首重通財而最忌壅財也賑恤罰贖之典所以行也

張清恪伯行日人之飢餓而死者必數日不得食而後死斷無一二日不得食即餓死之理宜令流民頭或僧人稽察有真正一二日不得食者即爲稟官給粥一頓使能行走再令出門求食若居民則令耆老公正者會同鄉地不時稽察真正一二日不得食者即令報所在官長令給粥一頓至風雪之日寒冷不能出門求食者尤宜稽察報明所在官長或量給米升合或量給錢數十文或用擔粥法煮以食之但要每日留心如有凍餓而死者即報明所在官長捐棺木以埋之如先不稟明幾日不得食而即稟報餓死者嚴加治罪如地方官凍餓死人不行申報以匿災論如有隆冬真正無衣者令耆老會同鄉地查明報所在官長捐給棉衣流民亦如之或勸諭紳衿富戶酌量多少捐給加此則所費者少而所活者多矣

張清恪伯行曰骸骨不可不急爲掩埋也昔文王澤及枯骨況現經饑餓而死者乎每見有拋棄骸骨日色暴露甚爲可慘宜嚴飭城關各鄉約地保人等凡街市道路田間有拋棄骸骨俱令掩埋以順生氣蓋荒祲之後每當疫疾皆因餓死人多薦氣薰蒸所致也一經掩埋不惟死者得安而生者亦免災沴之祲矣

收育棄兒

宋葉夢得守許昌值大水流殍滿道公盡發常平倉所儲者賑之全活者數萬人獨有遺棄小兒無由得救公詢之左右曰無

子者何不收養曰人固所願但恵歲豐年長即來認去耳公即立法凡災傷棄兒父母不得復認遂作空券印給發於里社凡得兒者明書於券以付之計救小兒共三千八百餘人後官至尚書左丞封侯子皆登第

宋劉彝所至多善政其知虔州也會江西饑歉民多棄子於道上彝揭榜通衢召人收養日給廣惠倉米二升每月一次抱至官中看視又推行於屬鎮細民利二升之給皆爲字養故一境生子無夭閼者

給之厚生之衆必然之理劉公操此立論故無不救之嬰蘇

東坡云聞鄂人有秦光亨者今已及第爲安州司法方其在母也其舅陳遵夢一小兒挽衣求救甚急因念其姊有娠將產而意不樂多子豈應是乎馳往省之則嬰兒已在水盆中矣救之得免以是觀之救之非救一嬰兒是救一安州司法矣廣而推之功可勝言哉

識認嬰兒法　須記其頭目疤瘢及手指旋紋幾箕幾羅始無差錯足指悉驗而記之方得其微衣裸是何顏色布帛單綿此次辦也

一日凶年之所棄父母性命尚在不保安顧嬰兒或有人通知或有人抱來急宜收養問其來歷便其長大知父母之姓名也

明于忠肅謙巡撫山西河南勸民曰若有遺棄子女里老可即報與州縣着官設法收養候歲熟訪其父母而還之如里內有賢良之民能收養四五口者官犒以羊酒給其匾額十口以上者加綵緞免其終身差役二十口以上者官帶榮身一時富民樂捐而尚義者甚衆

張清恪伯行曰鬻賣子女者原非得已蓋舉家饑餓束手就斃不如割愛以延旦夕之命也且買者必有糧之家賣者必得食

矣今凡賣子女者責令地方官捐俸代爲回贖此雖彰念貧民曲爲完聚之法但富室有力之家不肯再買而災黎窮困之極必有遺棄道路而凍餓以死者今宜令如有窮苦零丁不能自存者許令親戚收養如無親戚者鄰里養之或所至之處有願收留者任其收留役使與傭賃人同而人多不肯收養者誠恐歲歉代爲收養至年豐伊又將竟同本家不爲使令故不肯收養耳今宜官給之券聽其自定限期以若干爲滿其有遺棄孤兒人家收養長大者即拜所養爲父母豐年不得歸還本家著爲定例蓋父母生之而不能養此能養之即亦父母矣則人之

收養者自多而孤兒庶免凍餓而死此兩全之道也

禁賣牛宰牛

方恪敏觀承禁賣牛示曰被災各處秋成無望全在廣種麥田此時正資牛力詎各鄉村因旱乏草飼養維艱紛紛出賣遂有刁民乘機興販牟利百十成羣驅之北赴在爾等剜肉醫瘡固為計出無奈獨不思目下得雨既足正宜及時種麥牛具被棄豈能徒手而耕無綱罟不能得魚無斧斤不能得薪事甚明顯本道深為爾等顧惜籌慮今按臨各屬勘災放賑並酌定借種之法總以牛具為憑如爾等有應種之麥地先須驗明牛具始准借領倘有地無牛不能種即不准借至於奸販挾帶銀錢在於村莊市集賤價收買耕牛射利並偷宰病農等弊業奉督部院通飭文武各衙門分路嚴拏盡法究處並將所販之牛全數入官爾等慎毋聽其誘惑自絕生理

明命事林希元曰凡年歲凶荒則小民艱食多變鬻耕牛以苟給日前不知方春失耕歲計亦旋無望按問刑條例私宰耕之再犯梟犯者俱發邊衛充軍但民果貧不能存活許其赴官陳告官令富民收買仍令牛主收養即以本牛種田照鄉例與富民分收待豐年或富民得牛或牛主取贖如此則牛可不殺而春耕有賴矣

陳芳生曰禁宰耕牛必須驗死牛而後可以塞盜源平時固當力行凶年尤宜首重牛之私宰者利最厚故凶年盜牛居多今准禁屠家無得夜殺夜殺者同盜牛法坐十家無許住村僻住鄉僻者同私宰法坐十家首者免罪私宰者或可熄跡矣熄又聞江右近有凶徒造毒藥淬利針見農家有牛暗以針刺牛其牛見血立死其所用藥大約射罔之屬與刺虎窩弓同類跡之亦易得也

高文定斌禁私宰耕牛示曰力田之家耕犁載運全藉牛力因其有益農功是以律嚴私宰開圈宰賣者有計隻論罪初犯再犯之條枷杖徒流不少寬宥本年河間天津各屬夏麥失收秋禾復歉惟藉來年麥熟以資生計今正值播種之期需牛甚殷本部院恐被災窮民無力飼養輕為棄賣又恐有地無牛雇借艱難業經奏請借給牛草雇價銀兩奉

旨俞允是民間畜牛斷宜愛恤存留以資力作若祇圖微利宰殺售賣不特有誤秋耕更至身罹法網追悔莫及乃無知愚民仍有私宰並賣於圈店者更有嗜利奸徒收買販運者藐法妨農漫無止戢合飭地方官亟行出示嚴禁並於因公下鄉之時諄切

勸諭仍令本管鄉地不時查察如有前弊即稟官按律懲治勿稍寬縱鄉地狗隱事發連坐

禁造酒

元大德十一年江浙饑中書省臣言杭州一郡歲以造酒縻米二十八萬石禁之便

陸曾禹曰以必需之物置之可省之途者以米作酒是也無酒人不害無米人不生禁之便

荒政輯要卷九

汪志伊纂

嘗思[illegible]即急痛定則忘人情大抵然矣而薦災為尤甚或者[illegible]以紓民力或加賑䘏以救民窮地方官輒以為盡[illegible]心事堪告竣而不知民間之苦愁未已也蓋饑饉餘生瘡痍未起試為之四顧閭閻居有定所乎人皆完聚乎食能果腹乎田不荒蕪乎業不怠惰乎俗果樸而風果醇乎一有不然民情即為之不安為民父母者獨能晏然已乎蓋必慎終如始而為甫能一飽之民晝長久之計而後可也或曰務安輯贖鬻子信賞罰三事洵善後之政也而水利農桑倉儲節儉風俗數大端當先事而預為有備之計者今反置為後圖何也不知此數大端者我

國家講之素而謀之精矣特因地方官日久懈生丁寧於無事之日輒視為老生常談申明於既荒之後創鉅痛深言易入而行必果也

還定安輯

漢宣帝時渤海歲饑多盜帝命龔遂鎮之遂曰民困饑寒故盜弄陛下之兵於潢池耳夫治亂民猶治亂絲不可急也乃單車至府悉罷捕盜令但以執田器為良民令民賣劍買牛賣刀買

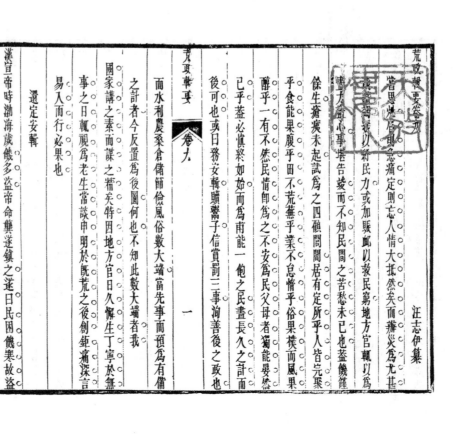

犢曰何爲帶牛佩犢由是吏民富實而盜悉解

後魏崔衡爲秦州刺史先是河東年饑劫盜大起衡至修龔遂之法勸課農桑周年之間寇盜止息

唐代宗元年十一月制逃亡失業萍泛無依特宣招綏使安鄉井其逃戶復業者宜給復二年如百姓先貨賣田宅盡者宜委州縣取逃戶死口田宅量丁口充給仍仰縣令親至鄉村安存處置務從樂業以贍資糧

唐李栖筠爲浙西觀察使屬師旅饑饉之後百姓流離講誦之徒數年竟絶乃大開學館招延秀異表大儒河南褚沖吳郡何

員等超資授官爲學者師身自執經問疑義由是遠邇趨風鼓篋升堂者至數百人教化大行

唐光啓三年張全義爲河南尹初東都屢經饑饉饑民不滿百戶全義選麾下十八人材器可任者人給一旗一榜謂之屯將使詣十八縣故墟落中植旗張榜招懷流散勸之樹藝獨其租稅惟殺人者死餘但笞杖而已由是民歸之者如市數年之後都城坊曲漸復舊制諸縣戶口率皆歸復桑麻蔚然野無曠土全義明察人不能欺而爲政寬簡出見田疇美者輒下馬與僚佐共觀之召田主勞以酒食有蠶麥善收者或親至其家悉呼出老幼賜以茶綵衣物有田荒穢者集衆杖之或訴以乏人牛乃召其鄰里責使助之由是鄰里有無相助比戶豐實凶年不饑遂成富庶焉

宋蘇文忠軾論積欠狀臣親入村落訪問父老皆有憂色云豐年不如凶年官吏以夏麥既熟舉催積欠胥徒在門枷鎖在身求死不得故流民不敢歸鄉臣聞之孔子曰苛政猛如虎昔常不信以今觀之殆有甚焉水旱殺人百倍於虎而人畏催欠又甚於水旱百姓何由安生朝廷仁政何由得成

陸曾禹曰催欠於麥熟之際以致居者日以擾流者不敢歸

蓋此二少之收還官則仍然舉家枵腹救口則目前鞭撻交錯是饑於年者可救饑於官者難逃昔邵康節有云寬一分小民受一分之賜凡爲司牧者當以撫恤黎民爲首務催征國課固不可緩第必揆時度勢審知現在之情形勿以荒田災累之窮民認作頑戶抗糧之百姓庶幾政無峻厲而寬厚愛民之意乃行

宋神宗時巡視河南御史鍾化民疏曰臣每至粥廠流民告稱一向在外乞食離鄉背井日夜悲啼今蒙朝廷賑濟情願歸家但無路費又恐沿途餓死臣體皇上愛民之心令開封等處查

流民願歸者量地遠近資給路費給票到本州縣補給賑銀務令復業據祥符縣申報共給過流移男婦二萬三千二十五名

陸曾禹曰既荒之後如病初起麥熟矣旦夕可免啼饑之苦有麥則然蠶畢矣出入可穉無衣之歎無絲則否故小民有些須之蓄尤不可有耗散之端倘若徘徊岐路歸計無從劫掠相侵空囊如洗或追呼逼迫或禮義罔知不仍如遭倒懸之苦耶於以知歸流也弭盜也停徵也教養也四者皆仁政之大端撫綏之急務自漢唐以至元明莫不各有善法所當急效者也幾屢豐年方臻熟歲可不下體民心上承天意以固我金甌哉雖然

若弭盜而不歸其流則劫奪之患不息教養而不停其徵則妨民之困不除農桑何由得盛學校何從得興此又相因而爲用者也缺一不講烏乎可哉

贖還鬻子

齊管子曰湯七年旱禹九年水湯以莊山之金鑄幣而贖民之無饘賣子者禹以歷山之金鑄幣而贖民之無饘賣子者

漢高祖五年詔民以饑餓自賣爲人奴婢者皆免爲庶人　光武建武七年詔吏人遭饑饉及爲青徐賊所略爲奴婢下妻欲去留者恣聽之敢拘制不還以賣人法從事

陸曾禹曰此二詔爲貧不爲富可一不可再非中和之論也若免爲庶人聽其去留少者空養育於平時壯者徒費銀錢於歉歲設遇再饑其誰復買不遭溺食定喪溝渠豈禹湯鑄幣贖人之意哉

唐貞觀二年遣使杜淹賑恤關內饑民鬻子者出金帛贖還之

明邱濬曰嗚呼人之至愛者子也時日不相見則思之挺刃有所傷則戚之當年豐時雖千金不易一稚一遇凶荒惟恐鬻之而民不售此無他知偕亡而無益也

唐柳宗元爲柳州刺史不鄙夷其民惟務德化先是以男女質

錢約子本相當則沒爲奴婢宗元與民設法悉令贖歸衡湘以南士皆北面稱弟子

陸曾禹曰人知柳柳州以文章鳴世而不知其以德化民即如贖子女而歸其父母其德之施於民也遠矣羅池廟食有以哉

宋淳化二年詔陝西緣邊諸州饑民鬻男女入近界部落者官贖之　大中祥符三年詔前歲陝西民饑有鬻子者命官爲購贖之還其家　慶歷八年二月賜瀛莫恩冀州緡錢二萬贖還饑民鬻子

明萬曆二十二年鍾化民河南救荒疏臣仰體德意贖還民間
荒年出賣妻孥西千二百六十三名皇上全人父子兄弟夫婦
之倫離而復合斷而復續骨肉肺腑之親無悲思哀痛之慘矣
但贖還之後不知其終保完聚否倘餬口無資復相轉貿如夢
中乍會覺後成空思及於此不覺淚下惟帝念哉
陸曾禹曰曾聞明季成化乙未科狀元費宏之父捐館資一十
二金贖婦還夫狠狽而歸夜聞窗外神人曰今宵採苦菜作飯
明年產狀元爲兒去果十九而登鄉薦翁生受吏部侍郎之封

齊威王語卽墨大夫曰子令卽墨毀言日至及使人視卽墨田
野闢人民給官無事東方以寧是子不賂吾左右求助也封之
萬家邑語阿大夫曰子令阿譽言日至及使人視阿田野不闢
人民貧餒是子賂吾左右求助也是日烹阿大夫及左右嘗譽
者自是莫敢飾非而齊國大治
宋紹聖元年十一月詔河北賑饑諸路恤流亡官吏有善狀才
能顯著者以聞
宋淳熙八年七月賞監司守臣修舉荒政者十六人十二月癸
卯朔以徽饒二州民流者衆罷守臣官出南庫錢三十萬緡付
浙東提舉常平朱熹賑糶○丙辰詔縣令有能修舉荒政者監
司郡守以名聞
宋潘滋覆積穀疏云凡境內應有圩岸壩堰井缺陂塘溝渠壅
塞務要趁時修築堅完疏濬流通倘壞久不修修不完固或因
而害民者並爲不職從實按勘施行遇該考滿務查水利無壞
方許起送有能爲民興利如史起漑鄴鄭國開渠之利具奏不
次擢用該管官員亦照所轄完壞多寡分數定注賢否一體旌
別
明孝宗十年二月巡撫鳳陽都御史李蕙奏致仕六安州知州

劉鑑前在州四年積預備倉糧餘十萬石後致仕適連歲荒歉
州民賴倉糧存濟者甚衆請加旌異上曰鑑雖致仕餘惠在民
其仍進階奉政大夫以勸爲民牧者
明周文襄忱撫蘇云大司徒保息萬民之政既曰恤民又曰安
富大率民不可以勢驅而可以義動故民有出粟助賑煮粥活
人者上也有富民巨賈趁豐糴穀歸里平糶循環行之至熟方
持本而歸者次也有借粟借糧借牛於鄉人待年豐而取償者
又其次也凡此之民皆屬尚義於此權其輕重或請給冠帶或
特給門匾或給以賞帖後犯杖罪子孫皆可准折皆所以獎之

而不負之也此在會典及累朝詔旨俱有之有司所當急行者
也
陸贄禹曰古云有功不賞有罪不誅雖唐虞不能以化天下今
多列報功而罰罪不載非謂不職者可以寬其罰蓋不待事畢
早已遂而去之也此即范仲淹一家哭何如一路哭之意耳昔
高澄問政要於杜弼弼曰天下大務莫過於賞罰賞一人使天
下之人喜罰一人使天下之人懼二事不失自然盡善乃知救
傷之際不有賢良建策斡旋解民倒懸出之湯火孰與活垂斃
而生儀存

興水利

魏文侯時西門豹爲鄴令有令名至文侯曾孫襄王時與羣臣
飲酒王爲羣臣祝曰令吾臣皆如西門豹之爲人臣也史起進
曰魏氏之行田也以百畝鄴獨二百畝是田惡也漳水在其傍
西門豹不知用是不知也知而不興是不仁也仁智豹未之盡
何足法也於是以史起爲鄴令遂引漳水溉鄴以富魏之河內
民歌之曰鄴有賢令兮爲史公決漳水兮灌鄴旁終古潟鹵兮
爲稻粱
秦始皇時韓欲疲秦使無東伐乃使水工鄭國行閒說秦令開
涇水自中山西抵瓠口爲渠竝北山東注洛三百餘里欲以溉
田中作而覺秦欲殺國國曰始臣爲間爲韓延數年之命然渠
成亦秦萬世之利也乃使卒就渠渠成用溉注塡閼之水溉潟
鹵之地四萬餘頃收皆畝一鍾於是關中爲沃野無凶年秦以
富强名曰鄭國渠
隋開皇十八年以山東頻年霖雨杞宋陳亳曹戴譙潁等諸州
遠於滄海皆困水災所在沈溺帝遣使將水工巡行川源相視
高下發隨處近丁疏導之困乏者開倉賑給前後用穀五千餘
萬石遺水之處租調皆免自是頻有年矣

唐杭州本江海之地水泉鹽苦居民稀少刺史李泌始引湖水
入城鑿六井民足於水生齒始繁後白居易復浚西湖放水入
運河自河入田灌溉千頃始稱富足宋蘇軾守杭州浚茅山鹽
橋二河以茅山一河專受江潮以鹽橋一河專受湖水復造堰
閘以爲湖水蓄泄之限而潮亦不入市矣
五代吳越王錢氏築石堤以禦潮汐堤外又植大木十餘行謂
之滉柱
宋范仲淹爲揚州府興化令海水爲患田不可耕仲淹乃築堤
於通泰海三州界長數百里以衛民田歲享其利

宋仁宗時虞集拜祭酒講罷因言京師恃東南海運而實竭民力以航不測乃進曰京東瀕海數十里皆萑葦之場北極遼海南濱青齊海潮日至淤為沃壤久矣苟用浙人之法築堤捍水為田聽富民欲得官者分授其地而官為之限能以萬夫耕者授以萬夫之田為萬夫長千夫百夫亦如之三年視其成則以地之高下定額於朝而以次徵之五年有積蓄乃命以官就所儲給以祿十年則佩之符印俾得以傳子孫則東南民兵數萬可以近衛京師外禦島夷遠寬東南海運之力內獲富民得官之用游食之民得有所歸自然不至為盜矣說者不一事遂寢

靳文襄輔曰黃河一決濁流泛濫故道淤為平陸國患阻漕民苦墊溺河之為害大矣孟子曰禹之行水行其所無事也所惡於智者為其鑿也所謂行者疏瀹決排是也所謂無事者因其欲下而下之因其欲瀦而瀦之因其欲分而分之因其欲合而合之因其欲直注而直注之因其欲紆洄而紆洄之一順水之性而不參之以人意焉是之謂無事也漲則氣聚聚不能洩則其性乃怒分則氣衰衰不能激則其性又沉流迅則性能挾沙土而俱行勢集則性能壞山陵而駕上土能制之卽褰岸可抑其狂風能助之遇驚飈益張其勢故禦之得其道則利無窮禦之失其道則害莫可測如徐州而上三門以下土鬆地潤則寬其途以讓之而水性以安徐州而下城邑逼近於河所宜嚴其防範束流刷沙以趨于海而河之性亦以安然則寬之束之皆所以順之耳

靳文襄輔曰近來河防致患之由大率以黃水倒灌入淮也淮既不能出清口勢必東溢盡淹高寶諸州縣夫下河高寶興泰七州縣之被淹也非淹於雨澤之過多實淹於運河溢出之水也蓋溢出之水由高堰而來白馬汜光諸湖不能容運河不能洩乃溢注於下河源源不窮也若無一渠以達之於海則日積

於七州縣之區矣此七州縣之所以被淹下河之所以議開也若止慮雨澤滲潦而欲洩之則原有廟灣石礶串場芒稻諸河具在又安用別治一渠哉今人不明開下河之故而漫然為局外之論是以有堤高於地之惑也須知七州縣之地其形如釜西近運河地勢固西高而東下東近海濱又東高而西下此范公堤之東障海潮為百世之利也倘鑿渠以東通於海不特減垻之水不能逆上而出將海潮且溢而入矣今再四籌畫不得不於淮郡之南高郵之北築長堤以護減下之水曰東北就下而行朦朧港以趨歸於海也果將減垻源源之水送之入海而

田中所瀦皆屬無源不難日就涸竭也彼謂田水反下不能入渠爲疑試問開下河爲洩田中之水乎抑爲洩減圩之水乎若爲洩減圩之水而開渠也又何疑田水之難洩耶

穿井法

明徐光啓曰凡開井當用數大盆貯清水置各處俟夜色明朗觀所照星何處最大而明其地必有甘泉此屢試屢驗者

重農桑

宋江翱建安人爲汝州魯山令邑多苦旱乃自建安取旱稻種耐旱而繁實且可久蓄高原種之歲歲足食種法大率如種麥治地畢豫浸一宿然後打潭下子用稻草灰和水澆之每鋤草一次澆糞水一次至於三即秀矣

陸會禹曰土有高下燥濕之分父母斯民者原貴有以教之也如宋眞宗因江淮兩浙旱荒命取福建占城稻而種之者避旱荒也程珦因沛縣大雨募富民之豆而布之者救水災也汜勝之云稗既堪水旱種無不熟之時何不擇其秸長而粒大者種之水旱皆可避也

元至元二十八年詔頒農桑雜令每村以五十家立一社擇高年曉農事者爲長增至百家別設長一人不及五十家者與別村合社地遠不能合者聽自立社專掌教督農民凡種田者立牌橛於田側書某社某人於上社長以時點視勸戒不率教者籍其姓名以授提點官行罰仍大書所犯於門俟改過除之不改則罰其代充本社夫役社中有喪病不能耕種者合衆力助之一社災病多者兩社均助浚河渠以防旱暵地高者造水車貧不能造者官給材木田無水者穿井井深不能得水聽種區田又每丁課種棗二十本雜種十本土性不宜者種榆柳等其數以生成爲率願多種者聽其無地及有疾者不與各社種苜蓿以防饑近水之家許鑿池養魚牧鵝鴨蒔蓮藕菱芡蒲葦以助衣食荒閒之地悉以付民

宋范純仁知襄城襄俗不事蠶織鮮植桑者純仁因民之有罪而情輕者使植桑於家多寡視罪之輕重按所植榮茂與除罪

裕倉儲

禮記王制云國無九年之蓄曰不足無六年之蓄曰急無三年之蓄曰國非其國也三年耕必有一年之食九年耕必有三年之食以三十年之通雖有凶旱水溢民無菜色

唐陸贄奏議云臣聞仁君在上則海內無餒莩之人豈必耕而餉之爨而食之哉蓋以慮得其宜制得其道致人於歉乏之外設備於災沴之前耳魏用平糴之法漢置常平之倉隋氏立制

始創社倉終於開皇人不饑饉除賑給百姓外一切不得貸便
支用每遇災荒即以賑給小歉則隨事借貸大饑則録事分頒
富不至侈貧不至饑農不至傷糴不至貴一舉而數美具可不
務乎
宋司馬光言常平之法此乃三代良法也向者有州縣缺常平
糴本雖遇豐年無錢收糴又有官吏怠惰厭糴糶之煩不肯收
糴盡入蓄積之家又有官吏雖欲趁時收糴而縣申州州再申
具提點取候指揮動經累月已是失時穀價倍貴以致出糶不
行雖積腐爛此乃法因人壞非法之不善也

宋熙寧初陳留知縣蘇湄言臣領畿邑請爲天下倡令戶分五
等自二石至一斗出粟有差每社有倉各置守者書爲輸納官
爲籍記歲凶則出以賑民藏之久則又爲立法使新陳相登即
詔行之既而王安石沮之遂不果行
陸曾禹曰文公之前即有欲立社倉而爲天下倡者天子已
可其奏奈爲荊公所沮蓋青苗法專重取利社倉法專在濟
民立意不同自相水火嗟夫景星慶雲不與暴風疾雨同時
可見者也
宋淳熙八年浙東提舉朱熹上社倉議有云乾道四年臣熹居
崇安之開耀鄉民艱食請到本府常平米六百石賑貸無不歡
呼於是存之於鄉夏則聽民貸粟於倉冬則令民加息以償每
石息米二斗如遇小歉即蠲其息之半
觀朱子社倉諸記及各規約法可謂備矣然變通亦在其人隨
其時地之宜而用之未可執一也按黃震通判廣德軍時社倉
大弊衆以始自文公不敢他議震曰法出於聖人猶有通變安
有先儒爲法遂不得救其弊哉即別買田六百畝以其租代社
倉息非凶年不得輒貸貸不取息此可謂善於法朱子者矣

尚節儉

漢杜詩字公君河內汲人也仕郡功曹遷南陽太守性節儉而
政治清平以誅暴立威善於計略省愛民役造作水排鑄爲農
器用力少見功多百姓便之又修治陂池廣拓土田郡內比室
殷足時人方於召信臣故南陽爲之語曰前有召父後有杜母
漢羊續字興祖太山平陽人也中平三年拜南陽太守當入郡
界乃羸服間行侍童子一人親歷縣邑採問風謠然後乃進郡
內驚竦莫不震懾時權豪之家多尚奢麗續深疾之常敝衣薄
食車馬羸敗府丞嘗獻生魚續受而懸於庭丞後又進之續乃
出前所懸者以杜其意靈帝欲以續爲太尉時拜三公者皆輸

東漢禮錢千萬令中使督之名爲左騶積乃坐使人於單席舉
縕袍以示之曰臣之所貧唯斯而已

宋仁宗時右司諫龐籍奏曰臣昨在太平州界檢會廣德軍判
官錢中孚等狀稱諸鄉貧民多食草子名曰烏昧并取蝗蟲暴
乾摘去翅足和野菜煮食臣竊思之東南上供糧米每歲六百
萬石至府庫物帛皆出於民民於饑年艱食如此國家若不節
儉生靈何以昭蘇臣今取草子封進望宣示六宮戚里庶抑奢
侈以濟艱難

明洪武三年詔禁民僭侈凡庶民之家不得用金繡錦綺紵絲
綾羅止許用紬絹素絲其首飾釧鐲並不許用金玉珠翠止用
銀　五年詔古之喪禮以哀戚爲本治喪之具稱家有無近代
以來富者奢僭犯分力不及者揭借財物炫耀殯送及有惑於
風水停柩經年不行安葬宜令中書省集議定制頒行遵守違
者論罪如律　十四年令農民之家許穿紬紗絹布商賈之家
止許穿絹布如農民之家但有一人爲商賈者亦不許穿紬紗

陸曾禹曰奢與儉較儉固美矣但儉而不能有益於人見法於
世不因吾儉而去其奢或惡其奢而師吾儉此即於陵仲子之
流矣烏乎取昔宋均有言廉吏清在一己無益百姓似乎不足

也故其廉使非於陵仲子之廉兼能濟人末俗頹風賴之而
振始可稱有功於斯世耳

敦風俗

魏文侯時西門豹爲鄴令發民夫鑿渠引漳水灌田以蘇民困
俗信女巫歲爲河伯娶婦選室女投河中豹及期往視指女曰
醜煩大巫入報河伯即呼吏投之羣巫驚懼乞命從此禁止

仇覽一名香爲蒲亭長有陳元者母訟其不孝覽驚曰守寡養
孤奈何欲致子於法其母遂感悟而去覽親至其家諭以大義
卒成孝子邑令王渙曰不罪陳元殊少鷹鸇之志覽曰鷹鸇不
如鸞鳳耶

陸曾禹曰革人之面不若革人之心置人之死不若救人之
生王渙能以王法坐不孝仇覽獨不能以嚴刑治逆母乎覽
則不然躬行勸化使蒙天性慈者慈而孝者孝不特陳元思
報劬勞之德而闔邑無不動孝養之心有恥且格末俗一新
是王渙欲爲其易而仇覽獨任所難鸞鳳鷹鸇之喻不信然
乎

隋辛公義爲牟州刺史下車先至獄所決斷十餘日囹圄一空
後有訟事應禁者公義即外宿人問故曰恐禁人在獄而我獨

安[illegible]子自是州人感化以訟爲恥

隋趙煚音景字通賢爲冀州刺史市多奸僞煚造銅斗鐵尺置之肆間百姓稱便上聞而嘉焉詔天下如其法嘗有盜田中蒿者爲吏所執煚曰此刺史不能宣化故耳彼何罪也慰諭勸之令人載蒿一車賜盜盜感泣過於嚴刑

唐太宗卽位之初嘗與羣臣語及敎化上曰今承大亂之後恐斯民未易化也魏徵對曰不然久安之民常驕佚則難敎經亂之民多愁苦則易化封德彝非之曰三代以還人漸澆訛故秦任法律漢雜霸道蓋欲化之而不能也徵又曰五帝三王不易

民而化行帝道而帝行王道而王顧所行何如耳若云漸澆今民當悉化爲鬼魅矣帝從徵言

宋沈度字公雅爲餘干令父老以三善名其堂一曰田無廢土二曰市無游民三曰獄無宿繫

陸曾禹曰聖人不云乎斯民也三代之所以直道而行也官有善政民無不譽者其良心之所發而不容泯者也田無曠土則家有餘糧市無游民則廛無曠業獄無宿繫則四无冤民三者備而民心得有不咸欣至治而興來暮之歌哉

宋[朱]文公熹知漳州奏除屬縣無名之征歲免七百萬以俗未知禮孫古喪葬嫁娶儀制揭以示民命父老傳訓其子弟折毀淫祠禁士女游集僧舍風敎一端

元皇慶二年春三月御史中丞郝天挺上疏論時政陳七事一曰惜名爵二曰抑浮費三曰止括田四曰久任使五曰論好事六曰奬農務本七曰勵學養士帝皆嘉納詔中書悉舉行之

明王文成守仁諭軍民曰兵荒之餘困苦良甚其各休養生息相勉於善父慈子孝兄友弟恭夫和婦從長惠幼順勤儉以守家業謙和以處鄉里心要平恕毋懷險譎事貴含忍毋輕鬬爭父老子弟曾見有溫良遜讓卑已尊人而人不敬愛者乎曾見

有凶狠貪暴利已侵人而人不疾怨者乎夫嚚訟之人爭利而未必得利求伸而未必能伸外見疾于官府內破敗其家業上辱父祖下累兒孫何苦而爲此乎此邦之俗爭利健訟故吾言懇懇於此吾愧無德政而徒以言敎父老其勉聽吾言各訓戒其子弟

陸曾禹曰民之日流於汚下而不能享太平之福者人知之乎皆由未知孝弟忠信禮義廉恥之爲重耳如父兄能以此而敎[子]弟師友能以此而曉愚蒙在位者察其言行奬其淳良民惟[illegible]不端而見棄於大人君子矣風俗有不敦者哉嗚呼小

[illegible]爲勞勸釋衣食方充若不身自力行格彼非心雖處於
豐亨豫明盛之時恐亦變而爲頹敗委靡之俗矣不大爲可憂
哉歷稽往者非皆以善教得民心力任移風易俗之仁人耶
信乎夫子之言君子之德風小人之德草草上之風必偃厚
其生復其性有不永享太平之福者哉

道光六年安徽撫署
藏板金陵吳儀董刊

救荒簡易書

（清）郭雲陞 撰

《救荒簡易書》，（清）郭雲陞撰。郭雲陞，字霖浩，河南滑縣人。邑庠生，肄業於河朔書院，學涉兵、農、河務等科。曾國藩、山東巡撫張曜、河南學使邵松年等先後欲委以重任，皆託辭不受。著有《治河問答》一册，又有『富民』『練兵』『救荒』簡易書等數十卷，然僅《救荒簡易書》行世。

此書歷數十年而成。今考其書於清咸豐四年（一八五四）即初具規模，定稿刊刻於光緒二十二年（一八九六）。原書凡十二卷，爲月令、土宜、耕鑿、種植、飲食、療治、質買、轉移、興作、招徙、聯絡、預備等項。前六卷爲應付小荒年之用，多是生産經驗總結；後六卷爲備大荒年之策，多涉荒政内容。每卷皆冠以『救荒』二字，故名《救荒簡易書》。惜全本不傳。

傳世本僅存前四卷，分别名爲《救荒月令》《救荒土宜》《救荒耕鑿》《救荒種植》，以《救荒月令》最詳，價值最高。此卷考證穀物與菜類一百四十餘種，分述其名實、性狀，總結種植時間、方法、生長週期等，尤重救荒功能。《救荒土宜》分鹼地、沙地、水地、石地、淤地、蟲地及草地等項，依次列出所宜作物及種植技術，兼論土壤改良、作物宜忌及輪作茬口。此卷特别開列九大類二十九個耐鹽鹼作物及品種，分别標注耐『鹼地』『鹼輕之地』『鹼重之地』『極重之鹼地』，堪稱耐鹽鹼作物及品種利用之系統方案。《救荒耕鑿》主述鑿井及節水井灌技術。《救荒種植》是全書内容的總結與補充，凸顯因時、因地的種植思想。

全書凸顯『救荒』與『簡易』之旨，重在總結抗逆生産技術。於整地施肥、田間管理、輪作套種、茬口及多熟制調整等均有獨到見解。郭氏既重輯録前人成説，又以所見、所聞、所思而得經驗增入大量内容，以其在河南、直隸、山東見聞爲主，參以其他各省老農經驗；對西方作物和農業生産經驗亦有零星引介。此書成書歷時長，徵引文獻多，所涉地域廣，新增内容豐富，爲晚清鮮見之大型傳統農書。

此書存光緒二十二年刻本，曾經李棠階、曾國藩、倭仁、毛昶熙、張曜等人鑒定。今據清光緒二十二年郭氏刻本影印。

（熊帝兵）

救荒簡易書自序

光緒丙申六月上旬予作救荒簡易書成遂借居大梁書院擬繕清而求刻工客有問於予曰先生之救荒簡易書何爲而作也予曰爲救荒而作客曰古今救荒書汗牛充棟令人不勝其煩矣先生奈何復作自蹈夫效顰之醜乎予曰救荒之心同救荒之術不同此予救荒簡易書所以不揣固陋不辭冒昧不度德不量力深維苦思五十餘年兼學兼問兼閱歷毅然奮筆而復作也客曰敢問何術不同願先生明以教我予曰施驩虞小補之恩以恩之用力多而成功少費而不惠古今救荒書所操之術也取天地自然之利以利之用力少而成功多惠而不費

救荒簡易書所操之術也此其所以不同也客曰然則先生之救荒簡易書因心作則前無所師乎予曰冰出於水而寒於水青出於藍而愈於藍如斯而已矣非敢有矜奇立異驚世駭俗也客曰善哉此諭言之非質言之也願先生質言之詳以救我予曰旱澇蝗雹天之窮也鹻沙水石地之窮也遇旱澇蝗雹及鹻沙水石而俱不能救人之窮也三才俱窮而以儒自鳴自命者亦相與束手無策泄泄沓沓共安於無可如何此唐宋元明之天下所以因饑饉而起盜賊因盜賊而致傾覆也予能持古聖賢古豪傑之經濟作用範圍之曲成之補救三四分挽回三四分而使旱澇蝗雹鹻沙水石去其十分之七八此救荒簡易書在宇宙間所以不可無一不能有二而斷斷乎不可少也客曰古聖賢古豪傑之經濟作用後人皆不克措之實事而先生獨能範圍曲成補救挽回使旱澇蝗雹鹻沙水石去其十分之七八不得復爲大災復爲大害神乎技矣敢問其綱目次序果然若何予曰知時爲上知土次之知物又次之用其所宜避其不可爲又次之因禍爲福化害爲利又次之懲前毖後有備無患以人勝天又次之凡此數條相需相因相應相求如用兵之先偏後伍互承彌縫彼此互相借力則旱澇蝗雹鹻沙水石無不受我約束受我節制而退處於無權矣以外無他謬巧也客曰善哉句句醒豁句句含蓄句句引人入勝句句引而不發如

劍在匣如燈在帷如玉輝山如珠照水此孔子以五美四惡答問政之家風也敢問何謂五美四惡何謂惠而不費願先生剴切質直無有所隱以教我也予曰其一救荒月令其二救荒土宜其三救荒耕鑿其四救荒種植其五救荒飲食其六救荒療治此前半篇文章也遇小荒年但用空單空本印送各村各鎮斯救荒之能事畢矣其七救荒貿買其八救荒轉移其九救荒興作其十救荒招徠其十一救荒聯絡其十二救荒豫備此後半篇文章也遇大荒年即用實財實力推行各城各鄉斯救荒之能事畢矣至若合前與後十二條俱舉雖遇堯湯九年之水七年之旱猶不能爲大災害而況尋常旱澇蝗雹鹻沙水石乎

客曰先生之救荒簡易書仁方智術誠爲盡美盡善矣然以文法求之按綱索目則似有應有不應敢問何也或者尙有遺漏乎予曰何所遺漏客曰救荒月令知時也救荒土宜知土也救荒耕鑿救荒種植救荒飲食救荒療治知物也救荒貿買救荒轉移救荒興作救荒招徠因禍爲福化害爲利也救荒聯絡救荒豫備懲前毖後有備無患以人勝天也此目與綱相應者也惟剩用其所宜避其不可爲一條二句流於有綱無目大似南陔華黍夏五郭公空懸題句未見文章此目與綱不相應者也敢問非遺漏而何予曰唯唯否否不然古文之法有明應者有暗應者有以應爲應者有以不應爲應者變化出沒不可端倪蓋此用其所宜避其不可爲一條二句橫亘六綱中間既爲前半篇之束上結筆又爲後半篇之起下提筆乃六綱十二目之總綱也子如不信請將救荒簡易書所安排所布置之月令土宜耕鑿種植飲食療治貿買轉移興作招徠聯絡豫備其中一切實情實事實物實理平心靜氣細細讀之細細思之那一條非用其所宜避其不可爲乎那一段非用其所宜避其不可爲乎那一穀那一菜那一果非用其所宜避其不可爲乎筆筆不黏筆筆不脫句句有題句句無題此文章之天馬行空龍跳虎臥不可羈靮也子奈何持刻舟求劍膠柱鼓瑟之智以觀望而窺測之乎客曰先生之救荒簡易書其略甚大其才甚雄其力

量足以斡旋乾坤參贊化育洵非世儒所能望其項背也吾眞五體投地心悅誠服甘拜下風矣然而白雪陽春曲高和寡數十年後數百年後必有奮其私智輇才謬託討論修飾潤色或增或減刪改此書者予曰鳧脛雖短不可續也鶴脛雖長不可斷也予之救荒簡易書雖有疵瘵層出瑕終不能掩其瑜正世所謂小事糊塗不礙其爲呂端百里不治無害其爲龐士元也如有斲輪老手扛鼎大筆逞其神工仙巧增減刪改此書使失廬山眞面目無論其買櫝還珠點金成鐵圖形失貌也卽令字字精詳字字樸茂字字爲吾釋回增美吾亦厭之惡之怨之怒之其人而爲數十年後之士吾將效尤孔宣聖杖此老而叩其脛其人而爲數百年後之士吾將效尤鄭板橋爲厲鬼以擊其腦矣客大笑拜辭而去及中秋節鈔胥告竣刻工前來致詞曰言無文者行不遠願先生從俗勉作一序予諾之執筆終日竟無一字不得已遂備錄答客之言冠於篇首未知海內豪傑張江陵李贄皇張乖崖陳同甫顧亭林王或巷輩以斯言爲然焉否也

光緒二十二年歲次丙申中秋後五日滑縣生員郭雲陞序於河南省城大梁書院聖廟後之據德齋

鑒定姓氏

太子少保軍機處行走禮部尚書謚文清河内李棠階咸豐甲寅年鑒定

竹川隱士經濟翰碧雄一時世人比之張乖崖陳同甫呼爲丹君先生項城王詵桂咸豐丙辰年鑒定

太子太傅武英殿大學士兩江總督世襲一等毅勇侯爵謚文正湘鄉曾國藩同治戊辰年鑒定

經筵講官文淵閣大學士管理戶部三庫事務謚文端河南駐防蒙古正紅旗倭仁同治己巳年鑒定

太子少保吏部尚書謚文達武陟毛昶熙同治辛未年鑒定

戊戌會元隱居不仕教成進士人才無數世人比之文中子後主講直隸省城蓮池書院新城王振綱同治壬申年鑒定

太子少保兵部尚書山東巡撫世襲一等男爵謚勤果[redacted]虞張曜光緒戊子年鑒定

署理雲南布政司實授湖南按察司中牟倉景愉光緒己丑年鑒定

河南分巡彰衛懷等處驛傳河務水利兵備道大興黃璟河光緒庚寅年鑒定

欽命河南提督全省學政翰林院編修常熟邵松年光緒甲午年鑒定

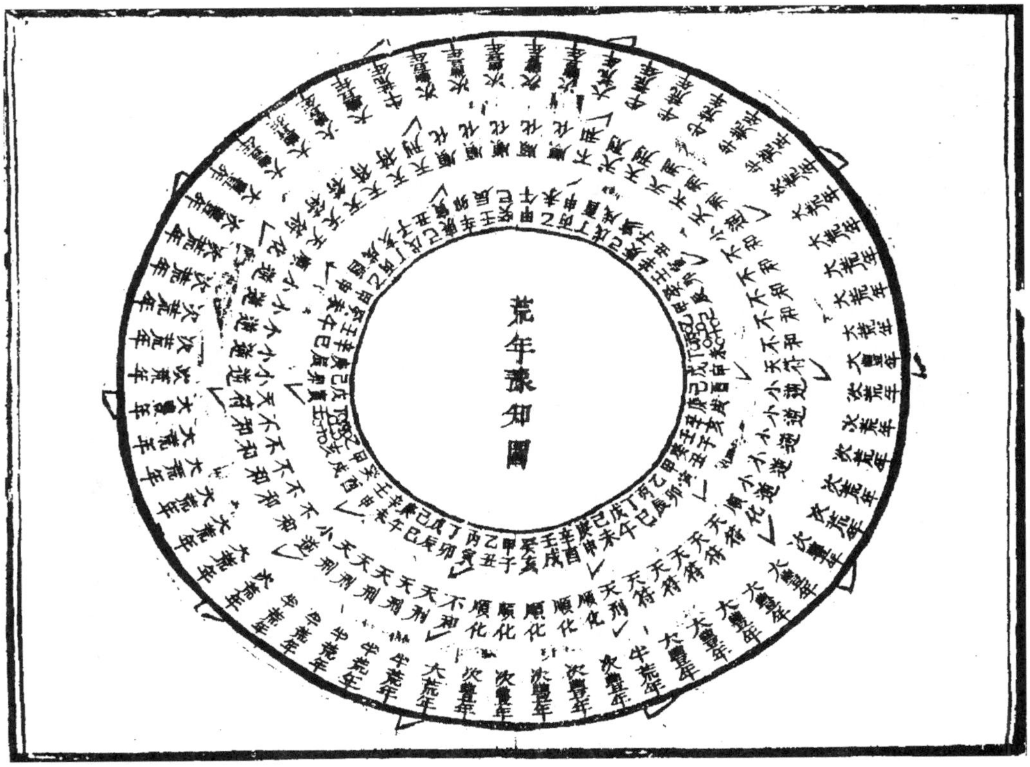

救荒簡易書目錄

渭縣郭雲陞霖浩輯

目錄

救荒簡易書卷一

渭縣郭雲陞霖浩輯

救荒月令

正月

籬豆正月種小滿熟三月水角可食食法詳後飲食篇
豌豆正月種小滿熟三月水角可食食法詳後飲食篇
小扁豆正月種芒種熟四月水角可食食法詳後飲食篇
粗皮大麥正月種小滿熟立夏可食食法詳後飲食篇
細皮大麥正月種小滿熟立夏可食食法詳後飲食篇
有芒小麥正月種芒種熟立夏可食食法詳後飲食篇

無芒小麥正月種芒種熟立夏可食食法詳後飲食篇
春麥正月種芒種熟立夏水包可食食法詳後飲食篇
青稞麥正月種芒種熟立夏水包可食食法詳後飲食篇
白子包穀正月種五月熟四月水包可食食法詳後飲食篇
黃子包穀正月種五月熟四月水包可食食法詳後飲食篇
胡秫正月種早熟及麥
蓋下白稻正月種五月熟刈而復生九月再熟

以上正月穀類

圓蔓菁正月種二月可食春霜春雪不畏也
長蔓菁正月種二月可食春霜春雪不畏也

山蔓菁正月種二月可食春霜春雪不畏也
洋蔓菁正月種二月可食春霜春雪不畏也
出頭白蘿蔔正月種二月可食春霜春雪不畏也
埋頭白蘿蔔正月種二月可食春霜春雪不畏也
多汁白蘿蔔正月種二月可食春霜春雪不畏也
無汁白蘿蔔正月種二月可食春霜春雪不畏也
圓蛋白蘿蔔正月種二月可食春霜春雪不畏也
黃色胡蘿蔔正月種二月可食春霜春雪不畏也
紅色胡蘿蔔正月種二月可食春霜春雪不畏也
油菜正月種二月可食春霜春雪不畏也

擘藍菜正月種二月可食春霜春雪不畏也
春不老松菜正月種二月可食春霜春雪不畏也
苜蓿菜正月種二月可食春霜春雪不畏也
莙薘菜正月種二月可食春霜春雪不畏也
冬葵菜正月種二月可食春霜春雪不畏也
尖葉莧菜正月種二月可食春霜春雪不畏也
圓葉莧菜正月種二月可食春霜春雪不畏也
南瓜立春日種芒種夏至可食
筍瓜立春日種芒種夏至可食
倭南瓜立春日種芒種夏至可食

搦瓜立春日種芒種夏至可食
紅薯正月掩母種夏至可食
白薯正月掩母種夏至可食
乾紅薯正月掩母種夏至可食
乾白薯正月掩母種夏至可食
罌粟苗菜正月種二月可食春霜春雪不畏也
紅花苗菜正月種二月可食春霜春雪不畏也
蘋荽菜正月種二月可食春霜春雪不畏也
同蒿菜正月種二月可食春霜春雪不畏也
菠菜正月種二月可食春霜春雪不畏也

黑菘菜正月種二月可食春霜春雪不畏也俗名黑白菜
小白菘菜正月種二月可食春霜春雪不畏也俗名小白菜
油菘菜正月種二月可食春霜春雪不畏也俗名瓢兒菜
銀條菜正月種畝收數千斤
甘露菜正月種畝收數千斤
地瓜菜正月種畝收數千斤

以上正月菜類

蠶豆正月種解　蠶豆一名胡豆。太平御覽云，張騫使外國，得胡豆種歸。李時珍本草綱目云，蠶豆豌豆皆有胡豆之名，今人專指蠶豆爲胡豆，而豌豆不復知爲胡豆矣。一名國豆。鄴中記云，石勒諱胡，名胡豆曰國豆。一名大豍豆。農政全書授時篇，指蠶豆爲大豍豆，蓋因豌豆名豍豆，而加大字別之也。一名蘭花豆。鄉人因其花似蘭花。故又呼爲蘭花豆。今名蠶豆。王禎農書云蠶時熟故名蠶豆。李時珍本草綱目云莢狀似蠶故名蠶豆。王禎農書曰蠶豆百穀之中。最爲先登。蒸煑皆可便食。是用接新代飯充飽。今山西人用豆多麥少。磨麪可作餅餌而食。　元扈先生曰蠶豆此種極救農家之急。且蝗所不食。　元扈先生又曰豌豆與蠶豆各種。蠶豆之利倍於豌豆。其耐陳則一也。王象晉羣芳譜曰蠶豆亦可春種。　雲在直隸省天寒地方。及河南省河灘地方。果見有正月中旬種蠶豆者。正月下旬種蠶豆者。

豌豆正月種解　豌豆。一名蹕豆。崔寔四民月令作蹕豆。一名卑豆。唐史云卑豆出自西戎回鶻地。一名蹓豆。張揖廣雅云蹓豆卑豆豌豆也。一名回鶻豆。遼志作回鶻豆。一名回回豆。飲膳正要作回回豆。一名淮豆。李時珍本草綱目云鄉人呼回鶻豆爲淮豆回鶻與淮音相近而轉訛也。一名胡豆。一名青斑豆。別錄序例云丸藥如胡豆大者即青斑豆也。一名青小豆。一名麻累豆。孫思邈千金方云青小豆。一名胡豆。一名麻累豆。一名小寒豆。徐光啟農政全書解豌豆云俗名小寒豆是也。今名豌豆。李時珍本草綱目云胡豆豌豆也。其苗柔弱宛宛然故得豌名。種出胡戎嫩時青色。老則斑麻。故有胡戎青斑麻累諸名。　務本新書曰諸豆之中。豌豆最爲耐陳。又收多熟早。如近城郭摘豆角賣。先可變物。舊時莊農往往獻送此豆。以爲嘗新。葢一歲之中。貴其先也。　王象晉羣芳譜曰豌豆亦可春種。　雲在直隸省天寒地方及河南省河灘地方。果見有

正月中旬。種豌豆者。正月下旬。種豌豆者。

小扁豆正月種解　小扁豆亦小寒豆之類也。大約來自外國。諸書俱無其名。惟明初周憲王救荒本草米穀部中。有山扁豆。葉似蒺藜苜蓿。其科甚低甚矮。結小扁角。角中二子三子。少者一子。其子扁而且小。味甘性平。諸豆之中。接新充飽。亞於蠶豆豌豆。　雲在直隸省天寒地方。及河南省河灘地方曾見有正月中旬種小扁豆者。正月下旬種小扁豆者。

粗皮大麥正月種解　粗皮大麥。俗人呼爲草大麥。即廣志所云穬麥也。字書云穬之爲言廣也。謂其廣種而廣收也。　陶穩居本草云穬麥是今馬所食者。　元扈先生曰今人皆指穬麥爲大麥。　徐光啟農政全書樹藝篇曰又有春種之穬麥。　雲在直隸省天寒地方及河南省河灘地方果見有正月中旬種粗皮大麥者。正月下旬種粗皮大麥者。

細皮大麥正月種解　細皮大麥。俗人呼爲米大麥。即詩經周頌所謂牟。孟子書所謂麰也。　陶隱居本草曰大麥爲五穀長。即今稞麥也。一名麰麥。似穬麥。惟無皮耳。　王象晉羣芳譜曰大麥春秋皆可種。　雲在直隸省天寒地方及河南省河灘地方果見有正月中旬種細皮大麥者正

月下旬種細皮大麥者。

有芒小麥正月種解　有芒小麥即詩經周頌所謂來。爾雅及說文所謂秾。字彙所謂麳也。　王象晉羣芳譜曰小麥秋種夏熟具四時中和之氣兼寒熱温涼之性。繼絕續乏。為利甚普。故為五穀之貴。亦可春種至夏便收。然不及秋種者。　雲在直隸省天寒地方及河南省河灘地方果見有正月中旬種有芒小麥者。正月下旬種有芒小麥者。

無芒小麥正月種解　無芒小麥。俗人呼為和尚頭小麥葫蘆頭小麥。即徐光啟農政全書所謂落麥秃芒也。　河南老農。山東老農與江淮間老農俱云無芒小麥耐水耐霧。春秋皆可種。　雲在河南省河灘地方。及山東省海近地方。果見有正月中旬種無芒小麥者。正月下旬種無芒小麥者。

春麥正月種解　春麥別是一種。其粒小。其色紅。其麵味短而黏。不及尋常小麥麵甜美香甘爽利適口也。道光二十七年。丙午丁未連遭荒旱。始見有賣此春麥。教人春種者。然漢武帝詔民種宿麥。可見此時民間種麥。非八九月而春種者不少也。　雲在直隸省天寒地方。及河南省河灘地方。果見有正月中旬種春麥者。正月下旬種春麥者。

青稞麥正月種解　青稞麥熟在小麥前。　王象晉羣芳譜

曰青稞麥與大麥一類而異種。　唐書曰吐蕃有青稞麥。　杜陽雜編曰唐元和八年大軫國貢碧麥。形大於中華之麥粒。表裏皆碧。氣香如粳米。　雲在直隸省城多見西方士民。聞甘肅新疆等省蕃漢雜處地方至今猶有正月月底種青稞麥者。

白子包穀正月種解　白子包穀一名御麥。一名番麥。田藝衡留青日札云御麥出於西番舊名番麥以其曾經進御故名御麥。一名西番麥。王世懋學圃雜疏云西番麥枝葉奇大結子纍纍煮食之味亞芡實。一名戎菽。一名玉蜀黍。一名玉高粱。王象晉羣芳譜御麥解云一名玉蜀黍一名玉高粱一名戎菽實一物也。今名包穀玉蜀黍玉高粱。陝西省農民呼為包穀河南省農民呼為玉蜀黍玉高粱。　竹川隱士項城王丹君先生曰白子包穀正月種。得地氣早。其熟及於麥後。

黃子包穀正月種解　黃子包穀與白子包穀同類而異種。其科更高。其穗更大。其熟亦略晚。而尤宜於山田。　竹川隱士項城王丹君先生曰黃子包穀正月種得地氣早。其熟在夏至後小暑前。

胡秫正月種解　胡秫諸書有其名。大約自外國來。　賈思勰齊民要術曰胡秫正月種。早熟及麥。

䅬下白稻正月種解　䅬下白稻三江兩湖俱有其種。　賈思勰齊民要術曰䅬下白稻正月種。五月熟。刈而復生。九月再熟。　郭義恭廣志曰有䅬下白稻正月種五月獲。根

復生。九月復熟。　王象晉羣芳譜蒜下白稻解曰：正月種，五月刈。根復生，九月熟。

以上正月穀類解

長蔓菁正月種解　長蔓菁菜。一名葑。［詩經衛風云：爰采葑矣。詩經唐風云：采葑采葑。］一名菁。［呂氏春秋云：菜之美者，具區之菁。］一名須。［鄭康成詩經注云：葑，須也。須，蔓菁也。］一名蕦。［爾雅云：蕦，葑蓯。字書云：蕦，蕵蕪別名。］一名蕘。一名芥。一名蕵蕪。一名蕪菁。一名蔓菁。［郭璞蕵蕪解云：蕵蕪似羊蹄，葉而細，味酢可食。一名葑，一名須，一名蕪菁，一名蔓菁，一名蕘，一名芥，七者一物也。說文云：葑，蕪菁也。陳藏器本草云：蕪菁，南北之通稱也。本草衍義云：蕪菁，今世俗謂之蔓菁。蔬譜云：蔓菁一名蕪菁。］一名九英菘。［王象晉羣芳譜蔓菁解云：菘北種者名九英菘，其蔓菁根大。］一名鵝毛菜。［本草衍義云：蕪菁，今世俗謂之蔓菁，夏則枯，當此之時，蔬圃中復種之，謂之鵝毛菜。］一名諸葛菜。［劉禹錫云：蜀人呼蔓菁爲諸葛菜。］一名馬王菜。［蠻溪叢話云：猺獠中所產馬王菜，即諸葛菜也。相傳馬援所遺，故名。］今名蔓菁菜。　劉禹錫嘉話錄曰：諸葛武侯行軍所止，必令軍士皆種蔓菁，云有六利：纔出甲可生啖，一也；葉舒可煮，二也；久居則隨以長，三也；棄不令惜，四也；回則易尋而采之，五也；冬有根可劚食，六也。故蜀人呼蔓菁爲諸葛菜。　元扈先生曰：人久食蔬，無穀氣則有菜色，唯蕪菁獨否，其莖根皆脩潤故也。蕪菁味似芋，兩物皆似穀氣，故漢詔種蕪菁以助民食，而史稱野有蹲鴟，至老不飢。　王象晉羣芳譜蔓菁種植解曰：供食者，正月至八月皆可種。凡遇水旱，他穀已晚，但有隙地，即可種

此以擠口食。

圓蔓菁正月種解　圓蔓菁菜，俗人呼爲甌蔓菁，以其圓而高起，形類酒甌茶甌也。與長蔓菁同類而異種。　長蔓菁菜宜種虛軟沙地，圓蔓菁菜宜種剛硬淤地，而尤宜於山田。　供食者自正月至於八月皆可種，與長蔓菁同也。

山蔓菁正月種解　山蔓菁菜與長圓蔓菁迥不相同，生於太行山中輝縣、林縣諸山麓，皆有之。其苗不能樹立，就地拖秧。其結卵與天麻慈姑相類，中有一魁，外有羣卵十二，與月數相應，閏月增爲十三卵。其數獲甚豐，山民賴以充飽。　雲訪問太行山中老農、太行山中樵夫牧豎，俱云移於平地，正月種之，其利厚於長圓蔓菁數倍。

洋蔓菁正月種解　洋蔓菁菜來自西洋歐羅巴洲及大西洋雅墨利駕洲英法德俄美巴等國。　韋廉臣植物學、李提摩泰地球養民傳、蘭雅格致彙編化學衛生諸書，皆言洋蔓菁菜汁能熬餹，而又形質根顆大於中國蔓菁數倍。　雲在山東省齊河縣等處黄河船中，見奉天海州商人，聞其說洋蔓菁碾汁做餹，爲利甚厚，而其渣爲用尤大，豐年能飼牛馬，荒年可以養人。　雲喜細問源委，則曰：奉省海州種洋蔓菁業已二十餘年矣，故能言之詳且盡也。　王象晉羣芳譜言中國蔓菁正月可種，雲以爲若洋蔓菁亦

正月種真救荒之一奇也鼓腹含餔不可勝言矣

出頭白蘿蔔正月種解　出頭白蘿蔔萊一名葖一名雹葖一名蘆葩一名蘆菔一名温菘一名紫花菘格致鏡原云爾雅葖蘆葩郭注葩宜作菔和疏紫花菘也俗呼温菘葉似蕪菁犬根一名葖俗呼雹葖一名蘆菔今謂之蘿蔔一名萊菔一名來服埤雅云蘆菔一名萊菔又名來服言來麰之所服也洞微志云醫經言蘿蔔制麪毒一名菈遯一名蘿蔔孫愐唐韻云魯人名菈遯秦人名蘿方言云東魯呼蘆菔曰菈遯字彙云東魯呼蘿蔔曰菈遯一名土酥一名夏生一名破地錐王禎農書云北人云種四名春曰破地錐夏曰夏生秋曰蘿蔔冬日土酥　黄山谷云金城土酥淨如練徐光啟農政全書曰蔬茹之中惟蔓菁與蘿蔔可廣種成功速而爲利倍　四時類要曰蘿蔔三月下種四月可食五月下種六月可食七月下種八月可食　王象晋羣芳譜蘿蔔種植解曰月月可種月月可食　雲以爲由四時類要羣芳譜二書之言推行見諸實事出頭白蘿蔔正月種二月定然可食也

埋頭白蘿蔔正月種解　埋頭白蘿蔔萊俗人呼爲油瓶蘿蔔線穗蘿蔔以上半尖鋭而細下半圓鈍而粗形似農人所用瓦器大平車上膏油瓶婦工所紡線蛋棉花錠上棉線穗也與出頭白蘿蔔同類而異種　出頭白蘿蔔宜種剛硬淤地埋頭白蘿蔔宜種虚軟沙地而尤宜種於萑蒲不靖多盜之鄉多盜之年以其隱身太深偷竊難以爲力也　雲以爲埋頭白蘿蔔正月種之甚可救荒

多汁白蘿蔔正月種解　多汁白蘿蔔萊俗人呼爲水蘿蔔無辛辣氣而質鬆脆甘美多汁衆人競喜生食之　王象晋羣芳譜水蘿蔔解曰形白而細長根葉俱淡脆無辛辣氣可生食亦有大如臂長七八寸者則土地之異也出山東壽光縣者尤鬆脆　四時類要曰水蘿蔔正月種　雲以爲荒年多是連歲旱農民臟腑暗藏瘟疫邪氣多汁白蘿蔔若正月種使之明療飢而暗療病亦救荒中良策也

無汁白蘿蔔正月種解　無汁白蘿蔔萊堅韌而辣人不生食　雲以爲凡近村莊宅舍騷擾太甚之處宜求無汁白蘿蔔於正月種之亦保護安全無留無害必成不敗之道也

圓蛋白蘿蔔正月種解　圓蛋白蘿蔔萊山東濟南府多有種之者根圓而小形如鷄卵其成甚速其獲甚繁於荒年濟飢頗相宜也　雲以爲救荒之道愈速愈妙圓蛋白蘿蔔正月種之功效捷快甲於常蘿蔔亦不奇而奇之策也

黄色胡蘿蔔正月種解　黄色胡蘿蔔萊　格致鏡原曰奇書云胡蘿蔔元時始自胡地來　王象晋羣芳譜胡蘿蔔解曰元時來自廣中故名胡蘿蔔　金幼孜北征録曰交河北有沙蘿蔔根長二尺許亦胡蘿蔔之類也　羣芳譜

又曰胡蘿蔔有黄赤二種生熟皆可啖。雲以爲黄色胡蘿蔔若正月種亦救荒之一助也。

紅色胡蘿蔔正月種解。紅色胡蘿蔔菜即王象晉羣芳譜所謂赤色胡蘿蔔也。黄色胡蘿蔔宜種沙地紅色胡蘿蔔宜種鹻地。雲以爲若於黄色胡蘿蔔種不能成之地取紅色胡蘿蔔正月早種亦救荒策中因地制宜之道也。

油菜正月種解。油菜自外國來一名胡菜服虔通俗文云蕓薹胡菜一名寒菜胡居士百病方云蕓薹寒菜。庾信小園賦云寒菜一畦。李時珍本草綱目云羌隴氐胡其地苦寒冬月多種此菜能歷霜雪種自隴胡來故服虔通俗文謂之胡菜而胡治居士百病方謂之寒菜皆取此義也一名薹菜埤雅作薹菜。李時珍本草綱目云此菜易起薹須採其薹食則分枝必多故云一名薹芥沛志作薹芥。李時珍本草綱目蕓薹解云淮人謂之薹芥。一名蕓薹蘇恭訓錄云蕓薹乃人間所啖菜也。本草綱目農政全書同聲俱言或云塞外有地名蕓薹戍始種此菜故名今名油菜李時珍本草綱目云蕓薹方藥多用諸家註亦不明今人不知爲何菜珍訪考之乃今油菜也。李時珍又云油菜子灰赤色炒過榨油燃燈甚明近人因有油利種者頗廣寇宗奭衍義曰蕓薹不甚香經冬根不死。王禎農書亦曰蕓薹不甚香經冬根不死。賈思勰齊民要術曰蕓薹種法與蔓菁同。雲以爲油菜若正月種亦不畏春霜春雪早食之菜也。

擘藍菜正月種解。擘藍菜俗名也本名芥藍諸書言俱略。惟三農記能詳言之葉大於菘根大於芥名芥藍者以其根可爲菜功同青芥白芥葉可作靛功同大藍小藍因其

實而命名也。欲取其葉宜用手擘不宜用刀割手擘者則皮膚鬆和愈擘愈旺刀割者則枯蒂遺害愈割愈衰俗呼擘藍取此義也。雲以爲擘藍菜若正月種荒年食其葉豐年打成靛亦菜中之良者也。

春不老菘菜正月種解。春不老菘菜。陸佃埤雅曰菘性凌冬不凋四時長見有松之操本草以爲久耐霜雪也。格物論曰菘有二種有春菘有秋菘。菜譜曰菜中有菘最爲長食。王象晉羣芳譜春不老菘菜解曰一名八斤菜葉似白菜而大甚脆嫩四時可種醃食甚美。雲以爲春不老菘菜若正月種亦菜中之佳品也。

苜蓿菜正月種解。苜蓿菜史記云大宛國馬嗜苜蓿漢使得之種於離宮。王象晉羣芳譜苜蓿解云張騫自大宛帶種歸今處處有之一名牧宿。一名木粟。李時珍本草綱目云苜蓿郭璞作牧宿謂其宿根自生可飼牧牛馬也又羅願爾雅翼作木粟言其米可炊飯也一名懷風。一名光風。一名連枝草。一名塞鼻力遊葛洪西京雜記云樂遊苑多苜蓿風在其間常蕭蕭然日照其花有光采故名懷風又名光風茂陵人謂之連枝草金光明經謂之塞鼻力遊今名苜蓿。庶物異名疏曰苜蓿胡中菜張騫得之西戎予過臨濟間見其花紫而長初枝可作菜花已則刈送驢前矣時乾熯諸禾悉槁惟此獨茂何大復詩沙寒苜蓿短以其惡水也。王象晉羣芳譜苜蓿解曰三晉爲盛秦齊魯次之燕趙又次之江南人不識也。元史食貨志曰世祖初令

各社種苜蓿以防饑年。 雲以爲苜蓿菜若正月種月月
可食直到大氷大雪方止次年二月宿根復生又月月可
食如前豐年能肥牛馬歉年能以養人亦救荒之奇菜也
著蓬菜正月種解 著蓬菜諸書俱有此名南北俱有此菜
一名菾菜陶宏景別錄云菾菜即今以作鮓蒸者蘇恭唐本草云菾菜葉似升麻苗南人蒸炰食之大香
美一名甜菜徐光啟農政全書甜菜解云甜菜古作菾一名菾菜劉熙釋名云菾菜即著蓬
也今名著蓬李時珍本草綱目云菾菜即著蓬也菾與甜通因其味也著蓬之義未詳王象
晉羣芳譜菾菜解曰煮熟食良微作土氣正二月下種宿
根亦自生李時珍本草綱目又曰菾菜正二月下種宿
根亦自生生熟皆可食微作土氣 雲以爲著蓬菜若正

月種月月可擘葉食之生生不窮亦救荒之良菜也
冬葵菜正月種解 冬葵菜即葵菜世俗因其嫩苗臘生忍
冬耐寒故以冬字加之也一名葵詩豳風云七月亨葵及菽周禮醢人云饋食
之豆其實葵菹說原云蔬植三百六七葵爲之長一名蘬農政全書葵菜解云廣雅曰蘬邱葵也說文葵
菜也一名菺一名戎葵一名蜀葵一名吳葵也爾雅云菺戎葵郭璞注云
今蜀葵也羅願爾雅翼云蜀葵即吳葵一名邱葵蘬字見上一名露葵一名滑
菜農政全書云古人採葵必待露解故一名露葵本草云古人採葵必待露解故名露葵今人呼滑菜一
名衛足左傳云葵猶能衛其足羅願爾雅翼云葵揆也葵葉傾日不使照其足因知足一揆之陶宏景
云葵子出火石山以秋種覆養經冬至春作子者謂之冬葵正月種者爲春葵一名衛足一名滑菜言其性也王
象晉羣芳譜云葵陽草也一名蜀葵一名吳葵一名露葵一名戎葵一名滑菜一名衛足處處有之本豐而耐旱味

甘而無毒可備蔬茹可防荒儉一名秋葵一名冬葵一名春葵格物論云葵爲百
菜主味甘性滑夏種秋採者爲秋葵秋種冬採者爲冬葵正月復種者爲春葵今名冬葵 蘇頌
本草圖經曰冬葵苗葉作菜茹更甘美 崔寔四民月令
曰六月六日可種葵中伏後可種冬葵 農桑通訣曰葵
爲百菜之主備四時之饌本豐而耐旱味甘而無毒供食
之餘可爲菹腊枯枿之遺可爲榜簇咸無棄材誠蔬茹之
上品也 王象晉羣芳譜葵菜製用解曰葵甚易生地不
論肥瘠宜於不堪作田之地多種以防荒年 王象晉羣
芳譜葵菜製用解曰勿同鯉魚食勿同黍米食食之皆傷
人 張華博物志曰陳葵子微炒令爆咤撒熟地中遍蹋

之朝種暮生遲不過經宿 雲以爲冬葵菜若正月種月
月可食次年宿根復生仍月月可食如前亦救荒之良菜
也
尖葉莧菜正月種解 尖葉莧菜於衆莧之中科最高子最
多俗人呼爲千穗穀即三農記所謂朱莧菜也葉尖而枝
繁甚宜擘食愈擘愈茂 雲以爲尖葉莧菜若正月種月
月擘食其葉留其老枝老幹秋末取子畝收五六石亦救
荒之良菜也
圓葉莧菜正月種解 圓葉莧菜於衆莧之中科次高子次
多俗人呼爲米穀菜即三農記所謂白莧菜也葉圓而根

吐甚宜割食愈割愈茂。[illegible]以爲圍葉莧菜若正月種月月割食其苗六月以後老不堪食留以取子畝收三四石。亦救荒之良菜也。

南瓜立春日種解　南瓜。俗人呼爲倭瓜。老而切煮食之甚能代飯充飽。李時珍本草綱目曰南瓜種出南番轉入閩浙今燕趙諸處亦有之矣。滑縣老農長垣老農祥符老農皆曰南瓜若立春日種芒種夏至節即可食也。

筍瓜立春日種解　筍瓜炒食甚美味似鮮嫩竹筍故加以筍名諸書俱未及收想亦元明之時來自外國也。滑縣老農長垣老農祥符老農皆曰筍瓜若立春日種芒種夏至節即可食也。

假南瓜立春日種解　假南瓜亦筍瓜之類也。炒食次於筍瓜其肉可鏇成條曬爲乾菜。滑縣老農長垣老農祥符老農皆曰假南瓜若立春日種芒種夏至節即可食也。

搊瓜立春日種解　搊瓜與西瓜同類而異種一名打瓜一名搊瓜生食之其味不及西瓜而性情溫和馴良止渴充飢療病久食能消痞塊等疾乃瓜中之聖品也。滑縣老農長垣老農祥符老農皆曰搊瓜若立春日種芒種夏至節即可食也。

紅薯正月掩母種　紅薯乃河南省農人所呼俗名也。一名

甘藷。稽含南方草本狀云甘藷薯蕷之類莱如芋實如拳有大如甌者蒸食味同薯蕷生朱厓地海中人不業耕稼惟種甘藷秋熟蒸曬切如米藏以充飢名藷糧。稗史彙編云甘藷或曰芋之類根葉亦如芋大如拳有大如甌者皮紫而肉白蒸食味如薯蕷性冷生於朱厓之地海中之人皆不業耕稼惟掘地種甘藷秋熟收之蒸曬切如米粒作飯食之藏以充飢名爲藷糧。一名番藷。元扈先生甘藷疏云藷有二種其一名山藷閩廣故有之其一名番藷則土人傳云近年有人在海外得此種海外人亦禁不令出境此人取藷藤絞入汲水繩中遂得渡海因此分種移植略通閩廣之境也。一名朱藷一名玉枕藷。王象晉羣芳譜甘藷解云一名朱藷一名番藷大者名玉枕藷形圓而長本末皆鋭皮紫肉白質理膩潤氣味甘平無毒補虛乏益氣力健脾胃強腎陰與薯蕷同功久食益人。一名三家藷。陶穀清異錄云嶺外多藷間有發深山邃谷而得之或重數十斤者味極甘香人多自食未嘗貨於外本名玉枕藷又號三家藷。一名山藥一名山芋。燕趙農人呼甘藷爲山藥又呼爲山芋。一名地芋一名地瓜。齊魯農人呼甘藷爲地芋又呼爲地瓜。一名紅芋一名紅薯。韓魏周楚農人呼甘藷爲紅芋又呼爲紅薯。今名紅薯。王象晉羣芳譜甘藷解曰種一畝收數十石勝種穀二十倍閩廣人以當米穀有謂性冷者非。王象晉羣芳譜甘藷樹藝解曰人家凡有隙地但只數尺仰見天日便可種之得石許此救荒第一義也。元扈先生甘藷疏曰昔人云蔓菁有六利又云柿有七絕余續之以甘藷有十三勝。一畝收數十石一也。色白味甘於諸土種中特爲領絕二也。益人與薯蕷同功三也。遍地傳生剪莖作種今歲一莖次年便可種數十畝四也。枝葉附地隨節作根風雨不能侵損五也。可當米穀凶歲不能災六也。可充籩實七

也可以釀酒八也乾久收藏屑之旋作餅餌勝用餳蜜九也生熟皆可食十也用地少而利多易於灌溉十一也春夏下種初冬收入枝葉極盛草穢不容其間但須壅土勿用耘鋤無妨農功十二也根在深土食苗至盡尚能復生蟲蝗無所奈何十三也　元扈先生曰種甘藷有二法其一傳卵其一傳藤　嘉慶道光年間滑縣長垣等處初種紅薯有掩母者即徐光啟農政全書所謂傳卵之法也元扈先生又曰甘藷苗二三月至七八月俱可種但卵有大小耳　雲聞河南老農云紅薯若正月掩母種五月底六月初即可食也

白薯正月掩母種解　白薯與紅薯同類而異種諸書俱無考及者曾聞一老儒云紅薯來自瓊州府白薯來自琉球國本名地瓜或者然乎　雲見直隸老農河南老農山東老農俱云白薯之收豐於紅薯其種法仍與紅薯同

乾紅薯正月掩母種解　乾紅薯乃紅薯中之別種亦紅薯中之嘉種也出河南杞縣及新鄭縣蒸而食之甚乾甚麵並無許多汁漿甚能耐飢　又聞河北老農云長垣縣有乾紅薯熟食額外耐飢冬藏額外耐放其種法仍與紅薯同

乾白薯正月掩母種解　乾白薯與乾紅薯大同小異亦出杞縣新鄭縣長垣縣　雲聞一老農云乾紅薯乾白薯八九月時種在園圃畦中霜降前用草苫覆之冰凍前用馬糞煨之到正二月即長大矣不但正月掩母種也

罌粟苗菜正月種解　罌粟苗菜王象晉羣芳譜罌粟花一名米囊花一名御米花一名米殼花艷麗可玩實如蓮房其子囊數千粒大小如葶藶子　雲以為罌粟苗作菜可食蘇文忠東坡兄弟皆喜食之東坡食罌粟菜五言詩予忘之矣但記其脆美牙頰響一句子由食罌粟菜四言詩予猶能記其全罌小如罌粟細如粟與麥偕種與穄偕熟苗堪春菜實比秋穀研作牛乳烹為佛粥嘆我氣衰

飲食無幾食肉不消食菜寡味柳槌石鉢煎以蜜水便口利喉調肺養胃三年杜門莫適往還幽人投刺相對忘言飲之一杯失笑欣然細玩子由詩句罌粟苗之為物不但可生食並可烹而熟食也　雲今鑿破混沌唱此生食罌粟之法熟食罌粟之法今貧民當菜當飯隨意食之使彼種罌粟者輒嘆饋貧糧亦即時斷罌粟之善術也

紅花苗菜正月種解　紅花苗菜一名紅藍花博物志云紅藍花張騫得其種於西域　通雅云紅藍即紅花北方有焉支山山多紅藍北人采其花染緋取英鮮者為胭脂　一名黃藍花羣芳譜云紅藍一名黃藍花色紅黃葉似藍有刺春生苗嫩時可食夏乃有花花下作梂花出梂上梂中結實白顆如小豆其花可染真紅及作胭脂為女人脣妝晚花更鮮明耐久不黦勝春種者其子搗碎煎汁入醋和

蔬食極肥美者。可爲車脂及燭。一名洎夫藍。本草綱目云番紅花。一名洎夫藍出回回地面。一名藍花。一名紅花。留青日札云李益詩藍葉蔥重重藍花石榴色。是藍花本紅也。紅藍花中國入謂之紅花。雲見直隸大順廣河南彰衛懷等府正月有種紅花者。

蒝荽菜正月種解　蒝荽菜。一名葰。說文云葰註可以香口其莖柔葉細而根多鬚綏綏然也。一名胡荽。一名葰。韻略云荽香菜也。王象晉羣芳譜云根軟而白多鬚綏綏然故謂之葰。一名胡荽。一名蒝荽。博物志云張騫使西域得胡荽歸俗呼蒝荽。一名香荽。一名鹽荽。鄴中記云石勒諱胡改胡荽爲香荽今呼爲鹽荽。格物論曰胡荽根苗莖葉皆細可作羹冬蔬也。博聞錄曰種胡荽必於月晦日晚下種。

同蒿菜正月種解　同蒿菜。王禎農書曰同蒿者。葉綠而細莖稍白味甘脆。徐光啟農政全書同蒿解曰形氣同於蓬蒿故名。王象晉羣芳譜同蒿解曰莖肥葉綠有刻缺微似白蒿甘脆滑膩。李時珍本草綱目同蒿解曰八九月下種冬春採食。

菠菜正月種解　菠菜。羣芳譜云。一名菠薐。一名波斯草。一名赤根菜。一名鸚鵡菜出西域頗陵國今訛爲菠薐蓋頗陵之轉聲也。唐會要云貞觀中泥婆羅國獻菠薐酢菜。劉禹錫云菠薐本西國中種自頗陵國將其子來今呼其名語頗訛耳。嘉話錄云菠薐本自西域中來韋絢曰豈非出頗稜國而語訛爲菠薐耶。格物論曰菠薐莖微紫葉圓而長綠色性冷利五臟通腸胃。種樹書曰菠薐過月朔乃生今月初一二間種與二十七八間種皆過來月初一乃生。博聞錄曰菠菜過月朔乃生須二十七八間種之月初即生種時須以其子研開易浸脹。農桑輯要曰菠薐作畦下種如蘿蔔法春正月二月皆可種。

銀條菜正月種解　銀條菜。一名菲。詩邶風云采葑采菲。一名地環。羣芳譜云。一名銀絲菜。河北彰衛懷等府土人或呼銀絲菜。一名銀條菜。今彰衛懷等府土人皆呼銀條菜。王禎農書曰凡種銀條菜宜於園圃陰地春時種之用麥穰爲糞地以沾潤爲佳至秋乃收。王象晉

羣芳譜曰凡種銀條菜宜沃土宜沾溼宜於園圃近陰處或樹陰下疏種之至秋乃收生熟皆可食。

甘露菜正月種解　甘露菜與銀條菜同類而異種一名地蠶。本草綱目云言其形也。一名草石蠶。本草綱目云言其形也。一名甘露子。本草綱目云言其味也。農政全書云苗長四五寸許根如累珠味甘而脆故名甘露。羣芳譜云葉上露滴地即滋生是以有甘露之名。其種法食法皆與銀條菜同。

地瓜菜正月種解　地瓜菜與銀條甘露同類而異種。救荒本草有此名。其莖科苗葉俱與銀條菜甘露菜畧同其性情嗜好則與銀條菜甘露菜迥異蓋銀條菜甘露菜僅能生溼地而地瓜菜並能生淺水及水底也。雲聞一老農

云地瓜菜。煮食甚淡。可以當飯。種者皆自食之。而不肯貨賣與人。故銀條菜、甘露菜常見有賣者。地瓜菜未見有賣者。

以上正月菜類解

救荒月令

二月

蠶豆二月種　小滿後五日熟。三月水角可食。食法詳後飲食篇

豌豆二月種　芒種後五日熟。四月水角可食。食法詳後飲食篇

小扁豆二月種　芒種後五日熟。四月水角可食。食法詳後飲食篇

粗皮大麥二月種　小滿後五日熟。立夏水包可食。食法詳後飲食篇

細皮大麥二月種　小滿後五日熟。立夏水包可食。食法詳後飲食篇

有芒小麥二月種　芒種後五日熟。立夏水包可食。食法詳後飲食篇

無芒小麥二月種　芒種後五日熟。立夏水包可食。食法詳後飲食篇

春麥二月種　芒種後五日熟。立夏水包可食。食法詳後飲食篇

青稞麥二月種　芒種後五月熟。立夏水包可食。食法詳後飲食篇

白子包穀二月種　小暑熟

黃子包穀二月種　小暑熟

胡秫二月種

菸下白稻二月種

孤灰稻二月種　一年再熟

稅稻二月種　今年收穫來年復生

黑子高粱二月種　大暑熟。小暑可食。食法詳後飲食篇

白子高粱二月種　大暑熟。小暑可食。食法詳後飲食篇

紅子高粱二月種　大暑熟。小暑可食。食法詳後飲食篇

黑子粟穀二月種大暑熟小暑可食食法詳後飲食篇
紅子粟穀二月種大暑熟小暑可食食法詳後飲食篇
白子粟穀二月種大暑熟小暑可食食法詳後飲食篇
黃子粟穀二月種大暑熟小暑可食食法詳後飲食篇
脂麻油穀二月種
紫蘇油穀二月種
白荏油穀二月種
落花生油穀二月種畝收十五六石
洋落花生油穀二月種畝收十五六石
以上二月穀類

圓蔓菁二月種三月可食
長蔓菁二月種三月可食
山蔓菁二月種三月可食外有羣子十二
洋蔓菁二月種三月可食又能做糖
出頭白蘿蔔二月種三月可食
埋頭白蘿蔔二月種三月可食
多汁白蘿蔔二月種三月可食
無汁白蘿蔔二月種三月可食
圓蛋白蘿蔔二月種三月可食
黃色胡蘿蔔二月種三月可食

紅色胡蘿蔔二月種三月可食
油菜二月種三月可食
擘藍菜二月種三月可食
春不老菘菜二月種三月可食
苜蓿菜二月種三月可食
莙薘菜二月種三月可食
冬葵菜二月種三月可食
掃帚菜二月種三月可食
尖葉莧菜二月種三月可食
圓葉莧菜二月種三月可食

南瓜二月種小暑可食
筍瓜二月種小暑可食
搠瓜二月種小暑可食
紅薯二月掩母種小暑可食
白薯二月掩母種小暑可食
乾紅薯二月掩母種小暑可食
乾白薯二月掩母種小暑可食
罌粟苗菜二月種三月可食
紅花苗菜二月種三月可食
蒝荽菜二月種三月可食

同蒿菜二月種三月可食

菠菜二月種三月可食

銀條菜二月種畝收三千斤

甘露菜二月種畝收三千斤

地瓜菜二月種畝收三千斤

旱芋頭二月種

暘芋頭二月種

水芋頭二月種

百果芋二月種魁大子畝收百斛

百子芋二月種

博士芋二月種蔓生其根如鷄鳴卵

利甫芋二月種其大可二三十斤

圓山藥二月種一名蒙古山藥一名彎山藥

長山藥二月種

扁山藥二月種

菊花山藥二月種

百合菜二月種

山丹菜二月種

葧薺二月種

野葧薺二月種

沃丹菜二月種

然東菜二月種七八日卽熟

以上二月菜類

蠶豆二月種解　雲見直隸江蘇河南山東等省。蠶豆有二月種者。

豌豆二月種解　雲見直隸江蘇河南山東等省。豌豆有二月種者。

小扁豆二月種解　雲見直隸江蘇河南山東等省。小扁豆有二月種者。

粗皮大麥二月種解　雲見直隸江蘇河南山東等省。粗皮

大麥有二月種者。

細皮大麥二月種解　雲見直隸江蘇河南山東等省。細皮大麥有二月種者。

有芒小麥二月種解　雲見直隸江蘇河南山東等省。有芒小麥有二月種者

無芒小麥二月種解　雲見直隸江蘇河南山東等省。無芒小麥有二月種者。

春麥二月種解　雲見直隸江蘇河南山東等省。有春麥二月種者。

青稞麥二月種解　雲閩甘肅新疆等省。有青稞麥二月種

者。

黃子包穀二月種解　雲閒隱士王丹君云。黃子包穀二月種。雖不驟然出土。然而其氣更足。其熟益早。

白子包穀二月種解　雲閒隱士王丹君云。白子包穀二月種。雖不驟然出土。然而其氣更足。其熟益早。

胡秫二月種解　據齊民要術所云。胡秫之爲物。正月種者。早熟。及麥。二月種者。當亦熟在夏至小暑也。

菾下白稻二月種解　據齊民要術所云。菾下白稻之爲物。正月種者。五月熟。刈而復生。九月再熟。二月種者。當亦五月月底熟。刈而復生。九月月底再熟也。

孤灰稻二月種解。　後魏高陽太守賈思勰齊民要術云。孤灰稻二月種。一年再熟。

稅稻二月種解　後魏高陽太守賈思勰齊民要術云。稅稻二月種。今年收穫。來年復生。

黑子高粱二月種解　黑子高粱元扈先生曰。高粱之爲物。古無有也。或從他方得種。王象晉羣芳譜云。一名蜀黍。一名蜀秫。一名木稷。一名蘆穄。一名蘆粟。一名荻粱。一名高粱。以種來自蜀。形類黍稷。故有諸名。　農政全書曰。種高粱宜鹻地。及卑下地。　直隸老農曰。種黑子高粱。尤宜鹻地。及卑下地。　王象晉羣芳譜蜀黍解曰。春月早種。得子多。　河南老農語予曰。種黑子高粱。荒年可以多得穀。豐年可以多得錢。予問何故能然。老農曰。黑子高粱又耐風雨。又耐水旱。故能荒年多得穀也。又善釀酒。多出而釅。又善當料。騾馬食之不牙酸。酒家車戶。爭以高價買之。每斗恒多三五十文。故能豐年多得錢也。　雲閒隱士王丹君云。黑子高粱二月種。雖不驟然出土。然而其氣更足。其熟益早。

白子高粱二月種解　白子高粱。奉天海州有其種。河南太康縣亦有其種。即洋書所謂饋高粱也。子可當穀。稈可熬糖。　雲閒隱士王丹君云。白子高粱二月種。雖不驟然出土。然而其氣更足。其熟益早。

紅子高粱二月種解　雲閒隱士王丹君云。紅子高粱二月種。雖不驟然出土。然而其氣更足。其熟益早。

黑子粟穀二月種解　黑子粟穀。粟穀字。俗名也。穀者。五穀之總名。粟者。一切米類未舂去皮之總名。後世儒者。廣搜金石。高談性命。皆不識黍稷稻粱之粱。日日食其飯。莫名其米。萬不得已。無可奈何。乃取五穀之總名。與一切米類未舂去皮之總名。揑而名之曰粟穀。而粱之真名遂隱矣。黑子粟穀性能耐鹻。又能耐水。　雲閒隱士王丹君云。黑子粟穀二月種。雖不驟然出土。然而其氣更足。其熟益早。

紅子粟穀二月種解　紅子粟穀。即詩生民篇所謂糜。爾雅註所謂赤粱粟也。性能耐鹻。雲聞隱士王丹君云。紅子粟穀二月種。雖不驟然出土。然而其氣更足。其熟益早。

白子粟穀二月種解　白子粟穀。即詩生民篇所謂芑。爾雅註所謂白粱粟也。性能耐鹻。又能耐水。兼能耐旱。雲聞隱士王丹君云。白子粟穀二月種。雖不驟然出土。然而其氣更足。其熟益早。

黃子粟穀二月種解　黃子粟穀。今北方之帶殼小米。爲米作飯。即杜詩所謂新炊閒黃粱之黃粱。亦即小說所謂邯鄲道上。黃粱夢之黃粱也。雲聞隱士王丹君云。黃子粟穀二月種。雖不驟然出土。然而其氣更足。其熟益早。

脂麻油穀二月種解　脂麻。一名胡麻。一名芝麻。一名交麻。事物源始云。張騫使西域至大宛。得其種植於中國。或稱名胡麻。石勒時諱胡字。改名芝麻。隋大業四年。改胡麻曰交麻。一名油麻。沈括筆談云。胡麻即今油麻。一名脂麻。穀譜云。脂麻以名油名。俗作芝麻者非。一名巨勝。爾雅翼云。巨勝胡麻之黑者。蔡云。八穀中最爲大勝。故曰巨勝。一名藤宏。張揖廣雅云。藤宏胡麻也。一名方莖。一名狗蝨。抱朴子云。胡麻一名方莖。張揖廣雅云。狗蝨胡麻也。王象晉羣芳譜脂麻解云。方莖以莖名。狗蝨以形名。按三農記列脂麻於油穀。以其荒年可以爲飯。豐年可以打油也。賈思勰齊民要術曰。胡麻宜白地種。二三月爲上時。四月上旬爲中時。五月上旬爲下時。王象晉羣芳譜脂麻解曰。望前種者子多而肥。望後種者子少而粃。

紫蘇油穀二月種解　三農記列紫蘇於油穀。以其荒年可以爲飯。豐年可以打油也。王禎農書曰。蘇六畜所不犯。類能全身[redacted]害者。於五穀有外護之功。於人有燈油之用。務本新書曰。凡種五穀。如地畔近道者。亦可另種蘇子。以遮六畜傷踐。收子打油。燃燈甚明。可熬油以油諸物。兗礪先生曰。二月三月下種。或宿子在地自生。

白荏油穀二月種解　白荏。亦紫蘇類也。一名白蘇。齊民要術曰。荏宜園畔漫擲。便歲歲自生。收子壓取油。可以煮餅。

落花生油穀二月種解　落花生。三農記云。初名番豆。以其來自外國也。列於油穀。以其荒年可以爲飯。豐年可以打油也。雲聞隱士王丹君云。落花生油穀二月種。雖不驟然出土。然而其氣更足。其熟益早。

洋落花生油穀二月種解　洋落花生。近年始入中國。加以洋字。因其來自西洋也。其顆粒甚肥大。其打油略少些。荒年或煮食之。或磨成水做如豆沫食之。其功用與落花生等。雲以爲若仿隱士王丹君法。洋落花生二月種。當與本地落花生同時早熟。

以上二月穀類解

長蔓菁菜二月種解　長蔓菁菜。王象晉羣芳譜蔓菁種植解曰。供食者。正月至八月。皆可種。凡遇水旱他穀已晚。但有隙地。卽可種此。以濟口食。王象晉又曰。凡食蔬菜。無穀氣。卽有菜色。食蔓菁者獨否。蔓菁四時皆有。四時皆可食。春食苗。初夏食心。亦謂之薹。秋食莖。冬食根。數口之家。蒔數百本。亦可終歲足蔬。子可打油。燃燈甚明。每畝根葉可得五十石。每三石可得米一石。是一畝得米十五六石。則三人卒歲之需也。 云以爲長蔓菁菜二月種三月苗卽可食也。

圓蔓菁菜二月種解 長蔓菁菜。宜種虛軟沙地。及兩和土地。圓蔓菁菜。宜種剛礓淤地。及山岡地。或沙土多石地。

云以爲。圓蔓菁菜二月種三月苗卽可食也。

山蔓菁菜二月種解 云以爲。山蔓菁菜二月種。三月苗卽可食也。

洋蔓菁菜二月種解 云以爲。洋蔓菁菜二月種。三月苗卽可食也。

出頭白蘿蔔二月種解 云以爲。出頭白蘿蔔二月種。三月苗卽可食也。

埋頭白蘿蔔二月種解 云以爲。埋頭白蘿蔔二月種。三月苗卽可食也。

多汁白蘿蔔二月種解 云以爲。多汁白蘿蔔二月種。三月卽可食也。

無汁白蘿蔔二月種解 云以爲。無汁白蘿蔔二月種。三月卽可食也。

圓蛋白蘿蔔二月種解 云以爲。圓蛋白蘿蔔二月種。三月卽可食也。

黃色胡蘿蔔二月種解 云以爲。黃色胡蘿蔔二月種。三月卽可食也。剔其大者食之。

紅色胡蘿蔔二月種解 云以爲。紅色胡蘿蔔二月種。三月卽可食也。剔其大者食之。

油菜二月二月種解 云以爲。油菜二月種。三月卽可食也。

剔其大者食之。

擘藍菜二月種解 云以爲。擘藍菜二月種。三月卽可食也。擘其葉食之。

春不老菘二月種解 云以爲。春不老菘菜二月種。三月卽可食也。

苜蓿菜二月種解 云以爲。苜蓿菜二月種。三月卽可食也。

莙蓬菜二月種解 云以爲。莙蓬菜二月種。三月卽可食也。

葵菜二月種解 云以爲。冬葵菜二月種。三月卽可食也。

掃帚菜二月種解 掃帚菜。俗名也。卽古書之所謂葵。王象晉羣芳譜云。一名地膚。一名地葵。一名地麥。一名益明。一

名落帚。一名獨帚。一名王帚。一名王篲。一名白地莓。一名
涎衣草。一名鴨舌草。一名千頭子。一名千心妓女。今之獨
帚也。春間皆可種。處處有之。一本叢生。每窠約二十莖。圓
圓直上。嫩苗可作蔬茹。　雲以爲。掃帚菜二月種。三月即
可食也。
尖葉莧菜二月種解　雲以爲。尖葉莧菜二月種。三月即可
食也。宜擘而食之。
圓葉莧菜二月種解　雲以爲。圓葉莧菜二月種。三月即可
食也。宜割而食之。
南瓜二月種解　雲聞滑縣老農。及長垣縣老農云。南瓜二

月種。小暑即可食也。
筍瓜二月種解　雲聞滑縣老農。及長垣縣老農云。筍瓜二
月種。小暑即可食也。
假南瓜二月種解　雲聞滑縣老農。及長垣縣老農云。假南
瓜二月種。小暑即可食也。
搦瓜二月種解　雲聞滑縣老農。及長垣縣老農云。搦瓜二
月種。小暑即可食也。
紅薯二月掩母種解　雲聞滑縣老農。及長垣縣老農云。紅
薯二月種母種。小暑即可食也。
白薯二月掩母種解　雲聞滑縣老農。及長垣縣老農云。白

薯二月掩母種。小暑即可食也。
乾紅薯二月掩母種解　雲以爲。若照種紅薯例。乾紅薯二
月掩母種。小暑亦當可食也。
乾白薯二月掩母種解　雲以爲。若照種白薯例。乾白薯二
月掩母種。小暑亦當可食也。
罌粟苗菜二月種解　雲以爲。罌粟苗菜二月種。三月即可
食也。
紅花苗菜二月種解　雲以爲。紅花苗菜二月種。三月即可
食也。
蒝荽菜二月種解　雲以爲。蒝荽菜二月種。三月即可食也。

同蒿菜二月種解　雲以爲。同蒿菜二月種。三月即可食也。
菠菜二月種解　雲以爲。菠菜二月種。三月即可食也。
銀條菜二月種解　雲聞滑縣老農。及長垣縣老農云。銀條
菜二月種。每畝可得三千餘斤。
甘露菜二月種解　雲聞滑縣老農。及長垣縣老農云。甘露
菜二月種。每畝可得三千餘斤。
地瓜菜二月種解　雲聞滑縣老農。及長垣縣老農云。地瓜
菜二月種。每畝可得三千餘斤。
旱芋頭二月種解　旱芋頭。一名土芝。李時珍本草綱目。芋頭解云。一名土芝。
一名蹲鴟。前漢書食貨志云。卓氏之先爲趙富人。秦破趙。遷於蜀。曰吾聞岷山之下沃野。有蹲鴟。至死不

□乃求還邊數十斛功一名青烏張揖廣雅云一名博
共芋其狀若蹲鴟坐故名　青烏芋也
羅蘇譜云吳郡所産大者謂之芋頭嘉一名天河生詞林
羅定名之博羅旁生小者謂之芋子　海錯
云康巢縣呼芋一名莒許慎說文云芋在在有之蜀漢爲
頭爲天河生　齊人呼爲莒
最　李時珍本草綱目曰旱芋山地可種水芋水田蒔之
氾勝之曰種芋區方深皆三尺取豆萁内區中足踐之
厚尺五寸取區土溼土與糞和之内區中萁上令厚尺二
寸以水澆之足踐令保澤取五芋子皆長三尺一區收三
石　氾勝之又曰二月注雨可種芋　家政法曰二月可
種芋也　務本新書曰芋宜沙白地地宜深耕二月爲上
時相去六七寸下一芋芋羞三月衆人來往眼目多日並

閒刷鍋聲處多不滋生　賈思勰齊民要術曰芋種宜軟
白沙地近水爲善芋畏旱故宜近水　區深可三尺許區行欲寬寬
則過風芋本欲深深則根大率二尺一根漸加土壅之　春宜種秋宜
壅立夏種不生卯秋失壅瘦而不肥　霜降摘其葉使收液以美其實則
芋愈大而愈肥　備荒論曰蝗之所至凡草木葉無有遺
者獨不食芋桑與水中菱芡宜廣種之　海錄曰閩旱山
僻勤種值收芋甚多杵之如泥造墼爲牆後遇饑年數十
口俱活　羣芳譜曰閩山中人取大芋曝極乾和土築牆
經久不壞荒年取用或去皮搗爛塗壁處處加之亦稱久
不壞　羣芳譜又曰鋤芋宜晨露未乾及雨後令根旁虛

則魁子多若日中耘大熱則蔫　雲按芋可救飢屢有明
徵酒客教梁民種芋防饑後三年果遇大饑梁民得不死
卓氏曰岷山之沃野有蹲鴟至死不饑朱文公五言詩曰
沃野無凶年正得蹲鴟力區種萬葉青深煨奉朝食陸放
翁七言詩曰陸生晝飫腹便便嘆息何時食萬錢莫謂蹲
鴟少風味賴渠撐拄過凶年
陽芋頭二月種解　陽芋頭出山西陝西甘肅四川等省諸
書俱無其名而民間種者甚廣或插苗而種之或切片而
種之山谷窮民甚賴此以救飢也
水芋頭二月種解　水芋頭王象晉羣芳譜曰南方多水芋

北方多旱芋總之地皆宜肥水芋三尺一科畝爲科三千
一百六十科科并魁子二斤每畝可得四千三百二十斤
以備荒救饑已數倍於作田矣
百果芋二月種解　百果芋王象晉羣芳譜曰芋之最善者
百果子多而魁亦大　徐光啟農政全書曰有百果芋魁
大子繁多畝收百斛
百子芋二月種解　百子芋農政全書云出葉俞縣今雲南
省地也
博士芋二月種解　博士芋周處風土記曰博士芋蔓生根
如鵝鴨卵

利甫芋二月種解　利甫芋一名檳榔芋　雲間一商賈者
叟曰利甫芋出廣西省利甫縣故名之曰利甫芋其魁甚
大可至二三十斤土人又呼爲檳榔芋
圓山藥二月種解　圓山藥一名蠻山藥一名蒙古山藥非
山藥之正宗也長山藥乃爲山藥正宗
長山藥二月種解　長山藥一名諸藇音同薯蕷山海經云其草多諸藇農政
全書云薯蕷二字音同薯蕷後避諱轉爲薯蕷一名薯蕷一名薯藥一名山藥見聞
雜錄云山藥本名薯藥唐代宗諱豫改名薯藥宋英宗諱曙改名山藥一名山芋本草經云薯蕷一名
山芋益氣力長肌肉除邪氣一名山藷羣芳譜云原名薯蕷一名山藷一名土藷異苑
云薯蕷入藥又復可食野人謂之土藷一名藷薯吳氏本草云薯蕷一名藷薯一名玉延孫思

邈千金方云薯蕷生於山者名山藥秦楚之間名玉延一名玉柱曲洧舊聞云虎頭巖在真君觀西巖
北有一谷幽深而險道人沈天休言頃年採藥其[illegible]掘山藥煮食見一藤引蔓甚遠而葉特大疑其非世乃共
掘之大如柱長數尺蓋亦山藥也大莖可烹半月戲爲玉柱其後玉粒之名稍著鬻山藥者利其易售皆目玉柱之
名其實不知本末也一名銀條德星侯寗藥譜云山藥曰銀條德星一名天公掌一
名拙骨羊一名月一盤陶穀清異錄云薯藥最大者號天公掌次者號拙骨羊又蜀孟昶月
旦必素飧性喜薯藥左右因呼薯藥爲月一盤一名修脆羣芳譜山藥解云一名修脆一名兒
草吳氏本草云薯蕷一名兒草　山居要術云種山藥法擇取白色根
如白米粒式者先收子作三五所阬長一丈闊三尺深五
尺下客布甎四面亦側布甎防其入旁土中根即細也作
阬子訖填糞及土排行下子種之阬填滿苗出作架經年

巳後根甚粗一阬可支一年食種者截長二寸下種　徐
光啟農政全書山藥解曰擇種須極大者竹刀切作二寸
許勿用鐵刀切鐵刀切者爛而不生阬中布種每相去五
六寸橫臥之入土只二寸不宜太深　王象晉羣芳譜山
藥種植篇曰種宜牛糞麻糝最忌人糞　劉敬叔異苑曰
薯蕷若欲掘取默然則獲唱名便不可得人有植之者隨
所種之物而像之也　物類相感志曰薯蕷江南人多植
之手植則如手鋤鍬等物值之亦隨本物之形狀　硯北
雜志曰俗傳種山藥時以足按之形如人足
扁山藥二月種解　扁山藥乃山藥之最良者也品堪入藥

出懷慶府等處習醫道者競購求之　徐光啟農政全書
山藥篇曰新安有一種形扁而細性堅實味勝
菊葉山藥二月種解　菊葉山藥山西省北山中性能耐
大寒冰雪亦山藥類中備荒救飢之嘉種也
百合菜二月種解　百合菜一名䕲一名夜合農政全書百合篇云一名
䕲一名夜合一名摩羅羣芳譜百合篇云一名摩羅一名強瞿一名倒仙八閩
志云強瞿百合也俗呼倒仙一名中庭一名重邁一名重匡吳氏本草云百合一
名重邁一名中庭一名重匡一名蒜腦藷陶穀清異錄云天成中進士侯寗名百合爲蒜腦藷一
名玉手爐八閩志云百合一名玉手爐　四時類要曰二月種百合此
物尤宜雞糞每阬深五寸如種蒜法　華夷花木考曰都

波國不知耕稼。土多百合。取其根以爲糧。羣芳譜百合篇。都波國無稼穡。以此爲糧。

山丹菜二月種解　山丹菜亦百合之類也。百合色白。山丹色紅。亦喜雞糞。其性與百合同。羣芳譜山丹篇曰。一名連珠。一名紅花菜。一名紅百合。一名川強瞿。根似百合。體小而瓣少。可食。

沃丹菜二月種解　沃丹菜。與山丹同類而異種。羣芳譜曰。沃丹一名山丹。一名中庭花。花小於百合。亦喜雞糞。其性與百合略同。然易變化。開花甚紅。諸卉莫及。故曰沃丹。

荸臍菜二月種解　荸臍菜一名荸薺。一名地栗。學圃雜疏云。荸薺。卽地栗。生淺水。吳中最盛。遠貨京師。爲珍品。色紅嫩而甘者爲上。一名烏芋。農政全書云。卽俗名荸薺也。羣芳譜云。舊名烏芋。以形似芋。而烏燕喜食之也。一名鳧茈。爾雅云。鳧茈。鳧喜食之。故名。後人訛以爲荸臍。音相似也。一名鳧茨。羣芳譜云。鳧茈。一名鳧茨。一名鳧疾。一名黑三稜。一名芍。鄭樵通志云。芍。地栗。一名黑三稜。一名芍。寇宗奭曰。荸薺。荒歲多採。可以爲糧。

野荸臍二月種解　野荸臍菜。似家荸臍而小。其體堅硬。少汁多滓。卽周憲王救荒本草所謂鐵荸臍也。採根煮熟食之。可以備荒救饑。製作粉食。更能厚人腸胃。王磐野菜譜詩曰。野荸薺。生稻畦。苦薅不盡心力疲。造物有意防民飢。年來水患絕五穀。爾獨結實何纍纍。又云。四時採生熟皆可食。

染東菜二月種解　雲在汴。聞曾襲侯劼剛。暨隨員馬徵圖曰。據福勒格[illegible]書云。染東菜七八日卽可長成。其皮似蘿蔔。以刀切開。則又似白菜。每科重四兩餘。出英國及美國。雲按。英國美國於度數爲溫帶。我中國於二三八九月種之。或者氣候相當相宜也。

以上二月菜類解

救荒月令

三月

鵲豆三月種

胡秫三月種

白子包穀三月種大暑熟小暑可食

黃子包穀三月種大暑熟小暑可食

黑子高粱三月種立秋熟大暑可食

白子高粱三月種立秋熟大暑可食

紅子高粱三月種立秋熟大暑可食

快高粱三月種小暑熟夏至可食

黑子粟穀三月種處暑熟

白子粟穀三月種處暑熟

紅子粟穀三月種處暑熟

黃子粟穀三月種處暑熟

黑子黍三月種夏至熟

紅子黍三月種夏至熟

白子黍三月種夏至熟

黑子稷三月種夏至熟

紅子稷三月種夏至熟

黃子稷三月種夏至熟

小子黑豆三月種小暑熟

大子黑豆三月種小暑熟

小子黃豆三月種小暑熟

大子黃豆三月種小暑熟

長秧綠豆三月種小暑熟

短秧綠豆三月種小暑熟

紅小豆三月種夏至熟

白小豆三月種夏至熟

豇豆三月種

莢角豆三月種

蓋下白稻三月種

孤灰稻三月種

秔稻三月種

脂麻油穀三月種

紫蘇油穀三月種

白荏油穀三月種

落花生油穀三月種畝收十石

洋落花生油穀三月種畝收十石

以上三月穀類

圓蔓菁三月種四月可食

長蔓菁三月種四月可食
山蔓菁三月種四月可食
洋蔓菁三月種四月可食
出頭白蘿蔔三月種四月可食
埋頭白蘿蔔三月種四月可食
多汁白蘿蔔三月種四月可食
無汁白蘿蔔三月種四月可食
圓蛋白蘿蔔三月種四月可食
黃色胡蘿蔔三月種四月可食
紅色胡蘿蔔三月種四月可食

油菜三月種四月可食
擘藍菜三月種四月可食
春不老菘菜三月種四月可食
苜蓿菜三月種四月可食
莙薘菜三月種四月可食
冬葵菜三月種四月可食
掃帚菜三月種四月可食
尖葉莧菜三月種四月可食
圓葉莧菜三月種四月可食
南瓜三月種大暑可食

筍瓜三月種大暑可食
假南瓜三月種大暑可食
攪瓜三月種大暑可食
紅藷三月種大暑可食
白藷三月種大暑可食
乾紅藷三月種大暑可食
乾白藷三月種大暑可食
罌粟苗菜三月種四月可食
紅花苗菜三月種四月可食
茼蒿菜三月種四月可食

芫荽菜三月種四月可食
菠菜三月種四月可食
銀條菜三月種畝收二千斤
甘露菜三月種畝收二千斤
地瓜菜三月種畝收二千斤
旱芋頭三月種
水芋頭三月種
陽芋頭三月種
百果芋三月種
博士芋三月種

利甫芋三月種
圓山藥三月種
長山藥三月種
扁山藥三月種
菊葉山藥三月種
百合菜三月種
山丹菜三月種
沃丹菜三月種
荸薺菜三月種
野荸薺菜三月種

青茄菜三月種
紫茄菜三月種
然東菜三月種七日熟每月四熟
以上三月菜類
蠶豆三月種解　雲聞祥符縣老農及鄢陵縣老農云蠶豆三月種，夏至後一日即熟。
胡秫三月種解　雲以爲胡秫三月種，小暑大暑時即當熟也。
白子包穀三月種解　雲聞滑縣老農及長垣縣老農云白子包穀三月種，大暑即熟，小暑可煮食也。
黃子包穀三月種解　雲聞滑縣老農及長垣縣老農云黃子包穀三月種，大暑即熟，小暑可煮食也。
黑子高粱三月種解　雲聞滑縣老農及祥符縣老農云黑子高粱三月種，立秋即熟，大暑可磨涼粉魚食也。
白子高粱三月種解　雲聞滑縣老農及祥符縣老農云白子高粱三月種，立秋即熟，大暑可磨涼粉魚食也。
紅子高粱三月種解　雲聞滑縣老農及祥符縣老農云紅子高粱三月種，立秋即熟，大暑可磨涼粉魚食也。
快高粱三月種解　雲聞直隸老農及滑縣老農、濟源縣老農云快高粱一名七葉慥高粱，其科只生七葉，其高僅及五尺，三月種者小暑即熟，夏至可磨涼粉魚食也。

黑子粟穀三月種解　直隸河南山東皆知黑子粟穀三月種，處暑即熟，立秋嫩青穗可碓搗成泥，煮而食也。
白子粟穀三月種解　直隸河南山東皆知白子粟穀三月種，處暑即熟，立秋嫩青穗可碓搗成泥，煮而食也。
紅子粟穀三月種解　直隸河南山東皆知紅子粟穀三月種，處暑即熟，立秋嫩青穗可碓搗成泥，煮而食也。
黃子粟穀三月種解　直隸河南山東皆知黃子粟穀三月種，處暑即熟，立秋嫩青穗可碓搗成泥，煮而食也。
黑子黍三月種解　黑子黍即詩經生民篇所謂秬也，所謂

秠也爾雅云秬黑黍秠一稃二米郭璞云秠亦黑黍但氾勝之曰黍者暑[illegible]當暑而主暑後乃成也
賈思勰齊民要術種黍法曰茌黍穄田最宜新開荒[illegible]
三月上旬爲上時四月上旬爲中時五月上旬爲下時
紅子黍三月種解　紅子黍即郭義恭廣志所謂赤黍眞珠
船所謂丹黍也黍性耐鹻而黑子黍與紅子黍耐鹻尤甚
是以諸書貴之農人貴之
白子黍三月種解　白子黍諸書皆有之即尋常農家所恒
種之黍也白六帖曰鄒衍吹律於燕之寒谷寒谷乃暖生
黍　孟子曰夫貉五穀不生惟黍生之　詩云我黍與與
又云芃芃黍苗又云其饟伊黍　羅願爾雅翼曰楚人以

菰葉包黍炊而食之謂之角黍又可爲酒關東人謂之黃
米酒　月令曰仲夏之月農乃登黍天子乃以雛嘗黍羞
以含桃先薦寢廟　雲聞長垣縣老農曰河北大名府等
處有四十五日快黍若能三月種之四十五日即熟於救
荒甚相宜也
黑子稷三月種解　黑子稷乃稷中之別種也此黃子稷尤
耐鹻　稷一名穄羅願爾雅翼云稷一名穄羣芳譜云可供祭故名一名粢粢稷形爲
蔬云左傳粢食不鑿粢者稷也曲禮云稷曰明粢一名糜一名穄七修類藁云稷乃一歲中最先種者關西呼糜冀州呼穄不甚珍貴農家種之以備他穀之不熟者也　羣芳譜云稷一名[illegible]一名粢關西謂之糜冀北謂之穄
許慎說文曰稷乃五穀之長　賈思勰齊民要

術種稷法曰二月上旬及麻菩楊生種者爲上時三月上
旬及清明桃始華爲中時四月上旬及棗葉生桑花落爲
下時
紅子稷三月種解　紅子稷亦稷中之別種也比黃子稷尤
耐鹻
黃子稷三月種解　黃子稷乃稷中之正宗也在五穀類中
獨能耐鹻肥磽皆收其利最普故古人推爲五穀之長且
又敎稼穡者不曰司農司嗇而曰后稷敬穀神者不曰社
麥壇社稻壇而曰社稷壇蓋隱而顯志而晦暗藏此意也
夫　後漢書曰烏丸國其地宜穄　郭義恭廣志曰破藏

穄逼麥穄此二者以四月熟　曲洧舊聞曰穄西北人呼
爲糜子有兩種早熟者與麥相先後五月間熟鄭人呼爲
麥爭場　雲以爲取破藏穄逼麥穄及麥爭場穄三月種
之於救荒甚相宜也
小子黑豆三月種解　小子黑豆亦大豆之類也王象晉羣
芳譜曰一名稽豆一名登豆一名登菽一名治登一名鹿
豆一名驢豆黑豆中之最細者即小子黑豆也本爲野生
今下地亦種之小科細粒葉如葛霜後熟可蒸食　賈思
勰齊民要術曰春種大豆次植穀之後二月中旬爲上時
三月上旬爲中時四月上旬爲下時　崔寔四民月令曰

正月可種豍豆（即豌豆也）二月可種大豆。又曰二月昏參夕杏花盛可種大豆。 齊民要術曰種大豆法地不求熟。農政全書解之曰地過熟者苗茂而實少。 孝經援神契曰赤土宜豆也。 滑縣老農及長垣縣老農祥符縣老農皆曰淤地宜種豆。又曰小子黑豆宜種鹻地兼宜種下凹地。 崔寔曰汜勝之曰豆花憎見日見日則黃爛而根焦也。 種大豆法美田欲稀薄田欲稠。 滑縣老農曰種小子黑豆愈稠密愈茂盛彼此相遮相蔽花不見日而收獲益豐也。

大子黑豆三月種解 小子黑豆爲黑豆中之別種。大子黑豆乃黑豆中之正宗。 王禎曰大豆之黑者荒年食而充飢豐年可作牛馬料。王禎又曰種大豆鋤成行隴春穴下種早者二月種四月可食名曰梅豆。 湖北鍾祥縣老農曰大豆三月種者小暑時即熟。

小子黃豆三月種解 小子黃豆其豆可飯可菜可醬可豉可油可腐。 汜勝之曰豆生布葉鋤之生五六葉又鋤之。大豆小豆不可盡治也古所不盡治者豆生布葉豆遂有膏盡治之則傷膏傷則不成今民盡治之故其收耗折也。

大子黃豆三月種解 大子黃豆比小子黃豆角肥而長其種耘收獲苗葉莢萁與大子黑豆無異其豆可飯可菜可醬可豉可油可腐與小子黃豆無異。

長秧綠豆三月種解 長秧綠豆群芳譜曰綠豆以色名。作菜非大者名植豆粒粗而色鮮者爲官綠又名明綠皮薄粉多粒小而色暗者爲油綠又名灰綠皮厚粉少早種者名摘綠可頻摘也遲者名拔綠一拔而已。 湘山野錄曰宋眞宗深念稼穡聞西天菉豆子多而粒大遣使以珍寶求其種得二石始植於後苑秋成日宣近臣嘗之。 王禎農桑通訣曰北方惟用菉豆最多農家種之亦最廣人俱作豆粥豆飯或作餌爲糕或磨而爲粉或漉皮壓索爲食中要物亦可喂牲畜眞濟世之良穀也南方亦間種之。 俞貞木種樹書曰種菉豆地宜瘦四月種六月收子再種八月又收。 徐光啟農政全書授時篇曰三月宜種菉豆。 陞以爲種綠豆者宜照農政全書授時篇所言三月將綠豆試種之。 滑縣老農曰我於光緒四年大荒未完時候因所種高粱科苗不足數曾於空閒處所補種許多綠豆後來畝收高粱石餘又畝收綠豆石餘三月甚宜種綠豆不必多疑更不須言試也。 齊民要術曰凡種小豆（綠豆赤豆白豆皆小豆也）夏至後十日種者爲上時初伏斷手爲中時中伏斷手爲下時。

短秧綠豆三月種解 短秧綠豆即直隸農人所謂伏綠豆。

河南農人所謂一把抓綠豆一把箭綠豆也凡於長秋綠
豆其熟甚速甚早。
紅小豆三月種解　紅小豆。賈思勰齊民要術曰大赤豆三
月種六月旋摘。宋祁益州方物圖曰海紅豆春開花白
色結莢枝間子如綴珠似大紅豆而扁皮紅肉白蜀人用
爲果飣。元扈先生曰有一種米赤豆最能殺草。留青
白札曰霸州思靈島出米豆枝葉似柳花如烏豆一種之
後數年收實淮南子書豆之美者有米豆是也。
白小豆三月種解　白小豆王象晉羣芳譜曰一名白豆一
名飯豆色白亦有土黃色者較綠豆差大粥飯皆可用。

祥符縣老農曾於光緒壬午年夏至前四五日手執新白
小豆貽予曰白羊角豆熟在麥後亦救荒之嘉穀也願先
生留意焉。懷慶府等處有水白豆性能耐水未知與白
小豆是一是二也。
豇豆三月種解　豇豆一名戎菽。管子書曰桓公北伐山戎以戎菽遍布天下卽荏菽
一名荏菽一名胡豆一名大豆。爾雅云戎菽謂之荏菽郭璞注云卽胡豆也邢昺疏
云卽大豆也。一名國豆。鄴中記云石勒諱胡名胡豆曰國豆。一名䜵䝨。張揖廣雅云胡豆■
䝨也。王象晉羣芳譜曰豇豆一名䜵䝨。徐光啟農政全書云豇豆一名䜵䝨莢必雙生紅色居多故名也。今
名豇豆。羣芳譜農政全書本草■目等書皆以豇豆名云。處處有之穀而前後種
者六月便熟再種之一年可兩收。

茮角豆三月種解　茮角豆一名刀豆。學圃雜疏云刀豆一可醬食性能殺蟲
名挾劍豆。羣芳譜刀豆注云樂浪有挾劍豆莢生橫斜如人挾劍卽此豆也。一名裙帶豆。
致富奇書有裙帶豆卽茮角豆中纖細而長者也。人家多種之生熟皆可食子大
如拇指頂淡紅色同雞肉猪肉煮食甚美。
葢下白稻三月種解　葢下白稻三月種初熟當在小暑再
熟當在立冬。
孤灰稻三月種解　孤灰稻三月種初暑當在小暑再熟當
在立冬
秜稻三月種解　秜稻三月種初熟當在小暑再熟當在立
冬。

脂麻油穀三月種解　脂麻油穀三月種據齊民要術農政
全書羣芳譜等書所云則猶得爲上時也。
紫蘇油穀三月種解　紫蘇油穀三月種據農時全書授時
篇中三月有種紫蘇也。
白荏油穀三月種解　白荏油穀三月種仿紫蘇而種之也。
荏與蘇爲一類仿而種之最爲得宜。
落花生油穀三月種解　落花生油穀三月種每畝可收十
石也。
洋落花生油穀三月種解　洋落花生油穀三月種每畝亦
可收十石也。

以上三月穀類解

圓蔓菁菜三月種解　圓蔓菁菜三月種。據農政全書。而種之也。

長蔓菁菜三月種解　長蔓菁菜三月種。據農政全書。而種之也。

山蔓菁菜三月種解　山蔓菁菜三月種。仿長圓蔓菁。而種之也。山蔓菁菜與長圓蔓菁爲一類。仿而種之。最爲得宜。

洋蔓菁菜三月種解　洋蔓菁菜三月種。仿長圓蔓菁而種之也。洋蔓菁菜與長圓蔓菁爲一類。仿而種之。最爲得宜。

出頭白蘿蔔三月種解　出頭白蘿蔔三月種。據農政全書。而種之也。

埋頭白蘿蔔三月種解　埋頭白蘿蔔三月種。據農政全書。而種之也。

多汁白蘿蔔三月種解　多汁白蘿蔔三月種。據農政全書。而種之也。

無汁白蘿蔔三月種解　無汁白蘿蔔三月種。據農政全書。而種之也。

圓蛋白蘿蔔三月種解　圓蛋白蘿蔔三月種。據農政全書。而種之也。

黃色胡蘿蔔三月種解　黃色胡蘿蔔三月種。仿白蘿蔔而種之也。黃色胡蘿蔔。與白蘿蔔爲一類。仿而種之。最爲得宜。

紅色胡蘿蔔三月種解　紅色胡蘿蔔三月種。仿白蘿蔔而種之也。紅色胡蘿蔔與白蘿蔔爲一類。仿而種之。最爲得宜。

油菜三月種解　油菜三月種。救荒權宜之法也。非遇荒年不可種。

擘藍菜三月種解　擘藍菜三月種。據農政全書。而種之也。農政全書種植篇曰。擘藍菜葉大於菘。根大於芥。苔大於蔓菁。其苗葉根心。俱任爲蔬。子可壓油。亦四時可種。四時

可食。大略如蔓菁也。農政全書又曰。凡菜種。多冬榮夏枯。獨芥藍擘藍本名芥藍乾枯收子之後。根復生蘖。經數年不壞。蓋一種之後。無論子粒傳生。即原本亦供數年採拾。冬月悉取葉。空留根。來年亦生。或并斸去大根。稍存入土細根。來年亦生。

春不老菘菜三月種解　春不老菘菜三月種。據羣芳譜。而種之也。羣芳譜曰。春不老菘菜。四時皆可種。

苜蓿菜三月種解　苜蓿菜三月種。據農政全書。而種之也。

莙薘菜三月種解　莙薘菜三月種。據農政全書及羣芳譜。而推廣種之也。羣芳譜云。正二月下種。宿根亦自生。

冬葵菜三月種解　冬葵菜三月種。據農政全書。而種之也。

掃帚菜三月種解　掃帚菜三月種。據羣芳譜而種之也。

尖葉莧菜三月種解　尖葉莧菜三月種。據農政全書而種之也。農政全書云莧菜二三四五月皆可種。

圓葉莧菜三月種解　圓葉莧菜三月種。據農政全書。而種之也。

南瓜三月種解　徐光啟農政全書。種瓜篇曰。二月上旬種者。為上時。三月上旬為中時。四月上旬為下時。五六月上旬可種。藏瓜。元扈先生曰。藏瓜秋瓜也。小實中堅故可久藏。

筍瓜三月種解　筍瓜三月種。仿南瓜而種之也。滑縣老農及長垣縣老農。祥符縣老農。皆曰筍瓜三月種。大暑即可食。惟黃白二色瓜最繁衍。

假南瓜三月種解　假南瓜三月種。仿南瓜而種之也。

搊瓜三月種解　搊瓜三月種。仿南瓜而種之也。

紅薯三月種解　紅薯用去年老藤剪四寸許。三月插苗種之。大暑即可食也。農政全書曰。甘藷苗二三月至七八月。俱可種。但卵有大小耳。

白薯三月種解　白薯三月種。仿紅薯而種之也

乾紅薯三月種解　乾紅薯三月種。仿紅薯而種之也。

乾白薯三月種解　乾白薯三月種。仿紅薯而種之也。

罌粟苗菜三月種解　罌粟苗菜三月種。據致富奇書。而種之也。

紅花苗菜三月種解　紅花苗菜三月種。據農政全書。授時篇云。種春紅花在三月而種之也。

同蒿菜三月種解　同蒿菜三月種。據農政全書。同蒿菜四時皆可種。而種之也。

蒝荽菜三月種解　蒝荽菜三月種。據農政全書。蒝荽菜四時皆可種。而種之也。

菠菜三月種解　菠菜三月種。據農政全書。菠菜四時皆可種。而種之也。

銀條菜三月種解　銀條菜三月種。仿甘露菜而種之也。銀條與甘露為同類。仿而種之。最為得宜。

甘露菜三月種解　甘露菜三月種。據農政全書。而種之也。

地瓜菜三月種解　地瓜菜三月種。仿甘露菜而種之也。地瓜與甘露為同類。仿而種之。最為得宜。

旱芋頭三月種解　旱芋頭三月種。據農政全書。授時篇。而種之也。

水芋頭三月種解　水芋頭三月種。據農政全書。授時篇。而種之也。

陽芋頭三月種解　陽芋頭三月種。仿旱芋水芋而種之也。
陽芋頭與旱芋水芋爲同類。仿而種之。最爲得宜。
百果芋三月種解　百果芋三月種。據農政全書授時篇而
種之也
博士芋三月種解　博士芋三月種。據農政全書授時篇而
種之也。
利甫芋三月種解　利甫芋三月種。據農政全書授時篇而
種之也。
圓山藥三月種解　圓山藥三月種。仿長山藥而種之也。圓
山藥與長山藥爲同類。仿而種之。最爲得宜

長山藥三月種解　長山藥三月種。據農政全書授時篇而
種之也。農政全書授時篇正二三月俱有種山藥蓋隱隱
以正月種者爲上時。二月爲中時。三月爲下時也。
扁山藥三月種解　扁山藥三月種。仿長山藥而種之也。
菊葉山藥三月種解　菊葉山藥三月種。仿長山藥而種之
也。菊葉山藥與長山藥爲同類。仿而種之。最爲得宜
百合菜三月種解　百合菜三月種。據農政全書授時篇而
種之也。農政全書授時篇二月三月俱有種百合
山丹菜三月種解　山丹菜三月種。仿百合菜而種之也。山
丹菜與百合爲同類。仿而種之。最爲得宜。

沃丹菜三月種解　沃丹菜三月種。仿百合菜而種之也。沃
丹菜亦與百合爲同類。仿而種之。最爲得宜。
葧臍菜三月種解　葧臍菜三月種。據農政全書而種之也。
農政全書樹藝篇曰葧臍二三月種。本草綱目又云葧臍
苗三四月出土。
野葧臍菜三月種解　野葧臍菜三月種。仿葧臍菜而種之
也。野葧臍菜與葧臍爲同類。仿而種之。最爲得宜。
青茄菜三月種解　茄菜。羣芳譜云茄子來自暹羅國一名崑崙瓜。一名
草鱉甲。農桑通訣云隋煬帝改茄子爲崑崙瓜。田録云醫家治瘧方名茄子爲草鱉甲。芝一名
落蘇。一名酪酥。格物論云茄凡三色青紫白一名落蘇。五代貽子録又作酪酥蓋以其味相似也。

一名紫膨脝。黃山谷呼紫茄爲紫膨脝。　雲按農政全書授時篇云。茄
正月種。羣芳譜云茄二月種。而雲又見河北滑縣濬縣及
長垣縣等處農人種茄多在三月上旬。俞貞木種樹書
曰種茄子時初見[illegible]處擘開搯硫磺一星以泥培之結子
倍多其大如盞味甘而益人
紫茄菜三月種解　紫茄菜三月種。仿青茄菜而種之也。青
茄紫茄河北諸郡縣多以三月種之。
然東菜三月種解　然東菜三月種。氣候寒暖相宜也。七八
日即熟。每月能得四熟。救荒眞是奇功。
以上三月菜類解

救荒月令

四月

鐵豆四月種

胡秫四月種

白子包穀四月種立秋熟大暑可食

黃子包穀四月種立秋熟大暑可食

黑子高粱四月種處暑熟

白子高粱四月種處暑熟

紅子高粱四月種處暑熟

黑子粟穀四月種處暑後十日熟

白子粟穀四月種處暑後十日熟

紅子粟穀四月種處暑後十日熟

黃子粟穀四月種處暑後十日熟

黑子黍四月種

紅子黍四月種

白子黍四月種

黑子稷四月種

紅子稷四月種

黃子稷四月種

小子黑豆四月種

大子黑豆四月種

小子黃豆四月種

大子黃豆四月種

長秧綠豆四月種大暑熟

短秧綠豆四月種大暑熟

紅小豆四月種

白小豆四月種

紅子豇豆四月種

白子豇豆四月種

華黛子豇豆四月種

長秧莢角豆四月種

短秧莢角豆四月種

蓋下白稻四月種

孤灰稻四月種

稅稻四月種

脂[illegible]油穀四月種

紫蘇油穀四月種

白荏油穀四月種

落花生油穀四月種畝收七八石

洋落花生油穀四月種畝收七八石

以上四月穀類

圓蔓菁四月種五月可食

長蔓菁四月種五月可食

山蔓菁四月種五月可食

洋蔓菁四月種五月可食

出頭白蘿蔔四月種五月可食

埋頭白蘿蔔四月種五月可食

多汁白蘿蔔四月種五月可食

無汁白蘿蔔四月種五月可食

圓蛋白蘿蔔四月種五月可食

黃色胡蘿蔔四月種五月可食

紅色胡蘿蔔四月種五月可食

油菜四月種五月可食

擘藍菜四月種五月可食

春不老菘菜四月種五月可食

苜蓿菜四月種五月可食

莙薘菜四月種五月可食

冬葵菜四月種五月可食

掃帚菜四月種五月可食

尖葉莧菜四月種五月可食

圓葉莧菜四月種五月可食

南瓜四月種立秋可食

筍瓜四月種立秋可食

假南瓜四月種立秋可食

攪瓜四月種立秋可食

紅薯四月種立秋可食

白薯四月種立秋可食

乾紅薯四月種立秋可食

乾白薯四月種立秋可食

罌粟苗菜四月種五月可食

紅花苗菜四月種五月可食

蔍菱菜四月種五月可食

茼蒿菜四月種五月可食

菠菜四月種五月可食

銀條菜四月種畝收千餘斤

甘露菜四月種畝收千餘斤

地瓜菜四月種畝收千餘斤

陽芋頭四月種

利甫芋四月種

圓山藥四月種

長山藥四月種

扁山藥四月種

菊葉山藥四月種

秕寶瓜四月種

以上四月菜類

蠶豆四月種解　蠶豆四月種。救荒權宜之法也。鄢陵老農。種者甚多。

胡秫四月種解　胡秫四月種。救荒權宜之法也。非荒年不可種。

黃子包穀四月種解　黃子包穀四月種。立秋即熟。大暑嫩穗可食也。

黑子高粱四月種解　黑子高粱四月種。處暑即熟。立秋嫩穗可食也。

白子高粱四月種解　白子高粱四月種。處暑即熟。立秋嫩穗可食也。

紅子高粱四月種解　紅子高粱四月種。處暑即熟。立秋嫩穗可食也。長垣縣農人種者甚多。

黑子粟穀四月種解　黑子粟穀四月種。處暑後十日即熟。立秋嫩穗可食也。

白子粟穀四月種解　白子粟穀四月種。處暑後十日即熟。立秋嫩穗可食也。

紅子粟穀四月種解　紅子粟穀四月種。處暑後十日即熟。立秋嫩穗可食也。

黃子粟穀四月種解　黃子粟穀四月種。處暑後十日即熟。立秋嫩穗可食也。

黑子黍四月種解　黑子黍四月種。大暑即熟。小暑嫩穗可食也。

紅子黍四月種解　紅子黍四月種。大暑即熟。小暑嫩穗可食也。

白子黍四月種解　白子黍四月種。大暑即熟。小暑嫩穗可食也。

黑子稷四月種解　黑子稷四月種。大暑即熟。小暑嫩穗可食也。

紅子稷四月種解　紅子稷四月種。大暑即熟。小暑嫩穗可食也。

黃子稷四月種解　黃子稷四月種。大暑即熟。小暑嫩穗可食也。

小子黑豆四月種解　小子黑豆四月種。處暑後十日即熟。立秋嫩角可食也。

大子黑豆四月種解　大子黑豆四月種。處暑後十日即熟。

立秋嫩角可食也。
小子黄豆四月種解　小子黄豆四月種。處暑後十日即熟
立秋嫩角可食也
大子黄豆四月種解　大子黄豆四月種。處暑後十日即熟
立秋嫩角可食也
長秧綠豆四月種解　長秧綠豆四月種。大暑即熟。小暑嫩
角可食也。
短秧綠豆四月種解　短秧綠豆四月種。大暑即熟。小暑嫩
角可食也。
紅小豆四月種解　紅小豆四月種。處暑後十日即熟。立秋

嫩角可食也。
白小豆四月種解　白小豆四月種。處暑後十日即熟。立秋
嫩角可食也。
紅子豇豆四月種解　紅子豇豆四月種。大暑即熟。小暑嫩
角可食也。
白子豇豆四月種解　白子豇豆四月種。大暑即熟。小暑嫩
角可食也
華黧子豇豆四月種解　華黧子豇豆四月種大暑即熟小
暑嫩角可食也
長秧菜角豆四月種解　長秧菜角豆四月種。大暑即熟。小
暑嫩角可食也。
短秧菜角豆四月種解　短秧菜角豆四月種小暑即熟夏
至嫩角可食也
蓋下白稻四月種解　蓋下白稻四月種。救荒權宜之法也
孤灰稻四月種解　孤灰稻四月種救荒權宜之法也
秜稻四月種解　秜稻四月種救荒權宜之法也
脂麻油穀四月種解　脂麻油穀四月種。據羣芳譜種脂麻
法而種之也。羣芳譜種脂麻法曰二三月爲上時四月上
旬爲中時五月上旬爲下時
紫蘇油穀四月種解　紫蘇油穀四月種。據農政全書授時

篇而種之也農政全書授時篇。三四月皆有種紫蘇蓋隱
隱以二月種者爲上時三月爲中時四月爲下時也
白荏油穀四月種解　白荏油穀四月種仿紫蘇而種之也。
二月種者爲上時三月爲中時四月爲下時
落花生油穀四月種解　落花生油穀四月種救荒權宜之
法也非荒年不可種。
洋落花生油穀四月種解　洋落花生油穀四月種救荒權
宜之法也非荒年不可種。
以上四月穀類解
圓蔓菁菜四月種解　圓蔓菁菜四月種。據農政全書而種

之也。
長蔓蕎菜四月種解　長蔓蕎菜四月種。據農政全書而種
之也。
山蔓蕎菜四月種解　山蔓蕎菜四月種。仿長圓蔓蕎而種
之也。
洋蔓蕎菜四月種解　洋蔓蕎菜四月種。仿長圓蔓蕎而種
之也。
出頭白蘿蔔四月種解　出頭白蘿蔔四月種。據農政全書。
而種之也。
埋頭白蘿蔔四月種解　埋頭白蘿蔔四月種。據農政全書

而種之也。
多汁白蘿蔔四月種解　多汁白蘿蔔四月種。據農政全書。
而種之也。
無汁白蘿蔔四月種解　無汁白蘿蔔四月種。據農政全書。
而種之也。
圓蛋白蘿蔔四月種解　圓蛋白蘿蔔四月種。據農政全書。
而種之也。
黃色胡蘿蔔四月種解　黃色胡蘿蔔四月種。仿白蘿蔔而
種之也。
紅色胡蘿蔔四月種解　紅色胡蘿蔔四月種。仿白蘿蔔而

種之也。
油菜四月種解　油菜四月種。救荒權宜之法也。非荒年不
可種。
擘藍菜四月種解　擘藍菜四月種。據農政全書而種之也。
春不老菘菜四月種解　春不老菘菜四月種。據群芳譜而
種之也。
苜蓿菜四月種解　苜蓿菜四月種。據農政全書而種之也。
莙薘菜四月種解　莙薘菜四月種。據農政全書而種之也。
冬葵菜四月種解　冬葵菜四月種。據農政全書而種之也。
掃帚菜四月種解　掃帚菜四月種。據群芳譜而種之也。

尖葉莧菜四月種解　尖葉莧菜四月種。據農政全書而種
之也。
圓葉莧菜四月種解　圓葉莧菜四月種。據農政全書而種
之也。
南瓜四月種解　南瓜四月種。據農政全書而種之也。四
月上旬爲種南瓜之下時。
筍瓜四月種解　筍瓜四月種。仿南瓜而種之也。爲種筍瓜
之下時。
假南瓜四月種解　假南瓜四月種。爲種假南瓜之下時。
搠瓜四月種解　景聞滑縣老農。及長垣縣老農。祥符縣老

農。皆曰種搊瓜法。二三月爲上時。四月上旬爲中時。五月上旬爲下時。

紅薯四月種解　紅薯四月種。衆人皆知之時也。河北彰衛懷等府。以四月種者。爲早紅薯。

白薯四月種解　白薯四月種。衆人皆知之時也。河北彰衛懷等府。以四月種者。爲早白薯。

乾紅薯四月種解　乾紅薯四月種杞縣及新鄭長垣等縣。農人皆知之時也。

乾白薯四月種解　乾白薯四月種。杞縣及新鄭長垣等縣。農人皆知之時也。

瞿粟苗菜四月種解　瞿粟苗菜四月種。救荒權宜之法也。

紅花苗菜四月種解　紅花苗菜四月種。據農政全書。按時篇而種之也。

蒝荽菜四月種解　蒝荽菜四月種。據農政全書。而種之也。

同蒿菜四月種解　同蒿菜四月種。據農政全書。而種之也。

菠菜四月種解　菠菜四月種。據農政全書。而種之也。

銀條菜四月種解　銀條菜四月種。救荒權宜之法也。

甘露菜四月種解　甘露菜四月種。救荒權宜之法也。

地瓜菜四月種解　地瓜菜四月種。救荒權宜之法也。

陽芋頭四月種解　陽芋頭四月種。救荒權宜之法也。

利甫芋四月種解　利甫芋四月種。救荒權宜之法也。或謂芋蓋三月。先生深知而教民以四月種陽[illegible]種利甫芋。不亦誣乎。予曰。陽芋生於山田。陝西甘肅之民。挿苗而種。山西之民。切片而種。其生易繁。利甫芋其大至二三十斤。此二芋者。雖四月種。薄收。猶可救荒也。鄙人計之熟矣。洵非誣也。

圓山藥四月種解　圓山藥四月種。救荒權宜之法也。據諸書所言種山藥法。有明言春社時寒食時者。有渾言二月種三月種者。合而計之。大約以二月種者。爲上時。三月上旬爲中時。四月上旬爲下時也。四月種山藥。比於春社寒食。猶不失爲下時也。

長山藥四月種解　長山藥四月種。救荒權宜之法也。

扁山藥四月種解　扁山藥四月種。救荒權宜之法也。

菊葉山藥四月種解　菊葉山藥四月種。救荒權宜之法也。

札實瓜四月種解　雲陽曾襲候劼剛。隨員馬徵圖曰。據富勒格全書云。札實瓜其大可以專車。出紅海東頭亞丁島大沙中。於天文度數。爲赤道爲熱帶。我中國以四五六月種之。或者氣候相當相宜也。不知熟期。大約在八九十日內外。

以上四月菜類解

救荒月令

五月

鹽豆五月種

白子包穀五月種處暑熟立秋可食

黃子包穀五月種處暑熟立秋可食

黑子粟穀五月種

紅子粟穀五月種

白子粟穀五月種

黃子粟穀五月種

黑子黍五月種

紅子黍五月種

白子黍五月種

黑子稷五月種

紅子稷五月種

黃子稷五月種

小子黑豆五月種

大子黑豆五月種

小子黃豆五月種

大子黃豆五月種

長秧綠豆五月種

短秧綠豆五月種

紅小豆五月種

白小豆五月種

快豇豆五月種

快萊角豆五月種

晚稻五月種

脂麻油穀五月種

以上五月穀類

圓蔓菁五月種六月可食

長蔓菁五月種六月可食

山蔓菁五月種六月可食

洋蔓菁五月種六月可食

出頭白蘿蔔五月種六月可食

埋頭白蘿蔔五月種六月可食

多汁白蘿蔔五月種六月可食

無汁白蘿蔔五月種六月可食

圓蛋白蘿蔔五月種六月可食

黃色胡蘿蔔五月種六月可食

紅色胡蘿蔔五月種六月可食

[illegible]菜五月種六月可食

擘藍菜五月種六月可食
春不老菘菜五月種六月可食
苜蓿菜五月和黍種六月可食
碧連菜五月和麻種六月可食
冬葵菜五月種六月可食
掃帚菜五月種六月可食
尖葉莧菜五月種六月可食
圓葉莧菜五月種六月可食
快南瓜五月種處暑後十日可食
快筍瓜五月種處暑後十日可食

快假南瓜五月種處暑後十日可食
快搠瓜五月種處暑後十日可食
紅薯五月種處暑可食
白薯五月種處暑可食
乾紅薯五月種處暑可食
乾白薯五月種處暑可食
鹽菜苗菜五月種六月可食
紅花苗菜五月種六月可食
椋菠菜五月種六月可食
同蒿菜五月種六月可食

菠菜五月種六月可食
銀條菜五月種畝收六七百斤
甘露菜五月種畝收六七百斤
地瓜菜五月種畝收六七百斤
札窠瓜五月種
胡拉洑棗五月種二十一日熟
以上五月菜類
鹽豆五月種解　鹽豆五月種。救荒權宜之法也。
白子包穀五月種解　白子包穀五月種。衆人皆知之時也。
黃子包穀五月種解　黃子包穀五月種。衆人皆知之時也。

黑子粟穀五月種解　黑子粟穀五月種。衆人皆知之時也。
紅子粟穀五月種解　紅子粟穀五月種。衆人皆知之時也。
白子粟穀五月種解　白子粟穀五月種。衆人皆知之時也。
黃子粟穀五月種解　黃子粟穀五月種。衆人皆知之時也。
黑子黍五月種解　黑子黍五月種。衆人皆知之時也。
紅子黍五月種解　紅子黍五月種。衆人皆知之時也。
白子黍五月種解　白子黍五月種。衆人皆知之時也。
黑子稷五月種解　黑子稷五月種。衆人皆知之時也。
紅子稷五月種解　紅子稷五月種。衆人皆知之時也。
黃子稷五月種解　黃子稷五月種。衆人皆知之時也。

小子黑豆五月種解　小子黑豆五月種。衆人皆知之時也。

大子黑豆五月種解　大子黑豆五月種。衆人皆知之時也。

小子黃豆五月種解　小子黃豆五月種。衆人皆知之時也。

大子黃豆五月種解　大子黃豆五月種。衆人皆知之時也。

長秧綠豆五月種解　長秧綠豆五月種。衆人皆知之時也。

短秧綠豆五月種解　短秧綠豆五月種。衆人皆知之時也。

紅小豆五月種解　紅小豆五月種。衆人皆知之時也。

白小豆五月種解　白小豆五月種。衆人皆知之時也。

快豇豆五月種解　快豇豆五月種。救荒權宜之法也。

快莢角豆五月種解　快莢角豆五月種。救荒權宜之法也。

晚稻五月種解　晚稻五月種。衆人皆知之時也。

脂麻油穀五月種解　脂麻油穀五月種。據農政全書而種之也。農政全書種脂麻法。二三月爲上時。四月上旬爲中時。五月上旬爲下時。

以上五月穀類解

圓蔓菁菜五月種解　圓蔓菁菜五月種。據農政全書而種之也。

長蔓菁菜五月種解　長蔓菁菜五月種。據農政全書而種之也。

山蔓菁菜五月種解　山蔓菁菜五月種。仿長圓蔓菁而種之也。

洋蔓菁菜五月種解　洋蔓菁菜五月種。仿長圓蔓菁而種之也。

出頭白蘿蔔五月種解　出頭白蘿蔔五月種。據農政全書而種之也。

埋頭白蘿蔔五月種解　埋頭白蘿蔔五月種。據農政全書而種之也。

多汁白蘿蔔五月種解　多汁白蘿蔔五月種。據農政全書而種之也。

無汁白蘿蔔五月種解　無汁白蘿蔔五月種。據農政全書。

而種之也。

圓蛋白蘿蔔五月種解　圓蛋白蘿蔔五月種。據農政全書而種之也。

黃色胡蘿蔔五月種解　黃色胡蘿蔔五月種。仿白蘿蔔而種之也。

紅色胡蘿蔔五月種解　紅色胡蘿蔔五月種。仿白蘿蔔而種之也。

油菜五月種解　油菜五月種。救荒權宜之法也。

擘藍菜五月種解　擘藍菜五月種。據農政全書而種之也。

春不老菘菜五月種解　春不老菘菜五月種。據羣芳譜而種之也。

苜蓿菜五月和黍種解　雲聞直隸老農曰。苜蓿菜五月種。必須和黍種之。使黍爲苜蓿遮陰。以免烈日曬殺。

碁蓬菜五月和麻種解　雲聞直隸老農曰。碁蓬菜五月種。必須和麻種之。使麻爲碁蓬遮陰。以免烈日曬殺。

冬葵菜五月種解　冬葵菜五月種。據農政全書。而種之也。

掃帚菜五月種解　掃帚菜五月種。救荒權宜之法也。

尖葉莧菜五月種解　尖葉莧菜五月種。據農政全書。而種之也

圓葉莧菜五月種解　圓葉莧菜五月種。據農政全書。而種

之也

快南瓜五月種解　快南瓜五月種。救荒權宜之法也。

快筍瓜五月種解　快筍瓜五月種。救荒權宜之法也。

快假南瓜五月種解　快假南瓜五月種。救荒權宜之法也。

快搊瓜五月種解　快搊瓜五月種。救荒權宜之法也。

紅薯五月種解　紅薯五月種。衆人皆知之時也。

白薯五月種解　白薯五月種。衆人皆知之時也。

乾紅薯五月種解　乾紅薯五月種。衆人皆知之時也。

乾白薯五月種解　乾白薯五月種。衆人皆知之時也。

罌粟苗菜五月種解　罌粟苗菜五月種。救荒權宜之法也。

紅花苗菜五月種解　紅花苗菜五月種。據農政全書。而種之也。

蒝荽菜五月種解　蒝荽菜五月種。據農政全書。而種之也。

同蒿菜五月種解　同蒿菜五月種。據農政全書。而種之也。

菠菜五月種解　菠菜五月種。據農政全書。而種之也。

銀條菜五月種解　銀條菜五月種。救荒權宜之法也。

甘露菜五月種解　甘露菜五月種。救荒權宜之法也。

地瓜菜五月種解　地瓜菜五月種。救荒權宜之法也。

札實瓜五月種解　札實瓜五月種。專車之瓜。每秧得一、即爲大利。

胡拉沙棗五月種解。　雲聞曾襲侯劼剛隨員。甘肅馬微國曰。據富勒格全書云。胡拉沙棗草本所生之棗也。二十一日即熟。二十五六日熟過落地。不可收拾矣。救荒甚有奇功。出紅海北岸天方國大沙中。於天文度數。爲赤道。爲熱帶。我中國以五六七月種之。或者氣候相當相宜也、

以上五月菜類解

救荒月令

六月

穭豆六月種

長秋綠豆六月種白露熟處暑可食

短秋綠豆六月種白露熟處暑可食

紅小豆六月種白露熟處暑可食

白小豆六月種白露熟處暑可食

白子包穀六月種白露熟處暑可食

黃子包穀六月種白露熟處暑可食

大子蕎麥六月種九月熟

小子蕎麥六月種九月熟

寒粟穀六月種九月熟不畏霜也

青子穀六月種十月熟不畏霜也

粱禾米六月種九月熟不畏霜也

東牆米六月種十月熟不畏霜也

六十日快黍六月種八月初旬熟

六十日快粟穀六月種八月初旬熟

六十日快稻六月種八月初旬熟

以上六月穀類

圓蔓菁六月種七月可食

長蔓菁六月種七月可食

山蔓菁六月種七月可食

洋蔓菁六月種七月可食

出頭白蘿蔔六月種七月可食

埋頭白蘿蔔六月種七月可食

多汁白蘿蔔六月種七月可食

無汁白蘿蔔六月種七月可食

黃色胡蘿蔔六月種七月可食

紅色胡蘿蔔六月種七月可食

油菜六月種七月可食

擘藍菜六月種七月可食

春不老菘菜六月種七月可食

苜蓿菜六月和蕎麥種

著蓬菜六月和蕎麥種

冬葵菜六月種七月可食

掃帚菜六月種七月可食

尖葉莧菜六月種七月可食

圓葉莧菜六月種七月可食

紅薯六月種[illegible]可食

白薯六月種白露可食

乾紅薯六月種白露可食
乾白薯六月種白露可食
罌粟苗菜六月種七月可食
紅花苗菜六月種七月可食
蒝荽菜六月種七月可食
同蒿菜六月種七月可食
菠菜六月種七月可食
黃菘菜六月種七月可食
白菘菜六月種七月可食
黑菘菜六月種七月可食

甆菘菜六月種七月可食
札賓瓜六月種
胡拉沙棗六月種二十一日熟

以上六月菜類

蠶豆六月種解 蠶豆六月種。救荒權宜之法也。 雲聞鄢陵縣老農及汝陽縣老農曰。蠶豆四時皆可種。於救荒甚相宜。

長秧綠豆六月種解 長秧綠豆六月種。據農政全書授時篇而種之也。農政全書授時篇六月有種綠豆。

短秧綠豆六月種解 俞貞木種樹書曰。種綠豆地宜瘦。四月種。六月收子。再種之。八月又收。

紅小豆六月種解 紅小豆六月種。據農政全書而種之[illegible] 賈思勰齊民要術曰。小豆有綠赤白三種。

白小豆六月種解 齊民要術曰種小豆夏至後十日種者爲上時。初伏斷手爲中時。中伏斷手爲下時。中伏以後則晚矣。

白子包穀六月種解 雲見滑縣濬縣及長垣封邱等縣。六月種綠豆。及白子包穀。甚能豐收也。

黃子包穀六月種解 雲見滑縣濬縣及長垣封邱等縣。六月種綠豆及黃子包穀。甚能豐收也。

大子蕎麥六月種解 王象晉羣芳譜曰。蕎麥。一名荍麥。一名烏麥。一名花蕎。一名甜蕎。莖弱而翹然易長易收。磨麪如麥。故曰蕎。而與麥同名。又名甜蕎。以別苦蕎也。南北皆有之。立秋前後下種。密種則實多。稀種則實少。 王禎農書曰。蕎麥立秋前後種。密種則實多。稀種則實少。 齊民要術曰。種蕎麥。立秋前後皆十日內種也。 洧曲舊聞曰。麥備四時之氣。蕎麥葉青花白莖赤子黑根黃。亦具五方之色。然方結實時最畏霜。此時得雨。則於結實尤宜。且不成霜。農家呼爲解霜雨。 雲聞洛陽縣老農曰。立秋後聞雷聲。則百日無霜。蕎麥可廣種也。

小子蕎麥六月種解　小子蕎麥一名京子蕎麥一名快蕎麥六月種之比於大子蕎麥其熟更早也。

寒粟穀六月種解　寒粟穀即羣芳譜本草綱目所謂寒露粟也。　雲聞光州老農及商水縣老農沈邱縣老農皆曰寒粟穀性耐寒見霜猶能茂盛荒年雨不應時他穀已晚種此仍然豐收也。

青子穀六月種解　青子穀即羣芳譜本草綱目所謂雁頭青穀也。　雲聞蘭陽縣老農及儀封[redacted]老農曰青子穀耐霜能長冒雪能長荒年雨不應時他穀已晚種此仍然豐收也。

救荒簡易書　卷一　月令　畬

粱禾米六月種解　據李時珍本草綱目遼東烏桓地有粱禾米蔓生九月熟其實炊飯如稻米。　雲以爲六月種粱禾米其收穩於他穀。

東廧米六月種解　據李時珍本草綱目東廧穀生河西苗似蓬子似葵可爲飯河西人語曰貸我東廧償爾田粱。張揖廣雅曰東廧見相如賦其實可食。　雲以爲六月種東廧米其收穩於他穀。

六十日快黍六月種解　六十日快黍六月種熟期綽綽有餘也。

六十日快粟穀六月種解　六十日快粟穀六月種熟期綽綽有餘也。

六十日快稻六月種解　六十日快稻即農政全書羣芳譜及催耕課稻編等書所謂揠秤歸稻六旬稻也。　雲以爲六十日快稻六月種熟期綽綽有餘也。

以上六月穀類解

圓蔓菁芽六月種解　圓蔓菁萊六月種據農政全書而種之亦衆人皆知之時也。

長蔓菁萊六月種解　長蔓菁萊六月種據農政全書而種之亦衆人皆知之時也。

山蔓菁萊六月種解　山蔓菁萊六月種仿長圓蔓菁而種

救荒簡易書　卷一　月令　釜

之也。

洋蔓菁萊六月種解　洋蔓菁萊六月種仿長圓蔓菁而種之也。

出頭白蘿蔔六月種解　出頭白蘿蔔六月種衆人皆知之時也。

埋頭白蘿蔔六月種解　埋頭白蘿蔔六月種衆人皆知之時也。

多汁白蘿蔔六月種解　多汁白蘿蔔六月種衆人皆知之時也。

無汁白蘿蔔六月種解　無汁白蘿蔔六月種衆人皆知之

時也。
圓蛋白蘿蔔六月種解　圓蛋白蘿蔔六月種。衆人皆知之時也。
黃色胡蘿蔔六月種解　黃色胡蘿蔔六月種。衆人皆知之時也。
紅色胡蘿蔔六月種解　紅色胡蘿蔔六月種。衆人皆知之時也。
油菜六月種解　油菜六月種。衆人皆知之時也。
擘藍菜六月種解　擘藍菜六月種。據農政全書而種之也
春不老菘菜六月種解　春不老菘菜六月種。據羣芳譜而

種之也。
苜蓿菜六月和蕎麥種解　雲聞直隸老農曰。苜蓿菜六月種。必須和蕎麥種之。使蕎麥為苜蓿遮陰。以免烈日曬殺。
莙薘菜六月和蕎麥種解　雲聞直隸老農曰。莙薘菜六月種。必須和蕎麥種之。使蕎麥為莙薘遮陰。以免烈日曬殺。
冬葵菜六月種解　冬葵菜六月種。據農政全書而種之也
掃帚菜六月種解　掃帚菜六月種。救荒權宜之法也。
尖葉莧菜六月種解　尖葉莧菜六月種。救荒權宜之法也
圓葉莧菜六月種解　圓葉莧菜六月種。救荒權宜之法也
紅薯六月種解　紅薯六月種。據農政全書而種之也。

白薯六月種解　白薯六月種。據農政全書。而種之也。
乾紅薯六月種解　乾紅薯六月種。據農政全書而種之也。
乾白薯六月種解　乾白薯六月種。據農政全書而種之也。
罌粟苗菜六月種解　罌粟苗菜六月種。救荒權宜之法也。
紅花苗菜六月種解　紅花苗菜六月種。救荒權宜之法也。
蔯葵菜六月種解　蔯葵菜六月種。據農政全書而種之也。
同蒿菜六月種解　同蒿菜六月種。據農政全書而種之也。
菠菜六月種解　菠菜六月種。據農政全書而種之也。
黃菘菜六月種解　據農政全書。三農記。羣芳譜。致富奇書。格致鏡原本草綱目等書。菘菜有松之操。性耐霜雪。凌冬

不凋。四時皆見。於諸菜中。最堪常食。其以時命名者。有春菘菜。格物論云。有春菘菜。春不老菘菜。羣芳譜云。春不老菘菜。一名八斤菜。夏菘菜。農政全書。授時曆。五月有種夏菘菜。務本新書云。種夏菘菜。五月上旬撒子。六月中旬可食。秋菘菜。格物論云。有秋菘菜。通雅云。秋末晚菘。晚菘即今之白菜。冬菘菜。農政全書及三農記。羣芳譜中八月九月所種之白菘菜。烏菘菜。油菘菜。至冬月始可食者。皆冬菘菜也。等類諸名目。其以色命名者。有白菜。羣芳譜云。白菜一名菘菜。通雅云。秋末晚菘。晚菘即今之白菜。小白菜。直隸河南山東等省。二月底三月初所食之細葉白菜。即小白菜也。黃芽菜。羣芳譜云。黃芽菜。白菜別名。黃矮菜。戒菴漫筆云。黃芽菜。菘菜也。杭州俗呼黃矮菜。青菘菜。三農記云。青菘菜。一名春不老菘菜。烏菘菜。黑菘菜。黑白菜。農政全書。有烏菘菜。即祥符縣長垣縣老農人所呼黑菘菜及黑白菜也。等類諸名目。其遂意命名者。有油菘菜。雲聞遼東老農及江南老農曰油

菘菜俗呼瓢兒菜。牛肚菘菜馬面菘菜本草綱目云菘最大者名爲牛肚菘馬面菘。箭竿菘菜正字通云今南京京口之菘最爲上者曰箭竿白菘。蒲葉菘菜段成式食品有蒲葉菘菜。或云蒲葉菘菜水晶菜全芳備祖云楊誠齋呼白菜爲水晶菜。瓢兒菜卽今之小白菜也。鄭板橋詩集有菘兒菜卽油菘菜也。荀奴菜茵妾菜陶穀清異錄云江右多菘菜鬻筍者惡之罵曰荀奴茵妾薹菜。蹋菜正字通云薹菜菘之別種卽今蹋菜歲暮生皆蹋地不起等類諸名目。菜譜曰菜中有菘最爲常食其子可作油敷頭長髮。塗刀劍不鏥。黃菘菜六月種衆人皆知之時也。黃菘菜卽黃芽菜蓋種秋黃芽菜也。

白菘菜六月種解　白菘菜六月種。衆人皆知之時也。白菘菜卽白菜。蓋種秋白菜也

黑菘菜六月種解　黑菘菜六月種。救荒權宜之法也。黑菘菜古人呼爲烏菘菜。今人呼爲黑白菜。蓋種早黑白菜也

麪菘菜六月種解　麪菘菜六月種。山東濟南府衆人皆知之時也。麪菘菜出濟南府。土人呼爲麪白菜。能當飯喫。蓋種秋麪白菜也。

札實瓜六月種解　札實瓜六月種。非不知爲時已晚。蓋專車之瓜。每秧得半亦利也。

胡拉沙棗六月種解　胡拉沙棗六月種。二十一日熟。救荒眞有奇功。

以上六月菜類解

救荒月令

七月

蠶豆七月種　九月熟

秋蕎麥七月種　九月熟不畏霜

寒粟穀七月種　九月熟不畏霜

青子穀七月種　十月熟不畏霜

粱禾米七月種　九　熟不畏霜

稟廣米七月種　十月熟不畏霜

六十日快■穀七月種　九月初熟

六十日■包穀七月種　九月初熟

六十日快綠豆七月種　九月初熟

六十日快紅小豆七月種　九月初熟

六十日快白小豆七月種　九月初熟

六十日快蕎麥七月種　九月初熟

五十日快蕎麥七月種　八月熟

四十日　蕎麥七月種　八月熟

六十日　稻七月種　九月初熟

五十日　稻七月種　八月熟

四十日　稻七月種　八月熟

以上七月穀類

圓蔓菁七月種八月可食
長蔓菁七月種八月可食
山蔓菁七月種八月可食
洋蔓菁七月種八月可食
出頭白蘿蔔七月種八月可食
埋頭白蘿蔔七月種八月可食
多汁白蘿蔔七月種八月可食
無汁白蘿蔔七月種八月可食
圓蛋白蘿蔔七月種八月可食
黃色胡蘿蔔七月種八月可食

紅色胡蘿蔔七月種八月可食
油菜七月種八月可食
擘藍菜七月種八月可食
春不老菘菜七月種八月可食
苜蓿菜七月和蕎麥種
莙薘菜七月種八月可食
冬葵菜七月種八月可食
掃帚菜七月種八月可食
尖葉莧菜七月種八月可食
圓葉莧菜七月種八月可食

紅薯七月種寒露霜降可食
白薯七月種寒露霜降可食
乾紅薯七月種寒露霜降可食
乾白薯七月種寒露霜降可食
罌粟苗菜七月種八月可食
紅花苗菜七月種八月可食
蒝荽菜七月種八月可食
同蒿菜七月種八月可食
菠菜七月種八月可食
黃菘菜七月種八月可食

白菘菜七月種八月可食
黑菘菜七月種八月可食
甕菘菜七月種八月可食
胡拉沙棗七月種二十一日熟

以上七月菜類

蠶豆七月種解　蠶豆七月種。救荒權宜之法也。

秋蕎麥七月種解　秋蕎麥七月種。據農全書授時篇而種之也。農政全書授時篇七月有種蕎麥。

寒粟穀七月種解　寒粟穀七月種。其性耐寒。不畏風霜。他穀已晚。種寒粟穀。猶能豐收也。

青子粟穀七月種解　青子粟穀七月種其性耐寒不畏風霜他穀已晚種青子粟穀猶能豐收也

粱禾米七月種解　粱禾米七月種其性耐寒不畏風霜他穀已晚種粱禾米猶能豐收也

東廧米七月種解　東廧米七月種其性耐寒不畏風霜他穀已晚種東廧米猶能豐收也

六十日快粟穀七月種解　六十日快粟穀七月種他穀已晚快粟穀熟期猶綽綽然有餘也

六十日快包穀七月種解　六十日快包穀七月種他穀已晚快包穀熟期猶綽綽然有餘也

六十日快綠豆七月種解　六十日快綠豆七月種他穀已晚快綠豆熟期猶綽綽然有餘也

六十日快紅小豆七月種解　六十日快紅小豆七月種據農政全書授時篇而種之也農政全書授時篇七月有種赤豆赤豆即今紅小豆

六十日快白小豆七月種解　六十日快白小豆七月種他穀已晚快白小豆熟期猶綽綽然有餘也

六十日快蕎麥七月種解　六十日快蕎麥七月種他穀已晚快蕎麥熟期猶綽綽然有餘也

五十日快蕎麥七月種解　五十日快蕎麥七月種他穀已晚此快蕎麥熟期更綽綽然有餘也五十日熟快蕎麥七月中旬猶可種

四十日快蕎麥七月種解　四十日快蕎麥七月種他穀已晚此快蕎麥熟期更綽綽然有餘也四十日熟快蕎麥七月下旬猶可種

六十日快稻七月種解　六十日快稻七月種據農政全書而種之也農政全書有六十日快稻七月種

五十日快稻七月種解　五十日快稻七月種據催耕課稻編而種之也催耕課稻編有五十日快稻七月種

四十日快稻七月種解　四十日快稻七月種據林文忠公催耕課稻編而種之也林文忠公催耕課稻編有四十日快稻七月種金陵姑蘇遵行之爲利甚普也　按隋書云婆登國有月熟之稻每月一熟抱朴子云南海晉安縣有九熟之稻一歲九登生云以爲月熟九熟一溢美一確數皆此四十日之印證也四十日與一月相近聞者喜其太速神而奇之指爲一月則言月熟者四十日之溢美也今廣東省南海晉安等處草木冬榮地無冰霜農夫終歲種植勤動四十日爲一熟每歲三百六十日恰得九熟則言九熟者四十日之確數也快稻熟於四十日聞者可以無疑矣且此四十日快稻江南嶺南現今多種之者

以上七月穀類解

圓蔓菁菜七月種解　圓蔓菁菜七月種。據農政全書。而種之也。亦衆人皆知之時也。河北彰衛懷等府農諺曰處暑不種田但許種甌蔓。

長蔓菁菜七月種解　長蔓菁菜七月種。據農政全書而種。亦衆人皆知之時也。

山蔓菁菜七月種解　山蔓菁菜七月種。仿長圓蔓菁而種之也。

洋蔓菁菜七月種解　洋蔓菁菜七月種仿長圓蔓菁。而種之也。

出頭白蘿蔔七月種解　出頭白蘿蔔七月種。據農政全書。而種之也。

理頭白蘿蔔七月種解　埋頭白蘿蔔七月種。據農政全書。而種之也。

多汁白蘿蔔七月種解　多汁白蘿蔔七月種。據農政全書。而種之也。

無汁白蘿蔔七月種解　無汁白蘿蔔七月種。據農政全書。而種之也。

圓蛋白蘿蔔七月種解　圓蛋白蘿蔔七月種。據農政全書。而種之也。

黃色胡蘿蔔七月種解　黃色胡蘿蔔七月種。據長垣縣老農東明縣老農種植能成眞有閱歷而種之也。

紅色胡蘿蔔七月種解　紅色胡蘿蔔七月種。據長垣縣老農東明縣老農種植能成眞有閱歷而種之也。

油菜七月種解　油菜七月種。據長垣縣老農東明縣老農種植能成眞有閱歷而種之也。

擘藍菜七月種解　擘藍菜七月種。據農政全書而種之也。

春不老菘菜七月種解　春不老菘菜七月種。據羣芳譜而種之也。

苜蓿菜七月和秋蕎麥種解　吾聞直隸老農曰。苜蓿七月種。必須和秋蕎麥而種之。使秋蕎麥爲苜蓿遮陰。以免烈日晒殺。

莙薘菜七月種解　莙薘菜七月種。據農政全書而種之也。

冬葵菜七月種解　冬葵菜七月種。據農政全書而種之也。

掃帚菜七月種解　掃帚菜七月種。救荒權宜之法也。

尖葉莧菜七月種解　尖葉莧菜七月種。救荒權宜之法也。

圓葉莧菜七月種解　圓葉莧菜七月種。救荒權宜之法也。

紅薯七月種解　紅薯七月種。據農政全書而種之也。

白薯七月種解　白薯七月種。據農政全書而種之也。

乾紅薯七月種解　乾紅薯七月種。據農政全書而種之也。

乾白薯七月種解　乾白薯七月種據農政全書而種之也。
罌粟苗菜七月種解　罌粟苗菜七月種救荒權宜之法也。
紅花苗菜七月種解　紅花苗菜七月種救荒權宜之法也。
蒝荽菜七月種解　蒝荽菜七月種據農政全書而種之也。
同蒿菜七月種解　同蒿菜七月種據農政全書而種之也。
菠菜七月種解　菠菜七月種據農政全書而種之也。
黃菘菜七月種解　黃菘菜七月種衆人皆知之時也。
白菘菜七月種解　白菘菜七月種衆人皆知之時也。
黑菘菜七月種解　黑菘菜七月種衆人皆知之時也。
麪菘菜七月種解　麪菘菜七月種衆人皆知之時也。
胡拉沙棗七月種解　胡拉沙棗七月種於熱帶氣候或者相當相宜也。二十一日即熟救荒真有奇功。

以上七月菜類解

救荒月令

八月

四十日快蕎麥八月種九月熟
四十日快稻八月種九月熟
六十日快綠豆八月種九月水角可食食法詳後飲食篇
六十日快紅小豆八月種九月水角可食食法詳後飲食篇
六十日快白小豆八月種九月水角可食食法詳後飲食篇
蠶豆八月種九月嫩苗可食食法詳後飲食篇
豌豆八月種九月嫩苗可食食法詳後飲食篇
小扁豆八月種九月嫩苗可食食法詳後飲食篇
大麥八月種九月嫩苗可食食法詳後飲食篇
小麥八月種九月嫩苗可食食法詳後飲食篇

以上八月穀類

圓蔓菁菜八月種九月可食
長蔓菁菜八月種九月可食
山蔓菁菜八月種九月可食
洋蔓菁菜八月種九月可食
出頭白蘿蔔八月種九月可食
埋頭白蘿蔔八月種九月可食
多汁白蘿蔔八月種九月可食

無汁白蘿蔔八月種九月可食
圓蛋白蘿蔔八月種九月可食
黃色胡蘿蔔八月種九月可食
紅色胡蘿蔔八月種九月可食
油菜八月種九月可食
擘藍菜八月種九月可食
春不老菘菜八月種九月可食
苜蓿菜八月種九月可食
蓬蓬菜八月種九月可食
冬葵菜八月種九月可食

紅薯八月種立冬後十日可食
白薯八月種立冬後十日可食
乾紅薯八月種立冬後十日可食
乾白薯八月種立冬後十日可食
罌粟苗菜八月種九月可食
紅花苗菜八月種九月可食
蓖葵菜八月種九月可食
同蒿菜八月種九月可食
菠菜八月種九月可食
黃菘菜八月種九月可食

白菘菜八月種九月可食
黑菘菜八月種九月可食
油菘菜八月種九月可食
麪菘菜八月種九月可食
然東菜八月種七日即熟每月四熟

以上八月菜類

四十日快蕎麥八月種解　四十日快蕎麥。八月上旬種。猶可收也。再緩則無及矣。
四十日快稻八月種解　四十日快稻。八月上旬種。猶可收也。再緩則無及矣。

六十日快綠豆八月種解　六十日快綠豆。八月上旬種。水角可望也。再緩則無及矣。
六十日快紅小豆八月種解　六十日快紅小豆。八月上旬種。水角可望也。再緩則無及矣。
六十日快白小豆八月種解　六十日快白小豆。八月上旬種。水角可望也。再緩則無及矣。
蠶豆八月種解　蠶豆八月種。嫩苗九月可食也。
豌豆八月種解　豌豆八月種。嫩苗九月可食也。
小扁豆八月種解　小扁豆八月種。嫩苗九月可食也。
大麥八月種解　大麥八月種。嫩苗九月可食也。

小麥八月種解　小麥八月種。嫩苗九月可食也。

以上八月穀類解

圓蔓菁菜八月種解　圓蔓菁菜八月種。據農政全書而種之也。

長蔓菁菜八月種解　長蔓菁菜八月種。據農政全書而種之也。

山蔓菁菜八月種解　長蔓菁菜八月種。仿長圓蔓菁而種之也。

洋蔓菁菜八月種解　洋蔓菁菜八月種。仿長圓蔓菁而種之也。

出頭白蘿蔔八月種解　出頭白蘿蔔八月種。據農政全書而種之也。

埋頭白蘿蔔八月種解　埋頭白蘿蔔八月種。據農政全書而種之也。

多汁白蘿蔔八月種解　多汁白蘿蔔八月種。據農政全書而種之也。

無汁白蘿蔔八月種解　無汁白蘿蔔八月種。據農政全書而種之也。

圓蛋白蘿蔔八月種解　圓蛋白蘿蔔八月種。據農政全書而種之也。

黃色胡蘿蔔八月種解　黃色胡蘿蔔八月種。據農政全書而種之也。

紅色胡蘿蔔八月種解　一色胡蘿蔔八月種。據農政全書而種之也。

油菜八月種解　油菜八月種。據農政全書而種之也。

擘藍菜八月種解　擘藍菜八月種。據農政全書而種之也。

春不老菘菜八月種解　春不老菘菜八月種。據農政全書而種之也。

苜蓿菜八月種解　苜蓿菜八月種。據農政全書而種之也。

著蓬菜八月種解　著蓬菜八月種。據農政全書而種之也。

冬葵菜八月種解之[redacted]菜八月種。據農政全書而種之也。

紅[redacted]八月種解　紅薯八月種。據農政全書而種之也。

白薯八月種解　白薯八月種。據農政全書而種之也。

乾紅薯八月種解　乾紅薯八月種。[redacted]農政全書而種之也。

乾白薯八月種解　或謂紅薯白薯乾紅薯乾白薯皆五月種至六月種已薄收矣今先生更教民七八月種敢問別有保護生成之道乎予曰七八月種者霜降前五日用土覆之小雪前五日火速收之七月種者每科可得十兩每畝可得萬兩八月種者每科可得五兩每畝可得五千兩。於救荒大有益也。

罌粟苗菜八月種解　罌粟苗菜八月種。據農政全書而種之也。

紅花苗菜八月種解　紅花苗菜八月種。據農政全書而種之也。

蒝荽菜八月種解　蒝荽菜八月種。據農政全書。而種之也

同蒿菜八月種解　同蒿菜八月種。據農政全書。而種之也

菠菜八月種解　菠菜八月種。據農政全書而種之也

黃菘菜八月種解　黃菘菜八月種。據羣芳譜。而種之也。

白菘菜八月種解　白菘菜八月種。據羣芳譜。而種之也。

黑菘菜八月種解　黑菘菜八月種。據羣芳譜。而種之也。

油菘菜八月種解　油菘菜八月種。河南省農人。皆知之時也。

甦菘菜八月種解　甦菘菜八月種。山東省農人。皆知之時也。

然東菜八月種解　然東菜八月種。於温帶氣候。或者相當然。相宜也七八日即熟。救荒眞有奇功。

以上八月菜類

救荒月令

九月

大麥九月種十月嫩苗可食

小麥九月種十月嫩苗可食

蠶豆九月種十月嫩苗可食

豌豆九月種十月嫩苗可食

小扁豆九月種十月嫩苗可食

以上九月穀類

圓蔓菁菜九月種十月可食

長蔓菁菜九月種十月可食

山蔓菁菜九月種十月可食

洋蔓菁菜九月種十月可食

出頭白蘿蔔九月種十月可食

埋頭白蘿蔔九月種十月可食

多汁白蘿蔔九月種十月可食

無汁白蘿蔔九月種十月可食

圓蛋白蘿蔔九月種十月可食

黃色胡蘿蔔九月種十月可食

紅色胡蘿蔔九月種十月可食

油菜九月種十月可食

擘藍菜九月種十月可食
春不老菘九月種十月可食
苜蓿菜九月種十月可食
莙薘菜九月種十月可食
冬葵菜九月種十月可食
乾紅薯九月初間種能在地過冬
乾白薯九月初間種能在地過冬
罌粟苗菜九月種十月可食
紅花苗菜九月種十月可食
蒝荽菜九月種十月可食

同蒿菜九月種十月可食
菠菜九月種十月可食
黃菘菜九月種十月可食
白菘菜九月種十月可食
黑菘菜九月種十月可食
油菘菜九月種十月可食
麪菘菜九月種十月可食
然東菜九月種七日即熟每月四熟
以上九月菜類
大麥九月種解　齊民要術曰種大小麥八月中戊社前種

者爲上時下戊前爲中時八月末九月初爲下時　滑縣
老農語予曰白露種麥九個頭秋分種麥七個頭寒露種
麥五個頭霜降種麥三個頭立冬種麥一個頭小雪種麥
不出土頭先生留意焉　農政全書曰上時種麥用子二
升中時種麥用子三升下時種麥用子四升
小麥九月種解　王禎農書曰種小麥在九十月其種法與
大麥同
蠶豆九月種解　蠶豆九月種鄢陵縣農人汝陽縣農人所
皆知之也
豌豆九月種解　務本新書曰豌豆二三月種　重見滑縣

及長垣祥符等縣種豌豆者大約與麥同時多用八月九
月
小扁豆九月種語　小扁豆九月種滑縣濬縣及長垣祥符
等縣衆人皆知之時也
以上九月穀類解
圓蔓菁菜九月種解　圓蔓菁菜九月種據農政全書而種
之也
長蔓菁菜九月種解　長蔓菁菜九月種據農政全書而種
之也
山蔓菁菜九月種解　山蔓菁菜九月種仿長圓蔓菁而種

之也
洋蔓菁菜九月種解　洋蔓菁菜九月種。仿長圓蔓菁而種之也。
出頭白蘿蔔九月種解　出頭白蘿蔔九月種。據農政全書。而種之也。
埋頭白蘿蔔九月種解　埋頭白蘿蔔九月種。據農政全書。而種之也。
多汁白蘿蔔九月種解　多汁白蘿蔔九月種。據農政全書。而種之也。
無汁白蘿蔔九月種解　無汁白蘿蔔九月種。據農政全書。而種之也。
圓蛋白蘿蔔九月種解　圓蛋白蘿蔔九月種。據農政全書。而種之也。
黃色胡蘿蔔九月種解　黃色胡蘿蔔九月種。據農政全書。而種之也。
紅色胡蘿蔔九月種解　紅色胡蘿蔔九月種。據農政全書。而種之也。
油菜九月種解　油菜九月種。據農政全書。而種之也。
擘藍菜九月種解　擘藍菜九月種。據農政全書而種之也。
春不老菘菜九月種解　春不老菘菜九月種。據農政全書。

而種之也。
苜蓿菜九月種解　苜蓿菜九月種。據農政全書。而種之也。
莙薘菜九月種解　莙薘菜九月種。據農政全書。而種之也。
冬葵菜九月種解　冬葵菜九月種。據農政全書。而種之也。
乾紅薯九月種解　乾紅薯九月初間。最宜種於畦田中。霜降前五日。夜用稈草苫覆而蓋之。冰凍時候。再用馬糞驢糞及碎芻碎薪。厚厚壅培護而暖之。待到年底年初食。每科可得五六兩。每畝可得五六千兩。亦救荒之一奇也。
乾白薯九月種解　乾白薯其種法食法。俱與乾紅薯同。九月初間霜期已近。種若再晚則無及矣。
罌粟苗菜九月種解　罌粟苗菜九月種。衆人皆知之時也。
紅花苗菜九月種解　紅花苗菜九月種。衆人皆知之時也。
蔍荽菜九月種解　蔍荽菜九月種。據農政全書而種之也。
同蒿菜九月種解　同蒿菜九月種。據農政全書而種之也。
菠菜九月種解　菠菜九月種。據農政全書而種之也。
黃菘菜九月種解　黃菘菜九月種。河南山東等省。農人皆知之時也。
白菘菜九月種解　白菘菜九月種。河南山東等省。農人皆知之時也。
黑菘菜九月種解　黑菘菜九月種。河南山東等省。農人皆

知之時也

油菘菜九月種解　油菘菜九月種。河南山東等省。農人皆知之時也。

菠菘菜九月種解　菠菘菜九月種。山東省濟南泰安東昌等府。農人皆知之時也。

然東菜九月種解　然東菜九月種。或者於温帶氣候。相當相宜也。

以上九月菜類解

救荒月令

十月

大麥十月種　立冬種者不發頭小雪種者不出土

小麥十月種　立冬種者不發頭小雪種者不出土

蠶豆十月種

豌豆十月種

小扁豆十月種

以上十月穀類

長蔓菁十月種　年底年初食能在地過冬

埋頭白蘿蔔十月種　能在地過冬

黃色胡蘿蔔十月種　能在地過冬

紅色胡蘿蔔十月種　能在地過冬

油菜十月種　能在地過冬

苜蓿菜十月種　能在地過冬

冬葵菜十月種　能在地過冬

罌粟苗菜十月種　能在地過冬

紅花苗菜十月種　能在地過冬

蒝荽菜十月種　能在地過冬

同蒿菜十月種　能在地過冬

菠薐菜十月種　能在地過冬

黑菘菜十月種能在地過冬〻
油菘菜十月種能在地過冬〻
以上十月菜類
大麥十月種解　滑縣老農語予曰。吾又聞一說。八月種麥
爲上時。九月種麥中時爲十月種麥爲下時。頗先生留意
焉。謹而志之。爲其與白露種麥九個頭。秋分種麥七個
頭。寒露種麥五個頭。霜降種麥三個頭。立冬種麥一個頭。
小雪種麥不出土。言異情同。彼此互相發明也。遂多備一
格。以俟荒年採用焉。
小麥十月種解　小麥十月種。救荒權宜之時。亦衆人皆知

救荒簡易書　卷一　月令　卌二

之時也。旱年雨不應時。滑縣。濬縣。及長垣。祥符等縣。常見
有十月種麥者。
蠶豆十月種解　鄢陵縣農人。汝陽縣農人。十月有種蠶豆
者。
豌豆十月種解　長垣縣農人。祥符縣農人。十月有種豌豆
者。
小扁豆十月種解　旱年雨不應時。滑縣。濬縣。及長垣。祥符
等縣。常見有十月種小扁豆者。
以上十月穀類解
長蔓菁菜十月種解　長蔓菁菜十月種。爲其能入土中。在

地過冬〻不畏冰雪也。圓蔓菁無此力量
埋頭白蘿蔔十月種解　埋頭白蘿蔔十月種。爲其能入土
中在地過冬〻不畏冰雪也。出頭白蘿蔔無此力量
黄色胡蘿蔔十月種解　長垣縣農人。及東明縣農人。爲明
年收子起見。黄色胡蘿蔔常有十月種者。
紅色胡蘿蔔十月種解　長垣縣農人。及東明縣農人。爲明
年收子起見。紅色胡蘿蔔常有十月種者。
油菜十月種解　油菜十月種。爲其能在地過冬〻不畏冰雪
也。
苜蓿菜十月種解　苜蓿菜十月種。爲其嫩苗探冬〻方盡宿

救荒簡易書　卷一　月令　卌三

根。早春即生也。
冬〻葵菜十月種解　冬〻葵菜十月種。爲其能在地過冬〻不畏
冰雪也。
罌粟苗菜十月種解　罌粟苗菜十月種。爲其能在地過冬〻
不畏冰雪也。
紅花苗菜十月種解　紅花苗菜十月種。爲其能在地過冬〻
不畏冰雪也。
蒝荽菜十月種解　蒝荽菜十月種。爲其能在地過冬〻不畏
冰雪也。
同蒿菜十月種解　同蒿菜十月種。爲其能在地過冬〻不畏

冰雪也

菠菜十月種解　菠菜十月種。爲其能在地過冬。不畏冰雪也。

黑菘菜十月種解　黑菘菜十月種。爲其能在地過冬。不畏冰雪也。

油菘菜十月種解　油菘菜十月種。爲其能在地過冬。不畏冰雪也。

以上十月菜類解

救荒月令

十一月

大麥十一月種

小麥十一月種

蠶豆十一月種

豌豆十一月種

小扁豆十一月種

雷陽界稻十一月種

凍粟穀十一月種明年麥後即熟

凍包穀十一月種明年麥後即熟

凍高粱十一月種明年麥後即熟

以上十一月穀類

長蔓菁菜十一月種

埋頭白蘿蔔十一月種

油菜十一月種

罌粟苗菜十一月種

紅花苗菜十一月種

萵苣菜十一月種

菠菜十一月種

黑菘菜十一月種

油菘菜十一月種

以上十一月菜類

大麥十一月種解　大麥十一月種據農政全書授時篇推廣比例舉一反三而種之也

小麥十一月種解　小麥十一月種據農政全書授時篇而種之也農政全書授時篇十一月有種小麥

蠶豆十一月種解　蠶豆十一月種據農政全書授時篇推廣比例舉一反三而種之也

豌豆十一月種解　豌豆十一月種據農政全書授時篇推廣比例舉一反三而種之也

小扁豆十一月種解　小扁豆十一月種據農政全書授時篇推廣比例舉一反三而種之也

雷陽界稻十一月種解　雷陽界稻十一月種據一統志云雷陽界稻十一月下種揚雪耕耘次年四月熟與他稻迥異

凍粟穀十一月種解　凍粟穀十一月種有冬至前一日種者亦有冬至本日種者襄城縣農人新野縣農人及裕州南陽府等處農人種者甚多小暑即熟旱蝗不能災爲利固甚普也凍粟穀十一月種土人或稱夢穀

凍包穀十一月種解　凍包穀十一月種據凍粟穀十一月種推廣比例舉一反三而種之也九十月間土壤未凍時豫先將地耕熟到冬至前一日將包穀子種入土中使得子半元陽之氣明年小暑即熟旱蝗俱不能災爲利固甚普也

凍高粱十一月種解　凍高粱十一月種據凍粟穀十一月種推廣比例舉一反三而種之也九十月間土壤未凍時豫先將地耕熟到冬至前一日將高粱子種入土中使得子半元陽之氣明年小暑即熟旱蝗俱不能災爲利固甚普也　滑縣老農問於予曰凍粟穀凍包穀凍高粱旱蝗俱不能災農聞甚喜而未知其所以然也敢請先生指教

予曰粟穀包穀高粱凡係年前種者在地能與草無異明年春草發苗時即隨草苗出土無論雨澤多[redacted]有無而彼自能柔韌堅忍安全完固秀穗結實歸於成熟此旱不能爲災也伏中缺雨酷熱薰蒸魚子鰕子變爲蝗蝻三者小暑即熟收在伏前此蝗不能爲災也

以上十一月穀類解

長蔓蕪菁十一月種解　長蔓蕪菁十一月種據農政全書授時篇十一月種油菜推廣比例舉一反三而種之也

埋頭白蘿蔔十一月種解　埋頭白蘿蔔十一月種據農政全書授時篇十一月種油菜推廣比例舉一反三而種之

也

油菜十一月種解　油菜十一月種據農政全書授時篇而種之也農政全書授時篇十一月有種油菜

罌粟苗菜十一月種解　罌粟苗菜十一月種據農政全書授時篇十一月種油菜推廣比例舉一反三而種之也

紅花苗菜十一月種解　紅花苗菜十一月種據農政全書授時篇十一月種油菜推廣比例舉一反三而種之也

萵苣菜十一月種解　萵苣菜十一月種據農政全書授時篇而種之也農政全書授時篇十一月有種萵苣

菠菜十一月種解　菠菜十一月種據農政全書授時篇十

一月種萵苣推廣比例舉一反三而種之也

黑菘菜十一月種解　黑菘菜十一月種據農政全書授時篇十一月種萵苣推廣比例舉一反三而種之也

油菘菜十一月種解　油菘菜十一月種據農政全書授時篇十一月種萵苣推廣比例舉一反三而種之也

以上十一月菜類解

救荒月令

十二月

大麥十二月種

小麥十二月種

蠶豆十二月種

豌豆十二月種

小扁豆十二月種

雷暘界稻十二月種

凍粟穀十二月種明年麥後即熟

凍包穀十二月種明年麥後即熟

凍高粱十二月種明年麥後即熟

以上十二月穀類

長蔓菁菜十二月種

狸頭白蘿蔔十二月種

油菜十二月種

罌粟苗菜十二月種

紅花苗菜十二月種

萵苣菜十二月種

菠菜十二月種

黑菘菜十二月種

油菘菜十二月種

以上十二月菜類

大麥十二月種解　大麥十二月種據農政全書授時篇推廣比例舉一反三而種之也

小麥十二月種解　小麥十二月種據農政全書授時篇而種之也農政全書授時篇十二月有種小麥

蠶豆十二月種解　蠶豆十二月種據農政全書授時篇推廣比例舉一反三而種之也

豌豆十二月種解　豌豆十二月種據農政全書授時篇推廣比例舉一反三而種之也

小扁豆十二月種解　小扁豆十二月種據農政全書授時篇推廣比例舉一反三而種之也

雷陽界稻十二月種解　雷陽界稻十二月種據一統志云雷陽界稻十二月下種揚雪耕耘次年四月熟與他稻迥異

凍粟穀十二月種解　咸豐丙辰年隱士王丹君語予曰據戢孝陳體正先生全書有救荒冬月種穀方穀即帶殼小米也北方或呼為粟穀冬至前廿日掘地為坑深四五尺或用瓦缸瓷甕等器盛天穀子若干升斗再用粗麻稭夏布將口紮緊倒置坑中使口向下然後填土入坑封埋牢固使穀子在坑飽受子半元陽之氣待到十二月大寒交節之日取出穀子種入土中雖遇冰雪無害無水明年麥後即熟旱蝗俱不能災真救荒之奇策也　雲按冬月種穀方隱士王丹君刻版印施散有柘城太康鹿邑淮寧及祥符延津輝縣滑縣淇縣濬縣等處本為冬至前一日甕養坑中大寒交節日種入隴底及其久也以訛傳訛農人冬月種穀有冬至日種者有冬至前一日種者紛紛不一皆能明年早熟師其意不泥其迹成法又何必拘也

雲又聞冬月種穀方丹君所刊以救大河南北亘數百里遭年荒旱者也所[illegible]及者惟遠

方有新野襄城裕州南陽府等處奉行甚謹或十一月種或臘月種其人真有心哉

凍包穀十二月種解　凍包穀十二月種仿隱士王丹君十二月種粟穀方推廣比例舉一反三而種之也

凍高粱十二月種解　凍高粱十二月種仿隱士王丹君十二月種粟穀方推廣比例舉一反三而種之也

以上十二月穀類解

長葉萵苣十二月種解　長葉萵苣十二月種據農政全書授時篇十一月種油菜十一月種萵苣推廣比例舉一反三而種之也

埋頭白蘿蔔十二月種解　埋頭白蘿蔔十二月種據農政全書授時篇十一月種油菜十一月種蒿苣推廣比例舉一反三而種之也

油菜十二月種解　油菜十二月種據農政全書授時篇十一月種油菜十一月種蒿苣推廣比例舉一反三而種之也

罌粟苗菜十二月種解　罌粟苗菜十二月種據農政全書授時篇十一月種油菜十一月種蒿苣推廣比例舉一反三而種之也

紅花苗菜十二月種解　紅花苗菜十二月種據農政全書授時篇十一月種油菜十一月種蒿苣推廣比例舉一反三而種之也

蒿苣菜十二月種解　蒿苣菜十二月種據農政全書授時篇十一月種油菜十一月種蒿苣推廣比例舉一反三而種之也

菠菜十二月種解　菠菜十二月種據農政全書授時篇十一月種油菜十一月種蒿苣推廣比例舉一反三而種之也

黑菘菜十二月種解　黑菘菜十二月種據農政全書授時篇十一月種油菜十一月種蒿苣推廣比例舉一反三而種之也

油菘菜十二月種解　油菘菜十二月種據農政全書授時篇十一月種油菜十一月種蒿苣推廣比例舉一反三而種之也

以上十二日菜類解

救荒簡易書

滑縣郭雲陞霖浩輯

救荒土宜

鹻地

鹻麥宜種鹻地
臭麥宜種鹻地
大麥宜種鹻地
黑子穀宜種鹻地
紅子穀宜種鹻地
白子穀宜種鹻地

黑子高粱宜種鹻地
紅子高粱宜種鹻地
白子高粱宜種鹻地
黑子黍宜種鹻地
紅子黍宜種鹻地
白子黍宜種鹻地
黑子稷宜種鹻地
紅子稷宜種鹻地
黃子稷宜種鹻地
小子黑豆宜種鹻地
薏苡穀宜種鹻地
踵子穀宜種鹻地

以上鹻地穀類

黃色胡蘿蔔宜種鹻地
紅色胡蘿蔔宜種鹻地
苜蓿菜宜種鹻地
蔓菁菜宜種鹻地
冬葵菜宜種鹻地
掃帚菜宜種鹻地
尖葉莧菜宜種鹻地

圓葉莧菜宜種鹻地
雞粟苗菜宜種鹻地
紅花苗菜宜種鹻地
黑皮南瓜宜種鹻地

以上鹻地菜類

鹻麥宜種鹻地解　鹻麥出黃河北岸黃嘜集、巨崗集、劉廣集等村，其性耐鹻，宜種鹻地。

臭麥宜種鹻地解　臭麥出滑縣、濬縣及長垣縣等處，其苗野也，六畜不敢食其苗；其入倉也，百日乃敢食其粟，故以臭字名之。其性耐鹻，宜種鹻地。

大麥宜種鹻地解　滑縣老農云大麥性耐鹻宜種鹻地

黑子穀宜種鹻地解　中牟縣老農曰吾鄉有黑子穀宜種鹻地水地

紅子穀宜種鹻地解　滑縣老農曰紅子穀性耐鹻宜種鹻地　雲按紅子穀即生民詩所謂穈爾雅所謂赤粱粟其性耐鹻宜種鹻地須爲嘉種蓋以此也

白子穀宜種鹻地解　滑縣老農曰白子穀性耐鹻宜種鹻地　雲按白子穀即生民詩所謂芑爾雅所謂白粱粟其性耐鹻宜種鹻地須爲嘉種蓋以此也

黑子高粱宜種鹻地解　黑子高粱處處有之滑縣老農及中牟縣老農皆曰黑子高粱性耐鹻宜種鹻地

白子高粱宜種鹻地解　白子高粱直隸有之豐潤玉田定興等縣老農曰白子高粱性耐鹻宜種鹻地

紅子高粱宜種鹻地解　農政全書名高粱爲蜀秫元扈[redacted]生曰秦中鹻地則種蜀秫

黑子黍宜種鹻地解　滑縣老農曰黑子黍性耐鹻宜種鹻地　雲按黑子黍即生民詩所謂秬也所謂秠也其性耐鹻宜種鹻地須爲嘉種蓋以此也

紅子黍宜種鹻地解　滑縣老農曰紅子黍性耐鹻宜種鹻地　雲按紅子黍即郭義恭廣志所謂赤黍胡侍眞珠船所謂丹黍也

白子黍宜種鹻地解　直隸老農曰鹻輕之地宜種白子黍鹻重之地宜種紅子黍黑子黍

黑子稷宜種鹻地解　滑縣老農曰黑子稷性耐鹻宜種鹻地

紅子稷宜種鹻地解　滑縣老農曰紅子稷性耐鹻宜種鹻地

黃子稷宜種鹻地解　直隸老農曰鹻輕之地宜種黃子稷鹻重之地宜種紅子稷黑子稷

小子黑豆宜種鹻地解　滑縣老農曰小子黑豆性耐鹻宜種鹻地

薏苡穀宜種鹻地解　直隸老農曰薏苡穀出直定府其性耐鹻宜種鹻地

踵子穀宜種鹻地解　山東老農曰踵子穀出萊州府黃縣濰縣海岸性甚耐鹻雖極重之鹻地種踵子穀亦能收

以上鹻地穀類解

黃色胡蘿蔔宜種鹻地解　陽武縣老農曰黃色胡蘿蔔性耐鹻宜種鹻地

紅色胡蘿蔔宜種鹻地解　陽武縣老農曰紅色胡蘿蔔性耐鹻宜種鹻地陽武縣老農又曰鹻輕之地宜種黃色胡

蘿蔔鹻重之地宜種紅色胡蘿蔔。

苜蓿菜宜種鹻地解　祥符縣老農曰。苜蓿菜性耐鹻。宜種鹻地。並且性能喫鹻。久種苜蓿能使鹻地不鹻。

蓍蓬菜宜種鹻地解　長垣縣老農曰。蓍蓬菜性耐鹻。宜種鹻地。

冬葵菜宜種鹻地解　祥符縣老農曰。冬葵菜性耐鹻。宜種鹻地。

掃帚菜宜種鹻地解　滑縣老農曰。掃帚菜性耐鹻。宜種鹻地。並且性能喫鹻。久種掃帚能使鹻地不鹻。

尖葉莧菜宜種鹻地解　陽武縣老農曰。尖葉莧菜性耐鹻。

宜種鹻地。

圓葉莧菜宜種鹻地解　陽武縣老農曰。圓葉莧菜性耐鹻。宜種鹻地。

罌粟苜菜宜種鹻地解　延津縣老農曰。瞿粟苗菜性耐鹻。宜種鹻地。

紅花苜菜宜種鹻地解　延津縣老農曰。紅花　菜性耐鹻。宜種鹻地。

黑皮南瓜宜種鹻地解　延津縣老農曰。黑皮南瓜。性耐鹻。宜種鹻地。　雲按黑皮南瓜。即羣芳譜中番南瓜。

以上鹻地菜類解

救荒土宜

沙地

豇豆宜種沙地立夏前五日種

菉角豆宜種沙地立夏前五日種

黍宜種沙地立夏前五日種

稷宜種沙地立夏前五日種

快高粱宜種沙地立夏前五日種

黑高粱宜種沙地立夏前五日種

紅高粱宜種沙地立夏前五日種

黃子包穀宜種沙地立夏前五日種

白子包穀宜種沙地立夏前五日種

長秧綠豆宜種沙地立夏前五日種

短秧綠豆宜種沙地立夏前五日種

脂麻油穀宜種沙地立夏前五日種

紫蘇油穀宜種沙地立夏前五日種

白任油穀宜種沙地立夏前五日種

落花生油穀宜種沙地立夏前五日種

洋落花生油穀宜種沙地立夏前五日種

以上沙地穀類

圓蔓菁菜宜種沙地

長蔓菁菜宜種沙地
山蔓菁菜宜種沙地
洋蔓菁菜宜種沙地
出頭白蘿蔔宜種沙地
埋頭白蘿蔔宜種沙地
多汁白蘿蔔宜種沙地
無汁白蘿蔔宜種沙地
圓蛋白蘿蔔宜種沙地
黃色胡蘿蔔宜種沙地
紅色胡蘿蔔宜種沙地

擘藍菜宜種沙地
油菜宜種沙地
青褚菜宜種沙地
莙薘菜宜種沙地
冬葵菜宜種沙地
掃帚菜宜種沙地
大葉莧菜宜種沙地
圓葉莧菜宜種沙地
南瓜宜種沙地立夏前五日種
稍瓜宜種沙地立夏前五日種

假南瓜宜種沙地立夏前五日種
搦瓜宜種沙地立夏前五日種
紅薯宜種沙地
白薯宜種沙地
乾紅薯宜種沙地
乾白薯宜種沙地
銀條菜宜種沙地
甘露菜宜種沙地
地瓜菜宜種沙地
然東菜宜種沙地二三八九月種

胡拉沙棗宜種沙地四五六七月種
札實瓜宜種沙地四五六八月種

以上沙地菜類

豇豆宜種沙地解　沙地所以難種。因風吹沙起。飛揚飄忽。打傷五穀苗葉。故出產少而民益困。茲擇於立夏斷風之時。使豇豆苗從容舒泰。自土中出。則　然由苗　秀。由秀而實。無災無害。豐稔頻仍。沙田同於良田矣。且又下種入土。定在立夏前五日。生於夏而內含許多春。其熟益早。或有問於予曰。立夏斷風之說。吾未前聞。敢問先生有憑據乎。予曰。天地有四斷。春分斷冰。清明斷雪。穀雨斷霜立夏斷風經濟家所詳言刖家之所不知也試觀煤窑匠人立夏停工蓋以交穀雨節煤洞風已漸衰交立夏節煤洞風即全無將燈間滅故停工也所以然者天地之氣分於六十四卦冬風貼地而行爲地風升夏風貼天而行爲天風姤地風升之解風能挾沙小風等於大風天風姤之風風不挾沙有風等於無風此前賢立夏斷風說所由起亦予立夏前五日種豇豆等穀法所由行也　雪堂按農政全書豇豆穀雨後種六月收子再種之八月又收子一年能得兩熟茲種沙地酌以立夏前五日界限猶在穀雨四六月收八月再收仍如故也

萊角豆宜種沙地解　根横生者性耐水性耐淤藕與蘆荻其一斑也苗横生者性耐旱性耐沙萊角豆與豇豆綠[illegible]其一斑也　萊角豆性耐沙宜種沙地若於立夏斷風前五日種之則苗不爲沙所打而能早熟

黍宜種沙地解　黍性喜高燥宜種沙地若於立夏斷風前五日種之則苗不爲沙所打而能早熟

稷宜種沙地解　稷性喜高燥宜種沙地若於立夏斷風前五日種之則苗不爲沙所打而能早熟

快高粱宜種沙地解　快高粱沙地能成若於立夏斷風前五日種之則苗不爲沙所打而能早熟

黑子高粱宜種沙地解　黑子高粱沙地能成若於立夏斷風前五日種之則苗不爲沙所打而能早熟

紅子高粱宜種沙地解　紅子高粱沙地能成若於立夏斷風前五日種之則苗不爲沙所打而能早熟

黃子包穀宜種沙地解　黃子包穀沙地能成若於立夏斷風前五日種之則苗不爲沙所打而能早熟

白子包穀宜種沙地解　白子包穀沙地能成若於立夏斷風前五日種之則苗不爲沙所打而能早熟

長秧綠豆宜種沙地解　長秧綠豆沙地能成若於立夏斷風前五日種之則苗不爲沙所打而能早熟

短秧綠豆宜種沙地解　短秧綠豆沙地能成若於立夏斷風前五日種之則苗不爲沙所打而能早熟

脂麻油穀宜種沙地解　脂麻油穀性喜高燥宜種沙地若於立夏斷風前五日種之則苗不爲沙所打而能早熟

紫蘇油穀宜種沙地解　紫蘇油穀性喜高燥宜種沙地若於立夏斷風前五日種之則苗不爲沙所打而能早熟

白荏油穀宜種沙地解　白荏油穀性喜高燥宜種沙地若於立夏斷風前五日種之則苗不爲沙所打而能早熟

落花生油穀宜種沙地解　落花生油穀性喜高燥宜種沙地若於立夏斷風前五日種之則苗不爲沙所打而能早

熟

洋落花生油穀宜種沙地解　洋落花生油穀性喜高燥宜種沙地若於立夏斷風前五日種之則苗不爲沙所打而能早熟

以上沙地穀類解

圓蔓菁菜宜種沙地解　圓蔓菁菜性喜燥宜種高沙地

長蔓菁菜宜種沙地解　長蔓菁菜性喜燥宜種高沙地

山蔓菁菜宜種沙地解　山蔓菁菜性喜燥宜種高沙地

洋蔓菁菜宜種沙地解　洋蔓菁菜性喜燥宜種高沙地

出頭白蘿蔔宜種沙地解　出頭白蘿蔔性喜潤宜種平沙地

埋頭白蘿蔔宜種沙地解　埋頭白蘿蔔性喜潤宜種平沙地

多汁白蘿蔔宜種沙地解　多汁白蘿蔔性喜潤宜種平沙地

無汁白蘿蔔宜種沙地解　無汁白蘿蔔性喜潤宜種平沙地

黃色胡蘿蔔宜種沙地解　黃色胡蘿蔔性喜溼宜種凹沙地

紅色胡蘿蔔宜種沙地解　紅色胡蘿蔔性喜溼宜種凹沙

地

擘藍菜宜種沙地解　擘藍菜沙地能成直隸河南山東農民有種擘藍菜於沙地者

油菜宜種沙地解　油菜沙地能成直隸河南山東農民有種油菜於沙地者

苜蓿菜宜種沙地解　苜蓿菜沙地能成冀州及南宮縣有種苜蓿菜於沙地者

莙薘菜宜種沙地解　莙薘菜沙地能成直隸河南農民有種莙薘菜於沙地者

冬葵菜宜種沙地解　冬葵菜沙地能成直隸河南農民有種冬葵菜於沙地者

掃帚菜宜種沙地解　掃帚菜沙地能成直隸河南農民有種掃帚菜於沙地者

尖葉莧菜宜種沙地解　尖葉莧菜沙地能成直隸河南農民有種尖葉莧菜於沙地者

圓葉莧菜宜種沙地解　圓葉莧菜沙地能成直隸河南農民有種圓葉莧菜於沙地者

南瓜宜種沙地解　南瓜性喜燥宜種高沙地直隸河南農民用高沙地種南瓜

筒瓜宜種沙地解　筒瓜性喜燥宜種高沙地直隸河南農

民用高沙地種南瓜

假南瓜宜種沙地解　假南瓜性喜燥宜種高沙地直隸河南農民用高沙地種假南瓜

搦瓜宜高沙地解　搦瓜性喜燥宜種高沙地直隸河南農民用高沙地種搦瓜

紅薯有種沙地解　紅薯性喜燥宜種高沙地直隸河南農民有種紅薯於高沙地者

白薯宜種沙地解　白薯性喜燥宜種高沙地直隸河南農民有種白薯於高沙地者

乾紅薯宜種沙地解　乾紅薯性喜燥宜種高沙地杞縣及新鄭縣有種乾紅薯於高沙地者

乾白薯宜種沙地解　乾白薯性喜燥宜種高沙地杞縣及新鄭縣有種乾白薯於高沙地者

銀條菜宜種沙地解　銀條菜性喜潤宜種平沙地直隸河南農民有種銀條菜於平沙地者

甘露菜宜種沙地解　甘露菜性喜潤宜種平沙地直隸河南農民有種甘露菜於平沙地者

地瓜菜宜種沙地解　地瓜菜性喜淫宜種凹沙地直隸河南農民有種地瓜菜於凹沙地者

然東萊宜種沙地解　然東萊沙地能成於二三八九月種之平沙地

胡拉沙棗宜種沙地解　胡拉沙棗性喜燥宜於四五六七月種之高沙地

札實瓜宜種沙地解　札實瓜性喜燥宜於四五六月種之高沙地

以上沙地菜類解

救荒土宜

水地

黑子高粱宜種水地

黑子穀宜種水地

稷子穀宜種水地

稗子穀宜種水地

稊子穀宜種水地

薏苡穀宜種水地

水白豆宜種水地以上各穀性能耐水

春麥宜種水地

蠶豆宜種水地

豌豆宜種水地

小扁豆宜種水地

胡秫宜種水地以上五穀種在水後

快高粱宜種水地

快粟穀宜種水地

快包穀宜種水地

快豇豆宜種水地

快黍宜種水地

快稷宜種水地

快綠豆宜種水地

快白小豆宜種水地

七十日快稻宜種水地

六十日快稻宜種水地

五十日快稻宜種水地

四十日快稻宜種水地以上十二穀熟在水前

以上水地穀類

擘藍菜宜種水地

黃色胡蘿蔔宜種水地

紅色胡蘿蔔宜種水地

出頭白蘿蔔宜種水地

埋頭白蘿蔔宜種水地

多汁白蘿蔔宜種水地

無汁白蘿蔔宜種水地

圓蛋白蘿蔔宜種水地

銀條菜宜種水地

甘露菜宜種水地

地瓜菜宜種水地

野荸膀菜宜種水地

百合菜宜種水地

山丹菜宜種水地

沃丹菜宜種水地

以上水地菜類

黑子高粱宜種水地解　真隸老農語予曰黑子高粱性能耐水宜種水地予問何所見而云然農曰其色黑黑者屬水故耐水此其理之可見者也其稈比紅高粱又粗又堅又柔韌水上二三尺而能特立水中不折刮不彎且離地六七寸高四面生出許多大根俗人呼爲霸王根者將此粗稈牽拉牢固雖加以風助水成搖撼動盪仍能特立水中不倒不臥此其形之可見者也

黑子穀宜種水地解　中牟縣老農語予曰吾鄉臨河素多水患種有耐水黑子穀水不越頂[redacted]壞水越頂矣不愈日而速退仍不壞願先生留意焉

穇子穀宜種水地解　同治年間雲見直隸省天津任[redacted]等縣近水地方多種穇子穀者光緒年間雲又見山東省沂水陽穀等縣近水地方多種穇子穀者　王象晉羣芳譜曰穇子穀一名龍爪粟一名鴨爪稗北地荒坡處多種之苗葉似穀至頂抽莖三棱開細花結穗如粟而分數歧狀如鷹爪子[redacted]黍而細茶褐色味甘而澁稃甚薄碾爲米煮粥炊飯磨麪蒸食皆宜甚可救荒　周憲王救荒本草曰

穇子穀生水田中及下溼地採其子搗米者[redacted]或磨作麪蒸食亦可

稗子穀宜種水地解　氾勝之書曰稗既堪水旱種無不熟之時又特滋茂盛易生蕪穢良田畝得二三十斛宜種之以備凶年稗中有米熟時搗取而炊食之不減粟米又可釀作酒　元扈先生疏曰稗多收能耐音水旱可救儉年也儉荒且稗稈一畝可當稻稈二畝其價亦當米一石宜擇嘉種於下田藝之歲歲無絕　元扈先生又曰北土最下地極苦澇凡種春麥皆宜雜旱稗耩之刈麥後長稗即歲獲再熟矣稗既能耐音水旱又下地不遇異常客水必收亦十歲

可致七八稔也　元扈先生又曰下田種稗若遇水澇不滅頂不壞滅頂不踰時不壞春種者先秋而熟可不及於澇或夏澇及秋而水退或夏旱初秋而得雨速種之秋末亦收故宜歲歲留種待焉　元扈先生又曰稗子穀屬十得五米下田種之甚爲有益　元扈先生又曰稗亦有多種水曰稗旱曰䅯水旱皆有植有稗　周憲王救荒本草曰稗有二種水稗生水田邊旱稗生平野中今皆處處有之　徐光啟農政全書曰稗禾之卑者也生下澤中故古詩云蒲稗相因依　王象晉羣芳譜曰稗子穀野生苗葉似穇子色深綠根下腳葉帶紫色稍頭出扁穗子如黍茶

褐色功用與䅋子同食之益氣宜脾故曹植有芳菰精稗之稱苗根治金瘡及損傷血出不已搗敷即止甚驗也

稊子穀宜種水地解　稊子穀一名黃（孟子書五穀不熟不如荑稗荑即稊也）一名荑（爾雅稗云稊一名荑）一名烏禾（李時珍本草綱目云稊一名烏禾）　羅願爾雅翼曰稊與稗二物也皆有米而細小故莊子云道在稊稗言比於穀則細微而不精道亦在焉又云若稊米之在太倉亦言小也　王象晉羣芳譜曰稊苗似稗而穗如粟有紫毛即烏禾也可救荒又可殺蟲煮以沃地螻蚓皆斃

薏苡穀宜種水地解　天津任邱等縣見有薏苡穀或熟於村外水坑中者是薏苡穀宜水地種也　雲按薏苡穀（後漢書馬援在交趾常餌薏苡云能輕身益陽勝瘴氣）一名薏苡米（農家呼為薏苡米）一名薏苡仁（醫家呼為薏苡仁）一名薏珠（本草綱目及羣芳譜皆云薏苡一名薏珠子）一名贛珠（周憲王救荒本草云土人呼薏苡為贛珠）一名草珠（本草綱目及羣芳譜皆云薏苡俗名草珠兒）一名芑實（羣芳譜云薏苡一名芑實）一名起實（本草綱目云薏苡一名起實）一名贛（本草綱目云薏苡一名贛）一名贛米（羣芳譜云薏苡一名贛米）一名屋菼（本草綱目及羣芳譜皆云薏苡一名屋菼）一名解蠡（本草綱目及羣芳譜皆云薏苡一名解蠡）一名西番蜀秫（本草綱目及羣芳譜皆云薏苡一名西番蜀秫）一名回回米（本草綱目及羣芳譜皆云薏苡一名回回米）　周憲王救荒本草曰薏苡穀生真定平澤及田野　王象晉羣芳譜曰形尖而殼薄米白如糯米此真薏苡也可粥可麪可同米釀酒　羣芳譜又曰薏苡根葉俱香可煮為飲

水白豆宜種水地解　懷慶府老農語予曰吾河內縣有水白豆性能耐水滅頂三日而豆仍不敗願先生留意焉　雲按王象晉羣芳譜北方有水白豆

春麥宜種水地解　正二月種春麥不如八九月種秋麥衆人皆知之矣然澇水及秋而涸固應蓺秋麥以守經常澇水及冬而涸尤宜種春麥以達權變也

蠶豆宜種水地解　澇水及冬而涸宜於春月種蠶豆

豌豆宜種水地解　澇水及冬而涸宜於春月種豌豆

小扁豆宜種水地解　澇水及冬而涸宜於春月種小扁豆

胡秫宜種水地解　澇水及冬而涸宜於春月種胡秫

快高粱宜種水地解　快高粱伏前熟澇水之患弗及也故直隸水鄉多有種快高粱者

快粟穀宜種水地解　快粟穀伏前熟澇水之患弗及也故直隸水鄉多有種快粟穀者

快包穀宜種水地解　快包穀伏前熟澇水之患弗及也故直隸水鄉多有種快包穀者

快豇豆宜種水地解　快豇豆伏前熟澇水之患弗及也故直隸水鄉多有種快豇豆者

快黍宜種水地解　快黍伏前熟澇水之患弗及也故直隸

水鄉多有種快黍者。

快稷宜種水地解　快稷伏前熟。澇水之患弗及也。故直隸水鄉多有種快稷者。

快綠豆宜種水地解　快綠豆伏前熟。澇水之患弗及也。故直隸水鄉多有種快綠豆者。

快白小豆宜種水地解　快白小豆伏前熟。澇水之患弗及也。故直隸水鄉多有種快白小豆者。

七十日快稻宜種水地解　七十日快稻伏前熟。澇水之患弗及也。故江浙水鄉多有種七十日快稻者。

六十日快稻宜種水地解　六十日決稱伏前熟。澇水之患

弗及也。故江浙水鄉多有種六十日快稻者。

五十日快稻宜種水地解　五十日快稻伏前熟。澇水之患弗及也。故江浙水鄉多有種五十日快稻者。

四十日快稻宜種水地解　四十日快稻伏前熟。澇水之患弗及也。故江浙水鄉多有種四十日快稻者。

以上水地穀類解

擘藍菜宜種水地解　擘藍菜性喜潤。宜種瀕水地。

黃色胡蘿蔔宜種水地解　黃色胡蘿蔔性喜潤。宜種瀕水地。

紅色胡蘿蔔宜種水地解　紅色胡蘿蔔性喜潤。宜種瀕水地。

出頭白蘿蔔宜種水地解　出頭白蘿蔔性喜潤。宜種瀕水地。

埋頭白蘿蔔宜種水地解　埋頭白蘿蔔性喜潤。宜種瀕水地。

多汁白蘿蔔宜種水地解　多汁白蘿蔔性喜潤。宜種瀕水地。

無汁白蘿蔔宜種水地解　無汁白蘿蔔性喜潤。宜種瀕水地。

圓蛋白蘿蔔宜種水地解　圓蛋白蘿蔔性喜潤。宜種瀕水

地。

銀條菜宜種水地解　銀條菜性喜潤。宜種瀕水地。

甘露菜宜種水地解　甘露菜性喜潤。宜種瀕水地。

地瓜菜宜種水地解　地瓜菜性喜潤。宜種瀕水地。

野荸薺菜宜種水地解　野荸薺性喜潤。宜種瀕水地。

百合菜宜種水地解　百合菜性喜潤。宜種瀕水地。

山丹菜宜種水地解　山丹菜性喜潤。宜種瀕水地。

沃丹菜宜種水地解　沃丹菜性喜潤。宜種瀕水地。

以上水地菜類解

救荒土宜

石地

包穀宜種石地
脂麻油穀宜種石地
紫蘇油穀宜種石地
白荏油穀宜種石地
長秧莢角豆宜種石地
長秧豇豆宜種石地
長秧綠豆宜種石地

以上石地穀類

圓蔓菁宜種石地
山蔓菁宜種石地
圓蛋白蘿蔔宜種石地
出頭白蘿蔔宜種石地
擘藍菜宜種石地
苜蓿菜宜種石地
蕎蓮菜宜種石地
冬葵菜宜種石地
掃帚菜宜種石地
尖葉莧菜宜種石地
圓葉莧菜宜種石地
蝟菜苗菜宜種石地
紅花苗菜宜種石地
南瓜宜種石地
筍瓜宜種石地
假南瓜宜種石地
搦瓜宜種石地
銀條菜宜種石地
甘露菜宜種石地
地瓜菜宜種石地

陽芋頭宜種石地
菊葉山藥宜種石地

以上石地菜類

包穀宜種石地解。 雲上太行山。晃輝縣侯兆川。包穀種於石地茂盛加倍其科高七八尺。其穗生四五個。長者九寸。短者七寸。

脂麻油穀宜種石地解 脂麻油穀。性喜高燥。而發苗不借多土。故宜種於石地。土如屋瓦覆霜者。

紫蘇油穀宜種石地解 紫蘇油穀。性喜高燥。而發苗不借多土。故宜種於石地。土如屋瓦覆霜者。

白荏油穀宜種石地解　白荏油穀性喜高燥而發苗不借多土故宜種於石地土如屋瓦覆霜者

長秧莢角豆宜種石地解　田形甌脫滿山小碎土塊如盆如碗之地宜種長秧莢角豆使其有土之處藏根生苗無土之處引蔓結角亦種石地巧法也

長秧豇豆宜種石地解　田形甌脫滿山小碎土塊如盆如碗之地宜種長秧豇豆使其有土之處藏根生苗無土之處引蔓結角亦種石地巧法也

長秧綠豆宜種石地解　田形甌脫滿山小碎土塊如盆如碗之地宜種長秧綠豆使其有土之處藏根生苗無土之處引蔓結角亦種石地巧法也

以上石地穀類解

圓蔓菁菜宜種石地解　圓蔓菁菜卵在地上平擱根入土中如線宜種於石多土少地如瓶糖灰罐者

山蔓菁菜宜種石地解　山蔓菁菜生於山長於山宜種石地衆人之所皆知也

圓蛋白蘿蔔宜種石地解　圓蛋白蘿蔔卵在地上平擱根入土中如線宜種於石多土少地如瓶糖灰罐者

出頭白蘿蔔宜種石地解　出頭白蘿蔔向上七分向下三分宜種於石厚土薄地如棉被覆牀者

蘗藍菜宜種石地解　蘗藍菜卵在地[redacted]平擱根入土中如線宜種於石多土少地如瓶糖灰罐者

苜蓿菜宜種石地解　苜蓿菜性喜陰寒宜種於又陰又寒石地

莙薘菜宜種石地解　莙薘菜性喜陰寒宜種於又陰又寒石地

冬葵菜宜種石地解　冬葵菜性喜陰寒宜種於又陰又寒石地

掃帚菜宜種石地解　掃帚菜發苗不借多土故宜種於石地土如屋瓦覆霜者

尖葉莧菜宜種石地解　光葉莧菜發苗不借多土故宜種於石地土如屋瓦覆霜者

圓葉莧菜宜種石地解　圓葉莧菜發苗不借多土故宜種於石地土如屋瓦覆霜者

罌粟苗菜宜種石地解　罌粟苗菜發苗不借多土故宜種於石地土如屋瓦覆霜者

紅花苗菜宜種石地解　紅花苗菜性喜陰寒宜種於又陰又寒石地

南瓜宜種石地解　田形甌脫滿山小碎土塊如盆如碗之地宜種南瓜使其有土之處藏根生苗無土之處引蔓結

瓜。亦種石地巧法也。

筍瓜宜種石地解　田形甌脫。滿山小碎土塊。如盆如碗之地宜種筍瓜。使其有土之處藏根生苗。無土之處引蔓結瓜。亦種石地巧法也。

假南瓜宜種石地[redacted]田形甌脫。滿山小碎土塊。如盆如碗之地宜種假南瓜。使其有土之處藏根生苗。無土之處引蔓結瓜。亦種石地巧法也。

撈瓜宜種石地解　田形甌脫。滿山小碎土塊如盆如碗之地宜種撈瓜。使其有土之處藏根生苗無土之處引蔓結瓜亦種石地巧法也。

銀條菜宜種石地解　銀條菜宜種於石土雜揉之地。

甘露菜宜種石地解　甘露菜宜種於石土雜揉之地。

地瓜菜宜種石地解　地瓜菜宜種於石土雜揉之地。

陽芋頭宜種石地解　陽芋頭宜種於石土雜揉之地。

菊葉山藥宜種石地解　菊葉山藥出五臺山後及雁門關北洞陰沍寒處。石土雜揉之地。

以上石地菜類解

救荒土宜

淤地

鐵豆宜種淤地

飯豆宜種淤地

小扁豆宜種淤地

小子黑豆宜種淤地

大子黑豆宜種淤地

小子黃豆宜種淤地

大子黃豆宜種淤地

紅小豆宜種淤地

白小豆宜種淤地

長秧綠豆宜種淤地

短秧綠豆宜種淤地

豇豆宜種淤地

菜角豆宜種淤地

以上淤地穀類

圓蛋白蘿蔔宜種淤地

出頭白蘿蔔宜種淤地

圓蔓菁宜種淤地

大芥菜宜種淤地

擘藍菜宜種淤地
苜蓿菜宜種淤地
莙薘菜宜種淤地
冬葵菜宜種淤地
掃帚菜宜種淤地
尖葉莧菜宜種淤地
圓葉莧菜宜種淤地

以上淤地菜類

鵲豆宜種淤地解　孝經援神契曰赤土宜豆愚按今之淤地即古所謂赤土也故鵲豆等類宜推廣而多種焉

豌豆宜種淤地解　滑縣老農語予曰淤地宜種豆麥故種豌豆於淤地多豐收者

小扁豆宜種淤地解　黄河兩岸膠泥淤灘地及冬而涸農人多種小扁豆因土性也

小子黑豆宜種淤地解　淤地難犂小子黑豆不犂而種故穀土兩相宜也　或有問於予曰淤不分垡乾又結塊淤地所以難犂也先生教以不犂而種誠善矣敢問不犂而種別有妙術乎予曰土太淤不分垡用劃耬種之土既乾能分垡用平耬種之雨澇多水平隴用手撒種之知斯三者以外無他謬巧也

大子黑豆宜種淤地解　淤地難犂大子黑豆不犂而種故穀土兩相宜也

小子黄豆宜種淤地解　淤地難犂小子黄豆不犂而種故穀土兩相宜也

大子黄豆宜種淤地解　淤地難犂大子黄豆不犂而種故穀土兩相宜也

紅小豆宜種淤地解　淤地難犂紅小豆不犂而種故穀土兩相宜也

白小豆宜種淤地解　淤地難犂白小豆不犂而種故穀土兩相宜也

長秧綠豆宜種淤地解　淤地難犂長秧綠豆不犂而種故穀土兩相宜也

短秧綠豆宜種淤地解　淤地難犂短秧綠豆不犂而種故穀土兩相宜也

豇豆宜種淤地解　淤地難犂豇豆不犂而種故穀土兩相宜也

莢角豆宜種淤地解　淤地難犂莢角豆不犂而種故穀土兩相宜也

以上淤地穀類解

圓蛋白蘿蔔宜種淤地解　圓蛋白蘿蔔卵在地上平擱根

入土中如線種於剛硬淤地剛硬不能爲害也
出頭白蘿蔔宜種淤地解　出頭白蘿蔔向上七分向下三分種於剛硬淤地剛硬不能爲害也
圓蔓菁菜宜種淤地解　圓蔓菁菜卵在地上平擱根入土中如線種於剛硬淤地剛硬不能爲害也
大芥菜宜種淤地解　大芥菜卵在地上平擱根入土中如線種於剛硬淤地剛硬不能爲害也
擘藍菜宜種淤地解　擘藍菜卵在地上平擱根入土中如線種於剛硬淤地剛硬不能爲害也
苜蓿菜宜種淤地解　一勞永逸生生不窮苜蓿菜有此力量種於剛硬淤地剛硬不能爲害也
蒼蓬菜宜種淤地解　一勞永逸生生不窮蒼蓬菜有此力量種於剛硬淤地剛硬不能爲害也
冬葵菜宜種淤地解　一勞永逸生生不窮冬葵菜有此力量種於剛硬淤地剛硬不能爲害也
掃帚菜宜種淤地解　剛硬淤地能成掃帚菜
光葉莧菜宜種淤地解　剛硬淤地能成光葉莧菜
圓葉莧菜宜種淤地解　剛硬淤地能成圓葉莧菜
以上淤地菜類解

救荒土宜

蟲地

臭麥宜種蟲地　蟲不敢食
稗子穀宜種蟲地　蟲不敢食
氣殺螻蛄穀宜種蟲地　不怕蟲食
翻眼黄穀宜種蟲地　不怕蟲食
紫蘇油穀宜種蟲地　蟲不敢食
白荏油穀宜種蟲地　蟲不敢食
脂麻油穀宜種蟲地　蟲不敢食
小子黑豆宜種蟲地　蟲不願食
大子黑豆宜種蟲地　蟲不願食
小子黄豆宜種蟲地　蟲不願食
大子黄豆宜種蟲地　蟲不願食
長秧綠豆宜種蟲地　蟲不願食
短秧綠豆宜種蟲地　蟲不願食
紅小豆宜種蟲地　蟲不願食
白小豆宜種蟲地　蟲不願食
春麥宜種蟲地　蟲不願食
蠶豆宜種蟲地　蟲不願食
豌豆宜種蟲地　蟲不願食

小扁豆宜種蟲地蟲不敢食

凍快粟穀宜種蟲地蟲不知食

凍快包穀宜種蟲地蟲不知食

凍快高粱宜種蟲地蟲不知食

凍快黍稷宜種蟲地蟲不知食

以上蟲地穀類

葱菜宜種蟲地

芥菜宜種蟲地

蒝荽菜宜種蟲地

茼蒿菜宜種蟲地

出頭白蘿蔔宜種蟲地

埋頭白蘿蔔宜種蟲地

多汁白蘿蔔宜種蟲地

無汁白蘿蔔宜種蟲地

圓蛋白蘿蔔宜種蟲地

擘藍菜宜種蟲地

油菜宜種蟲地

苜蓿菜宜種蟲地

莙薘菜宜種蟲地

冬葵菜宜種蟲地

掃帚菜宜種蟲地

尖葉莧菜宜種蟲地

圓葉莧菜宜種蟲地

以上蟲地菜類

臭麥宜種蟲地解　臭麥出滑縣濬縣及長垣封邱等縣六畜不敢食其苗蟲不敢食可知也

稊子穀宜種蟲地解　據羣芳譜稊子穀能殺蟲煮以沃地螻蛄皆斃蟲不敢食可知也

氣殺螻蛄穀宜種蟲地解　沂水縣老農語予曰別有一穀性不畏蟲蟲食一苗更生二苗蟲食二苗更生四苗名曰

氣殺螻蛄穀。　雲按氣殺螻蛄穀即羣芳譜所謂滑穀也。

翻眼黃穀宜種蟲地解　滑縣老農語予曰翻眼黃穀性不畏蟲蟲食一苗仍生一苗蟲食二苗仍生二苗願先生留意焉

紫蘇油穀宜種蟲地解　紫蘇油穀六畜不敢食其苗蟲不敢食可知也

白荏油穀宜種蟲地解　白荏油穀六畜不敢食其苗蟲不敢食可知也

脂麻油穀宜種蟲地解　脂麻油穀六畜不敢食其苗蟲不敢食可知也

小子黑豆宜種蟲地解　小子黑豆芽上無餹蟲不願食也。
大子黑豆宜種蟲地解　大子黑豆芽上無餹蟲不願食也。
小子黃豆宜種蟲地解　小子黃豆芽上無餹蟲不願食也。
大子黃豆宜種蟲地解　大子黃豆芽上無餹蟲不願食也。
長秧綠豆宜種蟲地解　長秧綠豆芽上無餹蟲不願食也。
短秧綠豆宜種蟲地解　短秧綠豆芽上無餹蟲不願食也。
紅小豆宜種蟲地解　紅小豆芽上無餹蟲不願食也。
白小豆宜種蟲地解　白小豆芽上無餹蟲不願食也。
春麥宜種蟲地解　春麥種於正月底蟲尚睡而未醒不知食也。

蠶豆宜種蟲地解　蠶豆芽上無餹蟲不願食也。
豌豆宜種蟲地解　豌豆芽上無餹蟲不願食也。
小扁豆宜種蟲地解　小扁豆芽上無餹蟲不願食也。
凍快眾穀宜種蟲地解　凍快眾穀種於十一月臘月蟲尚睡而未醒不知食也。
凍快包穀宜種蟲地解　凍快包穀。種於十一月臘月。蟲尚睡而未醒不知食也。
凍快高粱宜種蟲地解　凍快高粱。種於十一月臘月蟲尚睡而未醒不知食也。
凍快黍稷宜種蟲地解　凍快黍稷。種於十一月臘月。蟲尚睡而未醒不知食也。

以上蟲地穀類解

葱菜宜種蟲地解　葱菜有辛辣之氣。蟲皆畏避而去。
芥菜宜種蟲地解　芥菜有辛辣之氣。蟲皆畏避而去。
荽菜宜種蟲地解　蒝荽菜有辛薰之氣。蟲皆畏避而去。
同蒿菜宜種蟲地解　同蒿菜有辛臭之氣。蟲皆畏避而去。
出頭白蘿蔔宜種蟲地解　出頭白蘿蔔有辛辣之氣蟲皆畏避而去
埋頭白蘿蔔宜種蟲地解　埋頭白蘿蔔有辛辣之氣蟲皆畏避而去。

多汁白蘿蔔宜種蟲地解　多汁白蘿蔔。有辛辣之氣蟲皆畏避而去
無汁白蘿蔔宜種蟲地解　無汁白蘿蔔有辛辣之氣蟲皆畏避而去。
圓蛋白蘿蔔宜種蟲地解　圓蛋白蘿蔔。有辛辣之氣蟲皆畏避而去
擘藍菜宜種蟲地解　擘藍菜。有辛辣之氣。蟲皆畏避而去。
油菜宜種蟲地解　油菜芽上無餹蟲不願食也
苜蓿菜宜種蟲地解　苜蓿菜芽上無餹蟲不願食也
莙達菜宜種蟲地解　莙達菜芽上無餹蟲不願食也

冬葵菜宜種蟲地解　冬葵菜芽上無饋。蟲不願食也。
掃帚菜宜種蟲地解　掃帚菜芽上無饋。蟲不願食也。
尖葉莧菜宜種蟲地解　尖葉莧菜芽上無饋。蟲不願食也。
圓葉莧菜宜種蟲地解　圓葉莧菜芽上無饋。蟲不願食也。

或有問於予曰。種蟲地篇穀菜與蟲爲鄰。有直云不敢食者。有直云不願食者。有直云不知食者。敢問先生何所把握而立言如此確鑿乎。予曰。人之飲食五味兼收。蟲之飲食單喫甜者。人之寢眠熟睡一夜。蟲之寢眠熟睡一冬。惟其單食甜者。故於香辣苗不敢食。無饋苗不願食也。惟其熟睡一冬。故於隆冬所種不知食。初春所種。仍不知食也。吾深悉其飲食起居。乃能確鑿立言耳。

以上蟲地菜類解

救荒土宜

草地

大麥宜種草地
稗子穀宜種草地
脂麻油穀宜種草地
毛紫赤豆宜種草地以上四穀以氣相制
黑子高粱宜種草地
黃子包穀宜種草地
千穗穀宜種草地
萬枝穀宜種草地以上四穀以形相制

春麥宜種草地
蠶豆宜種草地
豌豆宜種草地
小扁豆宜種草地以上四穀生在草前

以上草地穀類

紅薯宜種草地
白薯宜種草地
乾紅薯宜種草地
乾白薯宜種草地以上四菜性不畏草
圓蘿薯宜種草地

長蔓菁宜種草地
山蔓菁宜種草地
洋蔓菁宜種草地
出頭白蘿蔔宜種草地
埋頭白蘿蔔宜種草地
多汁白蘿蔔宜種草地
無汁白蘿蔔宜種草地
圓蛋白蘿蔔宜種草地
黃色胡蘿蔔宜種草地
紅色胡蘿蔔宜種草地

擘藍菜宜種草地
油菜宜種草地 以上十三菜宜於七月種乘草之衰
苜蓿菜宜種草地
莙達菜宜種草地 以上二菜宜於五六月種喜借草之陰涼
冬葵菜宜種草地
牛蒡菜宜種草地
尖葉莧菜宜種草地
圓葉莧菜宜種草地 以上四菜以形相制
銀條菜宜種草地
甘露菜宜種草地

地瓜菜宜種草地 以上三菜喜借草之陰涼

以上草地菜類

大麥宜種草地解 滑縣老農曰大麥能殺宿根草凡一切蓄（一名狗秧一名打碗花）苣（一名苣苣菜一名苦麻菜）薊（一名劘劘菜一名戚戚芽）莎（一名莎草根一名香附）等類鋤之不畏犁之不畏連種三年大麥無不殄除淨盡者

稗子穀宜種草地解 據韋廉臣植物學稗子穀能吸食衆草汁漿種於蕪莽荒穢中萬卉俱爲所殄矣

脂麻油穀宜種草地解 祥符縣老農曰脂麻油穀善殺草露白葉滴草沾無不枯者

毛柴赤豆宜種草地解 據授時通考毛柴赤豆善殺草種於蕪莽荒穢中萬卉俱爲所殄矣

黑子高粱宜種草地解 黑子高粱肥健壯大其科高至八尺餘種於蕪莽荒穢中萬卉俱爲所掩矣

黃子包穀宜種草地解 黃子包穀肥健壯大其科高至六尺餘種於蕪莽荒穢中萬卉俱爲所掩矣

千穗穀宜種草地解 千穗穀即三農記所謂朱莧菜世俗所謂尖葉莧菜也莖高至八尺餘下垂之穗多不勝數種於蕪莽荒穢中萬卉俱爲所掩矣 武定府老農曰莧菜子可磨麪蒸爲黏餻 兗州府老農曰莧菜子可脫皮留

米[redacted]脂麻湊館

萬枝穀宜種草地解　萬枝穀即古人所謂藜萊今人所謂掃帚也本草綱目[redacted]芳譜等書不但有名且甚繁多科高不過五六尺而一枝叢生盈千累百豐茂不可禦遍種於蕪莽荒穢中萬卉俱爲所壓矣　章邱縣老農曰掃帚子磨麪蒸饝其味與紅高粱相似

春麥宜種草地解　夏雨方生衆綠春麥正二月種其生在於草前草不能爲之害也

蠶豆宜種草地解　夏雨方生衆綠蠶豆正二月種其生在於草前草不能爲之害也

豌豆宜種草地解　夏雨方生衆綠豌豆正二月種其生在於草前草不能爲之害也

小扁豆宜種草地解　夏雨方生衆綠小扁豆正二月種其生在於草前草不能爲之害也

以上草地穀類解

紅薯宜種草地解　紅薯枝葉極盛其力足以敵草草不能爲之害也

白薯宜種草地解　紅薯枝葉極盛其力足以敵草草不能爲之害也

乾紅薯宜種草地解　乾紅薯枝葉極盛其力足以敵草草不能爲之害也

乾白薯宜種草地解　乾白薯枝葉極盛其力足以敵草草不能爲之害也

圓蔓菁菜宜種草地解　圓蔓菁菜宜於七月種乘草之衰使此日進而彼日退

長蔓菁菜宜種草地解　長蔓菁菜宜於七月種乘草之衰使此日進而彼日退

山蔓菁菜宜種草地解　山蔓菁菜宜於七月種乘草之衰使此日進而彼日退

洋蔓菁菜宜種草地解　洋蔓菁菜宜於七月種乘草之衰使此日進彼日退

出頭白蘿蔔宜種草地解　出頭白蘿蔔宜於七月種乘草之衰使此日進而彼日退

埋頭白蘿蔔宜種草地解　埋頭白蘿蔔宜於七月種乘草之衰使此日進而彼日退

多汁白蘿蔔宜種草地解　多汁白蘿蔔宜於七月種乘草之衰使此日進而彼日退

無汁白蘿蔔宜種草地解　無汁白蘿蔔宜於七月種乘草之衰使此日進而彼日退

圓汁白蘿蔔宜種草地解　圓汁白蘿蔔宜於七月種乘草

之衰。使此日進。而彼日退。

黃色胡蘿蔔宜種草地解　黃色胡蘿蔔。宜於七月種。乘草之衰。使此日進。而彼日退。

紅色胡蘿蔔宜種草地解　紅色胡蘿蔔。宜於七月種。乘草之衰。使此日進。而彼日退。

擘藍菜宜種草地解　擘藍菜。宜於七月種。乘草之衰。使此日進。而彼日退。

油菜宜種草地解　油菜。宜於七月種。乘草之衰。使此日進。而彼日退。

苜蓿菜宜種草地解　苜蓿菜。宜於五六月種。假借草之陰涼。以免烈日晒殺。使其因禍爲福。化害爲利。

著蓬菜宜種草地解　著蓬菜。宜於五六月。種。假借草之陰涼。以免烈日晒殺。使其因禍爲福。化害爲利

冬葵菜宜種草地解　冬葵菜。科苗壯大。籠罩一切。種於草中。草不能爲之害也。

牛蒡菜宜種草地解　牛蒡菜。本草綱目農桑輯要俱有其名。而科苗壯大。籠罩一切。種於草中。草不能爲之害也。

尖葉莧菜宜種草地解　尖葉莧菜。科苗壯大。籠罩一切種於草中。草不能爲之害也。

圓葉莧菜宜種草地解　圓葉莧菜。科苗壯大。籠罩一切種於草中。草不能爲之害也。

銀條菜宜種草地解　銀條菜。喜借草之陰涼。五六月種於草中。使是因禍爲福。化害爲利。

甘露菜宜種草地解　甘露菜。喜借草之陰涼。五六月。種於草中。使是因禍爲福。化害爲利

地瓜菜宜種草地解　地瓜菜。喜借草之陰涼。五六月種於草中。使是因禍爲福。化害爲利。　或有問於予曰。先生教民種草地。有以氣相制。使草不爲害者。有以形相制。使草不爲害者。有種於草先。欺其未盛。使草不爲害者。有種在草後。乘其[illegible]衰。使草不爲害者。更有因禍爲福。化害爲利。借其陰涼。而愈茂盛。使草不爲害者。色色俱備。而又頭頭是道。可謂算無遺策矣

以上草地菜類解

救荒土宜

陰地

蠶豆宜種陰地

豌豆宜種陰地

小扁豆宜種陰地

長秧綠豆宜種陰地

短秧綠豆宜種陰地

紅小豆宜種陰地

白小豆宜種陰地

小子黑豆宜種陰地

大子黑豆宜種陰地

小子黃豆宜種陰地

大子黃豆宜種陰地

豇豆宜種陰地

萊角豆宜種陰地

新繁豆宜種陰地

以上陰地穀類

苜蓿菜宜種陰地

蒿蓬菜宜種陰地

冬葵菜宜種陰地

掃帚菜宜種陰地

尖葉莧菜宜種陰地

圓葉莧菜宜種陰地

銀條菜宜種陰地

甘露菜宜種陰地

地瓜菜宜種陰地

冬瓜菜宜種陰地

金針菜宜種陰地

以上陰地菜類

蠶豆宜種陰地解　豆性喜陰。吾嘗合古今書籍事實而屢行

考驗矣。據崔寔四民月令，種大小豆，薄田欲稠等情云云。據氾勝之種植書，豆花憎見日，見日則黃爛而根焦等情云云。是考之於古而喜陰也。又見直隸、河南、山東等省農民種田，高粱包穀壟間有夾種紅綠小豆者，有夾種黑黃大豆者，麥壟間有夾種豌豆者，有夾種小扁豆者，樹林間有夾種豇豆者，有夾種萊角豆者。是驗之於今而喜陰也。徵信如此確鑿，故敢以蠶豆等類教民種陰地焉。

豌豆宜種陰地解　田地向陰，或山所遮，或林所蔽，農民輒嘆棘手。若種春豌豆，可望成熟。

小扁豆宜種陰地解　田地向陰，或山所遮，或林所蔽，農民

輒嘆棘手若種春小扁豆可望成熟。
長秧綠豆宜種陰地解　田地向陰或山所遮。或林所蔽。農民輒嘆棘手若種長秧綠豆可望成熟。
短秧綠豆宜種陰地解　田地向陰或山所遮或林所蔽。農民輒嘆棘手若種短秧綠豆可望成熟。
紅小豆宜種陰地解　田地向陰或山所遮或林所蔽。農民輒嘆棘手若種紅小豆可望成熟
白小豆宜種陰地解　田地向陰或山所遮。或林所蔽。農民輒嘆棘手若種白小豆。可望成熟。
小子黑豆宜種陰地解　田地向陰或山所遮。或林所蔽。農

民輒嘆棘手若種小子黑豆可望成熟
大子黑豆宜種陰地解　田地向陰或山所遮。或林所蔽。農民輒嘆棘手若種大子黑豆可望成熟
小子黃豆宜種陰地解　田地向陰或山所遮或林所蔽。農民輒嘆棘手若種小子黃豆可望成熟
大子黃豆宜種陰地解　田地向陰或山所遮或林所蔽。農民輒嘆棘手若種大子黃豆可望成熟
豇豆宜種陰地解　田地向陰或山所遮或林所蔽。農民輒嘆棘手若種豇豆可望成熟。
藊豆宜種陰地解　田地向陰。或山所遮。或林所蔽。農民輒嘆棘手若種藊豆可望成熟。
新繁豆宜種陰地解　田地向陰或山所遮或林所蔽農民輒嘆棘手若種新繁豆可望成熟　河南府老農語予曰。新繁豆出洛陽縣南山中喜生背陰處予問新繁二字作何講解農曰其種由四川新繁縣來故以新繁二字名之

以上陰地穀類解

苜蓿菜宜種陰地解　田地向陰或山所遮。或林所蔽農民輒嘆棘手若種苜蓿菜必能茂盛
蔓菁菜宜種陰地解　田地向陰或山所遮或林所蔽農民輒嘆棘手若種蔓菁菜必能茂盛

冬葵菜宜種陰地解　田地向陰或山所遮或林所蔽農民輒嘆棘手若種冬葵菜必能茂盛
掃帚菜宜種陰地解　田地向陰或山所遮。或林所蔽農民輒嘆棘手若種掃帚菜必能茂盛
尖葉莧菜宜種陰地解　田地向陰或山所遮或林所蔽。農民輒嘆棘手若種尖葉莧菜必能茂盛
圓葉莧菜宜種陰地解　田地向陰或山所遮或林所蔽。農民輒嘆棘手若種圓葉莧菜必能茂盛
銀條菜宜種陰地解　田地向陰或山所遮。或林所蔽。農民輒嘆棘手若種銀條菜必能茂盛

甘露菜宜種陰地解　田地向陰或山所遮或林所蔽農民輒嘆棘手若種甘露菜必能茂盛　王禎農桑通訣曰凡種甘露菜宜於園圃近陰地春時種之用麥糠爲糞地以沾潤爲佳至秋乃收

地瓜菜宜種陰地解　田地向陰或山所遮或林所蔽農民輒嘆棘手若種地瓜菜必能茂盛

冬瓜菜宜種陰地解　田地向陰或山所遮或林所蔽農民輒嘆棘手若種冬瓜菜必能茂盛　雲按冬瓜農政全書云至冬乃熟故名一名東瓜羣芳譜云呼東瓜者非一名越瓜農政全書云冬瓜又名越瓜一名白瓜王禎農桑通訣云冬瓜初生色青綠經霜則白如塗粉肉子皆白故謂之白瓜一名水芝羣芳譜云冬瓜一名水芝本草經云水芝是白瓜一名土芝神仙本草云冬瓜謂之土芝一名蔬蓏羣芳譜云冬瓜一名蔬蓏一名蔬蓏郭義恭廣志云冬瓜一名蔬蓏　王禎農桑通訣曰種冬瓜務傍牆陰地

金針菜宜種陰地解　金針菜俗名也即古人所謂萱草花一名黃花菜羣芳譜云山萱花即黃花菜一名萱草萱草二字乃各書之通名也一名諼草留青日札云萱通作諼毛詩云焉得諼草言樹之背一名忘憂草羣芳譜云萱草一名忘憂說文云萱忘憂草也一名療愁花任昉述異記云萱草吳中呼爲療愁花一名宜男花本草綱目云萱草華名宜男婦人佩其花則生男一名兒女花嵇含詩云萱爲兒女花不解壯士憂一名鹿葱本草綱目云萱草一名鹿葱承借說也留青日札及羣芳譜皆力辯本草註萱即鹿葱爲誤

以上陰地菜類解

救荒土宜

糞田相宜

大麥宜用大藍靛葉靛稭爲糞

小麥宜用大藍靛葉靛稭爲糞

大麥宜用小藍靛葉靛稭爲糞

小麥宜用小藍靛葉靛稭爲糞

大麥宜用槐藍靛葉靛稭爲糞

小麥宜用槐藍靛葉靛稭爲糞

大麥宜用綠豆苗爲糞

小麥宜用綠豆苗爲糞

大麥宜用芝蔴苗爲糞

小麥宜用芝蔴苗爲糞

大麥宜用罌粟苗爲糞

小麥宜用罌粟苗爲糞

大麥宜用紅花苗爲糞

小麥宜用紅花苗爲糞

大麥宜用乾綠豆葉爲糞

小麥宜用乾綠豆葉爲糞

大麥宜用乾芝蔴葉爲糞

小麥宜用乾芝蔴葉爲糞

大麥宜用黑黃豆苗爲糞
小麥宜用黑黃豆苗爲糞
大麥宜用乾黑黃豆葉爲糞
小麥宜用乾黑黃豆葉爲糞
以上葉稭苗爲糞相宜
黍稷粟穀宜用破屋壞垣土爲糞
圓蔓菁菜宜用破屋壞垣土爲糞
長蔓菁菜宜用破屋壞垣土爲糞
山蔓菁菜宜用破屋壞垣土爲糞
洋蔓菁菜宜用破屋壞垣土爲糞

紅薯宜用破屋壞垣土爲糞
白薯宜用破屋壞垣土爲糞
乾紅薯宜用破屋壞垣土爲糞
乾白薯宜用破屋壞垣土爲糞
圓蔓菁菜宜用舊炕土灰爲糞
長蔓菁菜宜用舊炕土灰爲糞
山蔓菁菜宜用舊炕土灰爲糞
洋蔓菁菜宜用舊炕土灰爲糞
紅薯宜用舊炕土灰爲糞
白薯宜用舊炕土灰爲糞

乾紅薯宜用舊炕土灰爲糞
乾白薯宜用舊炕土灰爲糞
以上破屋壞垣土舊炕土灰爲糞相宜
韭菜宜用鷄糞爲糞
百合菜宜用鷄糞爲糞
山丹菜宜用鷄糞爲糞
沃丹菜宜用鷄糞爲糞
番丹菜宜用鷄糞爲糞
捲丹菜宜用鷄糞爲糞
以上鷄糞爲糞相宜

虛軟沙地宜用羊糞爲糞
虛軟沙地宜用牛糞爲糞
虛軟沙地宜用乾靛稭爲糞
虛軟沙地宜用玉高粱心爲糞
虛軟沙地宜用乾脂麻稭爲糞
虛軟沙地宜用乾黑豆稭爲糞
虛軟沙地宜用乾黃豆稭爲糞
虛軟沙地宜用乾罌粟稭爲糞
虛軟沙地宜用乾紅花稭爲糞
虛軟沙地宜用炒棉花子爲糞

以上虛軟沙地糞相宜
剛硬淤地宜用豬糞爲糞
剛硬淤地宜用馬糞爲糞
剛硬淤地宜用驢糞爲糞
剛硬淤地宜用綠豆苗爲糞
剛硬淤地宜用脂麻苗爲糞
剛硬淤地宜用罌粟苗爲糞
剛硬淤地宜用紅花苗爲糞
剛硬淤地宜用乾綠豆葉爲糞
剛硬淤地宜用乾脂麻葉爲糞

剛硬淤地宜用乾黑豆葉爲糞
剛硬淤地宜用乾油菜葉爲糞
剛硬淤地宜用乾蔓菁葉爲糞
剛硬淤地宜用乾罌粟葉爲糞
剛硬淤地宜用乾紅花葉爲糞
剛硬淤地宜用乾玉蜀黍稈爲糞
剛硬淤地宜用乾棉花葉爲糞
剛硬淤地宜用樓耩沙土爲糞
以上剛硬淤地糞相宜
溼寒凹地宜用鴿糞爲糞

以上溼寒凹地糞相宜
大麥宜用大藍靛葉靛稭爲糞解　滑縣濬縣長垣封邱等縣種大麥者以大藍靛葉靛稭爲上等好糞
小麥宜用大藍靛葉靛稭爲糞解　滑縣濬縣長垣封邱等縣種小麥者以大藍靛葉靛稭爲上等好糞
大麥宜用小藍靛葉靛稭爲糞解　滑縣濬縣長垣封邱等縣種大麥者以小藍靛葉靛稭爲上等好糞
小麥宜用小藍靛葉靛稭爲糞解　滑縣濬縣長垣封邱等縣種小麥者以小藍靛葉靛稭爲上等好糞
大麥宜用槐藍靛葉靛稭爲糞解　滑縣濬縣長垣封邱等

縣種大麥者以槐藍靛葉靛稭爲上等好糞
小麥宜用槐藍靛葉靛稭爲糞解　滑縣濬縣長垣封邱等縣種小麥者以槐藍靛葉靛稭爲上等好糞
大麥宜用綠豆苗爲糞解　上海縣老農語予曰。吾鄉種大麥有豫養綠豆苗掩在犁底以作糞者
小麥宜用綠豆苗爲糞解　上海縣老農語予曰。吾鄉種小麥有豫養綠豆苗掩在犁底以作糞者
大麥宜用脂麻苗爲糞解　上海縣老農語予曰。吾鄉種大麥有豫養脂麻苗掩在犁底以作糞者
小麥宜用脂麻苗爲糞解　上海縣老農語予曰。吾鄉種小

麥有豫養脂麻苗掩在犂底以作糞者。
大麥宜用罌粟苗爲糞解　上海縣老農語予曰。吾鄉種大
麥有豫養罌粟苗掩在犂底以作糞者。
小麥宜用罌粟苗爲糞解　上海縣老農語予曰。吾鄉種小
麥有豫養罌粟苗掩在犂底以作糞者。
大麥宜用紅花苗爲糞解　上海縣老農語予曰。吾鄉種大
麥有豫養紅花苗掩在犂底以作糞者。
小麥宜用紅花苗爲糞解　上海縣老農語予曰。吾鄉種小
麥有豫養紅花苗掩在犂底以作糞者。
大麥宜用乾綠豆葉爲糞解　容城定興等縣種大麥者。或

用乾綠豆葉掩在犂底使化爲糞。
小麥宜用乾綠豆葉爲糞解　容城定興等縣種小麥者。或
用乾綠豆葉掩在犂底使化爲糞。
大麥宜用乾脂麻葉爲糞解　容城定興等縣種大麥者。或
用乾脂麻葉掩在犂底使化爲糞。
小麥宜用乾脂麻葉爲糞解　容城定興等縣種小麥者。或
用乾脂麻葉掩在犂底使化爲糞。
大麥宜用黑黃豆苗爲糞解　崑山縣老農語予曰。吾鄉種
大麥有豫養黑黃豆苗掩在犂底以作糞者。
小麥宜用黑黃豆苗爲糞解　崑山縣老農語予曰。吾鄉種

小麥有豫養黑黃豆苗掩在犂底以作糞者。
大麥宜用乾黑黃豆葉爲糞解　廣平真定等府種大麥者。
或用乾黑黃豆葉掩在犂底使化爲糞。
小麥宜用乾黑黃豆葉爲糞解　廣平真定等府種小麥者
或用乾黑黃豆葉掩在犂底使化爲糞。
以上葉稭苗爲糞相宜解
黍稷粟穀宜用破屋壞垣土爲糞解　滑縣濬縣封邱長垣
等縣種黍稷粟穀者。以破屋壞垣土。爲上等好糞。
圓蔓菁菜宜用破屋壞垣土爲糞解　温縣孟縣修武武陟
等縣種圓蔓菁菜者。以破屋壞垣土。爲上等好糞。

長蔓菁菜宜用破屋壞垣土爲糞解　温縣孟縣修武武陟
等縣。種長蔓菁菜者。以破屋壞垣土。爲上等好糞。
山蔓菁菜宜用破屋壞垣土爲糞解　温縣孟縣修武武陟
等縣種山蔓菁菜者。以破屋壞垣土爲上等好糞。
洋蔓菁菜宜用破屋壞垣土爲糞解　温縣孟縣修武武陟
等縣。種洋蔓[illegible]菜者。以破屋壞垣土。爲上等好糞。
紅薯宜用破屋壞垣土爲糞解　滑縣濬縣封邱長垣等縣。
種紅薯者。以破屋壞垣土。爲上等好糞。
白薯宜用破屋壞垣土爲糞解　滑縣濬縣封邱長垣等縣。
種白薯者。以破屋壞垣土。爲上等好糞。

乾紅薯宜用破屋壞垣土爲糞解　滑縣濬縣長垣封邱等縣種乾紅薯者以破屋壞垣土爲上等好糞

乾白薯宜用破屋壞垣土爲糞解　滑縣濬縣長垣封邱等縣種乾白薯者以破屋壞垣土爲上等好糞

圓蔓菁萊宜用舊炕土灰爲糞解　温縣孟縣修武武陟等縣種圓蔓菁萊者以舊炕土灰爲上等好糞

長蔓菁萊宜用舊炕土灰爲糞解　温縣孟縣修武武陟等縣種長蔓菁萊者以舊炕土灰爲上等好糞

山蔓菁萊宜用舊炕土灰爲糞解　温縣孟縣修武武陟等縣種山蔓菁萊者以舊炕土灰爲上等好糞

洋蔓菁萊宜用舊炕土灰爲糞解　温縣孟縣修武武陟等縣種洋蔓菁萊者以舊炕土灰爲上等好糞

紅薯宜用舊炕土灰爲糞解　滑縣濬縣長垣封邱等縣種紅薯者以舊炕土灰爲上等好糞

白薯宜用舊炕土灰爲糞解　滑縣濬縣長垣封邱等縣種白薯者以舊炕土灰爲上等好糞

乾紅薯宜用舊炕土灰爲糞解　滑縣濬縣長垣封邱等縣種乾紅薯者以舊炕土灰爲上等好糞

乾白薯宜用舊炕土灰爲糞解　滑縣濬縣長垣封邱等縣種乾白薯者以舊炕土灰爲上等好糞

以上破屋壞垣土舊炕土灰爲糞相宜解

韭菜宜用雞糞爲糞解　博聞錄曰韭畦若用雞糞尤好。事類書曰韭畦用雞糞尤佳。雲按韭字古作韭詩豳風獻羔祭韭。周禮醢人其實韭菹。一名豐本禮記云韭曰豐本。一名草鍾乳。本草綱目云韭是草乳農政全書曰韭名草鍾乳言其溫補也。一名起陽草。群芳譜云韭一名起陽草。農政全書曰韭一名起陽草。一名嬾人菜群芳譜云韭一名嬾人菜。羅願爾雅翼云韭者嬾人菜以其不須歲種也。漢書曰龔遂爲渤海太守躬儉約勸民務農桑令人種一畦韭。

百合萊宜用雞糞爲糞解　四時類要曰二月種百合此物尤宜雞糞　群芳譜曰種百合法秋分節取其瓣分種之

五寸一科宜雞糞宜肥地

山丹萊宜用雞糞爲糞解　群芳譜曰種山丹法一年一起以雞糞壅之則茂須每年八九月分種　群芳譜又曰山丹亦喜雞糞其性與百合同

沃丹萊宜用雞糞爲糞解　群芳譜曰沃丹萊亦喜雞糞其性與百合同

蕃丹萊宜用雞糞爲糞解　群芳譜曰蕃丹萊亦喜雞糞其性與百合同

捲丹萊宜用雞糞爲糞解　群芳譜曰捲丹萊亦喜雞糞其性與百合同

以上雜糞為糞相宜解

虛軟沙地宜用羊糞為糞解　羊糞堅固不散用於虛軟沙地能助結子有力

虛軟沙地宜用牛糞為糞解　牛糞堅固不散用於虛軟沙地能助結子有力

虛軟沙地宜用乾靛稭為糞解　乾靛稭久漚方爛用於虛軟沙地能助結子有力

虛軟沙地宜用玉高粱心為糞解　玉高粱心久漚方爛用於虛軟沙地能助結子有力

虛軟沙地宜用乾脂麻稈為糞解　乾脂麻稈久漚方爛用

於虛軟沙地能助結子有力

虛軟沙地宜用乾黑豆稭為糞解　乾黑豆稭久漚方爛用於虛軟沙地能助結子有力

虛軟沙地宜用乾黃豆稭為糞解　乾黃豆稭久漚方爛用於虛軟沙地能助結子有力

虛軟沙地宜用乾罌粟稈為糞解　乾罌粟稈久漚方爛用於虛軟沙地能助結子有力

虛軟沙地宜用乾紅花稈為糞解　乾紅花稈久漚方爛用於虛軟沙地能助結子有力

虛軟沙地宜用炒棉花子為糞解　炒棉花子久漚方爛用於虛軟沙地能助結子有力

以上虛軟沙地糞相宜解

剛硬淤地宜用豬糞為糞解　豬糞溼潮用於剛硬淤地剛硬去泰去甚

剛硬淤地宜用馬糞為糞解　馬糞虛軟用於剛硬淤地剛硬去泰去甚

剛硬淤地宜用驢糞為糞解　驢糞虛軟用於剛硬淤地剛硬去泰去甚

剛硬淤地宜用綠豆苗為糞解　綠豆苗潤澤用於剛硬淤地剛硬去泰去甚

剛硬淤地宜用脂麻苗為糞解　脂麻苗潤澤用於剛硬淤地剛硬去泰去甚

剛硬淤地宜用罌粟苗為糞解　罌粟苗潤澤用於剛硬淤地剛硬去泰去甚

剛硬淤地宜用紅花苗為糞解　紅花苗潤澤用於剛硬淤地剛硬去泰去甚

剛硬淤地宜用乾綠豆葉為糞解　乾綠豆葉虛軟帶潤澤用於剛硬淤地剛硬去泰去甚

剛硬淤地宜用乾脂麻葉為糞解　乾脂麻葉虛軟帶潤澤用於剛硬淤地剛硬去泰去甚

剛硬淤地宜用乾黑黃豆葉爲糞解　乾黑黃豆葉虛軟帶潤澤。用於剛硬淤地剛硬去泰去甚。

剛硬淤地宜用乾油菜葉爲糞解　乾油菜葉。虛軟帶潤澤用於剛硬淤地剛硬去泰去甚

剛硬淤地宜用乾蔓菁葉爲糞解　乾蔓菁葉。虛軟帶潤澤用於剛硬淤地。剛硬去泰去甚

剛硬淤地宜用乾罌粟葉爲糞解　乾罌粟葉。虛軟帶潤澤用於剛硬淤地剛硬去泰去甚

剛硬淤地宜用乾紅花葉爲糞解　乾紅花葉。虛軟帶潤澤用於剛硬淤地。剛硬去泰去甚。

剛硬淤地宜用乾玉高粱稈爲糞解　乾玉高粱稈虛軟。用

於剛硬淤地剛硬去泰去甚。

剛硬淤地宜用乾棉花葉爲糞解　乾棉花葉虛。軟帶潤澤。用於剛硬淤地剛硬去泰去甚。

剛硬淤地宜用穰耩沙土爲糞解　穰耩沙土虛軟。用於剛硬淤地剛硬去泰去甚。

以上剛硬淤地糞相宜解

溼寒凹地宜用鴿糞爲糞解　鴿糞燥熱。用於溼寒凹地。溼寒去泰去甚。

以上溼寒凹地糞相宜解

救荒土宜

犁地相宜

大麥宜種大藍靛犁

小麥宜種大藍靛犁

大麥宜種小藍靛犁

小麥宜種小藍靛犁

大麥宜種槐藍靛犁

小麥宜種槐藍靛犁

大麥宜種瓜犁

小麥宜種瓜犁

粟穀宜種棉花犁

包穀宜種紅花犁

以上靛瓜棉花紅花等犁相宜

大麥宜種新開荒地百草犁

黍稷宜種新開荒地百草犁

棉子穀宜種新開荒地百草犁

禾赤豆宜種新開荒地百草犁

脂麻油穀宜種新開荒地百草犁

出頭白蘿蔔宜種新開荒地百草犁

埋頭白蘿蔔宜種新開荒地百草犁

多汁白蘿蔔宜種新開荒地百草茬
無汁白蘿蔔宜種新開荒地百草茬
圓蛋白蘿蔔宜種新開荒地百草茬
　以上新開荒地百草等茬相宜
南瓜宜種綠豆茬
筍瓜宜種綠豆茬
假南瓜宜種綠豆茬
搦瓜宜種綠豆茬
南瓜宜種紅小豆茬
筍瓜宜種紅小豆茬

假南瓜宜種紅小豆茬
搦瓜宜種紅小豆茬
南瓜宜種黍茬
筍瓜宜種黍茬
假南瓜宜種黍茬
搦瓜宜種黍茬
　以上綠豆紅小豆黍等茬相宜
大麥宜種重茬
小麥宜種重茬
包穀宜種重茬
粟穀宜種重茬
棉花宜種重茬
落花生油穀宜種重茬
洋落花生油穀宜種重茬
　以上大麥小麥包穀粟穀棉花落花生洋落生等重茬相宜。
大麥宜種大藍靛茬解　滑縣濬縣長垣封邱等縣種大麥者以用大藍靛地底爲上等好茬。
小麥宜種大藍靛茬解　滑縣濬縣長垣封邱等縣種小麥者以用大藍靛地底爲上等好茬。
大麥宜種小藍靛茬解　滑縣濬縣長垣封邱等縣種大麥者以用小藍靛地底爲上等好茬。

小麥宜種小藍靛茬解　滑縣濬縣長垣封邱等縣種小麥者以用小藍靛地底爲上等好茬。
大麥宜種槐藍靛茬解　滑縣濬縣長垣封邱等縣種大麥者以用槐藍靛地底爲上等好茬。
小麥宜種槐藍靛茬解　滑縣濬縣長垣封邱等縣種小麥者以用槐藍靛地底爲上等好茬。
大麥宜種瓜茬解　滑縣濬縣長垣封邱等縣種大麥者以用瓜地底爲上等好茬。

小麥宜種瓜茬解　滑縣濬縣長垣封邱等縣。種小麥者以用瓜地底爲上等好茬。

粟穀宜種棉花茬解　滑縣濬縣長垣封邱等縣。種粟穀者。以用棉花地底爲上等好茬。

包穀宜種紅花茬解　滑縣濬縣長垣封邱等縣。種包穀者。以用紅花地底爲上等好茬。

以上雜瓜棉花紅花等茬相宜解

大麥宜種新開荒地百草茬解　凡宿根草。大麥能除。滑縣老農言之矣。故於蕪穢難治。新開荒地酌種大麥。

黍稷宜種新開荒地百草茬解　凡黍稷田開荒爲上齊民

要術言之矣。故於蕪穢難治。新開荒地。酌種黍稷。

稗子穀宜種新開荒地百草茬解　吸衆草汁稗子穀能植物學言之矣。故於蕪穢難治新開荒地酌種稗子穀。

米赤豆宜種新開荒地百草茬解　米赤小豆最能殺草農政全書言之矣。故於蕪穢難治新開荒地酌種米赤豆。

脂麻油穀宜種新開荒地百草茬解　脂麻葉露滴殺百草。祥符縣老農言之矣。故於蕪穢難治。新開荒地。酌種脂麻油穀。

出頭白蘿蔔宜種新開荒地百草茬解　鬧草開荒。能成出頭白蘿蔔。

埋頭白蘿蔔宜種新開荒地百草茬解　鬧草開荒能成埋頭白蘿蔔。

多汁白蘿蔔宜種新開荒地百草茬解　鬧草開荒。能成多汁白蘿蔔。

無汁白蘿蔔宜種新開荒地百草茬解　鬧草開荒。能成無汁白蘿蔔。

圓蛋白蘿蔔宜種新開荒地百草茬解　鬧草開荒。能成圓蛋白蘿蔔。

以上新開荒地百草等茬相宜解

南瓜宜種綠豆茬解　滑縣老農曰。南瓜喜種綠豆茬。

筍瓜宜種綠豆茬解　滑縣老農曰。筍瓜喜種綠豆茬。

假南瓜宜種綠豆茬解　滑縣老農曰。假南瓜喜種綠豆茬。

搦瓜宜種綠豆茬解　滑縣老農曰。搦瓜喜種綠豆茬。

南瓜宜種紅小豆茬解　滑縣老農曰。南瓜喜種紅小豆茬。

筍瓜宜種紅小豆茬解　滑縣老農曰。筍瓜喜種紅小豆茬。

假南瓜宜種紅小豆茬解　滑縣老農曰。假南瓜喜種紅小豆茬。

搦瓜宜種紅小豆茬解　滑縣老農曰。搦瓜喜種紅小豆茬。

南瓜宜種黍茬解　滑縣老農曰。南瓜喜種黍茬。

筍瓜宜種黍茬解　滑縣老農曰。筍瓜喜種黍茬。

假南瓜宜種黍茬解　滑縣老農曰。假南瓜喜種黍茬。

搦瓜宜種黍茬解　滑縣老農曰。搦瓜喜種黍茬。雲於咸豐初年䌷讀農政全書。果見有用小豆。有綠赤白三種。底種瓜最佳。黍底爲次云云。而後知老農之言。甚不誤也。

以上綠豆紅小豆黍等茬相宜解

大麥宜種重茬解　滑縣老農曰。大麥喜種重茬。

小麥宜種重茬解　滑縣老農曰。小麥喜種重茬。

包穀宜種重茬解　滑縣老農曰。包穀喜種重茬。

粟穀宜種重茬解　滑縣老農曰。粟穀喜種重茬。

棉花宜種重茬解　滑縣老農曰。棉花喜種重茬。

落花生油穀宜種重茬解　滑縣老農曰。落花生油穀喜種重茬。

洋落花生油穀宜種重茬解　滑縣老農曰。洋落花生油穀喜種重茬。

以上大麥小麥包穀粟穀棉花落花生洋落花生等重茬相宜解

救荒土宜

茬地避忌

高粱怕種落花生茬

高粱怕種洋落花生茬

黍怕種紅花茬

稷怕種紅花茬

黑豆怕種紅花茬

黄豆怕種紅花茬

南瓜怕種黑黄豆茬

筍瓜怕種黑黄豆茬

假南瓜怕種黑黄豆茬

搦瓜怕種黑黄豆茬

紅薯怕種薑茬

白薯怕種薑茬

乾紅薯怕種薑茬

乾白薯怕種薑茬

紅薯怕種辣椒茬

白薯怕種辣椒茬

乾紅薯怕種辣椒茬

乾白薯怕種辣椒茬

大藍靛怕種黑黃豆茬
小藍靛怕種黑黃豆茬
槐藍靛怕種黑黃豆茬
以上落花生洋落花生紅花黑黃豆薑辣椒等茬避忌
黑黃豆怕種重茬
脂麻油穀怕種重茬
南瓜怕種重茬
筍瓜怕種重茬
假南瓜怕種重茬
搊瓜怕種重茬

紅花苗菜怕種重茬
藍菜怕種重茬
大藍靛怕種重茬
小藍靛怕種重茬
槐藍靛怕種重茬
以上黑黃豆脂麻南瓜筍瓜假南瓜搊瓜紅花藍大藍
小藍槐藍等重茬避忌
高粱怕種落花生茬解　滑縣老農曰。落花生茬種高粱。高
粱皆不茂盛
高粱怕種洋落花生茬解　滑縣老農曰。洋落花生茬種高
粱。高粱皆不茂盛
黍怕種紅花茬解　滑縣老農曰。紅花茬種黍。黍皆不茂盛。
稷怕種紅花茬解　滑縣老農曰。紅花茬種稷。稷皆不茂盛。
黑豆怕種紅花茬解　滑縣老農曰。紅花茬種黑豆。黑豆皆
不茂盛。
黃豆怕種紅花茬解　滑縣老農曰。紅花茬種黃豆。黃豆皆
不茂盛。
南瓜怕種黑黃豆茬解　內黃縣老農曰。黑黃豆茬種南瓜。
南瓜半路枯萎。
筍瓜怕種黑黃豆茬解　內黃縣老農曰。黑黃豆茬種筍瓜。

筍瓜半路枯萎。
假南瓜怕種黑黃豆茬解　內黃縣老農曰。黑黃豆種假南
瓜。假南瓜半路枯萎。
搊瓜怕種黑黃豆茬解　內黃縣老農曰。黑黃豆茬種搊瓜。
搊瓜半路枯萎。
紅薯怕種薑茬解　武陟縣老農曰。薑茬種紅薯。紅薯皆帶
薑氣。
白薯怕種薑茬解　武陟縣老農曰。薑茬種白薯。白薯皆帶
薑氣。
乾紅薯怕種薑茬解　武陟縣老農曰。薑茬種乾紅薯。乾紅

薯皆帶薑氣。

乾白薯怕種薑茬解　武陟縣老農曰。薑茬種乾白薯。乾白薯皆帶薑氣。

紅薯怕種辣椒茬解　武陟縣老農曰。辣椒茬種紅薯。紅薯皆帶辣椒氣。

白薯怕種辣椒茬解　武陟縣老農曰。辣椒茬種白薯。白薯皆帶辣椒氣。

乾紅薯怕種辣椒茬解　武陟縣老農曰。辣椒茬種乾紅薯。乾紅薯皆帶辣椒氣。

乾白薯怕種辣椒茬解　武陟縣老農曰。辣椒茬種乾白薯。

乾白薯皆帶辣椒氣。

大藍靛怕種黑黃豆茬解　長垣縣老農曰。黑黃豆茬種大藍靛。大藍靛無好顏色。

小藍靛怕種黑黃豆茬解　長垣縣老農曰。黑黃豆茬種小藍靛。小藍靛無好顏色。

槐藍靛怕種黑黃豆茬解　長垣縣老農曰。黑黃豆茬種槐藍靛。槐藍靛無好顏色。

以上落花生洋落花生紅花黑黃豆薑辣椒等茬避忌解

黑黃豆怕種重茬解　滑縣老農曰。重茬以種黑黃豆。黑黃豆不能收成。

脂麻油穀怕種重茬解　滑縣老農曰。重茬以種脂麻油穀。脂麻油麻不能收成。

南瓜怕種重茬解　內黃縣老農曰。重茬以種南瓜。南瓜不能收成。

筍瓜怕種重茬解　內黃縣老農曰。重茬以種筍瓜。筍瓜不能收成。

假南瓜怕種重茬解　內黃縣老農曰。重茬以種假南瓜。假南瓜不能收成。

搦瓜怕種重茬解　內黃縣老農曰。重茬以種搦瓜。搦瓜不

能收成。

紅花苗菜怕種重茬解　滑縣老農曰。重茬以種紅花苗菜。紅花苗菜不能收成。

薹菜怕種重茬解　武陟縣老農曰。重茬以種薹菜。薹菜不能收成。

大藍靛怕種重茬解　長垣縣老農曰。重茬以種大藍靛。大藍靛不能收成。

小藍靛怕種重茬解　長垣縣老農曰。重茬以種小藍靛。小藍靛不能收成。

槐藍靛怕種重茬解　長垣縣老農曰。重茬以種槐藍靛。槐

藍靛不能收式。
以上黑黃豆脂麻南瓜假南瓜筍瓜搦瓜紅花蕫大藍小藍槐藍等重瞿雉忌解

救荒簡易書　　　滑縣郭雲陞霖浩輯

救荒耕鑿

草木茂盛處。其下必有甘泉。可以掘井。
螻蟻穴多處。其下必有甘泉。可以掘井。
多置水盆於地。夜以望星。若見某盆水中星光獨大者。其下必有甘泉。可以掘井。
多掘小坑於地。夜埋琉璃覆盆中。拭以油。清晨取而視之。若見某盆盆中溼露水珠多且大者。其下必有甘泉。可以掘井。
多掘小坑於地。夜埋琉璃覆盆中。藏羊毛。清晨取而視之。若見

某坑羊毛潮溼最甚者。其下必有甘泉。可以掘井。
多掘小坑於地。晝納柴薪焚之。若見某坑火煙能為溼氣所滯旋繞曲折不肯直上者。其下必有甘泉。可以掘井。

以上認泉諸法

西洋鑿井法。如鑽鑽木然。中國農民可學也。
東洋鑿井法。如槊釘地然。中國農民可學也。

以上掘井諸法

編條甃成圓井。舊法可學。白臘條為上。荊條次之。檉條又次之。柳條又次之。
合版甃成方井。舊法可學。桑木版為上。榆木版次之。柳木版又

次之。楊木版又次之。

以上鑿井諸法

用轆轤。汲水灌溉。

用水車。汲水灌溉。

用風旋車。汲水灌溉

用西洋水龍車。汲水灌溉。

用西洋虹吸筒。汲水灌溉。

用西洋上水筒。汲水灌溉。

以上汲水諸法

投鉛百斤於井中。可使鹹水變而爲甜以利灌溉。

投礬石三二十斤於井中。可使寒水變而爲暖。灌溉穀菜。能早成熟。

投琉璜三二十斤於井中。可使寒水變而爲暖。灌溉穀菜。能早成熟。

投馬糞百斤於井中用布袋盛之。可使寒水變而爲暖。灌溉穀菜。能早成熟。

以上變水諸法

旱年新井不旺。可用兩根又粗又長竹竿。深入井底數丈。然後將此竹竿各節打通打透。留而勿出則新井水泉汪洋灌溉不可勝用矣。

旱年舊井乾涸。可以略加淘浚。亦用兩根又粗又長竹竿。深入井底數丈。然後將此竹竿各節打通打透。留而勿出則舊井水泉汪洋。灌溉不可勝用矣。

以上旺水諸法

隔沙行水。可鋪毛羽氈毯。作甬道以托之。則水不爲沙所滲。而能灌溉。

隔沙行水。可鋪牛馬皮革。作甬道以托之。則水不爲沙所滲。而能灌溉。

隔溝行水。可横大粗竹竿。作橋梁以托之。則水不爲溝所斷。而能灌溉。

隔溝行水。可横大粗木槽。作橋梁以托之。則水不爲溝所斷而能灌溉。

以上行水諸法

建田式爲畦形。務令隔畦種穀。隔畦種菜。隔畦澆水。使穀與穀相避。而穀茂盛。菜與菜相避而菜茂盛。水與水相避而水亦茂盛。三者爭爲茂盛。荒年如不荒矣。

以上省水畦田種法

草木茂盛處。其下必有甘泉。可以掘井解 堯水湯旱。後世固無。如其有之。將使七年飢饉。殍殣頻仍。靡遺孑於㷄焚乎。茲取商相伊尹區田舊法。變而通 師其意不泥其迹。

教民擇田於野。掘井於田。其先畎區爲畦。以便行水。其後用畦似區。以便省水。務令舉重若輕。事半功倍。耕鑿相資。灌溉自由。雖遇異常亢旱。仍能飲食作息。忘帝力於何有焉。故於救荒耕鑿篇。先集認泉掘井諸法云。 草木茂盛。下有甘泉古書本曾言之矣。而今日軍營老兵仍認草木掘井。

螻蟻穴多處其下必有甘泉可以掘井解 螻蟻穴多。下有甘泉古書本曾言之矣。而今日軍營老兵仍認蟻穴多處掘井。

多置水盆於地夜以望星若見某盆水中星光獨大者其下

必有甘泉可以掘井解。 水盆望星。以知甘泉。古書本曾言之矣。而今日穿井匠人亦有夜擺水盆。引主人以定井地者。

多掘小坑於地夜埋琉璃覆盆中拭以油清晨取而視之若見某盆盆中溼露水珠多且大者其下必有甘泉可以掘井解。 覆盆露珠。以知甘泉。古書本曾言之矣。而今日穿井匠人亦有晨取露珠引主人以定井地者。

多掘小坑於地夜埋琉璃覆盆中藏羊毛清晨取而視之若見某坑羊毛溼潮最甚者其下必有甘泉可以掘井解 羊毛潮溼。能知甘泉。古書本曾言之矣。而今日牧童求水。亦有夜埋羊毛向溼處以掘土井者。

多掘小坑於地晝納柴薪焚之若見某坑火煙能爲溼氣所滯旋繞曲折不肯直上者其下必有甘泉可以掘井解 煙氣曲折。能知甘泉。古書本曾言之矣。而今日牧童求水。亦有晝焚柴煙向曲處以掘土井者。

以上認泉諸法解

西洋鑿井法如鑽鑽木然中國農民可學也解 如鑽鑽木以掘井。西人著書言之甚詳。

東洋鑿井法如槊釘地然中國農民可學也解 如釘釘地以掘井。東人著書言之甚詳。

以上掘井諸法解

編條甃成圓井舊法可學白蠟條爲上荊條次之檉條又次之柳條又次之解 編條甃成圓井。使井四面。不坍不塌。輝縣西山煤窑洞中舊法也。

合版甃成方井舊法可學桑木版爲上榆木版次之柳木版又次之楊木版又次之解 合版甃成方井。使井四面。不坍不塌。汲縣南鄉小菜園中舊法也。

以上甃井諸法解

用轆轤汲水灌溉解 轆轤汲水。用人力也。此法最拙。直隸河南山東等省灌園灌田。多有用轆轤者。

用水車汲水灌溉解。 水車汲水。用獸牛馬騾驢力也。此法路巧。直隸河南山東等省灌園灌田。多有用水車者。

用風旋車汲水灌溉解。 風旋車汲水。用風力也。此法更巧。浙江江蘇安徽等省灌園灌田。多有用風旋車者。

用西洋水龍車汲水灌溉解 水龍車汲水。雖借人力。而事半功倍。浙江江蘇安徽等省灌園灌田。多有用水龍車者。

用西洋虹吸筒汲水灌溉解 虹吸筒汲水。此純任自然也。不借人力獸力風力。而能巧奪天工。浙江江蘇安徽等省灌園灌田。多有用虹吸筒者。

用西洋上水筒汲水灌溉解 上水筒汲水。此尤純任自然

也。不借人力獸力風力。而能巧奪天工。浙江江蘇安徽等省灌園灌田。多有用上水筒者。

以上汲水諸法解

投鉛百斤於井中可使鹹水變而為甜以利灌溉解 投鉛於井。鹹水變甜。西洋各國常用之。而中國人不知也。

投礜石三二十斤於井中可使寒水變而為暖灌溉穀菜能早成熟解 投礜石於井。寒水變暖。以利農圃。經濟家詳言之。別家所不留意也。

投琉璜三二十斤於井中可使寒水變而為暖灌溉穀菜能早成熟解 投琉璜於井。寒水變暖。以利農圃。經濟家詳

言之。別家所不留意也。

投馬糞百斤於井中用布袋盛之可使寒水變而為暖灌溉穀菜能早成熟解 投馬糞於井。寒水變暖。以利農圃。經濟家詳言之。別家所不留意也。

以上變水諸法解

旱年新井不旺可用兩根又粗又長竹竿深入井底數丈然後將此竹竿各節打通打透留而勿出。則新井水泉汪洋。灌溉不可勝用矣解 大竹深入新井底。能旺水泉。以利農圃。經濟家詳言之。別家所不留意也。

旱年舊井乾涸可以略加淘浚亦用兩根又粗又長竹竿深

入井底數丈然後將此竹竿各節打通打透留而勿出。則舊井水泉汪洋。灌溉不可勝用矣解 大竹深入舊井底。能旺水泉。以利農圃。經濟家詳言之。別家所不留意也。

以上旺水諸法解

隔沙行水可鋪毛羽氈毯作甬道以托之。則水不為沙所滲而能灌溉解 軍營老兵語予曰。氈毯托水。使行沙上。而水不為沙所滲。左文襄侯相在新疆等處。廣開稻田。善於行水之一法也。

隔沙行水可鋪牛馬皮革作甬道以托之。則水不為沙所滲而能灌溉解 軍營老兵語予曰。皮革托水。使行沙上。而

水不爲沙所淤。左文襄侯相在新疆等處廣開稻田。善於
行水之又一法也。
隔溝行水可橫大粗竹竿作橋梁以托之。則水不爲溝所斷。
而能灌溉解　懷慶府老農語予曰。竹竿托水。使越溝咀。
而水不爲溝所斷。濟源縣富民在太行深處。秘耕陸海。善
於行水之一法也。
隔溝行水可橫大粗木槽作橋梁以托之。則水不爲溝所斷。
而能灌溉解　懷慶府老農語予曰。木槽托水。使越溝皿。
而水不爲溝所斷。濟源縣富民在太行深處。秘耕陸海。善
於行水之又一法也。

以上行水諸法解

定田式爲畦形。務令隔畦種穀。隔畦種菜。隔畦澆水。使穀與
穀相避。而穀茂盛。菜與菜相避。而菜茂盛。水與水相避。而
水亦茂盛。三者爭爲茂盛。荒年如不荒矣。解　或有問於
予曰。細查省水畦田。穀所隔者。即是菜畦。無空間也。菜所
隔者。即是穀畦。無空間也。穀菜皆無空間。何云相避。更何
云茂盛乎。予曰。種田之法。有明相避者。有暗相避者。吾使
雄不見雄。雌不見雌。穀與穀不鄰。菜與菜不鄰。此明相避。
衆人之所能知也。吾使陽不礙陰。陰不礙陽。穀與菜爲鄰。
菜與穀爲鄰。此暗相避。衆人之所不知也。明避暗避兼而

用之。又不驚世。又不駭俗。又不勞民。又不傷財。槩括古今
公私田制。而撮其精華。荒年可以救災。豐年可以致富。無
代田虛名。而有代田實利。無區田虛名。而有區田實利。無
井田虛名。而有井田實利。包涵萬象。無美不臻。神農后稷
復生。不能改此良法矣。

以上省水畦田種法解

井水灌田。以人勝天。莫謂古有今無也。咸豐甲寅年。雲居河
朔書院。師事李文清公。而見武陟縣田中多井。灌溉自由
矣。咸豐丁巳年。雲赴汜水竹川送王丹君生先歸隱。而又
見溫縣孟縣田中多井。灌溉自由矣。光緒戊子等年。雲在

山東幕府。佐助張勤果公。而又見寗陽縣田中多井。灌溉
自由矣。光緒丙申等年。雲寓汴省大梁。刊刻救荒簡易書。
得廣見中州傑士。而又聞偃師縣孟津縣鞏縣汜縣田中
多井。灌溉自由矣。

救荒簡易書卷四

救荒種植

滑縣郭雲陞霖浩輯

蠶豆自正月至二月底皆可種
豌豆自正月至二月底皆可種
小扁豆自正月至二月底皆可種
大麥自正月至二月底皆可種
小麥自正月至二月底皆可種
細皮大麥自正月至二月底皆可種
無芒小麥自正月至二月底皆可種
快大麥自正月至二月底皆可種
快小麥自正月至二月底皆可種
油麥自正月至五月初皆可種
再熟快胡秫自正月至五月底皆可種
再熟快高粱自三月至五月初皆可種
再熟快包穀自三月至六月底皆可種
再熟快粟穀自三月至六月底皆可種
再熟快黍自三月至六月初皆可種
再熟快稷自三月至六月初皆可種
再熟快大豆自二月至五月底皆可種

再熟快梅豆自二月至五月底皆可種
再熟快綠豆自三月至六月底皆可種
再熟快豇豆自三月至六月初皆可種
再熟快紅小豆自三月至七月初皆可種
再熟快白小豆自四月至七月初皆可種
再熟快海紅豆自二月至六月初皆可種
再熟快白羊角豆自三月至六月初皆可種
再熟摭稻自二月至七月初皆可種
[illegible]稻自正月至六月皆可種
再熟孤灰稻自二月至六月皆可種
再熟䅵稻自二月至六月皆可種
再熟火米稻自二月至六月皆可種
七十日快稻自二月至七月初皆可種
六十日快稻自二月半至七月半皆可種
五十日快稻自二月半至七月底皆可種
四十日快稻自二月半至七月底皆可種
寒粟穀自六月半至七月初皆可種
青色粟穀自六月半至七月初皆可種
粱禾米穀自六月半至七月初皆可種
東廧米穀自六月半至七月初皆可種

移子穀自六月半至七月初皆可種
稗子穀自六月半至七月初皆可種
秫子穀自六月半至七月初皆可種
六十日快粟穀自二月半至七月初皆可種
五十日快粟穀自二月半至七月半皆可種
四十日快粟穀自二月半至七月底皆可種
六十日快蕎麥自六月半至七月初皆可種
五十日快蕎麥自六月半至七月半皆可種
四十日快蕎麥自六月半至七月底皆可種

以上種植穀類

圓葉菁菜四時皆可種
長葉菁菜四時皆可種
出頭白蘿蔔菜四時皆可種
埋頭白蘿蔔菜四時皆可種
多汁白蘿蔔菜四時皆可種
無汁白蘿蔔菜四時皆可種
圓蛋白蘿蔔菜四時皆可種
黃色胡蘿蔔菜四時皆可種
紅色胡蘿蔔菜四時皆可種
擘藍菜四時皆可種

莙薘菜四時皆可種
苜蓿菜四時皆可種
掃帚菜自二月至五月皆可種
尖葉莧菜自二月至五月皆可種
圓葉莧菜自二月至五月皆可種
長秧豆菜自三月至五月皆可種俗呼豆角菜
短秧豆菜自三月至五月皆可種俗呼五月先豆角菜
快南瓜自二月至五月皆可種
快筍瓜自二月至五月皆可種
快搊瓜自二月至五月皆可種

假南瓜自二月至五月皆可種
壺盧頭菜瓜自二月至五月皆可種
起線菜黃瓜自二月至五月皆可種
紅薯自二月至八月皆可種
白薯自二月至八月皆可種
乾紅薯自二月至八月皆可種
乾白薯自二月至八月皆可種
快芋頭自二月至四月皆可種
旱芋頭自二月至四月皆可種
利市大芋自二月至四月皆可種

山陝陽芋自二月至四月皆可種
熊耳山芋自二月至四月皆可種
油菜四時皆可種
菠菜四時皆可種
蒝荽菜四時皆可種
同蒿菜四時皆可種
冬葵菜四時皆可種
黄菘菜自六月至十月皆可種 俗呼黄芽菜
白菘菜四時皆可種 俗呼白菜
青菘菜四時皆可種 俗呼春不老菜

黑菘菜自七月至二月皆可種 俗呼黑白菜
麪菘菜四時皆可種
油菘菜自七月至二月皆可種 俗呼薹菜
罌粟苗菜四時皆可種
紅花苗菜四時皆可種
脂麻苗菜三時皆可種
綠豆苗菜三時皆可種
紅小豆苗菜三時皆可種
白小豆苗菜三時皆可種
小子黄豆苗菜三時皆可種

小子黑豆苗菜三時皆可種
豌豆苗菜三時皆可種
小扁豆苗菜三時皆可種
大麥苗菜秋冬皆可種
小麥苗菜秋冬皆可種
胡拉沙棗自四月至七月皆可種
札實瓜自四月至六月皆可種
絲束菜二三月八九月皆可種

以上種植菜類

蠶豆自正月至二月底皆可種解 直隸省天寒地方春時

種蠶豆雨水爲上時驚蟄爲中時春分爲下時
豌豆自正月至二月底皆可種解 直隸省天寒地方春時種豌豆雨水爲上時驚蟄爲中時春分爲下時
小扁豆自正月至二月底皆可種解 直隸省天寒地方春時種小扁豆雨水爲上時驚蟄爲中時春分爲下時
大麥自正月至二月底皆可種解 直隸省天寒地方春時種大麥雨水爲上時驚蟄爲中時春分爲下時
小麥自正月至二月底皆可種解 直隸省天寒地方春時種小麥雨水爲上時驚蟄爲中時春分分爲下時
細皮大麥自正月至二月底皆可種解 直隸省天寒地方

春時種細皮大麥雨水爲上時驚蟄爲中時春分爲下時
無芒小麥自正月至二月底皆可種解　直隸省天寒地方
春時種無芒小麥雨水爲上時驚蟄爲中時春分爲下時
快大麥自正月至二月底皆可種解　直隸省天寒地方春
時種快大麥雨水爲上時驚蟄爲中時春分爲下時
快小麥自正月至二月底皆可種解　直隸省天寒地方春
時種快小麥雨水爲上時驚蟄爲中時春分爲下時
油麥自正月至五月初皆可種解　油麥性陰出朔平寧武
大同等府天寒地方正二三四五月皆可種也
再熟快胡秫自正月至五月底皆可種解　早熟及麥胡秫

正月種也若能五月再種卽是一年兩收
再熟快高粱自二月至五月初皆可種解　七葉快高粱三
月種者五月底熟刈其種七月再熟若能五月初種熟
期綽綽有餘
再熟快包穀自三月至六月底皆可種解　白子快包穀三
月種者五月底熟若能六月底種熟期綽綽有餘
再熟快粟穀自三月至六月底皆可種解　快粟穀有六十
日熟者有五十日熟者遲至六月底種熟期綽綽有餘
再熟快黍自三月至六月初皆可種解　農政全書言種黍
法三月爲上時四月爲中時五月爲下時　長垣縣老農

又語予曰四十五日快黍每歲可得兩熟遲至六月初種
熟期綽綽有餘
再熟快稷自三月至六月初皆可種解　據郭義恭廣志及
曲洧舊聞四月快熟者破藏稷還麥稷也五月快熟者麥
爭場稷也每歲力量皆能兩收遲至六月初種熟期綽綽
有餘
再熟快大豆自二月至五月底皆可種解　齊民要術曰凡
種大豆二月爲上時三月爲中時四月爲下時　農政全
書授時篇曰五月種晚大豆　湖北老農語予曰麥背隴
間夾種大豆二月種者五月熟此鍾祥縣秘訣也

再熟快梅豆自二月至五月底皆可種解　農政全書曰春
種大豆二月種者四月可食名曰梅豆
再熟快綠豆自三月至六月底皆可種解　農政全書授時
篇曰三月種綠豆　群芳譜種綠豆法曰宜刈了麻地土
種之太旱不生莢　愈貞木種樹書曰種綠豆地宜瘦四
月種六月收子再種之八月又收
再熟快豇豆自三月至六月初皆可種解　農政全書曰豇
豆穀雨後種六月收子再種之八月又收子一年能兩熟
再熟快紅小豆自三月至七月初皆可種解　齊民要術曰
赤小豆三月種六月旋摘　農政全書授時篇曰七月種

赤豆

再熟快白小豆自四月至七月[redacted]皆可種解[redacted]白小豆一名飯豆一名水白豆　羣芳譜曰白豆四五月種[redacted]要術種小豆貿赤綠白三種法曰夏至後十日種者爲上時初[redacted]斷手爲中時中伏斷手爲下時　濟南府老農語予曰快白小豆一年兩熟七月初猶可種也

再熟快海紅豆自二月至六月初皆可種解　海紅豆一牛兩熟早者二月半種晚者六月初種　宋祁益州方物圖曰海紅豆春開花白色結莢枝間子如綴珠似大紅豆而扁皮紅肉白蜀人用爲果飣

再熟快白羊角豆自三月至六月初皆可種解　白羊角[illegible]一年兩熟早者三月種晚者六月初種　光緒壬午年[illegible]至前三日祥符縣老農手執新白羊角豆語予曰此最先熟亦可救荒願先生留意焉

再熟摭稻自二月至七月初皆可種解　快熟摭稻一年兩收　羣芳譜曰摭稻春種夏穫七月初再插至十月熟

再熟蓋下白稻自正月至六月皆可種解　蓋下白稻一年兩收　齊民要術曰蓋下白稻正月種五月熟刈而復生九月再熟

再熟狐灰稻自二月至六月皆可種解　齊民　術曰狐灰

稻二月種一年再熟

再熟稑稻自二月至六月皆可種解　稑稻一年兩收早者二月半種晚者六月初種　齊民要術曰稑稻二月種今年收穫來年復生

再熟火米稻自三月至六月皆可種解　火米稻一年兩收早者二月半種晚者六月初種　唐李德裕會昌一品集曰五月田中收火米　宋陳師道後山叢談曰蜀稻先蒸而後炒謂之火米又云古詩注土人以五月收米爲火米

七十日快稻自二月至七月初皆可種解　羣芳譜曰二月半種稻爲上時三月爲中時四月初及半爲下時　羣芳

譜又曰烏秈稻三月種七月收其田以時晚稻可再熟七十日快稻一年可兩收

六十日快稻自二月半至七月半皆可種解　六十日快稻一年可三收　雲按六十日快稻即農政全書及羣芳譜所謂六旬稻六十日秈拖犁歸也

五十日快稻自二月半至七月底皆可種解　五十日快稻一年可四收早者三月半種晚者七月底種

四十日快稻自二月半至七月底皆可種解　四十日快稻一年可五收　陞按五十日快稻四十日快稻催耕課稻編言之甚詳

寒粟穀自六月半至七月初皆可種解　寒粟穀卽農政全
書及羣芳譜所謂寒露粟也　光州老農息縣老農皆曰
寒粟穀不畏冷風不畏冷霜
青色粟穀自六月半至七月初皆可種解　青色粟穀卽羅
願爾雅翼所謂青粱　王象晉羣芳譜所謂雁頭青穀也
老城縣老農儀封鄉老農皆曰青色粟穀冒霜能長冒
雪能長
粱禾米穀自六月半至七月初皆可種解　粱禾米穀六七
月種其性耐寒不畏風霜他穀已晚種此猶能豐收也
本草綱目曰遼東烏桓地有粱禾米穀夏生九月熟其實

炊飯如稻米
東廧米穀自六月半至七月初皆可種解　東廧米穀六七
月種其性耐寒不畏風霜他穀已晚種此猶能豐收也
本草綱目曰東廧米穀生河西苗似蓬子似葵可炊為飯
河西人語曰貸我東廧償爾田粱
穇子穀自六月半至七月初皆可種解　穇子穀晚禾也種
於夏末秋初其收穫於他穀
稗子穀自六月半至七月初皆可種解　稗子穀晚禾也種
於夏末秋初其收穫於他穀
稊子穀自六月半至七月初皆可種解　稊子穀晚禾也種

於夏末秋初其收穫於他穀
六十日快粟穀自二月半至七月初皆可種解　六十日快
粟穀一年可三收也早者二月半種晚者七月初種
五十日快粟穀自二月半至七月半皆可種解　五十日快
粟穀一年可四收也早者二月半種晚者七月半種
四十日快粟穀自二月半至七月底皆可種解　四十日快
粟穀一年可五收也早者二月半種晚者七月底種
六十日快蕎麥自六月半至七月初皆可種解　六十日快
蕎麥晚禾也遲至七月初種熟期綽綽有餘
五十日快蕎麥自六月半至七月半皆可種解　五十日快

蕎麥晚禾也遲至七月半種熟期綽綽有餘
四十日快蕎麥自六月半至七月底皆可種解　四十日快
蕎麥晚禾也遲至七月底種熟期綽綽有餘
以上種植穀類解
圓蔓菁菜四時皆可種解　剛硬淤地及山岡石田四時可
種圓蔓菁菜
長蔓菁菜四時皆可種解　虛軟沙地及高平腴壤四時可
種長蔓菁菜
出頭白蘿蔔菜四時皆可種解　無益鄉村四時可種出頭
白蘿蔔

埋頭白蘿蔔菜四時皆可種解　多盜鄉村四時可種埋頭蘿蔔。

多汁白蘿蔔菜四時皆可種解　離城市近。四時可種多汁蘿蔔。

無汁白蘿蔔菜四時皆可種解　離城市遠。四時可種無汁蘿蔔。

圓蛋白蘿蔔菜四時皆可種解　欲求速效。四時可種圓蛋蘿蔔。

黄色胡蘿蔔菜四時皆可種解　地帶輕鹻。四時可種黄胡蘿蔔。

紅色胡蘿蔔菜四時皆可種解　地[illegible]重鹻。四時可種紅胡蘿蔔。

擘藍菜四時皆可種解　剛硬淤地及山岡石田。四時可種擘藍菜。

著蓬菜四時皆可種解　田地背陰。四時可種著蓬菜。

苜蓿菜四時皆可種解　田地背陰。四時可種苜蓿菜。

掃帚菜自二月至五月皆可種解　地帶重鹻。自二月至五月可種掃帚菜。

尖葉莧菜自二月至五月皆可種解　地帶輕鹻。自二月至五月可種尖葉莧菜。

圓葉莧菜自二月至五月皆可種解　地帶輕鹻。自二月至五月可種圓葉莧菜。

長秧豆菜自三月至五月皆可種解　田地背陰。自三月至五月可種長秧豆菜。

短秧豆菜自三月至五月皆可種解　田地背陰。自三月至五月可種短秧豆菜。

快南瓜自二月至五月皆可種解　沙高向陽。自二月至五月可種快南瓜。

快筍瓜自二月至五月皆可種解　沙高向陽。自二月至五月可種快筍瓜。

快搊瓜自二月至五月皆可種解　沙高向陽。自二月至五月可種快搊瓜。

假南瓜自二月至五月皆可種解　沙高向陽。自二月至五月可種假南瓜。

壺盧頭菜瓜自二月至五月皆可種解　沙高向陽。自二月至五月可種壺盧頭菜瓜。

起線菜黄瓜自二月至五月皆可種解　沙高向陽。自二月至五月可種起線菜黄瓜。

紅薯自二月至八月皆可種解　沙高向陽。自二月至八月。可種紅薯。

白薯自二月至八月皆可種解　沙高向陽自二月至八月可種白薯

乾紅薯自二月至八月皆可種解　沙高向陽自二月至八月可種乾紅薯

乾白薯自二月至八月皆可種解　沙高向陽自二月至八月可種乾白薯　農政全書曰凡甘藷苗紅薯古名甘藷自二三月至七八月俱可種但卵有大小耳

快芋頭自二月至四月皆可種解　沃土背陰自二月至四月可種快芋頭　案
按快芋頭即農政全書所謂旱芋也七月即熟甚可救荒

旱芋頭自二月至四月皆可種解　沃土背陰自二月至四月可種旱芋頭

利甫大芋自二月至四月皆可種解　沃土背陰自二月至四月可種利甫大芋

山陝陽芋自二月至四月皆可種解　沃土背陰自二月至四月可種山陝陽芋

熊耳山芋自二月至四月皆可種解　沃土背陰自二月至四月可種熊耳山芋

油菜四時皆可種解　生不擇地肥瘠皆宜四時可種油菜

菠菜四時皆可種解　生不擇地肥瘠皆宜四時可種菠菜

蒝荽菜四時皆可種解　生不擇地肥瘠皆宜四時可種蒝荽菜

同蒿菜四時皆可種解　生不擇地肥瘠皆宜四時可種同蒿菜

冬葵菜四時皆可種解　生不擇地肥瘠皆宜四時可種冬葵菜

黃菘菜自六月至十月皆可種解　冬日尤茂冬食甚美自六月至十月皆可種此黃菘菜

白菘菜四時皆可種解　冬日尤茂冬食甚美四時可種白菘菜

青菘菜四時皆可種解　冬日尤茂冬食甚美四時可種青菘菜

黑菘菜自七月至二月皆可種解　冬日尤茂冬食甚美自七月至二月皆可種此黑菘菜

麪菘菜四時皆可種解　冬日尤茂冬食甚美四時可種麪菘菜

油菘菜自七月至二月皆可種解　冬日尤茂冬食甚美自七月至二月皆可種此油菘菜

罌粟苗菜四時皆可種解　冬日尤茂冬食甚美四時可種罌粟菜

紅花苗菜四時皆可種解　冬日尤茂冬食甚美四時可種紅花菜

胭麻苗菜三時皆可種解　變穀爲菜處處皆有三時可種胭麻菜

綠豆苗菜三時皆可種解　變穀爲菜處處皆有三時可種綠豆菜

紅小豆苗菜三時皆可種解　變穀爲菜處處皆有三時可種紅豆菜

白小豆苗菜三時皆可種解　變穀爲菜處處皆有三時可種白豆菜

小子黃豆苗菜三時皆可種解　變穀爲菜處處皆有三時可種黃豆菜

小子黑豆苗菜三時皆可種解　變穀爲菜處處皆有三時可種黑豆菜

豌豆苗菜三時皆可種解　變穀爲菜處處皆有三時可種豌豆菜

小扁豆苗菜三時皆可種解　變穀爲菜處處皆有三時可種扁豆菜

大麥苗菜秋冬皆可種解　變穀爲菜處處皆有秋冬可種大麥菜

小麥苗菜秋冬皆可種解　變穀爲菜處處皆有秋冬可種小麥菜

胡拉沙棗自四月至七月皆可種解　胡拉沙棗二十一日即熟甚能救荒充飢出天方國之墨集藍於天文度數爲熱帶我中國以四正六月種之或者氣候相當相宜也

札實瓜自四月至六月皆可種解　札實瓜大可專車子能如棗甚能救荒充飢出紅海之亞丁島於天文度數爲熱帶我中國以四五六月種之或者氣候相當相宜也

然東菜二三月八九月皆可種解　然東菜七八日即熟甚能救荒充飢出英國及美國於天文度數爲溫帶我中國

以二三月八九月種之或者氣候相當相宜也

以上種植菜類解

天地之道盈於夏秋而絀於冬春故豚蹄禳田蕃熟五穀所今不揣固陋自輯救荒種植應有盡有應無盡無精選賢豐祝滿篝滿車兼又滿家皆取償於夏秋而春冬無希焉焉豪彌綸缺憾四時可種之菜二十餘種一年兩熟之穀二十餘種務令涸陰冱寒與甲拆勾萌節候仍有許多可作飯者許多可作羹者許多可賣錢者厚生利用層出不窮鼓腹含餔樂哉幸哉

出版後記

早在二〇一四年十月，我們第一次與南京農業大學農遺室的王思明先生取得聯繫，商量出版一套中國古代農書，一晃居然十年過去了。

十年間，世間事紛紛擾擾，今天終於可以將這套書奉獻給讀者，不勝感慨。

當初確定選題時，經過調查，我們發現，作爲一個有著上萬年農耕文化歷史的農業大國，我們整理的農業古籍叢書只有兩套，且規模較小，一是農業出版社自一九五九年開始陸續出版的《中國古農書叢刊》，收書四十多種；一是農業出版社一九八二年出版的《中國農學珍本叢刊》，收書三種。其他點校整理的單品種農書倒是不少。基於這一點，王思明先生認爲，我們的項目還是很有價值的。

經與王思明先生協商，最後確定，以張芳、王思明主編的《中國農業古籍目錄》爲藍本，精選一百五十二種中國古代最具代表性的農業典籍，影印出版，書名初訂爲『中國古農書集成』。接下來就是正常的流程，先確定編委會，確定選目，再確定底本。看起來很平常，實際工作起來，卻遇到了不少困難。

古籍影印最大的困難就是找底本。本書所選一百五十二種古籍，有不少存藏於南農大等高校圖書館。但由於種種原因，不少原來准備提供給我們使用的南農大農遺室的底本，當時未能順利複製。最後所有底本均由出版社出面徵集，從其他藏書單位獲取。

本書所選古農書的提要撰寫工作，倒是相對順利。書目確定後，由主編王思明先生親自撰寫樣稿，副主編惠富平教授（現就職於南京信息工程大學）、熊帝兵教授（現就職於淮北師範大學）及編委何彥超博士（現就職於江蘇開放大學）及時拿出了初稿，爲本書的順利出版打下了基礎。

本書於二〇二三年獲得國家古籍整理出版資助，二〇二四年五月以『中國古農書集粹』爲書名正式出版。

二〇二二年一月，王思明先生不幸逝世。没能在先生生前出版此書，是我們的遺憾。本書的出版，或可告慰先生在天之靈吧。

是爲出版後記。

鳳凰出版社

二〇二四年三月

《中國古農書集粹》總目

九

十

十一

十二

菊譜　（宋）范成大 撰
百菊集譜　（宋）史鑄 撰
菊譜　（明）周履靖、黄省曾 撰
菊譜　（清）葉天培 撰
菊説　（清）計楠 撰
東籬纂要　（清）邵承照 撰

十三

揚州芍藥譜　（宋）王觀 撰
金漳蘭譜　（宋）趙時庚 撰
王氏蘭譜　（宋）王貴學 撰
海棠譜　（宋）陳思 撰
缸荷譜　（清）楊鍾寶 撰
汝南圃史　（明）周文華 撰
北墅抱甕録　（清）高士奇 撰
種芋法　（明）黄省曾 撰
筍譜　（宋）釋贊寧 撰
菌譜　（宋）陳仁玉 撰

十四

荔枝譜　（宋）蔡襄 撰
記荔枝　（明）吴載鰲 撰
閩中荔支通譜　（明）鄧慶寀 輯
荔譜　（清）陳定國 撰
荔枝譜　（清）陳鼎 撰
荔枝話　（清）林嗣環 撰
嶺南荔支譜　（清）吴應逵 撰
龍眼譜　（清）趙古農 撰
水蜜桃譜　（清）褚華 撰
橘録　（宋）韓彦直 撰
打棗譜　（元）柳貫 撰
檇李譜　（清）王逢辰 撰

十五

竹譜　（南朝宋）戴凱之 撰
竹譜詳録　（元）李衎 撰

竹譜　（清）陳鼎　撰
桐譜　（宋）陳翥　撰
茶經　（唐）陸羽　撰
茶錄　（宋）蔡襄　撰
東溪試茶錄　（宋）宋子安　撰
大觀茶論　（宋）趙佶　撰
品茶要錄　（宋）黄儒　撰
宣和北苑貢茶錄　（宋）熊蕃　撰
北苑別錄　（宋）趙汝礪　撰
茶箋　（明）聞龍　撰
羅岕茶記　（明）熊明遇　撰
茶譜　（明）顧元慶　撰
茶疏　（明）許次紓　撰

十六

治蝗全法　（清）顧彦　撰
捕蝗考　（清）陳芳生　撰
捕蝗彙編　（清）陳僅　撰
捕蝗要訣　（清）錢炘和　撰

安驥集　（唐）李石　撰
元亨療馬集　（明）喻仁、喻傑　撰
牛經切要　（清）佚名　撰　于船、張克家　點校
抱犢集　（清）佚名　撰
哺記　（清）黄百家　撰
鴿經　（明）張萬鍾　撰

十七

蜂衙小記　（清）郝懿行　撰
蠶書　（宋）秦觀　撰
蠶經　（明）黄省曾　撰
西吳蠶略　（清）程岱葊　撰
湖蠶述　（清）汪曰楨　撰
野蠶錄　（清）王元綎　撰
柞蠶雜誌　增韞　撰
樗繭譜　（清）鄭珍　撰　（清）莫友芝　注
廣蠶桑説輯補　（清）沈練　撰　（清）仲學輅　輯補
蠶桑輯要　（清）沈秉成　編
豳風廣義　（清）楊屾　撰